21世纪普通高等教育规划教材

新编普通化学

XINBIAN PUTONG HUAXUE

■ 主编 徐 虹

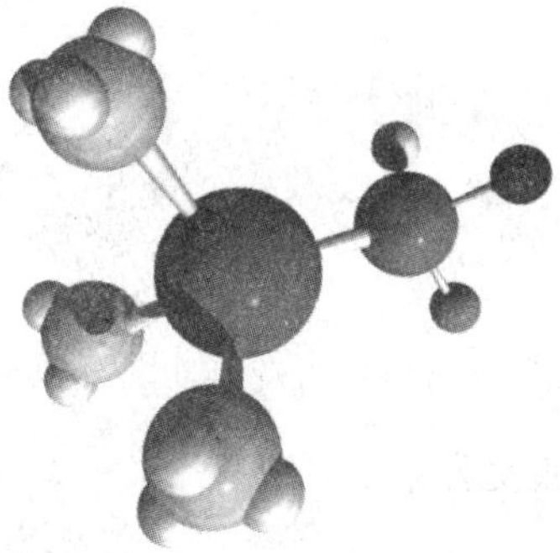

郑州大学出版社

图书在版编目(CIP)数据

新编普通化学/徐虹主编. —郑州:郑州大学出版社,2011.7(2016.8 重印)
ISBN 978-7-5645-0283-6

Ⅰ.①新… Ⅱ.①徐… Ⅲ.①普通化学-高等学校-教材 Ⅳ.①06

中国版本图书馆 CIP 数据核字 (2010)第 188160 号

郑州大学出版社出版发行
郑州市大学路 40 号　　　　邮政编码:450052
出版人:张功员　　　　发行部电话:0371-66966070
全国新华书店经销
开封市精彩印务有限公司印制
开本:787 mm×1 092 mm　1/16
印张:22.25　彩页:1
字数:546 千字
版次:2011 年 7 月第 1 版　　　　印次:2016 年 9 月第 4 次印刷

书号:ISBN 978-7-5645-0283-6　　　　定价:36.00 元

作者名单

主　编　徐　虹

副主编　李金鹏　余　旻

编　委　（以姓氏笔画为序）

孙希孟　李林科　李金鹏

余　旻　张　峻　徐　虹

前 言

随着21世纪高新技术飞速发展和人类对自然认识的不断深入，化学在生命、材料、环境、社会生活等领域起着越来越重要的作用。因此，对于正在接受高等教育的大学生们来说，普通化学是一门不可或缺的基础课，也是大学一年级开设的难度比较大的一门课程。为此，我们在多年教改实践的基础上，编写了《新编普通化学》教材。

《新编普通化学》新教材的编撰原则是：一方面使本书与中学化学内容相衔接，使学生尽快适应大学的学习；另一方面注意本学科的科学性和系统性，在有限的学时内，全面、扼要地介绍普通化学的基本理论、基本知识与基本计算。由于普通化学课程内容涵盖了化学各学科，因此在内容安排与问题阐述方面，按认知规律编排，注重各章内容的相互依托与交叉，遵循由简单到复杂、由宏观到微观、由理论到应用的认识规律，逐步地展现出化学学科的发展及其重要性，旨在培养学生良好的科学素养和思维方法。在章节处理上，按照物质的聚集状态、化学热力学基础知识、化学动力学、四大平衡（酸碱平衡、氧化还原平衡、沉淀溶解平衡、配合平衡）、原子结构、分子结构基础、元素（非金属元素、主族金属元素、过渡元素）及其化合物的性质与应用顺序编纂，同时还适当增加了新型配合物、等离子体、新型材料、新能源及重大环境问题等化学发展的前沿知识，介绍了本学科的新进展与新应用。在内容上，前10章为基本理论，第11章、第12章为非金属与金属元素概述。

本书按90个学时讲授而编写，适用于理、工、医、农、师范类相关专业使用，其中楷体字部分为选学内容，教师可以根据学生的实际情况，对内容进行取舍。每章之后附有本章要点和习题，以便学生对各章节重点内容进行复习、巩固和强化。

参加本书编写的人员都是多年从事普通化学、无机化学教学以及科研工作的教师，他们是郑州大学化学系的孙希孟（第1、2、8章）、余旻（第3、4、9章）、徐虹（第5、6章）、李林科（第7、11章）、李金鹏（第8、10章）、张峻（第5、12章）。在此书出版之际，在此要特别感谢何占航教授对本书提出的宝贵意见！

由于化学学科的不断发展，参编者水平有限，希望读者在使用本书时，对书中不妥之处提出宝贵的建议，以待进一步改进。

编　者

2010年10月

目 录

第1章 绪 论

1.1 化学研究的对象

世界是物质的,形形色色的物质是客观存在的并且处于永恒的运动之中。人们把这些客观存在的**物质**(matter)划分为**实物**(substance)和**场**(field)两种基本形态。实物具有静止质量,如分子、原子、质子、电子等;场不具有静止质量,如电场、磁场、原子核内力场等。就物质的构造来说,大至宏观的天体,小至微观的基本粒子,可分为若干层次。在这些层次中,仅有某些基本粒子(如光子)属于场这种物质形态,而包括其余基本粒子在内的所有层次的物质皆属实物。**化学**(chemistry)所研究的主要对象是单质、化合物以及分子、原子和离子等这个层次的实物(习惯上把实物仍称为物质)。

唯物主义认为物质是运动的。物质运动的形式主要有机械运动、物理运动、化学运动、生物运动和社会运动等。化学研究的主要内容是物质的化学运动,即物质的化学变化。化学变化实际上是分子、原子或离子等因核外电子运动状态的改变而发生诸如分解和化合等变化的过程,同时伴有物理变化(如声、光、热、电、颜色、物态等)。因此,在研究物质化学变化的同时,也必须注意研究相关的物理变化。对这些相关物理变化的研究,会反过来促进化学学科自身的发展。如研究化学反应产生的电流,导致电化学的发展;对化学反应热的研究,又产生热化学等。

发生化学变化之后,原物质变成了新物质,但不涉及原子核的变化。由于物质的化学变化与物质的化学性质相关,而物质的化学性质又同组成和结构密切相关,因此,化学首先是研究物质本身的组成、结构及其性质,其次是研究物质发生化学变化的外界条件,最后还要对变化本身的规律进行研究,即反应能否发生、程度如何、有哪些影响因素、如何实现等。

综上所述,化学是一门在分子、原子或离子层次上研究物质的组成、结构、性质、变化及其内在联系和变化过程中能量关系的自然科学。简而言之,化学是研究物质变化的科学。

1.2 化学的发展及分类

化学的产生有两个源头。首先它来源于传统的技艺,如冶金、陶瓷、酿酒、印染等,这是从实践上来了解物质的性质及其变化;其次来源于古代哲学家的思想,他们以极大的勇气否定了所谓超自然力——“神”创造世界万物的观点,这些古代哲学家的物质观不仅对世界的本质和万物的起源做出了唯物主义的回答,还用严密的分析推理和天才的想象,得出“世界万物是由几种基本元素所构成”的结论。

原始人类即能辨别自然界存在的无机物质的性质并对之加以利用，后来偶然发现自然物质能变成性质不同的新物质，于是加以效仿，这就是古代化学工艺的开始。随着陶瓷、铜、钢铁、食盐等十几种无机物生产过程的发展，人类已掌握了大量无机化学的知识和技术。由于化学最初研究的对象多是矿物和其他无机物，所以近代无机化学的建立标志着近代化学的开始。1828 年德国化学家维勒（F. Wöhler）发现氰酸铵加热能转变为尿素，这是一个典型的从无机物产生有机物的实例，随后有机合成的迅速发展促进了有机化学的建立。1895 年，德国科学家伦琴（W. K. Rönten）发现了 X 射线；1896 年，法国科学家贝克勒尔（A. H. Becquerel）发现了铀的放射性；1897 年，英国科学家汤姆生（J. J. Thomson）发现了电子。这三项重大发现打开了近代原子结构的大门，使物理学和化学研究进入了微观领域，孕育了新的科学概念和科学理论。在随后的 20 多年中，物理学中提出了量子论（M. P1anck，1900）、相对论（A. Einstein，1905）和量子力学（E. Schrödinger 和 W. K. Heisenberg，1926），在化学中则提出了原子结构理论和分子结构理论，这标志着现代化学进入蓬勃发展阶段。

化学发展至今，从波义耳（R. Boyle）时代算起，已有 350 多年历史，其研究内容极其广泛，形成了许多分支学科。自 20 世纪 30 年代以来，按照研究对象、研究方法或研究目标的不同，现代化学被划分为无机化学、有机化学、分析化学、物理化学和高分子化学五大分支学科（即化学的二级学科）。

（1）无机化学（inorganic chemistry）　无机化学是除碳氢化合物及其衍生物外，对所有元素及其化合物的组成、结构、性质和它们之间的反应进行实验研究和理论解释的科学，是化学学科中发展最早的一个分支学科。

（2）有机化学（organic chemistry）　有机化学又称碳化合物的化学，是研究碳氢化合物及其衍生物的来源、制备、结构、性质、应用以及有关理论的科学，是化学中极为重要的一个分支学科。世界上每年合成的新化合物中约有 70% 是有机化合物，它们直接或间接地为人类提供大量的生产和生活必需品。

（3）分析化学（analytical chemistry）　分析化学是研究获取物质化学组成和结构信息的分析方法及相关理论的科学，是化学学科的一个重要分支学科。分析化学的主要任务是鉴定物质的化学组成、测定物质有关组分的含量、确定物质的结构（化学结构、晶体结构、空间分布）和存在形态（价态、配位态、结晶态）及结构与物质性质之间的关系。

（4）物理化学（physics chemistry）　物理化学以物理学的原理和实验技术为基础，研究化学体系的性质和行为，发现并建立化学体系中特殊规律的学科。研究化学的能量变化、反应机制、键能、分子的聚合、发生的表面和界面的反应等，都归属为物理化学。随着科学的迅速发展和各门学科之间的相互渗透，物理化学与物理学、无机化学、有机化学在内容上存在着难以准确划分的界限，从而不断地产生新的分支学科，例如物理有机化学、生物物理化学、化学物理等。物理化学还与许多非化学的学科有着密切的联系，例如冶金学中的物理冶金实际上就是金属物理化学。

（5）高分子化学（polymer chemistry）　高分子化学是研究高分子化合物的合成、结构、性能、反应机制、加工成型和应用及高分子溶液等方面的一门新兴的综合性学科。合成高分子的历史不过 80 多年，高分子化学真正成为一门学科仅有 60 年左右，但它的发展却非常迅速，目前它的内容已超出化学范围，因此现在常用高分子科学这一名词来称呼这门学科。狭义的高分子化学，则是指高分子合成和高分子化学反应。

随着化学知识的广泛应用，化学与其他学科之间的相互渗透、相互融合，以及化学学科内部各分支学科之间的相互交叉，又不断形成了许多新的边缘学科和应用学科，如生物化学、环境化学、食品化学、药物化学、农业化学、量子化学、结构化学、放射化学、激光化学、计算化学、绿色化学、地质化学等，使化学学科的研究天地更加广阔，这些新兴学科正显示着化学知识日益增加的重要性。

1.3　化学的重要作用

化学是特别能刺激人们好奇心的一门学问，其主要任务是创造新物质。化学不但是人们生活的“第二大自然”，还与数学、物理并称为三大“中心科学”，渗入到几乎所有的现代学科中。从自然和社会的发展史来看，化学是与人类社会发展关系最为密切的学科之一，曾对物理学、地质学、冶金学、农学等学科的发展产生过极大的影响。人类的衣、食、住、行无不与化学所涉及的各种化学元素及其所组成的成千上万种化合物和无数的制剂、材料有关。20 世纪化学工业不但是国民经济的支柱产业，而且是满足社会需要最重要的手段。利用化学反应和过程来制造产品的化学工业在发达国家中占有最大的份额，这个数字在美国超过 30%，而且还不包括诸如电子、汽车、农业等要用到化工产品的相关工业的产值。发达国家从事研究与开发的科技人员中，化学和化工专家占一半左右，世界发明专利中有 20% 与化学有关。

化学被确立为科学虽然只有 300 余年的历史，但是它在自然科学体系中占有极其重要的地位，并在科学发展中不断得到加强。它在整个自然科学中的关系和地位，正如 G. C. Pimentel在《化学中的机会——今天和明天》一书中指出的“化学是一门中心科学，它与社会发展各方面的需要都有密切关系”。多数科学家预言 21 世纪是生命科学的世纪，而现代生命科学需在分子水平上来研究。如果有了深厚的化学理论、方法和实验基础，再去从事分子生物学和生命科学的研究，将会取得很大成功，这在中外著名生物学家中有不少例子。下面就人们所关注的当今社会热点话题如能源、材料、环境、生命科学及信息技术与化学的密切联系作一些简单介绍。

1.3.1　化学与能源

能源是指能够提供某种形式能量的资源，既包括能提供能源的物质资源（如煤、石油、氢等），又包括能提供能量的物质运动形式（如太阳光、风力、水力等）。它是人类赖以生存和发展的重要物质基础，是从事各种经济活动的原动力，也是衡量社会经济发展水平的重要标志。一种新能源的出现和能源科学技术的每一次重大突破，都会带来世界性的经济飞跃和产业革命，极大地推动社会的进步。煤、石油和天然气既是当前人类的主要能源，又是主要的化工原料。然而这些能源的储存量是有限的，总会有用尽之时。因此，人类不得不加快开发新的能源，其中核能和太阳能是两个重要能源。物理学家和化学家已为人类提供了原子能（核能），电化学已提供了把太阳能转化为电能的实用装置，供居民、工农业和宇宙飞船使用。氢能源被认为是最理想的无污染能源,储氢材料、储氢电池研制已进入了实用阶段。生物技术制氢及人工模拟光合作用制氢技术有可能为人类提供新的能源。

1.3.2 化学与材料

人类发展的历史证明,材料是人类赖以生存和发展的物质基础,也是人类征服和改造自然的物质基础,材料是社会进步的先导,也是人类文明进步的里程碑。材料是人类进化的标志之一,材料的发展水平始终是时代进步和社会文明的标志,一种新材料的出现可以引起人类的文化和生活的新变化。石器、陶器、瓷器、铁器、铜器、玻璃、钢铁、有机高分子、液晶、纳米材料等的发明为人类的生活带来了翻天覆地的变化。材料按其成分和结构主要分为非金属材料、金属材料、高分子材料及复合材料。随着科技的发展,对材料的性能也提出更高的要求,目前具有对光、电、声、磁、热、pH 等敏感或复合多功能的新型材料,具有较为广泛的应用。尽管材料的性能各异、形式多样,但从化学组成来看,几乎无不涉及化学中的基本组成元素。绝大多数的功能新材料是由化学合成出来的,可见化学对于合成新材料、发展高新技术、促进社会进步起着极其重要的作用。

1.3.3 化学与环境保护

环境科学中的环境概念是指与人类密切相关的、影响人类生活和生产活动的各种自然力量(物质和能量)或作用的总和。它不仅包括各种自然要素的组合,还包括人类与自然要素间相互形成的各种生态关系的组合。环境中,无论大气、水、岩石、土壤、生物都由化学物质组成,且经久不息地进行着千变万化的各种化学反应,在整个历史进程中,人与环境相互依存,相互作用。环境的功能主要表现在两方面:一方面,它是人类生存与发展的终极物质来源;另一方面,它承受着人类活动产生的废弃物和各种作用的结果。随着近代工业发展速度的加速,现今人类正处在一个被各种污染物所毒化的环境之中,通过空气、饮水和食物,有毒有害物质随时可能侵入人体。这种污染日益扩展,会危害人类的生命健康,致使环境生态失衡,对人类生存带来威胁。为此引起人们对环境保护的极大关注,强烈地推动着人们保护环境,开展控制污染源和对污染防治的研究,这些都与化学密切相关。

1.3.4 化学与生命科学

当今,探索生命现象的奥秘是受到普遍关注的尖端科学领域之一,现代生命科学就是“分子水平”的生物学。生命现象涉及大量复杂的化学反应,人们在分子水平上为破解生命的奥秘打开了一个又一个通道。从 20 世纪初开始的生物小分子(如糖、血红素、叶绿素、维生素等)到后来的生物大分子(碳水化合物、蛋白质、核酸)的化学研究,先后有 28 项成果获得诺贝尔化学奖。特别是 1953 年,沃森(J. D. Watson)和克里克(F. H. C. Crick)提出的 DNA 分子双螺旋结构模型,对于生命科学具有划时代的贡献,它为分子生物学和生物工程的发展奠定了基础,为整个生命科学带来了一场深刻的革命,使生物学从描述性科学发展到 20 世纪末的前沿科学。在研究生命现象的领域里,化学不仅提供了技术和方法，而且还提供理论支持。

利用药物治疗疾病是人类文明的重要标志之一。1907 年，作为化学疗法的奠基者之一的德国免疫学家保罗·埃尔利希（Paul Ehrlich）合成出了治疗梅毒的特效药物“六〇六”（亦称洒尔佛散或砷凡纳明）。自 20 世纪 30 年代以来，化学家先后合成出了抗生素、抗病毒药物、抗肿瘤药物等各种类型临床有效的化学药物（目前常用的就有 300 余种，而且这个数目还在不断增加），这使得许多长期危害人类健康和生命的疾病得到控制，挽救了无数的生命。人体中微量元素的作用正在被化学家逐个探明，合成的新药物一批又一批被研制成功，使得药物化学迅速发展，并成为化学学科的一个重要领域，为人类的健康作出了巨大贡献。

1.3.5　化学与信息技术

21 世纪是信息时代。信息技术的发展日益改变着人们的生活、生产水平，信息以媒体和介质为载体，离开这些物质载体，信息技术就将成为无源之水，无本之木。信息技术与化学的联系，就在于化学的发展不断地为信息技术提供高、精、新的物质基础，而信息技术又不断给化学的发展注入新的活力、提供新的手段。

化学与信息技术的紧密联系，集中表现在通过各种化学合成手段，可以制造出许多性能各异的信息材料，诸如电子材料、记忆材料及感应材料等。组成这些材料的成分包括金属、非金属、单质、化合物，而化合物又包含无机化合物、有机化合物、高分子化合物等，它们涵盖了元素周期表中的大部分元素。如将超导体用于雷达，可以使其灵敏度大大提高，有效作用距离增加 3 ~4 倍；光导通讯使信息通讯达到一个新的水平，而光导通讯则离不开光导纤维；有些材料在信息技术中的作用是多方面的，比如半导体材料，它既是组成大规模集成电路的基本元器件，又在信息发送与接收、信息加工、信息储存和信息显示等信息技术中起关键作用。

随着化学知识和化学生产的普及和发展，以及数学、物理学的发展，一些在此基础上综合发展起来的大科学，也开始显现出它们重要的地位。而这些大科学的发展，又反过来对化学提出了新的挑战。化学家要走出纯化学，进入大科学，从生命科学、材料科学、环境科学、能源科学乃至信息科学等方面均要求化学有新的发展，去解决现今面临的诸如复杂体系、极端条件和非平衡态等新问题。所以，化学是联系各自然科学及工程技术的重要媒介，化学知识对于培养高素质的科技人才是不可缺少的。化学与其他学科之间的紧密联系可参考图 1-1。

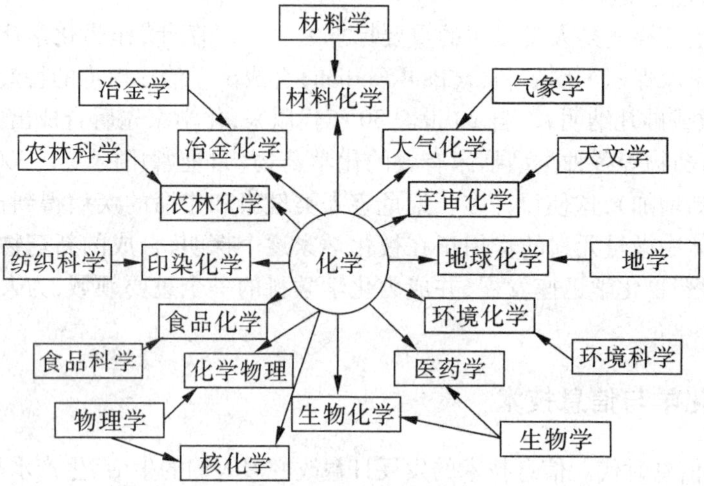

图1-1 化学与其他学科之间的紧密联系

1.4 普通化学的学习内容和目的

化学知识是现代科学工作者必不可少的武器，而普通化学正是介绍化学科学的基本理论和基本知识的导论性课程。普通化学是高等院校非化学类专业不可或缺的一门公共基础课，是后续课程如分析化学、有机化学、物理化学以及有关专业课的先导性课程。在大力提倡培养创新技能人才的今天，学好普通化学是培养高素质工程技术人员的一个重要环节。

普通化学主要包括如下三个方面内容。

（1）基础理论部分　主要包括气体和液体的基本定律、化学热力学、化学动力学、化学平衡（酸碱解离、水解、沉淀、氧化还原、配位平衡）和物质结构（原子结构、分子结构、配位化合物结构）等。

（2）应用部分　为前述基础理论在特定领域中的应用，包括元素化学、化合物、配位化合物及化学与能源、材料、生命、环境和信息关系等。

（3）实验部分　包括验证实验、制备实验、性质检验以及设计实验等。

上述三部分内容不是孤立的。在学习化学基本原理时要做到理论联系实际，把掌握的理论知识和培养实践能力很好地结合起来；在学习应用部分时也要用化学理论来进行分析；在进行化学实验时更离不开理论指导和化学知识的应用。

本课程的教学目的主要是使广大工科学生在一定程度上具有一些必需的近代化学基本理论、基本知识和技能，让学生通过化学之窗了解化学在社会发展和社会进步中的地位和作用，了解化学在发展过程中与其他学科相互交叉、相互渗透的特点；把握当代国内外化学发展的主要方向，为学习后续课程和将来从事其他工作提供必要的化学基础；了解化学的基础性实验和理论指导的重要性，让学生在今后的工作中遇到问题时能够自觉地运用基本理论指导实践，并在理论指导下大胆改革创新，学会用化学的方法思考和解决问题，培养分析和解决实际问题的能力。

1.5　怎样学好普通化学

化学理论是对某些化学现象进行的抽象，是一种简化了的模型，是不全面的、近似的，随着实验条件、实验技术的发展，这些理论会不断完善和发展，有些已经被或将被新的实验事实证明为错误的。这个过程，也就是化学学科不断完善、发展和进步的过程。因此，学习化学学科，最重要的是正确处理好化学理论与实际的关系。

当然，要想学好普通化学课程，还要掌握一定的学习方法。正确的学习方法是提高学习效率的重要保证。首先，必须认识到大学教学方法与中学教学方法的较大差别。大学课程的特点就是课堂讲授容量大、教学进度快。这就要求学生必须尽快实现学习方法和学习习惯上的转变，通过课前预习、课堂听讲、课后复习、认真练习和课外阅读等几个重要环节，养成高效率的学习方法，培养较强的自学能力，提高发现问题、分析问题和解决问题的能力。

另外，还需要注意的是，随着越来越多的现代多媒体教学手段的引进，打破了传统的板书式教学模式，使得课堂信息量很大，知识面更加宽泛，这就要求我们要更加认真地听课，注意理清老师的授课思路，课下认真地复习。

在学习本课程时，具体要做到如下几点。

(1) 注意化学理论的适用局限性　普通化学涉及较多的基本理论，应注意各个理论的出发点和适用范围，学会比较、归纳和总结，找出它们之间的联系和区别。比如对于微观粒子的运动特征的描述只能用量子力学的方法，而不能用牛顿力学的宏观轨道理论来描述。

(2) 重视化学实验学习　化学是研究物质及其变化的科学。化学变化是物质复杂的高级运动形式，影响具体化学反应进行的因素十分复杂，很多还未被人类所认识。化学理论的分析、计算结果往往或多或少地存在着误差，很多只能作为实际工作的指导或参考，所以从这个意义上讲，化学至今主要还是一门实验科学。学习化学，要时刻注意实验能力的培养，学会在实验中发现问题、观察问题和解决问题，了解化学与生活、社会的关系，关心生活环境中的化学问题，了解我国化学学科和化学工业的发展成就，激发专业兴趣和求知欲望。

(3) 注意开放式学习　学习本课程时，要摒弃完全以教师和书本为中心的学习方式，既要重视课堂教学，又要全方位地吸取知识。要充分利用图书馆纸质图书资源和大量专业电子资源优势，如一些化学化工类电子书籍、中国期刊网、中文科技期刊网等网络资源来丰富自己的专业知识，加强对理论和实验的理解和掌握。同时，思想上不要仅仅局限于教材，要敢于根据自己的理解和具体的化学实验，提出大胆的猜测和推理，培养一种敢于挑战权威的信心和勇气。

随着因特网的迅猛发展，当今世界跨入了真正的信息时代，它是世界上最大的信息资源库。在这个信息的汪洋大海中，人们能够空前快捷地在网上得到自己需要的信息和知识。目前，网络上的化学资源也越来越丰富，具有分布广泛、数量巨大、互动性强、更新更快等特点，已经成为化学教学和学习的重要辅助领域。作为新世纪的大学生，应该学会并掌握从网络资源中获取化学知识的方法和技巧。

阅读材料

现代无机化学的前沿领域

当前无机化学的发展趋势主要是新型无机化合物的合成和应用，以及新的研究领域的开辟和建立。因此，21世纪理论与计算方法的运用将大大加强理论和实验更加紧密的结合，同时各学科间的深入发展和学科间的相互渗透，形成许多新的学科和新的研究领域。

生物无机化学

生物无机化学是无机化学和生物学交叉、渗透中发展起来的一门边缘学科，其基本任务是从现象学上以及从分子、原子水平上研究金属与生物配体之间的相互作用。主要研究内容包括以下几点：无机物与生物大分子的相互作用和引起的结构功能变化研究；金属蛋白和金属酶的结构、功能和蛋白设计研究；细胞层次的无机化学研究；无机化合物在重大疾病防治和作用机制的研究；无机仿生材料和固体生物无机化学研究；环境生物无机化学研究等。

固体无机材料化学

固体无机材料化学是以无机化学、固体物理和晶体结构的理论和实验为基础，着重研究特种固体物质的合成、反应、组成、结构和各种性质及应用的新学科。金属导体、半导体、超导体、光导纤维、发光材料、非线性光学材料、储氢材料、磁性材料、介电材料、信息存储材料、传感材料、吸附分离材料、离子交换材料、催化剂等现代高科技领域中应用的材料无不涉及无机固体。目前无机固体材料主要前沿领域包括磁性无机材料、无机光学材料、微孔与介孔材料等。

光电功能配合物化学

随着超分子化学及配位化学等的发展，由分子或分子基本单元构成并在分子水平上发挥功能的分子材料受到了广泛的关注。20世纪80年代，南京大学游效曾院士率先提出了“光电功能配合物”这一新概念。该研究领域以具有光、电、热、磁等性能并在材料和信息等高新技术中有应用前景的体系为导向，重视与合成化学、固体物理、材料科学和生物科学等学科的交叉，研究内容包括从分子工程观点探索分子基块的设计及其有序多维空间组装方式和规律、探讨光学活性和手性分离的规律、控制电荷和能量的定向转移、开展电子给予—接受体系的固体发光、分子导电及非线性光学等，目前已在稀土配合物电致发光材料及器件、过渡金属配合物发光材料、手性及非中心对称配位聚合物的组装及功能、导电配合物及三阶非线性光学和光限制材料等方面取得了很大进展。

磁分子材料化学

磁分子材料化学通过研究分子体系中自旋载体之间的相互作用，揭示分子磁性与结构间的规律，发现和研究新的物理现象，并最终获得新型分子磁体。分子磁体是光磁开关、电磁屏蔽、磁记录等高新技术材料研究的重点和信息产业的重要基础物质之一，深入研究这些分子的磁性质，将会成为理解量子和经典磁性之间的桥梁，具有重要的理论意义和应用前景。

纳米材料的化学合成

纳米材料是指基本单元的颗粒或晶粒尺寸在零维、一维或二维空间上小于100 nm，且必须具有与常规材料截然不同的光、电、热、化学或力学性能的一类材料体系。纳米结构是以纳米尺度的物质单元为基础，按一定规律构筑的一维、二维或三维体系。在充满生机的21世纪，信息、生物技术、能源、环境、先进制造技术和国防的高速发展必然对材料提出新的需求。元件的小型化、智能化、高集成、高密度存储和超快传输等对材料的尺寸要求越来越小；航空航天、新型军事装备及先进制造技术等对材料性能要求越来越高。因此，纳米材料和纳米结构成为当今新材料研究领域中最富有活力的研究对象。

本章要点

化学的研究对象：化学研究的是单质、化合物与原子、分子和离子等这个层次的实物。

了解化学的几个二级学科分类：无机化学、有机化学、分析化学、物理化学和高分子化学，了解各学科主要内容及研究特点。

化学的重要作用：化学是一门实用的创新型中心科学，了解化学与材料、能源、环境保护、生命科学及信息技术的联系。

普通化学的学习内容：气体和液体的基本定律、化学热力学、化学动力学、化学平衡和物质结构、元素化学、化合物、配位化合物及化学实验等。

如何学习好普通化学：注意化学理论和实际的结合，重视化学实验学习，注重开放式学习，利用互联网获取化学知识。

第2章 物质的聚集状态

人类赖以生存的世界是由大量分子、原子等微观粒子聚集而成的,这些粒子都处在永不停息的运动之中。依据这些粒子的不同存在状态,习惯上将物质划分为气体、液体和固体三种聚集状态,在特殊条件下还存在物质的第四态——等离子体。现在又提出并被证实了的物质第五态——玻色-爱因斯坦凝聚态(超级大原子态),也有科学家将超密态作为物质的第五态。随着技术的发展,又有人提出了其他的聚集态,如费米子凝聚态、反物质等。不同的物质聚集态各有特点,在一定条件下可以发生相互转化,这种转化属于物理性质范畴。但是物质的物理变化与化学变化常相伴发生,物质的聚集态对其化学行为有一定影响,通过对聚集态内在规律的探讨,使物质的各种聚集态与物质内部分子、原子的特征联系起来,以便于人们更深入地了解物质的性质,并用于解决一些实际问题。因此,讨论物质的聚集状态亦是化学上很重要的内容。

本章将只对物质的气态、液态、等离子态和超密态几种聚集态的基本知识及其主要性质作简要介绍,在后面第9章还要对固体的结构与性质作详细讨论。

2.1 气态

与物质的其他聚集态相比,**气态**(gas)是物质的一种较简单的聚集状态,也是人们研究和了解得较为全面的一种状态。

理论和实践均已证明,气体是由许多快速和独立,无规则运动着的分子所组成的。气体分子能量大,分子间间距大,作用力小,故气体的明显特征就是具有**扩散性**(diffusivity)、**可压缩性**(compressibility)和无限的**掺和性**(blending)。将一定量气体引入任何容器中时,气体都能均匀地充满整个容器,且不同气体都能以任意比迅速相互渗透、掺和。因此,气体既没有确定的形状,也没有固定体积,通常所说的气体体积实为容器的容积。

当气体分子撞击容器壁时,可产生压强,气体的压强可用压强计测量得到。在一定温度下,对一定量的气体施加压强时,其体积将缩小。而若在一定压强下,使一定量的气体温度升高时,其体积将胀大。人们用**压强** p(pressure)、**体积** V(volume)和**热力学温度** T(temperature)这些物理量来描述一定量气体所处的状态,反映 p、V、T 之间关系的表达式,称为气体的**状态方程**(state equation)。

2.1.1 理想气体

2.1.1.1 理想气体状态方程

17世纪至19世纪初,波义耳(R. Boyle)、盖-吕萨克(J. L. Gay-Lussac)和阿伏伽德罗(A. Avogadro)等曾对低压下气体的体积 V、压强 p 和热力学温度 T 关系进行研究,相继提出了低压下气体共同遵守的三个经验定律，即波义耳定律、盖-吕萨克定律和阿伏伽德罗定律，提出了**理想气体**(ideal gas)的概念。

理想气体是人们对实际气体简化而建立的一种理想模型。理想气体具有如下两个特征：①分子本身不占有体积；②分子间无相互作用力。实际应用中把温度不太低(即高温，远超气体物质的沸点)、压强不太高(即低压)条件下的气体可近似看做理想气体，而且温度越高、压强越低，越接近于理想气体。由此可参照理想气体有关定律近似处理实际气体问题。

对含有物质的量为 n 的理想气体，在密闭的容器中其压强 p、体积 V、热力学温度 T 之间服从式(2-1)：

$$pV=nRT \tag{2-1}$$

此式称为**理想气体状态方程**(state equation of ideal gas)，又叫理想气体定律。由理想气体状态方程式可以看出，在等温、恒压下，理想气体的体积只与气体的物质的量有关，与气体的种类无关，即与气体的性质(如气体分子的大小及极性等)无关。式中的摩尔气体常数 R 可由实验测得，在国际单位制中，n 以 mol，p 以 Pa，V 以 m^3，T 以 K 为单位，则 $R=8.314\ J\cdot mol^{-1}\cdot K^{-1}$。

例2-1 在实验室中，用金属钠与氢气在较高温度(T>300 ℃)下制取氢化钠，反应前需用无水无氧的氮气置换出可能与金属钠反应的气体。已知氮气在钢瓶中存放，其容积为50.0 dm^3，温度为298 K，压强为15.2 MPa。问：(1)氮气瓶中氮气的物质的量 $n(N_2)$ 和质量 $m(N_2)$；(2)若将实验装置内气体用氮气置换出后，氮气瓶中压强降至13.8 MPa，计算在298 K、0.100 MPa下，耗用氮气的体积。

解：(1)已知：$V=50.0\ dm^3=0.050\ 0\ m^3$，$T=298$ K，$p_1=15.2\ MPa=1.52\times10^7$ Pa

根据 $pV=nRT$，$n_1(N_2)=\dfrac{p_1V}{RT}=\dfrac{1.52\times10^7\times0.050\ 0}{8.314\times298}=307(mol)$

因为 $n=\dfrac{m}{M}$，$M(N_2)=28.0\ g\cdot mol^{-1}=2.80\times10^{-2}\ kg\cdot mol^{-1}$

所以 $m(N_2)=n_1(N_2)M(N_2)=307\times2.80\times10^{-2}=8.60(kg)$

(2)已知：$p_2=13.8\ MPa=1.38\times10^7$ Pa，$V=50.0\ dm^3=0.050\ 0\ m^3$，$T=298$ K

设消耗了氮气的物质的量为 $n_2(N_2)$：

$$n_2(N_2)=\frac{(p_1-p_2)V}{RT}=\frac{(1.52\times10^7-1.38\times10^7)\times0.050\ 0}{8.314\times298}=28.3(mol)$$

在298 K，0.100 MPa下，消耗氮气的体积 $V(N_2)$ 为：

$$V(N_2)=\frac{28.3\times8.314\times298}{0.100\times10^6}=0.14(m^3)$$

2.1.1.2 理想气体混合物分压定律和分体积定律

实际工作中，人们接触的气体大多数是由几种气体组成的混合物。如包围地球的大气圈，是包含了多种气体组分的体系；实验室常用的排水集气法收集的新鲜气体，是水蒸气和该气体的混合气体。如果混合气体的各组分之间不发生反应，则在高温低压下，可将其看作理想气体混合物。混合后的气体作为一个整体，仍符合理想气体状态方程，但是式中的 p、V 和 n 则应为混合后的 $p_{总}$、$V_{总}$ 和 $n_{总}$，均为各组分气体贡献的总和，即：

$$p_{总}V_{总}=n_{总}RT$$

混合气体中每一组分均称为组分气体，当其在相同温度下占有与混合气体相同体积时，所产生的压强叫做该组分气体的**分压**(partial pressure)。1801年，英国科学家道尔顿(J. Dalton)从大量实验事实中总结出组分气体的分压与混合气体总压之间的关系，提出了著名的**道尔顿分压定律**(Dalton's law of partial pressure)：某一组分气体在气体混合物中产生的分压等于在相同温度下它单独占有整个容器时所产生的压强，而气体混合物的总压强等于其中各组分气体分压之和。

其数学表达式为：

$$p_{总}=p_1+p_2+p_3+\cdots \tag{2-2}$$

或：

$$p_{总}=\sum p_i \tag{2-3}$$

$p_{总}$为混合气体的总压；p_1，p_2，p_3…为各组分气体的分压。

如果用n_i表示i组分气体的物质的量，p_i表示它的分压，则在温度T，混合气体的体积为V时，有$p_iV=n_iRT$。

或：

$$p_i=\frac{n_iRT}{V} \tag{2-4}$$

以$n_{总}$表示混合气体中各组分气体的物质的量之和，即：

$$n_{总}=n_1+n_2+\cdots=\sum n_i$$

则有：

$$p_{总}=\frac{n_{总}RT}{V_{总}}=\frac{n_1RT}{V}+\frac{n_2RT}{V}+\cdots=p_1+p_2+\cdots \tag{2-5}$$

由式(2-4)和式(2-5)，得：

$$\frac{p_i}{p_{总}}=\frac{n_i}{n_{总}} \tag{2-6}$$

令$x_i=\dfrac{n_i}{n_{总}}$，x_i表示i组分气体的物质的量分数，又称为摩尔分数，则式(2-6)可表示为：

$$p_i=\frac{n_i}{n_{总}}p_{总}=x_ip_{总} \tag{2-7}$$

式(2-7)表明，混合气体中某组分气体的分压等于该组分的摩尔分数与总压的乘积。

在混合气体中，经常会涉及体积分数问题，这就要讨论**分体积定律**(law of partial volume)。19世纪法国物理学家阿玛格(E. H. Amagat)首先让组分气体i单独存在，并具有与混合气体相同温度和压强时所占有的体积，称为该组分在混合气体中的分体积V_i(partial volume)。

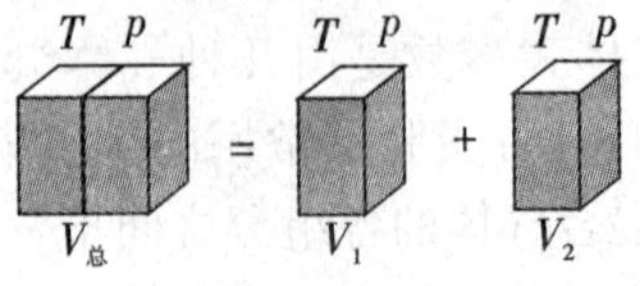

实验表明，混合气体体积等于各组分气体的分体积之和，这一规律称为分体积定律。即：

$$V_{总} = V_1 + V_2 + V_3 + \cdots = \sum V_i \tag{2-8}$$

在理想气体混合物中，显然有：

$$V_{总} = \sum V_i = \sum n_i(\frac{RT}{p_{总}}) \tag{2-9}$$

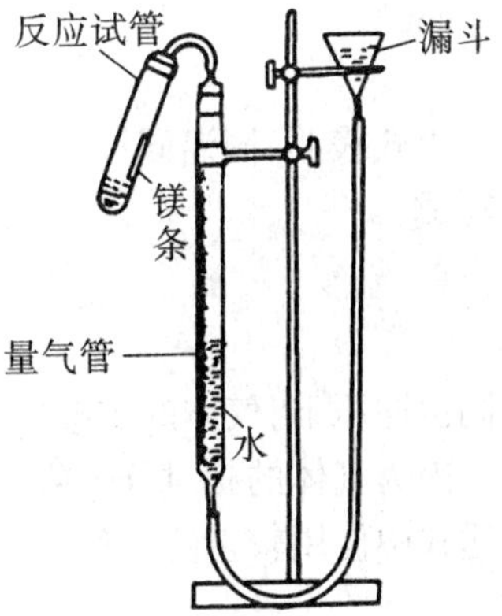

例 2-2　在摩尔气体常数的测定实验中（装置图如右图），用镁条和过量的稀硫酸反应制备氢气：

$$Mg+H_2SO_4 = MgSO_4+H_2$$

反应于室温 298 K 和 100 kPa 下进行，量气管内装入水，待读数稳定后读出气体的体积为 35.6 cm^3。求所称取镁条的质量（已知 298 K 时水的饱和蒸汽压为 3.20 kPa）。

解：在量气管内的气体是氢气和水蒸气的混合气体，由分压定律可知：

$$p_{H_2}=p_{总}-p_{H_2O}=100-3.2=96.8(kPa)$$

由 $p_iV_{总}=n_iRT$ 可得：

$$n_{H_2}=\frac{p_{H_2}}{RT}=\frac{96.8\times10^3\times35.6\times10^{-6}}{8.314\times298}=1.39\times10^{-3}(mol)$$

$M(Mg)=24.3\ g\cdot mol^{-1}$

Mg 条的质量为 $m=1.39\times10^{-3}\ mol\times24.3\ g\cdot mol^{-1}=0.338(g)$

例 2-3　298 K 时，体积为 1.0 dm^3 的容器中装有 300 kPa Ar，体积为 2.0 dm^3 的容器装有 60 kPa N_2，二者用旋塞连接。打开旋塞，待两边气体混合后，计算：(1) Ar、N_2 的物质的量；(2) Ar、N_2 的分压；(3) 混合气体的总压；(4) Ar、N_2 的分体积。

解：(1) 混合前后气体物质的量没有发生变化：

$$n_{Ar}=\frac{p_1V_1}{RT}=\frac{300\times10^3\times1.0\times10^{-3}}{8.314\times298}=0.12(mol)$$

$$n_{N_2}=\frac{p_2V_2}{RT}=\frac{60\times10^3\times2.0\times10^{-3}}{8.314\times298}=0.048(mol)$$

(2) Ar、N_2 的分压是它们各自单独占有 3.0 dm^3 时所产生的压强。

当 Ar 由 1.0 dm^3 增加到 3.0 dm^3 时，$p_{Ar}=\frac{p_1V_1}{V_{总}}=\frac{300\times1}{3}=100(kPa)$

当 N_2 由 2.0 dm^3 增加到 3.0 dm^3 时，$p_{N_2}=\frac{p_2V_2}{V_{总}}=\frac{60\times2}{3}=40(kPa)$

(3) 混合气体总压强：

$$p_{总}=p_{Ar}+p_{N_2}=100+40=140(kPa)$$

(4) Ar、N_2 的分体积：

$$V_{Ar}=V_{总}\times\frac{p_{Ar}}{p_{总}}=3\times\frac{100}{140}=2.14(dm^3)$$

$$V_{N_2}=V_{总}\times\frac{P_{N_2}}{P_{总}}=3\times\frac{40}{140}=0.86(dm^3)$$

2.1.1.3　气体扩散定律

1831 年，英国物理学家**格雷姆**（T. T. Graham）通过研究指出，同温同压下气态物质的扩散速度与其密度的平方根呈反比,这就是**气体扩散定律**(law of gas diffusion)。若以 u 表示扩散速度,ρ 表示密度,则有:

$$\frac{u_A}{u_B}=\sqrt{\frac{\rho_B}{\rho_A}} \tag{2-10}$$

将 $n=m/M$ 代入理想气体状态方程(2-1),并结合密度的定义 $\rho=\frac{m}{V}$,可得:

$$\rho=\frac{pM}{RT} \tag{2-11}$$

上式表明,同温同压下,气体的密度 ρ 与其相对分子质量 M 呈正比,所以式(2-10)可以写成:

$$\frac{u_A}{u_B}=\sqrt{\frac{M_B}{M_A}} \tag{2-12}$$

即同温同压下,气体的扩散速度与其相对分子质量的平方根呈反比。

因为气体的相对分子质量是容易得到的,所以式(2-12)是气体扩散定律的几种数学表达式中使用较多的一种。

2.1.2 真实气体

理想气体状态方程是忽略气体分子本身的体积和分子间的作用力,把**真实气体**(actual gas)近似地看成是理想气体而得到的。对某些相对分子质量较低的非极性气体(如 H_2、O_2、N_2、He)来说,在常温常压下能较好地符合 $pV=nRT$ 这一关系式,而对另一些气体[如 CO_2,SO_2,$H_2O(g)$等]将产生明显的偏差。原因则在于理想气体忽略了两个因素:①气体分子本身的体积;②气体分子之间的相互作用力。

对于真实气体,当温度降低和压强增大时,气体体积缩小,这时由于忽略气体分子本身体积所导致的偏差就会突出出来。气体分子组成越复杂、相对分子质量越大,其自身体积也就越大,因忽略而造成的偏差也会越大;同时,低温和高压下气体分子间的距离变小,忽略相互作用力造成的偏差也会越大。大量真实气体在降温和加压后可以转化为液体的事实,也正是真实气体和理想气体之间偏差的佐证。

真实气体偏离理想气体的状态变化规律的因素是很复杂的,无法直接推导出真实气体的状态变化规律,只有从实验中获得有关真实气体的状态变化的数据,通过对实验数据的分析来寻找规律,找到更为精确地适合于真实气体的状态方程。

荷兰物理学家范德华(V. D. Waals)考虑到真实气体分子体积和分子间引力的影响,对理想气体状态方程加以修正,建立了真实气体的状态方程。

2.1.2.1 真实气体分子模型(有吸引力钢性球模型)

实验和理论分析表明,气体分子间同时存在引力和斥力,当两分子相距较远时,主要表现为引力;当两分子非常接近时,主要表现为斥力;当两个分子间距 $r=r_0$($r_0\approx10^{-10}$ m)时,分子间的引力和斥力相平衡,分子间力为零,r_0位置叫做平衡位置。两分子间作用力随两分子中心间距离 r 的变化情况,如图 2-1 所示。

当两分子相互接近至 $r<r_0$时,则有 $f>0$,即分子间相互作用力迅速增大,阻止两者进一步靠近;两分子中心相距 d 时,斥力 $f\to\infty$,因此可把分子看做直径为 d(10^{-10} m 量级)的刚性球体。当$r>r_0$时，引力起主要作用。一般条件下$r \gg r_0$，因此分子之间主要表现为引力作用，但作用力很微弱。

根据分子间相互作用的特征，人们建立了比理想气体分子模型更接近实际气体分子的钢性球模型。

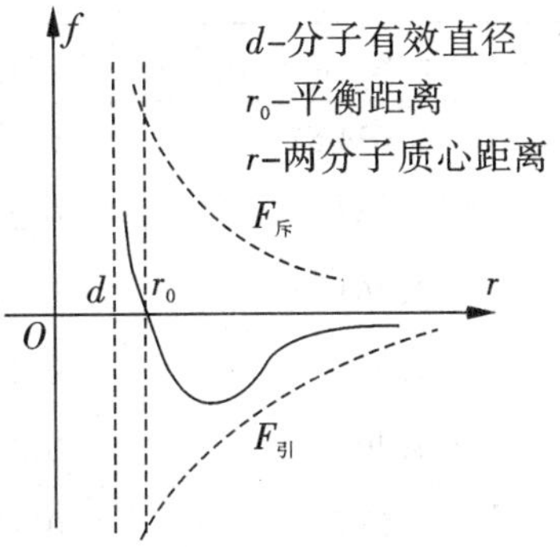

图2-1　气体分子间作用力示意图

2.1.2.2　真实气体状态方程

根据真实气体钢性球分子模型，对理想气体状态方程加以修正，建立新的真实气体方程。

(1)体积修正　真实气体因具有固有体积而使气体可被压缩的空间体积减小，只有从n(mol)真实气体的体积中减去分子自身的体积，才能得到相当于理想气体体积的自由空间，即$V-nb$，b为反映分子固有体积的修正量。所以理想气体状态方程可修正为：

$$p(V-nb)=nRT \tag{2-13}$$

(2)压强校正　当考虑气体分子间的引力时，分子对器壁的碰撞会受到影响，如图2-2所示。处于容器内的分子A，受到周围分子的引力作用是对称的，相互抵消了；而处于距器壁很近的分子B，由于周围分子分布不均匀，引力不能相互抵消，叠加的结果使B分子受到一个指向气体内部的合力F，从而减少分子B对器壁作用力。因此，实测气体压强p小于按理想状态方程推出的气体压强，式(2-13)应修正为：

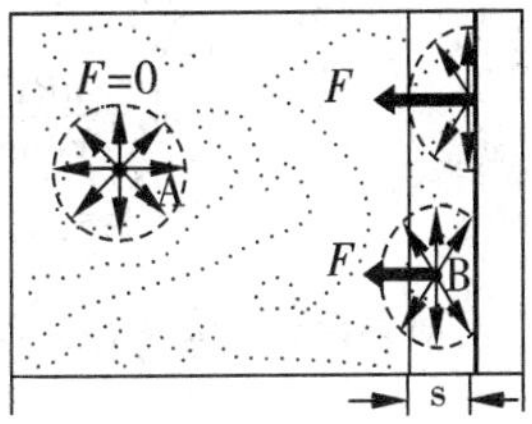

图2-2　分子间作用力示意图

$$(p+p_{内})(V-nb)=nRT \tag{2-14}$$

式中，$p_{内}$为分子间引力造成的修正。

研究表明，$p_{内}=\frac{n^2a}{V^2}$，a为反映分子间引力作用的修正量，将其代入式(2-14)，得到真实气体的状态方程，表达式为：

$$(p+\frac{n^2a}{V^2})(V-nb)=nRT \tag{2-15}$$

式(2-15)称为**范德华方程**。其中a、b为范德华常数，a与分子间相互作用力大小相关，b与分子本身的体积大小有关，均可由实验测定。一些气体的a、b如表2-1所示。

相比于理想气体状态方程，范德华方程能够在更广泛的温度和压强范围内得到应用，它对实际气体偏离理想气体的性质作出了定性解释，具有一定的理论和实际意义。虽然它还不是精确的计算公式，但计算结果却比较接近实际情况。

表 2-1　某些气体范德华常数

气体	$a/10^{-1}\times(Pa\cdot m^6\cdot mol^{-2})$	$b/10^{-4}\times(m^3\cdot mol^{-1})$	气体	$a/10^{-1}\times(Pa\cdot m^6\cdot mol^{-2})$	$b/10^{-4}\times(m^3\cdot mol^{-1})$
He	0.034 57	0.237 0	HCl	3.716	0.408 1
H_2	0.247 6	0.266 1	NH_3	4.225	0.370 7
Ar	1.363	0.321 9	NO_2	5.354	0.442 4
O_2	1.378	0.318 3	H_2O	5.536	0.304 9
N_2	1.408	0.391 3	SO_2	6.803	0.563 6
CO_2	3.640	0.426 7	C_2H_5OH	12.18	0.840 7

例 2-4　在 300 K 下,20.0 dm^3容器中装有 4.50 mol CO_2气体,分别按理想气体状态方程和范德华方程式计算气体的压强,并比较两者的相对误差。

解:由表 2-1 查得 CO_2 $a=0.364\ 0\ Pa\cdot m^6\cdot mol^{-2}$,$b=0.426\ 7\times10^{-4}\ m^3\cdot mol^{-1}$

$$p_1=\frac{nRT}{V}=\frac{4.501\times8.314\times300}{20.0\times10^{-3}}=5.61\times10^5(Pa)=561(kPa)$$

$$p_2=\frac{nRT}{V-nb}-\frac{n^2a}{V^2}=\frac{4.50\times8.314\times300}{20.0\times10^{-3}-4.5\times0.426\ 7\times10^{-4}}-\frac{4.50^2\times0.364\ 0}{(20.0\times10^{-3})^2}$$
$$=5.48\times10^5(Pa)=548(kPa)$$

两者相对误差为:$d=\frac{p_1-p_2}{p_2}\times100\%=\frac{561-548}{548}\times100\%=3.4\%$

2.1.3　气体的液化和临界温度

1869 年,安德留斯(T. Andrews)做过如下的实验:在一封闭管中装有液态 CO_2,将管加热,当温度达 304 K 时,液体和蒸汽的界面突然消失。高于此温度时无论加多大的压强,都无法再使气体 CO_2液化。这种现象在其他液体实验中同样也可以观察到。于是 Andrews 把能够以加压方法使气体液化的最高温度,称为临界温度(critical temperature,T_c);在临界温度下为使气体液化所需施加的最小压强,称为临界压强(critical pressure,p_c);物质在临界温度和临界压强下的摩尔体积,称为临界摩尔体积(critical molal volume,$V_{c,m}$)。由临界温度 T_c和临界压强 p_c决定的状态,称为临界状态(critical state)或临界点(critical point),在临界状态气、液两相性质差别消失。一些气体的临界参数见表 2-2。

一般分子间作用力小的气体,如 He、H_2、N_2 等,临界温度较低,难于液化;而分子间作用力大的气体,如 CO_2、Cl_2、H_2O 等,临界温度较高,甚至室温下加压即可液化。

表 2-2　一些气体的临界参数

气体	T_c/K	$p_c/10^5$ Pa	$V_{c,m}/10^{-5}(m^3 \cdot mol^{-1})$	气体	T_c/K	$p_c/10^5$ Pa	$V_{c,m}/10^{-5}(m^3 \cdot mol^{-1})$
He	5.1	2.28	5.77	CH_4	190.9	46.4	9.88
H_2	33.1	13.0	6.50	CO_2	304.1	73.9	9.56
Ne	44.4	27.3	4.17	NH_3	408.4	112.0	7.23
N_2	126.0	33.9	9.00	Cl_2	417.0	77.1	12.4
Ar	150.7	48.6	7.33	Br_2	584.0	103.0	13.5
O_2	154.6	50.8	7.44	H_2O	647.2	221.0	45.0

2.2　液态和溶液

2.2.1　液态

液态(liquid)是常见的物质聚集态,如人们生活用水、实验中各种溶剂、生产上所用的各种液态燃料等。液态物质没有固定的形状和显著的膨胀性,但有确定的体积、较好的流动性、一定的掺混性和一定的表面张力,其性质介于气态物质和固态物质之间。液体内部分子间的距离比气体小得多,分子间有较强的作用力。一定条件下,液体可汽化为气体,也可凝结为固体。

2.2.1.1　液体的蒸汽压

将液体置于密闭容器中,它将蒸发,液面上方的空间被液体分子占据,随着上方空间里液体分子个数的增加,蒸汽密度增加。当蒸汽分子与液面撞击时,又可重新进入液体中,这个过程叫**凝聚**(condensation)。当凝聚速度和蒸发速度相等时,上方空间的蒸汽密度不再改变,体系达到一种动态平衡,此时蒸汽压强不再变化,这时的蒸汽压为该温度下的饱和蒸汽压,简称**蒸汽压**(vapor pressure),用 p 表示。

由于液体分子的逸出是吸热的过程,温度升高,具有较高能量的分子数就增多,逸至气相的分子数亦增多,故蒸汽压随着温度升高而增加(图 2-3)。

蒸汽压是液体在气相和液相动态平衡时的特定性质,只要气、液两相同时存在,在温度一定时,不论气相或液相的数量是多少,蒸汽压的数值总是一定的。克劳修斯(R. Clausius)和克拉贝龙(B. P. É. Clapeyron)在大量实验事实基础上,得到蒸汽压与蒸发热及温度的关系,即**克劳修斯-克拉贝龙方程**(Clausius-Clapeyron equation)。

$$\ln p = \frac{\Delta_{vap}H_m}{RT} + B \qquad (2-16)$$

式中,p 为液体在温度 T 下的蒸汽压;$\Delta_{vap}H_m$ 为液体的摩尔蒸发热,单位是 $kJ \cdot mol^{-1}$;B 为与液体性质有关的常数。

根据式(2-16),可以计算任意温度下该液体的蒸汽压。但实际上常数 B 往往是未知

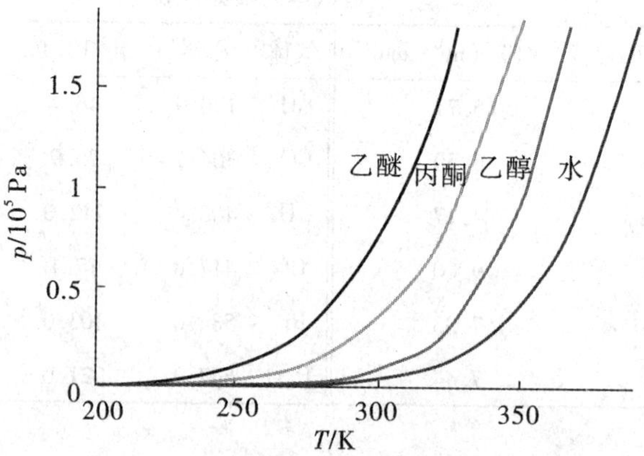

图 2-3 几种纯物质的蒸汽压与温度的关系

的,因此实际应用中常用式(2-17)代替:

$$\ln\frac{p_1}{p_2}=\frac{\Delta_{\mathrm{vap}}H_{\mathrm{m}}}{R}\left(\frac{1}{T_2}-\frac{1}{T_1}\right) \tag{2-17}$$

式中,p_1、p_2分别是液体在 T_1、T_2时的蒸汽压。

2.2.1.2 液体的沸点和凝固点

当液体的饱和蒸汽压与作用在液体表面的外压相等时,此时的温度称为该液体的**沸点**(boiling point)。液体的沸点高低,取决于液体表面的外部压强大小,控制外部压强的大小就可控制液体沸点的高低。例如,在 101.325 kPa 时,水的沸点是 100 ℃,而当水面的外部压强为 0.6105 kPa 时,0 ℃亦可成为水的沸点。一般所说的沸点,指的是 101.325 kPa 下的沸点,称为正常沸点,以 T_{b}表示。

科学家特鲁顿(F. T. Trouton)在研究了大量非极性液体的正常沸点与蒸发热关系基础上,提出一个近似、简单而有用的规则——**特鲁顿规则**(Trouton's rule),即对非极性液体(如除氦以外的稀有气体液化后的液体)来说,摩尔蒸发热与正常沸点之比是一个常数:

$$\frac{\Delta_{\mathrm{vap}}H_{\mathrm{m}}}{T_{\mathrm{b}}}\approx 88\ \mathrm{J\cdot mol^{-1}\cdot K^{-1}} \tag{2-18}$$

将纯物质液体降温时,液体分子的运动速率逐渐降低,到一定程度后,液体分子将采取定向排列变成固体,这一过程称为液体的**凝固**(solidification)。一定外压下,当液体凝固时,体系的温度保持不变,称为液体在此压强下的**凝固点**(freezing point, T_{f}),也称为固体的**熔点**(melting point)。对于纯物质而言,凝固点和熔点是相等的,是物质的重要性质,外压对其有一定影响。

2.2.2 溶液

溶液(solution)是由**溶质**(solute)和**溶剂**(solvent)两部分组成的均匀、稳定的均相体系。广义的溶液可以是气态、液态或固态,一般所说的溶液多指液态。

溶液中的溶质和溶剂只具有相对意义,通常将含量少或非液体的物质称为溶质,含量高的称为溶剂。对于含水的溶液,即使水的含量较少,也总是把水看做溶剂。物质在形成溶液时，往往伴随有能量和体积的变化，表明溶剂和溶质间发生了某些物理或化学变化，因此溶液与化合物的性质有些相似。另外，溶液中溶质和溶剂的相对含量在很大范围内是可变的，而且各个组分还保留原有性质，所以溶液又与混合物有些相似。

溶液的性质除了与溶质和溶剂的本性有关外，还与溶质与溶剂的相对含量密切相关。通常把一定溶液或溶剂中所含溶质的量称为溶液的浓度，它是表达溶液中溶质跟溶剂相对存在量的数量标记。因此，在任何涉及溶液的定量工作中都必须指明浓度。

2.2.2.1　溶液浓度的表示方法

溶液浓度的表示方法很多。根据不同的需要和使用标准，对于同一种溶液，它的浓度就有不同的表示方法。常用的有以下几种。

(1) 物质的量浓度(c_B)　溶质 B 的物质的量除以溶液的体积，称为 B 的**物质的量浓度**(amount of substance concentration)，可简称为浓度。其单位为 mol · dm^{-3}。

$$c_B = \frac{n_B}{V} \tag{2-19}$$

(2) 质量摩尔浓度(b_B)　溶质 B 的**质量摩尔浓度**(molarity)用 1 kg 溶剂 A 中所含溶质 B 的物质的量来表示。其单位为 mol · kg^{-1}。

$$b_B = \frac{n_B}{m_A} \tag{2-20}$$

例如 1 kg 水中溶解了 0.1 mol 的乙二醇[$C_2H_4(OH)_2$]，其质量摩尔浓度是 0.1 mol · kg^{-1}。

(3) 质量分数(w_B)　溶质 B 的质量与溶液的质量之比称为该物质的**质量分数**(mass fraction)，常用百分比形式描述，也称为质量百分比浓度。

$$w_B = \frac{m_B}{m_{溶液}} \tag{2-21}$$

(4) 摩尔分数(x_B)　溶液中溶质 B 的物质的量与溶液的总物质的量之比称为溶质 B 的**摩尔分数**(mole fraction)。

$$x_B = \frac{n_B}{n_{溶液}} \tag{2-22}$$

例 2-5　在 298.15 K 时，质量分数为 9.47% 的 H_2SO_4 溶液密度为 1.060 g · cm^{-3}，试求：H_2SO_4 质量摩尔浓度 $b(H_2SO_4)$、物质的量浓度 $c(H_2SO_4)$ 和摩尔分数 $x(H_2SO_4)$。

解：$b(H_2SO_4) = \dfrac{n(H_2SO_4)}{m(H_2O)} = \dfrac{m(H_2SO_4)/M(H_2SO_4)}{m(H_2O)} = \dfrac{w(H_2SO_4)}{w(H_2O) \times M(H_2SO_4)}$

$$= \frac{0.094\ 7}{(1-0.0947) \times 98.08 \times 10^{-3}} = 1.067(\text{mol} \cdot \text{kg}^{-1})$$

$$c(H_2SO_4) = \frac{n(H_2SO_4)}{V(溶液)} = \frac{m(H_2SO_4)/M(H_2SO_4)}{m(溶液)/\rho(溶液)} = \frac{w(H_2SO_4) \times \rho(溶液)}{M(H_2SO_4)}$$

$$= \frac{0.094\ 7 \times 1.060}{98.08 \times 10^{-3}} = 1.023(\text{mol dm}^{-3})$$

$$x(H_2SO_4) = \frac{n(H_2SO_4)}{n(H_2SO_4) + n(H_2O)} = \frac{m(H_2SO_4)/M(H_2SO_4)}{m(H_2SO_4)/M(H_2SO_4) + m(H_2O)/M(H_2O)}$$

$$= \frac{w(H_2SO_4)/M(H_2SO_4)}{w(H_2SO_4)/M(H_2SO_4) + w(H_2SO)/M(H_2O)}$$

$$=\frac{0.0947/98.08}{0.0947/98.08+(1-0.0947)/18.02}=0.0189$$

(5)体积比浓度(V/V)　用两种液体配制溶液时，为了操作方便，用一种液体或浓溶液的体积与另一种液体(通常是水)的体积的比值来表示溶液的浓度叫做体积比浓度。例如，配制 1∶4(V/V)的硫酸溶液，就是指 1 体积浓硫酸(98% 的 H_2SO_4)与 4 体积的水配成的溶液。体积比浓度不是法定单位，只在对浓度要求不太精确时使用。

2.2.2.2　稀溶液的依数性

溶液类型按溶质相对含量有稀溶液和浓溶液之分。稀溶液中，溶质对溶剂的作用力可忽略。稀溶液中的溶剂与纯溶剂相比，差异仅在于稀溶液中溶剂的摩尔分数较小。因此，相同溶剂、不同溶质但溶质的摩尔分数相同的稀溶液必然会具有一系列共同的性质，如蒸汽压下降、沸点升高、凝固点下降和渗透压等。这些性质均可以定量计算，其值大小只取决于一定量溶剂中实际存在的溶质质点数，而与溶质的本性无关，所以这一类性质是稀溶液的通性，又称为**稀溶液的依数性**(colligative property)，也称为稀溶液定律。

需要说明的是，电解质溶液和浓度较大的非电解质溶液，也具有蒸汽压下降、沸点上升、凝固点下降和渗透压等性质，但并不满足简单的定量关系。在本节中，我们只讨论非电解质稀溶液的依数性。

(1)蒸汽压下降　溶液的蒸汽压指一定温度下溶液挥发或蒸发的蒸汽在液面以上产生的气体压强。当把难挥发的非电解质溶入溶剂形成溶液后，单位液面上有部分被溶质分子所占据，因此，溶液表面在单位时间内蒸发的溶剂分子数目小于纯溶剂蒸发的分子数目。当单位时间内凝聚的分子数目与蒸发的分子数目相等时，溶液蒸气的密度和压强要小于纯溶剂的蒸气的密度和压强。也就是说溶液的饱和蒸汽压 p 小于纯溶剂的饱和蒸汽压 p^*，p^* 和 p 之间的差值 Δp 称为溶液的**蒸汽压下降**。

通过对难挥发的非电解质稀溶液的实验研究，1886 年法国化学家拉乌尔(F. M. Raoult)总结出一个经验规律：一定温度下，稀溶液中溶剂的蒸汽压 p 等于同温度下纯溶剂的蒸汽压 p^* 与溶液中溶剂的摩尔分数 x_A 的乘积，也被称作**拉乌尔定律**(Raoult law)。其数学表达式为：

$$p=p^*\times x_A \tag{2-23}$$

若 x_B 表示溶质的摩尔分数，则 $x_A=1-x_B$。将其代入式(2-23)，得：

$$p=p^*\times(1-x_B)$$

即：

$$p=p^*-p^*\times x_B$$

$$\Delta p=p^*-p=p^*\times x_B \tag{2-24}$$

所以拉乌尔定律也可以这样描述，难挥发非电解质稀溶液的蒸汽压降低值和溶质的摩尔分数呈正比，与溶质的种类无关。

拉乌尔定律是稀溶液性质中最基本的定律。严格而言，只有在溶质浓度趋于零的无限稀溶液，溶剂才能完全遵守该定律，但在稀溶液范围内，它还是近似成立的。

(2)凝固点降低　溶液的凝固点是指在一定外压时，溶液中溶剂的蒸汽压等于该纯溶剂固态的蒸汽压时的温度，或者说是溶液中纯固态溶剂开始析出时的温度。对于水溶液而言，就是指水开始变成冰析出时的温度。图 2-4 中标示了纯水(AA')、冰(AB)和水溶液

(BB')的蒸汽压与温度的关系曲线。从图 2-4 中可以看出，纯水和冰的蒸汽压曲线相交于 A 点，对应的温度即为纯水的凝固点 T_f^*；溶液蒸汽压曲线与冰的蒸汽压曲线相交于 B 点，对应的温度即是溶液的凝固点 T_f。显然，T_f小于 T_f^*，二者之差 ΔT_f 称为**凝固点降低**(freezing point lowing)，其产生的根本原因归结于蒸汽压的降低。实验还发现，凝固点的降低值 ΔT_f与溶质的质量摩尔浓度 b_B成正比。其数学表达式为：

$$\Delta T_f = T_f^* - T_f = K_f \cdot b_B \qquad (2-25)$$

式中，K_f为凝固点下降常数，它取决于溶剂的特性，而与溶质特性无关。表 2-3 列出了一些溶剂的凝固点下降常数。

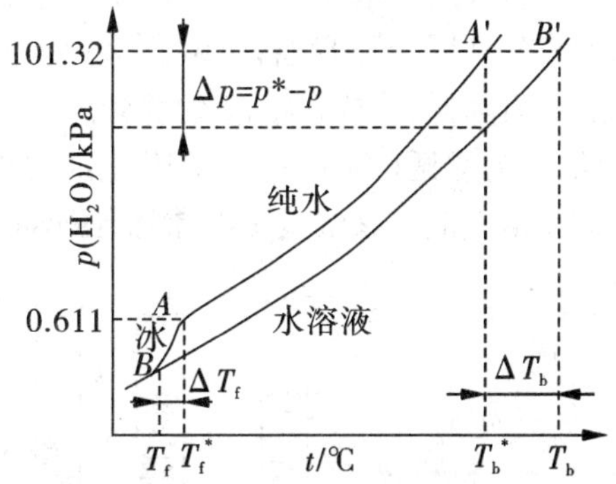

图 2-4　水、冰和水溶液的蒸汽压随温度变化

溶液凝固点下降应用很广，例如在汽车的水箱中常加入乙二醇、甘油等，在建筑和道路的水泥砂浆中加入食盐或氯化钙等，都是为了防止冬季冰冻现象产生危害。

(3)沸点升高　溶液的蒸汽压与外界压强相等时的温度称为溶液的沸点。由图 2-4 可看出，纯溶剂的饱和蒸汽压和难挥发性溶质的稀溶液蒸汽压都随温度升高而升高，在同一温度下，稀溶液的蒸汽压 p_b总是低于纯溶剂的蒸汽压 p_b^*，使沸点升高，二者之差 ΔT_b即为**沸点升高**(boiling point elevation)。沸点升高产生的根本原因也归结于溶液蒸汽压的降低，沸点升高值 ΔT_b与溶质的质量摩尔浓度 b_B呈正比。其数学表达式为：

$$\Delta T_b = T_b - T_b^* = K_b \cdot b_B \qquad (2-26)$$

式中，K_b为沸点升高常数，它与凝固点下降常数一样仅取决于纯溶剂的特性而与溶质特性无关。一些溶剂的沸点升高常数也列于表 2-3 中。

表 2-3　一些溶剂的凝固点下降常数和沸点升高常数

溶剂	凝固点/℃	K_f/(K·kg·mol^{-1})	正常沸点/℃	K_b/(K·kg·mol^{-1})
CH_3COOH	17.0	3.9	118.1	2.93
C_6H_6	5.4	5.12	80.2	2.53
$CHCl_3$	-63.5	4.68	61.2	3.63
CH_3OCH_3	—	—	56.5	1.71
$C_4H_{10}O$(乙醚)	—	—	34.4	2.16
H_2O	0.01	1.86	100.0	0.51

溶液沸点升高的例子应用也很广泛，在钢铁工件发黑处理工艺中所用的氧化液，因含氢氧化钠和亚硝酸钠等，所以加热至 140 ~ 150 ℃也不沸腾。

(4)渗透压　在 U 形管中，若将两种不同浓度的溶液直接混合在一起，通过扩散作用最终可形成均一浓度的溶液；若在 U 形管中间安置一个半透膜①，将高度相等的蔗糖溶液和纯水分别置于 U 形管两侧（图 2-5），放置一段时间，会发现蔗糖溶液的液面升高，而纯水的液面降低，这样在溶液端就会产生一个静水压强。这种溶剂透过半透膜进入溶液的现象，称为**渗透**（osmotic）。要阻止水的渗透，必须于蔗糖溶液端施加一定压强，这个压强数值就是溶液在该浓度下的**渗透压**（osmotic pressure），用符号 Π 表示，单位为 Pa。

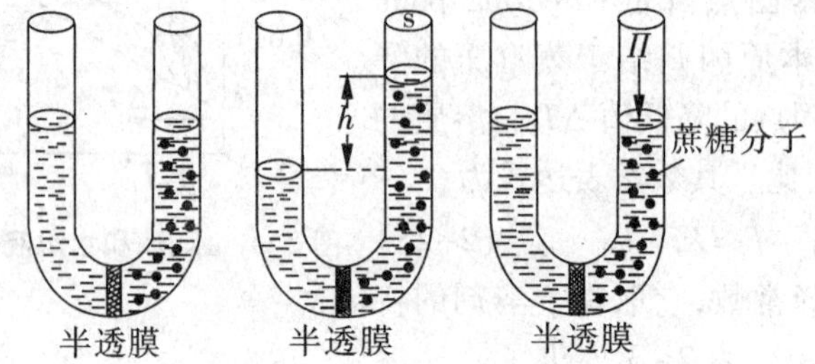

图 2-5　渗透现象和渗透压

凡是溶液都有渗透压。如果半透膜两边的溶液浓度相等，则它们的渗透压也相等，这种溶液称为等渗溶液；如果半透膜两边的溶液的浓度不同，其中浓度高的溶液渗透压大，浓度低的溶液渗透压低，那么高浓度的溶液称为高渗溶液，较低浓度的溶液称为低渗溶液。渗透压是溶液的一种性质，其大小可用渗透计测定。

荷兰物理化学家范特霍夫（J. H. Van't Hoff）于 1887 年提出渗透压的计算公式：

$$\Pi = cRT = \frac{n}{V}RT \tag{2-27}$$

式中，c 为溶液的物质的量浓度；T 为热力学温度；n 为溶质的物质的量；V 为溶液的体积；R 为摩尔气体常数。

由此方程可知，渗透压在一定温度下与溶液的浓度呈正比，而与溶质的本性无关。

渗透压在生物学中具有重要意义，它是水在生物体中运动的重要推动力。按式（2-27）计算，298.15 K、0.1 $mol \cdot dm^{-3}$ 的溶液的渗透压为 248 kPa，这个数值相当可观。一般植物细胞液的渗透压可达到 2 000 kPa，所以水分可以从植物的根部运送到数十米高的顶端。人体血液平均的渗透压约为 780 kPa，为保持人体渗透压在正常范围，对人体注射或静脉输液时，临床常用质量分数 5.0% 的葡萄糖溶液或 0.9% NaCl 的生理盐水，否则会导致溶血等严重后果。

例 2-6　测得 298 K 时某葡萄糖水溶液的渗透压为 248.0 kPa，试求：（1）溶液中葡萄糖的物质的量浓度 c；（2）沸点升高度数 ΔT_b；（3）凝固点下降度数 ΔT_f。

解：（1）由 $\Pi = cRT$

$$c = \frac{\Pi}{RT} = \frac{248 \times 10^3}{8.314 \times 298} = 0.100(mol \cdot dm^{-3})$$

---

① 半透膜是一种多孔性膜，只容许溶剂分子透过，而不容许摩尔质量大的溶质或胶体粒子透过，因此称为半透膜。动物的肠衣、膀胱膜、植物的细胞膜、羊皮纸、火胶棉等都是半透膜。

(2)稀溶液中溶液的体积近似等于水的体积,水的密度近似为1 $kg \cdot dm^{-3}$,所以在数值上 $c \approx b$,溶液中葡萄糖的质量摩尔浓度为0.100 $mol \cdot kg^{-1}$。

查表2-3知水的 $K_b = 0.51\ K \cdot kg \cdot mol^{-1}$

故 $\Delta T_b = K_b \cdot b = 0.51 \times 0.100 = 0.051(K)$

(3)由表2-3可知,水的 $K_f = 1.86\ K \cdot kg \cdot mol^{-1}$

故 $\Delta T_f = K_f \cdot b = 1.86 \times 0.100 = 0.186(K)$

2.3　等离子体

1879年,英国物理学家克鲁克斯(S. Crookes)在研究放电管中电离气体的性质时,首次提出了物质的第四种聚集态——等离子体。20世纪60年代起,等离子体化学兴起并引起化学界的极大兴趣。等离子体物理的发展为材料、能源、信息、环境空间、空间物理和地球物理等科学的进一步发展提供新的技术和工艺。现在人们已经掌握利用经过巧妙设计的磁场来捕捉、移动和加速等离子体。

等离子体(plasma)又叫做电浆,即电离了的"气体"。其中包括了离子、电子、原子和分子,并呈现出高度激发的不稳定态。它是除固态、液态、气态外,第四种物质聚集状态。与前三类聚集态相比,人们对等离子体相对陌生,但就整个宇宙来说,等离子态却是物质的一种普遍存在形式,如天空中被雷电离的饱含水汽的空气云团,太阳和其他某些恒星的表面高温气层中,都存在着大量的等离子体,它占了整个宇宙的99%。在我们周围等离子体现象也是大量存在,如较高温度的火焰和电弧中的高温部分、耀眼的闪电、绚丽多彩的极光以及霓虹灯中的辉光放电等。

随着温度升高,物质可由固态变为液态,再变为气态。若采取某种手段,如加热、放电等,将会使气体粒子的热运动加剧,粒子之间发生强烈碰撞,大量原子或分子中的电子电离出来。当温度高达 $10^6 \sim 10^8$ K时,所有气体原子全部电离。无论全部电离还是部分电离,电离出的自由电子总的负电量与正离子总的正电量相等,把这种高度电离的、宏观上呈中性的气体叫等离子体。以水为例,其可存在的状态如图2-6所示。

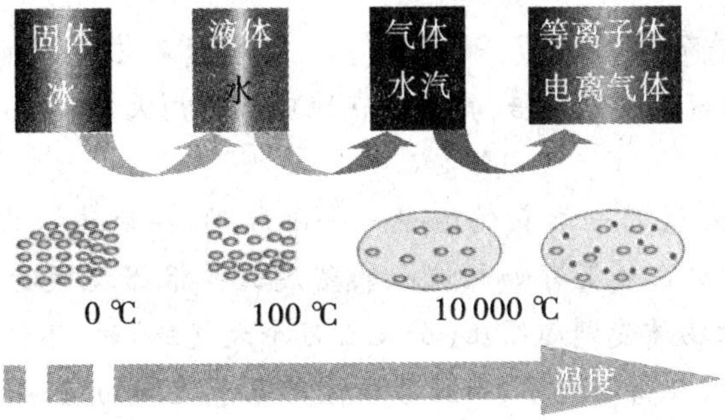

图2-6　水的四种存在状态示意图

等离子体具有如下几个基本特性。

(1)导电性 由于存在带负电荷的自由电子和带正电荷的离子,所以等离子体具有良好导电性。

(2)受磁场的影响 等离子体是有带电粒子组成的导电体,外加磁场可以控制等离子体的位置、形状和运动。

(3)与带电粒子相互作用 带电粒子做定向运动会引起电流,产生电磁场,电磁场要影响其他带电粒子的运动,并伴随着极强的热辐射和热传导。

(4)电中性 在一定时间和空间内,等离子体内,正负电荷总数是相等的,整体呈现电中性。

(5)活泼的反应性 等离子体内富集了分子、激发态原子、离子、电子及自由基,因此产生相应的高活性物种,易于参加各种化学反应。

等离子体可按照体系内重粒子温度高低分为高温和低温等离子体两种。如开启日光灯后,气体因放电而产生等离子体,其中电子温度可达到 10^4 K 以上,正离子温度和室温差不多,而灯管温度也和室温差不多。若分别以 T_e、T_i和 T_g表示电子温度、离子温度和中性粒子温度,则当 $T_e=T_i$时,称为热等离子体或高温等离子体,这类等离子体电子温度和粒子温度都很高,一般为$(5\times10^3)\sim(2\times10^4)$ K。当 $T_e\gg T_i$时,称为冷等离子体或低温等离子体,这类等离子体电子温度高达 10^4 K,而重粒子温度却为 300~500 K。相对而言,低温等离子体具有更加广泛意义,已应用于多种生产领域,例如,等离子电视、婴儿尿布表面防水涂层、蚀刻电脑芯片等。

人们对等离子体的研究迄今已经有一个世纪的历史。从 20 世纪 50 年代以来,研究的内容和范围越来越宽,已经渗透和跨越了化学、物理学、气体动力学、电磁学等学科内容,并发展成一门新兴的交叉学科。与此同时,等离子体的应用技术也取得了快速发展,已从早期仅作为导电流体、高能量密度热源的应用,发展成多门类的等离子体应用技术。等离子体已经在化学合成、薄膜制备、表面处理和精细化学加工等广泛领域内取得了重要的应用成果。

2.4 超密态

在通常状况下,铁的密度是 7.9 g/cm^3,为普通岩石密度的两倍多。铂的密度是 21.5 g/cm^3,约为铁的密度的 2.8 倍,其密度在地球上可谓大矣。然而,在宇宙中有些天体的密度却大得惊人。

20 世纪 20 年代发现的一类新的恒星——白矮星,按地球引力计算,其中心密度为 100 t/cm^3 左右。为什么白矮星有如此惊人的密度呢?根据现代物理学和现代化学的研究,原来组成白矮星的物质受到超高压(如几百万个大气压)时,不仅分子之间的空隙以及原子之间的空隙早已被压得消失了,而且原子核与电子之间的空隙(原子核的体积只占整个原子体积的几千亿分之一,因此原子内是十分敞空的)也被压得几乎没有了。这时,电子全部被压进原子内层,电子壳层不复存在,其密度几乎接近原子核的密度,故白矮星的密度大得惊人。

但是,密度最大的天体要算另一类恒星——中子星。1939 年美国物理学家奥本海默根据广义相对论研究了中子星的结构，指出中子星是几乎完全由中子组成的天体。在该天体中，由于超高压的作用，原子核外的电子99%被压进原子核，与核内质子结合形成了中子。根据地球引力计算，中子星的密度为10亿吨/cm^3左右。如此之高的密度，实在使人难以相信，无法想象。如果超高压的作用把地球和月球分别压成中子星，那么地球的直径只有200 m左右，月球的直径则只有2.5 m左右。一粒小桃核那么小的中子星物质，需要10万艘万吨级巨轮才能拖动它。

像白矮星和中子星这样超高密度的物质已与一般固体迥然不同，故被称为超固体，其物质形态称为超密态(super-dense state)。如果超固体几乎全部由中子组成(如中子星)则被称为中子态。中子星以脉冲形式辐射出强烈的电磁波，自20世纪60年代以来，宇宙中已发现的中子星有300多颗。

阅读材料

气体研究的历史

伽利略(Gallili Galileo，1564—1642，意大利科学家)：水泵最多只能把水提升32英尺(1638)。

托里切利(Evangelista Torricelli，1608—1647，意大利物理学家)：伽利略的助手和忘年交，发明水银气压计(1643)，又称为"托里切利管"。

罗波瓦尔(Gilles Personne de Roberval，1602—1675，法国数学家)：鱼膘实验(1647)。

居里克(Otto von Guericke，1602—1686，德国物理学家)：拉铁球实验(1654)。

波义耳(Robert Boyle，1627—1691，英国化学家和物理学家)：提出气体体积与压强的关系(波义耳定律，1662)，著有《怀疑的化学家》，被称为"最后的炼金家"。

帕斯卡(Blaise Pascal，1623—1662，法国数学家)：发现大气压随地面高度而变化(1648年完成，1663年发表)。

马约(John Mayow，1641—1679，英国化学家和医生)：发现空气由两种不同物质组成(老鼠-蜡烛实验，1674)。

马里奥特(Edmé Mariotte，1620—1684，法国物理学家)：独立发现压强-体积关系规律(1676)，在法国称为"马里奥特定律"，其他地方称为"波义耳定律"。

华伦海特(Daniel Gabriel Fahrenheit，1686—1736，德国物理学家)：提出华氏温标(1714)。

伯努利(Daniel Bernoulli，1700—1782，法国数学家)：对气体分子运动理论的统计处理(1733)。

摄尔修斯(Anders Celsius，1701—1744，瑞典天文学家)：提出摄氏温标(1742)。

查理(Jackues-Alexandre Charles，1746—1823，法国物理学家和数学家)：通过实验证明，在相同的温度变化下，不同气体的体积增加量相同(查理定律，1787)。

道尔顿(John Dalton，1766—1844，英国化学家和物理学家)：建立混合气体分压定律(道尔顿分压定律，1801)。

盖-吕萨克(Joseph Louis Gay-Lussac，1778—1850，法国化学家和物理学家)：发现在压

力不变的情况下,气体体积的变化正比于温度的变化(盖-吕萨克定律,1802),总结了气体化合体积定律,指出道尔顿原子论的不足。

阿伏伽德罗(Amedeo Avogadro,1776—1856,意大利科学家):不管体系的压力和温度怎样,所有相同体积的气体具有相同数目的分子,即阿伏伽德罗常数(1812)。

格雷姆(Thomas Graham,1805—1869,苏格兰物理学家):发现气体扩散定律(格雷姆定律,1831)。

本章要点

物质的常见几种聚集态:气态、液态、固态和等离子态。

气体的明显特征:扩散性、可压缩性和无限的掺合性。

理想气体的基本假设:分子本身不占有体积,分子间无相互作用力。

理想气体定律(理想气体状态方程):$pV=nRT$。

混合气体分压定律(道尔顿分压定律):$p_{总} = \sum p_i$。

混合气体分体积定律:$V_{总} = \sum V_i = \sum n_i(\frac{RT}{p_{总}})$。

气体扩散定律:$\frac{u_A}{u_B} = \sqrt{\frac{\rho_B}{\rho_A}} = \sqrt{\frac{M_B}{M_A}}$。

真实气体状态方程(范德华方程):$(p+\frac{n^2a}{V^2})(V-nb)=nRT$。

稀溶液的依数性:稀溶液的一些共同性质,其值大小只取决于一定量溶剂中实际存在的溶质质点数,而与溶质的本性无关。常用的依数性包括:蒸汽压下降、凝固点降低、沸点升高和渗透压等。

拉乌尔定律:$\Delta p=p^*-p=p^*\times x_B$;凝固点降低:$\Delta T_f=T_f^*-T_f=K_f\times b_B$;

沸点升高:$\Delta T_b=T_b-T_b^*=K_b\times b_B$; 渗透压:$\Pi = cRT$。

等离子态是电离了的“气体”。其中包括离子、电子、原子和分子,并呈现出高度激发的不稳定态。

习题

1. 在相同温度和压力下的 Ne、N_2、CH_4 三种气体中,哪一个更接近理想气体?为什么?

2. 在体积为 V 的容器中盛有物质的量分别为 n_A 和 n_B 的 A、B 混合气体,则其中:

(1) A 组分的分压为 $p_A=\frac{n_ART}{V_A}$ 还是 $p_A=\frac{n_ART}{V_{总}}$,为什么?

(2) A 组分的分体积为 $V_A=\frac{n_ART}{p_A}$ 还是 $V_A=\frac{n_ART}{P_{总}}$,为什么?

3. 两种气体的摩尔质量分别为 M_1 和 M_2($M_1<M_2$),在相同体积、压强和温度下,比较下面物理量的大小:(1)质量 m_1 和 m_2;(2)物质的量 n_1 和 n_2;(3)密度 ρ_1 和 ρ_2。

4. 在儿童节当天,有人在公园向孩子们推销卡通氢气球。其所用氢气发生器为双筒型氢气机,自身尺寸为 60 cm×45 cm×20 cm,所用原料为铝粉、水和氢氧化钠固体,其反应式为:

$$2Al+6H_2O+2NaOH = 2NaAlO_2+3H_2\uparrow+4H_2O$$

若一次投料铝粉 0.27 kg,氢氧化钠过量,问 30 ℃和 1 标准大气压下能充多少个氢气球?(氢气球体积为 10 dm^3。不考虑反应过程的发热,要考虑氢气机的自身体积)。

5.0.059 4 g Zn-Al 合金，与过量的稀硫酸作用放出氢气，在 300 K、100 kPa 水面上收集到气体 40.0 cm^3，求该合金的组成。

6.已知 1.0 dm^3 某气体在标准状况下，质量为 0.748 g，试计算：(1)该气体的平均相对分子量；(2)290 K和 212 kPa 时该气体的密度。

7.在寒冷的北方，一个容积为 450 m^3 的房子内，早上室温为 12 ℃，下午室温升至17 ℃。假定气压不变，则从早上到下午，有多少体积空气跑出房子？

8.容器内装有温度为 310 K，压强为 1.00×10^6 Pa 的氧气 100 g，由于漏气，经过若干时间后压强降为原来的一半，温度降为 300 K。试计算：(1)容器的容积为多少？(2)漏出的氧气多少克？

9.在一定温度下，有一容器中充满 140 g 的 N_2 和 30 g 的 H_2，在总压为 1.42×10^6 Pa 时开始反应，计算：(1)反应前各组分分压是多少？(2)反应一段时间后，原料气有 9% 参加反应，则此时各组分分压和总压是多少？

10.在温度为 300 K，压强为 100 kPa 条件下，100 cm^3 水煤气所含成分如下：CO 为 60%，H_2 为 10.0%，其他组分占 30.0%(均为体积百分数)，求：(1)CO 和 H_2 的初压；(2)CO 和 H_2 的物质的量。

11.相对湿度定义为某一温度下，空气中水蒸气的分压与同温度下应有的饱和蒸汽压之比。试计算 303 K、80% 湿度时，每立方分米空气中含水蒸气的质量(303 K 时水的蒸汽压为 42.429×10^2 Pa)。

12.试用稀溶液依数性解释下列现象。

(1)在冰冻的雪地撒些草木灰，雪较易融化。

(2)施肥过多会引起作物凋萎。

(3)海水较河水难结冰。

13.在 30 ℃时，当 6 g 某非挥发性有机物溶于 120 g 丙酮(CH_3COCH_3)时，其蒸汽压下降至 3.56×10^4 Pa，试求此有机物的相对分子质量(30 ℃时，丙酮的饱和蒸汽压是 3.73×10^4 Pa)。

14.取 2.5 g 果糖($C_6H_{12}O_6$)溶于 100 g 乙醇中，乙醇的凝固点下降了 0.225 K；另一物质 1.50 g 溶于 100 g 乙醇中，乙醇的凝固点下降了 0.230 K。已知，乙醇的 $K_b=1.22\ K\cdot kg\cdot mol^{-1}$。求：

(1)该物质的乙醇溶液的 ΔT_b 是多少？与 ΔT_f 值比较，能得出什么结论？

(2)在 303 K 时，该物质的乙醇溶液的渗透压约为多少 kPa？

15.人的血浆凝固点为 272.6 K，计算在正常体温(310 K)时人血浆的渗透压。(已知：血浆的 $K_f=1.86\ K\cdot kg\cdot mol^{-1}$，血浆密度 $\rho\approx1.05\ kg\cdot dm^{-3}$)

16.将 10 g 葡萄糖($C_6H_{12}O_6$)和甘油($C_3H_8O_3$)分别溶于 100 g 水中，问：

(1)所得的各溶液的凝固点为多少？

(2)各溶液的正常沸点为多少？

(3)各溶液在 25 ℃时的渗透压为多少？

17.将下列水溶液按沸点的高低顺序排列。

(1)0.1 $mol\cdot Kg^{-1}$ CH_3COOH　(2)1 $mol\cdot Kg^{-1}$ H_2SO_4　(3)1 $mol\cdot Kg^{-1}$ NaCl

(4)1 $mol\cdot Kg^{-1}$ $C_6H_{12}O_6$　(5)0.1 $mol\cdot Kg^{-1}$ $CaCl_2$　(6)0.1$mol\cdot Kg^{-1}$ NaCl

18.由于食盐对草地有损伤，因此有人建议用化肥如硝酸铵或硫酸铵代替食盐来融化人行道旁的冰雪。下列化合物各 100 g 溶于 1 kg 水中，问哪一种冰点下降最多？若各0.1 mol溶于 1 kg 水中，哪一种冰点下降最多？

(1)NaCl　(2)NH_4NO_3　(3)$(NH_4)_2SO_4$

第3章　化学热力学初步和化学平衡

人们在研究化学反应时常常有几个基本问题要考虑：给定的几种物质能否发生化学反应生成感兴趣的新物质？如果反应能够发生，那么它是吸热的还是放热的？吸收（或放出）的热量是多少？外界条件对这个反应有什么影响？这个反应在一定外界条件下能进行到什么程度？这些问题都属于化学热力学的研究范畴。

热力学（thermodynamics）是研究各种能量（如热能、电能、化学能等）在宏观过程中相互转换规律的科学。它建立在热力学第一定律和热力学第二定律的基础上，研究对象是大量质点组成物质的宏观性质，而不考虑物质的微观结构，得到的结论具有普适性。

热力学与化学结合在一起，使用热力学的理论和方法研究化学，就产生了**化学热力学**（chemical thermodynamics）。化学热力学涉及的内容非常广泛，本课程中只能简单介绍化学热力学的基本概念、理论和应用方法，以求通过本章的学习，能够解释相关的无机化学现象。至于更进一步的、严格的理论推导，将在后续课程中学习。

3.1　基本概念

3.1.1　体系和环境

在热力学中，根据研究的需要，把一部分物质与其他部分人为划分开，作为研究对象。这种被划分出来的物质称为**体系**（system），体系之外的物质则统称为**环境**（surrounding）。例如，我们研究密闭容器中进行的H_2的燃烧反应，则容器中的H_2和O_2为体系，除此之外的部分，包括容器内其他的气体、容器本身以及容器外的所有物质均为环境。从广义而言，环境包括体系之外的所有物质。不过在热力学中，环境一般特指体系之外而与体系密切相关的部分。

必须注意的是，体系和环境完全是根据研究目的而人为划分的，体系和环境之间不一定存在明显的界面。在上面的例子中，作为环境的容器与体系（H_2、O_2）之间有明显的界面（容器壁），而同样作为环境的容器内的其他气体，则与体系密不可分，不存在实际的界面。

脱离环境的体系是不存在的，任何体系与环境之间都存在各类相互作用，这种相互作用的差别，决定了体系的类型。热力学中，主要根据体系与环境之间的物质和能量交换关系，将体系分为以下三类：①**敞开体系**（open system），指体系和环境之间既有能量交换又有物质交换；②**封闭体系**（closed system），指体系和环境之间只有能量交换，而没有物质交换；③**孤立体系**（isolated system），指体系和环境之间既没有能量交换，又没有物质交换。

例如，在一敞口烧杯中盛满热水，以热水为体系则是一敞开体系，因为随着时间推移，体系冷却向环境放热（能量交换），同时又不断有水蒸气逸出（物质交换）。若在烧杯上加一密封盖子，水蒸发不出去，则杜绝了体系与环境之间的物质交换，但体系温度仍然会下降，说明体系与环境之间仍存在能量交换，因此此体系为封闭体系。而若将烧杯换成一理想的保温瓶，杜绝了能量交换，就得到了一个孤立体系。

在三类体系中，研究中最常用的是封闭体系，大多数化学反应都是近似于在封闭体系中进行的。以后课程中提到的热力学体系，未经特殊说明的，均是指封闭体系。

热力学体系中进行的一切变化，都称为**热力学过程**(thermodynamic process)，或者简称**过程**(process)。如气体的压缩与膨胀、液体蒸发、化学反应等，都可认为是热力学过程。在化学热力学中，常见的过程包括以下几种。

等温过程(isothermal process)：体系的变化是在等温条件下进行的，即变化前后体系温度相同。液体的蒸发一般都是等温过程。

恒压过程(isobar process)：体系的变化是在压强恒定的条件下进行的，即在变化过程中，体系压强保持恒定不变。在敞口容器中进行的化学反应都可认为是恒压过程。

恒容过程(isovolumic process)：体系的变化是在体积恒定的条件下进行的，即在变化过程中，体系体积保持恒定不变。在封闭反应器中进行的各类化工生产反应是可认为是恒容过程。

3.1.2　状态和状态函数

在一定条件下，体系以一定的形式存在，此时体系具有确定的宏观物理性质和化学性质，这时就说体系处于一定的**状态**(state)。体系的状态是体系全部性质的体现，可以由一系列宏观物理量加以表征，这些物理量称为体系的**状态函数**(state function)。

例如，对于理想气体，可以通过物质的量(n)、压强(p)、体积(V)和温度(T)加以描述，这些物理量就是理想气体的状态函数，已知某理想气体体系在某时刻的这些状态函数值，就可以充分描述理想气体此时的性质。

对于体系而言，状态一定，则相应的状态函数就具有确定的值。例如 1 mol 理想气体的标准状况，对应于 $n=1$ mol、$p=1.013\ 25\times10^5$ Pa、$V=22.41$ dm^3、$T=273.15$ K，这些物理量就确定了体系的状态。反之，若体系的状态函数都具有确定的值，则体系必定也处于一个确定的状态。

体系的各个状态函数之间并不是独立无关的，它们之间往往存在一定的联系。理论和实验研究的目的之一就是确定状态函数之间的联系，从而可以由一部分已知的状态函数推导出其他的未知的状态函数。对于理想气体而言，几个状态函数之间的联系就是著名的理想气体状态方程：$pV=nRT$，已知其中任意三个，就能够确定第四个。

另外，体系状态一旦发生变化，即发生热力学过程，则状态函数也随之而变。在热力学中，把热力学过程发生前体系的状态称为**始态**或**初态**(initial state)，热力学过程发生后体系的状态称为**终态**或**末态**(final state)。

状态函数具有一个重要的特征：在热力学过程中，状态函数的变化值只与始态和终态有关，而与具体的变化途径无关。例如，某体系初始温度为 300 K，经过一个热力学过程后变成 350 K，则无论该体系是从 300 K 直接加热到 350 K，还是先加热到 370 K，再冷却到 350 K，状态函数 T 的变化量都是 350 K-300 K=50 K，即 $\Delta T=T_{终态}-T_{始态}$，与变化途径无关。特别地，如果体系的终态与始态相同，即体系经过一系列变化，又变回了初始状态，则所有的状态函数变化量都等于零。

3.1.3 热和功

除了孤立体系外,体系与环境都存在着不同形式的能量交换。在热力学中,把体系与环境之间由于存在温差而传递的能量称为**热**(heat),习惯上用 Q 表示。除热以外,以其他形式传递的能量统称为**功**(work),用 W 表示。Q 和 W 的单位与能量的单位相同,为焦耳(J)或千焦(kJ)。

根据 IUPAC 规定①,W 和 Q 的符号均以体系的得失能量为标准。若体系吸热,或者环境对体系做功,则表明体系获得能量,相应 $Q>0$,$W>0$;而如果体系放热,或者体系对环境做功,则表明体系失去能量,相应 $Q<0$,$W<0$②。

热和功是体系与环境传递能量的两种形式,因此只有在热力学过程中才能体现出来(如果体系的状态保持不变,则意味着体系和环境没有发生相互作用,也就没有热和功),这意味着热和功不是体系的状态函数,不能说某个状态下体系具有多少的功或多少的热。另外,这也意味着一个热力学过程中发生的热和功与体系的具体变化方式密切相关,不能仅由体系的初态和终态确定。

功的形式有许多种,在化学热力学中,涉及较广的是由于体系体积发生变化克服外力作用而与环境交换的功,这种功称为**体积功**(volume work)或**膨胀功**(expension work)。其他形式的功称为**非体积功**③,如机械功、电功等。对于恒外压的体系(几乎所有的化学反应都是这样的),则体积功可由如下公式确定:$W=-p_{外}\Delta V$,其中 $p_{外}$ 为环境压强,ΔV 为过程前后体系体积的变化量。

3.1.4 热力学第一定律

19 世纪以来,人们通过对大量的实践经验总结,逐渐建立了质朴的能量守恒思想,即在任何过程中能量既不会无中生有,也不会凭空消失,而只能从一种形式转化为另一种形式,或从一个物体转移到另一个物体,在转化或转移过程中能量的总值不变。有的化学反应,如火药爆炸、燃料燃烧、浓硫酸稀释等,会放出大量的热,这些能量必定是体系物质原有的能量转化而来;而另一些化学反应,如石灰石分解、石油的裂解、NH_4NO_3溶解等,则会吸收热量,这些热量必然变成了体系物质内部的能量。体系内各种物质的微观粒子都在不停地运动和相互作用着,包含了各种形式的能量,由此人们提出了热力学能的概念。

热力学能(thermodynamic energy)又称为**内能**(internal energy),是体系内一切能量之和,它包括体系内分子的平均动能、分子间吸引和排斥产生的势能、分子内部振动能、分子转动能、组成分子的原子间键能、电子运动能、核子作用能等,但是不包括体系整体的动能

---

① IUPAC 全称是国际理论和应用化学联合会(International Union of Pure and Applied Chemistry),是一个国际性组织,负责推荐全世界统一使用的化学术语、化学符号、单位和正负号使用习惯等。

② 以往习惯规定体系对环境做功时 $W>0$,与最新标准规定相反。部分参考书和相关资料仍采用此习惯规定,阅读时须注意区分。

③ 有的资料称非体积功为有用功,这只是一种习惯叫法,并不意味着体积功是“无用”的。

和势能。热力学能用符号 U 表示,单位常用 kJ。

热力学能 U 显然是体系的状态函数,体系状态一旦确定,则 U 确定。由于 U 组成的复杂性,具体体系 U 的绝对值目前尚无法确定。但是,在具体的热力学过程中,人们关心的是热力学能的变化量 ΔU(简称**热力学能变**,thermodynamic energy change),而这是可以测定的。

对于一个封闭体系,当其经历了一个热力学过程,从一个状态变化到另一个状态时,体系从环境中吸热 Q,同时环境对体系做功 W,能量交换的结果使得体系的热力学能从 U_1 变化到 U_2。则根据能量守恒,体系热力学能的变化量 ΔU 应该满足①:

$$\Delta U = U_2 - U_1 = Q + W \tag{3-1}$$

这个关系式称为**热力学第一定律**(the first law of thermodynamics),它表明体系的热力学能变化量等于体系从环境中吸收的热与环境对体系所做的功之和。这实质上就是能量守恒定律在热力学中的应用。热力学第一定律是热化学的基础。

例 3-1　已知一理想气体体系初始体积 2.0 dm^3,压强 100 kPa,向环境释放 200 J 的热量后,压强保持不变,而体积逐渐缩小到 1.0 dm^3,请计算此过程中体系的热力学能变化量。

解:由于体系向环境放热,根据符号规定,$Q=-200$ J

$\Delta V = 1.0-2.0 = -1.0\ dm^3$,$p_{外}=100$ kPa,因此 $W=-p_{外}\Delta V=-100\times10^3\times(-1.0\times10^{-3})=100(J)$

根据符号规定,此时是环境对体系做功,因此 $W>0$,计算结果与此相吻合。

根据热力学第一定律,$\Delta U = U_2 - U_1 = Q + W = -200+100 = -100(J)$

3.2　热化学

在化学反应中,随着反应的进行,原有的化学键不断断裂,同时新的化学键不断生成,在此过程中不断发生着能量变化,这种化学反应中的能量变化现象称为**化学反应热效应**(thermal effect),对此进行研究的化学热力学分支称为**热化学**(thermalchemistry)。

热化学的研究有着重要的现实意义。现代人类生活的一举一动,都离不开各种燃料燃烧时放出来的能量,对燃料的燃烧能放出多少能量,人们一直是非常感兴趣的,这些化学反应的热效应在某种程度上甚至比化学反应本身更重要。热化学提供了对这些反应的热效应的精确描述。

3.2.1　反应热

在热化学中,对化学反应热效应进行了严格定义:当化学反应结束时体系的温度与反应前体系相同,且体系不做非体积功,此时体系吸收或放出的能量,称为该化学反应的**反应热**(reaction heat)。反应热也用 Q 表示,单位是 J 或 kJ。

根据热力学中对 Q 符号的规定,对于吸热反应 $Q>0$,而对于放热反应 $Q<0$。

---

①　由于 W 的符号规定不同,有的资料对此关系式表示为 $\Delta U = Q - W$。

由于 Q 不是体系的状态函数，因此体系的反应热与化学反应的具体方式密切相关，下面讨论两种常用的反应热。

3.2.1.1 恒容反应热

在恒容过程中进行的化学反应，其伴随的反应热称为**恒容反应热**(heat of reaction at constant volume)，常用 Q_V表示，下标 V 代表恒容过程。

根据热力学第一定律，在此过程中，有：

$$\Delta U = Q_V + W$$

由于体系不做非体积功，而恒容过程中体积功 $W = -p_{外}\Delta V = 0$，因此：

$$Q_V = \Delta U \tag{3-2}$$

由此得到结论，恒容反应热 Q_V在数值上等于体系的热力学能变 ΔU。换句话说，在恒容过程中，反应热完全来自于体系热力学能的改变。

根据符号的规定，若反应后体系 U 增加，即反应的 $\Delta U>0$，则 $Q_V>0$，反应为吸热反应；反之反应的 $\Delta U<0$，则 $Q_V<0$，反应为放热反应。

3.2.1.2 恒压反应热

恒容反应热 Q_V与 ΔU 直接相关，具有较强的理论意义。但事实上，大多数化学反应都可认为是在恒压过程中进行的，此时的反应热称为**恒压反应热**(heat of reaction at constant pressure)，常用 Q_p表示，下标 p 代表恒压过程。相比之下，Q_p更具有现实意义。

根据热力学第一定律，在恒压过程中，有：

$$\Delta U = Q_p + W \tag{3-3}$$

体系不做非体积功，体积功 $W = -p_{外}\Delta V = -p_{外}(V_2 - V_1)$，由于是恒压过程，体系的初始压强 p_1 = 体系的终止压强 $p_2 = p_{外}$，因此：

$$W = -(p_2V_2 - p_1V_1) \tag{3-4}$$

将式(3-4)代入式(3-3)，并加以变形，可得：

$$Q_p = \Delta U - W = (U_2 - U_1) + (p_2V_2 - p_1V_1) = (U_2 + p_2V_2) - (U_1 + p_1V_1) \tag{3-5}$$

定义一个新的热力学函数 $H \equiv U + pV$，则可以将式(3-5)变形为：

$$Q_p = H_2 - H_1 = \Delta H \tag{3-6}$$

由于 U、p、V 都是体系的状态函数，因此 H 必然也是体系的状态函数，在热力学中把这个状态函数称为**焓**(enthalpy)。ΔH 则是化学过程中体系焓 H 的变化量，简称为**焓变**(enthalpy change)。H 是具有能量的量纲，单位也是 J 或 kJ。与 U 一样，H 的绝对值无法确定，但反应的焓变 ΔH 则是可以获得的，并且 ΔH 只与体系的初始状态和终止状态有关，与变化的具体途径无关。

式(3-6)表明，恒压反应热 Q_p在数值上等于体系的焓变 ΔH。

根据符号的规定，若反应后体系 H 增加，即 $\Delta H>0$，相应 $Q_p>0$，则此反应为吸热反应；反之，若 $\Delta H<0$，$Q_p<0$，则反应为放热反应。

Q_V和 Q_p是两种典型的反应热。一般情况下的反应热 Q 不是体系的状态函数，因此不能仅通过体系的初始状态和终止状态确定。但是从式(3-2)和式(3-6)可见，明确了恒容或恒压条件后，反应热就具有了状态函数的特征，而不再与体系的具体变化途径相关了。在化学热力学中，常常直接使用 ΔU 和 ΔH 表示相应的反应热，而较少使用 Q_V和 Q_p。

3.2.1.3　恒容反应热和恒压反应热的关系

对于同一个反应，一般而言 Q_V 和 Q_p 是不相同的，但是它们之间存在一定的联系。根据 H 的定义式 $H=U+pV$ 可得：

$$\Delta H=\Delta U+\Delta(pV) \tag{3-7}$$

式(3-7)表明，体系的恒压反应热 ΔH 与恒容反应热 ΔU 通过 $\Delta(pV)$ 联系在一起。对于体系中的气体，可以看作是理想气体，则有 $pV=nRT$，因此 $\Delta(pV)=\Delta nRT$，Δn 代表反应前后气体物质的量(n)的变化量。代入式(3-7)可得：

$$\Delta H=\Delta U+\Delta nRT \tag{3-8}$$

对于反应前后气体物质的量不变($\Delta n=0$)的反应以及纯粹固体或液体中的反应，体积变化极小，$\Delta(pV)$ 可忽略不计，则可认为二者近似相等：

$$\Delta H=Q_p\approx Q_V=\Delta U$$

例 3-2　正庚烷的燃烧反应式为：$C_7H_{16}(l)+11O_2(g)=\!=\!=7CO_2(g)+8H_2O(l)$，1 mol 正庚烷在 298.15 K 下燃烧的恒容反应热 ΔU 为 -4 807.12 kJ，试计算反应的恒压反应热 ΔH。

解：从燃烧方程式可见，O_2 和 CO_2 为气体，其他为液体，可忽略不计。

反应前后气体物质的量的变化量 $\Delta n=7-11=-4$(mol)

根据式(3-8)，可得 $\Delta H=\Delta U+\Delta nRT=-4\ 807.12+(-4)\times8.314\times298.15\times10^{-3}=-4\ 817.0$(kJ)

一般从手册中查到的反应热数据，都是指恒压反应热 Q_p 或 ΔH。在本书中，以后未经特别说明的，提到的反应热均为恒压反应热 ΔH。

3.2.2　热化学方程式和盖斯定律

对于给定的化学反应，显然反应的热效应与反应的进行程度有关，反应进行程度越大，反应物消耗得越多，则反应吸收或放出的热量也越多。为了更清楚地讨论和更准确地计算反应热，有必要对化学反应进行程度作严格描述。

3.2.2.1　反应进度和摩尔反应热

对于化学反应：

$$c\mathrm{C}+d\mathrm{D}=\!=\!=g\mathrm{G}+h\mathrm{H} \tag{3-9}$$

此式也可以表示为：

$$0=-c\mathrm{C}-d\mathrm{D}+g\mathrm{G}+h\mathrm{H}$$

或者写成国家标准规定的缩写形式：

$$0=\sum\nu_{\mathrm{B}}B \tag{3-10}$$

式中，B 为各**反应物**(reactant)和**生成物**(product)；ν_{B} 为相应物质 B 在化学方程式中的系数，称为 B 的**化学计量数**(stoichiometric number)。

按照规定，ν 为量纲一的数，可以为整数或简单分数，并且反应物的化学计量数为负(如 $\nu_{\mathrm{C}}=-c$，$\nu_{\mathrm{D}}=-d$)，生成物的化学计量数为正(如 $\nu_{\mathrm{G}}=g$，$\nu_{\mathrm{H}}=h$)。

在热化学中，**反应进度**(extent of reaction)是严格描述反应的进行程度的状态量，用 ξ 表示：

$$\xi=\frac{n_B(t)-n_B(0)}{\nu_B} \tag{3-11}$$

式中，$n_B(0)$为反应开始时刻某反应物或生成物 B 的物质的量；$n_B(t)$为反应时刻 t 时 B 的物质的量；ν_B为 B 的化学反应计量数。

显然，反应进度 ξ 的单位是 mol。

反应开始时刻（$t=0$），$\xi=0$；随着反应时间增加，ξ 也随之增大。

例 3-3 在一个密闭容器中充入 3.0 mol 的 N_2 和 10.0 mol 的 H_2，在一定条件下发生合成氨的反应 $N_2(g)+3H_2(g)$ ══ $2NH_3(g)$。反应一段时间后测量体系中各物质的含量，发现此时体系中含有 2.0 mol 的 N_2、7.0 mol 的 H_2 和 2.0 mol 的 NH_3。试计算此时的反应进度。

解：我们分别针对 N_2、H_2 和 NH_3，利用式（3-11）计算反应进度，计算如下：

	$N_2(g)$	+	$3H_2(g)$	══	$2NH_3(g)$
$n(0)$	3.0 mol		10.0 mol		0
$n(t)$	2.0 mol		7.0 mol		2.0 mol
Δn	−1.0 mol		−3.0 mol		2.0 mol
v	−1		−3		2
$\Delta n/v$	1.0 mol		1.0 mol		1.0 mol

因此反应进度 $\xi=1.0$ mol。

由例 3-3 可以看出，反应进度 ξ 与选择反应体系中的何种物质进行计算无关。尽管参与反应的各物质的物质的量变化量不同，但根据式（3-11）计算出的反应进度 ξ 是同一个值。

对于一般的化学反应式（3-9），有：

$$\xi=\frac{n_C(t)-n_C(0)}{v_C}=\frac{n_D(t)-n_D(0)}{v_D}=\frac{n_G(t)-n_G(0)}{v_G}=\frac{n_H(t)-n_H(0)}{v_H} \tag{3-12}$$

从而使用 ξ 可以清晰地描述反应进行的程度。

另外一点很重要的是，即使对于同一个化学反应，化学方程式的写法不一样，则计算的反应进度也不一样。例如对于 H_2 燃烧的反应，如果化学方程式写成：

$$2H_2(g)+O_2(g) \Longrightarrow 2H_2O(g)$$

$\xi=1$ mol 意味着此时已有 2 mol 的 H_2 和 1 mol 的 O_2 反应生成了 2 mol 的 $H_2O(g)$。而如果化学反应式写成：

$$H_2(g)+\frac{1}{2}O_2(g) \Longrightarrow H_2O(g)$$

则由于化学计量数发生了改变，同样是 2 mol 的 H_2 和 1 mol 的 O_2 反应生成了 2 mol 的 $H_2O(g)$，此时根据式（3-11）计算出的 $\xi=2$ mol。

因此，与反应进度有关的计算，必须写出相应的具体化学反应式。

为了精确描述化学反应的反应热，热力学中引入了**摩尔反应焓变** $\Delta_r H_m$(mole enthalpy change of reaction)的概念，用式(3-13)表示：

$$\Delta_r H_m = \frac{\Delta H}{\xi} \tag{3-13}$$

式中，下标 r 代表化学反应(reaction)，m 代表摩尔(mole)。

显然 $\Delta_r H_m$的单位是 $J \cdot mol^{-1}$或 $kJ \cdot mol^{-1}$，它表示当反应按照给定化学反应式进行，且反应进度 $\xi=1$ mol 时反应的焓变。注意，由于 ξ 与化学方程式的书写方式有关，因此 $\Delta_r H_m$ 也与化学反应式的书写方式有关。

类似地，可以定义**摩尔热力学能变** $\Delta_r U_m$(mole thermodynamic energe change of reaction)。$\Delta_r H_m$和 $\Delta_r U_m$统称**摩尔反应热**(mole heat of reaction)，其中 $\Delta_r H_m$的应用比 $\Delta_r U_m$ 广泛。以后未经特殊说明，摩尔反应热指的都是 $\Delta_r H_m$。

引入了摩尔反应热的概念后，式(3-8)可以写成：

$$\Delta_r H_m = \Delta_r U_m + \sum \nu RT \tag{3-14}$$

其中 $\sum \nu$ 表示反应物和生成物中气体物质的化学计量数之和。注意关于化学计量数符号的规定，气体反应物 ν 为负，气体生成物 ν 为正。至于反应中的固体和液体物质，则一律忽略不计。

使用摩尔反应热的概念，可以重新整理例 3-2。

例 3-4　正庚烷的燃烧反应式为：$C_7H_{16}(l) + 11O_2(g) = 7CO_2(g) + 8H_2O(l)$，已知298.15 K下 $\Delta_r U_m = -4\,807.12\ kJ \cdot mol^{-1}$，试计算反应的 $\Delta_r H_m$。

解：考察参与反应的气体物质，$\sum \nu = -11 + 7 = -4$

$$\Delta_r H_m = \Delta_r U_m + \sum \nu RT = -4\,807.12 + (-4) \times 8.314 \times 298.15 \times 10^{-3} = -4\,817.0\ (kJ \cdot mol^{-1})$$

显然，采用这样的描述方式比例 3-2 更加精确简洁。

3.2.2.2　热化学方程式

表示化学反应与热效应关系的化学方程式称为**热化学方程式**(thermodynamic equation)，例如：

$$H_2(g) + \frac{1}{2}O_2(g) \xrightarrow[100\ kPa]{298.15\ K} H_2O(l);\Delta_r H_m = -285.84\ kJ \cdot mol^{-1}$$

这个方程式表明，在 298.15 K、100 kPa 下，反应进度为 1 mol 时(1 mol 气态 H_2 与 $\frac{1}{2}$ mol气态 O_2反应，生成 1 mol 液态 H_2O)，反应热是-285.84 kJ，或者说放出 285.84 kJ 的热量。这样，从热化学方程式中可以获知完整而精确的反应热信息。

书写热化学方程式时要注意以下几点。

(1)应注明反应的温度和压强。如果反应是在298.15 K和100 kPa[①]下进行的,习惯上可略去不写。

(2)必须写出完整的化学方程式,因为$\Delta_r H_m$与方程式的写法密切相关,方程中的各物质化学计量数不同,则$\Delta_r H_m$也不一样。例如若将上例的化学反应式写成:

$$2H_2(g)+O_2(g) \xlongequal{\quad} 2H_2O(l)$$

则相应的$\Delta_r H_m=-571.68\ kJ \cdot mol^{-1}$。

(3)一般情况下,化学反应的反应热会随着物质的聚集状态不同而不同,因此必须标明参与反应的各种物质的聚集状态,一般以g、l和s分别表示气态、液态和固态,aq表示溶液中的离子(aqueous solution),加上括号标注在该物质后。例如,如果上例生成的是气态H_2O,则应表示成:

$$2H_2(g)+O_2(g) \xlongequal{\quad} 2H_2O(g);\Delta_r H_m=-483.64\ kJ \cdot mol^{-1}$$

相应的$\Delta_r H_m$也发生了变化。

如果固体有多种晶型,还应标注其具体的晶型。例如C有金刚石和石墨两种晶型,它们与O_2作用都生成CO_2,但$\Delta_r H_m$是不同的:

$$C(石墨)+O_2(g) \xlongequal{\quad} CO_2(g);\Delta_r H_m=-393.5\ kJ \cdot mol^{-1}$$

$$C(金刚石)+O_2(g) \xlongequal{\quad} CO_2(g);\Delta_r H_m=-395.4\ kJ \cdot mol^{-1}$$

(4)逆反应的$\Delta_r H_m$与正反应的$\Delta_r H_m$绝对值相同,而符号相反。例如反应:

$$2H_2O(l) \xlongequal{\quad} 2H_2(g)+O_2(g)$$

相应的$\Delta_r H_m=571.68\ kJ \cdot mol^{-1}$。

(5)不要把反应的热效应写在热化学方程式中。在早期的教材中,曾使用过这样的写法:

$$H_2(g)+\frac{1}{2}O_2(g) \xlongequal{\quad} H_2O(l)+285.84\ kJ$$

这种写法不符合化学热力学中关于反应热符号的规定(为正表示吸热,为负表示放热),已经被废除,但是在工程资料中仍时有使用。本教材中不采用这种写法。

3.2.2.3 盖斯定律

一般化学反应的反应热可以通过实验测定[②],但事实上,各类化学反应数不胜数,不可能都一一通过实验测定,而且有的化学反应热难以直接在实验中测定。为此,化学家非常关注反应热的理论计算问题。

1840年,盖斯(G. H. Hess)[③]从大量的实验事实中总结出一条定律:一个化学反应如果分解成几步来进行,则总反应的反应热等于各步反应的反应热之和。这就是**盖斯定律**

---

① 100 kPa是新国际标准规定的标准压强,但有的资料仍按照旧习惯,以101.325 kPa(1标准大气压)为标准压强。参见后面关于标准态的说明。

② 在化学实验室中,可用量热计测量化学反应热。例如,测量恒容反应热可用弹式量热计,测量恒压反应热用保温杯式量热计。更精密的测量可以通过差热分热仪等进行。相关信息可参阅《物理化学》。

③ 盖斯为俄籍瑞士人,按照俄语(Г. И. Гесс)译成盖斯。有的资料译成赫斯,相应的盖斯定律也称为赫斯定律。

(Hess's law, the law of constant heat summation)。盖斯定律实质上是热力学状态函数在化学反应中具体应用的必然结果。

利用盖斯定律，可以根据已知的化学反应的反应热数据，来计算一些难于实验测定的反应热。例如石墨的不完全燃烧的反应：$C(石墨)+\frac{1}{2}O_2(g) \xlongequal{\quad} CO(g)$，这个反应是很常见的，但是其反应热在实验上却很难精确测定，因为在实验条件下，总会有少量CO和O_2进一步化合，使得生成物中总会混有少量的CO_2。而利用盖斯定律，就可以通过已知的化学反应热数据计算出其反应热。

考察石墨完全燃烧生成CO_2的反应，该反应可按两种途径完成：一种是石墨燃烧直接生成CO_2；另一种是石墨首先不完全燃烧生成CO，然后CO继续燃烧生成CO_2。如下图所示，各步反应的热效应也标注在图中。

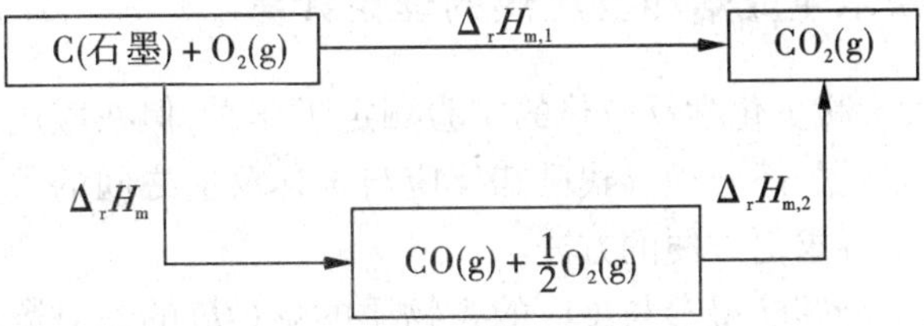

根据盖斯定律，总反应的反应热为各步反应反应热之和，因此有$\Delta_r H_{m,1}=\Delta_r H_m+\Delta_r H_{m,2}$。

待求的反应热是$\Delta_r H_m$，由上式有$\Delta_r H_m=\Delta_r H_{m,1}-\Delta_r H_{m,2}$，$\Delta_r H_m$虽不易测定，但$\Delta_r H_{m,1}$和$\Delta_r H_{m,2}$是很容易通过实验测定的，因此可计算出$\Delta_r H_m$。

以上是利用盖斯定律计算反应热的思路，但在实际使用中不会像上面所述那样烦琐，一般采用下面的简化步骤。

例3-5　计算石墨不完全燃烧生成CO(g)的反应的摩尔反应热。

解：查阅数据表知反应热数据：

$C(石墨) + O_2(g) \xlongequal{\quad} CO_2(g)$；$\Delta_r H_{m,1}=-393.51\ kJ\cdot mol^{-1}$

$CO(g) + \frac{1}{2}O_2(g) \xlongequal{\quad} CO_2(g)$；$\Delta_r H_{m,2}=-282.99\ kJ\cdot mol^{-1}$

两个方程式相减，得到待求的方程式，根据盖斯定律可得：

$\Delta_r H_m=\Delta_r H_{m,1}-\Delta_r H_{m,2}=-393.51-(-282.99)=-110.52(kJ\cdot mol^{-1})$

简单来说，盖斯定律的应用可以看做是对热化学方程式进行加减运算，相同的物质(必须状态完全相同)可以合并或抵消，相应的反应热也进行同样的加减运算。热化学方程式也可以乘以系数，同时反应热也要乘以相应的系数。将若干已知反应热数据的化学反应组合成待求的化学反应，同时对反应热数据进行完全相同的运算，就得到待求的化学反应的反应热。

例3-6　已知下列反应在298.15 K时的反应热为：

(1)$H_2(g) + S(s) \xlongequal{\quad} H_2S(g)$，$\Delta_r H_{m,1}=-20.6\ kJ\cdot mol^{-1}$

(2)$S(s) + O_2(g) \xlongequal{\quad} SO_2(g)$，$\Delta_r H_{m,2}=-296.83\ kJ\cdot mol^{-1}$

(3) $H_2(g)+\frac{1}{2}O_2(g)$ ═══ $H_2O(l)$, $\Delta_rH_{m,3}=-285.84\ kJ\cdot mol^{-1}$

计算反应: $2H_2S(g)+SO_2(g)$ ═══ $3S(s)+2H_2O(l)$的反应热 Δ_rH_m。

解:把待求反应热的化学反应看成总反应,其他化学反应看成子反应,将子反应拼合成总反应,则有:

总反应=2×反应(3)-2×反应(1)-反应(2)

因此 $\Delta_rH_m=2\times\Delta_rH_{m,3}-2\times\Delta_rH_{m,1}-\Delta_rH_{m,2}$

$=2\times(-285.84)-2\times(-20.6)-(-296.83)=-233.6(kJ\cdot mol^{-1})$

原则上利用盖斯定律计算未知反应的反应热,可以构造任意多个已知反应组合成待求的反应。但实际上反应热数据都是有一定误差的,必须选择合适的已知反应进行构造,否则计算结果误差可能会较大。

3.2.3 标准摩尔生成焓和反应热的理论计算

盖斯定律可以大大减少化学反应热的实验测定工作量,但在应用中,仍然需要积累大量化学反应的反应热数据,还必须寻找已知反应与未知反应之间的关系,而这通常也是很复杂的过程,因此需要寻求更方便的方法。

从本质而言,如果能够获得参与反应的各物质的焓(H)的绝对数值,则可将生成物的焓(H)值之和减去反应物的焓(H)值之和,从而方便地获得反应的焓变(ΔH)。遗憾的是物质的焓(H)绝对数值无法测定,此方法无法直接进行。然而,如果采用某种方式,定义物质的相对焓(H)值,则仍可利用上述步骤计算反应的焓变(ΔH)。

基于这样的思想,对相关的概念进行具体化和严格化,人们引入了标准态和标准摩尔生成焓的概念。

3.2.3.1 标准态

标准态是讨论标准摩尔生成焓的基础。化学热力学中对此有严格规定,当物质满足表中的规定时,称物质处于热力学**标准态**(standard state)。

物质	标准态
气体	标准压强 p^Θ(=100 kPa)下纯气体的状态
液体、固体	标准压强 p^Θ下纯液体、纯固体的状态
溶液中的离子	标准压强 p^Θ下质量摩尔浓度 b^Θ(=1 $mol\cdot kg^{-1}$)的状态,常近似为体积摩尔浓度 c^Θ(=1 $mol\cdot dm^{-3}$)

标准态的符号是$^\Theta$,此标志表明相应的物质处于标准态。

标准态定义中并没有温度的规定,换而言之,每个温度下都有自己的热力学标准态。一般情况下,应注明是何温度下的标准态。为了方便比较,IUPAC 推荐以 298.15 K 为参考温度,习惯上此温度不必标明。

关于**标准态压强**(standard state pressure,缩写为 SSP),IUPAC 和最新国家标准规定 $p^\Theta=100$ kPa。长期以来使用的传统标准 1 atm=101.325 kPa 同时不再使用,但仍有相当多的资料和手册继续使用传统标准，查阅物质的热力学数据的时候需加以注意。不过由于新旧标准相差很小，对于一般的反应而言差别都很小①。

如果参与一个化学反应的所有物质都处于标准态，则称这个化学反应处于标准态。

3.2.3.2　标准摩尔生成焓

在标准态下，由最稳定的纯态单质生成单位物质的量的某纯态物质时反应的焓变，称为该物质的**标准摩尔生成焓**（standard molar enthalpy of formation），用符号 $\Delta_f H_m^\ominus$ 表示，其中下标 f 代表生成反应（formation），上标 Θ 代表标准态。$\Delta_f H_m^\ominus$ 的单位常用 $kJ \cdot mol^{-1}$。

按照此定义，处于标准态下的元素的最稳定的纯态单质本身的摩尔生成焓 $\Delta_f H_m^\ominus = 0$。如果该元素存在多种同素异形体，则一般选择其最稳定的单质形式。例如，碳存在金刚石、石墨、C_{60}等多种单质形式，其中最稳定单质形式是石墨，因此 $\Delta_f H_m^\ominus$(石墨，s) = 0。

已知在 298.15 K 标准态下，H_2(g) 和 O_2(g) 生成 H_2O(l) 的热化学方程式为：

$$H_2(g) + \frac{1}{2}O_2(g) = H_2O(l);\Delta_r H_m^\ominus = -285.84\ kJ \cdot mol^{-1}$$

$\Delta_r H_m^\ominus$ 称为**标准摩尔反应焓变**（standard mole enthalpy change of reaction），表示处于标准态下的化学反应的摩尔反应焓变。

根据标准摩尔生成焓的定义，可知 298.15 K 下 H_2O(l) 的标准摩尔生成焓为 $-285.84\ kJ \cdot mol^{-1}$，即 $\Delta_f H_m^\ominus(H_2O, l, 298.15\ K) = -285.84\ kJ \cdot mol^{-1}$。

常见物质的 $\Delta_f H_m^\ominus$ 已经整理成册，一些物质在 298.15 K 下的 $\Delta_f H_m^\ominus$ 数据见表 3-1②。

表 3-1　一些物质的标准摩尔生成焓（298.15 K）

物质	$\Delta_f H_m^\ominus/(kJ \cdot mol^{-1})$	物质	$\Delta_f H_m^\ominus/(kJ \cdot mol^{-1})$
Ag^+(aq)	105.58	H^+(aq)③	0.0
AgCl(s)	-127.07	Na^+(aq)	-240.20
Al_2O_3(s)	-1 676.00	NaCl(s)	-411.15
CaO(s)	-635.09	NaOH(s)	-425.61
$Ca(OH)_2$(s)	-986.09	NH_3(g)	-46.11
$CaCO_3$(s，方解石)	-1 206.90	NH_4^+(aq)	-132.50
C(金刚石)	1.987	NH_4Cl(s)	-314.40
CO(g)	-110.52	NO(g)	90.25
CO_2(g)	-393.51	NO_2(g)	33.20

① IUPAC 于 1982 年正式公布以 100 kPa 为标准态压强，我国于 1985 年颁布国家计量法，采纳 IUPAC 制定的标准，并同时废弃 atm。新旧标准数据对大多数物质而言差别极小（显著低于热力学数据本身的误差），不过对于气体可能有 1% 左右的差别。

② 本章热力学数据均引自 Lide D R. Handbook of Chemistry and Physics. 80th Ed. New York：CRC Press，1999 ~ 2000。

③ 水合离子的 $\Delta_f H_m^\ominus$ 无法单独测定，因此热力学规定 $\Delta_f H_m^\ominus(H^+, aq) = 0$，并由此推算其他离子的 $\Delta_f H_m^\ominus$ 数据。

续表 3-1

物质	$\Delta_f H_m^\ominus/(kJ\cdot mol^{-1})$	物质	$\Delta_f H_m^\ominus/(kJ\cdot mol^{-1})$
$CH_4(g)$	-74.81	$O_3(g)$	143.00
$C_2H_4(g)$	52.26	$OH^-(aq)$	-229.99
$C_6H_6(l)$	49.03	$H_2O(l)$	-285.84
$Cl^-(aq)$	-167.16	$H_2O(g)$	-241.82
$HCl(g)$	-92.31	$H_2O_2(l)$	-187.80
$CuO(s)$	-157.00	$SO_2(g)$	-296.83
Fe_3O_4(s,磁铁矿)	-1 120.9	$SO_3(g)$	-395.70

$\Delta_f H_m^\ominus$ 数据是与温度有关的,因此一般情况下应该把温度标注在内。按照习惯,温度是298.15 K 的数据可不必标注温度。

$\Delta_f H_m^\ominus$ 与物质聚集状态密切相关,例如,在 298.15 K 下 $\Delta_f H_m^\ominus(H_2O,g) = -241.82\ kJ\cdot mol^{-1}$,此数据与 $\Delta_f H_m^\ominus(H_2O,l)$ 有着显著差异,查阅数据时必须注意。

从表 3-1 的热力学数据可见,多数化合物的 $\Delta_f H_m^\ominus$ 为负值,这意味着一般由单质合成化合物(即化合反应)都是放热的。但也有少数物质,如 NO、C_2H_4 等,其 $\Delta_f H_m^\ominus>0$,这些物质相对于单质的稳定性都较差。

3.2.3.3 反应热的理论计算

$\Delta_f H_m^\ominus$ 实质上是以稳定单质为基准的、各化合物的相对焓值。引入了这一概念后,人们就可以利用它来方便地计算化学反应的反应热。

对于一个化学反应:

$$cC + dD \xlongequal{\quad} gG + hH$$

其中所有物质均处于标准态下。

可以设计两种不同的途径由反应物得到生成物:一种是反应物直接转变成生成物;另一种则是首先将各反应物分解成稳定单质,然后再将这些单质重新组合成生成物。这两个途径如下图所示,相应的反应热也标注反应步骤上。

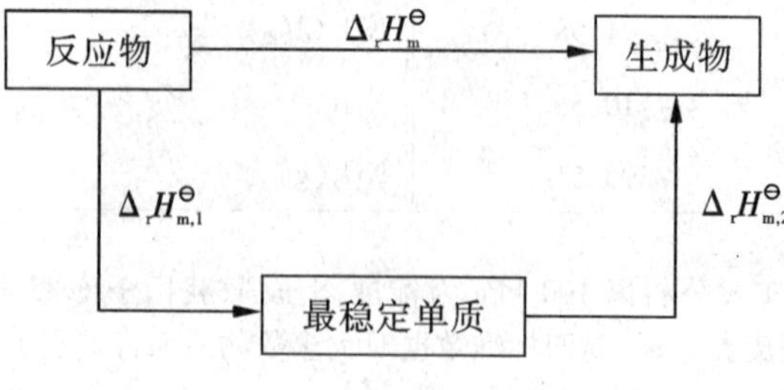

根据盖斯定律,此时有:$\Delta_r H_m^\ominus = \Delta_r H_{m,1}^\ominus + \Delta_r H_{m,2}^\ominus$

而 $\Delta_r H_{m,1}^\ominus = -[c\times\Delta_f H_m^\ominus(C) + d\times\Delta_f H_m^\ominus(D)]$,$\Delta_r H_{m,2}^\ominus = g\times\Delta_f H_m^\ominus(G) + h\times\Delta_f H_m^\ominus(H)$

因此得到:

$$\Delta_r H_m^\ominus = g\times\Delta_f H_m^\ominus(G) + h\times\Delta_f H_m^\ominus(H) - c\times\Delta_f H_m^\ominus(C) - d\times\Delta_f H_m^\ominus(D)$$

采用化学计量数代替上式中的系数，并考虑到化学计量数的符号规定，有：

$$\Delta_r H_m^\ominus = \nu_G \Delta_f H_m^\ominus(G) + \nu_H \Delta_f H_m^\ominus(H) + \nu_C \Delta_f H_m^\ominus(C) + \nu_D \Delta_f H_m^\ominus(D)$$

写成一般的形式，对于任何化学反应，都有①：

$$\Delta_r H_m^\ominus = \sum \nu_i \Delta_f H_m^\ominus(i) \tag{3-15}$$

其中 ν_i 代表反应方程式中物质 i 的化学计量数，求和针对化学反应方程式中所有的反应物和生成物进行。

从式(3-15)可见，只要已知参与反应的物质的 $\Delta_f H_m^\ominus$，就能够方便地计算出反应的标准摩尔反应热 $\Delta_r H_m^\ominus$，从而进一步降低了计算的复杂度，同时也大大减小了热力学数据表的容量。

例 3-7　计算反应：$Fe_3O_4(s) + 4C(s) = 3Fe(s) + 4CO(g)$ 在 298.15 K 下的反应热 $\Delta_r H_m^\ominus$。

解：根据式(3-15)，$\Delta_r H_m^\ominus = 3\Delta_f H_m^\ominus(Fe,s) + 4\Delta_f H_m^\ominus(CO,g) - \Delta_f H_m^\ominus(Fe_3O_4,s) - 4\Delta_f H_m^\ominus(C,s)$。

式中 Fe 和 C 为稳定单质，有 $\Delta_f H_m^\ominus(Fe,s) = 0$，$\Delta_f H_m^\ominus(C,s) = 0$。

查表 3-1 得，$\Delta_f H_m^\ominus(CO,g) = -110.52\ kJ \cdot mol^{-1}$，$\Delta_f H_m^\ominus(Fe_3O_4,s) = -1\ 120.9\ kJ \cdot mol^{-1}$，

因此 $\Delta_r H_m^\ominus = 4\times(-110.52) - (-1\ 120.9) = 678.8(kJ \cdot mol^{-1})$。

例 3-8　铝热反应为：$8Al(s) + 3Fe_3O_4(s) = 4Al_2O_3(s) + 9Fe(s)$

(1) 计算此反应的反应热 $\Delta_r H_m^\ominus$，该反应是否有实用价值？

(2) 若反应中用去铝 270.0 g，可以获得多少能量？

解：写出化学反应方程式，并在物质下标注其 $\Delta_f H_m^\ominus$ 数据。

	$8Al(s)$	+	$3Fe_3O_4(s)$	=	$4Al_2O_3(s)$	+	$9Fe(s)$
$\Delta_f H_m^\ominus(kJ \cdot mol^{-1})$	0		-1 120.9		-1 676		0

$$\begin{aligned}\Delta_r H_m^\ominus &= 4\Delta_f H_m^\ominus(Al_2O_3,s) + 9\Delta_f H_m^\ominus(Fe,s) - 8\Delta_f H_m^\ominus(Al,s) - 3\Delta_f H_m^\ominus(Fe_3O_4,s) \\ &= 4\times(-1\ 676) - 3\times(-1\ 120.9) = -3\ 341(kJ \cdot mol^{-1})\end{aligned}$$

此反应放热非常多，具有很强的实用价值。事实上，反应放出的热量能够使得生成的铁熔化成铁水。实际应用中常利用此反应熔化和焊接铁件。

用去 270.0 g 铝时，反应进度 $\xi = \dfrac{270.0}{8\times27.0} = 1.25\ mol$

此时反应热 $\Delta H = \Delta_r H_m^\ominus \times \xi = -3\ 341\times1.25 = -4.18\times10^3\ kJ$，即获得 4.18×10^3 kJ 的能量。

以后本章有关热力学计算，都采取类似例 3-8 的形式，即首先写出化学反应方程式，然后在相应物质下方标注相应的数据，最后直接列式计算。

也可以反过来利用式(3-15)计算物质的 $\Delta_f H_m^\ominus$。有的物质，难于在实验上控制由相应单质直接合成，因此不能直接获得其 $\Delta_f H_m^\ominus$，这时可以采用间接方法推算。

例 3-9　如何确定 C_2H_4 的 $\Delta_f H_m^\ominus$？

解：C_2H_4 无法由单质 C 和 H_2 直接合成，但是可以构造 C_2H_4 的氧化反应，进而确定其 $\Delta_f H_m^\ominus$。

---

① 关于此公式，部分资料误作 $\Delta_r H_m^\ominus = \sum \nu_i \Delta_f H_m^\ominus(生成物) - \sum \nu_i \Delta_f H_m^\ominus(反应物)$。这种写法没有考虑到关于化学计量数符号的规定，属不规范用法。

考察C_2H_4的氧化反应：$C_2H_4(g) + 3O_2(g) \longrightarrow 2CO_2(g) + 2H_2O(l)$，这个反应的反应热是可以测定的，$\Delta_r H_m^\ominus = -1411.0\ kJ \cdot mol^{-1}$，并且方程式中其他物质的 $\Delta_f H_m^\ominus$ 都可以确定。

根据式(3-15)，$\Delta_r H_m^\ominus = 2\Delta_f H_m^\ominus(CO_2,g) + 2\Delta_f H_m^\ominus(H_2O,l) - \Delta_f H_m^\ominus(C_2H_4,g) - 3\Delta_f H_m^\ominus(O_2,g)$，

因此，$\Delta_f H_m^\ominus(C_2H_4,g) = 2\Delta_f H_m^\ominus(CO_2,g) + 2\Delta_f H_m^\ominus(H_2O,l) - 3\Delta_f H_m^\ominus(O_2,g) - \Delta_r H_m^\ominus =$

$$2\times(-393.51)+2\times(-285.84)-0-(-1411.0)=52.3(kJ \cdot mol^{-1})。$$

采用例3-9的方法计算物质的 $\Delta_f H_m^\ominus$，与根据 $\Delta_f H_m^\ominus$ 的定义并利用盖斯定律计算是等价的，但这种方法省去了对化学方程式的运算，工作量减轻了许多。

由于 $\Delta_f H_m^\ominus$ 与温度有关，一般而言 $\Delta_r H_m^\ominus$ 也是与温度有关的。但是总的说来，在室温不太高的情况下，$\Delta_r H_m^\ominus$ 受温度的影响很小。在普通化学课程中，我们可近似认为在一般温度范围内，$\Delta_r H_m^\ominus$ 与298.15 K的 $\Delta_r H_m^\ominus$ 相等。

3.2.3.4 由标准摩尔燃烧热计算反应热

对于多数无机物而言，$\Delta_f H_m^\ominus$ 可直接通过实验测定。而对于有机化合物，如例3-9中的C_2H_4，一般无法由组成元素单质直接合成，从而不能直接获得 $\Delta_f H_m^\ominus$ 数据。但有机化合物都容易燃烧或氧化，其燃烧热能够很方便地测定，因此，可以利用有机物的燃烧热数据计算有机化学反应的反应热。

在标准态下，1 mol某物质完全燃烧(或完全氧化)，生成指定的稳定产物时的反应热，称为该物质的**标准摩尔燃烧热**(standard mole heat of combustion)，用符号 $\Delta_c H_m^\ominus$ 表示，下标c表示燃烧(combustion)。$\Delta_c H_m^\ominus$ 单位也是 $kJ \cdot mol^{-1}$。

这里“完全燃烧”或“完全氧化”是指该物质分子中的C、H、N、S、X(卤素)等元素变成$CO_2(g)$、$H_2O(l)$、$N_2(g)$、$SO_2(g)$、$HX(g)$等指定的最稳定的物质。这些稳定物质被认为是不能再燃烧的，它们的燃烧热规定为零。O_2没有燃烧反应，它的燃烧热也规定为零。

表3-2列出一些有机物在298.15 K时的标准摩尔燃烧热的数据。

表3-2 部分有机物的标准摩尔燃烧热(298.15 K)

物质	$\Delta_c H_m^\ominus/(kJ \cdot mol^{-1})$	物质	$\Delta_c H_m^\ominus/(kJ \cdot mol^{-1})$
$CH_4(g)$(甲烷)	−890.3	$HCOOH(l)$(甲酸)	−269.9
$C_2H_6(g)$(乙烷)	−1 559.9	$CH_3COOH(l)$(乙酸)	−871.5
$C_8H_{18}(l)$(辛烷)	−5 470.7	$HCHO(g)$(甲醛)	−563.6
$C_2H_2(g)$(乙炔)	−1 299.6	$CH_3CHO(l)$(乙醛)	−1 192.4
$C_2H_4(g)$(乙烯)	−1 411.0	$(C_2H_5)_2O(l)$(乙醚)	−2 730.9
$CH_3OH(l)$(甲醇)	−726.6	$(COOH)_2(s)$(草酸)	−246.0
$C_2H_5OH(l)$(乙醇)	−1 366.7	$C_6H_5OH(s)$(苯酚)	−3 062.7
$(CH_3)_2CO(l)$(丙酮)	−1 802.9	$C_{12}H_{22}O_{11}(s)$(蔗糖)	−5 648.4
$C_6H_6(l)$(苯)	−3 267.7	$CO(NH_2)_2(s)$(尿素)	−632.0

利用 $\Delta_c H_m^\ominus$ 计算有机化学反应的反应热，可以使用式(3-16)①：

$$\Delta_r H_m^\ominus = -\sum \nu_i \Delta_c H_m^\ominus(i) \tag{3-16}$$

使用式(3-16)时需注意此公式的符号，正好与式(3-15)相反。这一点请自行推导验证。

例3-10　计算反应 $CH_3OH(l)+\frac{1}{2}O_2(g) = HCHO(g) + H_2O(l)$ 的反应热。

解：$O_2(g)$ 和 $H_2O(l)$ 的 $\Delta_c H_m^\ominus$ 均为零，只需考虑 CH_3OH 和 HCHO 即可。

$$\Delta_r H_m^\ominus = -\sum \nu_i \Delta_c H_m^\ominus(i) = \Delta_c H_m^\ominus(CH_3OH,l) - \Delta_c H_m^\ominus(HCHO,g) =$$
$$(-726.6)-(-563.6) = -163.0\ \text{kJ} \cdot \text{mol}^{-1}$$

值得注意的是，一般有机物的燃烧热代数值均相当大，而有机物之间转化时的反应热都较小，通过相减得到的反应热误差可能会较大。在上例中，如果 CH_3OH 的 $\Delta_c H_m^\ominus$ 数据有5%的误差，则计算出的 $\Delta_r H_m^\ominus$ 将会有20%的误差。这一点在使用中必须注意。

3.2.3.5　利用键能估算反应热

化学反应的本质，其实就是一部分化学键断裂，同时生成新的化学键。化学键断裂和生成时的能量变化可以用键能表示(相关内容可参阅第8章)，因此可以利用键能的数据估算化学反应的反应热。计算时采用类似式(3-16)的公式。

例3-11　利用键能数据估算反应 $C_2H_4(g) + O_2(g) = CH_3COOH(l)$ 的反应热。

解：画出参与反应的物质的结构式：

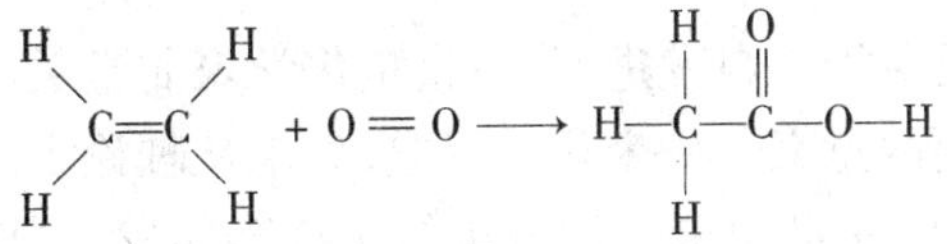

对各类化学键计数：

反应物包含4个C—H键，1个C═C键，1个O═O键。

生成物包含3个C—H键，1个C—C键，1个C═O键，1个C—O键，1个O—H键。

查阅各化学键键能数据：

$E_{C-H}=411\ \text{kJ}\cdot\text{mol}^{-1}$，$E_{C=C}=602\ \text{kJ}\cdot\text{mol}^{-1}$，$E_{O=O}=494\ \text{kJ}\cdot\text{mol}^{-1}$，

$E_{C-C}=346\ \text{kJ}\cdot\text{mol}^{-1}$，$E_{C=O}=799\ \text{kJ}\cdot\text{mol}^{-1}$，$E_{C-O}=358\ \text{kJ}\cdot\text{mol}^{-1}$，$E_{O-H}=459\ \text{kJ}\cdot\text{mol}^{-1}$

$$\Delta_r H_m^\ominus = (4E_{C-H}+E_{C=C}+E_{O=O}) - (3E_{C-H}+E_{C-C}+E_{C=O}+E_{C-O}+E_{O-H}) =$$
$$(4\times411+602+494)-(3\times411+346+799+358+459) = -455(\text{kJ}\cdot\text{mol}^{-1})$$

值得注意的是，同一化学键在不同的化合物中键能未必相同，例如 C_2H_4 和 CH_3COOH 中C—H键能其实并不是相等的。另外，化合物此时的物态也并不满足键能定义时的物态规定，因此利用键能求得的反应热只是一个粗略值，往往与真实结果有一定误差。但是这种方法计算起来比较快捷方便，仍有一定的实用价值。

---

① 此公式很多资料误作 $\Delta_r H_m^\ominus = \sum \nu_i \Delta_c H_m^\ominus(\text{反应物}) - \sum \nu_i \Delta_c H_m^\ominus(\text{生成物})$。

3.3 化学反应的方向

通过建立在热力学第一定律上的热化学,可以计算化学反应的反应热,但也仅限于此。例如,在 298.15 K 标准态下的下列两个互逆的反应:

(1) $H_2(g)+I_2(g) = 2HI(g)$;$\Delta_r H_m^{\ominus}=-10.6\ kJ \cdot mol^{-1}$

(2) $2HI(g) = H_2(g)+I_2(g)$;$\Delta_r H_m^{\ominus}=10.6\ kJ \cdot mol^{-1}$

热化学计算可以告诉我们,反应(1)如果进行,将向环境释放 10.6 $kJ \cdot mol^{-1}$ 的热量,而反应(2)如果进行,将从环境吸收 10.6 $kJ \cdot mol^{-1}$ 的热量,但是并不能告诉我们在此条件下自动发生的究竟是哪一个反应。在本节中我们就来解决这个问题。

自动发生的化学反应属于自发过程,下面首先讨论自发过程的基本特征。

3.3.1 自发过程

自发过程(spontaneous process)是指在一定条件下不需要外界推动,一经引发就能够自动进行下去的过程。自然界中有很多自发过程,例如水总是会自动从高处流到低处,热总是会自动从高温物体传递给低温物体,闭合电路中的电子总会自发从低电势处流向高电势处等。

属于自发过程的化学反应称为**自发反应**(spontaneous reaction)。例如潮湿空气中铁生锈、活泼金属遇酸放出氢气、$AgNO_3$溶液与 NaCl 溶液混合迅速生成 AgCl 沉淀等,都属于自发反应。

如何判断一个化学反应能否自发进行,一直是化学家非常关心的问题,同时在化学研究和化工生产中具有重要的意义。一个化学反应,如果从理论上就根本不可能发生,就不必在上面耗费精力。例如,19 世纪末人们曾进行了许多实验,试图从石墨制造金刚石,但最后都以失败告终。后来经热力学证明,在常压下,此反应根本不可能进行,任何在常压下的尝试都必然会失败,但是人们已经在这上面花费了大量的精力①。另外,热力学计算表明,N_2和 H_2合成 NH_3是可以自发进行的,因此人们集中精力研究其反应机制,寻求合适的反应条件和催化剂,由此开创了整个氨氮工业。

人们对自发过程进行了深入研究,发现所有的自发过程都有一定的做功能力。例如,水自动从高处往低处流,可以推动水轮机做机械功;热量自动从高温物体传递给低温物体,在此过程中可以使热机运转。自发反应也是如此,例如活泼金属遇酸产生氢气,可以构造原电池做电功。由此可见,能够自发进行的过程孕育着某种能量,从而推动反应自动进行。但是这是一种含糊的描述,关键是如何对此进行严格的表征。

---

① 热力学只是表明,在常压下不能由石墨合成金刚石,但是在高压下(10^9 Pa)下此合成反应是可行的。这也是现代人工合成金刚石的基础。

3.3.2　影响反应方向的因素

3.3.2.1　反应的焓变

人们对自然界中的自发过程研究发现，一般处于高能态的系统是不稳定的，此时系统往往会经历各种过程，将一部分能量释放给环境，进而变得更稳定①。例如，在山顶的石头具有较高的势能，是不稳定的，有滚到山脚的趋势，此过程中石头的势能下降，相应的稳定性也有所增强。

在化学反应中，体系的 U 或 H 可以类比为体系的“势能”，U 或 H 下降的化学反应应该是自发反应。基于这种思想，早在19世纪70年代，人们就提出，反应的热效应可以作为反应自发进行的判据，也就是说，“放热反应是自发进行的”，这也称为化学反应自发性的焓判据。

事实上，相当多自发反应确实是放热的，例如：

$$C(s)+O_2(g) \xlongequal{} CO_2(g); \quad \Delta_r H_m^\ominus = -393.51\ kJ\cdot mol^{-1}$$

$$Ag^+(aq)+Cl^-(aq) \xlongequal{} AgCl(s); \quad \Delta_r H_m^\ominus = -65.49\ kJ\cdot mol^{-1}$$

$$Zn(s)+2H^+(aq) \xlongequal{} Zn^{2+}(aq)+H_2(g); \quad \Delta_r H_m^\ominus = -153.9\ kJ\cdot mol^{-1}$$

但是，实验表明，相当多的吸热反应也是自发反应。例如，NH_4Cl 的溶解、Ag_2O 的分解都是吸热过程，但是在298.15 K标准态下都能自发进行。

$$NH_4Cl(s) \xlongequal{} NH_4^+(aq)+Cl^-(aq); \quad \Delta_r H_m^\ominus = 14.74\ kJ\cdot mol^{-1}$$

$$Ag_2O(s) \xlongequal{} 2Ag(s)+\frac{1}{2}O_2(g); \quad \Delta_r H_m^\ominus = 31.1\ kJ\cdot mol^{-1}$$

另外，有的反应更加复杂，例如 $CaCO_3$ 的分解反应：

$$CaCO_3(s) \xlongequal{} CaO(s)+CO_2(g); \quad \Delta_r H_m^\ominus = 178.32\ kJ\cdot mol^{-1}$$

此反应在298.15 K标准态下是非自发反应，但是当温度升高到约1 123 K时，此反应变成强烈的自发反应，而此时反应的摩尔焓变仍近似为178.32 kJ · mol^{-1}。这种情况显然不能简单地用反应的焓变加以解释。

由此可见，把焓变作为化学反应自发性的普遍判据是不准确的，尽管焓变对化学反应的自发性有着重要影响，但却不是唯一的影响因素，还有其他的推动反应自发进行的因素存在。

3.3.2.2　反应的熵变

考察上面给出自发进行而又吸热的反应可以看出，这类反应前后相比，组成体系的分子活动范围变大了。例如，在 NH_4Cl 的溶解反应中，反应前 NH_4^+ 和 Cl^- 在晶体中是排列相对有规律的，离子只能在晶格格点附近振动；而溶解后变成水合离子，活动范围扩大到整个溶液。至于 Ag_2O 的分解反应，前后对比，反应生成了活动范围更大的气体。在这两种情况下，体系内可大范围活动的分子数量都是增加的。或者用形象化语言描述，体系的混乱度都是增加的。

---

① 这被称为能量最低原理，有着相当广泛的应用。在本书的原子结构、分子结构章节会专门讲到。

总而言之,这类自发进行的化学反应意味着体系的混乱度增加也是化学反应自发进行的一种趋势。

生活中也有很多这种混乱度增加的自发过程。例如,火柴盒落到地上,里面的火柴会自发散开,这个过程中火柴的混乱度显著增加。而这个过程是决不会自发逆向进行的。又例如,将一滴墨水滴入到一杯水中,墨水会散开并逐渐扩散到整杯水中,此过程中墨水的混乱度也是增加的。

由此可见,混乱度增加也是一个驱动反应自发进行的因素,或者说,化学反应趋向于混乱度增大的方向进行。

在热力学里,描述体系内组成粒子混乱度的物理量称为**熵**(entropy),用符号 S 表示,单位是 $J \cdot K^{-1}$。热力学上可以证明,S 是体系的状态函数,一定条件下处于一定状态的体系具有确定的熵值。体系的混乱度越大,相应的熵值也越大。

既然 S 与体系的混乱度相关,那么在绝对零度时($T=0$ K),一个完整的纯粹晶体(其质点完全排列有序,没有任何杂质和缺陷)体系中,其微观粒子就处于有序度最高的状态,此时体系的熵最小。热力学规定,此时体系的熵为0,即 $S_0=0$(下标0代表0 K)。

根据此热力学规定,可以求出其他温度下物质的熵值 S_T:将一种纯晶体物质从0 K升温到某一温度 T,测量此过程的熵变 ΔS,则:

$$\Delta S = S_T - S_0 = S_T - 0 = S_T$$

从而得到该物质在温度 T 时的熵 S_T。

如果体系中含有多种物质,将它们各自的熵相加,就得到体系的总熵。

在标准态下,1 mol 某纯态物质的熵值称为该物质的**标准摩尔熵**(standard molar entropy),用符号 $S_m^\ominus$ 表示,单位是 $J \cdot mol^{-1} \cdot K^{-1}$。一些物质在298.15 K下的 $S_m^\ominus$ 数据见表3-3。

表3-3 一些物质在298.15 K下的标准熵

物质	$S_m^\ominus/(J \cdot mol^{-1} \cdot K^{-1})$	物质	$S_m^\ominus/(J \cdot mol^{-1} \cdot K^{-1})$
Ag^+(aq)	72.68	Na^+(aq)	59.00
AgCl(s)	96.20	NaCl(s)	72.13
CaO(s)	39.75	N_2(g)	191.50
$CaCO_3$(s,方解石)	92.90	NO(g)	210.65
C(石墨)	5.74	NO_2(g)	240.00
C(金刚石)	2.38	NH_3(g)	192.30
CO(g)	197.56	NH_4^+(aq)	113.00
CO_2(g)	213.60	NH_4Cl(s)	94.56
CH_4(g)	186.15	O_2(g)	205.03
C_6H_6(l)	172.80	O_3(g)	238.80
Cl_2(g)	222.96	OH^-(aq)	-10.80

续表 3-3

物质	$S_m^\ominus/(J \cdot mol^{-1} \cdot K^{-1})$	物质	$S_m^\ominus/(J \cdot mol^{-1} \cdot K^{-1})$
$Cl^-(aq)$	56.50	$H_2O(l)$	69.94
$HCl(g)$	186.80	$H_2O(g)$	188.72
$H_2(g)$	130.57	$SO_2(g)$	248.10
$H^+(aq)$	0.0	$SO_3(g)$	256.60

请注意，标准摩尔熵 $S_m^\ominus$ 与标准摩尔生成焓 $\Delta_f H_m^\ominus$ 都是物质在标准态下的物性常数，但它们有着根本性差别：$\Delta_f H_m^\ominus$ 是个相对值，物质的焓 H 值的绝对数值是得不到的；而 $S_m^\ominus$ 则是一个绝对数值①。

显然，即使是纯态稳定单质，298.15 K 下的 $S_m^\ominus$ 也不为零。

根据熵的含义，一般物质的 $S_m^\ominus$ 有以下的变化规律。

(1) 对于同种物质的不同聚集状态，有 $S_m^\ominus(s)<S_m^\ominus(l)\ll S_m^\ominus(g)$。

(2) 对于不同物质的同类聚集状态，相对分子质量较大、分子较复杂或分子对称性较小的物质，$S_m^\ominus$ 较大。例如：

$$S_m^\ominus(F_2,g)<S_m^\ominus(Cl_2,g)<S_m^\ominus(Br_2,g)$$

$$S_m^\ominus(CH_4,g)<S_m^\ominus(C_2H_6,g)<S_m^\ominus(C_3H_8,g)$$

$$S_m^\ominus(CH_3OCH_3,g)<S_m^\ominus(CH_3CH_2OH,g)$$

(3) 物质的 $S_m^\ominus$ 随温度升高而增大，气态物质 $S_m^\ominus$ 随压强增大而减小，固态和液态物质 $S_m^\ominus$ 随压强变化很小。

一个标准态下的化学反应，当进行到反应进度 $\xi=1$ mol 时，此时体系的熵变，称为化学反应的**标准摩尔熵变**(standard mole entropy change)，用 $\Delta_r S_m^\ominus$ 表示，单位是 $J \cdot mol^{-1} \cdot K^{-1}$。一般可以根据物质的标准摩尔熵 $S_m^\ominus$ 计算：

$$\Delta_r S_m^\ominus = \sum \nu_i S_m^\ominus(i) \tag{3-17}$$

例 3-12　计算 298.15 K 下反应 $2C(s)+O_2(g)=\!=\!=2CO(g)$ 的 $\Delta_r S_m^\ominus$，并判定此反应是熵增反应还是熵减反应。

解：查表得到各物质的标准熵数据：

	$2C(s)$	+	$O_2(g)$	$=\!=\!=$	$2CO(g)$
$S_m^\ominus(J \cdot mol^{-1} \cdot K^{-1})$	5.74		205.03		197.56

$$\Delta_r S_m^\ominus = 2S_m^\ominus(CO,g)-2S_m^\ominus(C,s)-S_m^\ominus(O_2,g)=$$

$$2\times197.56-2\times5.74-205.03=178.61(J \cdot mol^{-1} \cdot K^{-1})$$

此反应 $\Delta_r S_m^\ominus>0$，这是一个熵增的反应。

事实上，判定例 3-12 中的反应是熵增反应还是熵减反应并不需要查表计算，可以直

① 水合离子是个例外，其 $S_m^\ominus$ 是相对值，热力学规定 $S_m^\ominus(H^+,aq)=0$。由此推算出其他水合离子的 $S_m^\ominus$。

接从反应方程式中看出。根据前面关于物质 $S_m^\ominus$ 的变化规律可知，气体的 $S_m^\ominus$ 是最大的，远大于固体和液体。因此，反应的熵变可以简单地根据反应前后气体分子的数量变化情况加以判定。

对于例 3-12 的反应，前后相比，气体分子的数量增加了，因此可直接下定性的结论：此反应为熵增反应。相反的，如果反应后气体的量减少了，例如，$2SO_2(g)+O_2(g) \rule{}{} = 2SO_3(g)$，则可估计此反应为熵减反应①。

类似于这种定性估计，在判定反应进行方向时是非常有用的。

与反应的标准摩尔焓变 $\Delta_r H_m^\ominus$ 与物质的标准摩尔生成焓 $\Delta_f H_m^\ominus$ 的关系相似，尽管物质的标准摩尔熵 $S_m^\ominus$ 与温度密切相关，但是反应的标准摩尔熵变 $\Delta_r S_m^\ominus$ 与温度依赖关系较小，只要温度升高时参与反应的物质没有发生物态变化，那么可以忽略温度的影响，近似认为 $\Delta_r S_m^\ominus$ 与温度无关。

虽然熵增加是有利于反应进行的，但是与反应的焓变一样，反应的熵变并不是反应自发进行的普遍性判据。有的化学反应，例如，铁生锈的反应，尽管是熵减小的反应，却能够自发进行。

$$2Fe(s)+\frac{3}{2}O_2(g) = Fe_2O_3(s);\quad \Delta_r S_m^\ominus=-325.4\ \mathrm{J\cdot mol^{-1}\cdot K^{-1}}$$

虽然反应的焓变和熵变都不是反应自发性的普遍性判据，但无疑都是有着相当指导意义的。另外，从 $CaCO_3$ 的分解反应可以看出，反应的温度也是影响反应自发性的重要因素。现在的关键是如何把这些因素组合起来。

3.3.2.3　化学反应的吉布斯自由能变

1878 年，美国著名物理化学家吉布斯(J. W. Gibbs)综合考虑了影响化学反应方向的几个因素，提出了一个新的热力学函数——**吉布斯自由能**(Gibbs free energy)，用 G 表示，表达式为：

$$G \equiv H - TS \qquad (3\text{-}18)$$

H、T、S 都是体系的状态函数，所以 G 显然也是体系的状态函数，并且具有能量的量纲，常用单位为 kJ。与 U 和 H 一样，G 的绝对值是无法测量的，但是一个热力学过程的**吉布斯自由能变**(free energy change)ΔG 是可以确定的。

根据式(3-18)，对于一个化学反应，在等温、恒压下，则有：

$$\Delta G=\Delta H-T\Delta S \qquad (3\text{-}19)$$

此式称为**吉布斯公式**(Gibbs formula)，也称为**吉布斯-赫姆霍兹方程**(Gibbs-Helmholtz equation)，此公式把影响化学反应进行方向的几个因素(焓变 ΔH、熵变 ΔS 以及温度 T)完美地结合在了一起。吉布斯证明了在等温、恒压的封闭体系中，只要体系不做非体积功，则 ΔG 可作为反应进行方向的判据，即有：

$$\Delta G\begin{cases}<0 & \text{自发过程，反应可正向进行；}\\ =0 & \text{平衡状态；}\\ >0 & \text{非自发过程，反应可逆向进行。}\end{cases} \qquad (3\text{-}20)$$

---

① 这个结论并不严密，事实上，存在气体的量增加却是熵减的反应。但对于多数反应而言，这个结论都是正确的。

在等温、恒压、不做非体积功的前提下，封闭体系内自发反应总是朝吉布斯自由能函数 G 减小的方向进行，这就是一般情况下化学反应自发性的普遍性判据。本判据被称为**吉布斯函数判据**（Gibbs function criterion），或者称为**最小自由能原理**（principle of free energy minimum）①。

从式（3-19）可知，ΔG 的符号与 ΔH、ΔS 和 T 相关，这之间的影响可以归纳为表 3-4 的几种情况。

表 3-4　ΔH、ΔS 和 T 对 ΔG 的符号和反应方向的影响②

化学反应	ΔH	ΔS	ΔG	反应自发性
$2H_2O_2(l)=2H_2O(l)+O_2(g)$	–	+	–	任何温度下均为自发反应
$2CO(g)=2C(s)+O_2(g)$	+	–	+	任何温度下均为非自发反应
$NH_4Cl(s)=NH_3(g)+HCl(g)$	+	+	高温– 低温+	高温下为自发反应 低温下为非自发反应
$2SO_2(g)+O_2(g)=2SO_3(g)$	–	–	高温+ 低温–	高温下为非自发反应 低温下为自发反应

从表 3-4 中归纳的情况可以看到，对于前两种情况，ΔH 和 ΔS 均有利于反应自发进行，或均不利于反应自发进行，此时反应方向是确定的，企图通过调节体系温度改变反应方向是不可能的。而对于后两种情况，ΔH 和 ΔS 对反应自发性影响效果相反，此时可以通过改变温度而控制反应进行的方向。

3.3.3　化学反应方向判断

根据吉布斯函数判据，可以对一般情况下化学反应方向问题作出判定。下面首先从标准态下的化学反应开始讨论，然后把结论应用到一般的化学反应。

3.3.3.1　标准态下化学反应方向的判断

在标准态下，吉布斯公式（3-19）可写作：

$$\Delta_r G_m^\ominus = \Delta_r H_m^\ominus - T\Delta_r S_m^\ominus \tag{3-21}$$

$\Delta_r G_m^\ominus$ 为反应的**标准摩尔吉布斯自由能变**（standard molar free energy change）。

根据吉布斯函数判据，等温、恒压、不做非体积功的情况下，标准态下自发反应的判据为 $\Delta_r G_m^\ominus<0$。

对于一个化学反应，可以分别根据式（3-15）和式（3-17）求出其 $\Delta_r H_m^\ominus$ 和 $\Delta_r S_m^\ominus$，然后根据式（3-21）计算 $\Delta_r G_m^\ominus$，还可以根据标准摩尔生成吉布斯自由能 $\Delta_f G_m^\ominus$ 计算。

在标准态下，由最稳定的纯态单质生成单位物质的量的某物质，此时反应的吉布斯自

---

① 吉布斯判据或最小自由能原理不仅适用于化学反应，实际上可用于在规定条件下的所有热力学过程。

② 表中的高温和低温是相对于具体反应而言的，并不是固定的温度或温度范围。

由能变称为该物质的**标准摩尔生成吉布斯自由能**(standard molar free energy of formation),用 $\Delta_f G_m^\ominus$ 表示,单位为 $kJ \cdot mol^{-1}$。

由此定义,标准态下最稳定的纯态单质 $\Delta_f G_m^\ominus = 0$。与 $\Delta_f H_m^\ominus$ 相似,$\Delta_f G_m^\ominus$ 也是个相对值,表 3-5 给出了部分物质在 298.15 K 下的 $\Delta_f G_m^\ominus$ 数据①。

表 3-5　一些物质在 298.15 K 下的标准摩尔生成自由能

物质	$\Delta_f G_m^\ominus/(kJ \cdot mol^{-1})$	物质	$\Delta_f G_m^\ominus/(kJ \cdot mol^{-1})$
$Ag^+(aq)$	77.12	$NaCl(s)$	-384.15
$AgCl(s)$	-109.80	$NH_3(g)$	-16.50
$CaO(s)$	-604.04	$NH_4^+(aq)$	-79.37
$CaCO_3$(s,方解石)	-1 128.80	$NH_4Cl(s)$	-203.00
$CO(g)$	-137.15	$NO(g)$	86.57
$CO_2(g)$	-394.36	$NO_2(g)$	51.30
$CH_4(g)$	-50.75	$O_3(g)$	163.00
$C_2H_4(g)$	68.12	$OH^-(aq)$	-157.29
$C_6H_6(l)$	124.50	$H_2O(l)$	-237.19
$Cl^-(aq)$	-131.26	$H_2O(g)$	-228.59
$HCl(g)$	-95.30	$H_2O_2(l)$	-120.40
$H^+(aq)$	0.0	$SO_2(g)$	-300.19
$Na^+(aq)$	-261.89	$SO_3(g)$	-371.10

与利用物质的标准摩尔生成焓 $\Delta_f H_m^\ominus$ 计算反应的标准摩尔焓变 $\Delta_r H_m^\ominus$ 的方法类似,引入了 $\Delta_f G_m^\ominus$ 后,可以使用下式计算指定温度下的反应的 $\Delta_r G_m^\ominus$。

$$\Delta_r G_m^\ominus = \sum \nu_i \Delta_f G_m^\ominus(i) \tag{3-22}$$

值得注意的是,尽管反应的 $\Delta_r H_m^\ominus$ 和 $\Delta_r S_m^\ominus$ 近似与体系反应温度无关,而从式(3-21)可知,$\Delta_r G_m^\ominus$ 却是与温度密切相关的。因此利用式(3-22)只能计算反应在特定温度下的 $\Delta_r G_m^\ominus$(一般数据表给出的都是各物质在 298.15 K 的 $\Delta_f G_m^\ominus$ 数据,只能用来计算 298.15 K 下反应的 $\Delta_r G_m^\ominus$),而对于其他温度下的 $\Delta_r G_m^\ominus$,只能先计算出该温度下的 $\Delta_r H_m^\ominus$ 和 $\Delta_r S_m^\ominus$(可近似用 298.15 K 的计算数据),然后根据式(3-21)计算该温度下的 $\Delta_r G_m^\ominus$。

$$\Delta_r G_m^\ominus(T) = \Delta_r H_m^\ominus(T) - T\Delta_r S_m^\ominus(T) \approx \Delta_r H_m^\ominus(298.15\ K) - T\Delta_r S_m^\ominus(298.15\ K) \tag{3-23}$$

例 3-13　NH_4Cl 的分解反应为 $NH_4Cl(s) \longrightarrow NH_3(g) + HCl(g)$,计算此反应在 298.15 K 下的 $\Delta_r G_m^\ominus$,并判定此反应在标准态下能否自发进行。

① 水合离子的 $\Delta_f G_m^\ominus$ 是以 $\Delta_f G_m^\ominus(H^+, aq) = 0$ 为基础推算的。

解：查表获得各物质在 298.15 K 下的热力学数据：

	$NH_4Cl(s)$	══	$NH_3(g)$	+	$HCl(g)$
$\Delta_f H_m^\ominus(kJ\cdot mol^{-1})$	-314.4		-46.11		-92.31
$\Delta_f G_m^\ominus(kJ\cdot mol^{-1})$	-203.0		-16.50		-95.30
$S_m^\ominus(J\cdot mol^{-1}\cdot K^{-1})$	94.56		192.30		186.80

分别采用两种方法计算反应的 $\Delta_r G_m^\ominus$。

(1)利用 $\Delta_f G_m^\ominus$ 计算：

$$\Delta_r G_m^\ominus = \Delta_f G_m^\ominus(NH_3,g)+\Delta_f G_m^\ominus(HCl,g)-\Delta_f G_m^\ominus(NH_4Cl,s)=$$
$$(-16.5)+(-95.30)-(-203.0)=91.2(kJ\cdot mol^{-1})$$

(2)利用 $\Delta_r H_m^\ominus$ 和 $\Delta_r S_m^\ominus$ 计算：

$$\Delta_r H_m^\ominus = \Delta_f H_m^\ominus(NH_3,g)+\Delta_f H_m^\ominus(HCl,g)-\Delta_f H_m^\ominus(NH_4Cl,s)=$$
$$(-46.11)+(-92.31)-(-314.4)=176.0(kJ\cdot mol^{-1})$$
$$\Delta_r S_m^\ominus = S_m^\ominus(NH_3,g)+S_m^\ominus(HCl,g)-S_m^\ominus(NH_4Cl,s)=$$
$$192.3+186.80-94.56=284.5(J\cdot mol^{-1}\cdot K^{-1})$$

由此计算 $\Delta_r G_m^\ominus=\Delta_r H_m^\ominus-T\Delta_r S_m^\ominus=176.0-298.15\times284.5\times10^{-3}=91.2(kJ\cdot mol^{-1})$

可见这两种方法计算的结果是一致的，而显然前者比较简单。

由于反应的 $\Delta_r G_m^\ominus>0$，因此反应在 298.15 K、标准态下不能自发进行。

由例 3-13 可知，在已有热力学数据的基础上，利用 $\Delta_f G_m^\ominus$ 计算 $\Delta_r G_m^\ominus$ 是相当方便的。但是，方法(2)的优点是计算出了反应的 $\Delta_r H_m^\ominus$ 和 $\Delta_r S_m^\ominus$，可以据此计算其他温度下的 $\Delta_r G_m^\ominus$，如例 3-14 所示。

例 3-14　判断 800 K 标准态下 NH_4Cl 的分解反应能否自发进行。

解：由于没有 800 K 下各物质的 $\Delta_f G_m^\ominus$ 数据，因此只能利用 $\Delta_r H_m^\ominus$ 和 $\Delta_r S_m^\ominus$ 计算。

由例 3-13 得知 298.15 K 下反应的 $\Delta_r H_m^\ominus=176.0\ kJ\cdot mol^{-1}$，$\Delta_r S_m^\ominus=284.5\ J\cdot mol^{-1}\cdot K^{-1}$，可认为 800 K 下 $\Delta_r H_m^\ominus$ 和 $\Delta_r S_m^\ominus$ 的数值与 298.15 K 下的相同，因此 800 K 下：

$$\Delta_r G_m^\ominus=\Delta_r H_m^\ominus-T\Delta_r S_m^\ominus=176.0-800\times284.5\times10^{-3}=-51.6(kJ\cdot mol^{-1}),$$

此时反应的 $\Delta_r G_m^\ominus<0$，因此 NH_4Cl 的分解反应在 800 K、标准态下能自发进行。

从例 3-13 的计算结果看，NH_4Cl 在 298.15 K 下不会自发分解，但是这个反应的 $\Delta_r S_m^\ominus>0$，升高温度会使 $\Delta_r G_m^\ominus$ 降低，从而有利于反应的自发进行。例 3-14 计算结果表明，温度升高到 800 K 时，反应已经变为自发反应。这是温度对反应方向产生影响的例子。

我们进一步可以计算出使得反应从非自发转变为自发的特定温度，该温度称为反应的**转向温度**(reversal temperature)。温度低于转向温度时，反应的 $\Delta_r G_m^\ominus>0$，反应不能自发进行；而温度高于转向温度时，反应 $\Delta_r G_m^\ominus<0$，反应能够自发进行。因此，在转向温度下，反应的 $\Delta_r G_m^\ominus=0$。这意味着 $\Delta_r G_m^\ominus=\Delta_r H_m^\ominus-T_{转向}\Delta_r S_m^\ominus=0$。由此可以得到：

$$T_{转向}=\frac{\Delta_r H_m^\ominus}{\Delta_r S_m^\ominus} \tag{3-24}$$

对于 NH_4Cl 的分解反应，根据式(3-24)可计算出反应的转向温度：

$$T_{转向} = \frac{176.0}{284.5 \times 10^{-3}} = 619\ \text{K}$$

反应在低于 619 K 不能自发进行，而在 619 K 以上能够自发进行。

类似地，如果某反应的 $\Delta_r H_m^\ominus<0$、$\Delta_r S_m^\ominus<0$，则该反应也存在转向温度，在此温度之上反应是非自发的，而在此温度之下反应是自发的。转向温度也可以根据式(3-24)计算。

必须注意，只有 $\Delta_r H_m^\ominus$ 和 $\Delta_r S_m^\ominus$ 符号相同的反应，才存在转向温度。那些 $\Delta_r H_m^\ominus$ 和 $\Delta_r S_m^\ominus$ 符号不同的反应，其反应方向是固定的，不随温度改变而改变。

3.3.3.2　非标准态下化学反应方向的判断

以上解决了标准态下化学反应方向判断的问题。但是事实上化学反应经常是在非标准态下进行的。例如在上面的例子 NH_4Cl 的分解反应中，标准态要求 $p(NH_3)=p(HCl)=p^\ominus=100$ kPa，但在实际反应中，$p(NH_3)$ 和 $p(HCl)$ 都不可能达到 100 kPa，一般仅可达 1 kPa 左右。因此，实际进行的 NH_4Cl 的分解反应是一个非标准态下的反应。此时反应的 $\Delta_r G_m$ 就不可能是标准态下的 $\Delta_r G_m^\ominus$，不能通过式(3-21)或式(3-22)计算反应的 $\Delta_r G_m$。

非标准态下反应自发性判断的关键是确定此时体系的 $\Delta_r G_m$。热力学上已经证明，$\Delta_r G_m$ 和 $\Delta_r G_m^\ominus$ 存在密切的联系：

$$\Delta_r G_m = \Delta_r G_m^\ominus + RT\ln Q \tag{3-25}$$

式(3-25)称为**化学反应等温式**(chemical reaction isotherm)[①]。此公式也常以常用对数形式表示：

$$\Delta_r G_m = \Delta_r G_m^\ominus + 2.303\ RT\lg Q \tag{3-26}$$

在化学反应等温式中，参数 Q 称为**反应商**(reaction quotient)，是一个量纲一的数，用以表征体系偏离标准态的程度。随着具体的反应形式不同，Q 有不同的表达形式。

对于纯气相反应，$c\text{C(g)} + d\text{D(g)} \longrightarrow g\text{G(g)} + h\text{H(g)}$，$Q$ 的表达式为：

$$Q = \frac{\left(\frac{p(\text{G})}{p^\ominus}\right)^g \left(\frac{p(\text{H})}{p^\ominus}\right)^h}{\left(\frac{p(\text{C})}{p^\ominus}\right)^c \left(\frac{p(\text{D})}{p^\ominus}\right)^d}$$

其中 $p(\text{G})$、$p(\text{H})$、$p(\text{C})$、$p(\text{D})$ 分别代表指定时刻下各物质的分压，$p^\ominus$ 为标准压强(100 kPa)。气体的分压除以 $p^\ominus$ 后，得到的结果称为气体的相对分压，是一个量纲一的数。各气体相对分压的相应化学计量数次幂的乘积，就得到反应商 Q。注意化学反应计量数的符号规定，生成物相对分压的幂次出现在分子上，而反应物相对分压的幂次则出现在分母上。

在 Q 的表达式中只出现气体。至于固体或液体物质，无论是反应物还是生成物，都不出现在 Q 的表达式中[②]。

对于溶液中的离子反应，$c\text{C(aq)} + d\text{D(aq)} \longrightarrow g\text{G(aq)} + h\text{H(aq)}$，$Q$ 的表达式为：

---

① 本公式是物理化学家范特霍夫提出来的，因此又称为范特霍夫等温式(Van't Hoff's reaction isotherm)。

② 一般情况下，固体或液体物质是否处于标准态，对相关化学反应的 $\Delta_r G_m$ 影响很小，因此不出现在 Q 的表达式中。

$$Q=\frac{\left(\frac{c(\mathrm{G})}{c^{\ominus}}\right)^{g}\left(\frac{c(\mathrm{H})}{c^{\ominus}}\right)^{h}}{\left(\frac{c(\mathrm{C})}{c^{\ominus}}\right)^{c}\left(\frac{c(\mathrm{D})}{c^{\ominus}}\right)^{d}}$$

其中 $c(\mathrm{G})$、$c(\mathrm{H})$、$c(\mathrm{C})$、$c(\mathrm{D})$ 分别代表指定时刻下各离子的浓度，$c^{\ominus}$ 为标准浓度 $(1\ \mathrm{mol\cdot dm^{-3}})$①，离子浓度除以 $c^{\ominus}$ 后，得到的结果称为离子的相对浓度。Q 用各离子相对浓度的幂次的乘积表达。同样的，在 Q 的表达式中只出现离子，不出现纯固体或纯液体物质。

对于混合反应，即既有离子又有气体参与的反应，应综合使用以上两种形式，气体使用相对分压，离子使用相对浓度。例如：

$$\mathrm{FeS(s)} + 2\mathrm{H^+(aq)} \longrightarrow \mathrm{Fe^{2+}(aq)} + \mathrm{H_2S(g)}$$

此反应的反应商 Q 表达式为：

$$Q=\frac{\left(\frac{c(\mathrm{Fe^{2+}})}{c^{\ominus}}\right)\left(\frac{p(\mathrm{H_2S})}{p^{\ominus}}\right)}{\left(\frac{c(\mathrm{H^+})}{c^{\ominus}}\right)^{2}}$$

注意，由于 FeS 为固体，不出现在 Q 的表达式中。

对于非标准态下的体系，应首先计算出 $\Delta_r G_m^{\ominus}$，然后根据体系当前状态，计算出此时的反应商 Q，再根据化学反应等温式(3-25)计算体系此时的 $\Delta_r G_m$，最后根据 $\Delta_r G_m$ 的符号判断反应的方向。

例 3-15　在 550 K 下加热 NH_4Cl，已知体系 $p(\mathrm{NH_3}) = p(\mathrm{HCl}) = 1.0\ \mathrm{kPa}$，试判断此时 NH_4Cl 的分解反应能否自发进行。

说明： 按照前面计算结果，NH_4Cl 分解反应在标准态下的转向温度为 619 K，此题温度为 550 K，在转向温度以下，因此若体系处于标准态，则反应不能自发进行。但由于体系此时处于非标准态，必须计算 $\Delta_r G_m$ 才能判断反应方向，由计算结果可以看出偏离标准态对反应自发性的影响。

解： 由例 3-13 得知 298.15 K 下反应的 $\Delta_r H_m^{\ominus} = 176.0\ \mathrm{kJ\cdot mol^{-1}}$，$\Delta_r S_m^{\ominus} = 284.5\ \mathrm{J\cdot mol^{-1}\cdot K^{-1}}$

$$550\ \mathrm{K}\ 下\ \Delta_r G_m^{\ominus} = \Delta_r H_m^{\ominus} - T\Delta_r S_m^{\ominus} = 176.0 - 550\times 284.5\times 10^{-3} = 19.5(\mathrm{kJ\cdot mol^{-1}})$$

对于 NH_4Cl 的分解反应 $\mathrm{NH_4Cl(s)} \longrightarrow \mathrm{NH_3(g)} + \mathrm{HCl(g)}$ 而言，NH_4Cl 不列入 Q 的表达式。

$$Q=\left(\frac{p(\mathrm{NH_3})}{p^{\ominus}}\right)\cdot\left(\frac{p(\mathrm{HCl})}{p^{\ominus}}\right)=\left(\frac{1.0}{100}\right)\times\left(\frac{1.0}{100}\right)=1.0\times 10^{-4}$$

$$\Delta_r G_m = \Delta_r G_m^{\ominus} + RT\ln Q = 19.5 + 8.314\times 550\times 10^{-3}\times\ln(1.0\times 10^{-4}) = -22.6(\mathrm{kJ\cdot mol^{-1}})$$

反应 $\Delta_r G_m < 0$，因此 NH_4Cl 在此条件下可自发分解。

如计算结果所示，尽管反应温度在转向温度之下，$\Delta_r G_m^{\ominus} > 0$，但由于体系偏离标准态，经化学反应等温式计算的结果，$\Delta_r G_m < 0$，反应能够自发进行。

---

①　按照标准态的规定，离子浓度应采用质量摩尔浓度，标准浓度为 $b^{\ominus} = 1\ \mathrm{mol\cdot kg^{-1}}$，但在日常应用中，溶液浓度都较低，常近似使用体积摩尔浓度，相应的标准浓度则为 $c^{\ominus} = 1\ \mathrm{mol\cdot dm^{-3}}$。

3.3.3.3 使用吉布斯判据的小结

使用 $\Delta_r G_m^\ominus$ 可以判定标准态下反应自发进行的方向，而一般条件下的反应方向判断需使用 $\Delta_r G_m$，$\Delta_r G_m$ 可以根据 $\Delta_r G_m^\ominus$ 和体系当前的反应商 Q 计算。

在实际使用中，必须注意吉布斯判据的适用条件：等温、恒压、封闭体系、不做非体积功，这些条件缺一不可。

另外，在实际使用中还会发生一种情况，尽管化学反应 $\Delta_r G_m<0$，但由于存在更合适的反应，从而使得此反应实际上不会进行。例如，298.15 K 时以下反应 $\Delta_r G_m^\ominus<0$：

$$Fe(s) + 3H^+(aq) \xlongequal{\quad} Fe^{3+}(aq) + \frac{3}{2}H_2(g); \quad \Delta_r G_m^\ominus = -4.6\ kJ \cdot mol^{-1}$$

此反应理论上是可以自发进行的。但是由于有如下反应存在：

$$Fe(s) + 2H^+(aq) \xlongequal{\quad} Fe^{2+}(aq) + H_2(g); \quad \Delta_r G_m^\ominus = -78.9\ kJ \cdot mol^{-1}$$

此反应的进行趋势远比前者强烈，实际上 Fe(s) 与酸作用生成 Fe^{2+}(aq) 而不会是 Fe^{3+}(aq)。因此，必须结合实际问题，充分考虑各种情况，才能得出正确的结论。

最后，必须指出吉布斯判据是化学反应在理论上是否能进行的判据，而不能用来断言化学反应实际上是否能够进行。例如，以下反应在 298.15 K 下是强烈的热力学自发反应：

$$CCl_4(l) + 2H_2O(l) \xlongequal{\quad} CO_2(g) + 4H^+(aq) + 4Cl^-(aq); \quad \Delta_r G_m^\ominus = -375\ kJ \cdot mol^{-1}$$

从 $\Delta_r G_m^\ominus$ 数据来看，CCl_4 是非常不稳定的，极易与水作用并被分解掉。但在实际中，常温下此反应速率相当慢，以至于可以认为不能进行。事实上，CCl_4 是常用的有机萃取剂。这不是吉布斯判据的问题，而是热力学整体的应用限制。相关内容会在第 4 章讨论。

3.4 化学反应进行的程度和化学平衡

通过上一节内容的学习，我们已经完全解决了化学反应方向的问题，一般情况下通过化学等温式(3-25)，计算体系此时的摩尔自由能变 $\Delta_r G_m$，即可通过其符号判定化学反应的方向。那么，对于一个能够自发进行的化学反应，是否能持续不断地进行下去呢？自发反应是否存在一个限度问题，就是本节需要讨论的内容。

3.4.1 化学平衡和化学平衡常数

人们对大量的化学反应实验研究发现，多数化学反应不会一直进行下去。例如，在合成氨的反应中，在 500 K 下恒压 100 kPa 时，将 N_2 和 H_2 按照 1∶3 的比例充入容器反应，则最多只有大约 20% 的 N_2 转化成 NH_3，此后容器中 N_2、H_2 和 NH_3 的分压不再发生改变，也就是说反应“停止”了。

实验事实表明，对于自发反应而言，当外界条件保持不变时，总是存在着一个反应极限，达到此极限后，各反应物和生成物的浓度（对于气体，则为分压）不再发生变化，反应在宏观上就停止了。这种现象叫做**化学平衡**(chemical equilibrium)。

从热力学角度来看，如何理解化学平衡现象呢？

根据吉布斯判据，对于一个能够自发进行的化学反应，应有 $\Delta_r G_m<0$。但是，$\Delta_r G_m$ 并不是一个定值。从化学反应等温式 $\Delta_r G_m = \Delta_r G_m^\ominus + RT\ln Q$ 可知，$\Delta_r G_m$ 取决于 $\Delta_r G_m^\ominus$、T 和反应商 Q。当外界条件保持不变时，$\Delta_r G_m^\ominus$ 和 T 为定值，但 Q 与反应进行程度有关。

随着时间的推移，反应的进行程度增加，生成物不断增多，反应物不断减少，则 Q 随之增大，因此 $\Delta_r G_m$ 将不断增大。这样的结果是，随着反应进行，$\Delta_r G_m$ 将逐渐接近于零。这个过程是不能一直持续下去的，反应商 Q 增大到一定程度后，$\Delta_r G_m$ 将增大到等于零，此时反应自发进行的推动力消失，反应宏观上不能再继续进行，体系就达到了化学平衡状态，这也就是我们在吉布斯判据式（3－20）指出的 $\Delta G=0$ 的情况。

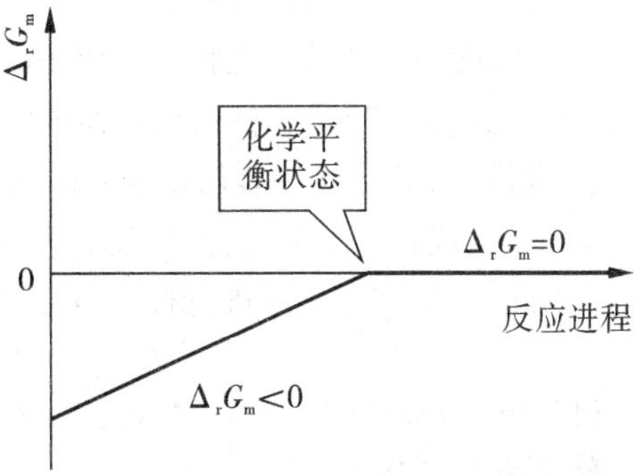

图3-1　$\Delta_r G_m$ 随反应进程的变化与化学平衡

$\Delta_r G_m$ 随反应进程的变化过程如图3－1所示。

从热力学上来看，体系达到平衡态时，体系的吉布斯自由能函数 G 取到了最小值。也就是说，所谓化学平衡状态，就是体系的吉布斯自由能函数 G 取最小值的状态。

在化学平衡状态下，反应继续朝任何方向进行的话，都将导致 G 增大。根据吉布斯判据，这是不能自发进行的。因此，从热力学角度而言，化学平衡状态是体系在给定条件下所能达到的最稳定状态，也是一个自发反应所能进行的最大程度。

从化学反应等温式出发，不仅可以得到化学平衡的概念，而且可以定量对化学平衡状态进行描述。在化学平衡状态下，$\Delta_r G_m=0$，此时的反应商 Q 应满足：

$$0=\Delta_r G_m^\ominus+RT\ln Q\text{，或者 }\Delta_r G_m^\ominus=-RT\ln Q$$

可见平衡状态下的 Q 为定值，这意味着平衡状态下各反应物和生成物的浓度或者分压满足一个定量关系。

以上结论在实验中也得到了证实。例如，在500 K、100 kPa下，将 N_2、H_2 和 NH_3 按照不同物质的量比例充入容器进行反应：$N_2(g)+3H_2(g) \rightleftharpoons 2NH_3(g)$，等到化学平衡时测量体系各物质的分压，并计算此时的反应商 Q，结果如表3-6所示。

表3-6　N_2-H_2-NH_3 体系平衡分压和反应商

初始 $N_2:H_2:NH_3$	平衡分压/kPa			平衡反应商 Q
	N_2	H_2	NH_3	
1:3:0	22.2	66.7	11.0	0.184
1:4:1	18.3	70.7	10.9	0.184
0:3:1	6.6	84.8	8.6	0.184
3:0:2	57.7	35.5	6.9	0.184

由表3-6中数据可知，无论初始各物质含量如何，平衡时反应商 Q 均为一个固定值。

在热力学中，把平衡状态下的反应商 Q 称为**标准平衡常数**（standard equilibrium constant），用 $K^\ominus$ 表示，此时化学反应等温式可表示为：

$$\Delta_r G_m^\ominus=-RT\ln K^\ominus\text{，或 }\Delta_r G_m^\ominus=-2.303RT\lg K^\ominus \tag{3-27}$$

从式(3-27)可以看出,标准平衡常数 $K^{\ominus}$ 是一个量纲一的数①,仅取决于温度 T 和此反应的 $\Delta_r G_m^{\ominus}$,而与具体的反应物或生成物的浓度或分压无关。原则上,可以利用热力学标准数据,根据式(3-27)计算任何反应在给定温度下的标准平衡常数 $K^{\ominus}$。

在数值上,$K^{\ominus}$ 可用来表示反应能够进行的程度,$K^{\ominus}$ 较大,说明达到化学平衡时反应物浓度较低,生成物浓度较高,因此反应进行得较为彻底②。合成氨反应在 500 K 下 $K^{\ominus}$ 数值较小,因此,此时这个反应进行程度是比较低的。

例 3-16　查阅热力学数据,计算反应 $N_2(g)+O_2(g)═══2NO(g)$ 在 2 000 K 时的标准平衡常数 $K^{\ominus}$。

解: 查阅热力学数据:

	$N_2(g)$	+ $O_2(g)$	═══ $2NO(g)$
$\Delta_f H_m^{\ominus}(kJ\cdot mol^{-1})$	0	0	90.25
$S_m^{\ominus}(J\cdot mol^{-1}\cdot K^{-1})$	191.5	205.03	210.65

反应的　$\Delta_r H_m^{\ominus}=2\Delta_f H_m^{\ominus}(NO,g)=2\times 90.25=180.50(kJ\cdot mol^{-1})$

$$\Delta_r S_m^{\ominus}=2S_m^{\ominus}(NO,g)-S_m^{\ominus}(N_2,g)-S_m^{\ominus}(O_2,g)$$

$$=2\times 210.65-191.5-205.03=24.8(J\cdot mol^{-1}\cdot K^{-1})$$

2 000 K 下反应的 $\Delta_r G_m^{\ominus}=\Delta_r H_m^{\ominus}-T\Delta_r S_m^{\ominus}=180.50-2\,000\times 24.8\times 10^{-3}=130.9(kJ\cdot mol^{-1})$

则 2 000 K 下 $\ln K^{\ominus}=\dfrac{-\Delta_r G_m^{\ominus}}{RT}=\dfrac{-130.9}{8.314\times 2\,000\times 10^{-3}}=-7.872,K^{\ominus}=3.81\times 10^{-4}$

$K^{\ominus}$ 是平衡状态下的反应商 Q,代表了化学反应在平衡状态下各反应物和生成物的浓度或者分压满足的定量关系。因此,$K^{\ominus}$ 也可以用平衡时各物质的浓度或分压表征。此时书写时遵循 Q 的书写要求,对于气体使用平衡时的分压,对于离子使用平衡时的浓度,并且要分别除以 $p^{\ominus}$ 和 $c^{\ominus}$ 以折算成相对分压和相对浓度,然后再作相应的幂次。纯固体和液体不列入 $K^{\ominus}$ 的表达式中。

在实验上,可以通过测定体系在达到化学平衡时各物质的浓度或分压,根据平衡常数表达式计算 $K^{\ominus}$。

例 3-17　实验测知,在 1 000 K 下,反应 $C(s)+H_2O(g)═══CO(g)+H_2(g)$ 达到平衡时,$c(H_2O)=4.6\times 10^{-3}\ mol\cdot dm^{-3}$,$c(CO)=c(H_2)=7.6\times 10^{-3}\ mol\cdot dm^{-3}$,计算反应在此温度下的标准平衡常数 $K^{\ominus}$。

解: 该反应为气相反应,标准平衡常数 $K^{\ominus}$ 表达式为:

$$K^{\ominus}=\frac{\left(\dfrac{p(CO)}{p^{\ominus}}\right)\left(\dfrac{p(H_2)}{p^{\ominus}}\right)}{\left(\dfrac{p(H_2O)}{p^{\ominus}}\right)}$$

---

① IUPAC 将 $K^{\ominus}$ 称为**热力学平衡常数**(thermodynamic equilibrium constant),为量纲一的物理量。

② 在许多资料中,把化学反应分为可逆反应和不可逆反应两类,并认为可逆反应存在化学平衡,不可逆反应可以进行到底。实际上,从热力学角度看,所有化学反应都是存在化学平衡的,只是达到化学平衡时,反应进行程度有差异。所谓不可逆反应,只是反应的 $K^{\ominus}$ 很大(一般应 $>10^5$),以至于达到化学平衡时残留的反应物相当少,可以看作已消耗完毕,因此,说反应进行到底。

计算 $K^{\ominus}$ 必须使用各物质的平衡分压，题目中只给了平衡浓度数据，因此首先将其转换为平衡分压。

根据理想气体状态方程 $pV=nRT$，可得 $p=cRT$

因此 $p(CO)=p(H_2)=7.6\times10^{-3}\times10^3\times8.314\times1\,000=6.3\times10^4(Pa)=0.63p^{\ominus}$

$p(H_2O)=4.6\times10^{-3}\times10^3\times8.314\times1\,000=3.8\times10^4(Pa)=0.38p^{\ominus}$

代入 $K^{\ominus}$ 表达式，可得：$K^{\ominus}=\dfrac{0.63\times0.63}{0.38}=1.0$

请注意，例3-17 中给的数据是浓度，不能直接用来计算气相反应的标准平衡常数 $K^{\ominus}$，要先换算成分压。

对于一个化学反应，无论反应历程如何，都可以根据化学反应方程式书写其 $K^{\ominus}$ 表达式。但是要注意，与 $\Delta_r G_m^{\ominus}$ 相似，$K^{\ominus}$ 表达式是与化学方程式的具体写法相关的，并且不同的写法对应的 $K^{\ominus}$ 之间存在确定的关系。例如：

$$N_2(g)+3H_2(g)═══2NH_3(g),\quad K_1^{\ominus}=\frac{\left(\dfrac{p(NH_3)}{p^{\ominus}}\right)^2}{\left(\dfrac{p(N_2)}{p^{\ominus}}\right)\left(\dfrac{p(H_2)}{c^{\ominus}}\right)^3}$$

$$\frac{1}{2}N_2(g)+\frac{3}{2}H_2(g)═══NH_3(g),\quad K_2^{\ominus}=\frac{\left(\dfrac{p(NH_3)}{p^{\ominus}}\right)}{\left(\dfrac{p(N_2)}{p^{\ominus}}\right)^{1/2}\left(\dfrac{p(H_2)}{c^{\ominus}}\right)^{3/2}}=\sqrt{K_1^{\ominus}}$$

从中可以看出，将化学反应式的化学计量数乘以一个常数，相应的平衡常数变成原来的几次方。

逆反应的标准平衡常数与原反应互为倒数。

$$2NH_3(g)═══N_2(g)+3H_2(g),\quad K_3^{\ominus}=\frac{\left(\dfrac{p(N_2)}{p^{\ominus}}\right)\left(\dfrac{p(H_2)}{c^{\ominus}}\right)^3}{\left(\dfrac{p(NH_3)}{p^{\ominus}}\right)^2}=\frac{1}{K_1^{\ominus}}$$

- 实验平衡常数

在许多现行教科书、文献和工程资料中，仍在大量使用实验平衡常数(experimental equilibrium constant)，分为浓度平衡常数 K_c 和压强平衡常数 K_p 两种，书写上大体与标准平衡常数 $K^{\ominus}$ 相同，只是浓度和分压使用实际测量值，而不是相对浓度和相对分压。使用浓度得到的平衡常数称为浓度平衡常数 K_c，使用分压得到的平衡常数称为压强平衡常数 K_p。K_p 只用于气相反应，K_c 可用于离子反应和气相反应。

例如，对于反应 $N_2(g)+3H_2(g)═══2NH_3(g)$，相应的 K_c 和 K_p 表达式为：

$$K_c=\frac{c(NH_3)^2}{c(N_2)c(H_2)^3},K_p=\frac{p(NH_3)^2}{p(N_2)p(H_2)^3}$$

而对于各种离子反应，如 $Fe^{2+}(aq)+Ag^{+}(aq)═══Fe^{3+}(aq)+Ag(s)$，则只存在 K_c 而不存在 K_p：

$$K_c=\frac{c(Fe^{3+})}{c(Fe^{2+})c(Ag^{+})}$$

实验平衡常数 K_c 和 K_p 是人们对实验进行总结得到的经验平衡常数①,二者在实际工程计算中应用方便,但是缺点也相当明显,除了个别反应外,一般化学反应的 K_c 和 K_p 都是有单位的,其数值随着使用的单位不同而异,并且 K_c 一般和 K_p 也不相等,这很容易混淆。

最重要的是,二者在定义上都有一定限制,对于同时有气体和离子参与的混合反应,就无法定义 K_c 和 K_p。从理论研究而言,实验平衡常数与其他的热力学数据也缺乏直接联系。因此,实验平衡常数在热力学理论研究中并不适用。在本课程中只使用标准平衡常数 $K^\ominus$。

• 多重平衡规则

在实际反应体系中,往往存在着多个化学反应,或者说,体系中一个或多个物种,能够同时参与两个或两个以上的化学反应。此时,当体系达到化学平衡状态时,体系中所有的化学反应都共同达到化学平衡。这种情况称为**多重平衡**(multiple equilibrium)。

在多重平衡下,每一组分的浓度或分压都是确定的,并且同时满足所有的化学平衡。例如,$N_2(g)$ 和 $O_2(g)$ 的混合体系中,可以同时存在以下的平衡:

(1) $N_2(g) + O_2(g) \longrightarrow 2NO(g)$ $\quad K_1^\ominus, \Delta_r G_{m,1}^\ominus$

(2) $2NO(g) + O_2(g) \longrightarrow 2NO_2(g)$ $\quad K_2^\ominus, \Delta_r G_{m,2}^\ominus$

(3) $N_2(g) + 2O_2(g) \longrightarrow 2NO_2(g)$ $\quad K_3^\ominus, \Delta_r G_{m,3}^\ominus$

(4) $2NO_2(g) \longrightarrow N_2O_4(g)$ $\quad K_4^\ominus, \Delta_r G_{m,4}^\ominus$

其中有的化学反应存在一定的关联,如上面列出的(1)、(2)和(3)。多重平衡规则指定了这些存在联系的各个化学平衡常数之间的关系。这一规则可以描述为:如果几个反应方程式相加(或相减)得到一个总反应方程式,则总反应的平衡常数等于各分步反应的平衡常数相乘(或相除)。对于上面的例子,即有 $K_3^\ominus = K_1^\ominus K_2^\ominus$。

这个结论其实是化学反应等温式的推论。根据盖斯定律,有:

$$\text{反应(3)} = \text{反应(1)} + \text{反应(2)}$$

$$\Delta_r G_{m,3}^\ominus = \Delta_r G_{m,1}^\ominus + \Delta_r G_{m,2}^\ominus$$

根据式(3-27),可以得到:

$$-RT\ln K_3^\ominus = -RT\ln K_1^\ominus - RT\ln K_2^\ominus$$

$$\ln K_3^\ominus = \ln K_1^\ominus + \ln K_2^\ominus = \ln K_1^\ominus K_2^\ominus$$

$$K_3^\ominus = K_1^\ominus K_2^\ominus$$

应用多重平衡规则,可以通过若干已知反应的平衡常数,计算某个反应的平衡常数,而不必通过实验测定。

3.4.2 化学平衡计算

已知化学反应的平衡常数 $K^\ominus$,再加上一些已知条件,可以计算出达到平衡时各反应物和生成物的浓度(对于气体,则是分压),这对于实际生产有着相当大的指导意义。一般的化学平衡计算包括某一反应物的平衡转化率、原料的合适配比等。

---

① 实验平衡常数最初完全是人们对实验数据进行数值分析得出的,并没有理论支持。直到现代热力学和动力学理论建立起来后,才从理论上证明其正确性。

反应物的**平衡转化率**(equilibrium conversion)是指达到化学平衡时,已转化为生成物的反应物占该反应物起始总量的百分比,以 α 表示[①]:

$$\alpha=\frac{\text{某反应物已转化的量}}{\text{反应开始时该反应物的量}}\times 100\% \tag{3-28}$$

一般情况下应使用该物质的物质的量 n 或质量 m 计算平衡转化率 α。对于没有气体参与的反应(如溶液中的离子反应等),则可认为反应前后体系体积不变,此时可以浓度代替物质的量:

$$\alpha=\frac{\text{某反应物起始浓度}-\text{该反应物平衡浓度}}{\text{反应物起始浓度}}\times 100\% \tag{3-29}$$

对于气相反应,如果反应前后体系体积不变,则也可以使用气体的浓度或分压计算平衡转化率 α。

平衡转化率 α 越大,表示反应正向进行程度越大。在这一点上,α 和标准平衡常数 $K^\ominus$ 有相似之处。但与 $K^\ominus$ 不同的是,α 不仅与反应本性有关,还与反应的初始条件和具体的反应物有关,不是一个常数。

$K^\ominus$ 和 α 都反映了化学平衡时体系中各物质之间的定量关系,在各种外界条件已知的情况下,二者可以相互换算。一般实际工业生产中对 α 更感兴趣,因此必须熟练掌握 α 的相关计算。

例 3-18　已知反应:$CO_2(g)+H_2(g) \rightleftharpoons CO(g)+H_2O(g)$ 在某温度时 $K^\ominus=3.0$。

(1)在密闭容器中充入 CO_2 和 H_2 各 100 kPa,计算平衡时各物质的分压和 H_2 的转化率。

(2)如要使得平衡时 H_2 的转化率为 90%,则起始时 CO_2 和 H_2 物质的量之比为多少?

解:这个反应前后气体物质的量保持不变,因此反应前后体积不变,气体的分压与其物质的量呈正比,可以使用气体分压代替其物质的量计算转化率。

为了计算方便,以 $p^\ominus$ 为单位。

(1)设平衡时 $p(CO)=xp^\ominus$

	$CO_2(g)$	+ $H_2(g)$	$\rightleftharpoons$ $CO(g)$	+ $H_2O(g)$
起始分压($p^\ominus$)	1.00	1.00	0	0
变化分压($p^\ominus$)	$-x$	$-x$	x	x
平衡分压($p^\ominus$)	$1.00-x$	$1.00-x$	x	x

因此有:$K^\ominus=\dfrac{\left(\dfrac{p(CO_2)}{p^\ominus}\right)\left(\dfrac{p(H_2)}{p^\ominus}\right)}{\left(\dfrac{p(CO)}{p^\ominus}\right)\left(\dfrac{p(H_2O)}{p^\ominus}\right)}=\dfrac{x^2}{(1.00-x)^2}=3.0$

解得:$x=0.63$

因此平衡时:$p(CO)=p(H_2O)=0.63p^\ominus=63$ kPa,$p(CO_2)=p(H_2)=0.37p^\ominus=37$ kPa

H_2 的转化率 $\alpha=\dfrac{x}{1.00}\times 100\%=63\%$

(2)设起始时 $p(CO_2)=xp^\ominus$,$p(H_2)=yp^\ominus$

---

① 平衡状态是化学反应能达到的最大限度,因此 α 表征了给定反应物在给定条件下所能达到的最大转化率,在这个意义上,α 又称为理论转化率(theoretical conversion)。

	$CO_2(g)$	+	$H_2(g)$	$\rightleftharpoons$	$CO(g)$	+	$H_2O(g)$
起始分压($p^\ominus$)	x		y		0		0
平衡分压($p^\ominus$)	$x-0.9y$		$y-0.9y$		$0.9y$		$0.9y$

$$K^\ominus=\frac{\left(\frac{p(CO_2)}{p^\ominus}\right)\left(\frac{p(H_2)}{p^\ominus}\right)}{\left(\frac{p(CO)}{p^\ominus}\right)\left(\frac{p(H_2O)}{p^\ominus}\right)}=\frac{(0.9y)^2}{(x-0.9y)(y-0.9y)}=3.0$$

解得：$x/y=3.6/1.0$

因此起始时 CO_2 和 H_2 应按物质的量 3.6∶1 的比例混合，可使 H_2 的转化率达到 90%。

由计算结果可以看出，提高一种反应物的量，可以增加另一种反应物的转化率。工业生产中常利用这一点，适当提高价廉的原料用量，促使昂贵的原料尽量转化成产物。

例 3-19 在 514 K 时，PCl_5 的分解反应：$PCl_5(g) \rightleftharpoons PCl_3(g)+Cl_2(g)$ 的 $K^\ominus=1.78$。将一定量 PCl_5 放入一恒容真空容器中，在 514 K 达到平衡时，总压为 200.0 kPa。计算 PCl_5 的分解分数。

解：由于反应前后体积不变，可以使用分压代替物质的量计算转化率。

根据题意和化学方程式可知，平衡时 PCl_3 与 Cl_2 是等量的。

设平衡时 $p(PCl_5)=xp^\ominus$，$p(PCl_3)=p(Cl_2)=yp^\ominus$，总压 200.0 kPa $=2.00p^\ominus$

则有：$x+2y=2.00$ ①

另外根据平衡常数表达式，$K^\ominus=\frac{\left(\frac{p(PCl_3)}{p^\ominus}\right)\left(\frac{p(Cl_2)}{p^\ominus}\right)}{\left(\frac{p(PCl_5)}{p^\ominus}\right)}=\frac{y^2}{x}=1.78$

因此得到：$y^2=1.78x$ ②

综合①和②可解得：$x=0.372$，$y=0.814$

即平衡时容器中 $p(PCl_5)=37.2$ kPa，$p(PCl_3)=p(Cl_2)=81.4$ kPa

	$PCl_5(g)$	$\rightleftharpoons$	$PCl_3(g)$	+	$Cl_2(g)$
平衡分压($p^\ominus$)	0.372		0.814		0.814
变化分压($p^\ominus$)	−0.814		0.814		0.814
起始分压($p^\ominus$)	1.186		0		0

PCl_5 的分解分数 $\alpha=\frac{0.814}{1.186}\times100\%=68.6\%$

以上都是利用 $K^\ominus$ 计算 α，实际应用中也常常反过来，利用 α 计算 $K^\ominus$。如例 3-20 所示。

例 3-20 在 773 K 恒压 100 kPa 下，将 SO_2 和 O_2 以物质的量 2∶1 注入反应器发生反应 $2SO_2(g)+O_2(g) \rightleftharpoons 2SO_3(g)$，平衡时测得 SO_2 转化率为 90%。计算反应在此温度下的标准平衡常数 $K^\ominus$。

解：由于反应前后体积改变，不能使用分压计算转化率，必须使用物质的量。

设起始时 SO_2 $2n$ mol，O_2 n mol，则平衡时 SO_2 消耗了 $2n\times90\%=1.8n$ mol

	$2SO_2(g)$	+	$O_2(g)$	$\rightleftharpoons$	$2SO_3(g)$
起始物质的量(mol)	$2n$		n		0
变化的物质的量(mol)	$-1.8n$		$-0.9n$		$1.8n$

平衡时物质的量(mol)　　$0.2n$　　$0.1n$　　$1.8n$

平衡时体系中总物质的量 $=0.2n+0.1n+1.8n=2.1n$，总压 $=100\ \text{kPa}=1p^{\ominus}$

根据分压定律，平衡时，有：$p(SO_2)=\dfrac{0.2n}{2.1n}\times 1p^{\ominus}=0.095p^{\ominus}$

$$p(O_2)=\frac{0.1n}{2.1n}\times 1p^{\ominus}=0.048p^{\ominus},\ p(SO_3)=\frac{1.8n}{2.1n}\times 1p^{\ominus}=0.857p^{\ominus}$$

$$\text{因此 } K^{\ominus}=\frac{\left(\dfrac{p(SO_3)}{p^{\ominus}}\right)^2}{\left(\dfrac{p(SO_2)}{p^{\ominus}}\right)^2\left(\dfrac{p(O_2)}{p^{\ominus}}\right)}=\frac{0.857^2}{0.095^2\times 0.048}=1.7\times 10^3$$

有关化学平衡计算的内容相当丰富，各种具体的化学平衡体系的计算还将在后续章节反复进行。

3.4.3　化学平衡的移动

化学平衡是反应系统在一定条件下达到的动态平衡状态。一旦外界条件发生改变，平衡就有可能被破坏，从平衡态变为不平衡态。在改变了的条件下，系统会重新建立平衡，在新的平衡状态下，各物质的浓度或分压可能与原平衡状态不同。

这种在外界条件改变时，化学反应从一种平衡状态转变到另一种平衡状态的过程叫做**化学平衡的移动**(shift of chemical equilibrium)。

根据式(3-25)和式(3-27)，可得：

$$\Delta_r G_m=\Delta_r G_m^{\ominus}+RT\ln Q=-RT\ln K^{\ominus}+RT\ln Q=RT\ln\frac{Q}{K^{\ominus}} \tag{3-30}$$

式(3-30)和式(3-25)是等价的，也被称为化学反应等温式。

在化学平衡时，$\Delta_r G_m=0$，同时 $Q=K^{\ominus}$。当外界条件发生改变，使得 Q 或 $K^{\ominus}$ 发生了变化，二者不再相等，则有 $\Delta_r G_m\neq 0$，此时根据吉布斯判据可知，化学反应会朝使得 $\Delta_r G_m<0$ 的方向自发进行，因此原有的平衡态被破坏，化学平衡发生移动。

如果外界条件改变使得 $Q<K^{\ominus}$，则 $\Delta_r G_m<0$，吉布斯判据指出，此时化学反应会自发向生成物方向进行，我们称化学平衡右移(也叫化学平衡正向移动)。反之，若外界条件改变使得 $Q>K^{\ominus}$，则 $\Delta_r G_m>0$，此时化学反应会自发向反应物方向进行，我们称化学平衡左移(也叫化学平衡逆向移动)。

根据 Q 和 $K^{\ominus}$ 判断化学平衡移动方向可归纳为：

$$Q\left\{\begin{matrix}<\\=\\>\end{matrix}\right\}K^{\ominus}\quad\begin{matrix}\text{平衡右移；}\\\text{平衡状态；}\\\text{平衡左移。}\end{matrix} \tag{3-31}$$

本判据称为**反应商判据**(reaction quotient criterion)，通过 Q 和 $K^{\ominus}$ 的相对大小判定化学平衡移动的方向。容易看出，反应商判据实质上与吉布斯判据是等价的。在实际应用上，反应商判据往往比较方便。

化学平衡移动的结果，是使得在新的条件下，Q 和 $K^{\ominus}$ 重新相等，再次使得 $\Delta_r G_m=0$，体系建立起新的化学平衡。

对于导致化学平衡移动的具体因素，可以从式（3－31）出发，讨论其对化学平衡的影响。

3.4.3.1 浓度对化学平衡的影响

从 Q 的表达式可见，在平衡的体系中增大反应物的浓度时，会使 Q 的数值因其分母增大而减小，于是使 $Q<K^{\ominus}$，这时平衡发生右移。类似的，可以分析降低反应物浓度、增大或降低生成物浓度等操作对 Q 的影响，进而推导其对化学平衡的影响。

总的说来，恒温下增加反应物的浓度或减小生成物的浓度，$Q<K^{\ominus}$，平衡右移；反之，当减小反应物的浓度或增大生成物的浓度，$Q>K^{\ominus}$，平衡左移。

浓度对化学平衡的这种影响，在工业生产中应用很广泛。就像例 3－18 计算显示的那样，工业上常常通过提高某反应物的浓度，使得平衡右移，从而提高其他反应物的转化率。另外，降低生成物的浓度也是提高生产效率的有力措施，例如工业上合成氨时，及时降温使生成的氨液化（在高压下氨很容易液化），离开反应体系，可使合成反应右移，显著提高生产率。

3.4.3.2 压强对化学平衡的影响

压强对固体、液体以及溶液中的离子的影响一般不明显，因此对无气体参加的反应，压强的变化对平衡状态的影响一般可以不予考虑。

对于有气体参与的反应，改变压强可能有三种方法：改变某反应物或生成物的分压（其他物质保持不变）、改变体系的总压强（例如改变反应容器的体积从而改变体系总压强）、充入与反应无关的惰性气体。下面依次对这三种方法进行讨论。

显然，提高某反应物的分压或降低某生成物的分压，都将导致 Q 减小，从而使平衡右移；降低某反应物的分压或提高某生成物的分压，则会使平衡左移。这种情况与上面关于浓度对化学平衡的影响结果相同。

当改变体系的总压强时，体系内各气体物质分压同时增加或减小一个相同的倍数，此时化学平衡朝哪个方向移动，取决于反应前后气体物质的量的变化。

对于一个气相反应，$c\mathrm{C(g)} + d\mathrm{D(g)} \rightleftharpoons g\mathrm{G(g)} + h\mathrm{H(g)}$，平衡时，则有：

$$K^{\ominus}=\frac{\left(\dfrac{p(\mathrm{G})}{p^{\ominus}}\right)^{g}\left(\dfrac{p(\mathrm{H})}{p^{\ominus}}\right)^{h}}{\left(\dfrac{p(\mathrm{C})}{p^{\ominus}}\right)^{c}\left(\dfrac{p(\mathrm{D})}{p^{\ominus}}\right)^{d}}$$

当压缩反应容器至原体积的 $1/\lambda(\lambda>1)$ 时，体系中各气体分压均提高到原来的 λ 倍，此时的反应商 Q 满足：

$$Q=\frac{\left(\dfrac{\lambda p(\mathrm{G})}{p^{\ominus}}\right)^{g}\left(\dfrac{\lambda p(\mathrm{H})}{p^{\ominus}}\right)^{h}}{\left(\dfrac{\lambda p(\mathrm{C})}{p^{\ominus}}\right)^{c}\left(\dfrac{\lambda p(\mathrm{D})}{p^{\ominus}}\right)^{d}}=\lambda^{(g+h-c+d)}K^{\ominus}=\lambda^{\sum\nu}K^{\ominus}$$

对于反应后气体物质的量增加的反应，$g+h>c+d$，因此有 $\sum\nu>0$，并由此可推出 $\lambda^{\sum\nu}>1, Q>K^{\ominus}$，化学平衡左移。对于反应后气体物质的量减小的反应，$\sum\nu<0$，相应的 $\lambda^{\sum\nu}<1, Q<K^{\ominus}$，化学平衡右移。在两种情况下，化学平衡都是向气体物质的量减小的

方向移动。

如果降低体系的压强，即相应于 $\lambda<1$，此时化学平衡移动的方向与上述方向相反。

总而言之，可以改变体系压强对化学平衡的影响归纳为：提高体系压强，化学平衡朝气体物质的量减小的方向移动；反之，降低体系压强，化学平衡朝气体物质的量增多的方向移动。

例如，工业上合成氨的反应，是一个物质的量减小的反应，提高体系压强是有利的，因此一般都在一定的高压（500 大气压）下进行。

如果反应前后气体物质的量不变，例如：

$$H_2(g) + I_2(g) = 2HI(g)$$

这类反应 $\sum \nu = 0$，无论如何改变平衡体系总压强，仍然有 $Q = K^\ominus$，平衡不会发生移动。也就是说，改变体系总压强对这类化学反应的平衡没有影响。

最后再来看一下向系统加入惰性气体时，在不同情况下对化学平衡移动的影响情况。

在等温、恒容条件下，在反应体系中充入惰性气体，对各反应物和生成物的分压都没有影响，因此 Q 不变，平衡不发生移动。而在等温、恒压条件下，充入惰性气体后，由于总压不变，惰性气体占据了一定的分压，各反应物和生成物的分压将同步降低，总的效果类似于降低体系压强，因此平衡向气体物质的量增多的方向移动。

3.4.3.3　温度对化学平衡的影响

温度对化学平衡的影响从本质上而言与上述浓度和压强对化学平衡的影响是不同的。浓度和压强对化学平衡的影响，都是改变了反应商 Q，它们不能改变平衡常数 $K^\ominus$。但是温度发生改变，平衡常数 $K^\ominus$ 将发生改变，从而使 $Q \neq K^\ominus$，平衡发生移动。

从式（3-21）和式（3-27）可知：

$$\Delta_r G_m^\ominus = \Delta_r H_m^\ominus - T\Delta_r S_m^\ominus$$

$$\Delta_r G_m^\ominus = -RT\ln K^\ominus$$

两式合并，得到：

$$\ln K^\ominus = -\frac{\Delta_r H_m^\ominus}{RT} + \frac{\Delta_r S_m^\ominus}{R} \qquad (3\text{-}32)$$

$\Delta_r H_m^\ominus$ 和 $\Delta_r S_m^\ominus$ 近似与温度无关，上式给出 $\ln K^\ominus$ 与反应温度的倒数 $\frac{1}{T}$ 呈线性关系。这是一个很有用的结论，在实验上，通过测定反应在不同温度 T 下的 $K^\ominus$ 值，然后以 $\ln K^\ominus$ 对 $\frac{1}{T}$ 作图，可以获得反应的 $\Delta_r H_m^\ominus$ 和 $\Delta_r S_m^\ominus$ 这两个热力学参数。

设在温度 T_1 和 T_2 时相应的平衡常数分别为 $K_1^\ominus$ 和 $K_2^\ominus$，根据式（3-32），有：

$$\ln K_1^\ominus = -\frac{\Delta_r H_m^\ominus}{RT_1} + \frac{\Delta_r S_m^\ominus}{R}$$

$$\ln K_2^\ominus = -\frac{\Delta_r H_m^\ominus}{RT_2} + \frac{\Delta_r S_m^\ominus}{R}$$

两式相减，消去 $\Delta_r S_m^\ominus$，可得：

$$\ln \frac{K_2^\ominus}{K_1^\ominus} = \frac{\Delta_r H_m^\ominus}{R}\left(\frac{1}{T_1} - \frac{1}{T_2}\right) = \frac{\Delta_r H_m^\ominus}{R}\ \frac{T_2 - T_1}{T_1 T_2} \qquad (3\text{-}33)$$

从式(3-33)可以更清楚地看出 $K^\ominus$ 与 T 的关系。下表是合成氨反应 $N_2(g)+3H_2(g)$ ══ $2NH_3(g)$ 的 $K^\ominus$ 和 T 的关系,从中可见温度对化学平衡的影响。

T/K	300	400	500	600	700	800
$K^\ominus$	4.8×10^{5}	4.7×10^{1}	1.8×10^{-1}	4.6×10^{-3}	3.3×10^{-4}	4.5×10^{-5}

从式(3-33)可见,温度对化学平衡的影响,取决于反应的焓变 $\Delta_r H_m^\ominus$。对于吸热反应,有 $\Delta_r H_m^\ominus>0$,这样当 $T_2>T_1$ 时,由式(3-33)可得,$K_2^\ominus>K_1^\ominus$,即平衡常数 $K^\ominus$ 随温度的升高而增大,升高温度将会使 $Q<K^\ominus$,平衡将右移。反之,当 $T_2<T_1$ 时,$K_2^\ominus<K_1^\ominus$,平衡则会左移。

对于放热反应,$\Delta_r H_m^\ominus<0$,当 $T_2>T_1$ 时,由式(3-33)可得,$K_2^\ominus<K_1^\ominus$,升高温度平衡左移。反之,降低温度平衡向右移。

总之,温度对化学平衡的影响可以归纳为:当温度升高时平衡向吸热方向移动,降低温度平衡向放热方向移动。

例 3-20 在 862 K 下将 8.00 mol NO 和 4.00 mol O_2 放入恒容容器中进行反应:$2NO(g)+O_2(g)$ ══ $2NO_2(g)$。平衡时测得总压为 1.04×10^3 kPa,NO 的转化率为 40%。

(1)计算反应在 862 K 时的标准平衡常数 $K^\ominus$。

(2)已知 900 K 时 $K^\ominus=0.095$,计算反应的 $\Delta_r H_m^\ominus$,此反应是吸热反应还是放热反应?

(3)在 862 K 下将体系体积压缩到原来的 1/2,平衡向哪个方向移动?

(4)保持体系体积不变,重新平衡后,计算各物质的分压。

解:(1)

	$2NO(g)$	+ $O_2(g)$	══ $2NO_2(g)$
起始物质的量(mol)	8.00	4.00	0
变化物质的量(mol)	$-8.00\times40\%$		
	$=-3.20$	-1.60	3.20
平衡时物质的量(mol)	4.80	2.40	3.20

平衡时体系中总物质的量 = 4.80+2.40+3.20 = 10.4 mol,总压 = 1.04×10^3 kPa = $10.4p^\ominus$

平衡时 $p(NO)=\dfrac{4.80}{10.40}\times10.4\,p^\ominus=4.80p^\ominus$

$$p(O_2)=\frac{2.40}{10.40}\times10.4p^\ominus=2.40p^\ominus,\ p(NO_2)=\frac{3.20}{10.40}\times10.4p^\ominus=3.20p^\ominus$$

$$K^\ominus=\frac{\left(\dfrac{p(NO_2)}{p^\ominus}\right)^2}{\left(\dfrac{p(NO)}{p^\ominus}\right)^2\left(\dfrac{p(O_2)}{p^\ominus}\right)}=\frac{3.20^2}{4.80^2\times2.40}=0.185$$

(2)$K^\ominus(862\text{ K})=0.185$,而 $K^\ominus(900\text{ K})=0.095$,温度升高 $K^\ominus$ 下降,因此反应为放热反应。

根据式(3-30),$\Delta_r H_m^\ominus=\ln\dfrac{K_2^\ominus}{K_1^\ominus}\dfrac{RT_1T_2}{T_2-T_1}$

$$=\ln\left(\frac{0.095}{0.185}\right)\times\frac{8.314\times862\times900}{900-862}\times10^{-3}=-113(\text{kJ}\cdot\text{mol}^{-1})$$

(3)压缩体系体积,平衡朝气体物质的量减小的方向移动,因此平衡右移。

(4)压缩体系体积后,各物质的分压变成原来的两倍,然后在恒容条件下重新平衡。

在此过程中，可用分压代替物质的量。设重新平衡后 O_2 分压变化量为 $xp^{\ominus}$，则有：

	$2NO(g)$	+ $O_2(g)$	$\rightleftharpoons$ $2NO_2(g)$
平衡前分压($p^{\ominus}$)	9.60	4.80	6.40
变化的分压($p^{\ominus}$)	$-2x$	$-x$	$2x$
平衡后分压($p^{\ominus}$)	$9.60-2x$	$4.80-x$	$6.40+2x$

由于温度不变，$K^{\ominus}$ 也不变，因此：

$$K^{\ominus}=\frac{\left(\dfrac{p(NO_2)}{p^{\ominus}}\right)^2}{\left(\dfrac{p(NO)}{p^{\ominus}}\right)^2\left(\dfrac{p(O_2)}{p^{\ominus}}\right)}=\frac{(6.40+2x)^2}{(9.60-2x)^2\times(4.80-x)}=0.185$$

解得：$x=0.56$

因此重新平衡后：$p(NO)=8.48p^{\ominus}$，$p(O_2)=4.24p^{\ominus}$，$p(NO_2)=7.52p^{\ominus}$

3.4.3.4　催化剂和化学平衡

许多工业反应需要催化剂，这是因为催化剂能改变化学反应速率。但对于任一确定的化学反应而言，反应前后催化剂的化学组成、质量都不变，因此无论使用催化剂与否，反应的始终态都是一样的，反应的吉布斯自由能变 $\Delta_r G_m^{\ominus}$ 不变。根据式(3-27)，$K^{\ominus}$ 也不发生变化，这说明催化剂不会影响化学平衡状态。也就是说催化剂不能使化学平衡发生移动，不能改变平衡组成，只能缩短反应达到平衡的时间。关于催化剂与反应速率的详细讨论，将在第 4 章中进行。

3.4.3.5　Le Chatelier 原理

在总结上述浓度、压强、温度等因素对化学平衡影响的基础上，1884 年，法国科学家 Le Chatelier① 提出一条普遍规律：体系已经达到平衡状态后，如果改变影响平衡系统的条件之一，平衡就向能减弱这种改变的方向移动。这条原理称为 **Le Chatelier 原理**(Le Chatelier's principle)。

Le Chatelier 原理适用于任何处于平衡状态的体系，不仅包括化学平衡体系，也包括其他平衡体系如物理平衡和相平衡体系。但是，对于非平衡体系则是不适用的。

阅读材料

化学振荡反应

一般的化学反应，反应物和产物的浓度单调地发生变化，最终不随时间推移而发生变化，即达到了化学平衡状态。长期以来，人们对平衡状态进行深入研究，最终建立了热力学理论。但是，有一些反应体系中，有的组分的浓度会忽高忽低，呈现周期性变化。这种现象称为化学振荡。

典型的化学振荡反应是 1960 年初期被发现的“别罗索夫-柴波廷斯基”反应，简称 B-

① 化学家 Le Chatelier 的名字有着多种翻译，见于资料的有里·查德里、吕·查德里、勒夏特列等。

Z反应。首先配制以下三种溶液：[A] 400 cm^3 30% H_2O_2，稀释至1 dm^3；[B] 42.8 g KIO_3溶解在40 cm^3 2 $mol \cdot dm^{-3}$ H_2SO_4中，稀释至1 dm^3；[C] 0.3 g淀粉溶于少量热水，加入15.6 g丙二酸和3.38 g $MnSO_4 \cdot H_2O$，稀释至1 dm^3。将三种溶液各取少量等体积混合，用玻璃棒略搅拌后静置，可以观察到系统开始完全无色，然后突然颜色变为蓝黑色，然后又改变为无色(相当短暂)，迅速又改变为蓝黑色。溶液的颜色就在无色与蓝色之间振荡，并且所有这些改变都以有规则的时间间隔发生，维持着一个恒定周期自动变化。

在这个体系中主要是以下化学反应：

$$2KIO_3 + 5H_2O_2 + H_2SO_4 = I_2 + K_2SO_4 + 6H_2O + 5O_2\uparrow$$

体系中的Mn^{2+}起催化剂作用，丙二酸则与I_2反应生成少量的I^-，以I_3^-的形式“储存”I_2，可以延长反应振荡的次数。

反应生成的I_2积累到一定程度就会使淀粉变蓝，但I_2积累过多之后又会被过量的H_2O_2所氧化：

$$I_2 + 5H_2O_2 + K_2SO_4 = 2KIO_3 + 4H_2O + H_2SO_4$$

从而淀粉又会退色。而KIO_3积累到一定后又引发其与H_2O_2的反应，从而产生新的一轮反应。总的反应式为：

$$2H_2O_2 = 2H_2O + O_2\uparrow$$

如果向反应器中不断加入KIO_3、丙二酸、H_2O_2反应物，同时通过溢流管不断将产物抽离反应器，这样可以使振荡反应无限持续下去。

除了颜色变化以外，一些化学振荡反应还在反应容器中不同部位出现溶液浓度不均匀的空间有序结构，显示出有规则的图案，称为化学螺纹波，如图3-2所示。

图3-2 化学螺纹波

这种化学振荡反应使人们意识到仅讨论平衡态是远远不够的。1969年，比利时化学家Prigogine在历经了近20年的探索以后，提出了耗散结构理论，指出一个开放体系在达到远离平衡态的非线性区域时，一旦体系的某一个参量达到一定阈值后，通过涨落就可以使体系发生突变，从无序走向有序，产生化学振荡一类的自组织现象。

耗散结构理论提出之后，不仅在化学领域，而且在整个自然界乃至人类社会的各个领域都取得广泛运用。因此，耗散结构理论也就是一种横跨化学学科及整个自然科学和社会科学的理论工具，是一门普遍化热力学或普适性理论，具有广泛的重要的科学意义。因为此卓越的工作，Prigogine获得1977年诺贝尔化学奖。

在化学方面，耗散结构理论除了在化学工业中连续化生产的不平衡体系中得到广泛应用外，还使化学家在理论认识上产生了一个飞跃，即化学自组织反应中与外界进行物质与能量交换的“新陈代谢”，也和生物体系一样，是其存在的不可缺少条件，从而使化学体系“活化”了。这就进一步消除了生命与非生命体系的森严壁垒。同时，对于化学中物质的认识，也不再是机械论世界观中所描述的那种被动的实体，而是与自发的活性相联的客体。

现代化学研究已经日益明显地把注意力从平衡态转向非平衡态，从简单的线性关系转向复杂的非线性关系，并成为化学发展的一个重要前沿。

本章要点

热力学是研究能量转换规律的科学，在化学领域内有着广泛的应用。

根据体系和环境之间存在的物质和能量交换，可把体系分类，研究中最常用的是封闭体系。体系的性质用状态函数进行描述。

体系和环境间因温差而交换的能量称为热 Q，以其他形式传递的能量叫做功 W。体系热力学能 U 为体系内一切能的总和。

热力学第一定律实质上是能量守恒定律，数学表达式为：$\Delta U=Q+W$。

焓 H 是体系的状态函数，$H=U+pV$。U 和 H 的绝对值均无法测量，但它们的变化量与体系的两种反应热相关：恒容反应热 $Q_V=\Delta U$，恒压反应热 $Q_p=\Delta H$。二者之间存在联系：$\Delta H=\Delta U+\Delta nRT$。

反应进度 ξ 描述反应的进行程度，摩尔反应热 $\Delta_r H_m$ 精确描述反应热效应。标准态规定了物质的存在形式。

可以利用盖斯定律从已知反应的热化学方程式计算未知反应的反应热，也可以利用标准摩尔生成焓 $\Delta_f H_m^\ominus$ 计算：$\Delta_r H_m^\ominus=\sum \nu_i \Delta_f H_m^\ominus(i)$。

反应热和混乱度是推动反应自发进行的两个重要因素。熵 S 是描述体系混乱度的状态函数，反应的标准摩尔熵变 $\Delta_r S_m^\ominus$ 可以利用标准摩尔熵 $S_m^\ominus$ 计算：$\Delta_r S_m^\ominus=\sum \nu_i S_m^\ominus(i)$。反应的 $\Delta_r H_m^\ominus$ 和 $\Delta_r S_m^\ominus$ 近似与温度无关。

自由能函数 G 也是体系的状态函数，$G=H-TS$，吉布斯公式 $\Delta G=\Delta H-T\Delta S$ 综合考虑了影响反应自发进行的几个因素，吉布斯判据指出 $\Delta G<0$ 是封闭体系中，等温、恒压、不做非体积功条件下的反应自发进行方向的一般性判据。

标准态下 $\Delta_r G_m^\ominus$ 可由 $\Delta_r G_m^\ominus=\Delta_r H_m^\ominus-T\Delta_r S_m^\ominus$ 确定，或者通过标准摩尔生成自由能 $\Delta_f G_m^\ominus$ 计算：$\Delta_r G_m^\ominus=\sum \nu_i \Delta_r G_m^\ominus(i)$。非标准态下 $\Delta_r G_m$ 根据化学反应等温式计算：$\Delta_r G_m=\Delta_r G_m^\ominus+RT\ln Q$。

判断化学反应进行的方向，标准态下使用 $\Delta_r G_m^\ominus$，非标准态下使用 $\Delta_r G_m$。

自发反应总会进入化学平衡状态，此时各反应物和生成物浓度不再变化，反应宏观上停止了。

标准平衡常数 $K^\ominus$ 表示化学进行的限度，$K^\ominus$ 越大，反应进行得越彻底。$K^\ominus$ 和 $\Delta_r G_m^\ominus$ 存在着联系：$\Delta_r G_m^\ominus=-RT\ln K^\ominus$。利用 $K^\ominus$ 可以计算各物质的平衡浓度、反应物的转化率等数据。

浓度、压强、温度等外界条件发生改变都会使化学平衡发生移动，具体的移动方向可以根据 $\Delta_r G_m=RT\ln\dfrac{Q}{K^\ominus}$ 利用 Q 和 $K^\ominus$ 的相对大小确定，也可以根据 Le Chatelier 原理进行判断。

不同温度下的平衡常数之间存在关系：$\ln\dfrac{K_2^\ominus}{K_1^\ominus}=\dfrac{\Delta_r H_m^\ominus}{R}\left(\dfrac{T_2-T_1}{T_1T_2}\right)$。

习题

1. 判断以下说法是否正确。

(1) 系统状态一定，状态函数就有确定的值。

(2) 气体膨胀或被压缩所做的体积功是状态函数。

(3) 由于 $CaCO_3$ 的分解是吸热的，故它的生成焓为正值。

(4)298.15 K 时反应 $Na^+(g)+Cl^-(g)$ ══ $NaCl(s)$ 的 $\Delta_r H_m^\ominus=-787\ kJ \cdot mol^{-1}$，则该温度下 $NaCl(s)$ 的标准摩尔生成焓为 $-787\ kJ \cdot mol^{-1}$。

(5)在 298.15 K，标准状态下，稳定的纯态单质的标准熵不为零。

(6)物质的量增加的反应是熵增加的反应。

(7)如果一个反应的 $\Delta_r G_m^\ominus>0$，则反应在任何条件下均不能自发进行。

(8)反应的 $\Delta_r G_m$ 值越负，其自发的倾向就越大，反应速率亦越快。

(9)当化学反应达到平衡时，各反应物和生成物的浓度一定相等。

(10)在一定温度下，随着反应 $2SO_2(g) + O_2(g)$ ══ $2SO_3(g)$ 的进行，$p(O_2)$、$p(SO_2)$ 不断减少，$p(SO_3)$ 不断增大，则反应的 $K^\ominus$ 不断增大。

(11)$K^\ominus$ 大的反应，平衡转化率必定大。

(12)某反应前后分子数相等，则增加体系压强对平衡移动无影响。

(13)化学平衡发生移动时，$K^\ominus$ 一定不改变。

(14)已知某温度下反应 $CaCO_3(s)$ ══ $CaO(s) + CO_2(g)$ 的 $K^\ominus=1.0$。当温度不变，密闭容器中有 $CaO(s)$、$CO_2(g)$，并且 $p(CO_2)=1.0\ kPa$，则系统已达到平衡。

2. 某汽缸中有气体 1.20 dm^3，在 200.0 kPa 下，气体从环境吸收了 80.0 J 的热量，在恒温恒压下体积膨胀到 1.50 dm^3。则此过程中体积功 $W=$________ J，系统的热力学能变化 $\Delta U=$________ J。

3. 已知 298.15 K 时反应 $N_2(g) + 3H_2(g)$ ══ $2NH_3(g)$ 的 $\Delta_r H_m^\ominus<0$。若升高温度，则反应的 $\Delta_r G_m^\ominus$ 将________，$K^\ominus$ 将________。（填增大或减小）

4. 反应 $N_2O_4(g)$ ══ $2NO_2(g)$ 在恒温恒压下达到平衡后，改变条件使 $n(N_2O_4)$ 和 $n(NO_2)$ 同比例增大，平衡将向________移动。若向该系统中加入 $Ar(g)$，并维持总压不变，系统中 $n(NO_2)$ 将________。

5. 在一定温度和压强下，将一定量的 PCl_5 气体注入反应容器中，平衡时有 50% 分解为气态 PCl_3 和 Cl_2。若增大体积，分解率将________；保持体积不变，加入 Cl_2 使压强增大，分解率将________。

6. 反应 $2NO(g) + O_2(g)$ ══ $2NO_2(g)$ 在一定条件下达到平衡，现压缩反应容器体积，则平衡向________移动。体系重新平衡后，与开始的平衡状态相比，$p(NO_2)$ 将________，而 $p(NO)$ 将________。

7. 请用热化学方程式表示以下结果。

(1)298.15 K 标准态时，0.5 mol $OF_2(g)$ 与足量 $H_2O(g)$ 反应，生成 $O_2(g)$ 和 $HF(g)$，放出 161.5 kJ 的热量。

(2)298.15 K 时 $Al_2O_3(s)$ 的标准摩尔生成焓为 $-1\ 669.8\ kJ \cdot mol^{-1}$。

8. 判断下列反应的 $\Delta_r S_m^\ominus$ 的符号。

(1)$2NO_2(g)$ ══ $N_2O_4(g)$

(2)$2NaOH(s) + CO_2(g)$ ══ $Na_2CO_3(s) + H_2O(l)$

(3)$CaCO_3(s) + 2H^+(aq)$ ══ $Ca^{2+}(aq) + H_2O(l) + CO_2(g)$

9. 已知 298.15 K、100 kPa 下 1.00 mol $CH_4(g)$ 完全燃烧生成 $CO_2(g)$ 和 $H_2O(l)$ 时放出 890.2 kJ 热量，请写出其燃烧反应式，并计算此条件下燃烧 5.00 mol $CH_4(g)$ 生成的 CO_2 的体积，以及反应放出的热量。

10. 已知人体消耗的能量平均功率为 100 W，主要供能物质是葡萄糖（$C_6H_{12}O_6$），其在体内氧化热化学方程式为：$C_6H_{12}O_6(s)+6O_2(g)$ ══ $6CO_2(g) + 6H_2O(l)$，$\Delta_r H_m^\ominus=-2\ 803\ kJ \cdot mol^{-1}$。则一天内一个人需要摄入 $C_6H_{12}O_6$ 多少克？

11. 已知 298.15 K 时 $\Delta_f H_m^\ominus(H_2O,l)=-285.8\ kJ \cdot mol^{-1}$。一定量氢气在氧气中燃烧，放出 114.3 kJ 热量，则所消耗的氢气质量为多少？

12. 碳化钨 WC 的硬度很大，可用来制作切削工具和钻石机。由单质直接生成碳化钨的反应温度高达 1 400 ℃，难以测定其 $\Delta_f H_m^\ominus$，可以由下列热化学方程式确定之。

$2W(s) + 3O_2(g) \longrightarrow 2WO_3(s)$，　　$\Delta_r H^\ominus_{m,1} = -1\ 685\ kJ \cdot mol^{-1}$；

$C(s) + O_2(g) \longrightarrow CO_2(g)$，　　$\Delta_r H^\ominus_{m,2} = -393.5\ kJ \cdot mol^{-1}$；

$2WC(s) + 5O_2(g) \longrightarrow 2WO_3(s) + 2CO_2(g)$，　　$\Delta_r H^\ominus_{m,3} = -2\ 390\ kJ \cdot mol^{-1}$。

据此计算 $\Delta_f H^\ominus_m(WC,s)$。

13. 写出下列反应的 $K^\ominus$ 的表达式。

(1) $NO(g) \longrightarrow 1/2N_2(g) + 1/2O_2(g)$

(2) $2NH_3(g) + 3CuO(s) \longrightarrow 3H_2O(g) + N_2(g) + 3Cu(s)$

(3) $Sn^{4+}(aq) + 2S_2O_3^{2-}(aq) + 2H_2O(l) \longrightarrow SnS_2(s) + 4H^+(aq) + 2SO_4^{2-}(aq)$

(4) $Cr_2O_7^{2-}(aq) + 2Bi^{3+}(aq) + 2H_2O(l) \longrightarrow 4H^+(aq) + (BiO)_2Cr_2O_7(s)$

14. 已知 298.15 K 时，$\Delta_f G^\ominus_m(Zn^{2+}) = -147.0\ kJ \cdot mol^{-1}$，$\Delta_f G^\ominus_m(Fe^{2+}) = -78.9\ kJ \cdot mol^{-1}$。通过计算判断反应：$Fe^{2+}(aq) + Zn(s) \longrightarrow Fe(s) + Zn^{2+}(aq)$

(1) 在标准态 298.15 K 时能否自发向右进行？

(2) 反应的 $K^\ominus$ 为多少？

15. 已知某高温下，以下反应的平衡常数分别为：

$CO_2(g) + H_2(g) \longrightarrow CO(g) + H_2O(g)$，$K_1^\ominus = 2.0$；

$FeO(s) \longrightarrow Fe(s) + 1/2O_2(g)$，$K_2^\ominus = 4.3\times10^{-7}$；

$H_2O(g) \longrightarrow H_2(g) + 1/2O_2(g)$，$K_3^\ominus = 5.1\times10^{-7}$。

请计算反应 $CO_2(g) \longrightarrow CO(g) + 1/2O_2(g)$ 和 $FeO(s) + CO(g) \longrightarrow Fe(s) + CO_2(g)$ 的 $K^\ominus$。

16. 已知反应：$C(s) + CO_2(g) \longrightarrow 2CO(g)$ 在 1 500 K 和 1 273 K 时的 $K^\ominus$ 分别为 3.0×10^3 和 2.5×10^2。试计算反应在 1 000 K 时的 $\Delta_r G^\ominus_m$、$\Delta_r H^\ominus_m$、$\Delta_r S^\ominus_m$ 和 $K^\ominus$。

17. 已知 298.15 K 时，反应 $CO_2(g) + H_2(g) \longrightarrow CO(g) + H_2O(g)$ 有关的热力学数据如下：

	$CO_2(g)$	$H_2(g)$	$CO(g)$	$H_2O(g)$
$\Delta_f H^\ominus_m/(kJ \cdot mol^{-1})$	-393.51	0	-110.52	-241.82
$S^\ominus_m/(J \cdot mol^{-1} \cdot K^{-1})$	213.60	130.57	197.56	188.72

(1) 计算该反应在 298.15 K 时的 $\Delta_r G^\ominus_m$ 和 $K^\ominus$。

(2) 若 $p(CO_2) = p(H_2) = \frac{1}{3}p^\ominus$，$p(CO) = p(H_2O) = \frac{1}{4}p^\ominus$，试判断该反应进行的方向。

18. 已知反应 $2NO(g) + Br_2(g) \longrightarrow 2NOBr(g)$ 在某温度时 $K^\ominus = 116$。若在容器中充入 10.0 kPa NO、1.00 kPa Br_2 和 46.0 kPa NOBr，则此时反应向哪个方向进行？

19. 在恒温恒压环境下，1.0 dm^3 NO_2 高温分解成为 NO 和 O_2，达到平衡时，NO_2 的分解率为 40%，请计算此时体系总体积。

20. 已知反应：$SO_2(g) + NO_2(g) \longrightarrow SO_3(g) + NO(g)$，在 700 K 时 $K^\ominus = 9.0$。若开始时各组分的物质的量均为 3.0×10^{-2} mol。

(1) 判断反应进行的方向。

(2) 求 SO_2 的平衡转化率。

第 4 章　化学反应动力学基础

通过上一章关于化学反应方向和限度的学习，应用热力学的方法，可以完整地判断在一定条件下化学反应自发进行的方向、所能达到的程度等问题。然而在实际中，人们发现，理论上能够自发进行的化学反应，实际上不一定能察觉出来。例如，H_2O_2的分解反应：$2H_2O_2(l) = 2H_2O(l) + O_2(g)$，在 298.15 K 下其 $\Delta_r G_m^{\ominus} = -233.6\ kJ \cdot mol^{-1}$，此反应自发进行的趋势很大，按理说 H_2O_2都不应该存在，但实际上 H_2O_2有着相当的稳定性，是一种常用的氧化剂。

热力学研究的是宏观上的大量粒子组成系统，得到的结论具有普适性，这是热力学的巨大优势。但是，正是因为如此，热力学不涉及体系的微观结构，不关心具体的反应时间，不研究具体的微观反应机制，因此只能得到理论性的结论，不能解决反应的实际进行的问题。热力学上断言不能进行的反应，就无实际研究的必要，但热力学上表明能够进行的反应，却未必能真正在现实中进行。一个化学反应究竟要如何才能实现，这是热力学无法解决的问题。所以，为了解决反应的现实性问题，必须进行反应速率和反应机制的研究。

研究化学反应速率的科学称为**化学动力学**（chemical kinetics），化学动力学考察的是化学反应过程的细节，主要研究内容包括化学反应速率的理论、化学反应的微观机制以及影响化学反应速率的因素。化学动力学的研究无论在理论上还是实践中都有着重要意义。各类化学反应，人们都有着不同的速率要求。例如，火药爆炸、各类化工生产等，人们都想方设法提高反应速率；而诸如橡胶老化、钢铁生锈等，人们则需要其进行得越慢越好；再例如为了充分发挥各种药物的治疗作用而不引起强烈副作用，人们则希望药物被人体吸收的速率保持适中。

由于牵涉到体系的微观结构，化学动力学的研究内容相当复杂。本章介绍一些化学反应速率的基本理论和基础知识。

4.1　化学反应速率

化学反应速率（rate of a chemical reaction）用来衡量化学反应进行得快慢程度，传统上指的是反应物转化成生成物的速率。对于封闭体系恒容过程中进行的反应，一般用单位时间内反应体系中各物质浓度的变化量进行表征，并且总取正值。物质浓度的单位是 $mol \cdot dm^{-3}$，视反应进行得快慢程度，时间单位可取秒（s）、分钟（min）、小时（h）、天（d），甚至年（y），这样化学反应速率的单位为 $mol \cdot dm^{-3} \cdot s^{-1}$、$mol \cdot dm^{-3} \cdot min^{-1}$、$mol \cdot dm^{-3} \cdot h^{-1}$、$mol \cdot dm^{-3} \cdot d^{-1}$、$mol \cdot dm^{-3} \cdot y^{-1}$等。

例如，在一定条件下，合成氨的反应中，考察各物质的起始浓度和反应一定时间后的浓度。

	N_2	+ $3H_2$	═══	$2NH_3$
起始浓度/mol · dm^{-3}	2.00	3.00		0.00
2.0 min 后的浓度/mol · dm^{-3}	1.80	2.40		0.40

则分别以各种物质表示的反应速率分别为：

$$v(N_2)=-\frac{\Delta c(N_2)}{\Delta t}=-\frac{1.80-2.00}{2.0}=0.10\ \mathrm{mol\cdot dm^{-3}\cdot min^{-1}}$$

$$v(H_2)=-\frac{\Delta c(H_2)}{\Delta t}=-\frac{2.40-3.00}{2.0}=0.30\ \mathrm{mol\cdot dm^{-3}\cdot min^{-1}}$$

$$v(NH_3)=\frac{\Delta c(NH_3)}{\Delta t}=\frac{0.40-0.00}{2.0}=0.20\ \mathrm{mol\cdot dm^{-3}\cdot min^{-1}}$$

其中前两个计算式中取负号，是为了保持计算的反应速率为正。在实际应用中，可根据需要和方便程度选择一种物质为准表示反应速率。

以上计算假定化学反应速率是恒定的，即相同的时间内消耗反应物或生成产物的浓度是固定的。但事实上一般化学反应速率都会随着时间推移而发生变化，以上得到的只是化学反应在这一段时间内的**平均速率**(average rate)，可用 $\bar{v}$ 表示，并不能反映出化学反应的真实速率。

下面仍以合成氨反应为例，以 NH_3 为参考对象，考察其浓度与时间的关系。实验数据如表 4-1 所示。

表 4-1　合成氨反应的反应速率

t/min	$c(NH_3)$/mol · dm^{-3}	$\bar{v}$/mol · dm^{-3} · min^{-1}
0.0	0.00	
2.0	0.40	$\frac{0.40-0.00}{2.0}=0.20$
4.0	0.60	$\frac{0.60-0.40}{2.0}=0.10$
6.0	0.70	$\frac{0.70-0.60}{2.0}=0.05$
8.0	0.75	$\frac{0.75-0.70}{2.0}=0.025$

由表 4-1 中数据可见，每次测量间隔都是 2.0 min，但每次得到的 NH_3 浓度的变化量是不同的。在开始的 2.0 min 内，NH_3 浓度增加较多，而后增加程度逐步降低，说明随着时间的推移，NH_3 的生成速率逐渐降低。表 4-1 中的 $\bar{v}$ 数据也只显示出相应的 2.0 min 内化学反应的平均速率。

为了确切表示化学反应速率，可将计算 $\bar{v}$ 的时间间隔 Δt 缩短，即令 $\Delta t\to 0$，此时得到的反应速率称为**瞬时速率**(instantaneous rate)。瞬时速率采用微分形式表述：

$$v(NH_3)=\lim_{\Delta t\to 0}\frac{\Delta c(NH_3)}{\Delta t}=\frac{\mathrm{d}c(NH_3)}{\mathrm{d}t}$$

一般提到的化学反应速率，均是指瞬时速率。

反应的瞬时速率的数值可以根据以上定义，通过缩短测量间隔获得，但基于实验上的难度，一般不这样做，而是通过作图求得。

在上面合成氨的例子中，根据表中的实验数据，绘制 $c(NH_3)$ 随时间变化的图，将数据点连接成光滑曲线，如图 4-1 所示。

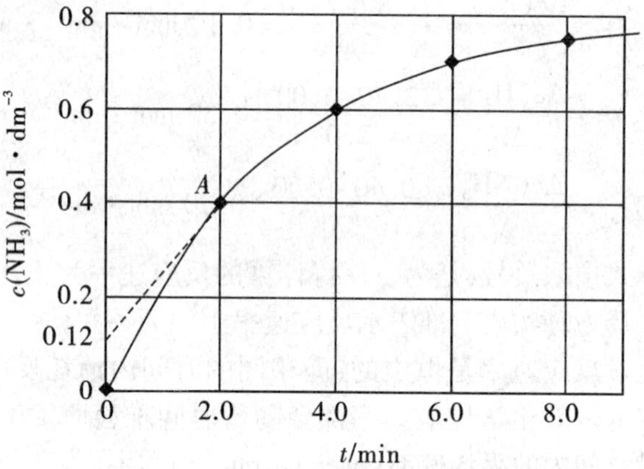

图 4-1　合成氨反应的浓度-时间曲线

如要求 2.0 min 时刻的反应速率，可由图中找到 2.0 min 对应的 A 点，过 A 点作速率曲线的切线，并延长与坐标轴相交，由图中读出交点的浓度值（$0.12\ mol \cdot dm^{-3}$），由此计算切线的斜率，即为反应在 2.0 min 时的瞬时速率。

$$v(NH_3)|_{t=2.0\ min}=\frac{dc(NH_3)}{dt}=\frac{0.40-0.12}{2.0}=0.14(mol \cdot dm^{-3} \cdot min^{-1})$$

采用类似的方法，可以求得任意时刻的瞬时速率。

采用瞬时速率可以表示化学反应的真实速率。但是，以上定义反应速率的方法还有一个弱点：采用了特定的反应物或生成物方法表示的反应速率，这样，得到的反应速率的数值将与所选取的物质有关。例如上例合成氨反应中，以 NH_3 表示的 2.0 min 时刻的反应速率为 $0.14\ mol \cdot dm^{-3} \cdot min^{-1}$，而若以 H_2 表示，则反应速率为 $0.21\ mol \cdot dm^{-3} \cdot min^{-1}$。选择的速率表示物质不同则结果也不一样，用起来有些混乱。

为了消除混乱，IUPAC 推荐，以反应进度来定义化学反应速率，表示为：

$$v=\frac{1}{V}\frac{d\xi}{dt} \tag{4-1}$$

其中 V 为体系的体积。对于恒容反应，上式可变形为：

$$v=\frac{1}{V}\frac{d\xi}{dt}=\frac{1}{V}\frac{dn_B}{\nu_B dt}=\frac{1}{\nu_B}\frac{dc_B}{dt} \tag{4-2}$$

其中 B 为任意选定的反应物或生成物，ν_B 为该物质的化学计量数。

由于反应进度与选定的参考物无关，因此由式（4-1）或式（4-2）求得的反应速率与具体的反应物或生成物无关，这样整个反应只有一个反应速率。

具体对于上述合成氨的反应，则有：

$$v=\frac{1}{-1}\frac{dc(N_2)}{dt}=\frac{1}{-3}\frac{dc(H_2)}{dt}=\frac{1}{2}\frac{dc(NH_3)}{dt}$$

这样,2.0 min 时刻的化学反应速率可以统一表示为 $0.07\ mol \cdot dm^{-3} \cdot min^{-1}$。

由于定义中使用了反应进度,因此这种方式定义的化学反应速率与化学方程式的具体写法有关。

IUPAC 推荐的反应速率定义虽然消除了反应速率的混乱性,但是目前并未广泛采用,仍有相当多的资料和文献采用传统方式的定义。

4.2　反应速率理论

不同的化学反应速率千差万别,短的如火药爆炸、酸碱中和,可以几乎在瞬间完成,而长的如地层深处煤和石油的形成,可长达千万年。为了说明这种差异,必须讨论化学反应是如何发生的,反应物又是如何转变成生成物的,这就是化学反应速率理论。

4.2.1　碰撞理论和活化能

从微观上看化学反应的过程,就是反应物的微粒(分子、原子或离子等)之间电子发生重排,旧化学键断裂,形成新的化学键,并进而转化为生成物。但是,微观粒子之间存在斥力,一般情况下粒子都会保持一定距离,只有发生碰撞时,它们才能接近到发生化学反应的程度。基于这样的思想,1918 年英国科学家路易斯(W. C. M. Lewis)在气体分子运动论的基础上,提出了反应速率的**碰撞理论**(collision theory)。

碰撞理论认为,反应物微粒之间的碰撞是发生化学反应的先决条件。但是,计算表明,在通常条件下,气态微观粒子之间的碰撞是如此的频繁,通常可达 10^{29} 次 $\cdot\ cm^{-3} \cdot s^{-1}$,如果每次碰撞都能发生化学反应的话,则一切气体反应都应能在瞬间完成。实际上反应速率远比该计算值小,这说明绝大多数反应物分子的碰撞都不能发生化学反应,而只是简单的**弹性碰撞**(elastic collision)。碰撞理论把那些能够导致化学反应的碰撞称为**有效碰撞**(effective collision)。有效碰撞在所有的分子间碰撞中所占的比例相当低,一般在 10^{-10} 以下,而化学反应速率就取决于有效碰撞的频率。

要发生有效碰撞,反应物分子必须具备 2 个条件:①具有足够的能量,这样才能克服相互之间的斥力,而使分子充分接近并发生化学反应,这是发生有效碰撞的必要条件;②碰撞时方位要合适,要恰好在能起反应的部位上,如果碰撞的方位不合适,即使反应物分子具有足够的能量,也不会发生反应。

例如,反应 $NO_2 + CO \xlongequal{} NO + CO_2$ 的以下两种碰撞方式:

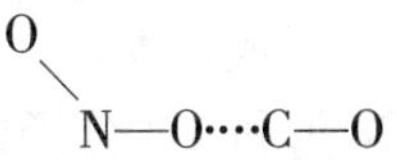
(a)

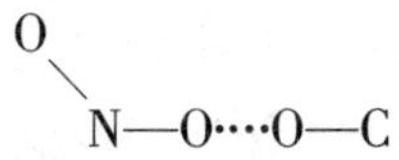
(b)

显然,(a)种碰撞有利于反应的进行;(b)种以及许多其他碰撞方式都是无效的。

一般而言,结构越复杂的分子,对碰撞时的方位要求越高,相应的反应速率也越低。

能够发生有效碰撞的分子称为**活化分子**(activated molecule)。由以上讨论可知,活化分子的动能应显著高于体系中分子的平均动能,普通的非活化分子必须要吸收足够的能量才能转变为活化分子。在碰撞理论中,把活化分子的平均能量 $\overline{E}^*$ 与体系所有分子的平

均能量 $\overline{E}$ 之差称为**活化能**(activation energy)①,用 E_a 表示:

$$E_a = \overline{E}^* - \overline{E}$$

活化能 E_a 决定了在给定的反应条件下,活化分子在所有分子中所占的比例。温度一定时,活化能 E_a 越大的反应,活化分子所占的分数就小,活化分子数目就越少。反之,活化能 E_a 越小,活化分子数目就越多。

由于反应速率取决于活化分子的碰撞,活化分子数目越多,则单位时间内有效碰撞次数越多,反应速率也越大。由此可见,活化能 E_a 可认为是化学反应的“门槛”,E_a 越小,反应速率越大;而 E_a 越大,反应速率就越小。不同的化学反应具有不同的活化能,因而具有不同的化学反应速率②。

E_a 的单位为 $kJ \cdot mol^{-1}$,化学反应的 E_a 均为正值。一般化学反应的 E_a 在 40 ~ 400 $kJ \cdot mol^{-1}$ 之间,多数集中在 60 ~ 250 $kJ \cdot mol^{-1}$ 范围内。$E_a < 40\ kJ \cdot mol^{-1}$ 的化学反应,其反应速率极快,用一般方法难以测定;$E_a > 400\ kJ \cdot mol^{-1}$ 的反应,其反应速率极慢,通常条件下难以观察到反应的进行。下面是一些典型的反应的活化能的数据。

$$2SO_2(g) + O_2(g) \xlongequal{\quad} 2SO_3(g), \qquad E_a = 251\ kJ \cdot mol^{-1};$$

$$N_2O_5(g) \xlongequal{\quad} 2NO_2(g) + 1/2O_2(g), \qquad E_a = 102\ kJ \cdot mol^{-1};$$

$$NaOH + HCl \xlongequal{\quad} NaCl + H_2O, \qquad E_a \approx 20\ kJ \cdot mol^{-1}。$$

一般溶液中的离子反应 E_a 都较小,反应速率很大。

碰撞理论比较直观,容易为人们接受,也能够解释许多有关化学反应速率的相关事实,是比较常用的理论。但碰撞理论在处理时把分子看成是刚性球体,忽略了分子的内部结构,这一点上是过于简化了。尽管理论中引入了碰撞的方位概念,可以对此进行一定的说明,但是仍过于粗糙,对于结构复杂的分子(特别是大型的有机分子)之间的反应,理论适应性较差。

4.2.2　过渡态理论

20 世纪 30 年代,艾林(Eyring)等在量子力学和统计力学的基础上,考虑了反应过程中的能量变化,提出了**过渡态理论**(transition-state theory)。

过渡态理论认为,化学反应并不只是发生在反应物分子发生碰撞的一刹那,其实在此之前就已经开始了。能量足够的反应物分子在接近的过程中,彼此就已经发生一定程度的相互影响,分子的能量发生重新分配,化学键发生重排,原有的化学键部分断裂,新的化学键部分生成,形成一种中间过渡状态,此时反应物分子结合成能量很高、不稳定的**活化配合物**(activated complex),活化配合物进一步分解形成产物。

仍以反应 $NO_2 + CO \xlongequal{\quad} NO + CO_2$ 为例,在 NO_2 和 CO 分子接近过程中,随着距离缩短,N—O键和 C—O 键逐渐增长,并受到削弱,同时逐渐形成新的 O—C 键。此时分子的动能转化为体系的势能,形成活化配合物[ONOCO]。

---

① 活化能的概念是 1889 年由化学家 Arrhenius 提出的。碰撞理论中对活化能有几种定义,彼此略有差异,但在数值上都相差不大。此处采用的是 Tolman 的定义。

② 需要说明的是,即使同样反应式所规定的反应,反应物形态或反应机制不同,活化能也可能有差异。

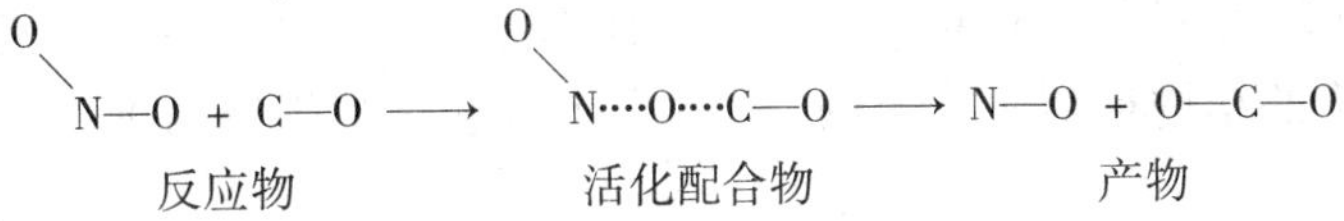

在活化配合物中，N····O 键将断未断，C····O 键将成未成，此时体系的能量很高。因此活化配合物稳定性很差，生成之后极易分解①。当 N····O 键完全断开，同时 C····O 键进一步强化并最终完全成键时，就形成了产物 NO 和 CO_2。

过渡态理论从能量上出发考察微观的反应过程，可以绘制体系的势能随反应进程的变化曲线，如图 4-2 所示。

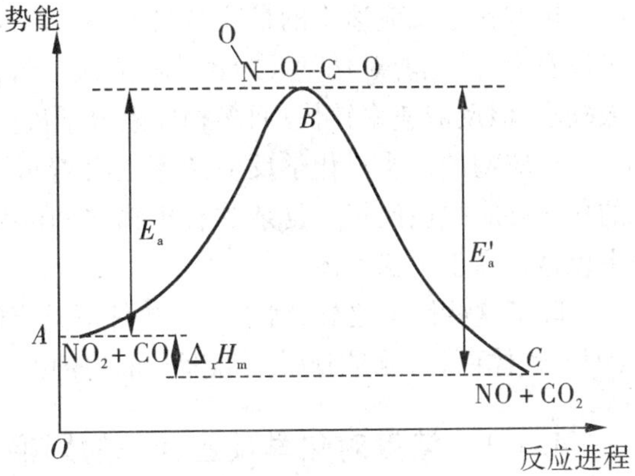

图 4-2　反应过程中的势能变化

图中 A 点表示反应物中 NO_2 和 CO 的平均势能，这样的能量条件下不能发生化学反应。B 点表示活化配合物的势能，这是反应过程中能量最高的位置，此点能量水平通常被称作反应的势垒。C 点表示产物 NO 和 CO_2 的平均势能。

从图 4-2 中可以看出，反应物 NO_2 和 CO 分子必须具有足够的能量，才能翻越势垒 B 而得到产物。因此，活化配合物的势能与反应物平均势能之差，就是反应的活化能 E_a。

从势能曲线中还可以发现，一方面能量足够的反应物分子可以从 A 点翻越势垒得到产物分子；另一方面，能量足够的产物分子也可以从 C 点翻越势垒得到反应物分子。这实际上就是原反应的逆过程，并且经历一个与原反应相同的活化配合物中间体。过渡态理论实际上体现了化学反应的微观可逆性。相应地，活化配合物势能与产物分子平均势能之差，就是逆反应的活化能 E_a'。

从能量上来看，反应进程从 A 点进行到 B 点，体系势能增加了 E_a，而从 B 点到 C 点，体系势能下降了 E_a'。这样，从 A 到 C 的整个化学反应过程的能量变化应该是 $E_a - E_a'$。这个值就是化学反应的摩尔反应热 $\Delta_r H_m$。因此有：

$$\Delta_r H_m = E_a - E_a' \tag{4-3}$$

式(4-3)把宏观的反应热与微观的活化能联系在了一起，它是热力学和动力学联系的桥梁公式之一。当 $E_a > E_a'$，即正反应的活化能大于逆反应的活化能时，有 $\Delta_r H_m > 0$，此时化学反应为吸热反应。反之，当 $E_a < E_a'$ 时，有 $\Delta_r H_m < 0$，此时化学反应为放热反应。但无论是吸热反应还是放热反应，参与反应的分子都必须翻越势垒才能够进行反应。

过渡态理论较好地揭示了化学反应的微观过程和活化能的本质，能够合理解释大量实验现象，大大推动了化学动力学的发展。原则上，已知反应物和产物的某些物性参数

---

① 活化配合物的寿命极短，它的存在本来只是设想，但随着实验技术的发展，人们已经通过各种手段，捕捉到这类极端活泼的物质，从而对微观化学反应机制有了更深入的认识。20 世纪 80 年代末，埃及裔美国物理学家泽维尔（A. H. Zewail）发展的超短激光闪光成像技术，更是把人们的时间分辨能力提高到了飞秒（10^{-15}）量级，为化学动力学研究带来了新的革命。为此，Zewail 获得 1999 年诺贝尔化学奖。

（如键长、振动频率、质量等），就可以从理论上计算化学反应的速率。但是，对于较复杂的反应，活化配合物的结构是难于确定的，相关的计算也存在相当的难度，这些都制约着过渡态理论的应用。

4.3　影响化学反应速率的因素

影响化学反应速率的最主要的因素，显然是反应本身的特性。从化学反应速率理论可以看出，活化能对化学反应速率有着决定性的影响。例如，溶液中的离子反应活化能一般较小，但反应速率较快；而多相体系分子反应活化能较大，但反应速率一般较慢。

反应物的性质对化学反应速率也有着重要影响。例如，结构相对简单的无机物之间的化学反应往往比相对复杂的有机物之间的化学反应速率快得多，粉末状固体的反应速率也显著高于块状固体。

除了这些因素之外，对于一定条件下给定的化学反应而言，其反应速率一般受到浓度（对于气体而言，就是分压）、温度和催化剂的影响。

4.3.1　浓度对化学反应速率的影响

一般而言，反应物浓度越大，反应速率越大。例如，可燃物在纯氧中燃烧远比在空气中燃烧剧烈。显然，由于温度一定时，活化分子占总分子的百分数是一定的，如果反应物浓度越大，则单位体积内活化分子数量越多，单位时间内在此体积中活化分子的碰撞次数越多，相应反应速率就越大。

实验指出，在温度一定的条件下，多数化学反应在某个时刻的瞬时反应速率与该时刻下各反应物的浓度的幂次的乘积成正比。也就是说，对于一般的化学反应：

$$cC + dD \longrightarrow gG + hH$$

其化学反应速率满足：

$$v=k[c(C)]^m[c(D)]^n \tag{4-4}$$

上式称为**经验速率方程**（empirical rate equation），其中 m 和 n 分别是反应物 C 和 D 的浓度的幂次，根据不同的反应，可为正整数、0 或分数。k 称为化学反应的**速率常数**（rate constant）。k、m 和 n 均可通过实验测定①。

一些化学反应实例如下：

$$SO_2Cl_2 \longrightarrow SO_2 + Cl_2, \qquad v=kc(SO_2Cl_2);$$
$$2N_2O \longrightarrow 2N_2 + O_2, \qquad v=kc(N_2O)^2;$$
$$H_2 + Cl_2 \longrightarrow 2HCl, \qquad v=kc(H_2)c(Cl_2)^{1/2};$$
$$Na + H_2O \longrightarrow NaOH + H_2, \qquad v=k。$$

① 并不是所有的反应速率都可写成经验速率方程的形式。例如对于反应 $H_2+Br_2=2HBr$，其速率方程为 $v=\dfrac{kc(H_2)\cdot c(Br_2)^{1/2}}{1+k'\dfrac{c(HBr)}{c(Br_2)}}$

最后一个实例中,反应速率与反应物浓度无关,即 $m=n=0$。

例 4-1　对于反应 $2H_2+2NO=2H_2O+N_2$,在一定温度下有如下实验数据,试建立其速率方程。

实验编号	反应物浓度/$mol\cdot dm^{-3}$		反应速率/$mol\cdot dm^{-3}\cdot s^{-1}$
	$c(H_2)$	$c(NO)$	
1	1.00×10^{-3}	6.00×10^{-3}	3.19×10^{-3}
2	2.00×10^{-3}	6.00×10^{-3}	6.36×10^{-3}
3	3.00×10^{-3}	6.00×10^{-3}	9.56×10^{-3}
4	6.00×10^{-3}	1.00×10^{-3}	0.48×10^{-3}
5	6.00×10^{-3}	2.00×10^{-3}	1.92×10^{-3}
6	6.00×10^{-3}	3.00×10^{-3}	4.30×10^{-3}

解:对比实验 1 ~3,可见 $c(NO)$ 保持不变,而 $c(H_2)$ 分别变为 2 倍或 3 倍时,相应的反应速率也变为 2 倍或 3 倍。这说明反应速率 v 和 $c(H_2)$ 成正比:$v\propto c(H_2)$。

对比实验 4 ~6,此时 $c(H_2)$ 保持不变,$c(NO)$ 分别变为 2 倍或 3 倍,相应的反应速率分别变成 4 倍或 9 倍。这说明反应速率 v 和 $c(NO)$ 的平方成正比:$v\propto c(NO)^2$。

综合上面两个结论,有 $v\propto c(H_2)c(NO)^2$。

因此该方程的速率方程为 $v=kc(H_2)c(NO)^2$。

常数 k 可利用表中的数据确定。将实验 1 的数据代入速率方程,可得:

$$k=\frac{v}{c(H_2)c(CO)^2}=\frac{3.19\times10^{-3}}{1.00\times10^{-3}\times(6.00\times10^{-3})^2}=8.86\times10^4(mol^{-2}\cdot dm^6\cdot s^{-1})$$

通过实验确定了 k、m 和 n 后,就可以计算该温度下任何浓度时的反应速率。

速率常数 k 是在给定温度和反应条件下,各反应物浓度均为 1 $mol\cdot dm^{-3}$ 时的化学反应速率。k 只与化学反应本性、温度、催化剂等因素有关,与各反应物浓度无关,反应条件一定时 k 是个定值。因此,k 是表示化学反应速率快慢的特征常数,在给定反应条件下 k 值越大,相应化学反应速率也越大。

k 一般是有量纲的,其具体的单位与速率方程中的各反应物浓度的幂次之和$(m+n)$有关。在式(4-4)中,如果 v 的单位为 $mol\cdot dm^{-3}\cdot s^{-1}$,浓度的单位为 $mol\cdot dm^{-3}$,则 k 的单位为 $mol^{1-m-n}\cdot dm^{3(m+n-1)}\cdot s^{-1}$。

在书写速率方程时要注意以下事项:①如果反应物中包含纯固体或纯液体,则它们的浓度可视为不变,因此可并入速率常数 k 中,不必写出它们的浓度;②若反应过程中,某一反应物浓度显著大于其他反应物浓度,以至于在整个反应过程中其浓度可认为不变,则速率方程中可不必给出此物质浓度。

化学反应方程式只是从计量关系上表示一个化学反应进行的情况,并不能显示出化学反应是通过何种历程、经过哪些步骤完成的,因此在一般情况下,速率方程中的幂次 m 和 n 应通过实验测定,而不能从化学反应方程式中直接获得。这从上面给出的化学反应的实例也可以看到。

但是对于最简单的反应，即反应物一步就直接转变成产物的反应——这类反应称为**基元反应**（elementary reaction）或简单反应，则存在一个简单的关系：此时各反应物浓度的幂次，正好等于该反应物在化学方程式中的系数。即有：

$$m=c,n=d$$

此时有：

$$v=k[c(\mathrm{C})]^{c}[c(\mathrm{D})]^{d} \tag{4-5}$$

这个关系式称为**质量作用定律**（law of mass action）①，可以描述为：基元反应的化学反应速率，与反应物浓度以其计量数（取正值）为指数的幂的乘积成正比，比例系数为化学反应速率常数 k。

例如，前面描述的反应 $NO_2+CO \xlongequal{} NO+CO_2$就是一个基元反应，其速率方程为：

$$v=kc(\mathrm{NO_2})c(\mathrm{CO})$$

质量作用定律很容易通过碰撞理论加以理解。例如，在上述的基元反应中，如果 NO_2 的浓度扩大到原来的两倍，则单位体积内 NO_2分子的数量、相应的 NO_2与 CO 的碰撞频率都会变成原来的两倍，从而有效碰撞的频率、化学反应速率也变成原来的两倍。这就说明 $v\propto c(\mathrm{NO_2})$。同理，$v\propto c(\mathrm{CO})$。故有 $v=kc(\mathrm{NO_2})c(\mathrm{CO})$。

基元反应不生成任何中间产物，是化学动力学研究中最简单的反应，但是基元反应是不多见的。

对于大多数化学反应，即使反应方程式看上去很简单，实质上却经历了两个或两个以上的步骤，同时会生成一些中间产物。这些化学反应称为非基元反应，或者称为复杂反应。非基元反应不能应用质量作用定律。但是，非基元反应可以分解成若干个基元步骤，每个步骤都是基元反应，可以对每个步骤分别应用质量作用定律，然后组合起来获得总反应的速率方程式。

例如，例 4-1 中 NO 和 H_2的反应 $2NO+2H_2 \xlongequal{} N_2+2H_2O$，实验测定的化学反应速率满足：

$$v=kc(\mathrm{H_2})c(\mathrm{NO})^2$$

由此速率方程可见，由于 v 正比于 $c(\mathrm{H_2})$ 而不是 $c(\mathrm{H_2})^2$，不满足质量作用定律，因此这个反应是个非基元反应②。研究表明，这个反应可以分解为两个基元步骤进行。

第一步（慢）：　$2NO+H_2 \xlongequal{} N_2+2\cdot OH$

第二步（快）：　$2\cdot OH+H_2 \xlongequal{} 2H_2O$

其中第一步反应进行得很慢，并生成中间产物羟基自由基 ·OH，随后羟基自由基 ·OH经历第二步快反应与 H_2作用掉。

---

① 质量作用定律的一般形式于 1864 年由挪威科学家古德贝格（C. M. Guldberg）和瓦格（P. Waage）在大量的实验基础上提出，但直到 1879 年才引起化学界的重视，并成为化学动力学研究的起点。

② 必须指出的是，实验测得的反应速率方程不满足质量作用定律的反应一定不是基元反应，但是，即使实验测得的反应速率方程满足质量作用定律，该反应也不一定就是基元反应。例如反应 $2NO+O_2 \xlongequal{} 2NO_2$，$v=kc(\mathrm{NO})^2\cdot c(\mathrm{O_2})$，满足质量作用定律，但这不是一个基元反应。要确认一个反应是基元反应还是非基元反应，需要进行相当多的动力学研究工作。

由于第二步反应速率很快，第一步的慢速反应成为影响整个反应快慢的决定性因素，因此整个反应速率由第一步反应速率决定。即：

$$v=kc(H_2)c(NO)^2$$

这个结果与实验吻合。

如何将一个复杂反应拆分成若干个基元反应，或者说，对化学反应机制的研究是化学动力学研究的重要内容，相关的工作相当复杂。目前，借助于飞速发展的实验技术，人们已经对越来越多的化学反应有了进一步的认识。

4.3.2　温度对化学反应速率的影响

温度对化学反应速率的影响比较复杂，但是对于大多数反应而言，温度升高，反应速率都将明显增大。例如，氢气和氧气生成水的反应，在常温下反应速率极慢，放置几年也不会有可察觉的反应进行，若温度升高到673 K，约需要80 d 反应可进行完全，当温度进一步升高到873 K，则反应速率急剧增大，瞬间即进行完毕。

从反应速率的碰撞理论来看，随着温度升高，活化分子占全部分子的百分比增加，相应的有效碰撞数量也随之增加，因此反应速率增大。这是反应速率随温度升高而增大的主要原因。另外，温度升高也会导致分子运动速度加快，从而分子间的碰撞频率有所增加，这也在一定程度上导致反应速率增大。

值得注意的是，在第 3 章讨论温度与化学平衡的关系时曾经指出，随着温度升高，化学平衡向吸热方向移动，这并不意味着放热反应的化学反应速率随温度升高而降低。化学平衡与化学反应速率是两个层面的内容，不可混淆。事实上，无论吸热反应还是放热反应，温度升高都将加快其反应速率。

从经验速率方程(4-4)可知，浓度一定时，反应速率取决于速率常数 k。因此，研究温度对反应速率的影响，就是研究 k 与温度 T 之间的依赖关系。

1889 年，化学家阿伦尼乌斯(S. A. Arrhenius)通过对大量化学反应速率研究的总结，提出了 k 与 T 之间的经验公式：

$$k=A\cdot e^{-E_a/RT} \tag{4-6}$$

式中，A 称为指前因子，与反应物分子的碰撞频率和分子取向等因素有关，E_a 为反应活化能，R 为摩尔气体常数，T 为温度。

对式(4-6)两边分别取自然对数和常用对数：

$$\ln k=-\frac{E_a}{RT}+\ln A \tag{4-7}$$

$$\lg k=-\frac{E_a}{2.303RT}+\lg A \tag{4-8}$$

式(4-6)、式(4-7)和式(4-8)都称为**阿伦尼乌斯方程**(Arrhenius equation)。从中可以看出，k 和 T 成指数关系，T 的微量变化，都会引起 k 的较大变化。

利用阿伦尼乌斯方程讨论反应速率与温度的关系时，指前因子 A 和活化能 E_a 可近似看成常数，不随温度变化而改变。这样，如果已知 A 和 E_a，可以求得反应在任何温度下的速率常数；或者通过实验测定不同温度下的 k 值，然后推算 A 和 E_a。

一般情况下，人们对 E_a 比对 A 更感兴趣，这时可以利用式(4-7)或式(4-8)消去 A。

设反应在 T_1 时速率常数为 k_1，T_2 时速率常数为 k_2，根据式(4-7)可得：

$$\ln k_1 = -\frac{E_a}{RT_1} + \ln A$$

$$\ln k_2 = -\frac{E_a}{RT_2} + \ln A$$

两式相减，消去 A，得到：

$$\ln\frac{k_2}{k_1} = \frac{E_a}{R}\left(\frac{1}{T_1} - \frac{1}{T_2}\right) = \frac{E_a}{R}\,\frac{T_2 - T_1}{T_1 T_2} \tag{4-9}$$

如果使用常用对数，可以写成：

$$\lg\frac{k_2}{k_1} = \frac{E_a}{2.303R}\,\frac{T_2 - T_1}{T_1 T_2} \tag{4-10}$$

利用式(4-9)和式(4-10)，可以作以下各种计算：①已知 E_a、T_1、k_1、T_2 的情况下计算 k_2；②已知 T_1、k_1、T_2、k_2 的情况下计算 E_a；③已知 T_1、k_1、T_2、k_2、T_3 的情况下计算 k_3。

例 4-2 已知某化学反应，在 10 ℃下速率常数 $k_1 = 1.08\times10^{-4}\ s^{-1}$，60 ℃下速率常数 $k_2 = 5.48\times10^{-2}\ s^{-1}$，计算此反应在 30 ℃下的速率常数 k_3。

解：由题意知 $T_1 = 283$ K，$k_1 = 1.08\times10^{-4}\ s^{-1}$，$T_2 = 333$ K，$k_2 = 5.48\times10^{-2}\ s^{-1}$，$T_3 = 303$ K。

根据式(4-9)，$E_a = \ln\frac{k_2}{k_1}\times\frac{RT_1T_2}{T_2 - T_1} = \ln\frac{5.48\times10^{-2}}{1.08\times10^{-4}}\times\frac{8.314\times283\times333}{333-283} = 9.76\times10^4(J\cdot mol^{-1})$

将此结果再代入式(4-9)，利用 T_1、k_1 和 T_3 计算 k_3。

$$\ln\frac{k_3}{k_1} = \frac{E_a}{R}\,\frac{T_3 - T_1}{T_2 T_1} = \frac{9.76\times10^4}{8.314}\times\frac{303-283}{303\times283} = 2.74,\ \frac{k_3}{k_1} = 15.5$$

从而 $k_3 = 1.08\times10^{-4}\times15.5 = 1.67\times10^{-3}(s^{-1})$。

从式(4-7)可以看出，$\ln k$ 与 $\frac{1}{T}$ 成正比，比例系数是 $-\frac{E_a}{R}$，可见 E_a 决定了随着温度升高，速率常数 k 增大的幅度。E_a 较大的反应，速率常数 k 随温度升高而增加较快，也就是说，升高温度更有利于活化能 E_a 较大的反应进行。而那些 E_a 较小、低温下反应速率已经较快的反应，升高温度带来的反应速率提高效果就比较有限。例如，$E_a = 250\ kJ\cdot mol^{-1}$ 的极慢速反应，T 从 300 K 升高到 310 K，k 将变成原来的 25 倍，而对于 $E_a = 30\ kJ\cdot mol^{-1}$ 的极快速反应，T 同样从 300 K 升高到 310 K，k 只增加不到 50%。

需要说明的是，并不是所有化学反应的速率与温度关系都符合阿伦尼乌斯公式①。有一些化学反应，特别是各种爆炸反应，当温度低于某个极限点时，反应速率始终很小，而温度高于该点时，反应速率会急剧增大。还有一些化学反应，特别是有催化剂参与的复杂反应，其反应速率甚至会随着温度升高而降低。对于这些化学反应，要得出其化学反应速率与温度的变化关系，需要经过详细的动力学研究推算。

---

① 严格而言，阿伦尼乌斯公式只适用于基元反应。对于非基元反应，需根据其实际反应机制进行推算验证。但是一般说来，只要该反应满足经验速率方程式(4-4)，则该反应都符合阿伦尼乌斯公式。

4.3.3　催化剂对化学反应速率的影响

只存在少量就能够显著改变化学反应速率，而本身的组成、质量和化学性质在反应前后保持不变的物质称为**催化剂**(catalyst)。催化剂的这种作用称为**催化作用**(catalysis)。例如，氢气和氧气在常温下几乎不发生作用，然而只要放入微量铂粉，它们就会急剧化合生成水，甚至会发生爆炸，而反应后铂粉并没有发生变化。

从催化剂的定义而言，催化剂既可能加快反应速率，也可以减慢反应速率。一般所说的催化剂指的是前者，后者曾称为**负催化剂**(anti-catalyst)，但现在一般不再使用此名称，而改称为阻化剂或抑制剂①。

使用催化剂可以有效地提高反应速率，这一点在化工生产中是非常重要的。从前几小节的讨论可以看到，要提高化学反应速率，可以通过提高反应物浓度或者提高反应温度的方法实现，但是这二者在实际应用中都是有限制的：反应物浓度不可能过高(会带来设备安全性和容器腐蚀等问题)，而提高反应温度一方面可能带来副反应，另一方面对于放热反应，温度过高对反应进行是不利的。这些都制约了反应速率能提高的程度，而使用催化剂则可避免这些缺点。现代化工业的迅速发展，可以说都应归功于各种高效催化剂的应用和不断改良。而对生物体而言，更是无时无刻不依靠生物催化剂——**酶**(enzyme)的催化作用。所以说，对催化剂和催化作用进行研究，对国民经济、生理活动都有着重要意义。

催化剂在反应前后虽然质量和化学组成不发生改变，但这并不意味催化剂不参与化学反应。事实上正好相反，催化剂积极参与化学反应，并改变了反应历程，从而起到提高化学反应速率的效果，只是在反应结束后，催化剂会得到再生，从而宏观上保持不变。一般地，催化剂在反应后物态会发生变化。例如，MnO_2催化$KClO_3$分解放出氧气后，其结晶形式会发生变化，从晶体变成细粉，反复使用后还会失去催化功能。通过同位素分析法已经证明，反应放出的氧气，其中部分氧原子是来自于$MnO_2$②，这些事实充分说明MnO_2参与了反应。

从微观上看，催化剂提高化学反应速率的根本原因在于催化剂改变了反应历程，大大降低反应的活化能，从而显著提高了化学反应速率。下面以一个简单的化合反应 $A + B = AB$ 为例，考察催化剂的作用机制。

在没有使用催化剂时，反应的势能曲线如图4-3中曲线Ⅰ所示，反应的活化能是E_a。当加入催化剂M后，反应历程发生改变，按照曲线Ⅱ分两步进行。

第一步：$A + M = AM$

第二步：$AM + B = AB + M$

首先A和M化合，生成不太稳定的中间产物AM，然后AM和B进一步反应，生成AB，同时M得到再生，这两个反应的活化能分别为E_{a_1}和E_{a_2}。

---

① 抑制剂也有着非常广泛的用途。例如，为了防止易分解的药品变质，常常需要加入抑制剂。

② 使用只含有^{16}O同位素的$KClO_3$与用^{17}O标记的MnO_2作用，发现生成物O_2分子中含有部分^{17}O，这些^{17}O必然来自于MnO_2。

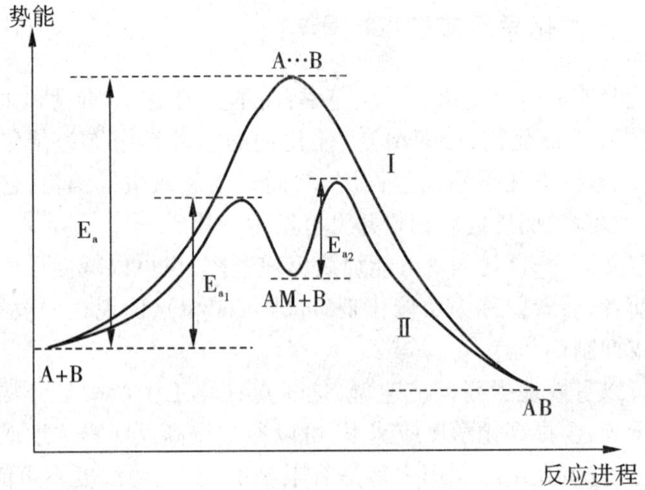

图 4-3　反应过程中的势能变化

由图 4-3 中可知，E_{a_1} 和 E_{a_2} 均小于 E_a，因此相比于原反应而言，这两个反应都进行得非常快，总反应速率也大大提高了。

催化剂对反应活化能的降低是相当显著的。例如，对于合成氨的反应，不加催化剂时，反应的活化能高达 326.4 $kJ \cdot mol^{-1}$，而在使用铁触媒后，反应的活化能下降到 176 $kJ \cdot mol^{-1}$，下降幅度达到 150 $kJ \cdot mol^{-1}$，相应的反应速率可提高近 10^{10} 倍。这充分说明催化剂在化工生产中起决定性作用。

催化剂具有以下一些鲜明的特点。

(1)催化剂具有强烈的选择性，一种催化剂只能催化少数几种化学反应。例如，铁触媒能有效催化合成氨的反应，但对于 SO_2 的催化氧化反应则无能为力。另外，同一个反应物，使用不同的催化剂，可能得到不同的产物。例如，CO 和 H_2 的反应，使用不同的催化剂可得一系列不同的产物。

$$CO+H_2\begin{cases}\xrightarrow[573\ K]{Cu} CH_3OH\\ \xrightarrow[473\ K]{Fe-Co} \text{烷、烯}\\ \xrightarrow[523\ K]{Ni} CH_4+H_2O\end{cases}$$

工业生产中，常利用这一点，使用合适的催化剂加速某个反应并抑制其他反应进行，以提高产品的质量和产量。

(2)催化剂只能增加反应速率，不能改变反应的焓变，也不能影响反应的方向。从图 4-3的势能曲线上看，无论是否添加催化剂，整个反应的焓变都是相同的。其他的热力学函数也是这样，不随着催化剂使用与否而改变。从这个意义上说，催化剂只能加速那些热力学自发反应，对于热力学计算表明的非自发反应，试图使用催化剂使之进行是徒劳的。

(3)催化剂在增大正反应速率的同时，也增大了逆反应速率。从图 4-3 中可知，逆反应的活化能也降低了，逆反应速率也随之增大。这样，对于已经达到化学平衡的体系，加入催化剂会同步增大正反应速率和逆反应速率，而不能使化学平衡发生移动。对于尚未达到化学平衡的体系，催化剂只能加速平衡的到来，而不能对以后的平衡状态产生影响。

(4)催化作用的本质是降低反应的活化能，但对于不同类型的催化反应，催化剂降低活化能的详细机制是不同的。目前已经进行了大量的研究工作，但仍有许多反应机制不明。对于已经提出的反应机制，常见的理论包括**均相催化**(homogeneous catalysis)的**中间产物理论**(intermediate product theory)、**多相催化**(heterogeneous catalyis)的**活性中心理论**(active center theory)等①，相关理论都有一定的局限性，尚在继续研究和发展中。

(5)生物体的催化作用——**酶催化作用**(enzyme catalyis)比一般催化作用更引人注目，因为酶催化作用具有极强的选择性(一种酶基本上只能催化一类物质的反应，例如，α-淀粉酶只能催化淀粉主链水解，淀粉支链水解必须依靠β-淀粉酶进行催化)、高效性(反应速率常比非酶催化剂高 10^6 倍以上)以及条件温和性(例如工业合成氨需要高温高压并在特种设备中进行，而生物体内的固氮酶可在常温常压下完成反应)，对酶的研究一直受到人们的重视。

生物体内的酶一般都是蛋白质或多肽链，具有复杂的空间结构，直到 20 世纪 70 年代以后，随着实验技术的发展，人们获得了许多酶的组成和立体结构信息，才能够在分子水平上对酶的催化作用做出解释。这些相关工作极大促进了催化理论的发展，目前已经成为现代化学和生物学研究的重要课题之一。

阅读材料

分子筛

自然界存在某些网络状的硅酸盐和铝硅酸盐具有笼状结构，并且具有均匀的内孔道，这些均匀的笼可以选择吸附一定大小的分子，这种作用称为分子筛作用，相应的这种天然硅酸盐和铝硅酸盐称为沸石分子筛。人们也能利用水玻璃、铝酸钠、氢氧化钠等原料加工合成分子筛。典型的分子筛化学式为 $Na_2O \cdot Al_2O_3 \cdot 2SiO_2 \cdot 5H_2O$。

沸石分子筛具有晶体的结构特征，其最基本的结构单元——硅氧四面体和铝氧四面体构成分子筛的骨架，相邻的四面体由氧桥连接成四、五、六、八、十和十二元氧环骨架。骨架间中空部分就是分子筛笼，氧环之间是分子筛的通道孔，对通过分子起着筛分作用。笼是分子筛结构的重要特征。笼分为 α 笼、β 笼和 γ 笼等。不同结构的笼再通过氧桥互相连接形成各种不同结构的分子筛，主要有 A 型分子筛、X 型和 Y 型分子筛、丝光沸石型分子筛、高硅沸石 ZSM(Zeolite Socony Mobil)型分子筛等，典型分子筛的晶体结构如图 4-4。

由于骨架中铝氧四面体的存在，骨架显负电性，Na^+ 存在于分子筛的笼中，起中和电荷的作用。分子筛具有明确的孔腔分布、极高的内表面积、良好的热稳定性、可调变的酸位

① 均相催化和多相催化是根据催化剂和反应物存在的状态对催化反应的分类，均相催化反应中催化剂与反应物同处一相(如 I^- 催化 H_2O_2 分解)，而多相催化反应中催化剂自成一相(如铁触媒催化合成氨)。

中心，是优良催化裂解、加氢裂解、催化重整、芳烃和烷烃异构化、烯烃聚合和烷基化的催化剂。分子筛作催化剂具有明显的择形催化特点。因为不同分子筛催化剂有不同笼腔大小，所以它们同时具有分离功能和催化功能，选择性远高于活性炭等吸附剂。分子筛的这些性质使其在炼油工艺和石油工业生产中取得了广泛的应用，如分子筛脱蜡、择形异构化、择形重整、甲醇合成汽油、甲醇制乙烯、芳烃择形烷基化等。

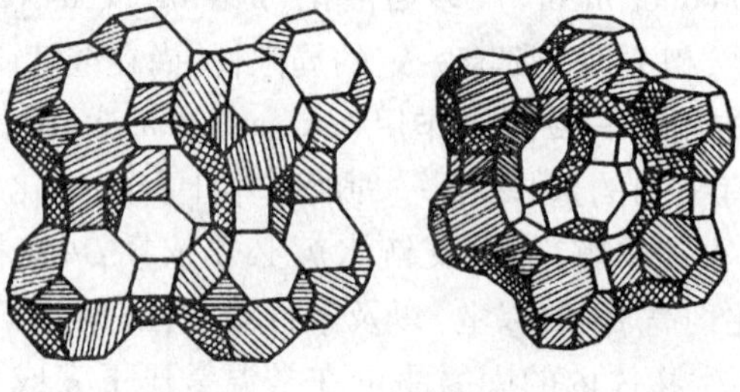

(a) A型分子筛　　(b) X、Y型分子筛

图 4-4　分子筛的晶体结构

传统分子筛都是硅酸盐和铝硅酸盐，1982 年美国联合碳化物公司首次合成了新型磷酸铝分子筛，打破了分子筛由硅氧四面体和铝氧四面体组成的传统观念。此后许多磷酸铝分子筛以及含杂原子（如 Fe、Cr、Ti、V、Zr、Ga 等）的分子筛不断涌现，并被应用于催化、吸附、分离等过程。

本章要点

化学动力学从微观出发研究化学反应现实性问题，研究内容包括化学反应速率的理论、化学反应的微观机制以及影响化学反应速率的因素。

化学反应速率包括平均速率和瞬时速率，一般使用瞬时速率，可从物质浓度-时间曲线图上读取。

IUPAC 对反应速率的定义为：单位体积内反应进度随时间的变化率 $v=\frac{1}{V}\frac{d\xi}{dt}$。

化学反应速率理论研究反应在微观上是如何进行的，常用理论包括碰撞理论和过渡态理论。

碰撞理论认为化学反应发生的条件是有效碰撞，只有活化分子按适当的取向相互碰撞才能发生化学反应，反应速率取决于有效碰撞的频率。活化分子的平均动能与所有分子平均动能之差为活化能 E_a，E_a 越小，反应速率越大。

过渡态理论认为反应物首先形成能量较高、不稳定的活化配合物，然后分解形成产物。活化配合物势能与反应物平均势能之差为活化能。正逆反应的活化能之差为反应的焓变：$\Delta_r H_m = E_a - E'_a$。

经验速率方程是表示化学反应速率与反应物浓度的数学关系式，对于一般反应 $cC + dD \Longrightarrow gG + hH$ 而言，其形式为：$v=k[c(C)]^m[c(D)]^n$，其中 k、m、n 应通过实验确定。在浓度一定的情况下，反应速率取决于速率常数 k。

反应物一步作用直接得到产物的反应称为基元反应，其反应速率满足质量作用定律，可以根据反应方程式直接书写速率方程：$v=k[c(C)]^c[c(D)]^d$。复杂反应经历多个反应步骤，不能直接使用质量作用定律，但每个基元步骤可以使用质量作用定律。一个反应是否属于基元反应，应通过实验确定。

阿伦尼乌斯公式 $k=A\cdot e^{-E_a/RT}$ 表明反应速率与温度的关系。一般而言，温度越高，反应速率越大，主要原因在于活化分子比例增加。

利用阿伦尼乌斯公式推导出的公式 $\ln\frac{k_2}{k_1}=\frac{E_a}{R}\frac{T_2-T_1}{T_1T_2}$ 可计算活化能和指定温度下的速率常数。

催化剂改变了反应历程,降低了活化能,从而提高反应速率,而自身在反应前后保持不变。

习题

1. 活化能和反应热有什么联系和区别?

2. 什么是质量作用定律? 应用时应注意什么?

3. 某反应 A ══ B+C 的反应速率 $v=kc(\mathrm{A})$,则速率常数 k 的单位是________。

4. 在 H_2O_2 溶液中,加入少量焦磷酸钠,可防止 H_2O_2 分解,此时称焦磷酸钠为___________。

5. 为何有些反应活化能比较接近,但反应速率相差较大,而有些反应的活化能相差很大,反应速率却比较接近?

6. 随着温度升高,反应速率加快,原因是什么?

7. 以下判断是否正确,为什么?

(1)放热反应 A+B ══ C 达到平衡后,如果升高体系的温度,则生成 C 的产量减少,反应速率减慢。

(2)升高温度后,吸热反应的反应速率增大,放热反应的反应速率减小。

(3)活化能的数值可以表示一个反应受温度的影响是显著还是不显著。

8. 某反应从 300 K 升温到 310 K 时,反应速率变为原来的 4 倍。试推算,如反应从 400 K 升温到 410 K,反应速率将变为原来的多少倍?

9. 反应 2HI ══ H_2+I_2 的活化能是 183 $\mathrm{kJ\cdot mol^{-1}}$,使用 Pt 催化后,反应的活化能下降到 58 $\mathrm{kJ\cdot mol^{-1}}$,试估算,使用催化剂后,反应速率将增大到多少倍?

第5章　电解质溶液

溶质溶解时，溶质分子分散在溶剂分子之间并且与溶剂分子相互作用。有些溶质仍保持其分子形式，叫做**非电解质**(nonelectrolyte)；有些溶质分子全部或部分发生解离，形成带电的离子微粒，叫做**电解质**(electrolyte)。电解质溶液是指溶质溶解于溶剂后完全或部分解离为离子的溶液。需要注意的是，某物质是否为电解质并不是绝对的，这是因为同一物质在不同的溶剂中，可以表现出完全不同的性质。例如，HCl在水中是电解质，但在苯中则为非电解质；葡萄糖在水中是非电解质，而在液态HF中却是电解质。因此在谈到电解质时决不能离开溶剂。

一般把在溶液中完全解离的电解质称为**强电解质**(strong electrolyte)，部分解离的电解质称为**弱电解质**(weak electrolyte)。这种分类方法只是为了讨论问题的方便，并没有反映出电解质的本质，原因是电解质的强弱随环境而变。例如，醋酸在水中为弱电解质，而在液氨中则为强电解质；LiCl和KI都是离子晶体，在水中为强电解质，而在醋酸或丙酮中都变成了弱电解质。

本章主要介绍强电解质理论、近代酸碱理论，并以化学平衡及其移动原理为基础，讨论水溶液中的酸碱平衡和沉淀平衡。除非特别说明，本章所讨论体系均为水溶液体系。

5.1　强电解质溶液理论

从X射线实验得知，大多数盐在固态时就是离子晶体，本来就不存在分子，它们在水溶液中也应以离子的形式存在。随着物质结构的发展，人们已经清楚地了解到，像KCl、NaCl这样的离子型盐溶于水后，不可能重新结合成KCl、NaCl分子。因此，理论上溶液中粒子的数目应是强电解质分子数目的整数倍(2、3、4 ……)，然而实测结果总是介乎整数倍之间。比如，在1 dm^3的0.1 $mol \cdot dm^{-3}$ KCl溶液中，实际测得溶液中粒子的数目并不是0.1N_A①个，也不是0.2N_A个，并且随着KCl浓度的不同，溶液中粒子的数目呈现出规律性的变化，如表5-1。

表5-1　不同浓度下KCl溶液中粒子数目

$c(KCl)/mol \cdot dm^{-3}$	0.1	0.05	0.01	0.005	0.001
N(KCl个数)	0.1N_A	0.05N_A	0.01N_A	0.005N_A	0.001N_A
实际粒子数是N的倍数	1.92	1.94	1.97	1.98	1.99

① N_A为阿伏伽德罗常数。

从表 5-1 中可以看出，KCl 在水中的解离似乎是不完全的，并且溶液的浓度越大，解离越不完全。那么如何解释这种现象呢？1923 年，荷兰人 Debye 和德国人 Hückel 提出了电解质溶液**离子相互作用理论**(ion interaction theory)，为人们研究和解释强电解质溶液提供了理论基础。

5.1.1　离子氛

离子相互作用理论指出：①强电解质在溶液中是完全解离的；②由于离子间的静电作用，每个离子都被电荷相反的离子包围着，形成所谓的**离子氛**(ion atmosphere)，如图 5-1 所示。离子氛是一个平均统计模型，虽然一个离子周围的电荷相反离子并不均匀，但统计结果作为球形对称分布处理。由于离子氛的存在，离子间相互作用而相互牵制，因此强电解质溶液中的离子并不是独立的自由离子，不能完全自由运动。假如我们给强电解质溶液通电，这时正离子向负极移动，但它的“离子氛”却向正极移动，因此溶液的导电性就比理论上的要低一些，据此计算出来的溶液中粒子的数目也就不等于强电解质分子数目的整数倍。显然，溶液的浓度越大，离子氛的影响越大，能发挥应有效能的离子也就越少。

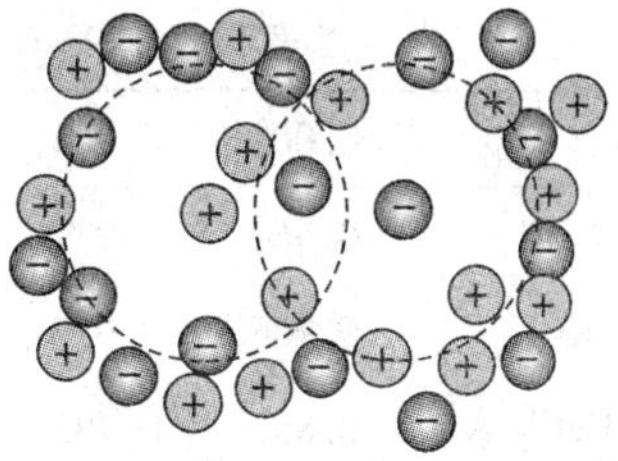

图 5-1　离子及其周围的“离子氛”

离子相互作用理论用于解释 1-1 型强电解质的稀溶液较为成功。此外，在这种类型的强电解质溶液中，特别是浓度较大时，正负离子还会部分缔合成离子对作为独立单位运动，使溶液中自由离子的浓度降低。

5.1.2　离子的活度和活度系数

由于离子氛以及离子对的影响，使得溶液中的离子不能完全发挥作用。我们把电解质溶液中实际发挥作用的离子浓度称为**有效浓度或活度**(activity)，用 a_B 表示。活度和浓度之间的关系如下：

$$a_B = \gamma_B \times b_B / b^\ominus \tag{5-1}$$

式中，γ_B 称为溶质 B 的**活度系数**(activity coefficient)或**活度因子**(activity factor)，$b^\ominus$ 为标准质量摩尔浓度(即 $1\ mol \cdot kg^{-1}$)。一般地，$a<b$，$\gamma<1$。a 和 γ 的量纲均为 1。

影响活度系数 γ 大小的因素有以下几种：①溶液的浓度越大，离子间相互作用越大，a 越偏离 b，γ 越小，浓度越小，离子间相互作用越小，a 越接近于 b，γ 越接近于 1，当溶液浓度非常小时，$a \approx b$，$\gamma \approx 1$；②离子所带的电荷数越高，离子氛作用越大，a 和 b 偏离越大，γ 越小，离子所带的电荷数越低，离子氛作用越小，a 和 b 越接近，γ 越接近于 1；③对于弱电解质溶液，由于其离子浓度很小，所以一般把弱电解质的 γ 视为 1。

由于溶液总是电中性的，不可能制成只有正离子或只有负离子单独存在的溶液，因此，单独离子的活度及活度系数目前无法直接测量，但可用实验方法来求得电解质溶液离子的平均活度系数 $\gamma_\pm$。对于 1-1 价型强电解质 MA，定义其离子平均活度系数 $\gamma_\pm$ 为正、负离子活度系数的几何平均值，即 $\gamma_\pm = \sqrt{\gamma_+ \cdot \gamma_-}$，则离子的平均活度为 $a_\pm = \sqrt{a_+ \cdot a_-}$。

测定 $\gamma_{\pm}$ 常用的实验方法有蒸汽压法、冰点降低法以及电动势法等。表 5-2 列出了 298 K 时一些强电解质的离子平均活度系数的测定值。

由表 5-2 中数据可以看出如下规律：①在溶液较稀时，$\gamma_{\pm}$ 随浓度降低而增大，无限稀释时达到极限值 1，在一般情况下，$\gamma_{\pm}$ 总是小于 1，但当浓度增加到一定程度时，$\gamma_{\pm}$ 可能随浓度的增加反而变大，这是由于离子的水化作用，使较浓溶液中的许多水分子被束缚在离子周围的水化层内，不能自由移动而造成的；②在稀溶液范围内，对于相同价型的电解质，浓度相同时，其 $\gamma_{\pm}$ 大致相等，而不同价型的电解质，虽然浓度相同，但其 $\gamma_{\pm}$ 却相差较大，并且正负离子价数乘积的绝对值越大，$\gamma_{\pm}$ 偏离 1 的程度越大。

表 5-2　298 K 时水溶液中一些强电解质的离子平均活度系数

$b/\text{mol}\cdot\text{kg}^{-1}$	0.001	0.005	0.01	0.05	0.10	0.50	1.0	2.0	4.0
NaCl	0.966	0.929	0.904	0.823	0.778	0.682	0.658	0.671	0.783
KCl	0.965	0.927	0.901	0.815	0.769	0.650	0.605	0.575	0.582
$CaCl_2$	0.887	0.783	0.724	0.574	0.518	0.448	0.500	0.792	0.934

5.1.3　离子强度

大量实验结果表明，在稀溶液范围内，影响强电解质离子活度系数的决定因素是离子的浓度和电荷数而不是离子的本性，其中离子的电荷数比浓度的影响还要大些。为了定量地描述这两种因素对离子活度系数的影响，G. N. Lewis 于 1921 年提出了**离子强度**(ionic strength)的概念。离子强度用 I 表示，单位为 $\text{mol}\cdot\text{kg}^{-1}$。其定义式为：

$$I=\frac{1}{2}\sum b_i z_i^2 \qquad (5\text{-}2)$$

式中，z_i 表示溶液中第 i 种离子的电荷数，b_i 表示第 i 种离子的质量摩尔浓度，近似计算时也可以用 c_i 代替 b_i。

离子强度 I 反映了离子间作用力的强弱。I 越大，正负离子间作用力越大，活度系数就越小；反之，I 越小，正负离子间作用力越小，活度系数就越大。当 $I<1.0\times10^{-4}$ 时，γ 接近于 1，即活度差不多等于实际浓度。

例 5-1　计算同时含有 $0.10\ \text{mol}\cdot\text{kg}^{-1}$ KCl 和 $0.010\ \text{mol}\cdot\text{kg}^{-1}$ $BaCl_2$ 的水溶液的离子强度。

解：溶液中有 3 种离子，根据式(5-2)，得出：

$$I=\frac{1}{2}[b(K^+)z^2(K^+)+b(Ba^{2+})z^2(Ba^{2+})+b(Cl^-)z^2(Cl^-)]$$

$$=\frac{1}{2}[0.10\times1^2+0.010\times2^2+0.12\times(-1)^2]=0.13(\text{mol}\cdot\text{kg}^{-1})$$

Lewis 还根据实验结果总结出了电解质溶液的离子平均活度系数 $\gamma_{\pm}$ 与溶液离子强度 I 在稀溶液范围内的经验关系式：

$$\lg\gamma_{\pm}=-A\sqrt{I} \qquad (5\text{-}3)$$

在给定温度和溶剂时,A 为常数。式(5-3)只适用于离子强度小于 0.01 mol·kg^{-1} 的稀溶液,对于较高离子强度的溶液,需要进行修正。由式(5-3)可看出以下规律:①在稀溶液中,影响电解质离子平均活度系数 $\gamma_{\pm}$ 的不是该电解质离子及共存的其他离子的本性,而是与溶液中所有离子的浓度及电荷数有关的离子强度;②某电解质若处于离子强度相同的不同稀溶液中,尽管该电解质在各溶液中浓度可能不一样,但其 $\gamma_{\pm}$ 却相同;③同一稀溶液中若含有几种不同的电解质,各电解质离子平均活度系数是相同的。

5.2　酸碱理论简介

为了研究酸碱物质的性质、组成以及结构的关系,在历史上曾提出了多种酸碱理论,其中较为重要的有酸碱电离理论、酸碱质子理论、酸碱电子理论、软硬酸碱理论、酸碱溶剂理论等。

酸碱电离理论是由瑞典化学家 S. A. Arrhenius 在 1887 年提出的。他指出:凡是在水溶液中能够电离产生 H^+ 的物质叫做酸,能够电离产生 OH^- 的物质叫做碱,酸碱反应的实质是 H^+ 与 OH^- 结合成水。电离理论从物质的化学组成上揭示了酸碱的本质,并应用化学平衡原理找到了衡量酸碱强弱的定量标度,对化学的发展起到了很大作用,至今仍然普遍使用。但这个理论也存在着一定的缺陷,比如实际上并不是只有含 OH^- 的物质才具有碱性,如氨的水溶液也显碱性。此外,随着科学的进步和生产的发展,越来越多的反应在非水溶液中进行,对于非水体系的酸碱性,酸碱电离理论就显得无能为力了。

5.2.1　酸碱质子理论

为了解决这些矛盾,1923 年,丹麦化学家 J. N. Brönsted 与英国化学家 T. M. Lowry 提出了**酸碱质子理论**(proten theory of acid and base)。酸碱质子理论认为凡是能给出质子(H^+)的物质都是**酸**(acid),凡是能与质子(H^+)结合的物质都是**碱**(base)。酸是质子的给予体,碱是质子的接受体。酸碱的关系可表示如下:

$$\text{酸(HB)} \rightleftharpoons \text{质子}(H^+) + \text{碱}(B^-)$$

上述关系式又称为**酸碱半反应**(half reaction of acid-based)。式中,HB 释放一个质子后形成 B^-,称为 B^- 的**共轭酸**(conjugate acid);B^- 接受一个质子后形成 HB,称为 HB 的**共轭碱**(conjugate base)。酸和其共轭碱组成一对**共轭酸碱对**(conjugate acid-base pair),它们可以互相转化,酸比其共轭碱多一个质子,这种关系称为酸碱的**共轭关系**(conjugation of acid-base)。例如:

$$HCl \rightleftharpoons H^+ + Cl^-$$

$$HAc \rightleftharpoons H^+ + Ac^-$$

$$NH_4^+ \rightleftharpoons H^+ + NH_3$$

$$HCO_3^- \rightleftharpoons H^+ + CO_3^{2-}$$

$$HPO_4^{2-} \rightleftharpoons H^+ + PO_4^{3-}$$

$$H_2PO_4^- \rightleftharpoons H^+ + HPO_4^{2-}$$

$$H_2O \rightleftharpoons H^+ + OH^-$$

从酸碱质子理论可以看出：①酸和碱可以是分子，也可以是正离子和负离子；②有些物质，比如 HPO_4^{2-}、H_2O、HCO_3^-，既能作为酸给出质子，也能作为碱接受质子，所以称它们为**两性物质**(amphoteric substance)；③在酸碱理论中不存在盐的概念，如 Na_2CO_3 在电离理论中称为盐，但在质子理论中由于可以接受质子，因此被认为是碱。

在酸碱质子理论中，酸碱反应的实质是两对共轭酸碱对之间的**质子传递反应**(proton-transfer reaction)。这种质子传递反应，既不要求反应必须在溶液中进行，也不要求先生成独立的质子再结合到碱上。例如：

$$\overset{H^+}{\overbrace{HCl + NH_3}} \rightleftharpoons Cl^- + NH_4^+$$
$$\text{酸1}\quad\text{碱2}\qquad\qquad\text{碱1}\quad\text{酸2}$$

该反应可以在水溶液中、非水溶液中或气相中进行。HCl 是酸，释放出的质子转移给 NH_3 后转变成共轭碱 Cl^-；NH_3 是碱，接受质子后转变成共轭酸 NH_4^+。

在质子传递反应中，存在着争夺质子的过程。其结果是强碱夺取了强酸放出的质子，转化为较弱的共轭酸和共轭碱。因此，酸碱反应总是由较强的酸和较强的碱作用，向着生成较弱的酸和较弱的碱的方向进行。相互作用的酸和碱越强，反应就越彻底。

酸碱质子理论不仅扩大了酸碱的范围，同时还解决了一些非水溶剂或气体间的酸碱反应。此外，酸碱质子理论把水溶液中进行的一些离子反应，比如酸碱解离作用、中和反应、水解反应等系统地归纳为质子传递的酸碱反应，并进行了合理的解释，加深了人们对酸碱和酸碱反应的认识。

例如：

$$HCl \quad + \quad H_2O \quad = \quad Cl^- + H_3O^+$$
$$\text{酸 1}\qquad\text{碱 2}\qquad\qquad\text{碱 1}\quad\text{酸 2}$$

HCl 为强酸，给出质子能力很强，其共轭碱 Cl^- 极弱，几乎不能结合质子，因此反应几乎完全进行到底，相当于电离理论中强电解质全部解离 $HCl = Cl^- + H^+$。又如：

$$HAc \quad + \quad H_2O \rightleftharpoons Ac^- + H_3O^+$$
$$\text{酸 1}\qquad\text{碱 2}\qquad\text{碱 1}\quad\text{酸 2}$$

弱酸 HAc 给出质子的能力较弱，其共轭碱 Ac^- 较强，因此反应进行得很不完全，平衡移向左边，相当于电离理论中弱酸部分解离 $HAc \rightleftharpoons Ac^- + H^+$。再如：

$$Ac^- \quad + \quad H_2O \rightleftharpoons HAc + OH^-$$
$$\text{碱 1}\qquad\text{酸 2}\qquad\text{酸 1}\quad\text{碱 2}$$

HAc 的酸性比 H_2O 的强，OH^- 的碱性比 Ac^- 的强，因此反应明显地偏向左方，相当于电离理论中盐的水解。

酸碱质子理论的优点很多，但是也存在着一定的局限性，主要是不能解释那些无质子交换却又具有酸碱性的物质，如 SO_3、BF_3 等早已被实验证实为酸性物质，却被排除在酸的行列之外。

5.2.2　其他酸碱理论

酸碱电子理论(electron theory of acid and base)由美国化学家 G. N. Lewis 于 1923 年提

出。该理论认为，凡是能给出电子对的物质称为碱，是电子对的给予体；凡是能接受电子对的物质叫做酸，是电子对的接受体。因此，碱中给出电子的分子至少有一对孤对电子（未成键的电子对），而酸中接受电子的原子至少有一个空轨道（外层未填充电子的轨道），以便接受碱给予的电子对。这种由Lewis定义的酸和碱又称为Lewis **酸**和Lewis **碱**（Lewis acid and Lewis base）。例如，BF_3中的B原子有一个空轨道，是电子对的接受体，因此它是Lewis酸；而NH_3中N原子有一对孤对电子，是电子对的给予体，因此它是Lewis碱。电子理论进一步扩大了酸碱的范围，而且还能用于许多有机反应和无溶剂系统。然而，由于酸碱电子理论概括的酸碱概念过于笼统，对于酸碱的强弱不能给出定量的标准，使其应用受到一定的限制。

软硬酸碱理论（hard and soft acids and bases，HSAB）于1963年由美国化学家R. G. Pearson根据Lewis酸碱电子理论和实验观察提出。该理论是根据金属离子对多种配体的亲和性不同，把金属离子分为两类：一类是"硬"的金属离子，称为**硬酸**；另一类是软的金属离子，称为**软酸**。硬的金属离子一般是半径小、电荷高，在与半径小、变形性小的负离子（**硬碱**）相互作用时，有较大的亲和力，这是以库仑力为主的作用力。软的金属离子由于半径大，本身有较大的变形性，在与半径大、变形性大的负离子（**软碱**）相互作用时，发生相互间的极化作用（软酸软碱作用），这是一种以共价键力为主的相互作用力。Pearson总结出软硬酸碱规则："软亲软，硬亲硬，软硬结合不稳定"。HSAB是一种尝试解释酸碱反应及其性质的现代理论，目前在化学研究中得到了广泛的应用，其中最重要的莫过于对配合物稳定性的判别和其反应机制的解释。

5.3　弱电解质的解离平衡

5.3.1　水的解离平衡和溶液的酸碱性

5.3.1.1　水的解离平衡

实验结果表明，纯水具有微弱的导电能力，说明纯水能够解离出少量的离子。根据酸碱质子理论，水是一种两性物质，因此水的解离反应可以看做是水分子之间质子传递反应，又称为水的**质子自递反应**（pronton self-transfer reaction）。

$$H_2O + H_2O \rightleftharpoons H_3O^+ + OH^-$$

上式可简写为：

$$H_2O \rightleftharpoons H^+ + OH^-$$

在一定温度下，水的解离反应达到平衡时，其平衡常数表达式为：

$$K_w^\ominus = \frac{c(H^+)}{c^\ominus} \times \frac{c(OH^-)}{c^\ominus} \tag{5-4}$$

$K_w^\ominus$ 称为水的**离子积常数**（ionic product constant），简称水的离子积。

298.15 K时，可测得 $K_w^\ominus = 1.0 \times 10^{-14}$。此值也可通过热力学计算求出：

$$\lg K_w^\ominus = \frac{-\Delta_r G_m^\ominus}{2.303RT} = \frac{-79.89 \times 10^3}{2.303 \times 8.314 \times 298.15} = -13.99$$

$$K_w^\ominus = 1.00\times10^{-14}。$$

水的解离为吸热反应($\Delta_r H_m^\ominus = 55.84\ kJ\cdot mol^{-1}$),故温度升高时,$K_w^\ominus$ 值变大(表 5-3)。由于 $K_w^\ominus$ 随温度变化不明显,因此一般情况下认为 $K_w^\ominus = 1.00\times10^{-14}$。

表 5-3 不同温度下水的离子积

温度/K	273	283	295	323	373
$K_w^\ominus$	0.13×10^{-14}	0.30×10^{-14}	0.79×10^{-14}	5.7×10^{-14}	9.3×10^{-13}

5.3.1.2 溶液的酸碱性

溶液的酸碱性取决于 $c(H^+)$、$c(OH^-)$ 的相对大小。

酸性溶液 $c(H^+) > 1.00\times10^{-7}\ mol\cdot dm^{-3} > c(OH^-)$

中性溶液 $c(H^+) = 1.00\times10^{-7}\ mol\cdot dm^{-3} = c(OH^-)$

碱性溶液 $c(H^+) < 1.00\times10^{-7}\ mol\cdot dm^{-3} < c(OH^-)$

当溶液中 $c(H^+)$ 或 $c(OH^-)$ 小于 $1mol\cdot dm^{-3}$ 时,用浓度表示溶液的酸碱性显得不方便,可采用 pH 表示,即 $pH = -lg[c(H^+)/c^\ominus]$。此外,用 pOH 表示,$pOH = -lg[c(OH^-)/c^\ominus]$。

由式(5-4)可知,$pH + pOH = pK_w^\ominus = 14$,因此,pH 值越大,溶液酸性越弱,碱性越强。

溶液的酸碱性不仅可以通过 pH 值来确定,还可以通过酸碱指示剂或 pH 试纸来确定。**酸碱指示剂**(acid-base indicator)是一些有机弱酸或有机弱碱,如石蕊、酚酞、甲基橙等,它们能够在一定的 pH 值范围内通过颜色变化指示出溶液的酸碱性。pH 试纸就是将滤纸经多种指示剂的混合液浸透、晾干而制成的。这种试纸在不同的 pH 值溶液中会显示不同的颜色,将它与标准色列比较,即可判定溶液的 pH 值。

5.3.2 一元弱酸和一元弱碱的解离平衡

5.3.2.1 解离平衡和解离平衡常数

除少数强酸、强碱在水溶液中全部解离外,大多数的酸和碱在溶液中只是部分分子发生了解离。在弱电解质解离的同时,一部分解离出的离子又互相吸引,重新结合成分子,因而解离过程是可逆的,并在溶液中建立起动态的平衡,称之为**解离平衡**(dissociation equilibrium)或**酸碱平衡**(acid-base equilibrium)。

以 HA 表示一元弱酸,其解离平衡表示如下:

$$HA + H_2O \rightleftharpoons H_3O^+ + A^-$$

或简写为:

$$HA \rightleftharpoons H^+ + A^-$$

在一定温度下,达到解离平衡时溶液中各物质间存在着如下的关系:

$$K_a^\ominus = \frac{[c(H^+)/c^\ominus]\times[c(A^-)/c^\ominus]}{[c(HA)/c^\ominus]} \tag{5-5}$$

$K_a^\ominus$ 称为弱酸的**标准解离平衡常数**,简称**酸常数**。

一元弱碱与一元弱酸类似,以氨水为例,溶液中存在以下解离平衡:

$$NH_3\cdot H_2O \rightleftharpoons NH_4^+ + OH^-$$

一定温度下,有:

$$K_b^\ominus = \frac{[c(NH_4^+)/c^\ominus]\times[c(OH^-)/c^\ominus]}{[c(NH_3\cdot H_2O)/c^\ominus]} \tag{5-6}$$

$K_b^\ominus$ 称为弱碱的标准解离平衡常数,简称为**碱常数**。$K_a^\ominus$ 和 $K_b^\ominus$ 统称弱电解质的标准解离平衡常数,用 $K_i^\ominus$ 统一表示。一些常见弱电解质的 $K_i^\ominus$ 列于表 5-4 中。

表 5-4　常见弱电解质的解离平衡常数①

弱酸或弱碱	化学式	温度/℃		$K_i^\ominus$	$pK_i^\ominus$
砷酸	H_3AsO_4	25	$K_{a_1}^\ominus$	5.5×10^{-3}	2.26
			$K_{a_2}^\ominus$	1.7×10^{-7}	6.76
			$K_{a_3}^\ominus$	5.1×10^{-12}	11.29
硼酸	H_3BO_3	20		5.4×10^{-10}	9.27
碳酸	H_2CO_3	25	$K_{a_1}^\ominus$	4.5×10^{-7}	6.35
			$K_{a_2}^\ominus$	4.7×10^{-11}	10.33
氢氟酸	HF	25		6.3×10^{-4}	3.20
氢氰酸	HCN	25		6.2×10^{-10}	9.21
氢硫酸	H_2S	25	$K_{a_1}^\ominus$	1.3×10^{-7}	6.89
			$K_{a_2}^\ominus$	7.1×10^{-15}	14.15
亚硫酸	H_2SO_3	25	$K_{a_1}^\ominus$	1.4×10^{-2}	1.85
			$K_{a_2}^\ominus$	1.0×10^{-7}	6.91
磷酸	H_3PO_4	25	$K_{a_1}^\ominus$	6.9×10^{-3}	2.16
			$K_{a_2}^\ominus$	6.1×10^{-8}	7.21
			$K_{a_3}^\ominus$	4.8×10^{-13}	12.32
亚硝酸	HNO_2	25		5.6×10^{-4}	3.25
次氯酸	HClO	25		3.9×10^{-8}	7.40
氨水	$NH_3\cdot H_2O$	25		1.76×10^{-5}	4.75
甲酸	HCOOH	25		1.8×10^{-4}	3.75
乙酸	CH_3COOH	25		1.76×10^{-5}	4.75
一氯乙酸	$CH_2ClCOOH$	25		1.4×10^{-3}	2.85
草酸	$H_2C_2O_4$	25	$K_{a_1}^\ominus$	5.6×10^{-2}	1.25
			$K_{a_2}^\ominus$	1.5×10^{-4}	3.81

① 本表数据摘录自 Weast RC. CRC Handbook of Chemistry and Physics, 87th ed. , Ed. , 2006 ~ 2007。$K_i^\ominus$ 是从 $pK_i^\ominus$ 换算过来的。

续表 5-4

弱酸或弱碱	化学式	温度/℃	$K_i^\ominus$		$pK_i^\ominus$
苯甲酸	C_6H_5COOH	25		6.25×10^{-5}	4.204
邻苯二甲酸	$H_2C_8H_4O_4$	25	$K_{a_1}^\ominus$	1.14×10^{-3}	2.943
			$K_{a_2}^\ominus$	3.70×10^{-6}	5.432
苯酚	C_6H_5OH	25		1.0×10^{-10}	9.99

$K_i^\ominus$ 是衡量弱电解质解离程度的特征常数，其大小表示酸碱的强弱。例如，$K_a^\ominus$ 值大于10时为强酸，如 $HClO_4$、HNO_3、HCl、H_2SO_4 等都是强酸。此外，$K_i^\ominus$ 值越大，表示弱酸或弱碱的解离程度越大，即酸性或碱性越强，反之亦然。例如，HAc、HClO、HCN 的 $K_a^\ominus$ 值分别为 1.76×10^{-5}、3.9×10^{-8}、6.2×10^{-10}，所以这些酸的强弱顺序为 HAc>HClO>HCN。

$K_i^\ominus$ 具有一般平衡常数的特性，即与弱电解质的本性以及温度有关，与浓度无关。但温度对 $K_i^\ominus$ 的影响并不是十分显著，因此，室温下一般可以不考虑温度的影响。

需要说明的是，$K_i^\ominus$ 表示处于平衡状态时各种物质之间的浓度关系，确切地说是活度的关系。但是在计算中，可近似地认为活度系数 $\gamma=1$，即用浓度代替活度。

5.3.2.2 解离度

在平衡状态下，弱电解质的解离程度可用**解离度**(degree of dissociation)表示。解离度就是在解离达到平衡时，已解离的弱电解质分子数和它的分子总数之比。解离度通常用 α 表示，即：

$$\alpha = \frac{\text{已解离的电解质分子数}}{\text{溶液中电解质分子总数}} \times 100\% \tag{5-7}$$

例如，测得 $0.1\ \text{mol}\cdot\text{dm}^{-3}$ HAc 溶液的 $c(H^+)=1.33\times10^{-3}\ \text{mol}\cdot\text{dm}^{-3}$，说明已经解离的 HAc 分子的浓度是 $1.33\times10^{-3}\ \text{mol}\cdot\text{dm}^{-3}$，则 HAc 的解离度为 1.33%，这意味着每10 000个 HAc 分子中，有 133 个分子解离为 H^+ 和 Ac^- 离子。

解离度能够反映出电解质解离程度的大小。在温度、浓度相同情况下，电解质越强，解离度就越大；反之，电解质越弱，解离度就越小（表 5-5）。通常按解离度的大小，把解离度大于 30% 的质量摩尔浓度为 $0.1\ \text{mol}\cdot\text{kg}^{-1}$ 的电解质溶液称为强电解质，小于 5% 的称为弱电解质，介于 5%～30% 的称为中强电解质。

表 5-5 几种电解质溶液的解离度 ($291\ \text{K}, c=0.1\ \text{mol dm}^{-3}$)

电解质	化学式	解离度	电解质	化学式	解离度
草酸	$H_2C_2O_4$	31%	碳酸	H_2CO_3	0.17%
磷酸	H_3PO_4	26%	氢硫酸	H_2S	0.07%
亚硫酸	H_2SO_3	20%	次溴酸	HBrO	0.01%
氢氟酸	HF	15%	氢氰酸	HCN	0.007%
醋酸	HAc	1.33%	氨水	$NH_3\cdot H_2O$	1.33%

解离度除了与弱电解质的本性有关外，还与外界因素，如溶剂的性质、温度、溶液的浓度等有关。表5-6列出了不同浓度下醋酸的解离度，从该表中可以看出，醋酸的浓度越小，其解离度越大。因此，在涉及解离度的大小时，必须指出该溶液的浓度。

表5-6　不同浓度下醋酸的解离度　(298 K)

溶液浓度/mol·dm⁻³	H^+浓度/mol·dm⁻³	解离度
1.00	0.004 20	0.42%
0.10	0.001 33	1.33%
0.01	0.000 42	4.20%

解离度 α 和解离平衡常数 $K_i^\ominus$ 都能表示弱电解质的相对强弱，它们之间存在一定关系。设一元弱酸HA的浓度为 c，解离度为 α，对于以下反应：

$$\mathrm{HA} \rightleftharpoons \mathrm{H^+} + \mathrm{A^-}$$

起始浓度　c　0　0

平衡浓度　$c-c\alpha$　$c\alpha$　$c\alpha$

$$K_a^\ominus=\frac{[c(\mathrm{H^+})/c^\ominus]\times[c(\mathrm{A^-})/c^\ominus]}{[c(\mathrm{HA})/c^\ominus]}=\frac{(c\alpha)^2}{(c-c\alpha)c^\ominus}=\frac{c\alpha^2}{(1-\alpha)c^\ominus}$$

若 $(c/c^\ominus)/K_a^\ominus \geqslant 500$①，又因解离度 α 很小，$1-\alpha\approx1$，所以：

$$\alpha\approx\sqrt{\frac{K_a^\ominus c^\ominus}{c}}$$

写成通式，则有：

$$\alpha\approx\sqrt{\frac{K_i^\ominus c^\ominus}{c}} \tag{5-8}$$

上式表明，在一定温度下，弱电解质的解离度 α 与解离常数 $K_i^\ominus$ 的平方根成正比，与浓度的平方根成反比，即浓度越小，解离度越大，这个关系称为**稀释定律**(dilution law)。由于解离度 α 随 c 而变，而解离平衡常数 $K_i^\ominus$ 不随 c 而变，因此 $K_i^\ominus$ 更能反映出弱电解质的本质。

5.3.2.3　共轭酸碱对解离平衡常数的关系

共轭酸碱对的解离平衡常数 $K_a^\ominus$ 和 $K_b^\ominus$ 之间有确定的关系。以弱酸HA为例，推导如下：

$$\mathrm{HA} \rightleftharpoons \mathrm{H^+} + \mathrm{A^-}$$

$$K_a^\ominus=\frac{[c(\mathrm{H^+})/c^\ominus]\times[c(\mathrm{A^-})/c^\ominus]}{[c(\mathrm{HA})/c^\ominus]}$$

而对于HA的共轭碱 A^- 则有：

$$\mathrm{A^-} + \mathrm{H_2O} \rightleftharpoons \mathrm{HA} + \mathrm{OH^-}$$

① $(c/c^\ominus)/K_a^\ominus \geqslant 500$ 时，$\alpha<5\%$，采用近似公式后计算相对误差<2%。因此在计算精度要求不高的情况下，可近似认为 $1-\alpha\approx1$。

$$K_b^\ominus=\frac{[c(HA)/c^\ominus]\times[c(OH^-)/c^\ominus]}{[c(A^-)/c^\ominus]}$$

两式相乘,得到:

$$K_a^\ominus\times K_b^\ominus=\frac{c(H^+)}{c^\ominus}\times\frac{c(OH^-)}{c^\ominus}=K_w^\ominus \tag{5-9}$$

由式(5-9)可以看出,$K_a^\ominus$ 和 $K_b^\ominus$ 成反比,说明在共轭酸碱对中,当酸的酸性越强时,其共轭碱的碱性越弱;当碱的碱性越强时,其共轭酸的酸性越弱。此外,若已知酸的酸常数 $K_a^\ominus$,根据表 5-4 和式(5-9)就可以计算出其共轭碱的碱常数 $K_b^\ominus$,反之亦然。

例 5-2　已知 NH_3 的 $K_b^\ominus=1.76\times10^{-5}$,试求 NH_4^+ 的 $K_a^\ominus$。

解:NH_4^+ 是 NH_3 的共轭酸,故有:

$$K_a^\ominus=K_w^\ominus/K_b^\ominus=1.00\times10^{-14}/(1.76\times10^{-5})=5.68\times10^{-10}$$

5.3.3　多元酸碱在水溶液中的解离平衡

多元酸(polyprotic acids)是指能提供两个或两个以上质子(H^+)的物质;**多元碱**(polyprotic bases)是指能接受两个或两个以上质子的物质。多元酸碱的水溶液是一种复杂的酸碱平衡系统,在水中的解离是分步(分级)进行的,平衡时每步都有一个相应的解离常数。下面我们以 H_2S 为例,来讨论二元弱酸的分步解离平衡。

第一步解离:　$H_2S \rightleftharpoons H^+ + HS^-$

$$K_{a_1}^\ominus=\frac{[c(H^+)/c^\ominus]\times[c(HS^-)/c^\ominus]}{[c(H_2S)/c^\ominus]}=1.3\times10^{-7}$$

$K_{a_1}^\ominus$ 称为一级解离平衡常数

第二步解离:　$HS^- \rightleftharpoons H^+ + S^{2-}$

$$K_{a_2}^\ominus=\frac{[c(H^+)/c^\ominus]\times[c(S^{2-})/c^\ominus]}{[c(HS^-)/c^\ominus]}=7.1\times10^{-15}$$

$K_{a_2}^\ominus$ 称为二级解离平衡常数

第一步和第二步的解离相加,得:

$$H_2S \rightleftharpoons 2H^+ + S^{2-}$$

$$K_a^\ominus=\frac{[c(H^+)/c^\ominus]^2\times[c(S^{2-})/c^\ominus]}{[c(H_2S)/c^\ominus]}$$

根据多重平衡规则,$K_a^\ominus=K_{a_1}^\ominus\times K_{a_2}^\ominus=9.2\times10^{-22}$

显然,$K_{a_1}^\ominus\gg K_{a_2}^\ominus$,即解离常数逐级显著减小,这是多元弱酸逐级解离的规律,原因在于从带负电荷的 HS^- 中再解离出 H^+ 要比从中性的 H_2S 分子困难得多。所以,在 H_2S 溶液中,H^+ 离子的浓度主要由第一步解离出的 H^+ 离子决定,并且由于第二级解离程度更小,HS^- 消耗很少,可以认为 $c(H^+)\approx c(HS^-)$。因此,在比较多元酸的强弱时,只需比较第一步解离常数的大小。

多元弱碱在溶液中的分步解离与多元弱酸相似。

5.3.4　影响酸碱解离平衡的因素

酸碱的解离平衡和其他平衡一样,当维持平衡体系的条件发生改变时,会引起解离平衡的移动，移动的规律同样符合 Le Chatelier 平衡移动原理。

5.3.4.1　浓度对解离平衡的影响

设弱酸 HA 在水中存在以下解离平衡：

$$HA \rightleftharpoons H^+ + A^-$$

若增大溶液中 HA 的浓度，则平衡被破坏，H^+ 和 A^- 的浓度将增大，平衡将向 HA 解离的方向移动，直至新的平衡建立。反之，若减小 HA 的浓度，平衡将向生成 HA 的方向移动。

若稀释时，HA 的浓度减小，H^+ 的浓度也相应减小。但随着溶液的稀释，弱酸的解离平衡将向解离方向移动，解离度 α 增大，即稀释定律。表 5-6 反映出了 HAc 的解离度随其浓度降低而增大的情况。

5.3.4.2　同离子效应对解离平衡的影响

如果在加有甲基橙指示剂的 HAc 溶液中加入少量的 NaAc(s)，溶液由红色逐渐变成黄色。这是由于 NaAc 在溶液中解离为 Na^+ 和 Ac^-，溶液中 Ac^- 的浓度增加，使 HAc 的解离平衡向生成 HAc 的方向移动，结果使溶液中的 H^+ 浓度减小，HAc 的解离度降低。这种在弱电解质溶液中，加入含有相同离子的易溶强电解质，使弱电解质解离度降低的现象称为**同离子效应**（homoion effect）。

例 5-3　计算 0.10 mol·dm^{-3} $NH_3 \cdot H_2O$ 溶液中 $c(OH^-)$ 和 α；若向其中加入固体 NH_4Cl，使 NH_4^+ 的浓度达到 0.20 mol·dm^{-3} 时，计算此时的 $c(OH^-)$ 和 α。已知 $K_b^\ominus(NH_3 \cdot H_2O) = 1.76\times10^{-5}$。

解：(1)

	$NH_3 \cdot H_2O$	$\rightleftharpoons$	NH_4^+	+	OH^-
开始浓度/mol·dm^{-3}	0.10		0		0
平衡浓度/mol·dm^{-3}	$0.10-c(OH^-)$		$c(OH^-)$		$c(OH^-)$

因为 $(c/c^\ominus)/K_b^\ominus \geq 500$，所以可以近似计算，$0.10-c(OH^-) \approx 0.10$，则有：

$$K_b^\ominus = \frac{[c(NH_4^+)/c^\ominus]\times[c(OH^-)/c^\ominus]}{[c(NH_3 \cdot H_2O)/c^\ominus]} \approx \frac{[c(OH^-)/c^\ominus]^2}{0.10} = 1.76\times10^{-5}$$

解之，得 $c(OH^-) = 1.34\times10^{-3}$ mol·dm^{-3}，$\alpha = 1.34\%$。

(2) 加入 NH_4Cl 后，$c(NH_4^+) = 0.20$ mol·dm^{-3}

	$NH_3 \cdot H_2O$	$\rightleftharpoons$	NH_4^+	+	OH^-
平衡浓度/mol·dm^{-3}	$0.10-c(OH^-)$		0.20		$c(OH^-)$

$$K_b^\ominus = \frac{[c(NH_4^+)/c^\ominus]\times[c(OH^-)/c^\ominus]}{[c(NH_3 \cdot H_2O)/c^\ominus]} \approx \frac{0.20\times[c(OH^-)/c^\ominus]}{0.10} = 1.76\times10^{-5}$$

解之，得 $c(OH^-) = 8.80\times10^{-6}$ mol·dm^{-3}，$\alpha = 8.80\times10^{-3}\%$

由计算结果可知，由于同离子效应存在，$NH_3 \cdot H_2O$ 解离出的 OH^- 大幅减少，解离度也明显降低。

5.3.4.3　盐效应对解离平衡的影响

若在 HAc 溶液中加入不含相同离子的强电解质，如 NaCl，则因离子强度的增大，溶液中离子之间的相互牵制作用增大，使 HAc 的解离度略有增大，这种作用称为**盐效应**（salt effect）。例如，在 0.10 mol·dm^{-3} HAc 溶液中加入 NaCl 使其浓度为 0.10 mol·dm^{-3}，则溶液中的 $c(H^+)$ 由 1.32×10^{-3} mol·dm^{-3} 增大为 1.82×10^{-3} mol·dm^{-3}，HAc 的解离度由

1.32%增大为1.82%。因此,在实验中一般用NaCl、KNO_3等调节离子强度,保持一定电解质浓度,抵消盐效应对测定前后溶液的影响。

需要说明的是,同离子效应产生的同时,必然伴有盐效应,但同离子效应比盐效应要大得多,所以在二者同时发生的情况下,一般不考虑盐效应的影响。

5.3.5 弱电解质溶液pH值的计算

由于弱酸或弱碱在溶液中只有部分解离,因此在实际工作中,根据分析工作要求,可采用近似法进行简便计算。例如,任何HA型弱酸,若其$K_a^\ominus \gg K_w^\ominus$,且其浓度$c$不是很小,则水的解离可以忽略①。

5.3.5.1 一元弱酸或弱碱溶液pH值的计算

对于	$HA \rightleftharpoons$	H^+ +	A^-
起始浓度	c	0	0
平衡浓度	$c-c(H^+)$	$c(H^+)$	$c(A^-)$

则有:
$$K_a^\ominus = \frac{c(H^+)^2}{[c-c(H^+)]c^\ominus}$$

解方程可得:

$$c(H^+) = \frac{-K_a^\ominus c^\ominus + \sqrt{(K_a^\ominus c^\ominus)^2 + 4K_a^\ominus c^\ominus c}}{2} \qquad (5-10)$$

式(5-10)是计算一元弱酸溶液H^+浓度的近似公式。

若平衡时满足$(c/c^\ominus)/K_a^\ominus \geq 500$,则有$c-c(H^+) \approx c$,计算式(5-10)为可简化为:

$$c(H^+) = \sqrt{K_a^\ominus c^\ominus c} \qquad (5-11)$$

式(5-11)是计算一元弱酸溶液H^+浓度的最简式。

同理,当$(c/c^\ominus)/K_b^\ominus \geq 500$时,可以推导出一元弱碱溶液中$OH^-$浓度的最简式:

$$c(OH^-) = \sqrt{K_b^\ominus c^\ominus c} \qquad (5-12)$$

例5-4 计算0.10 $mol \cdot dm^{-3}$和1.0×10^{-5} $mol \cdot dm^{-3}$ HAc溶液的$c(H^+)$、pH值和解离度。

解:(1)由于$(c/c^\ominus)/K_a^\ominus \geq 500$,因此:

$$c(H^+) = \sqrt{K_a^\ominus c^\ominus c} = \sqrt{1.76\times10^{-5}\times0.10} = 1.3\times10^{-3}(mol \cdot dm^{-3})$$

即pH=2.9

解离度 $\alpha = \frac{1.3\times10^{-3}}{0.10}\times100\% = 1.3\%$

(2)由于$(c/c^\ominus)/K_a^\ominus < 500$,因此不能采用最简式,只能根据式(5-10)计算。

---

① 在考虑水的解离平衡的情况下,推导得到的一元弱酸溶液H^+浓度的精确公式如下:

$$c(H^+)^3 + K_a^\ominus c(H^+)^2 - [K_a^\ominus c(HA) + K_w^\ominus]c(H^+) - K_a^\ominus K_w^\ominus = 0$$

该式若直接用代数法求解,数学处理将会十分麻烦,更主要的是在实际工作中没有必要。通常根据计算H^+浓度时的允许误差,视弱酸的$K_a^\ominus$和$c(HA)$值的大小,采用近似计算。

$$c(H^+)=\frac{-K_a^\ominus c^\ominus+\sqrt{(K_a^\ominus c^\ominus)^2+4K_a^\ominus c^\ominus c}}{2}$$

$$=\frac{-1.76\times10^{-5}+\sqrt{(1.76\times10^{-5})^2+4\times1.76\times10^{-5}\times1.0\times10^{-5}}}{2}$$

$$=7.2\times10^{-6}(mol\cdot dm^{-3})$$

即 $pH=5.1$

解离度 $\alpha=\frac{7.2\times10^{-6}}{1.0\times10^{-5}}\times100\%=72\%$

例 5-5　已知 298.15 K 时，0.200 $mol\cdot dm^{-3}$ 氨水的解离度为 0.934%，求溶液的 pH 值和氨水的解离常数。

解：

	$NH_3\cdot H_2O$ $\rightleftharpoons$	NH_4^+	+ OH^-
起始浓度/$mol\cdot dm^{-3}$	0.200	0	0
平衡浓度/$mol\cdot dm^{-3}$	$0.200\times(1-0.934\%)$ $=0.198$	$0.200\times0.934\%$ $=1.87\times10^{-3}$	$0.200\times0.934\%$ $=1.87\times10^{-3}$

$pH=14-pOH=14-[-\lg(1.87\times10^{-3})]=11.27$

$$K_b^\ominus=\frac{[c(NH_4^+)/c^\ominus]\times[c(OH^-)/c^\ominus]}{[c(NH_3\cdot H_2O)/c^\ominus]}=\frac{(1.87\times10^{-3})^2}{0.198}=1.76\times10^{-5}$$

5.3.5.2　多元酸碱溶液 pH 值的计算

在多元酸碱溶液中，由于存在着 $K_{i_1}^\ominus\gg K_{i_2}^\ominus\gg K_{i_3}^\ominus$ 规律，因此以第一步解离产生的 H^+ 或 OH^- 浓度为主。通常对于 $K_{i_1}^\ominus\gg K_{i_2}^\ominus(K_{i_1}^\ominus/K_{i_2}^\ominus>10^2)$ 的多元酸碱，其 H^+ 或 OH^- 浓度可按一元弱酸或一元弱碱的处理方式计算。

例 5-6　求 0.10 $mol\cdot dm^{-3}$ H_2S 溶液中的 $c(H^+)$、$c(HS^-)$ 和 $c(S^{2-})$，已知 $K_{a_1}^\ominus=1.3\times10^{-7}$，$K_{a_2}^\ominus=7.1\times10^{-15}$。

解：由于 $K_{a_1}^\ominus/K_{a_2}^\ominus>10^2$，故可以按照一元弱酸处理；又因为 $(c/c^\ominus)/K_{a_1}^\ominus>500$，所以可以近似计算。

$$c(H^+)=\sqrt{K_{a_1}^\ominus c^\ominus c}=\sqrt{1.3\times10^{-7}\times0.10}=1.1\times10^{-4}(mol\cdot dm^{-3})$$

根据 $H_2S\rightleftharpoons H^++HS^-$，可知平衡时 $c(HS^-)=c(H^+)=1.1\times10^{-4}(mol\cdot dm^{-3})$

根据 H_2S 的二级解离 $HS^-\rightleftharpoons H^++S^{2-}$

$$K_{a_2}^\ominus=\frac{[c(H^+)/c^\ominus]\times[c(S^{2-})/c^\ominus]}{[c(HS^-)/c^\ominus]}=c(S^{2-})/c^\ominus=7.1\times10^{-15}$$

因此，$c(S^{2-})=7.1\times10^{-15}(mol\cdot dm^{-3})$

上述结果表明，二元弱酸酸根的浓度在数值上等于 $K_{a_2}^\ominus$，第二步解离出的 $c(H^+)$ 与 $c(S^{2-})$ 相等，但计算过程中任何一个 $c(H^+)$ 都不表示第二步的 $c(H^+)$。

常温常压下，在 H_2S 饱和溶液中，$c(H_2S)=0.10\ mol\cdot dm^{-3}$，

由
$$K_a^\ominus=K_{a_1}^\ominus\cdot K_{a_2}^\ominus=\frac{[c(H^+)/c^\ominus]^2\times[c(S^{2-})/c^\ominus]}{[c(H_2S)/c^\ominus]}$$

可得：

$$c(S^{2-})=\frac{0.10\times K_{a_1}^{\ominus}\times K_{a_2}^{\ominus}}{[c(H^+)/c^{\ominus}]^2}\ mol\cdot dm^{-3}$$

上式表明,$c(S^{2-})$与$[c(H^+)]^2$成反比。如果在H_2S溶液中增加溶液的酸度,可以有效地降低$c(S^{2-})$。因此,调节H_2S溶液的酸度,可以有效地控制溶液中$c(S^{2-})$。

5.4 缓冲溶液

缓冲溶液在工业、农业、生物学、医学、化学等方面都有很重要的应用。例如,在硅半导体器件的生产中用HF-NH_4F缓冲溶液除去硅片表面的SiO_2氧化皮;电镀金属时需用缓冲溶液控制电镀液的pH值,以提高镀液的分散能力和镀层质量;土壤中由于含有多种缓冲体系而能够维持一定的pH值,从而保证植物的正常生长;人体中的体液也依赖于代谢过程中产生的各种缓冲体系以维持人体正常生理活动。在许多化学反应中,溶液的pH值也是影响化学反应的重要因素之一,常常需要在一定pH值范围内进行。

5.4.1 缓冲溶液的概念

298.15 K时,纯水的pH值为7.0。但在空气中放置一段时间后,因为吸收空气中的二氧化碳而使pH值降到5.5左右;又如受到酸雨的侵袭,湖水会被酸化。与此相反,在1.0 dm^3含有0.10 mol HAc和0.10 mol NaAc混合溶液中,分别滴入0.010 mol HCl和0.010 mol NaOH,溶液的pH值从4.75下降到4.66或上升到4.84,pH值仅改变了0.09。在一定范围内加水稀释时,上述HAc和NaAc混合溶液pH的改变幅度也很小。以上事实说明,由HAc和NaAc组成的混合溶液具有对抗外来少量强酸和强碱,或稍加稀释而保持pH基本不变的能力。这种能够对抗外来少量强酸、强碱或稍加稀释,而不引起溶液pH值发生明显变化的作用叫做**缓冲作用**(buffer action),具有缓冲作用的溶液叫做**缓冲溶液**(buffer solution)。

缓冲溶液由足够浓度的共轭酸碱对组成。其中能对抗外来强碱的共轭酸成分称为**抗碱成分**;能对抗外来强酸的共轭碱成分称为**抗酸成分**。抗酸成分和抗碱成分通常称为缓冲溶液的**缓冲对**(buffer pair)或**缓冲系**(buffer system)。常见的缓冲对主要有3种类型:①弱酸及其对应的盐,例如HAc-NaAc、H_2CO_3-$NaHCO_3$、$H_2C_8H_4O_4$-$KHC_8H_4O_4$(邻苯二甲酸-邻苯二甲酸氢钾)、H_3BO_3-$Na_2B_4O_7$(四硼酸钠水解后产生$H_2BO_3^-$)等;②多元弱酸的酸式盐及其对应的次级盐,例如$NaHCO_3$-Na_2CO_3、NaH_2PO_4-Na_2HPO_4、$KHC_8H_4O_4$-$K_2C_8H_4O_4$等;③弱碱及其对应盐,例如$NH_3\cdot H_2O$-NH_4Cl,Tris-$TrisH^+A^-$(三羟甲基烷及其盐)等。

5.4.2 缓冲作用原理

我们以HAc-NaAc缓冲溶液为例,说明缓冲溶液的作用原理。NaAc是强电解质,在溶液中完全以Na^+和Ac^-的状态存在。HAc是弱电解质,解离度较小,在溶液中主要以HAc分子形式存在;同时,来自NaAc的Ac^-对其产生同离子效应,使HAc解离平衡向左移动,进一步抑制了HAc的解离,使HAc几乎完全以分子状态存在于溶液中。所以,在HAc-NaAc混合溶液中,存在着大量的HAc和Ac^-,且二者存在化学平衡:

$$\underset{\text{大量}}{HAc} \rightleftharpoons H^+ + \underset{\text{大量}}{Ac^-}$$

当加入少量强酸(如 HCl)时,抗酸成分即共轭碱 Ac^- 与加入的 H^+ 结合成 HAc,打破了 HAc 原有的解离平衡,使平衡向着生成 HAc 分子的方向移动。当建立起新的平衡时,溶液中 HAc 的含量略增加,Ac^- 的含量略减少,而溶液中的 H^+ 没有较大的变化,因此溶液的 pH 值基本保持不变。

当加入少量强碱(如 NaOH)时,加入的 OH^- 与溶液中的 H^+ 结合成难离解的 H_2O,使 HAc 的解离平衡向右移动。当建立起新的平衡时,溶液中 HAc 的含量略减少,Ac^- 的含量略增加,而溶液中的 H^+ 没有较大的变化,因此溶液的 pH 值基本保持不变。

当溶液稍加稀释时,$c(HAc)$ 和 $c(Ac^-)$ 同时降低,同离子效应减弱,HAc 的解离度增加,增加了 H^+ 含量,抵消了由于稀释造成的 $c(H^+)$ 降低。因此,$c(H^+)$ 没有发生明显的变化,溶液仍然能够保持一定的 pH 值。

对于弱碱及其对应盐的缓冲对,例如,$NH_3 \cdot H_2O-NH_4Cl$ 缓冲对中,NH_3 能对抗外加酸的影响是抗酸成分,NH_4^+ 能对抗外加碱的影响是抗碱成分。前者通过下述平衡

$$NH_3 \cdot H_2O \rightleftharpoons NH_4^+ + OH^-$$

向右移动而抗酸,后者通过该平衡向左移动而抗碱,从而使溶液的 pH 值稳定。

多元酸的酸式盐及其次级盐的缓冲作用与上面讨论相似。例如,在 $NaH_2PO_4-Na_2HPO_4$ 溶液中存在着下述解离平衡:

$$H_2PO_4^- \rightleftharpoons HPO_4^{2-} + H^+$$

HPO_4^{2-} 是抗酸成分,通过平衡左移能对抗外加酸的影响;$H_2PO_4^-$ 是抗碱成分,通过平衡右移能对抗外加碱的影响。

5.4.3　缓冲溶液 pH 值计算

以 HA 代表弱酸,MA 代表其弱酸盐,HA-MA 组成的缓冲溶液为例,推导缓冲溶液的 pH 值计算公式。

	HA $\rightleftharpoons$	H^+ +	A^-
起始时:	$c_0(HA)$	0	$c_0(A^-)$
平衡时:	$c(HA)$	$c(H^+)$	$c(A^-)$

$$K_a^\ominus = \frac{[c(H^+)/c^\ominus]\times[c(A^-)/c^\ominus]}{[c(HA)/c^\ominus]}$$

整理得:

$$c(H^+) = K_a^\ominus c^\ominus \times \frac{c(HA)}{c(A^-)}$$

等式两边取对数,得:

$$pH = pK_a^\ominus - \lg\frac{c(HA)}{c(A^-)} \tag{5-13}$$

式(5-13)即计算缓冲溶液 pH 值的方程式(Henderson-Hasselbalch equation)。式中 $K_a^\ominus$ 为弱酸解离常数,平衡浓度 $c(HA)$ 和 $c(A^-)$ 的比值称为**缓冲比**(buffer-component ratio)。

由于缓冲溶液中存在大量的 A^-,同离子效应的结果使 HA 的解离很少,故有:

$$c(\mathrm{HA})=c_0(\mathrm{HA})-c(\mathrm{H^+})\approx c_0(\mathrm{HA})$$
$$c(\mathrm{A^-})=c_0(\mathrm{HA})+c(\mathrm{H^+})\approx c_0(\mathrm{A^-})$$

所以,式(5-13)又可以表示为:

$$\mathrm{pH}=\mathrm{p}K_a^\ominus-\lg\frac{c_0(\mathrm{HA})}{c_0(\mathrm{A^-})} \tag{5-14}$$

由弱碱及其盐组成的缓冲溶液,pH 值计算公式可用类似方法求得:

$$\mathrm{pOH}=\mathrm{p}K_b^\ominus-\lg\frac{c(\text{碱})}{c(\text{盐})},\text{即 } \mathrm{pH}=\mathrm{p}K_w^\ominus-\mathrm{p}K_b^\ominus+\lg\frac{c(\text{碱})}{c(\text{盐})} \tag{5-15}$$

例 5-7 计算 pH=5.00,总浓度为 0.20 mol·dm^{-3}的 C_2H_5COOH(丙酸,用 HPr 表示)-C_2H_5COONa 缓冲溶液中 C_2H_5COOH 和 C_2H_5COONa 的物质的量浓度。若向 1 dm^{3}该缓冲溶液中加入 0.010 mol HCl,溶液的 pH 值等于多少?已知:C_2H_5COOH 的 $\mathrm{p}K_a^\ominus=4.87$。

解:(1)设 $c(\mathrm{HPr})=x$ mol·dm^{-3},则 $c(\mathrm{NaPr})=(0.20-x)$ mol·dm^{-3}。代入(5-14)式,得:

$$\mathrm{pH}=\mathrm{p}K_a^\ominus-\lg\frac{c(\mathrm{HPr})}{c(\mathrm{Pr^-})}=4.87-\lg\frac{x}{0.20-x}=5.00$$

解得 $x=0.085$,即$c(\mathrm{HPr})=0.085(\mathrm{mol\cdot dm^{-3}})$

$$c(\mathrm{NaPr})=0.20-0.085=0.12(\mathrm{mol\cdot dm^{-3}})$$

(2)加入 0.010 mol HCl 后:

$$\mathrm{pH}=\mathrm{p}K_a^\ominus-\lg\frac{c(\mathrm{HPr})}{c(\mathrm{Pr^-})}=4.87-\lg\frac{0.085+0.010}{0.12-0.010}=4.91$$

通过以上计算说明,缓冲溶液具有抵抗外加少量的强酸或强碱而保持溶液 pH 值基本不变的能力。但需要注意的是,当缓冲溶液抗酸和抗碱组分浓度比相差悬殊,或者两组分浓度过稀时,则不能忽略弱酸或弱碱解离所带来的影响。此外,式(5-14)和式(5-15)推导过程中还忽略了离子间相互作用的影响,因此计算出的缓冲溶液 pH 值只是近似值。若要考虑缓冲液中离子间相互作用,则必须用活度来代替浓度计算。

5.5 盐类的水解

盐类水溶液的酸碱性取决于盐的性质。例如,强酸强碱盐溶液,如 NaCl 溶液显中性;弱酸强碱盐溶液,如 Na_2CO_3、NaAc 溶液显碱性;强酸弱碱盐溶液,如 NH_4Cl、$FeCl_3$溶液显酸性;弱酸弱碱盐溶液的酸碱性取决于弱酸和弱碱的相对强度。

盐在水溶液中与 H_2O 解离出的 H^+或 OH^-结合生成弱电解质,而使 H_2O 的解离平衡向着生成 H^+或 OH^-方向移动,从而改变溶液酸碱度,这种反应叫做盐的**水解反应**(hydrolysis reaction)。强酸强碱盐在水中不发生水解,因为它们的离子不与 H^+或 OH^-结合成分子,不影响水的解离平衡。因此,本节主要讨论其他三类盐的水解情况。

5.5.1 弱酸强碱盐的水解

以 NaAc 为例,在其水溶液中存在下列平衡:

$$\begin{array}{ccccc} NaAc & \rightleftharpoons & Na^+ & + & Ac^- \\ & & & & + \\ H_2O & \rightleftharpoons & OH^- & + & H^+ \\ & & & & \Updownarrow \\ & & & & HAc \end{array}$$

由于难解离的 HAc 分子的生成,溶液中 H^+浓度减少,使水的解离平衡向解离方向移动,结果溶液中的 OH^-浓度增大,溶液显碱性,最后建立了如下的水解平衡:

$$Ac^- + H_2O \rightleftharpoons HAc + OH^-$$

其平衡常数称为**水解常数**(hydrolytic constant),用 $K_h^\ominus$ 表示。

$$K_h^\ominus = \frac{[c(HAc)/c^\ominus]\times[c(OH^-)/c^\ominus]}{[c(Ac^-)/c^\ominus]}$$

$$= \frac{[c(HAc)/c^\ominus]\times[c(OH^-)/c^\ominus]}{[c(Ac^-)/c^\ominus]}\times\frac{[c(H^+)/c^\ominus]}{[c(H^+)/c^\ominus]} = \frac{K_w^\ominus}{K_a^\ominus}$$

最后得到:

$$K_h^\ominus = \frac{K_w^\ominus}{K_a^\ominus} \tag{5-16}$$

代入 HAc 的解离常数,$K_h^\ominus = \dfrac{1.0\times10^{-14}}{1.76\times10^{-5}} = 5.7\times10^{-10}$

可以看出,弱酸强碱盐的水解常数就是该盐中弱酸的共轭碱的解离常数 $K_b^\ominus$。水解常数与弱酸的解离常数 $K_a^\ominus$ 成反比,酸越弱,盐的水解程度越大。

5.5.2　强酸弱碱盐的水解

以 NH_4Cl 为例,在其水溶液中存在下列平衡:

$$\begin{array}{ccccc} NH_4Cl & \rightleftharpoons & NH_4^+ & + & Cl^- \\ & & + & & \\ H_2O & \rightleftharpoons & OH^- & + & H^+ \\ & & \Updownarrow & & \\ & & NH_3\cdot H_2O & & \end{array}$$

由于难解离的 $NH_3\cdot H_2O$ 的生成,溶液中 OH^-浓度减少,使水的解离平衡向解离方向移动,结果溶液中 H^+的浓度增大,溶液显酸性。NH_4^+ 的最终水解平衡为:

$$NH_4^+ + H_2O \rightleftharpoons NH_3\cdot H_2O + H^+$$

同理可推得一元强酸弱碱盐水解常数表达式为:

$$K_h^\ominus = \frac{K_w^\ominus}{K_b^\ominus} \tag{5-17}$$

同样,强酸弱碱盐的水解常数就是该盐中弱碱的共轭酸的解离常数 $K_a^\ominus$。水解常数与弱碱的解离常数 $K_b^\ominus$ 成反比,碱越弱,盐的水解程度越大。

5.5.3　弱酸弱碱盐的水解

以 NH_4Ac 为例,在水溶液中它的两种离子同时发生水解(双水解反应):

$$
\begin{array}{ccccc}
NH_4Ac & = & NH_4^+ & + & Ac^- \\
 & & + & & + \\
H_2O & \rightleftharpoons & OH^- & + & H^+ \\
 & & \Updownarrow & & \Updownarrow \\
 & & NH_3 \cdot H_2O & & HAc
\end{array}
$$

由于 $NH_3 \cdot H_2O$ 和 HAc 解离常数 $K_b^\ominus$ 和 $K_a^\ominus$ 基本相等，所以两种离子的水解程度也几乎相等，水解产生的 H^+ 或 OH^- 因超过水的离子积而立刻结合成水，结果溶液在水解过程中始终保持中性。NH_4Ac 的最终水解平衡为：

$$NH_4Ac + H_2O \rightleftharpoons NH_3 \cdot H_2O + HAc$$

弱酸弱碱盐的水解常数表达式可以推得为：

$$K_h^\ominus = \frac{K_w^\ominus}{K_a^\ominus K_b^\ominus} \tag{5-18}$$

双水解反应比单一离子水解程度大许多，其溶液的酸碱性视相应的弱酸和弱碱的相对强度而定。例如：

NH_4F 溶液　$NH_4F + H_2O \rightleftharpoons NH_3 \cdot H_2O + HF$　$K_a^\ominus(HF) > K_b^\ominus(NH_3 \cdot H_2O)$，显酸性；

NH_4CN 溶液　$NH_4CN + H_2O \rightleftharpoons NH_3 \cdot H_2O + HCN$　$K_a^\ominus(HCN) < K_b^\ominus(NH_3 \cdot H_2O)$，显碱性。

各种水解反应的水解常数 $K_h^\ominus$ 没有现成数据可查，需要通过计算求得。$K_h^\ominus$ 值越大，表示相应盐的水解程度越大。

盐类水解程度的大小，除了用水解常数 $K_h^\ominus$ 表示外，还可以用**水解度**（degree of hydrolysis）表示，符号为 h。水解度 h 是水解的盐的浓度占盐起始浓度的百分率，即：

$$h = \frac{c_{盐(已经水解部分)}}{c_0} \times 100\% \tag{5-19}$$

由式（5-19）可见，h 越大，盐的水解程度越大。需要注意的是，水解度与盐的起始浓度有关，而水解常数 $K_h^\ominus$ 与浓度无关，与温度有关。

例 5-8　将 4.10 g 固体 NaAc 配制成 0.500 dm^3 水溶液，计算该溶液的 pH 值和水解度。

解： NaAc 为弱酸强碱盐，水解平衡后溶液呈碱性。溶液的 pH 值主要由 Ac^- 决定。

$$c(Ac^-) = 4.10/(82.03 \times 0.500) = 0.100(mol \cdot dm^{-3})$$

$$K_h^\ominus = K_w^\ominus / K_a^\ominus(HAc) = 1.0 \times 10^{-14} / (1.76 \times 10^{-5}) = 5.7 \times 10^{-10}$$

因为 $K_h^\ominus \gg K_w^\ominus$，且 $(c/c^\ominus)/K_b^\ominus \geq 500$，可以采用近似公式：

$$c(OH^-) = \sqrt{K_b^\ominus c^\ominus c} = \sqrt{5.7 \times 10^{-10} \times 0.100} = 7.5 \times 10^{-6}(mol \cdot dm^{-3})$$

$$pH = 14 - pOH = 14 - [-lg(7.5 \times 10^{-6})] = 8.88$$

$$h = \frac{7.5 \times 10^{-6}}{0.100} \times 100\% = 7.5 \times 10^{-3}\%$$

5.5.4　分步水解

与多元弱酸或弱碱的分步解离相对应，多元弱酸盐或弱碱盐的水解也是分步进行的。

每一级水解都有一个水解常数。例如，Na_2CO_3的水解为：

$$CO_3^{2-} + H_2O \rightleftharpoons HCO_3^- + OH^- \qquad K_{h_1}^{\ominus}$$

$$HCO_3^- + H_2O \rightleftharpoons H_2CO_3 + OH^- \qquad K_{h_2}^{\ominus}$$

$K_{h_1}^{\ominus}$和$K_{h_2}^{\ominus}$称为一级和二级水解常数，根据多重平衡规则，可以推出：

$$K_{h_1}^{\ominus} = \frac{K_w^{\ominus}}{K_{a_2}^{\ominus}}, \qquad K_{h_2}^{\ominus} = \frac{K_w^{\ominus}}{K_{a_1}^{\ominus}} \tag{5-20}$$

以此类推。由于多元弱酸的 $K_{a_1}^{\ominus} \gg K_{a_2}^{\ominus}$，所以 $K_{h_1}^{\ominus} \gg K_{h_2}^{\ominus}$，说明一级水解程度远远高于二级水解程度。因此，多元弱酸盐和多元弱碱盐的水解一般只考虑一级水解，可忽略二级水解及更高级的水解。

5.5.5　影响盐类水解平衡的因素

影响盐类水解平衡的因素可以分为两类：一类是由发生水解的离子本身的特性，即组成盐的酸或碱强度决定；另一类是与盐水解时的温度、浓度和溶液的酸度等外界因素有关。

5.5.5.1　组成盐的酸碱强度的影响

盐类水解程度的大小主要取决于发生水解离子的本性，即由组成盐的酸和碱的强度决定。当盐水解生成的弱酸和弱碱的 $K_a^{\ominus}$ 或 $K_b^{\ominus}$ 越小时，则 $K_h^{\ominus}$、h 越大，即盐的水解倾向越大。例如，在其他条件相同时，NaAc 溶液的水解程度比 NaF 溶液大，其溶液的碱性比 NaF 强，这是由于 $K_a^{\ominus}(HAc) = 1.76\times10^{-5}$ 比 $K_a^{\ominus}(HF) = 6.3\times10^{-4}$ 小的缘故。

另外，如果水解产物是很弱的电解质，或者是溶解度很小的难溶物质、挥发性气体，则水解度极大，甚至可达完全水解。例如，Al_2S_3就是完全水解的典型例子：

$$Al_2S_3 + 6H_2O \longrightarrow Al(OH)_3\downarrow + 3H_2S\uparrow$$

由于 Al_2S_3完全水解，因此 Al_2S_3溶解时得到的是水解产物，而得不到其水溶液。

5.5.5.2　温度的影响

盐类水解反应为吸热过程，温度升高时，$K_h^{\ominus}$ 增大，故升高温度有利于水解反应的进行。例如，Fe^{3+}的水解：

$$Fe^{3+} + 3H_2O \rightleftharpoons Fe(OH)_3 + 3H^+$$

若不加热，水解不明显，加热时颜色逐渐加深，最后得到深棕色的 $Fe(OH)_3$沉淀。此外，由于许多金属盐，如铁盐、钛盐、铝盐等，水解时常常产生沉淀，因此在分析化学和无机制备中常采用升高温度使水解完全以达到分离和合成的目的。

5.5.5.3　浓度的影响

例如，NaAc 的水解：

$$Ac^- + H_2O \rightleftharpoons HAc + OH^-$$

平衡时，$K_h^{\ominus} = \dfrac{[c(HAc)/c^{\ominus}]\times[c(OH^-)/c^{\ominus}]}{[c(Ac^-)/c^{\ominus}]}$

当溶液稀释至原体积的 10 倍时，各物种的浓度均为原浓度的 1/10，则有：

$$Q=\frac{\left[\frac{1}{10}c(\text{HAc})/c^{\ominus}\right]\times\left[\frac{1}{10}c(\text{OH}^-)/c^{\ominus}\right]}{\left[\frac{1}{10}c(\text{Ac}^-)/c^{\ominus}\right]}=\frac{1}{10}\times\frac{\left[c(\text{HAc})/c^{\ominus}\right]\times\left[c(\text{OH}^-)/c^{\ominus}\right]}{\left[c(\text{Ac}^-)/c^{\ominus}\right]}=\frac{1}{10}K_h^{\ominus}$$

因为 $Q<K_h^{\ominus}$，水解平衡右移，水解度增大。例如，0.10 mol · dm^{-3}的 NaAc 溶液的 $h=7.45\times10^{-3}\%$，而 0.010 mol · dm^{-3}的 NaAc 溶液的 $h=2.36\times10^{-2}\%$。

5.5.5.4 溶液酸度的影响

由于盐水解后生成弱酸或弱碱以及 H^+ 或 OH^-，因此改变溶液的 pH 值可使盐的水解平衡发生移动。在实际工作中可通过控制酸度来抑制或促进离子的水解。例如，实验室许多常用的试剂如氯化亚锡、铁、铝、铜、铅等的盐类，都易水解产生沉淀。

$$SnCl_2 + H_2O \Longrightarrow Sn(OH)Cl\downarrow + HCl$$
$$SbCl_3 + H_2O \Longrightarrow SbOCl\downarrow + 2HCl$$

所以在配制这些试剂的溶液时，通常先将他们溶解在较浓的酸溶液中，再进行稀释，这种配制溶液的方法叫**介质水溶法**。

抑制或利用盐类水解在生产和科研中有很多的实际应用。例如，利用 Na_2CO_3 的水解性，将 NaOH 和 $NaCO_3$ 混合作为化学除油液；利用 $Bi(NO_3)_3$ 易水解的特性制取高纯度的 Bi_2O_3；利用锑盐和铋盐的水解特性来鉴定锑和铋等等。

5.6 沉淀溶解平衡

在实验过程和化工生产中经常要利用沉淀反应来制取难溶化合物，进行离子分离、除去溶液中的杂质、重量分析等。如何判断沉淀是否发生、是否沉淀完全以及沉淀能否溶解等，都是实际工作中常常遇到的问题。本节将讨论难溶电解质沉淀、溶解的原理和应用。

5.6.1 溶度积和溶度积规则

5.6.1.1 溶度积

严格来说，物质的**溶解度**(solubility)只有大小之分，没有在水中绝对不溶解的物质。通常把溶解度大于 0.1 g/100 g H_2O 的物质叫做**易溶物**，把溶解度在 0.01～0.1 g/100 g H_2O 的物质叫做**微溶物**，把溶解度小于 0.01 g/100 g H_2O 的物质叫做**难溶物**。在难溶电解质中，有一类物质在水中溶解度较小，但在水中溶解的部分是全部解离的，如 AgCl、$CaCO_3$、PbS 等。例如，Ag^+ 和 Cl^- 作用产生白色的 AgCl 沉淀，但固态的 AgCl 仍能微量地溶解成为 Ag^+ 和 Cl^-。在一定条件下，当溶解过程产生的 Ag^+ 和 Cl^- 的数目与沉淀过程消耗的 Ag^+ 和 Cl^- 的数目相同，即溶解的速率与沉淀的速率相等时，便达到固体难溶电解质与溶液中离子间的**沉淀溶解平衡**(precipitation dissolution equilibrium)。这种平衡属于多相平衡，即难溶电解质的固相和液相之间存在的平衡，对于固体 AgCl 与 Ag^+、Cl^- 之间的平衡可表示为：

$$AgCl(s) \xrightleftharpoons[\text{沉淀}]{\text{溶解}} Ag^+(aq) + Cl^-(aq)$$

平衡时，$K_{sp}^{\ominus}=\frac{c(Ag^+)}{c^{\ominus}}\times\frac{c(Cl^-)}{c^{\ominus}}$

$K_{sp}^{\ominus}$称为**溶度积常数**(solubility product constant)，简称为**溶度积**(solubility product)。

对于 A_mB_n 型难溶电解质，在一定温度下，其饱和溶液的沉淀溶解平衡为：

$$A_mB_n(s) \underset{\text{沉淀}}{\overset{\text{溶解}}{\rightleftharpoons}} mA^{n+}(aq) + nB^{m-}(aq)$$

$$K_{sp}^{\ominus}=\left(\frac{c(A^{n+})}{c^{\ominus}}\right)^m\times\left(\frac{c(B^{m-})}{c^{\ominus}}\right)^n \tag{5-21}$$

式(5-21)表明，在一定温度下，难溶强电解质饱和溶液中有关离子浓度(单位为 $mol\cdot dm^{-3}$)幂的乘积，是一个常数①。$K_{sp}^{\ominus}$与其他的平衡常数一样，也是温度的函数，可以由电化学实验和热力学公式 $\Delta_rG_m^{\ominus}=-RT\ln K_{sp}^{\ominus}$计算得到。表 5-7 列出了一些常见难溶电解质在 298.15 K 时的溶度积。

表 5-7　一些难溶化合物的溶度积②　(298.15 K)

分子式	$K_{sp}^{\ominus}$	分子式	$K_{sp}^{\ominus}$	分子式	$K_{sp}^{\ominus}$
Ag_2S	6.3×10^{-50}	CuCl	1.72×10^{-7}	$Mn(OH)_2$	2.06×10^{-13}
Ag_2CrO_4	1.12×10^{-12}	CuBr	6.27×10^{-9}	MnS	2.5×10^{-13}
AgCl	1.77×10^{-10}	CuI	1.27×10^{-12}	$Ni(OH)_2$	5.48×10^{-16}
AgBr	5.35×10^{-13}	CuS	6.3×10^{-36}	α-NiS	3.2×10^{-19}
AgI	8.52×10^{-17}	Cu_2S	2.26×10^{-48}	$NiCO_3$	1.42×10^{-7}
Ag_2SO_4	1.20×10^{-5}	$FeCO_3$	3.13×10^{-11}	$PbCO_3$	7.40×10^{-14}
$BaCO_3$	2.58×10^{-9}	$Fe(OH)_2$	4.87×10^{-17}	$PbCrO_4$	1.8×10^{-14}
$BaCrO_4$	1.17×10^{-10}	FeS	6.3×10^{-18}	$Pb(OH)_2$	1.43×10^{-20}
$BaSO_4$	1.08×10^{-10}	$Fe(OH)_3$	2.64×10^{-39}	PbI_2	9.8×10^{-9}
$CaCO_3$	3.36×10^{-9}	Hg_2Cl_2	1.43×10^{-18}	$PbCl_2$	1.70×10^{-5}
$Ca(OH)_2$	5.02×10^{-6}	Hg_2I_2	5.2×10^{-29}	$PbSO_4$	2.53×10^{-8}
CaC_2O_4	2.32×10^{-9}	HgI_2	2.9×10^{-29}	PbS	8×10^{-28}
$CaSO_4$	4.93×10^{-5}	HgS	4×10^{-53}	SnS	1.0×10^{-25}
$CdCO_3$	1.0×10^{-12}	$MgCO_3$	6.82×10^{-6}	$ZnCO_3$	1.46×10^{-10}
$Cd(OH)_2$	7.2×10^{-15}	$Mg(OH)_2$	5.61×10^{-12}	ZnS	1.6×10^{-24}
$Cr(OH)_3$	6.7×10^{-31}	$MnCO_3$	2.24×10^{-11}	$Zn(OH)_2$	3.0×10^{-17}

① 严格地说，溶度积应以离子活度幂的乘积来表示，但在一般难溶电解质的饱和溶液中，离子浓度都很低，可用浓度代替活度。

② 本表数据主要摘录自 Weast RC. CRC Handbook of Chemistry and Physics，87th ed.，Ed.，2006～2007。硫化物数据引自 Lange's Handbook of Chemistry，15th ed.，1998：8.6-8.17。

5.6.1.2　溶度积与溶解度的关系

溶度积和溶解度(用 S 表示)都可以用来表示物质的溶解能力,在一定条件下可以相互换算。但在换算时,应注意浓度单位须采用 $mol \cdot dm^{-3}$。

下面我们推导几种常见类型的难溶电解质的溶度积和溶解度的关系。

(1)AB 型难溶电解质(1∶1 型,如 AgX、$BaSO_4$、$CaCO_3$)　设溶解度为 S,在一定温度下,其饱和溶液的沉淀溶解平衡为:

$$AB(s) \rightleftharpoons A^+ + B^-$$

平衡时,$K_{sp}^{\ominus}=\dfrac{c(A^+)}{c^{\ominus}}\times\dfrac{c(B)}{c^{\ominus}}=\dfrac{S^2}{(c^{\ominus})^2}$,因此 $S=\sqrt{K_{sp}^{\ominus}}\,c^{\ominus}$

(2)$A_2B(AB_2)$型难溶电解质(1∶2 或 2∶1 型,如 Ag_2CrO_4、CaF_2)　设溶解度为 S,在一定温度下,其饱和溶液的沉淀溶解平衡为:

$$A_2B(s) \rightleftharpoons 2A^+ + B^{2-}$$

平衡时,$K_{sp}^{\ominus}=\left(\dfrac{c(A^+)}{c^{\ominus}}\right)^2\times\dfrac{c(B^{2-})}{c^{\ominus}}=\dfrac{(2S)^2\times S}{(c^{\ominus})^3}=\dfrac{4S^3}{(c^{\ominus})^3}$,因此 $S=\sqrt[3]{K_{sp}^{\ominus}/4}\;c^{\ominus}$

(3)$A_3B(AB_3)$型难溶电解质[1∶3 或 3∶1 型,如 Ag_3PO_4、$Fe(OH)_3$]　设溶解度为 S,在一定温度下,其饱和溶液的沉淀溶解平衡为:

$$A_3B(s) \rightleftharpoons 3A^+ + B^{3-}$$

平衡时,$K_{sp}^{\ominus}=\left(\dfrac{c(A^+)}{c^{\ominus}}\right)^3\times\dfrac{c(B^{3-})}{c^{\ominus}}=\dfrac{(3S)^3\times S}{(c^{\ominus})^4}=\dfrac{27S^4}{(c^{\ominus})^4}$,因此 $S=\sqrt[4]{K_{sp}^{\ominus}/27}\;c^{\ominus}$

例 5-9　在 298 K 时,$K_{sp}^{\ominus}(AgCl)=1.77\times10^{-10}$,$K_{sp}^{\ominus}(Ag_2CrO_4)=1.12\times10^{-12}$,求它们的溶解度(单位为 $mol \cdot dm^{-3}$)。

解:设 AgCl 和 Ag_2CrO_4的溶解度分别为 S_1 和 S_2。

AgCl 为 AB 型,因此 $S_1=\sqrt{K_{sp}^{\ominus}}\;c^{\ominus}=\sqrt{1.77\times10^{-10}}=1.33\times10^{-5}(mol \cdot dm^{-3})$

Ag_2CrO_4为 A_2B 型,因此 $S_2=\sqrt[3]{K_{sp}^{\ominus}/4}\,c^{\ominus}=\sqrt[3]{1.12\times10^{-12}/4}=6.54\times10^{-5}(mol \cdot dm^{-3})$

通过计算可知,虽然 $K_{sp}^{\ominus}(AgCl)>K_{sp}^{\ominus}(Ag_2CrO_4)$,但 Ag_2CrO_4的溶解度却大于 AgCl。因此,在一定温度下,对于同种类型的难溶电解质(指组成离子数相同),$K_{sp}^{\ominus}$越小,溶解度也越小;而对于不同类型的难溶电解质,则不能用 $K_{sp}^{\ominus}$来直接比较其溶解度的大小,必须通过计算才能做出判断。表 5-8 列出了一些难溶电解质的 $K_{sp}^{\ominus}$与其相应的 S。

表 5-8　几种难溶电解质的溶度积常数和溶解度　　(298.15 K)

难溶电解质类型	实例	$K_{sp}^{\ominus}$	$S/mol \cdot dm^{-3}$
AB	AgCl	1.77×10^{-10}	1.33×10^{-5}
	AgBr	5.35×10^{-13}	7.31×10^{-7}
	AgI	8.51×10^{-17}	9.23×10^{-9}
AB_2	$Mg(OH)_2$	5.61×10^{-11}	1.12×10^{-4}
A_2B	Ag_2CrO_4	1.12×10^{-12}	6.54×10^{-5}

需要说明的是,由于影响难溶电解质溶解度的因素很多,上述换算方法仅适用于下列情况:①离子强度很小,浓度可以代替活度的溶液,对于溶解度较大的难溶电解质(如 $CaSO_4$ 等),由于离子强度较大,将会产生较大误差;②溶解后解离出的正、负离子在水溶液中不会发生水解等副反应或副反应程度很小的物质,对于难溶的硫化物、碳酸盐、磷酸盐等,由于 S^{2-}、CO_3^{2-}、PO_4^{3-} 的水解(正离子 Fe^{3+} 等也易水解),不能用上述方法换算;③已溶解的部分能全部解离的难溶电解质。对于在溶液中以离子对 A^+B^- 等形式存在的难溶电解质,以及 Hg_2I_2、Hg_2Cl_2 等共价性较强的化合物(溶液中还存在未解离的分子),用上述方法也会产生较大误差。

5.6.1.3　溶度积规则

我们已经知道,对于一般化学平衡体系,可以根据反应商 Q 与平衡常数 K 的相对大小来判断反应进行的方向。对于 A_mB_n 型难溶电解质,在一定温度下,其饱和溶液的沉淀溶解平衡为:

$$A_mB_n(s) \rightleftharpoons mA^{n+} + nB^{m-}$$

$$Q = \left(\frac{c(A^{n+})}{c^\ominus}\right)^m \times \left(\frac{c(B^{m-})}{c^\ominus}\right)^n \tag{5-22}$$

其中 Q 又称为难溶电解质的**离子积**(ion product)。Q 与 $K_{sp}^\ominus$ 的表达形式相同,但其含义不同。$K_{sp}^\ominus$ 表示难溶电解质的饱和溶液中离子浓度幂的乘积,它仅是 Q 的一个特例:

对某一难溶电解质溶液,存在以下关系。

$$Q \begin{Bmatrix} < \\ = \\ > \end{Bmatrix} K_{sp}^\ominus \quad \begin{matrix} \text{沉淀溶解或无沉淀析出,不饱和溶液;} \\ \text{平衡状态,饱和溶液;} \\ \text{生成沉淀,过饱和溶液。} \end{matrix}$$

以上规律称为**溶度积规则**,是难溶电解质溶解与沉淀平衡移动规律的总结,也是判断沉淀生成和溶解的依据①。根据这一规则,可以采取控制离子浓度的办法,使沉淀溶解或使溶液中的某种离子生成沉淀,从而达到分离的目的。

5.6.2　沉淀溶解平衡的移动

5.6.2.1　沉淀的生成

根据溶度积规则,当 $Q>K_{sp}^\ominus$ 时,沉淀生成。因此,可以根据溶液中有关离子的浓度来判断是否有沉淀生成。

例 5-10　将等体积 0.020 mol · dm^{-3} $CaCl_2$ 溶液和 0.020 mol · dm^{-3} $Na_2C_2O_4$ 溶液混合,有无 CaC_2O_4 沉淀析出?

解:两溶液等体积混合,体积增加一倍,浓度各减小一半。

$c(Ca^{2+}) = 0.010\ mol \cdot dm^{-3}$, $c(C_2O_4^{2-}) = 0.010\ mol \cdot dm^{-3}$

$Q = c(Ca^{2+}) \times c(C_2O_4^{2-})/(c^\ominus)^2 = 0.010 \times 0.010 = 1.0 \times 10^{-4} > K_{sp}^\ominus(CaC_2O_4) = 2.32 \times 10^{-9}$

因此,上述混合溶液中将有 CaC_2O_4 沉淀生成。

---

① 事实上,溶度积规则是式(3-30)的反应商判据的特例,但是在历史上溶度积规则提出较早。

例 5-11　分别计算 Ag_2CrO_4 在 0.10 mol · dm^{-3} $AgNO_3$ 溶液和 0.10 mol · dm^{-3} Na_2CrO_4 中的溶解度。

解：(1)设 Ag_2CrO_4 在 0.10 mol · dm^{-3} $AgNO_3$ 溶液的溶解度为 x mol · dm^{-3}

$$Ag_2CrO_4(s) \rightleftharpoons 2Ag^+ + CrO_4^{2-}$$

平衡时的浓度/mol · dm^{-3}　　$2x+0.10\approx0.10$　　x

$$x = c(CrO_4^{2-}) = K_{sp}^{\ominus}(Ag_2CrO_4)(c^{\ominus})^3/c(Ag^+)^2$$
$$= 1.12\times10^{-12}/0.10^2 = 1.12\times10^{-10}(mol\cdot dm^{-3})$$

即 Ag_2CrO_4 的溶解度在 0.10 mol · dm^{-3} 的 $AgNO_3$ 溶液中为 1.12×10^{-10} mol · dm^{-3}，比在纯水中 6.54×10^{-5} mol · dm^{-3} 降低了约 10^5。

(2)设 Ag_2CrO_4 在 0.10 mol · dm^{-3} 的 Na_2CrO_4 溶液中的溶解度为 x mol · dm^{-3}

$$Ag_2CrO_4(s) \rightleftharpoons 2Ag^+ + CrO_4^{2-}$$

平衡时的浓度/mol · dm^{-3}　　$2x$　　$x+0.10\approx0.10$

$$K_{sp}^{\ominus}(AgCrO_4) = c(CrO_4^{2-})\times c(Ag^+)^2/(c^{\ominus})^3 = (2x)^2\times0.10 = 0.40x^2$$

将 $K_{sp}^{\ominus}(Ag_2CrO_4)$ 代入，解得 $x = 1.7\times10^{-6}$ mol · dm^{-3}

计算表明，Ag_2CrO_4 在 0.10 mol · dm^{-3} Na_2CrO_4 比在纯水中降低了近 40 倍。

计算结果表明，在 Ag_2CrO_4 的沉淀平衡系统中，若加入含有共同离子 Ag^+ 或 CrO_4^{2-} 的试剂后，都会有更多的 Ag_2CrO_4 沉淀生成，致使 Ag_2CrO_4 溶解度降低。这种因加入含有共同离子的强电解质，从而使难溶电解质的溶解度降低的效应称为同离子效应。在进行沉淀反应时，可利用同离子效应，加入适当过量的沉淀剂以确保沉淀完全(一般认为，当被沉淀的离子浓度 $\leqslant10^{-5}$ mol · dm^{-3} 时，可以认为沉淀完全)。因此，在例 5-11 中，由于 $AgNO_3$ 或 Na_2CrO_4 的加入，使得 Ag^+ 沉淀完全。

需要注意的是，沉淀剂加入的量并不是越多越好，有时因为加入过多的沉淀剂后，反而会使沉淀的溶解度增大。例如，在 AgCl 饱和溶液中，当加入过量的 Cl^- 时，AgCl 沉淀会因形成配位化合物而溶解。

$$AgCl(s) + Cl^- = AgCl_2^-$$

另外，若加入的沉淀剂过多还会发生盐效应，使溶液中离子的相互作用增强，沉淀的溶解度增大。例如，在 AgCl 溶液中，若加入 0.01 mol · dm^{-3} 的 KNO_3，AgCl 的溶解度由纯水中的 1.3×10^{-5} mol · dm^{-3} 增大到 1.43×10^{-5} mol · dm^{-3}。因此，在利用同离子效应降低溶解度的同时，沉淀剂的用量要适当，一般以过量 20%～50% 为宜。

对于某些沉淀反应(如生成难溶弱酸盐和难溶氢氧化物等沉淀反应)还必须通过控制溶液的酸度，才能确保沉淀完全。下面我们举一道例题来说明这一问题。

例 5-12　若要除去 1.0 mol · dm^{-3} $ZnSO_4$ 溶液中少量的 Fe^{3+}，溶液的 pH 值应控制在什么范围?

解：要除去 Fe^{3+}，可使之形成 $Fe(OH)_3$ 沉淀，若要完全除去，则溶液中 $c(Fe^{3+})<10^{-5}$ mol · dm^{-3}。

根据溶度积规则，$Q=\left(\dfrac{c(Fe^{3+})}{c^{\ominus}}\right)\times\left(\dfrac{c(OH^-)}{c^{\ominus}}\right)^3 \geqslant K_{sp}^{\ominus}[Fe(OH)_3]$ 时，才能产生 $Fe(OH)_3$ 沉淀。所以：

$$c(OH^-) > \sqrt[3]{\frac{K_{sp}^{\ominus}\times(c^{\ominus})^4}{c(Fe^{3+})}} = \sqrt[3]{\frac{2.6\times10^{-39}}{10^{-5}}} = 6.4\times10^{-12}(mol\cdot dm^{-3})$$

若使 Zn^{2+} 不沉淀，根据溶度积规则，则有：

$$Q=\left(\frac{c(Zn^{2+})}{c^{\ominus}}\right)\times\left(\frac{c(OH^-)}{c^{\ominus}}\right)^2<K_{sp}^{\ominus}[Zn(OH)_2]$$

$$c(OH^-)<\sqrt{\frac{K_{sp}^{\ominus}(c^{\ominus})^3}{c(Zn)^{2+}}}=\sqrt{\frac{3.0\times10^{-17}}{1.0}}=5.5\times10^{-9}(mol\cdot dm^{-3})$$

因此,溶液的 OH^- 应控制在 $6.4\times10^{-12}\sim5.5\times10^{-9}$ mol · dm^{-3},即 pH 值控制在2.8~5.7。若 pH 值过低,Fe^{3+} 沉淀不完全;若 pH 值过高,Zn^{2+} 也会开始沉淀而损失产品。

5.6.2.2　沉淀的溶解

根据溶度积规则,若使处于沉淀溶解平衡状态的难溶电解质向着溶解方向转化,则须降低体系中有关离子浓度,使 $Q<K_{sp}^{\ominus}$。减少离子浓度的方法通常有以下几种:

(1)生成弱电解质物质(如水、弱酸、弱碱等)　在难溶的碳酸盐、氢氧化物以及部分硫化物中,由于 CO_3^{2-}、OH^- 和 S^{2-} 可以与 H^+ 结合成可溶性的 HCO_3^-、H_2CO_3、H_2O、H_2S 等难解离的物质,降低了溶液中相关沉淀离子的浓度,导致 $Q<K_{sp}^{\ominus}$,从而使其沉淀溶解平衡向着溶解的方向进行。

例如,$CaCO_3$ 可溶于 HCl:

$$CaCO_3(s)\rightleftharpoons Ca^{2+}+CO_3^{2-}\qquad K_{sp}^{\ominus}=c(Ca^{2+})\times c(CO_3^{2-})/(c^{\ominus})^2\qquad ①$$

$$H^++CO_3^{2-}\rightleftharpoons HCO_3^-\qquad K_1^{\ominus}=\frac{1}{K_a^{\ominus}(HCO_3^-)}\qquad ②$$

$$H^++HCO_3^-\rightleftharpoons H_2CO_3\qquad K_2^{\ominus}=\frac{1}{K_a^{\ominus}(H_2CO_3)}\qquad ③$$

①+②+③得到:

$$CaCO_3(s)+2H^+\rightleftharpoons Ca^{2+}+H_2CO_3$$

$$K^{\ominus}=K_{sp}^{\ominus}\times K_1^{\ominus}\times K_2^{\ominus}=\frac{K_{sp}^{\ominus}}{K_a^{\ominus}(HCO_3^-)\cdot K_a^{\ominus}(H_2CO_3)}=\frac{2.8\times10^{-9}}{4.5\times10^{-7}\times4.7\times10^{-11}}=1.3\times10^8$$

由于 $K^{\ominus}$ 很大,因此 $CaCO_3$ 在酸性溶液中向溶解的方向移动,溶解性特别好。可以推知,难溶弱酸盐的 $K_{sp}^{\ominus}$ 越大,对应弱酸的 $K_a^{\ominus}$ 越小,难溶弱酸盐就越易被酸溶解。

对于 $K_{sp}^{\ominus}$ 较大的氢氧化物,如 $Mg(OH)_2$、$Mn(OH)_2$ 等还可以用铵盐溶解。例如:

$$Mg(OH)_2(s)+2NH_4Cl=MgCl_2+2NH_3\cdot H_2O$$

对于 $K_{sp}^{\ominus}$ 较大的金属硫化物,如 ZnS、FeS、PbS 等,也可以采用盐酸溶解的方法,通过有效地降低 S^{2-} 的浓度而使之溶解。

例5-13　若使0.010 mol SnS 溶于1.0 dm^3 盐酸中,问所需盐酸的最低浓度为多少? 已知 SnS 的 $K_{sp}^{\ominus}=1.0\times10^{-25}$。

解:根据题意,当 SnS 全部溶解时,溶液中 $c(Sn^{2+})=0.01$ mol · dm^{-3}。对于下列反应:

	SnS +	$2H^+$	$\rightleftharpoons$ H_2S +	Sn^{2+}
开始前浓度/mol · dm^{-3}		$c_0(H^+)$	0	0
平衡时浓度/mol · dm^{-3}		$c(H^+)=c_0(H^+)-0.020$	0.010	0.010

$$K^{\ominus}=\frac{c(H_2S)\times c(Sn^{2+})}{c(H^+)^2\times c^{\ominus}}=\frac{K_{sp}^{\ominus}(SnS)}{K_{a_1}^{\ominus}\times K_{a_2}^{\ominus}}=\frac{1.0\times10^{-25}}{1.3\times10^{-7}\times7.1\times10^{-15}}=1.1\times10^{-4}$$

故有：　$\dfrac{0.010 \times 0.010}{[c_0(H^+)-0.020]^2}=1.1 \times 10^{-4}$

解得：　$c_0(H^+)=0.98\ mol \cdot dm^{-3}$

当溶液中 $c(H^+)$ 为 0.98 $mol \cdot dm^{-3}$ 时，通过计算可知，H_2S 解离出的 HS^- 和 S^{2-} 的含量只是 H_2S 的 $\dfrac{1}{10^7}$ 和 $\dfrac{1}{10^{23}}$。所以，将 SnS 溶解产生的 S^{2-} 全部转变成 H_2S 的近似处理是合理的。

(2)生成配合物使沉淀溶解　例如，AgCl 难溶于稀硝酸，却易溶解于氨水，是因为溶液中发生了如下反应：

$$AgCl(s) \rightleftharpoons Ag^+ + Cl^-$$

$$Ag^+ + 2NH_3 \rightleftharpoons [Ag(NH_3)_2]^+$$

总反应为：　$AgCl(s) + 2NH_3 \rightleftharpoons [Ag(NH_3)_2]^+ + Cl^-$

由于生成了稳定的配合离子 $[Ag(NH_3)_2]^+$，降低了溶液中 Ag^+ 的浓度，使 $Q < K_{sp}^{\ominus}(AgCl)$，从而使沉淀溶解。配合物的有关概念将在第 10 章中详细介绍。

(3)利用氧化还原反应使沉淀溶解　从表 5-7 的数据可以看出，金属硫化物的 $K_{sp}^{\ominus}$ 相差很大，如 ZnS、FeS、PbS 等 $K_{sp}^{\ominus}$ 较大的金属硫化物能够溶于强酸。但对于 $K_{sp}^{\ominus}$ 特别小的金属硫化物，如 CuS、Ag_2S 等，非氧化性的酸则不能使之溶解，只能通过加入氧化剂，使某一离子发生氧化还原反应而降低其浓度，达到溶解的目的。例如，CuS 的溶解：

$$CuS(s) \rightleftharpoons Cu^{2+} + S^{2-}$$

$$S^{2-} \xrightarrow{+HNO_3} S\downarrow + NO\uparrow + H_2O$$

5.6.2.3　分步沉淀

如果溶液中含有多种可与某种试剂反应而产生沉淀的离子时，一般认为，首先析出的是反应商 Q 先达到溶度积的化合物。这种在混合溶液中多种离子按先后顺序沉淀的现象叫做**分步沉淀**(fractional precipitate)。分步沉淀可用于离子分离，在化学实验或化工生产中经常使用。但是如何控制反应条件，才能使需要分离的离子通过先后沉淀而达到分离的目的呢？这需要根据溶度积规则进行计算后才能确定。

例 5-14　在含有 0.010 0 $mol \cdot dm^{-3}$ 的 I^- 和 0.010 0 $mol \cdot dm^{-3}$ 的 Cl^- 溶液中，逐渐加入 $AgNO_3$ 试剂，问：(1)哪种离子先沉淀？(2)另一种离子开始沉淀时，第一种离子还剩多少？

解：(1)根据溶度积规则(假设加入 $AgNO_3$ 溶液所引起的体积变化忽略不计)，

AgI 开始沉淀时，所需的 Ag^+ 的最低浓度为：

$$c(Ag^+)=\frac{K_{sp}^{\ominus}(AgI) \times (c^{\ominus})^2}{c(I^-)}=\frac{8.52 \times 10^{-17}}{0.010\,0}=8.52 \times 10^{-15}(mol \cdot dm^{-3})$$

AgCl 开始沉淀时，所需的 Ag^+ 的最低浓度为：

$$c(Ag^+)=\frac{K_{sp}^{\ominus}(AgCl) \times (c^{\ominus})^2}{c(Cl^-)}=\frac{1.77 \times 10^{-10}}{0.010\,0}=1.77 \times 10^{-8}(mol \cdot dm^{-3})$$

由于沉淀 I^- 所需要的 Ag^+ 浓度较小，所以溶液中先出现淡黄色的 AgI 沉淀。

(2)当 AgCl 沉淀刚刚析出时，溶液中 $c(Ag^+)=1.77 \times 10^{-8}\ mol \cdot dm^{-3}$，此时有：

$$c(I^-)=\frac{K_{sp}^{\Theta}(AgI)\times(c^{\Theta})^2}{c(Ag^+)}=\frac{8.52\times10^{-17}}{1.77\times10^{-8}}=4.80\times10^{-9}(mol\cdot dm^{-3})$$

由于此时溶液中的 $c(I^-)\ll10^{-5}\ mol\cdot dm^{-3}$，所以可以认为 I^- 已沉淀得相当完全。若控制 Ag^+ 浓度为 $8.52\times10^{-15}\sim1.77\times10^{-8}\ mol\cdot dm^{-3}$，可使 I^- 沉淀完全，而 Cl^- 尚未沉淀，将 I^- 与 Cl^- 进行分离。

对于同一类型的难溶电解质，两种难溶电解质的溶度积相差越大，利用分步沉淀分离的效果越好。值得注意的是，分步沉淀的先后次序，不仅与溶度积大小有关，还与溶液中被沉淀的各离子浓度大小有关。如向 Cl^- 与 I^- 组成的溶液中滴加 $AgNO_3$ 试剂，当两种离子同时发生沉淀时，Cl^- 与 I^- 的浓度比为：

$$\frac{c(Cl^-)}{c(I^-)}=\frac{K_{sp}^{\Theta}(AgCl)}{K_{sp}^{\Theta}(AgI)}=\frac{1.77\times10^{-10}}{8.52\times10^{-17}}=2.08\times10^{6}$$

因此，从理论上说，当溶液中 $c(Cl^-)/c(I^-)>2.08\times10^6$ 时（比如海水中 Cl^- 与 I^- 的相对浓度），向溶液中加入 $AgNO_3$ 时，则先生成 AgCl 沉淀，而不是 AgI 沉淀。

对于某些沉淀反应（如生成难溶弱酸盐和难溶氢氧化物等的沉淀反应），常利用控制溶液酸度的方法进行分步沉淀。下面以 Fe^{3+} 和 Mg^{2+} 的分离为例说明如何控制分离条件。

例 5-15　某混合溶液中含有 $0.0100\ mol\cdot dm^{-3}\ Fe^{3+}$ 和 $0.0100\ mol\cdot dm^{-3}\ Mg^{2+}$，若通过加入 NaOH 溶液（忽略体积变化）来分离这两种离子，请计算溶液的 pH 值应控制在何范围内？

解：　根据溶度积规则，$0.01\ mol\cdot dm^{-3}\ Fe^{3+}$ 和 $0.01\ mol\cdot dm^{-3}\ Mg^{2+}$ 混合液中开始析出 $Fe(OH)_3$、$Mg(OH)_2$ 所需的 $c(OH^-)$ 最低浓度分别为：

$$c_1(OH^-)=\sqrt[3]{\frac{K_{sp}^{\Theta}[Fe(OH)_3]\times(c^{\Theta})^4}{c(Fe^{3+})}}=\sqrt[3]{\frac{2.64\times10^{-39}}{0.0100}}=6.42\times10^{-13}(mol\cdot dm^{-3})$$

$$c_2(OH^-)=\sqrt{\frac{K_{sp}^{\Theta}[Mg(OH)_2]\times(c^{\Theta})^3}{c(Mg^{2+})}}=\sqrt{\frac{5.61\times10^{-12}}{0.0100}}=2.37\times10^{-5}(mol\cdot dm^{-3})$$

因为 $c_1(OH^-)\ll c_2(OH^-)$，所以 $Fe(OH)_3$ 先沉淀。

当 Fe^{3+} 沉淀完全时，$c(Fe^{3+})=10^{-5}\ mol\cdot dm^{-3}$，此时 $c(OH^-)$ 可由下式求得：

$$c(OH^-)>\sqrt[3]{\frac{K_{sp}^{\Theta}[Fe(OH)_3]\times(c^{\Theta})^4}{c(Fe^{3+})}}=\sqrt[3]{\frac{2.64\times10^{-39}}{10^{-5}}}$$

$$=6.42\times10^{-12}(mol\cdot dm^{-3})$$

pOH=11.2，pH=2.8。

所以当 pH=2.8 时，Fe^{3+} 早已沉淀完全。

当 $Mg(OH)_2$ 开始沉淀时，$c(OH^-)=2.37\times10^{-5}\ mol\cdot dm^{-3}$，pOH=4.6，pH=9.4

因此只要将 pH 值控制为 2.8～9.4，就可以将 Fe^{3+} 与 Mg^{2+} 分离开来。

按照同样的方法，可以计算出其他难溶金属氢氧化物沉淀时溶液的 pH 值，见表 5-9。

表 5-9　金属氢氧化物沉淀时的 pH 值

金属氢氧化物		开始沉淀时的 pH 值		沉淀完全时的 pH 值
化学式	$K_{sp}^{\ominus}$	金属离子浓度 $1\ mol \cdot dm^{-3}$	金属离子浓度 $0.1\ mol \cdot dm^{-3}$	金属离子浓度 $\leqslant 10^{-5}\ mol \cdot dm^{-3}$
$Mg(OH)_2$	5.61×10^{-12}	8.37	8.87	10.87
$Cd(OH)_2$	7.2×10^{-15}	6.90	7.40	9.40
$Co(OH)_2$	5.92×10^{-15}	6.89	7.38	9.38
$Fe(OH)_2$	4.87×10^{-17}	5.80	6.34	8.34
$Zn(OH)_2$	3.0×10^{-17}	5.70	6.20	8.24
$Fe(OH)_3$	2.64×10^{-39}	1.14	1.47	2.81

同理,各种不同溶度积的难溶性弱酸盐(如硫化物)开始沉淀和沉淀完全时的 pH 值也是不同的。因此,根据这些难溶金属氢氧化物或硫化物溶度积的不同,通过调节溶液的 pH 值,使某些金属离子首先沉淀,另一些金属离子仍留于溶液内,从而达到分离、提纯的目的。

需要注意的是,实际工作中溶液的情况一般比较复杂,比如碱式盐的生成、氢氧化物的聚合、混晶、吸附、新生态胶状沉淀的 $K_{sp}^{\ominus}$ 不能以完美晶体度量等因素,都会使实际沉淀的 pH 值与理论值有所差别。一般理论数据仅具指导意义,应用中还需要根据实验来确定各种金属离子最适合的分离条件。

5.6.2.4　沉淀的转化

在实际应用中,借助于某一试剂的作用,将沉淀从一种形式转化为另外一种形式,以达到除去该种沉淀的目的,称为**沉淀的转化**(inversion of precipitate)。例如,锅炉中的锅垢含有大量的 $CaSO_4$,它是一种致密、附着力很强又难溶于酸的沉淀。这种锅垢不仅阻碍传热、浪费燃料,而且还会引起爆裂,造成事故。实际工作中,常用 Na_2CO_3 溶液处理该沉淀,使其转化为疏松的、可溶于酸的 $CaCO_3$ 沉淀,再用“酸洗”除去。

$$CaSO_4(s) \rightleftharpoons Ca^{2+} + SO_4^{2-}$$
$$+$$
$$Na_2CO_3 \ = \ CO_3^{2-} + 2Na^+$$
$$\Downarrow$$
$$CaCO_3$$

由上述反应式可见,在 $CaSO_4$ 沉淀中加入 CO_3^{2-} 时,溶液中的 Ca^{2+} 可与 CO_3^{2-} 作用转化为 $CaCO_3$ 沉淀,降低溶液中 Ca^{2+} 离子浓度,从而使 $CaSO_4$ 沉淀向着 $CaCO_3$ 沉淀的方向转化,$CaSO_4$ 逐渐溶解。只要加入足量的 Na_2CO_3,$CaCO_3$ 就会不断地析出,直到 $CaSO_4$ 完全转化为 $CaCO_3$ 为止。

上述反应的离子方程式为:

$$CaSO_4(s) + CO_3^{2-} \rightleftharpoons CaCO_3(s) + SO_4^{2-}$$

反应的平衡常数 $K^{\ominus}$ 满足：

$$K^{\ominus}=\frac{K_{sp}^{\ominus}(CaSO_4)}{K_{sp}^{\ominus}(CaCO_3)}=\frac{4.93\times10^{-5}}{3.36\times10^{-9}}=1.47\times10^{4}$$

由计算可知，该反应的平衡常数较大，说明沉淀转化得非常完全。一般地，由一种难溶物质转化为更难溶的物质的过程容易进行，其转化反应的平衡常数较大，沉淀的转化比较完全，反应条件也容易控制。反之，将一个溶解度较小的物质转化为溶解度较大的物质则较为困难。例如，在 $BaCO_3$ 与 K_2CrO_4 的沉淀转化中，白色的 $BaCO_3$ 沉淀[$K_{sp}^{\ominus}(BaCO_3)=2.58\times10^{-9}$]可以转化成淡黄色的 $BaCrO_4$ 沉淀[$K_{sp}^{\ominus}(BaCrO_4)=1.17\times10^{-10}$]，反应的方程式为：

$$BaCO_3 \rightleftharpoons Ba^{2+} + CO_3^{2-}$$

$$+$$

$$K_2CrO_4 = CrO_4^{2-} + 2K^{+}$$

$$\Downarrow$$

$$BaCrO_4$$

总反应式为：$BaCO_3(s) + CrO_4^{2-} \rightleftharpoons BaCrO_4(s) + CO_3^{2-}$

$$K^{\ominus}=\frac{K_{sp}^{\ominus}(BaCO_3)}{K_{sp}^{\ominus}(BaCrO_4)}=\frac{2.58\times10^{-9}}{1.17\times10^{-10}}=22$$

由于沉淀转化反应的平衡常数不大，当 $c(CrO_4^{2-})>\frac{1}{22}c(CO_3^{2-})$ 时，$BaCO_3$ 沉淀可以转化为 $BaCrO_4$ 沉淀；反之，当 $c(CO_3^{2-})>22c(CrO_4^{2-})$ 时，$BaCrO_4$ 沉淀可转化为 $BaCO_3$ 沉淀。

例 5-16　在 500 cm^3、0.005 00 mol 的 $BaSO_4$ 饱和溶液中，加入多少克固体 Na_2CO_3，才可以使 $BaSO_4$ 完全转化为 $BaCO_3$？

解　查表 5-7 得，$K_{sp}^{\ominus}(BaCO_3)=2.58\times10^{-9}$，$K_{sp}^{\ominus}(BaSO_4)=1.08\times10^{-10}$

设需要 Na_2CO_3 x mol

	$BaSO_4(s)$	+	CO_3^{2-}	$\rightleftharpoons$	$BaCO_3(s)$	+	SO_4^{2-}
起始时的浓度/mol·dm^{-3}			$x/0.500$				0
平衡时的浓度/mol·dm^{-3}			$(x-0.005\,00)/0.500$				$0.005\,00/0.500$

$$K^{\ominus}=\frac{c(SO_4^{2-})}{c(CO_3^{2-})}=\frac{K_{sp}^{\ominus}(BaSO_4)}{K_{sp}^{\ominus}(BaCO_3)}=\frac{1.08\times10^{-10}}{2.58\times10^{-9}}=0.041\,9$$

因此有 $\frac{0.005\,00/0.500}{(x-0.005\,00)/0.500}=0.041\,9$

解得 $x=0.622$(mol)

故要使 $BaSO_4$ 完全转化为 $BaCO_3$，应在该溶液中加入固体 Na_2CO_3 的质量为：

$m=0.622\ \text{mol}\times106\ \text{g}\cdot\text{mol}^{-1}=65.9\ \text{g}$

5.6.3　沉淀溶解平衡的应用

沉淀溶解平衡及其移动的基本应用都是围绕着沉淀的生成与溶解，在化工、冶金、分析、医学等领域的应用非常广泛。下面我们举几个实例。

5.6.3.1　湿法冶金中铝镁冶炼过程中的原料净化

铝的主要矿石是铝矾土,其主要成分为水合氧化铝 $Al_2O_3 \cdot nH_2O$(如一水硬铝石、一水软铝石等),并含有 Fe_2O_3等杂质。在电解还原铝为金属之前须除去杂质,一般采用热的浓 NaOH 溶液与铝矾土反应。两性氧化物 Al_2O_3与 NaOH 反应生成可溶性的 $Al(OH)_4^-$,反应式为:

$$Al_2O_3 + 2OH^- + 3H_2O \longrightarrow 2Al(OH)_4^-$$

而碱性氧化物 Fe_2O_3不与 NaOH 反应,可过滤后分离。然后,在滤液中通入 CO_2,使水合氧化铝沉淀出来,过滤脱水后得到纯净的 Al_2O_3,反应式为:

$$2Al(OH)_4^- + CO_2(g) \longrightarrow Al_2O_3(s) + CO_3^{2-} + 4H_2O$$

过滤分离得到纯净的 Al_2O_3。

金属镁是重要的轻合金元素之一,其来源之一是海水。在电解氯化镁生产金属镁的过程中,首先将海水中的 Mg^{2+}分离和富集起来。通常采用的方法是石灰法,即加入石灰与 Mg^{2+}反应生成难溶于水的 $Mg(OH)_2$,反应式为:

$$Mg^{2+} + Ca(OH)_2(s) \longrightarrow Mg(OH)_2(s) + Ca^{2+}$$

然后再将 $Mg(OH)_2$转化为能用于电解的 $MgCl_2$。

5.6.3.2　沉淀滴定法和重量分析法

沉淀滴定法和重量分析法是以沉淀溶解平衡为基础的分析方法。沉淀的完全程度、沉淀的纯净度以及选择合适的方法确定滴定终点等,是沉淀滴定法和重量分析法准确定量测定的关键。

(1)铬酸钾指示剂法　用 K_2CrO_4作指示剂,在中性或弱碱性溶液中,用 $AgNO_3$标准溶液滴定 Cl^-。根据分步沉淀的原理,首先是生成 AgCl 沉淀,随着 $AgNO_3$不断加入,溶液中 Cl^-浓度越来越少,直至砖红色 Ag_2CrO_4沉淀的出现指示滴定终点。

(2)重量分析法　用适当方法先将试样中的待测组分与其他组分分离,然后用称量的方法测定该组分的含量。这种分析方法具有准确、可靠的特点,其相对误差一般为 0.1%~0.2%。目前硅、硫、磷、镍以及几种稀有元素的精确测定仍采用重量法,而且重量法测定一些组分,往往是重要的仲裁方法。

重量法中以沉淀法应用较多。沉淀法的一般过程是试样溶解→沉淀→陈化→过滤和洗涤→烘干(灰化、灼烧)至恒重→结果计算。比如,在测定 Ba^{2+}时一般先将试样溶解,然后用 SO_4^{2-} 沉淀 Ba^{2+}成为 $BaSO_4$,再灼烧,称量。一般选择的沉淀剂是稀 H_2SO_4,洗涤液也是稀 H_2SO_4。硫酸钡重量法还可以测定样品中的 SO_4^{2-},比如磷肥、萃取磷酸、水泥中的硫酸根和许多其他可溶硫酸盐都可用此法测定。

5.6.3.3　化学沉淀法制备纳米氧化锌

纳米氧化锌是一种新型高附加值的精细无机化工产品,粒径小于 100 nm,又称为超微细氧化锌。其典型制备方法为沉淀法,又分为直接沉淀法和均匀沉淀法。

(1)直接沉淀法　该方法是采用锌盐为锌源,氨水、氢氧化钠或碳酸钠为沉淀剂,制得含锌的沉淀物,然后将沉淀物煅烧即得氧化锌粉。由于所用的沉淀剂不同,生成的含锌的沉淀物的物相也不同。以氨水和氢氧化物为沉淀剂,生成的是氢氧化锌;而以碳酸钠为沉淀剂，生成的沉淀一般为 $Zn_4(OH)_6CO_3 \cdot 2H_2O$ 和 $Zn_5(OH)_6(CO_3)_2$。直接沉淀法生成的粒状纳米氧化锌粉，粒径一般小于 20 nm。

(2)均匀沉淀法　该方法使用尿素或六次甲基四胺为沉淀剂，但它们并不直接与锌盐反应，而是在溶液中缓慢水解，生成氨水，后者再与锌盐生成沉淀析出，最后将沉淀物煅烧即得纳米氧化锌粉。这种方法得到的沉淀物颗粒均匀且致密，避免了杂质的共沉淀，反应条件温和易于控制，最终得到的纳米粉粒径分布均匀，是一种具备工业化发展前景的制备方法。

5.6.3.4　钡餐

由于 X 射线不能透过钡原子，因此临床上可用钡盐作 X 光造影剂，诊断肠胃道疾病。然而 Ba^{2+} 对人体有毒害，所以可溶性钡盐如 $BaCl_2$、$Ba(NO_3)_2$ 等不能用作造影剂。$BaCO_3$ 虽然难溶于水，但可溶解在胃酸中。

$$BaCO_3(s) + H^+ = Ba^{2+} + HCO_3^-$$

在钡盐中能够作为诊断肠胃道疾病的 X 光造影剂就只有 $BaSO_4$。$BaSO_4$ 既难溶于水，也难溶于酸。$BaSO_4$ 的溶度积为 1.08×10^{-10}，在水中的溶解度仅为 $1.04 \times 10^{-5}\ mol \cdot dm^{-3}$，即使在胃酸的作用下，溶解度也不会增加，是一种较理想的 X 光造影剂。临床上使用的钡餐是由 $BaSO_4$ 加适当的分散剂及矫味剂制成干的混悬剂①。使用时，临时加水调制成适当浓度的混悬剂口服或灌肠。

阅读材料

固体电解质简介

固体电解质是一种特殊类型的离子晶体，是指在固态状态下具有与熔盐或强电解质水溶液同样数量级的离子电导率的物质，其离子电导率可达 $\sigma \geqslant 10^{-2}\ S \cdot cm^{-1}$ 数量级。固体电解质的导电机制与一般的离子晶体不同。通常认为固体电解质中并非只有一种晶格结构，而是由两种晶格构成的，即非迁移离子的刚性晶格和可迁移离子的准熔融态次晶格组成的。这种处于固态与液态之间的固体，表现出一种与两者都不同的状态。次晶格的离子在晶体内能像在液体内一样，几乎毫无阻碍地自由运动。因此，从整个晶体来看，它就显示出除熔融盐或液态强电解质以外少见的高离子导电性。

固体电解质按传导电流的离子的种类可分为三类。

(1)正离子固体电解质　正离子固体电解质中，正离子作为载流子占绝对优势，一般半径较小，质量较轻，电荷较少，通常为 1。如 Li^+、Na^+、K^+、Cu^+、Ag^+ 等，其导体在室温下就表现出较高离子电导率。

(2)负离子固体电解质　负离子固体电解质中，负离子作为载流子占绝对优势。半径较大的负离子，如 F^-、Cl^-、O^{2-}，其导体只有在高温下才有明显的离子电导率。目前研究最多、最系统和应用最广的是以 ZrO_2 为代表的氧离子固体电解质，如 $ZrO_2 \cdot CaO$、$CeO_2 \cdot La_2O_3$ 和

① 见中华人民共和国药典(2005 年版二部)。

一些三元体系氧离子固体电解质。

(3)混合型固体电解质　混合型固体电解质中,负离子和正离子都具有不可忽视的导电性,例如,NaCl就属于这种类型的固体电解质。

固体电解质还有其他的分类方法。例如,按照工作温度可分为低温固体电解质、中温固体电解质和高温固体电解质。有些固体电解质具有接近、甚至超过熔盐的高的离子电导率和低的电导激活能,常称为快离子导体(fast ion conductor,FIC)。快离子导体形成的原因是晶体中的非导电离子形成刚性骨架,晶格内部存在多于导电离子数的可占据位置,这些位置互相连通,形成一维隧道型、二维平面型或三维传导型的离子扩散通道,导电离子在通道中可以自由移动。因此,一些快离子交换和快离子通透性的材料,如沸石和高聚物离子、交换膜等,也在固体电解质范围内讨论。在固体电解质材料中,主要有晶态物质和非晶态物质(玻璃离子导体)。后者由于比前者具有成分连续可变、各向同性、无晶界影响、易于加工成薄膜以及极低的电子电导率等特点,近年来引起人们的广泛兴趣。

目前,固体电解质广泛应用于新型固体电池、高温氧化物燃料电池、高能量密度电池、电化学器件、电化学传感器、离子选择电极及彩色显示磁流体发电等,也用在记忆装置、显示装置、化学传感器中,以及在电池中用作电极、电解质等。例如,用固体电解质碘制成的锂-碘电池已用于人工心脏起搏器,以二氧化锆为基质的固体电解质已用于制高温测氧计等。由于小型简便,反应迅速,所以固体电解质在火力发电厂、钢铁厂、水泥厂、造纸厂等工厂中,用于测定烟道气中氧,以控制燃烧;在内燃机中,用于测定废气中的氧,以节油和减少环境污染。用来测定氮、硫、氢的固体电解质电池也正在研究之中。此外,固体电解质电池还广泛用于高温物理化学研究,如用来测定化合物的生成自由焓、溶解自由焓、金属熔体中氧活度及活度影响参数等。

随着科学研究的深入和新材料的不断涌现,固体电解质的研究受到越来越广泛注意,成为迅速发展的一门材料科学分支,并且获得越来越广泛的应用。例如,在微电子学方面,有人设想将微型固体电池引入集成电路,从而制成带电源的元件,这在电子技术上无疑具有深远的意义。

本章要点

强电解质溶液理论:强电解质在溶液中是完全电离的,但是由于离子间的相互作用,每一个离子都受到相反电荷离子的束缚,这种离子间的相互作用使溶液中的离子并不完全自由。若溶液中的离子强度越大,离子间相互作用则越显著,活度系数越小。稀溶液接近理想溶液,活度近似等于浓度。

酸碱质子理论:凡是能给出质子的物质都是酸,凡是能与质子结合的物质都是碱。即酸是质子的给予体,碱是质子的接受体。两者组成一个共轭酸碱对,它们只差一个质子。

弱电解质的解离平衡:

一元弱酸(HA)　$K_a^\ominus = \dfrac{[c(H^+)/c^\ominus]\times[c(A^-)/c^\ominus]}{[c(HA)/c^\ominus]}$

一元弱碱(BOH)　$K_b^\ominus = \dfrac{[c(B^+)/c^\ominus]\times[c(OH^-)/c^\ominus]}{[c(BOH)/c^\ominus]}$

多元弱酸、弱碱　$K_a^\ominus = K_{a_1}^\ominus \times K_{a_2}^\ominus \cdots$;　$K_b^\ominus = K_{b_1}^\ominus \times K_{b_2}^\ominus \cdots$

共轭酸碱对　$K_a^\ominus \times K_b^\ominus = K_w^\ominus$

解离度 α：一元弱酸及一元弱碱稀溶液 $\alpha \approx \sqrt{\frac{K_i^\ominus \times c^\ominus}{c}}$；多元弱酸或弱碱的解离以第一步解离为主。

溶液 pH 值计算：一元弱酸的最简计算公式：$c(H^+) = \sqrt{K_a^\ominus c^\ominus c}$，一元弱碱的最简计算公式：$c(OH^-) = \sqrt{K_b^\ominus c^\ominus c}$，多元弱酸、弱碱可按照一元弱酸、弱碱进行近似计算。

同离子效应：在弱电解质溶液中，加入含有相同离子的易溶的强电解质，使弱电解质解离度降低的现象称为同离子效应。

缓冲溶液：能对抗外来少量强酸和强碱或稍加稀释不引起溶液 pH 值发生明显变化的溶液。缓冲溶液由足够浓度的共轭酸碱对组成。缓冲溶液 pH 值的计算公式：$pH = pK_a^\ominus - \lg \frac{c(酸)}{c(盐)}$。

盐类的水解：盐在水溶液中使水的解离平衡发生移动从而可能改变溶液酸度的作用。水解常数 $K_h^\ominus$ 与相应的弱酸弱碱的解离常数存在关系：一元强碱弱酸盐 $K_h^\ominus = \frac{K_w^\ominus}{K_a^\ominus}$，一元强酸弱碱盐 $K_h^\ominus = \frac{K_w^\ominus}{K_b^\ominus}$，一元弱酸弱碱盐 $K_h^\ominus = \frac{K_w^\ominus}{K_a^\ominus K_b^\ominus}$，二元弱酸盐 $K_{h_1}^\ominus = \frac{K_w^\ominus}{K_{a_2}^\ominus}$，$K_{h_2}^\ominus = \frac{K_w^\ominus}{K_{a_1}^\ominus}$。

影响水解平衡的因素：弱酸和弱碱解离平衡常数、温度、反应商以及溶液酸碱度。

溶度积：一定温度下，难溶强电解质的饱和溶液中，各组分离子浓度幂的乘积为一常数。

$$A_mB_n(s) \underset{沉淀}{\overset{溶解}{\rightleftharpoons}} mA^{n+}(aq) + nB^{m-}(aq),\ K_{sp}^\ominus = \left(\frac{c(A^{n+})}{c^\ominus}\right)^m \times \left(\frac{c(B^{m-})}{c^\ominus}\right)^n$$

溶度积与溶解度的换算关系：AB 型　$S = \sqrt{K_{sp}^\ominus}\,c^\ominus$；$A_2B$ 或 AB_2 型　$S = \sqrt[3]{K_{sp}^\ominus/4}\,c^\ominus$。

溶度积规则：

$$Q \begin{cases} < \\ = \\ > \end{cases} K_{sp}^\ominus \quad \begin{array}{l} \text{沉淀溶解或无沉淀析出，不饱和溶液；} \\ \text{平衡态，饱和溶液；} \\ \text{生成沉淀，过饱和溶液。} \end{array}$$

$Q > K_{sp}^\ominus$ 时，可使沉淀生成；利用生成弱电解质、氧化还原法、生成配离子等方法，可使沉淀溶解；相同类型的难溶电解质，溶度积大的易转化为溶度积较小的，可使沉淀发生转化。

习题

1. 写出下列分子或离子的共轭碱：H_2O、H_3O^+、H_2CO_3、HCO_3^-、NH_4^+、$NH_3^+CH_2COO^-$、H_2S、HS^-；写出下列分子或离子的共轭酸：H_2O、NH_3、HPO_4^{2-}、NH_2^-、$[Al(H_2O)_5OH]^{2+}$、CO_3^{2-}、$NH_3^+CH_2COO^-$。

2. 在溶液导电性试验中，若分别用 HAc 和 $NH_3 \cdot H_2O$ 作电解质溶液，灯泡亮度很差，而两溶液混合则灯泡亮度增强，其原因是什么？

3. 说明下列问题。

(1) H_3PO_4 溶液中存在着哪几种离子？请按各种离子浓度的大小排出顺序。其中 H^+ 浓度是否为 PO_4^{3-} 浓度的 3 倍？

(2) $NaHCO_3$ 和 NaH_2PO_4 均为两性物质，为什么前者的水溶液呈弱碱性而后者的水溶液呈弱酸性？

4. 下列化学组合中，哪些可用来配制缓冲溶液？

(1) $HCl+NH_3 \cdot H_2O$　(2) HCl+Tris（三羟甲基甲胺）　(3) HCl+NaOH

(4) $Na_2HPO_4+Na_3PO_4$　(5) H_3PO_4+NaOH　(6) NaCl+NaAc

5. 解释下列现象：

(1) CaC_2O_4 溶于盐酸而不溶于乙酸。

(2) 将 H_2S 通入 $ZnSO_4$ 溶液中，ZnS 沉淀不完全。但如在 $ZnSO_4$ 溶液中先加入 NaAc，再通入 H_2S，则

ZnS 沉淀相当完全。

(3) $BaSO_4$不溶于盐酸，而 $BaCO_3$可溶于盐酸。

6. 在含有固体 AgCl 的饱和溶液中，加入下列物质，对 AgCl 的溶解度有什么影响？并解释之。

(1) 盐酸　(2) $AgNO_3$　(3) KNO_3　(4) 氨水

7. 叠氮化钠(NaN_3)加入水中可起杀菌作用。计算 0.010 mol · dm^{-3} NaN_3溶液的各种物种的浓度。已知氢叠氮酸(HN_3)的 $K_a^{\ominus}=1.9\times10^{-5}$。

8. 某一元弱酸溶液的浓度为 1.0 mol · dm^{-3}，其 pH 值为 2.77。求此弱酸的解离平衡常数和解离度。

9. 奶油腐败后的分解产物之一为丁酸(C_3H_7COOH)，有恶臭。今有一含有 0.2 mol 丁酸的 0.40 dm^3 溶液，其 pH 值为 2.50，求丁酸的解离平衡常数。

10. 若使 0.1 dm^{3}浓度为 8 mol · dm^{-3}氨水的解离度增大 2 倍，需加水多少立方分米？

11. 计算下列溶液的 pH 值：

(1) 0.010 mol · dm^{-3} HCl 和 0.10 mol · dm^{-3} NaOH 等体积混合。

(2) 0.010 mol · dm^{-3} NH_4Cl 溶液。

(3) 1.0×10^{-4} mol · dm^{-3} NaCN 溶液。

(4) 0.1 mol · dm^{-3} $H_2C_2O_4$溶液。

(5) 0.10 mol · dm^{-3}的 H_3PO_4溶液。

12. 在 H_2S 饱和溶液中加入 HCl，使溶液的 pH=2.0，计算溶液中 $c(S^{2-})$。

13. 在 1.0 dm^{3}的 0.10 mol · dm^{-3}氨水溶液中，应加入多少克 NH_4Cl 固体才能使溶液的 pH 值等于 9.00（忽略固体的加入对溶液体积的影响）？

14. 向 100 cm^{3}某缓冲溶液中加入 200 mg NaOH 固体，所得缓冲溶液的 pH 值为 5.60。已知原缓冲溶液共轭酸 HB 的 $pK_a^{\ominus}=5.30$，$c(HB)=0.25$ mol · dm^{-3}，求原缓冲溶液的 pH 值。

15. 用 0.025 mol · dm^{-3}的 $H_2C_8H_4O_4$（邻苯二甲酸）溶液和 0.10 mol · dm^{-3}的 NaOH 溶液，配制 pH 值为 5.60 的缓冲溶液 100 cm^3，求所需 $H_2C_8H_4O_4$溶液和 NaOH 溶液的体积比。

16. 取 100 g $NaAc\cdot3H_2O$，加入 13 cm^3、6.0 mol · dm^{-3}HAc 溶液，然后用水稀释至1.00 dm^3，此溶液的 pH 值是多少？若向此溶液中通入 0.10 mol HCl 气体（忽略溶液体积的变化），求溶液的 pH 值变化多少？

17. 已知 298 K 时 $Fe(OH)_3$的 $K_{sp}^{\ominus}=2.64\times10^{-39}$，求 $Fe(OH)_3$的溶解度。

18. 计算下列难溶电解质的溶度积。

(1) CaF_2在纯水中的溶解度为 1.1×10^{-3} mol · dm^{-3}。

(2) PbI_2在纯水中的溶解度为 1.35×10^{-3} mol · dm^{-3}。

(3) $PbCl_2$在 0.130 mol · dm^{-3}的 $Pb(NO_3)_2$溶液中的溶解度是 5.7×10^{-3}mol · dm^{-3}。

19. 若向 Mg^{2+}浓度为 1.0×10^{-4} mol · dm^{-3}溶液中加入固体 NaOH，使 OH^-浓度为 2.0×10^{-4} mol · dm^{-3}，是否有 $Mg(OH)_2$沉淀生成？

20. 在 10 cm^{3}的 0.001 5 mol · dm^{-3}的 $MnSO_4$溶液中，加入 5 cm^{3}的 0.15 mol · dm^{-3}氨水，能否生成 $Mn(OH)_2$沉淀？如在上述 $MnSO_4$溶液中先加 0.49 g 固体$(NH_4)_2SO_4$，然后再加 5 cm^3 0.15 mol · dm^{-3}氨水，是否有沉淀生成？

21. 将 0.010 mol 的 CuS 溶于 10.0 dm^{3}盐酸中，计算盐酸所需的浓度。从计算结果说明盐酸能否溶解 CuS？

22. 往 $Cd(NO_3)$溶液中通入 H_2S 时可以生成 CdS 沉淀。要使溶液中所剩 Cd^{2+}浓度不超过 2.0×10^{-6} mol · dm^{-3}，问溶液允许的最大酸度是多少？

23. 已知溶液中 NaCl 和 K_2CrO_4浓度分别为 0.010 mol · dm^{-3}和 0.001 0 mol · dm^{-3}，向该溶液中滴加 $AgNO_3$溶液（忽略体积变化），解释下列问题。

(1) 哪一种沉淀先生成？

(2)当第二种离子刚开始沉淀时,溶液中的第一种离子浓度为多少?(忽略溶液体积的变化)。

(3)两种负离子可否完全分离?

24. 某溶液中含有 Pb^{2+} 和 Ba^{2+} 金属离子,其浓度都是 0.010 mol · dm^{-3}。若向此溶液滴加 K_2CrO_4 溶液,问哪种金属离子先沉淀? 这两种离子有无分离的可能?

25. 计算 300 cm^3 的 1.5 mol · dm^{-3} Na_2CO_3 溶液可以使多少克 $BaSO_4$ 固体转化为 $BaCO_3$?

26. 一种混合溶液中含有 3.0×10^{-2} mol · dm^{-3} Pb^{2+} 和 2.0×10^{-2} mol · dm^{-3} Cr^{3+},若向其中逐滴加入浓 NaOH 溶液(忽略溶液体积的变化),Pb^{2+} 与 Cr^{3+} 均有可能形成氢氧化物沉淀。解释下列问题。

(1)哪种离子先沉淀?

(2)若要分离这两种离子,溶液的 pH 值应控制在什么范围?

第 6 章 溶液中的氧化还原平衡

化学反应可以分为两大类:一类是没有电子传递或氧化数变化的非氧化还原反应,如酸碱反应、沉淀反应等;另一类是有电子传递或氧化数变化的**氧化还原反应**(oxidation-reduction reaction 或 redox reaction)。氧化还原反应是一类十分重要的化学反应,其反应过程中伴随的能量变化与人们的日常生活和生命过程息息相关,例如煤、石油、天然气等燃料的燃烧、电池的使用、金属的腐蚀和防腐、生物的光合作用、呼吸过程、新陈代谢、神经传导等。在工业生产中,大约有 50% 的反应要涉及氧化还原反应,并且只要是涉及化学的工矿企业,其生产大多同氧化还原反应有关。

本章主要介绍氧化还原反应的本质、特点和一般规律,着重讨论电极电势产生的原因、影响电极电势的因素、电极电势对氧化还原平衡的影响以及氧化还原反应进行的方向和限度。

6.1 基本概念

6.1.1 氧化数

氧化还原的概念有其历史的发展过程。人们最早把与氧化合或失去氢的反应叫做氧化反应,而把从氧化物中去除氧或结合氢的反应叫做还原反应。

氧化反应 $2Cu + O_2 = 2CuO$

还原反应 $CuO + H_2 = Cu + H_2O$

以后这个定义逐渐扩大,与氯、溴、碘等非金属的化合也被称为氧化。19 世纪中叶,人们在化学中引入了原子价(或化合价)的概念,以表现在化合物中各元素的原子同其他原子结合的能力。20 世纪初,化合价的电子理论建立以后,人们把失电子的过程叫做氧化,得电子的过程叫做还原。例如:

$$Fe + Cu^{2+} = Fe^{2+} + Cu$$

反应中电子由 Fe 转移给 Cu^{2+},Fe 失去了电子被氧化,Cu^{2+}得到电子被还原。

但是,在一些反应中,例如:

$$H_2 + Cl_2 = 2HCl$$

并没有明显的得失电子关系。为了更广泛而深入地认识氧化还原反应,人们在价键理论和电负性的基础上提出了“**氧化数**”(又称为氧化值,oxidation number)的概念。

1970 年,IUPAC 给出氧化数的定义:元素的氧化数是该元素一个原子的荷电数,这种荷电数是将成键电子指定给电负性(见第 7 章内容)较大的元素而求得的。它用来描述元素的氧化或还原状态,并表示氧化还原反应中电子的转移关系。

元素的氧化数可根据以下规则确定:①单质中元素的氧化数等于零,如在白磷 P_4中,P的氧化值为0;②多原子分子中所有元素氧化数的代数和等于零,例如在NaCl中,氯元素的电负性比钠元素大,因而Na的氧化数为+1,Cl的氧化数为-1;③单原子离子的氧化数等于它所带的电荷数,多原子离子中所有元素氧化数的代数和等于该离子所带电荷数;④H元素在化合物中的氧化数一般为+1,但在离子型氢化物中,如NaH、CaH_2分子中H的氧化数为-1,电负性最大的F元素,其氧化数总是-1,O元素在化合物中的氧化数一般为-2,但在过氧化物,如 H_2O_2、Na_2O_2中为-1,在超氧化物,如 KO_2中为$-\frac{1}{2}$,在 OF_2分子中为+2;⑤除氟外的卤原子的氧化数在二元化合物中为-1,但卤素互化物中列在周期表中靠前的卤原子的氧化数为-1,如在BrCl中Cl的氧化数为-1,在含氧化合物中按氧化物决定,如 ClO_2中Cl为+4。

例6-1　求 H_2SO_4和 Fe_3O_4中S和Fe的氧化数。

解:(1)设S的氧化数为 x,根据化合物中各元素氧化数的代数和为零的规则,则有:

$$(+1)\times 2+x+(-2)\times 4=0 \quad 解得\ x=+6$$

所以S的氧化数为+6。

(2)设Fe的氧化数为 x,则有:

$$3x+(-2)\times 4=0 \quad 解得\ x=+\frac{8}{3}$$

所以 Fe_3O_4中Fe的氧化数为$+\frac{8}{3}$。

由例6-1可知,元素的氧化数是化合物中某元素所带形式电荷的数值,它可以是正数、负数,也可以是分数或零。这一点正是其与化合价的重要区别。

6.1.2　氧化还原反应

6.1.2.1　氧化还原反应

根据氧化数的概念,在一个化学反应中,氧化数升高的过程称为**氧化**(oxidation),氧化数降低的过程称为**还原**(reduction),反应中氧化与还原一定同时发生。这种反应前后元素氧化数发生改变的一类反应称为氧化还原反应。例如:

$$\overset{+2}{Cu}O + \overset{0}{H_2} = \overset{0}{Cu} + \overset{+1}{H_2}O$$

反应中,CuO中的Cu得到电子、氧化数降低,为氧化剂;H_2失去电子、氧化数升高,为还原剂。因此,氧化还原反应中元素氧化数的变化反映了电子的得失,包括电子的转移和电子的偏移。

在有些反应中,氧化数的升高和降低都发生在同一个化合物中,例如:

$$2\overset{0}{Cl_2} + 2H_2O = 2H\overset{+1}{Cl}O + 2H\overset{-1}{Cl}$$

该反应可以写为:

$$\overset{0}{Cl_2} + \overset{0}{Cl_2} + 2H_2O = 2H\overset{+1}{Cl}O + 2H\overset{-1}{Cl}$$

反应中的氯一半是氧化剂,一半是还原剂,因此该反应称为自氧化还原反应。在上述反应式中，由于氧化数变化发生在同一种元素(Cl)中，所以这种反应又称为**歧化反应**(disproportionation reaction)。

6.1.2.2　氧化还原电对

在氧化还原反应中，电子有得必有失，且反应过程中得失电子的数目相等。因此，每一个氧化还原反应都可以拆分为两个**氧化还原半反应**(redox half-reaction)。例如：

$$Cu^{2+} + Zn \rightleftharpoons Cu + Zn^{2+}$$

反应中 Zn 失去电子，生成 Zn^{2+}，这个半反应是氧化反应，或称为氧化半反应，半反应式为：

$$Zn - 2e^- \rightleftharpoons Zn^{2+}$$

Cu^{2+} 获得电子，生成 Cu，这个半反应是还原反应，或称为还原半反应，半反应式为：

$$Cu^{2+} + 2e^- \rightleftharpoons Cu$$

在氧化还原反应中，获得电子的物质(如 Cu^{2+})是电子的受体，氧化数较高，称为氧化剂或氧化态物质，简称**氧化态**(oxidation form)，用符号 Ox 表示；失去电子的物质是电子的供体，氧化数较低，称为还原剂或还原态物质，简称**还原态**(reduction form)，用符号 Red 表示。同一元素原子的氧化态物质和其对应的还原态物质称为**氧化还原电对**(redox electric couple)，简称**电对**，用"氧化态/还原态"(Ox/Red)表示。例如，Cu^{2+}/Cu 电对、Zn^{2+}/Zn 电对。

氧化还原半反应用通式写作：

$$\text{氧化态} + ne^- \rightleftharpoons \text{还原态}$$

或：

$$Ox + ne^- \rightleftharpoons Red \tag{6-1}$$

式中 n 为半反应中电子转移的数目。

当溶液中的介质参与半反应时，尽管它们在反应中未得失电子，为了体现反应中原子的种类和数目不变，也应写入半反应中。例如 AgI/Ag、Hg_2Cl_2/Hg，半反应式分别为：

$$AgI + e^- \rightleftharpoons Ag + I^-$$

$$Hg_2Cl_2 + 2e^- \rightleftharpoons 2Hg + 2Cl^-$$

再如，电对 MnO_4^-/Mn^{2+} 和 SO_4^{2-}/SO_3^{2-} 在酸性介质中的半反应式分别为：

$$MnO_4^- + 8H^+ + 5e^- \rightleftharpoons Mn^{2+} + 4H_2O$$

$$SO_4^{2-} + 2H^+ + 2e^- \rightleftharpoons SO_3^{2-} + H_2O$$

6.1.3　离子-电子法配平氧化还原反应方程式

配平氧化还原反应方程式的方法很多，比如氧化数法和离子-电子法。中学时期学习的氧化还原的配平，是根据化合价的变化来判断电子转移数的，准确地说是根据氧化数的变化来判断的。因此，中学学习的配平方法可以称为氧化数法。氧化数法的优点是简单、快速，适用于水溶液和非水溶液的氧化还原反应。但在有些化合物中，元素原子的氧化数比较难于确定，如反应：

$$MnO_4^- + C_3H_7OH \longrightarrow Mn^{2+} + C_2H_5COOH$$

则需要采用离子-电子法配平。这种配平法的优点是适用于那些只给出主要反应物和生成物的不完整的氧化还原反应方程式。另外，在离子之间进行的氧化还原反应，也常用离子-电子法来配平。下面我们来介绍这种新的配平方法。

6.1.3.1　配平原则

反应前后各元素的原子总数相等。

反应过程中氧化剂所夺得的电子数必须等于还原剂失去的电子数。

6.1.3.2　配平步骤

下面以酸性介质中 MnO_4^- 与 $C_2O_4^{2-}$ 的反应为例说明具体的配平步骤。

第一步，首先将反应物的氧化还原产物以离子形式写出。

$$MnO_4^- + C_2O_4^{2-} \longrightarrow Mn^{2+} + CO_2$$

第二步，将上述方程式分成两个未配平的半反应式。

$$C_2O_4^{2-} \longrightarrow CO_2$$

$$MnO_4^- \longrightarrow Mn^{2+}$$

第三步，调整计量系数并加一定数目的电子使半反应两侧的原子数和电荷数相等。

对于氧化半反应，首先使原子数相等。

$$C_2O_4^{2-} \longrightarrow 2CO_2$$

考察发现，两侧的电荷数并不相等。这时通过电子的增减达到电荷数平衡。

$$C_2O_4^{2-} = 2CO_2 + 2e^-$$

而还原半反应则稍显复杂。先使物料平衡，由于反应是在酸性介质中进行的，因此应在半反应式的左侧加入 H^+，右侧同时加入相应数量的水分子以使反应式两侧的原子数相等：

$$MnO_4^- + 8H^+ \longrightarrow Mn^{2+} + 4H_2O$$

通过在半反应式的左侧加入电子，以使两侧的电荷数相等。

$$MnO_4^- + 8H^+ + 5e^- = Mn^{2+} + 4H_2O$$

即对于半反应的配平，其原则顺序为：先物料平衡，之后电荷平衡。

第四步，根据氧化剂获得的电子数和还原剂失去的电子数必须相等的原则，用适当的系数乘以两个半反应，然后将两个半反应式相加、整理，即得到配平的离子反应式。

$$\begin{array}{r|l} 2 & MnO_4^- + 8H^+ + 5e^- = Mn^{2+} + 4H_2O \\ +)\ 5 & \qquad C_2O_4^{2-} \qquad = 2CO_2 + 2e^- \\ \hline \multicolumn{2}{c}{2MnO_4^- + 16H^+ + 5C_2O_4^{2-} = 2Mn^{2+} + 8H_2O + 10CO_2} \end{array}$$

若反应在碱性介质中进行，则应在半反应中加入 OH^- 离子，并利用水的解离平衡使两侧的氧原子数和电荷数均相等。

例 6-2　配平反应 $ClO^- + Cr(OH)_4^- \longrightarrow Cl^- + CrO_4^{2-}$

解：第一步，写出两个半反应。

$$Cr(OH)_4^- \longrightarrow CrO_4^{2-}$$

$$ClO^- \longrightarrow Cl^-$$

第二步，由于反应是在碱性介质中进行的，第一个半反应中两侧氢原子数不等，所以应在左边加上 OH^- 离子，使右侧生成水分子，并且使两边的电荷数相等。

$$Cr(OH)_4^- + 4OH^- = CrO_4^{2-} + 4H_2O + 3e^-$$

另一个半反应的左边加上水分子,右边加上 OH^-离子,使两边的原子数和电荷数均相等。

$$ClO^- + H_2O + 2e^- \longrightarrow Cl^- + 2OH^-$$

第三步,根据氧化剂获得的电子数和还原剂失去的电子数必须相等的原则,将两边电子消去,将两个半反应式加合为一个配平的离子反应式。

$$\begin{array}{r|l} 2 & Cr(OH)_4^- + 4OH^- \longrightarrow CrO_4^{2-} + 4H_2O + 3e^- \\ +)\ 3 & ClO^- + H_2O + 2e^- \longrightarrow Cl^- + 2OH^- \\ \hline \end{array}$$

$$2Cr(OH)_4^- + 2OH^- + 3ClO^- \longrightarrow 2CrO_4^{2-} + 3Cl^- + 5H_2O$$

例 6-3 配平 $MnO_4^- + C_3H_7OH \longrightarrow Mn^{2+} + C_2H_5COOH$

解:第一步,写出两个半反应。

$$MnO_4^- \longrightarrow Mn^{2+}$$

$$C_3H_7OH \longrightarrow C_2H_5COOH$$

第二步,由于反应在酸性介质中进行,加入 H^+和 H_2O,并配平半反应式中的原子数和电荷数。

$$MnO_4^- + 8H^+ + 5e^- \longrightarrow Mn^{2+} + 4H_2O$$

$$C_3H_7OH + H_2O \longrightarrow C_2H_5COOH + 4H^+ + 4e^-$$

第三步,将两边电子消去,将两个半反应式加合为一个配平的离子反应式。

$$\begin{array}{r|l} 4 & MnO_4 + 8H^+ + 5e^- \longrightarrow Mn^{2+} + 4H_2O \\ +)\ 5 & C_3H_7OH + H_2O \longrightarrow C_2H_5COOH + 4H^+ + 4e^- \\ \hline \end{array}$$

$$4MnO_4^- + 12H^+ + 5C_3H_7OH \longrightarrow 4Mn^{2+} + 11H_2O + 5C_2H_5COOH$$

在配平半反应方程式时,如果反应物和生成物所含的氧原子数目不等,可以根据介质的酸碱性,分别在半反应方程式中加 H^+、OH^-或 H_2O 使反应式两边的氧原子数相等。经验规则为:①酸性介质中,H^+加至半反应氧原子多的一边,多一个氧原子加 2 个 H^+;②碱性介质中,OH^-加至半反应氧原子少的一边,少一个氧原子加 2 个 OH^-;③中性介质中,在半反应右侧允许有 H^+、OH^-存在,左侧加水。

由于离子-电子法不需要知道具体的氧化数,因此可以方便地用于配平用氧化数法难以配平的离子反应式。但是,对于气相或固相反应式的配平,离子-电子法则无能为力。

6.2 原电池与电极电势

6.2.1 原电池及其表示方法

6.2.1.1 原电池

如果把 Zn 片直接放入 $CuSO_4$溶液中,就会看到 Zn 片慢慢溶解,而蓝色 $CuSO_4$溶液的颜色逐渐变浅,红色的 Cu 不断在 Zn 片上析出并脱落,然后以海绵铜粉形式沉积于溶液底部。这说明 Zn 与 $CuSO_4$之间发生了氧化还原反应($Zn + Cu^{2+} \longrightarrow Zn^{2+} + Cu$)。由于反应中电子是直接从 Zn 原子转移到 Cu^{2+}离子上的,因而得不到有序的电子流。随着反应的进行，溶液温度升高，化学能转变成为热能但没有做功（$\Delta_r H_m^\ominus = -217.6\ kJ \cdot mol^{-1}$）。该氧化还原反应为自发反应（$\Delta_r G_m^\ominus = -212.55\ kJ \cdot mol^{-1} < 0$）。

如何使反应过程中转移的电子有序流动而产生电功呢？采用图 6-1 的装置，将锌片和铜片分别浸入 $ZnSO_4$ 和 $CuSO_4$ 溶液中，并将铜片与锌片用导线连接，串联入一个灵敏电流表，同时两溶液用一倒置的 U 形管连接起来。U 形管内装有 KCl 饱和溶液和琼脂做成的凝胶，称为**盐桥**（salt bridge）。这时，串联在铜片与锌片上的电流表指针发生偏转，说明导线中有电流流过，同时 Zn 片逐渐溶解，Cu 片上有 Cu 沉积出现。

在图 6-1 装置中，电子的转移是通过外电路发生的有规则流动，从而产生了电流，因此反应所释放的化学能转变为电能。通过盐桥，负离子 Cl^- 向锌盐溶液移动，正离子 K^+ 向铜盐溶液转移，使锌盐和铜盐溶液一直保持着电中性。因此，锌不断地溶解、铜不断地析出，电流得以继续流通。这种将化学能转变为电能的装置叫做**原电池**（primary cell），简称**电池**。原电池可以将自发进行的氧化还原反应所产生的化学能转变为电能，同时对外做功。从理论上讲，任何一个氧化还原反应都可以设计成一个原电池。

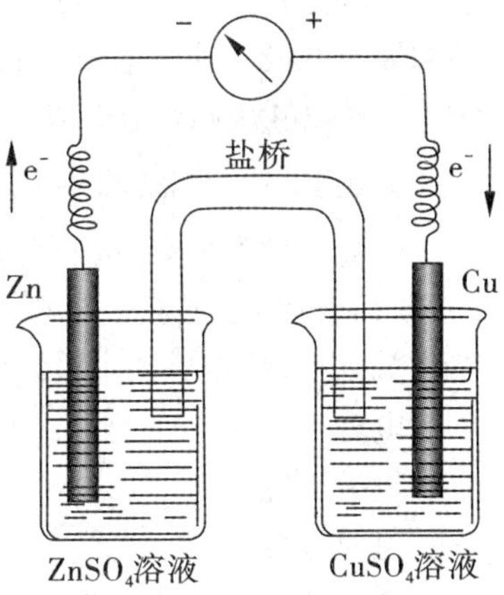

图 6-1　铜锌原电池

上述原电池称为铜锌原电池，又称为 Daniell 电池。它是由两个**半电池**（half cell）组成的，半电池也称为**电极**（electrode）。$ZnSO_4$ 溶液和 Zn 片构成锌半电池，也称锌电极；$CuSO_4$ 溶液和 Cu 片构成铜半电池，也称为铜电极。根据电流表指针的偏转方向判断，电流从 Cu 电极流向 Zn 电极，电子从 Zn 电极流向 Cu 电极。Zn 电极输出电子，为原电池的**负极**（anode）；Cu 电极输入电子，为原电池的**正极**（cathode）。负极上失去电子，发生了氧化反应；正极得到电子，发生了还原半反应。

$$\text{负极反应：}\quad Zn - 2e^- \rightleftharpoons Zn^{2+} \qquad (\text{氧化反应})$$

$$\text{正极反应：}\quad Cu^{2+} + 2e^- \rightleftharpoons Cu \qquad (\text{还原反应})$$

通常将电极上发生的氧化或还原反应，称为**电极反应**（electrode reaction）或**半电池反应**（half-cell reaction）。由正极和负极反应构成的总反应，称为**电池反应**（cell reaction）。

$$\text{电池反应：}\quad Zn + Cu^{2+} \rightleftharpoons Zn^{2+} + Cu$$

可以看出，电池反应就是氧化还原反应，负极反应是在 Zn 半电池中发生的氧化反应，正极反应是在 Cu 半电池中发生的还原反应。正负极之间的电子转移是经由导线（或负载）完成的，从而实现将氧化还原反应的化学能转化为电能。

需要注意的是，写电极反应时，反应式两边的原子个数和电荷数均应相等，而写电池反应时，氧化剂和还原剂得失电子总数应相等。对有 H^+ 和 OH^- 参加的电极反应，应将 H^+ 和 OH^- 考虑进去，并用 H_2O 加以平衡。例如，电对 $Cr_2O_7^{2-}/Cr^{3+}$ 的电极反应为：

$$Cr_2O_7^{2-} + 14H^+ + 6e^- \rightleftharpoons 2Cr^{3+} + 7H_2O$$

6.2.1.2　原电池的表示方法

为了研究方便起见，人们对电极和电池的组成表示规定了统一的写法。以铜锌原电池为例，可用电池符号简写为：

$$(-)Zn\ |ZnSO_4(c_1)\ \|\ CuSO_4(c_2)\ |Cu(+)$$

书写电池符号时要注意以下几点：①以“‖”表示盐桥，把正负极隔开，习惯上把负极写在左边，正极写在右边，电极的极性在括号内用“+”“-”号标注；②以“|”表示不同物相之间的界面，将不同相的物质分开，同一相中的不同物质用“,”隔开，溶液中的溶质需在括号内标明浓度，气体需注明其分压，未加注明的认为是处于各自的标准状态（溶液浓度为 $1\ mol \cdot dm^{-3}$；气体分压为 100 kPa）；③如果组成电极的物质是非金属单质及其相应的离子，或者是同一种元素不同氧化数的离子，如 H^+/H_2、O_2/OH^-、Sn^{4+}/Sn^{2+}、Fe^{3+}/Fe^{2+} 等，则需外加辅助电极。辅助电极一般是惰性电极，是一种能够导电而不参加电极反应的电极，如铂、石墨等；④电极写在外侧，固体、气体物质紧靠相界面，溶液中的离子紧靠盐桥。

6.2.1.3　电极的类型

电极的种类很多，按照组成电极材料性质的不同，通常分为以下四类。

(1)金属-金属离子电极　由金属浸于含有该金属离子的溶液构成。例如 Cu^{2+}/Cu、Zn^{2+}/Zn 电对所组成的电极。电极的通式为：

电对：　　M^{n+}/M

电极反应：　　$M^{n+}+ne^- \rightleftharpoons M$

电极符号：　　$M|M^{n+}(c)$

钠汞齐电极也属于此类，电极符号为 $Na(Hg)|Na^+(c)$，对应电对为 $Na^+/Na(Hg)$。由于 Hg 的使用，有效地降低了金属钠的活度，同时氢在汞上的超电势很大，使氢难以析出，从而避免了金属钠与溶剂水发生非电极反应。

(2)气体-离子电极　由气体及含有相应离子的溶液组成。例如，氢电极和氯电极。这类电极需要利用惰性电极（如铂或石墨）作为固体导电体进行导电。这两种惰性电极在起导体作用的同时，还可以对电对中的气态物质进行吸附和催化气体电极反应的进行。

氢电极反应：　　$2H^+ + 2e^- \rightleftharpoons H_2$

氯电极反应：　　$Cl_2 + 2e^- \rightleftharpoons 2Cl^-$

电极符号：　　$Pt|H_2(p)|H^+(c)$

　　$Pt|Cl_2(p)|Cl^-(c)$

(3)金属-金属难溶盐或氧化物-负离子电极　将金属表面涂以该金属的难溶盐（或氧化物），然后将它浸在与该盐具有相同负离子的溶液中。例如，将表面涂有 AgCl 的银丝插在一定浓度的 KCl 溶液中构成氯化银电极。

电极反应：　　$AgCl + e^- \rightleftharpoons Ag + Cl^-$

电极符号：　　$Ag-AgCl(s)|Cl^-(c)$

又如甘汞电极由金属汞、甘汞（Hg_2Cl_2）及 KCl 溶液组成。

电极反应：　　$Hg_2Cl_2 + 2e^- \rightleftharpoons 2Hg + 2Cl^-$

电极符号：　　$Hg-Hg_2Cl_2(s)|Cl^-(c)$

这类电极的电极电势比较稳定，在实验室常用作参比电极。若 KCl 为饱和溶液，则称为**饱和甘汞电极**（staurated calomel electrode，SCE）。

(4)氧化还原电极①　将金属 Pt 或石墨等惰性电极插入到含有同种元素的不同氧化数的离子溶液而形成。例如,由 Fe^{3+} 和 Fe^{2+} 溶液构成的电极。

电极反应:　$Fe^{3+} + e^- \rightleftharpoons Fe^{2+}$

电极符号:　$Pt | Fe^{3+}(c_1), Fe^{2+}(c_2)$

例 6-4　已知一自发进行的氧化还原反应,如下:

$$MnO_4^- + 5Fe^{2+} + 8H^+ \rightleftharpoons Mn^{2+} + 5Fe^{3+} + 4H_2O$$

试将该反应组成一原电池,并写出电池符号。

解:把已知的总反应拆成氧化半反应与还原半反应两部分:

还原剂的氧化半反应:　$5Fe^{2+} - e^- \rightleftharpoons 5Fe^{3+}$

对应电对:Fe^{3+}/Fe^{2+}

氧化剂的还原半反应:　$MnO_4^- + 8H^+ + 5e^- \rightleftharpoons Mn^{2+} + 4H_2O$

对应电对:MnO_4^-/Mn^{2+}

电极符号:$Pt | Fe^{3+}(c_1), Fe^{2+}(c_2)$

$Pt | MnO_4^-(c_3), Mn^{2+}(c_4), H^+(c_5)$

电池符号:$(-) Pt | Fe^{3+}(c_1), Fe^{2+}(c_2) \| MnO_4^-(c_3), Mn^{2+}(c_4), H^+(c_5) | Pt(+)$

6.2.2　电极电势的产生

在铜锌原电池中,电流能够自动地从 Cu 电极流向 Zn 电极,说明这两个电极之间存在着电势差,即两个电极的**电极电势**(electrode potential)不相等。电极电势是怎样产生的呢?为什么不同电极的电极电势不相等呢? 1889 年,德国科学家 W. Nernst 提出了双电层理论,解释了金属-金属离子电极的电极电势的产生。

当把金属(M)极板浸入其相应的盐溶液中时,存在两个相反的变化过程。一方面金属表面上的原子由于受到本身的热运动以及极性水分子的作用而形成水合离子,离开金属表面进入到溶液中,同时将电子留在金属表面。金属越活泼、溶液越稀,这种倾向就越大。另一方面,溶液中的水合离子受电极板上电子的吸引,获得电子而重新沉积在金属表面上。金属越不活泼,溶液越浓,这种倾向就越大。在一定条件下,当这两个相反过程的速率相等时,建立起以下动态平衡:

$$M(s) \rightleftharpoons M^{n+}(aq) + ne^-$$

如果金属失去电子的倾向大于金属离子获得电子的倾向,则金属易于形成水合离子而进入溶液,而电子留在了金属表面,使得金属极板带负电。同时由于受金属极板上负电荷的吸引,溶液中的金属离子主要集中在金属极板与溶液接触的界面附近。金属表面过剩的电子和附近溶液中的金属离子便形成了类似于平行板电容器的**双电层**(electric double layer),如图 6-2(a)所示。双电层的厚度虽然很小(约 10^{-10} m 数量级),但期间存在的电势差就是金属电极的电极电势。相反,如果金属离子获得电子的倾向大于金属失去电子

① 氧化还原电极的命名是由于历史沿袭下来的缘故,并不意味着其他类型的电极不与氧化还原有关。事实上,上述四类电极的基本反应都是氧化还原反应。

的倾向，则金属极板带正电，金属极板附近的溶液带负电，产生的双电层的电势差为电极电势，如图 6-2(b)所示。因此，金属-金属离子电极的电极电势的正负和大小，主要取决于金属的本性。金属越活泼，金属溶解趋势就越大，平衡时金属表面负电荷越多，该金属电极的电极电势就越低；金属越不活泼，金属溶解趋势就越小，平衡时金属表面负电荷越少，该金属电极的电极电势就越高。

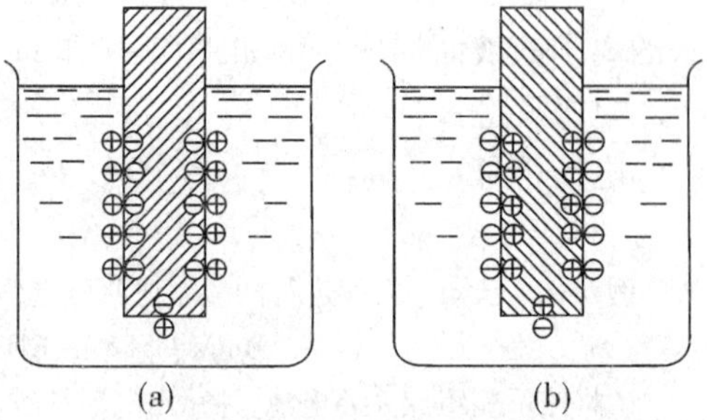

图 6-2　金属电极的电极电势

电极电势用符号 $\varphi_{Ox/Red}$ 表示，单位是伏特(V)。电极电势的大小除了与金属的本性有关外，还与温度、金属离子的浓度(或活度)、气体的压强等外部因素有关。

6.2.3　标准电极电势的测量

电极电势的绝对值目前无法直接测定，实际中使用的是相对值，即以某一特定的电极为参照，其他任何电极的电极电势通过与这个参比电极组成原电池来确定。IUPAC 规定，以标准氢电极(standard hydrogen electrode，缩写为 SHE)作为通用的参比电极。

6.2.3.1　标准氢电极

图 6-3 为标准氢电极示意图。将镀有一层疏松铂黑(用以吸附氢气，提高反应速率)的铂片浸入到 H^+ 离子溶液中，不断地通入氢气，冲到铂电极上使其达到吸附饱和，其电极反应为：

$$2H^+(aq) + 2e^- \rightleftharpoons H_2(g)$$

在标准状态，即氢气的分压为 100 kPa，H^+ 离子活度为 1 时，在任意温度下，标准氢电极的电极电势等于零，即 $\varphi_{SHE} = 0.000\ 00$ V。

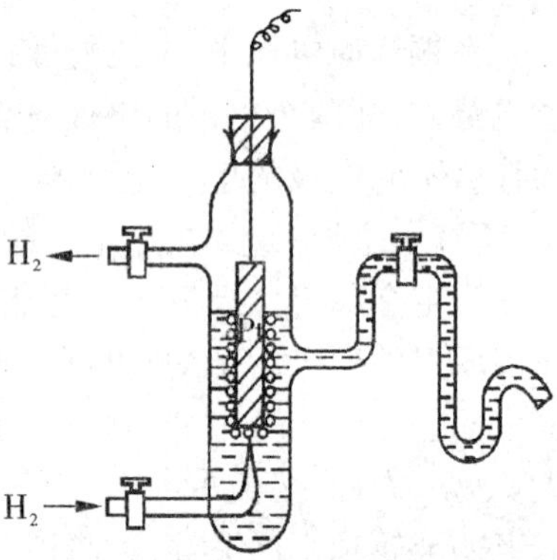

图 6-3　标准氢电极

6.2.3.2　标准电极电势的测量

测定电极的相对电极电势，可以通过与已知电极电势的电极组成原电池，测定原电池**电动势**(electromotive force)的方法测定。原电池的电动势就是组成原电池的两个电极的电势差，用符号 E 表示，单位是伏特(V)。

$$E = \varphi_{(+)} - \varphi_{(-)} \tag{6-2}$$

电极电势的大小主要取决于氧化还原电对的本性，同时又与温度、浓度和压强等因素有关。为了便于运用，人们提出了**标准电极电势**(standard electromotive potential)的概念。当电极处于标准态，即组成电对的有关物质为纯净物，溶液中离子活度为 1(为简便起见本书用浓度代替活度)，气体的分压为 100 kPa，则所测得的电动势为**标准电动势**($E^\ominus$)，所测得的电极电势即为该氧化还原电对的标准电极电势，用符号 $\varphi^\ominus_{Ox/Red}$ 表示，单位是伏特(V)。

$$E^\ominus = \varphi^\ominus_{(+)} - \varphi^\ominus_{(-)} \tag{6-3}$$

若待测电极与标准氢电极组成原电池进行测定，由于标准氢电极的电极电势等于零，因此测定的电池电动势就等于待测电极的标准电极电势。

例如，测定锌电极的标准电极电势，应组成如下原电池：

$$(-)Zn|Zn^{2+}(1.0\ mol\cdot dm^{-3})\ \|\ H^{+}(1.0\ mol\cdot dm^{-3})|H_2(100\ kPa)|Pt(+)$$

测定时，电流由标准氢电极流到 Zn 电极，故 Zn 为负极。

298.15 K 时，$E^{\ominus}=\varphi^{\ominus}_{(+)}-\varphi^{\ominus}_{(-)}=\varphi^{\ominus}(H^+/H_2)-\varphi^{\ominus}(Zn^{2+}/Zn)$

经测量，$E^{\ominus}=0.761\ 8$ V

所以 $\varphi^{\ominus}(Zn^{2+}/Zn)=-0.761\ 8$ V。

又如，测定 Cu 电极的标准电极电势，应组成如下原电池：

$$(-)Pt|H_2(100\ kPa)|H^{+}(1.0\ mol\cdot dm^{-3})\ \|\ Cu^{2+}(1.0\ mol\cdot dm^{-3})|Cu(+)$$

测定时，电流由 Cu 电极流到标准氢电极，故 Cu 为正极。

298.15 K 时，$E^{\ominus}=\varphi^{\ominus}(Cu^{2+}/Cu)-\varphi^{\ominus}(H^+/H_2)$，经测量，$E^{\ominus}=0.341\ 9$ V

所以 $\varphi^{\ominus}(Cu^{2+}/Cu)=+0.341\ 9$ V。

6.2.3.3　标准电极电势表

许多氧化还原电对的 $\varphi^{\ominus}$ 值已测得，或者可以从理论上计算出来，将其汇列在一起便是标准电极电势表。电极电势表的编制有多种方式，常见的有两种：①按元素符号的英文字母顺序排列，特点是便于查阅；②按电极电势的大小排列，从正到负，或从负到正。其优点是便于比较电极电势的大小，有利于寻找合适的氧化剂或还原剂。表 6-1 为部分常见氧化还原电对的标准电极电势，按电极电势从负到正（由低到高）的次序编制。

表 6-1　部分常见电极的标准电极电势　（酸性溶液中，298.15 K）①

电对	电极反应	标准电极电势 $\varphi^{\ominus}_{A}$/V
Li^+/Li	$Li^+ + e^- \rightleftharpoons Li$	-3.040 1
K^+/K	$K^+ + e^- \rightleftharpoons K$	-2.931
Ba^{2+}/Ba	$Ba^{2+} + 2e^- \rightleftharpoons Ba$	-2.921 2
Ca^{2+}/Ca	$Ca^{2+} + 2e^- \rightleftharpoons Ca$	-2.868
Na^+/Na	$Na^+ + e^- \rightleftharpoons Na$	-2.71
Mg^{2+}/Mg	$Mg^{2+} + 2e^- \rightleftharpoons Mg$	-2.372
Al^{3+}/Al	$Al^{3+} + 3e^- \rightleftharpoons Al$	-1.662
Mn^{2+}/Mn	$Mn^{2+} + 2e^- \rightleftharpoons Mn$	-1.185
Zn^{2+}/Zn	$Zn^{2+} + 2e^- \rightleftharpoons Zn$	-0.761 8
Cr^{3+}/Cr	$Cr^{3+} + 3e^- \rightleftharpoons Cr$	-0.744
HCN/CN^-	$2HCN + 2e^- \rightleftharpoons H_2 + CN^-$	-0.545

① 本表数据主要摘自 Lide DR, Handbook of chemistry and physics, 80th ed, New York: CRC Press, 1999～2000。

续表 6-1

电对	电极反应	标准电极电势 $\varphi_A^\ominus$/V
Fe^{2+}/Fe	$Fe^{2+}+2e^- \rightleftharpoons Fe$	−0.447
Co^{2+}/Co	$Co^{2+}+2e^- \rightleftharpoons Co$	−0.28
Ni^{2+}/Ni	$Ni^{2+}+2e^- \rightleftharpoons Ni$	−0.257
Sn^{2+}/Sn	$Sn^{2+}+2e^- \rightleftharpoons Sn$	−0.137 5
Pb^{2+}/Pb	$Pb^{2+}+2e^- \rightleftharpoons Pb$	−0.126 2
H^+/H_2	$2H^++2e^- \rightleftharpoons H_2$	0.000 00
Sn^{4+}/Sn^{2+}	$Sn^{4+}+2e^- \rightleftharpoons Sn^{2+}$	+0.151
Cu^{2+}/Cu^+	$Cu^{2+}+e^- \rightleftharpoons Cu^+$	+0.153
SO_4^{2-}/H_2SO_3	$SO_4^{2-}+4H^++2e^- \rightleftharpoons H_2SO_3+H_2O$	+0.172
$AgCl/Ag$	$AgCl+e^- \rightleftharpoons Ag+Cl^-$	+0.222 33
Cu^{2+}/Cu	$Cu^{2+}+2e^- \rightleftharpoons Cu$	+0.341 9
Cu^+/Cu	$Cu^++e^- \rightleftharpoons Cu$	+0.521
I_2/I^-	$I_2+2e^- \rightleftharpoons 2I^-$	+0.535 5
$H_3AsO_4/HAsO_2$	$H_3AsO_4+2H^++2e^- \rightleftharpoons HAsO_2+2H_2O$	+0.56
Fe^{3+}/Fe^{2+}	$Fe^{3+}+e^- \rightleftharpoons Fe^{2+}$	+0.771
Hg_2^{2+}/Hg	$Hg_2^{2+}+2e^- \rightleftharpoons 2Hg$	+0.797 3
Ag^+/Ag	$Ag^++e^- \rightleftharpoons Ag$	+0.799 6
Br_2/Br^-	$Br_2+2e^- \rightleftharpoons 2Br^-$	+1.066
MnO_2/Mn^{2+}	$MnO_2+4H^++2e^- \rightleftharpoons Mn^{2+}+H_2O$	+1.224
O_2/H_2O	$O_2+4H^++4e^- \rightleftharpoons 2H_2O$	+1.229
Cl_2/Cl^-	$Cl_2+2e^- \rightleftharpoons 2Cl^-$	+1.358 27
$Cr_2O_7^{2-}/Cr^{3+}$	$Cr_2O_7^{2-}+14H^++6e^- \rightleftharpoons 2Cr^{3+}+7H_2O$	+1.36
MnO_4^-/Mn^{2+}	$8MnO_4^-+H^++5e^- \rightleftharpoons Mn^{2+}+4H_2O$	+1.51
Ce^{4+}/Ce^{3+}	$Ce^{4+}+e^- \rightleftharpoons Ce^{3+}$	+1.72
H_2O_2/H_2O	$H_2O_2+2H^++2e^- \rightleftharpoons 2H_2O$	+1.776
Co^{3+}/Co^{2+}	$Co^{3+}+e^- \rightleftharpoons Co^{2+}$	+1.82
F_2/F^-	$F_2+2e^- \rightleftharpoons 2F^-$	+2.866

下面对标准电极电势表的使用作几点说明。

(1)表 6-1 中的半反应用 $Ox + ne^- \rightleftharpoons Red$ 表示,得到的电极电势又称为还原电势。按照 IUPAC 的规定,标准电极电势表一般都采用还原电势表示。电极电势的高低表明电子得失的难易,即氧化还原能力的强弱:由上向下,电极电势由负到正,数值增大,说明电极反应中氧化态物质获得电子的本领或氧化能力越强,即氧化能力自上而下依次增强;相反，由下向上，电极电势数值由正变负，说明电极反应中还原态物质失去电子的本领或还原能力越强，即还原能力自下而上依次增强。

(2)标准电极电势($\varphi^{\ominus}$)是强度性质，没有加合性，即不论半电池反应式中的系数乘以或除以任何实数值仍不变。另外，不论电极反应向什么方向进行，$\varphi^{\ominus}$值的符号不变。

例如：　$Zn^{2+} + 2e^- \rightleftharpoons Zn$　　$\varphi^{\ominus}(Zn^{2+}/Zn) = -0.761\ 8\ V$

$\frac{1}{2}Zn^{2+} + e^- \rightleftharpoons \frac{1}{2}Zn$　　$\varphi^{\ominus}(Zn^{2+}/Zn) = -0.761\ 8\ V$

(3)标准电极电势表分为酸表与碱表，这是由电极反应中介质的酸性和碱性所决定的。若在电极反应介质中出现H^+时，查酸表；若出现OH^-时，查碱表(如表6-2)；如在电极反应中既无H^+又无OH^-出现时，可从存在状态来考虑。例如电极反应$Fe^{3+}+e^-=Fe^{2+}$，考虑到Fe^{3+}和Fe^{2+}仅能在酸性溶液中存在，故应在酸表中查取电对Fe^{3+}/Fe^{2+}的电极电势。

(4)$\varphi^{\ominus}$是水溶液体系的标准电极电势，对于非水溶液体系、非标准状态，不能用$\varphi^{\ominus}$值的大小比较物质的氧化还原能力。

表6-2　几种电极在碱性溶液中的标准电极电势　(298.15 K)①

电对	电极反应	标准电极电势 $\varphi_B^{\ominus}$/V
$Mn(OH)_2/Mn$	$Mn(OH)_2+2e^- \rightleftharpoons Mn+2OH^-$	−1.560
$[Zn(NH_3)_4]^{2+}/Zn$	$[Zn(NH_3)_4]^{2+}+2e^- \rightleftharpoons Zn+4NH_3$	−1.040
$Fe(OH)_3/Fe(OH)_2$	$Fe(OH)_3+e^- \rightleftharpoons Fe(OH)_2+OH^-$	−0.560
$[Cu(NH_3)_2]^+/Cu$	$[Cu(NH_3)_2]^++e^- \rightleftharpoons Cu+2NH_3$	−0.120
$MnO_2/Mn(OH)_2$	$MnO_2+2H_2O+2e^- \rightleftharpoons Mn(OH)_2+2OH^-$	−0.050
O_2/OH^-	$O_2+2H_2O+4e^- \rightleftharpoons 4OH^-$	+0.401
MnO_4^-/MnO_2	$MnO_4^-+2H_2O+3e^- \rightleftharpoons MnO_2+4OH^-$	+0.595
ClO^-/Cl^-	$ClO^-+H_2O+2e^- \rightleftharpoons Cl^-+2OH^-$	+0.890

6.2.4　标准电极电势的应用

6.2.4.1　判断氧化剂和还原剂的相对强弱

电极电势的数据反映了氧化还原电对得失电子的趋势，根据标准电极电势的高低可判断在标准状态下物质的氧化还原能力的相对强弱。电极电势越正，电对中氧化态物质氧化能力越强，还原态物质还原能力越弱；电极电势越负，电对中还原态物质还原能力越强，氧化态物质氧化能力越弱。所以，在表6-1中，靠近标准电极电势表下端的电对，其氧化态物质可以作为强氧化剂，而与它对应的还原态物质则可以作为弱还原剂；靠近表上端的电对，其还原态物质可以作为强还原剂，而与它对应的氧化态物质则可以作为弱氧

① 本表数据摘自 Weast R. C.，Handbook of Chemistry and Physics，D-151，69th Edition，1988～1989。

化剂。

例 6-5 根据标准电极电势值 $\varphi^{\ominus}$,(1)按照由弱到强的顺序排列以下氧化剂:Fe^{3+}、I_2、Sn^{4+}、Ce^{4+};(2)按照由弱到强的顺序排列以下还原剂:Cu、Fe^{2+}、Br^-、Hg。

解:(1)由表 6-1 可知:

$\varphi^{\ominus}(Fe^{3+}/Fe^{2+}) = +0.771\ V$, $\varphi^{\ominus}(I_2/I^-) = +0.535\ 5\ V$,

$\varphi^{\ominus}(Sn^{4+}/Sn^{2+}) = +0.151\ V$, $\varphi^{\ominus}(Ce^{4+}/Ce^{3+}) = +1.72\ V$。

按照 $\varphi^{\ominus}$ 代数值递增的顺序排列,得到氧化剂由弱到强的顺序:$Sn^{4+} < I_2 < Fe^{3+} < Ce^{4+}$。

(2)由表 6-1 可知:

$\varphi^{\ominus}(Cu^{2+}/Cu) = +0.341\ 9\ V$, $\varphi^{\ominus}(Fe^{3+}/Fe^{2+}) = +0.771\ V$,

$\varphi^{\ominus}(Br_2/Br^-) = +1.06\ 6\ V$, $\varphi^{\ominus}(Hg_2^{2+}/Hg) = +0.797\ 3\ V$。

按照 $\varphi^{\ominus}$ 代数值递减的顺序排列,得到还原剂由弱到强的顺序:$Br^- < Hg < Fe^{2+} < Cu$。

例 6-6 含有 Cl^-、Br^-、I^- 三种离子(均处于标准态)的混合溶液,欲使 I^- 氧化为 I_2,而 Cl^-、Br^- 不发生变化,在常用的氧化剂 $Fe_2(SO_4)_3$ 和 $KMnO_4$ 中(设它们在溶液中均为标准浓度),选用哪一个比较合适?

解:查表知:

$\varphi^{\ominus}(I_2/I^-) = +0.535\ 5\ V$, $\varphi^{\ominus}(Br_2/Br^-) = +1.066\ V$, $\varphi^{\ominus}(Cl_2/Cl^-) = +1.358\ 27\ V$,

$\varphi^{\ominus}(Fe^{3+}/Fe^{2+}) = +0.771\ V$, $\varphi^{\ominus}(MnO_4^-/Mn^{2+}) = +1.51\ V$。

因为 $\varphi^{\ominus}(MnO_4^-/Mn^{2+})$ 的值比 $\varphi^{\ominus}(I_2/I^-)$、$\varphi^{\ominus}(Br_2/Br^-)$ 和 $\varphi^{\ominus}(Cl_2/Cl^-)$ 都大,$KMnO_4$ 会将 I^-、Br^-、Cl^- 都氧化,但 $\varphi^{\ominus}(Fe^{3+}/Fe^{2+})$ 仅大于 $\varphi^{\ominus}(I_2/I^-)$,故可选择 $Fe_2(SO_4)_3$,只将 I^- 氧化为 I_2,而不使 Cl^-、Br^- 氧化。

实验室中常用的强氧化剂,例如 $KMnO_4$、$K_2Cr_2O_7$、HNO_3、H_2O_2 等,其电对的 $\varphi^{\ominus}$ 值一般都大于 1.0 V;常用的强还原剂,例如 Fe、Zn、Sn^{2+} 等,其电对的 $\varphi^{\ominus}$ 值一般都小于 0 或稍大于 0。需要注意的是,有些涉及元素中间氧化数的物质如 Fe^{2+} 离子,作氧化剂时必须用电对 Fe^{2+}/Fe 的 $\varphi^{\ominus}$ 值(−0.447 V),作还原剂时必须用电对 Fe^{3+}/Fe^{2+} 的 $\varphi^{\ominus}$ 值(+0.771 V)。此外,在选择氧化剂和还原剂时,除了考虑电极电势的大小之外,还需要注意其他因素,例如,在 Cu^{2+} 溶液中加入 KI,可使 Cu^{2+} 还原成 CuI 的白色沉淀。从标准电极电势的数据看,$\varphi^{\ominus}(Cu^{2+}/Cu^+)$ 低于 $\varphi^{\ominus}(I_2/I^-)$,上述现象不可能发生,事实上这个反应却进行得很完全。这是由于 CuI 的溶度积小($K_{sp}^{\ominus} = 5.06 \times 10^{-12}$),当溶液中产生了少量 Cu^+ 后就和 I^- 离子反应生成 CuI 沉淀,致使溶液中 Cu^+ 的浓度降低,影响了 Cu^{2+}/Cu^+ 的电极电势(具体计算见 6.3 节中沉淀生成对电极电势的影响)。

6.2.4.2 判断氧化还原的方向

较强氧化剂和较强还原剂作用,这是一个自发过程。例如:

$$Zn + Cu^{2+} \rightleftharpoons Zn^{2+} + Cu$$

$\varphi^{\ominus}(Cu^{2+}/Cu)$ 为 +0.341 9 V,较高;$\varphi^{\ominus}(Zn^{2+}/Zn)$ 为 −0.761 8 V,较低。所以,较强氧化剂 Cu^{2+} 与较强还原剂 Zn 发生反应,生成较弱的还原剂 Cu 和较弱的氧化剂 Zn^{2+},是可以自发进行的反应。

需要注意的是,当电极中氧化态或者还原态离子浓度不是 1 $mol \cdot dm^{-3}$,则不能直接使用标准电极电势 $\varphi^{\ominus}$ 来判断氧化还原能力。我们将在 6.4 节中讨论非标准状态下氧化还原反应方向的问题。

6.3　电极电势的能斯特方程式及影响电极电势的因素

6.3.1　电极电势的能斯特方程式——浓度对电极电势的影响

标准电极电势是在标准状态测得的，一般手册中给出的是温度为298.15 K下的数据。但大多数氧化还原反应都是在非标准状态下进行的，它们的电极电势受哪些因素影响呢？W. Nernst从理论上推导出了电极电势 φ 与标准电极电势 $\varphi^{\ominus}$ 之间的关系。对于任意电对，存在以下关系：

$$p\text{Ox}+ne^{-} \rightleftharpoons q\text{Red}$$

$$\varphi(\text{Ox/Red})=\varphi^{\ominus}(\text{Ox/Red})+\frac{RT}{nF}\ln\frac{[c(\text{Ox})/c^{\ominus}]^{p}}{[c(\text{Red})/c^{\ominus}]^{q}} \tag{6-4}$$

式(6-4)称为电极电势的**能斯特方程式**(Nernst's equation)，它是电化学中最重要的公式之一。式中，R 为摩尔气体常数，T 为热力学温度，F 为法拉第常数(96 485 C · mol^{-1})，n 为电极反应式中转移的电子数。

当温度为298.15 K时，将相关常数代入式(6-4)，并将自然对数变成常用对数，得：

$$\varphi(\text{Ox/Red})=\varphi^{\ominus}(\text{Ox/Red})+\frac{0.059\ 16\ \text{V}}{n}\lg\frac{[c(\text{Ox})/c^{\ominus}]^{p}}{[c(\text{Red})/c^{\ominus}]^{q}} \tag{6-5}$$

使用能斯特方程式时须注意以下几点：①方程式中 n 表示电极反应中的电子转移数；②方程式中的氧化态、还原态并非专指氧化数有变化的物质，而是包括了参加反应的所有物质，即使有的物质本身没有电子得失；③若电对中的某一物质是固体或液体，则它们的浓度均为常数，常认为是1。若电对中的某一物质是气体，则用气体分压表示。

下面举例来说明能斯特方程式的用法。

$$Fe^{3+}+e^{-} \rightleftharpoons Fe^{2+},\ \varphi(Fe^{3+}/Fe^{2+})=\varphi^{\ominus}(Fe^{3+}/Fe^{2+})+0.059\ 16\ \text{V}\times\lg\frac{[c(Fe^{3+})/c^{\ominus}]}{[c(Fe^{2+})/c^{\ominus}]}$$

$$Zn^{2+}+2e^{-} \rightleftharpoons Zn,\ \varphi(Zn^{2+}/Zn)=\varphi^{\ominus}(Zn^{2+}/Zn)+\frac{0.059\ 16\ \text{V}}{2}\times\lg[c(Zn^{2+})/c^{\ominus}]$$

$$Br_2(\text{l})+2e^{-} \rightleftharpoons 2Br^{-},\ \varphi(Br_2/Br^{-})=\varphi^{\ominus}(Br_2/Br^{-})+\frac{0.059\ 16\ \text{V}}{2}\times\lg\frac{1}{[c(Br^{-})/c^{\ominus}]^{2}}$$

$$2H^{+}+2e^{-} \rightleftharpoons H_2,\ \varphi(H^{+}/H_2)=\varphi^{\ominus}(H^{+}/H_2)+\frac{0.059\ 16\ \text{V}}{2}\times\lg\frac{[c(H^{+})/c^{\ominus}]^{2}}{[p(H_2)/p^{\ominus}]}$$

$$MnO_4^{-}+8H^{+}+5e^{-} \rightleftharpoons Mn^{2+}+4H_2O,$$

$$\varphi(MnO_4^{-}/Mn^{2+})=\varphi^{\ominus}(MnO_4^{-}/Mn^{2+})+\frac{0.059\ 16\ \text{V}}{5}\times\lg\frac{[c(MnO_4^{-})/c^{\ominus}]\cdot[c(H^{+})/c^{\ominus}]^{8}}{[c(Mn^{2+})/c^{\ominus}]}$$

例6-7　计算298.15 K时，Zn^{2+}浓度为0.001 0 mol · dm^{-3}的溶液中，Zn^{2+}/Zn电对的电极电势。

解：查表得 $\varphi^{\ominus}(Zn^{2+}/Zn)=-0.761\ 8$ V，已知 $c(Zn^{2+})=0.001\ 0$ mol · dm^{-3}，还原态物质为固体，$n=2$。代入能斯特方程得：

$$\varphi(Zn^{2+}/Zn)=\varphi^{\ominus}(Zn^{2+}/Zn)+\frac{0.059\ 16\ \text{V}}{2}\times\lg[c(Zn^{2+})/c^{\ominus}]$$

$$=-0.761\ 8\ \text{V}+\frac{0.059\ 16\ \text{V}}{2}\times \lg 0.001\ 0=-0.85\ \text{V}$$

计算表明，当 $c(Zn^{2+})$ 从 1.0 mol · dm^{-3} 降低到 0.0010 mol · dm^{-3} 时，Zn^{2+}/Zn 电极的电极电势仅降低了 0.09 V，说明氧化态物质浓度降低，相应电极电势下降，但变化不大。

例 6-8 已知 $Fe^{3+}+e^{-}=Fe^{2+}$，$\varphi^{\ominus}=0.771$ V。试求 $c(Fe^{3+})/c(Fe^{2+})=10\ 000$ 时，298.15 K 下的 $\varphi(Fe^{3+}/Fe^{2+})$ 的值。

解：代入能斯特方程得：

$$\varphi(Fe^{3+}/Fe^{2+})=\varphi^{\ominus}(Fe^{3+}/Fe^{2+})+0.059\ 16\ \text{V}\times \lg\frac{[c(Fe^{3+})/c^{\ominus}]}{[c(Fe^{2+})/c^{\ominus}]}$$

$$=0.771\ \text{V}+0.059\ 16\ \text{V}\times \lg 10\ 000=1.01\ \text{V}$$

计算表明，当 Fe^{2+} 的浓度降低至原来的 $1/10^4$ 时，电极电势升高了 0.236 V，作为氧化剂的 Fe^{3+} 夺取电子的能力增强了。这与化学平衡移动的概念相一致，即 Fe^{2+} 浓度的降低，促使平衡向右移动。

例 6-9 在 298.15 K，当 $p(H_2)=100$ kPa 时，中性溶液中 H^+/H_2 的电极电势为多少？

解：已知 $c(H^+)=1.0\times 10^{-7}$ mol · dm^{-3}，$p(H_2)=100$ kPa，$n=2$，$\varphi^{\ominus}(H^+/H_2)=0.000\ 00$ V

代入能斯特方程得：

$$\varphi(H^+/H_2)=\varphi^{\ominus}(H^+/H_2)+\frac{0.059\ 16\ \text{V}}{2}\times \lg\frac{[c(H^+)/c^{\ominus}]^2}{[p(H_2)/p^{\ominus}]}$$

$$=0.000\ 00\ \text{V}+\frac{0.059\ 16\ \text{V}}{2}\times \lg\frac{(1.0\times 10^{-7})^2}{100/100}=-0.41\text{V}$$

从以上计算结果，可以得出以下几点。

(1) 电极电势不仅取决于电极的本性，还取决于反应时的温度和氧化态、还原态及相关介质的浓度或分压。

(2) 在温度一定的条件下，当还原态物质浓度降低或氧化态物质浓度增加时，电极电势升高，电对中氧化态物质的氧化能力增强，还原态物质的还原能力减弱；反之，当氧化态物质浓度降低或还原态物质浓度增加时，电极电势降低，电对中氧化态物质的氧化能力减弱，还原态物质的还原能力增强。

(3) 决定电极电势高低的主要因素是标准电极电势，这是因为在 298.15 K 时，浓度对电极电势的影响是通过氧化态或还原态物质浓度幂积比值的对数值并乘以 $\frac{0.059\ 16\ \text{V}}{n}$ 起作用的，一般情况下对电极电势的影响并不大，只有当氧化态或还原态物质浓度很大或很小，或电极反应式中物质前的计量系数很大时才会对电极电势产生显著影响。

6.3.2 影响电极电势的其他因素

上面讨论的是氧化态物质和还原态物质本身浓度的改变对电极电势的影响。下面将分别讨论溶液的酸度、沉淀和难解离物质的生成对电极电势的影响。

6.3.2.1　酸度对电极电势的影响

当H^+或OH^-直接参加反应,或当某种反应物或产物的稳定性受到溶液的酸碱度的影响时,溶液酸度的变化将导致电极电势的变化。

例6-10　当$c(H^+)=10\ mol\cdot dm^{-3}$时,计算$Cr_2O_7^{2-}/Cr^{3+}$电对的电极电势(其他条件均在标准状态下,温度为298.15 K)。

解:$Cr_2O_7^{2-}+14H^++6e^- \rightleftharpoons 2Cr^{3+}+7H_2O, n=6$

查表得$\varphi^\ominus(Cr_2O_7^{2-}/Cr^{3+})=1.36\ V$,代入能斯特方程得

$$\varphi(Cr_2O_7^{2-}/Cr^{3+})=\varphi^\ominus(Cr_2O_7^{2-}/Cr^{3+})+\frac{0.059\ 16\ V}{6}\times\lg\frac{[c(Cr_2O_7^{2-})/c^\ominus]\times[c(H^+)/c^\ominus]^{14}}{[c(Cr^{3+})/c^\ominus]^2}$$

$$=1.36V+\frac{0.059\ 16\ V}{6}\times\lg10^{14}=1.50\ V$$

由计算结果可知,具有氧化性的含氧酸盐在酸性介质中其氧化性一般会增强。

6.3.2.2　沉淀生成对电极电势的影响

若在溶液中加入某种能与电对中的氧化态或还原态物质生成沉淀的物质,电对的电极电势将较大程度地改变,氧化态物质的氧化能力和还原态物质的还原能力将受到一定影响。

例6-11　已知在298.15 K时,电极反应$Ag^++e^- \rightleftharpoons Ag$,$\varphi^\ominus(Ag^+/Ag)=+0.779\ 6\ V$,在溶液中加入NaCl使之生成AgCl沉淀,达到平衡时,使$c(Cl^-)=1.0\ mol\cdot dm^{-3}$。求此时的$\varphi(Ag^+/Ag)$。已知$K_{sp}^\ominus(AgCl)=1.77\times10^{-10}$。

解:在Ag^+/Ag电极中,加入NaCl后将建立如下沉淀溶解平衡:

$$Ag^++Cl^- \rightleftharpoons AgCl$$

溶液中,$c(Ag^+)=\dfrac{K_{sp}^\ominus(AgCl)(c^\ominus)^2}{c(Cl^-)}=\dfrac{1.77\times10^{-10}}{1.0}=1.77\times10^{-10}(mol\cdot dm^{-3})$

代入能斯特方程,得:

$$\varphi(Ag^+/Ag)=\varphi^\ominus(Ag^+/Ag)+0.059\ 16\ V\times\lg[c(Ag^+)/c^\ominus]$$

$$=0.799\ 6\ V+0.059\ 16\ V\times\lg(1.77\times10^{-10})=0.222\ 6\ V$$

计算结果说明,由于AgCl沉淀的生成,Ag^+浓度急剧降低,导致$\varphi(Ag^+/Ag)$显著降低,使Ag^+的氧化能力降低。实际上,在Ag^+溶液中加入Cl^-,原来氧化还原电对中的Ag^+已转化为AgCl沉淀,并组成了一个新电对AgCl/Ag,电极反应为:

$$AgCl+e^- \rightleftharpoons Ag+Cl^-$$

由于平衡溶液中$c(Cl^-)=1.0\ mol\cdot dm^{-3}$,此时$\varphi(Ag^+/Ag)=\varphi^\ominus(AgCl/Ag)=0.222\ 6\ V$,并且有:

$$\varphi^\ominus(AgCl/Ag)=\varphi^\ominus(Ag^+/Ag)+0.059\ 16\ V\times\lg K_{sp}^\ominus(AgCl)$$

根据以上思路可以推知其他金属难溶盐-阴离子电极与对应的金属-金属离子电极的标准电极电势之间的定量关系。

下面,我们利用能斯特方程式来计算一下在上节中讲到的CuI沉淀对$\varphi^\ominus(Cu^{2+}/Cu^+)$

的影响。设溶液中 Cu^{2+} 和 I^- 离子的浓度都是 1.0 mol · dm^{-3},根据溶度积可知:

$$c(Cu^+)=K_{sp}^{\ominus}(CuI)/c(I^-)=5.06\times10^{-12}\ \text{mol}\cdot\text{dm}^{-3}$$

代入能斯特方程式:

$$\varphi(Cu^{2+}/Cu^+)=\varphi^{\ominus}(Cu^{2+}/Cu^+)+0.059\ 16\ \text{V}\times\lg[c(Cu^{2+})/c(Cu^+)]$$

$$=0.153\ \text{V}+0.059\ 16\ \text{V}\times\lg\frac{1}{5.06\times10^{-12}}=0.821\ \text{V}$$

计算结果表明,$\varphi(Cu^{2+}/Cu^+)=0.821$ V,大于 $\varphi^{\ominus}(I_2/I^-)=+0.535\ 5$ V,所以反应可以进行。

6.3.2.3　生成弱酸或弱碱对电极电势的影响

在电极中,若氧化态或还原态物质生成弱酸或弱碱,使其浓度降低,将导致电极电势发生变化。

例 6-12　在电对平衡 $2H^+ +2e^- \rightleftharpoons H_2$ 中,加入 NaAc 固体使溶液中生成 HAc。当 $p(H_2)=1.00\times10^5$ Pa,$c(HAc)=c(Ac^-)=1.0$ mol · dm^{-3} 时,试计算 $\varphi(H^+/H_2)$。

解:因为 $K_a^{\ominus}=\dfrac{[c(H^+)/c^{\ominus}]\times[c(Ac^-)/c^{\ominus}]}{[c(HAc)/c^{\ominus}]}$,且 $c(HAc)=c(Ac^-)=1.0$ mol · dm^{-3}

所以 $c(H^+)=K_a^{\ominus}c^{\ominus}=1.76\times10^{-5}$ mol · dm^{-3}

则 $\varphi(H^+/H_2)=\varphi^{\ominus}(H^+/H_2)+\dfrac{0.059\ 16\ \text{V}}{2}\lg\dfrac{[c(H^+)/c^{\ominus}]^2}{[p(H_2)/p^{\ominus}]}$

$$=0.000\ 00\ \text{V}+\frac{0.059\ 16\ \text{V}}{2}\times\lg\frac{(1.79\times10^{-5})^2}{(1.00\times10^5/1.00\times10^5)}=-0.28\ \text{V}$$

由于 HAc 的生成,H^+ 平衡浓度减小,$\varphi(H^+/H_2)$ 下降了 0.28 V,因此,H^+ 的氧化能力降低。同理可知,此时 $\varphi(H^+/H_2)$ 的值实际上是 $\varphi^{\ominus}(HAc/H_2)$ 的值。

电极电势对 H^+ 离子浓度(或活度)的变化符合能斯特方程的电极,称为 pH 指示电极。使用最广泛的 pH 指示电极为玻璃电极(glass electrode),如图 6-4 所示。玻璃电极的玻璃管下端接有半球形玻璃薄膜(约 0.1 mm),膜内装有盐酸溶液,并用氯化银-银电极作内参比电极。内参比溶液中 H^+ 浓度是固定不变的,故内参比电极的电极电势为一常数。

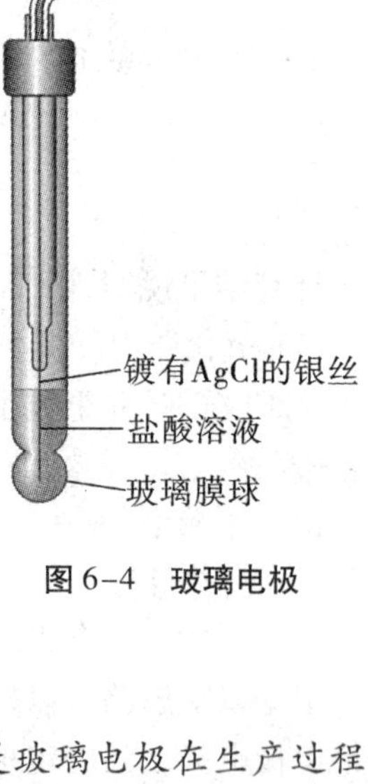

图 6-4　玻璃电极

当玻璃膜内外两侧的氢离子浓度不等时,就会出现电势差,这种电势差称为**膜电势**(membrane potential)。膜电势的数值就取决于膜外待测溶液的氢离子浓度,即 pH 值,这就是玻璃电极可用作 pH 指示电极的基本原理。

玻璃电极的电极电势与待测溶液的氢离子浓度也符合能斯特方程:

$$\varphi_{玻}=K_{玻}+\frac{RT}{F}\ln a(H^+)=K_{玻}-\frac{2.303RT}{F}\text{pH}$$

式中 $K_{玻}$ 在理论上说是一个常数,但实际上是一个未知数,原因是玻璃电极在生产过程中其表面存在一定的差异,不同的玻璃电极可能有不同的 $K_{玻}$,即使是同一支玻璃电极在使

用过程中 $K_{玻}$ 也会缓慢发生变化，所以每次使用前必须校正。

用 pH 玻璃电极为指示电极，饱和甘汞电极（SCE）为参比电极组成电池：

（－）玻璃电极｜待测 pH 溶液｜SCE（＋）

其电池电动势为：

$$E=\varphi_{SCE}-\varphi_{玻}=\varphi_{SCE}-(K_{玻}-\frac{2.303RT}{F}pH) \tag{6-6}$$

饱和甘汞电极在一定温度下有比较稳定的电极电势，298.15 K 时，$\varphi_{SCE}=+0.2438\ V$。令 $K_E=\varphi_{SCE}-K_{玻}$，则上式为：

$$E=K_E+\frac{2.303RT}{F}pH \tag{6-7}$$

在 298.15 K 时，式（6-7）为：

$$E=K_E+0.05916\ V\ pH$$

pH 玻璃电极和参比电极构成的电池电动势与被测溶液的 pH 值有线性关系。由于玻璃电极存在不对称电势，故不能直接用它来测定溶液的 pH 值。在测定 pH 值时，应先用已知 pH 值的标准缓冲溶液测出上述电池的电动势：

$$E_S=K_E+0.05916\ V\ pH_S$$

然后再测未知溶液，其电池电动势为：

$$E_X=K_E+0.05916\ V\ pH_X$$

所以：

$$pH_X=pH_S+\frac{E_X-E_S}{0.05916\ V} \tag{6-8}$$

IUPAC 确定此式为 pH **操作定义**（operational definition of pH）。

在测定 pH 值时，要用标准缓冲溶液校正仪器。所使用的标准缓冲溶液的 pH 值与被测溶液 pH 值相差不宜过大，最好在 5 个 pH 单位以内。

将指示电极和参比电极组装在一起构成**复合电极**（combination electrode）。测定 pH 值使用的复合电极通常由玻璃电极、AgCl/Ag 电极或玻璃电极－甘汞电极组合而成。复合电极的优点在于使用方便，并且测定值较稳定。

6.4　原电池电动势与氧化还原平衡

电池电动势 E 是原电池产生电流的推动力，也是电池反应的推动力。根据热力学知识，$\Delta_r G_m<0$ 是等温、恒压、不做非体积功的化学反应自发进行的推动力。因此，电池电动势和吉布斯自由能变之间必定存在某种内在联系。

6.4.1　原电池电动势与氧化还原反应吉布斯自由能变的关系

热力学理论指出，在等温恒压下，体系吉布斯自由能的减少值等于体系对环境所做的最大非体积功。原电池在理想情况下（电池通过的电流无限小，电池反应不以热的形式传递能量），系统所做的非体积功全部为电功，由此可推导出：

$$\Delta_r G_m=-nFE \tag{6-9}$$

其中 F 为法拉第常数（96 485 $C\cdot mol^{-1}$），n 为反应中传递的电子数。

若原电池处于标准状态下，则上式变为：

$$\Delta_r G_m^\ominus = -nFE^\ominus \qquad (6\text{-}10)$$

式(6-9)和式(6-10)将氧化还原反应的自由能变 $\Delta_r G_m$ 与原电池的电动势 E 联系起来，由此可以解决氧化还原反应中的许多热力学问题。

6.4.2　用电池电动势判断氧化还原反应的自发性

对任意一个氧化还原反应 $Ox_1+Red_2 \rightleftharpoons Red_1+Ox_2$，将这个反应放在原电池中进行，电对 Ox_1/Red_1 对应的电极应为原电池的正极，电对 Ox_2/Red_2 对应的电极应为原电池的负极。假定反应物质都在溶液中，使用 Pt 作电极板，其原电池的组成如下：

$$(-)Pt|Ox_2(c_1),Red_2(c_2) \parallel Ox_1(c_3),Red_1(c_4)|Pt(+)$$

原电池的电动势 $E=\varphi_{(+)}-\varphi_{(-)}$

若 $E>0$，根据式(6-9)，对应地可以得到 $\Delta_r G_m<0$，反应正向自发进行；

若 $E<0$，根据式(6-9)，对应地可以得到 $\Delta_r G_m>0$，反应逆向自发进行；

若 $E=0$，根据式(6-9)，对应地可以得到 $\Delta_r G_m=0$，反应达到平衡。

在标准状态下，则可得出：

若 $E^\ominus>0$，根据式(6-10)，对应地可以得到 $\Delta_r G_m^\ominus<0$，反应正向自发进行；

若 $E^\ominus<0$，根据式(6-10)，对应地可以得到 $\Delta_r G_m^\ominus>0$，反应逆向自发进行；

若 $E^\ominus=0$，根据式(6-10)，对应地可以得到 $\Delta_r G_m^\ominus=0$，反应达到平衡。

由此可见，在等温、恒压、不做非体积功的条件下，氧化还原反应的自发方向可以利用 $\Delta_r G_m$ 或电池电动势 E 判断，两种方法的结果是一致的。

例 6-13　计算 $Cr_2O_7^{2-}+6Fe^{2+}+14H^+=2Cr^{3+}+6Fe^{3+}+7H_2O$ 的 $\Delta_r G_m^\ominus$，并判断反应在标准状态下是否自发进行。

解：正极 $Cr_2O_7^{2-}+14H^++6e^- \rightleftharpoons 2Cr^{3+}+7H_2O$　查表得 $\varphi^\ominus(Cr_2O_7^{2-}/Cr^{3+})=1.36\ V$

负极 $Fe^{3+}+e^- \rightleftharpoons Fe^{2+}$，查表得 $\varphi^\ominus(Fe^{3+}/Fe^{2+})=0.771\ V$

$$E^\ominus=\varphi^\ominus(Cr_2O_7^{2-}/Cr^{3+})-\varphi^\ominus(Fe^{3+}/Fe^{2+})=1.36-0.771=0.589(V)>0$$

故反应正向自发进行。

配平氧化还原方程式中电子转移数 $n=6$，则有：

$$\Delta_r G_m^\ominus=-nFE^\ominus=-340\ kJ\cdot mol^{-1}<0$$

因此，根据 $\Delta_r G_m^\ominus$ 判断该反应也应是正向自发进行。

例 6-14　试判断下列原电池的正、负极，并计算其电动势。

$$Zn(s)|Zn^{2+}(0.001\ mol\cdot dm^{-3}) \parallel Zn^{2+}(1\ mol\cdot dm^{-3})|Zn(s)$$

解：查表可知 $\varphi^\ominus(Zn^{2+}/Zn)=-0.761\ 8\ V$

根据能斯特方程可以得出左边电极：

$$\varphi(Zn^{2+}/Zn)=\varphi^\ominus(Zn^{2+}/Zn)+\frac{0.059\ 16\ V}{2}\lg[c(Zn^{2+})/c^\ominus]$$

$$=-0.761\ 8\ V+\frac{0.059\ 16\ V}{2}\lg 0.001=-0.850\ 5(V)$$

根据 φ 代数值大的为正极，小的为负极，所以盐桥左边为负极，右边为正极，电池符号为：

$$(-)Zn(s)|Zn^{2+}(0.001\ mol\cdot dm^{-3})\parallel Zn^{2+}(1\ mol\cdot dm^{-3})|Zn(s)(+)$$

$$E=\varphi_{(+)}-\varphi_{(-)}=-0.761\ 8-(-0.850\ 5)=0.088\ 7(V)$$

上述原电池的正、负极电对相同，只是半电池内的 Zn^{2+} 浓度不同，这种原电池称为**浓差电池**(concentration cell)。

对于某些含氧酸及其盐(如 $KMnO_4$、$K_2Cr_2O_7$、H_3AsO_4 等)参加的氧化还原反应，溶液的酸度有时会导致反应方向的改变。例如，对于如下反应：

$$H_3AsO_4+2I^-+2H^+\underset{OH^-}{\overset{H^+}{\rightleftharpoons}}HAsO_2+I_2+2H_2O$$

计算表明，当 $c(H^+)=1.0\times10^{-8}\ mol\cdot dm^{-3}$，其余物种均处于标准态时，$\varphi(H_3AsO_4/HAsO_2)=0.086\ V<\varphi(I_2/I^-)=0.535\ 5\ V$；当 $c(H^+)=4.0\ mol\cdot dm^{-3}$，其余物种均处于标准态时，$\varphi(H_3AsO_4/HAsO_2)=0.56\ V>\varphi(I_2/I^-)=0.535\ 5\ V$。因此，上述反应在 pH≈8 时向左进行，$I_2$ 可定量地被 $HAsO_2$ 还原；在 $c(H^+)$ 为 4 $mol\cdot dm^{-3}$ 时，上述反应向右进行，即 H_3AsO_4 可以定量地被 I^- 还原。

6.4.3　标准电池电动势与氧化还原反应的平衡常数

根据式(3-27)和式(6-10)，即：

$$\Delta_r G_m^{\ominus}=-RT\ln K^{\ominus}$$

$$\Delta_r G_m^{\ominus}=-nFE^{\ominus}$$

可以推出：

$$-RT\ln K^{\ominus}=-nFE^{\ominus}\tag{6-11}$$

在 298.15 K 时，将 F、R 代入上式，得到：

$$\lg K^{\ominus}=\frac{nE^{\ominus}}{0.059\ 16\ V}=\frac{n(\varphi_{(+)}^{\ominus}-\varphi_{(-)}^{\ominus})}{0.059\ 16\ V}\tag{6-12}$$

式中 n 是配平的氧化还原反应方程式中转移的电子数，由此可得出如下结论。

(1)氧化还原反应的标准平衡常数与标准电动势有关，而与物质的浓度(或分压)无关。$E^{\ominus}$ 越大，$K^{\ominus}$ 越大，正反应有可能进行得越完全。

(2)氧化还原反应的标准平衡常数与电子转移数 n 有关，即与反应方程式的写法有关，且 $\lg K^{\ominus}$ 与 n 成正比。

(3)氧化还原反应的标准平衡常数与温度有关。式(6-12)是 298.15 K 时的关系式，在其他任意温度下，平衡常数的计算公式是：

$$\lg K^{\ominus}=\frac{nFE^{\ominus}}{2.303RT}=\frac{nF(\varphi_{(+)}^{\ominus}-\varphi_{(-)}^{\ominus})}{2.303RT}\tag{6-13}$$

(4)一般地，当 $nE^{\ominus}>0.4$ V 时，$K^{\ominus}>10^6$，可以认为反应进行得比较彻底。这是由于此时浓度(或分压)的变化对电对的电极电势的影响不太大，因此，即使在非标准状态下，也可以直接用标准平衡常数来判断反应进行的方向。但如果 $nE^{\ominus}<0.4$ V，且浓度(或分压)的变化较大时，有可能导致氧化还原反应逆向进行。

例 6-15　计算下列反应在 298.15 K 时的平衡常数。

$$O_2(100\ kPa)+4Fe^{2+}(1\ mol\cdot dm^{-3})+4H^+(1\ mol\cdot dm^{-3})\rightleftharpoons 4Fe^{3+}(1\ mol\cdot dm^{-3})+2H_2O$$

解:该反应由两个半反应组成:

正极反应　$O_2 + 4H^+ + 4e^- \rightleftharpoons 2H_2O$

负极反应　$4Fe^{2+} \rightleftharpoons 4Fe^{3+} + 4e^-$

因为参与电极反应的物质均处于标准态下,所以,

$$E^\ominus = \varphi^\ominus_{(+)} - \varphi^\ominus_{(-)} = \varphi^\ominus(O_2/H_2O) - \varphi^\ominus(Fe^{3+}/Fe^{2+}) = 1.229 - 0.771 = 0.458(V)$$

$$\lg K^\ominus = \frac{nE^\ominus}{0.059\ 16\ V} = \frac{4\times 0.458\ V}{0.059\ 16\ V} = 30.9,\ K^\ominus = 7.9\times 10^{30}$$

平衡常数$K^\ominus$值很大,说明Fe^{2+}在酸性溶液中很容易被彻底氧化成Fe^{3+}。

例 6-16　试计算在298.15 K时,(1)反应$Pb^{2+} + Sn \rightleftharpoons Pb + Sn^{2+}$的平衡常数;(2)当$Pb^{2+}$的初始浓度为2 mol·dm^{-3}时,反应达平衡后$c(Pb^{2+})$还剩多少?

解:(1)在标准状态时,有:

$$E^\ominus = \varphi^\ominus(Pb^{2+}/Pb) - \varphi^\ominus(Sn^{2+}/Sn) = (-0.126) - (-0.136) = 0.010(V)$$

$$\lg K^\ominus = \frac{nE^\ominus}{0.059\ 16\ V} = \frac{2\times 0.010\ V}{0.059\ 16\ V} = 0.34,\ K^\ominus = 2.2$$

(2)　　　　$Pb^{2+} + Sn \rightleftharpoons Pb + Sn^{2+}$

平衡浓度(mol·dm^{-3}):　2.0−x　　　　　　x

$$K^\ominus = \frac{c(Sn^{2+})}{c(Pb^{2+})} = \frac{x}{2.0-x} = 2.2$$

解得:$x = 1.4$ mol·dm^{-3}

因此,$c(Pb^{2+}) = 2.0 - 1.4 = 0.6$(mol·dm^{-3})

由于$K^\ominus$较小,平衡时$c(Pb^{2+})$仍较大,说明该反应进行得很不完全。

需要注意,根据电极电势的大小只能判断氧化还原反应自发进行的方向和限度,并不能反映出该反应实际进行的快慢。例如:

$$2MnO_4^- + 5Zn + 16H^+ \longrightarrow 2Mn^{2+} + 5Zn^{2+} + 8H_2O$$

查表6-1可知,$\varphi^\ominus(MnO_4^-/Mn^{2+}) = +1.51$ V,$\varphi^\ominus(Zn^{2+}/Zn) = -0.761\ 8$ V,该反应$E^\ominus$ = 2.27 V,计算出反应的平衡常数$K^\ominus = 2.7\times 10^{383}$,表明上述反应可以完全进行到底。但实验证明,在酸性介质中,如果用纯锌和高锰酸钾作用,反应速率非常小,难以观察到反应的进行。只有在Fe^{3+}的催化下,该反应才能明显地发生。

另外,如果将一些非氧化还原的化学反应通过适当的方式设计成原电池,同样可以利用标准电池电动势计算这些反应的平衡常数,如解离平衡常数、水的离子积常数、溶度积常数、配位平衡常数(见第10章配位化合物)等。下面我们举例说明。

例 6-17　HCN酸性很弱,难以直接测量,但采取电化学方法则很容易。已知$\varphi^\ominus(HCN/H_2) = -0.545$ V,计算$K_a^\ominus(HCN)$值。

解:将HCN/H_2与标准氢电极H^+/H_2设计成原电池。

负极反应:　$2HCN + 2e^- \rightleftharpoons H_2 + 2CN^-$　　$\varphi^\ominus(HCN/H_2) = -0.545$ V

正极反应:　$H_2 \rightleftharpoons 2H^+ + 2e^-$　　$\varphi^\ominus(H^+/H_2) = 0.000\ 00$ V

电池反应:　$H^+ + CN^- = HCN$　　$E^\ominus = \varphi^\ominus(H^+/H_2) - \varphi^\ominus(HCN/H_2) = 0.545$ V

该电池反应与HCN的解离平衡逆过程相同,求出的电池反应的平衡常数即为HCN的$K_a^\ominus$的倒数值。

代入式(6-12),得:

$$\lg K^{\ominus}=\frac{nE^{\ominus}}{0.05916\ \text{V}}=\frac{1\times0.545\ \text{V}}{0.05916\ \text{V}}=9.212,\quad K^{\ominus}=1.63\times10^{9}$$

因为 $K_a^{\ominus}=1/K^{\ominus}$,所以,$K_a^{\ominus}(\text{HCN})=6.23\times10^{-10}$

例 6-18　已知 $Ag^{+}+e^{-}\rightleftharpoons Ag$,$\varphi^{\ominus}=+0.7996$ V;$AgCl+e^{-}\rightleftharpoons Ag+Cl^{-}$,$\varphi^{\ominus}=+0.22233$ V 求 AgCl 在 298.15 K 下的 $pK_{sp}^{\ominus}$。

解:将上述两个电极组成原电池,根据 $\varphi^{\ominus}$ 的高低可知,Ag^{+}/Ag 做正极,AgCl/Ag 做负极,则电池反应为:

$$Ag^{+}+Cl^{-}\rightleftharpoons AgCl$$

$$E^{\ominus}=0.7996-0.22233=0.5773(\text{V})$$

该电池反应为 AgCl 在水溶液中溶解平衡的逆过程,电池反应的平衡常数即为 $K_{sp}^{\ominus}(\text{AgCl})$ 倒数值。

代入式(6-12),得:$\lg K^{\ominus}=\frac{nE^{\ominus}}{0.05916\ \text{V}}=\frac{1\times0.5773\ \text{V}}{0.05916\ \text{V}}=9.758$

因此,$pK_{sp}^{\ominus}(\text{AgCl})=\lg K^{\ominus}=9.758$(实验值 9.75)

6.5　元素电势图及其应用

大多数非金属元素和过渡元素可以存在几种氧化态,因而可以组成多种氧化还原电对。为了便于比较同一种元素的各种氧化态的氧化还原性质,物理化学家拉铁莫尔(W. M. Latimer)提出把同一种元素的各种氧化态按照氧化数的高低顺序排列起来,以图解方式表示,称为**元素电势图**或**拉铁莫尔图**(Latimer figure)。使用时需要注意,元素电势图一般从左至右是氧化态由高到低进行排列的(氧化态在左边,还原态在右边),也有从左至右氧化态由低到高排列的元素电势图。

根据溶液的 pH 值不同,将元素电势图分为两大类:$\varphi_A^{\ominus}$ 图(表示酸性溶液)和 $\varphi_B^{\ominus}$ 图(表示碱性溶液)。书写某一元素的元素电势图时,既可以将全部氧化态列入,也可以根据需要列出其中的一部分。例如下面是锰在酸性溶液和碱性溶液中的电势图(298.15 K)。

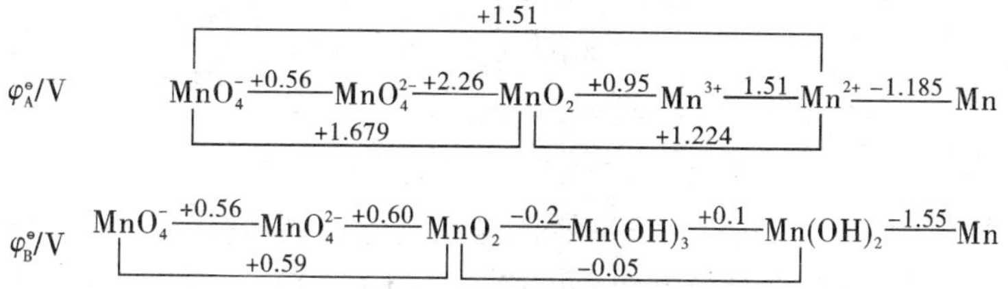

在两种氧化态之间的连线表示它们构成一个电对,连线上的数字表示该电对的标准电极电势值。元素电势图清楚地表明了同种元素的不同氧化数物质氧化、还原能力的相对大小。元素电势图主要有如下用途。

(1)判断处于中间的某一氧化态能否发生歧化反应　例如,在酸性条件下,铜的电势图为:

$$\varphi_A^\ominus/\text{V} \qquad Cu^{2+} \xrightarrow{+0.163} Cu^{+} \xrightarrow{+0.521} Cu \quad (Cu^{2+}/Cu: +0.3419)$$

因为 $\varphi^\ominus(Cu^+/Cu) > \varphi^\ominus(Cu^{2+}/Cu^+)$，即 $E^\ominus = \varphi^\ominus(Cu^+/Cu) - \varphi^\ominus(Cu^{2+}/Cu^+) = 0.36\ \text{V}$，所以会发生如下歧化反应：

$$2Cu^+ \longrightarrow Cu + Cu^{2+}$$

由此可以看出，若同一元素不同氧化数的三种物质组成两个电对，有如下电势图：

$$A \xrightarrow{\varphi^\ominus_{左}} B \xrightarrow{\varphi^\ominus_{右}} C$$

氧化数降低⟶

当 $\varphi^\ominus_{右} > \varphi^\ominus_{左}$ 时，B 能发生歧化反应，产物为 A 和 C，即 B ⟶A+C。当 $\varphi^\ominus_{右} < \varphi^\ominus_{左}$ 时，则当溶液中有 A 和 C 存在时，会发生歧化反应的逆反应，即反歧化，产物为 B，即 A+C ⟶B。

(2)利用元素电势图，由已知电对的 $\varphi^\ominus$ 求算图中未知电对的标准电极电势 $\varphi^\ominus$，例如，某元素电势图为：

$$E \xrightarrow[n_1]{\varphi_1^\ominus} F \xrightarrow[n_2]{\varphi_2^\ominus} G \xrightarrow[n_3]{\varphi_3^\ominus} H \quad (E/H: n)$$

$\varphi_1^\ominus$、$\varphi_2^\ominus$、$\varphi_3^\ominus$、$\varphi^\ominus$ 分别为相邻电对 E/F、F/G、G/H 和 E/H 的标准电极电势。如果 $\varphi_1^\ominus$、$\varphi_2^\ominus$、$\varphi_3^\ominus$ 为已知，据此可以求出未知电对 E/H 的标准电极电势 $\varphi^\ominus$。

这四个电对的电极反应为：

	(1) $E + n_1e^- \rightleftharpoons F$	$\varphi_1^\ominus$
	(2) $F + n_2e^- \rightleftharpoons G$	$\varphi_2^\ominus$
+	(3) $G + n_3e^- \rightleftharpoons H$	$\varphi_3^\ominus$
	(4) $E + ne^- \rightleftharpoons H$	$\varphi^\ominus = ?$

将电对 E/F、F/G、G/H 和 E/H 分别和标准氢电极组成原电池，则这四个电池的 $E^\ominus$ 分别为：

$$E_1^\ominus = \varphi_1^\ominus - \varphi_{SHE} = \varphi_1^\ominus$$
$$E_2^\ominus = \varphi_2^\ominus - \varphi_{SHE} = \varphi_2^\ominus$$
$$E_3^\ominus = \varphi_3^\ominus - \varphi_{SHE} = \varphi_3^\ominus$$
$$E^\ominus = \varphi^\ominus - \varphi_{SHE} = \varphi^\ominus$$

因为电极反应(4) = (1)+(2)+(3)，所以电池反应式也具有(4) = (1)+(2)+(3)的关系，则这四个电池反应的标准自由能变满足：$\Delta_r G_m^\ominus = \Delta_r G_m^\ominus(1) + \Delta_r G_m^\ominus(2) + \Delta_r G_m^\ominus(3)$

即：
$$-nFE^\ominus = -n_1FE_1^\ominus - n_2FE_2^\ominus - n_3FE_3^\ominus$$

因为 $E_1^\ominus = \varphi_1^\ominus$，$E_2^\ominus = \varphi_2^\ominus$，$E_3^\ominus = \varphi_3^\ominus$，$E^\ominus = \varphi^\ominus$，代入上式，且注意到 $n = n_1 + n_2 + n_3$，得：

$$\varphi^\ominus = \frac{n_1\varphi_1^\ominus + n_2\varphi_2^\ominus + n_3\varphi_3^\ominus}{n_1 + n_2 + n_3}$$

若有 i 个相邻电对，则有：

$$\varphi^{\ominus}=\frac{n_1\varphi_1^{\ominus}+n_2\varphi_2^{\ominus}+\cdots+n_i\varphi_i^{\ominus}}{n_1+n_2+\cdots+n_i} \tag{6-14}$$

例 6-19　试从下列元素电势图中的已知标准电极电势，求 $\varphi^{\ominus}(BrO_3^-/Br^-)$ 值。

$$\varphi_A^{\ominus}/V \qquad \underbrace{BrO_3^- \xrightarrow[n_1]{+1.50} BrO^- \xrightarrow[n_2]{+1.59} Br_2 \xrightarrow[n_3]{+1.07} Br^-}_{\varphi^{\ominus},\ n}$$

解：根据各电对的氧化数变化可以知道 n_1、n_2、n_3 分别为 4、1、1，则有：

$$\varphi^{\ominus}(BrO_3^-/Br)=\frac{n_1\varphi_1^{\ominus}+n_2\varphi_2^{\ominus}+n_3\varphi_3^{\ominus}}{n_1+n_2+n_3}=\frac{4\times1.50+1\times1.59+1\times1.07}{4+1+1}=+1.44\ V$$

(3) 解释元素的氧化还原特性　例如，Fe 在酸性介质中的电势图为：

$$\varphi_A^{\ominus}/V \qquad Fe^{3+} \xrightarrow{0.771} Fe^{2+} \xrightarrow{-0.44} Fe$$

从电势图中可知，$\varphi^{\ominus}(Fe^{3+}/Fe^{2+})=+0.771\ V$，$\varphi^{\ominus}(Fe^{2+}/Fe)=-0.44\ V$。因此，在稀盐酸或稀硫酸等非氧化性稀酸中，Fe 会被 H^+ 氧化成 Fe^{2+} 而不是 Fe^{3+}。

但是在酸性溶液中，$\varphi^{\ominus}(O_2/H_2O)=+1.229\ V$，所以空气中的 O_2 可以把 Fe^{2+} 氧化为 Fe^{3+}。

由于 $\varphi^{\ominus}(Fe^{3+}/Fe^{2+})>\varphi^{\ominus}(Fe^{2+}/Fe)$，因此可以发生歧化反应的逆反应：

$$2Fe^{3+}+Fe \longrightarrow 3Fe^{2+}$$

因此，在 Fe^{2+} 溶液中，加入少量金属铁，可以避免 Fe^{3+} 的积累。

阅读材料

燃料电池——未来世界的新能源

燃料电池(fuel cell)是一种不断添加燃料的化学电池。燃料电池基本组成和工作原理与通常的化学电池相同，但一般化学电池是储能装置，而燃料电池是将化学能不经过热而直接转化为电能的装置。前者与环境只有能量交换，而后者与环境既有能量交换又有物质交换，其发电效率可以达到 50% 以上。

早在 1839 年，英国物理学家 R. G. William 发明了“气体伏打电池”，标志着燃料电池的诞生。燃料电池作为 1967 年双子星座卫星与 Appollo 登月飞船空间电源的应用，标志着燃料电池作为一门实用技术的开始。1977 年在美国纽约建成的 4.5 MW 与 1991 年在日本东京湾建成的 11 MW 的地面燃料电池发电厂，则标志着燃料电池从航天、空间电源向地面大型发电厂的转变，可以应用在汽车、铁路牵引、船舶动力、海洋深潜水器上。2003 年，德国研制的世界第一艘燃料电池驱动的潜艇也下水试航，它是目前最先进的常规动力潜艇。由于燃料电池工作时无噪声(噪声大约只有 55 dB)，因此这种潜艇最大的特点在于水下巡航时不易被发现。至今，燃料电池在大规模实用化的道路上已没有难以突破的实质性障碍，被认为是继火力、水力和核能发电之后，有希望大量提供电力的第四种发电技术。

燃料电池的一般结构为燃料(负极)|电解质(液态或固态)|氧化剂(正极)。燃料包括氢、甲醇、乙醇、天然气、煤气、液化石油气、肼等可燃气体或液体;氧化剂为纯氧、空气和卤素等;电解质是离子导电而非电子导电的材料,有碱性、酸性、熔融盐和固体电解质以及高聚物质子交换膜等数种。燃料电池的反应为氧化还原反应,电极的作用一方面是传递电子、形成电流;另一方面是在电极表面发生多向催化反应,反应不涉及电极材料本身,这一点与一般化学电池中电极材料参与化学反应很不相同。此外,燃料电池和一般电池的主要区别在于一般电池的活性物质是预先放在电池里的,因而电池的容量取决于贮存的活性物质的量,而燃料电池的活性物质(燃料和氧化剂)是在反应的同时源源不断地输入的,因此这类电池实际上只是一个能量转换装置。

根据燃料电池使用电解质的不同,燃料电池可分为碱性燃料电池(alkaline fuel cell, AFC)、磷酸型燃料电池(phosphoric acid fuel cell, PAFC)、熔融碳酸盐燃料电池(molten carbonate fuel cell, MCFC)、固体氧化物燃料电池(solid oxide fuel cell, SOFC)和质子交换膜燃料电池(proton exchange membrane fuel cell, PEMFC)五类。PEMFC 技术是目前世界上最成熟的将氢气与空气中的氧气化合成洁净水并释放出电能的技术。

以氢氧燃料电池为例,氢和氧在各自的电极发生反应,氧电极进行氧化反应,放出电子;氢电极进行还原反应,吸收电子。

负极(燃料电极):$H_2-2e^-\longrightarrow 2H^+$(氧化半反应)

正极(氧化剂电极):$2H^++\frac{1}{2}O_2+2e^-\longrightarrow H_2O$(还原半反应)

总反应:$H_2+\frac{1}{2}O_2\longrightarrow 2H_2O(l)$

反应结果是氢和氧发生电化学反应,只会产生水和电能。如果氢是通过可再生能源(光伏电池板、风能发电等)产生的,整个循环就是彻底的不产生有害物质排放的过程。随着技术的不断革新,一些燃料电池已成为新一代的发电技术并进入了实用阶段,比如电动汽车的投入使用。由于燃料电池具有无污染、无噪声、高效率的特点,因此目前被认为是取代蓄电池和发电机作为固定或移动电源最有前景的技术。

本章要点

氧化数:某一元素原子在其化合态中的形式电荷数。

氧化还原反应:反应前后元素氧化数发生改变的一类反应。

氧化还原反应的配平方法:离子-电子法。

原电池:将氧化还原反应的化学能转变为电能的装置。

氧化还原电对:由同一元素的氧化态物质和相应的还原态物质组成,简称为电对。

标准电极电势:标准状态下,以标准氢电极为比较标准而测出的某电极的相对电势。

原电池的标准电动势:$E^\ominus=\varphi^\ominus_{(+)}-\varphi^\ominus_{(-)}$

能斯特方程:$\varphi(\mathrm{Ox/Red})=\varphi^\ominus(\mathrm{Ox/Red})+\frac{RT}{nF}\ln\frac{[c(\mathrm{Ox})/c^\ominus]^p}{[c(\mathrm{Red})/c^\ominus]^q}$;

298.15 K 时,$\varphi(\mathrm{Ox/Red})=\varphi^\ominus(\mathrm{Ox/Red})+\frac{0.059\ 16\ \mathrm{V}}{n}\lg\frac{[c(\mathrm{Ox})/c^\ominus]^p}{[c(\mathrm{Red})/c^\ominus]^q}$

影响电极电势的因素:电极的本性、组成电极的物质浓度和气体的分压、温度、溶液酸碱度、沉淀和弱电解质的生成。

电极电势的应用：判断氧化剂、还原剂的相对强弱、判断原电池的正负极、计算原电池的电动势、判断氧化还原的方向和限度。

原电池的电动势与标准吉布斯自由能变的关系：$\Delta_r G_m^{\ominus} = -nFE^{\ominus}$

氧化还原反应限度的计算：298.15 K 时，$\lg K^{\ominus} = \dfrac{nE^{\ominus}}{0.059\ 16\ \text{V}} = \dfrac{n[\varphi^{\ominus}_{(+)} - \varphi^{\ominus}_{(-)}]}{0.059\ 16\ \text{V}}$

元素标准电极电势图的应用：计算电对的标准电极电势、判断歧化反应的发生、解释一些氧化还原现象。

习题

1. 指出下列化合物中画线元素的氧化数。

$K_2\underline{Cr}O_4$、$Na_2\underline{S_2}O_3$、$Na_2\underline{S}O_3$、$\underline{Cl}O_2$、$\underline{N_2}O_5$、$Na\underline{H}$、$K_2\underline{O_2}$、$K_2\underline{Mn}O_4$

2. 用离子-电子法配平下列反应式。

(1) $Cr_2O_7^{2-} + H_2S + H^+ \longrightarrow Cr^{3+} + S$

(2) $MnO_4^- + H_2O_2 + H^+ \longrightarrow Mn^{2+} + O_2 + H_2O$

(3) $Cl_2 + OH^- \longrightarrow Cl^- + ClO^-$

3. 根据标准电极电势（强酸性介质中），按下列要求排序：

(1) 按氧化剂的氧化能力增强排序：$Cr_2O_7^{2-}$、MnO_4^-、MnO_2、Cl_2、Fe^{3+}、Zn^{2+}。

(2) 按还原剂的还原能力增强排序：Cr^{3+}、Fe^{2+}、Cl^-、Li、H_2。

4. 随着溶液 pH 的升高，下列物质的氧化能力有何变化？

$Cr_2O_7^{2-}$、MnO_4^-、Hg_2^{2+}、Cu^{2+}、H_2O_2、Cl_2

5. 应用标准电极电势数据，解释下列现象。

(1) 配制 Sn^{2+} 溶液时，加入少许 Sn 能保持溶液中 Sn^{2+} 的纯度。

(2) Na_2S 溶液久置会出现混浊。

(3) 无法在水溶液中制备 FeI_3。

6. 预测下列反应在标准状态和酸性溶液中能否自发进行。

(1) Br^-（生成 Br_2）将 Ce^{4+} 还原为 Ce^{3+}。

(2) H_2O_2 将 Ag^+ 还原为 Ag。

(3) Ni^{2+} 被 I^-（生成 I_2）还原为 Ni。

(4) Sn 被 I_2 氧化为 Sn^{2+}。

7. 写出组成下列反应的半反应，将这些反应设计成原电池，并用电池符号表示。

(1) $HgS + H^+ + Cl^- + NO_3^- \longrightarrow HgCl_4^{2-} + NO + S\downarrow + H_2O$

(2) $Pb^{2+} + Cu(s) + S^{2-} \longrightarrow Pb(s) + CuS$

(3) $H_2(g) + Fe^{3+} \longrightarrow H^+ + Fe^{2+}$

8. 根据标准电极电势和电极电势能斯特方程计算下列电极电势。

(1) $2H^+(0.10\ \text{mol}\cdot\text{dm}^{-3}) + 2e^- \rightleftharpoons H_2(200\ \text{kPa})$

(2) $Cr_2O_7^{2-}(1.0\ \text{mol}\cdot\text{dm}^{-3}) + 14\ H^+(0.001\ 0\ \text{mol}\cdot\text{dm}^{-3}) + 6e^- \rightleftharpoons 2Cr^{3+}(1.0\ \text{mol}\cdot\text{dm}^{-3}) + 7H_2O$

(3) $Br_2(l) + 2e^- \rightleftharpoons 2\ Br^-(0.20\ \text{mol}\cdot\text{dm}^{-3})$

9. 已知 $\varphi^{\ominus}(Cu^{2+}/Cu) = 0.341\ 9\ \text{V}$，$\varphi^{\ominus}(Ag^+/Ag) = 0.799\ 6\ \text{V}$，将铜片插入 0.10 $\text{mol}\cdot\text{dm}^{-3}$ $CuSO_4$ 溶液中，银片插入 0.10 $\text{mol}\cdot\text{dm}^{-3}$ $AgNO_3$ 溶液中组成原电池。

(1) 写出电极反应、电池反应和原电池符号。

(2)计算原电池的电动势。

(3)计算电池反应的平衡常数。

10. 设溶液中 MnO_4^- 离子和 Mn^{2+} 离子的浓度相等(其他离子均处于标准状态),问在 pH=0.0 和 pH=5.5 的条件下 MnO_4^- 离子能否氧化 I^- 和 Br^- 离子?

11. 已知:$Ag^+ + e^- \rightleftharpoons Ag$,$\varphi^\ominus = 0.799\ 6$ V,$Ag_2C_2O_4 + 2e^- \rightleftharpoons 2Ag + C_2O_4^{2-}$,$\varphi^\ominus = 0.49$ V。当 $c(Ag^+) = 0.10\ mol \cdot dm^{-3}$,$c(C_2O_4^{2-}) = 1.00\ mol \cdot dm^{-3}$ 时,由 Ag^+/Ag 和 $Ag_2C_2O_4/Ag$ 两个半电池组成原电池。

(1)写出该原电池的电池符号及电池反应方程式,并计算原电池的电动势。

(2)计算 $Ag_2C_2O_4$ 的溶度积常数。

12. 已知 $O_2 + 4H^+ + 4e^- \rightleftharpoons 2H_2O$,$\varphi^\ominus = 1.229V$;$O_2 + 2H_2O + 4e^- \rightleftharpoons 4OH^-$,$\varphi^\ominus = 0.401V$。求 $K_w^\ominus$。

13. 试推断下列反应进行的完全程度。

(1)$Cu^{2+} + Zn = Cu + Zn^{2+}$

(2)$Sn + Pb^{2+} = Sn^{2+} + Pb$

14. 已知 $\varphi^\ominus(Br_2/Br^-) = 1.065$ V,$\varphi^\ominus(IO_3^-, H^+/I_2) = 1.20$ V

(1)写出标准状态下自发进行的电池反应式。

(2)若 $c(Br^-) = 0.000\ 1\ mol \cdot dm^{-3}$,而其他条件不变,反应将如何进行?

(3)若调节溶液 pH=4,其他条件不变,反应将如何进行?

15. 某学生为测定 CuS 在 298.15 K 时的溶度积常数,设计如下原电池:正极为铜片浸在 $0.1\ mol \cdot dm^{-3}$ Cu^{2+} 的溶液中,再通入 H_2S 气体使之达到饱和;负极为标准锌电极,测得电池电动势为 0.670 V。求 CuS 溶度积常数。

16. 在 298.15 K 时,测定下列电池的 $E = +0.48$ V,试求溶液的 pH 值。

$(-)Pt|H_2(100\ kPa)|H^+(x\ mol \cdot dm^{-1}) \parallel Cu^{2+}(1\ mol \cdot dm^{-1})|Cu(+)$

17. 将 $Cr_2O_7^{2-}/Cr^{3+}$ 与 I_2/I^- 组成原电池,在 298 K 时如 $Cr_2O_7^{2-}$ 的浓度为 $0.1\ mol \cdot dm^{-3}$,I^- 的浓度为 $x\ mol \cdot dm^{-3}$,而其他离子浓度都为 $1\ mol \cdot dm^{-3}$,原电池的电动势为 0.621 V。

(1)I^- 的浓度 x 是多少?

(2)计算该条件下上述氧化还原反应的 $\Delta_r G_m$ 和 298 K 时的 $K^\ominus$。

18. 已知反应:$2Ag^+ + Zn \rightleftharpoons 2Ag + Zn^{2+}$

(1)开始时 Ag^+ 和 Zn^{2+} 的浓度分别为 $0.10\ mol \cdot dm^{-3}$ 和 $0.30\ mol \cdot dm^{-3}$,求 $\varphi(Ag^+/Ag)$、$\varphi(Zn^{2+}/Zn)$ 以及 E 值。

(2)计算反应的 $K^\ominus$、$E^\ominus$ 以及 $\Delta_r G_m^\ominus$ 值。

(3)求达平衡时溶液中剩余的 Ag^+ 浓度。

19. 参考铬在酸性溶液中的电势图:

$$\varphi_A^\ominus/V \qquad Cr_2O_7^{2-} \xrightarrow{+1.36} Cr^{3+} \xrightarrow{-0.41} Cr^{2+} \xrightarrow{-0.91} Cr$$

(1)计算 $\varphi^\ominus(Cr_2O_7^{2-}/Cr^{2+})$ 和 $\varphi^\ominus(Cr^{3+}/Cr)$。

(2)判断 Cr^{3+}、Cr^{2+} 在酸性介质中是否稳定。

第7章　原子结构与元素周期性

这一章中,我们介绍物质的微观结构——原子结构。化学工作者总是希望通过对物质本质的认识,来阐明元素相互化合的原理,使化学成为可以理解的学科。而对于化学变化过程来说,原子核并不发生变化,发生变化的只是核外电子的运动状态。因此,学习近代化学知识,就要从原子内部入手。我们所关心的原子内部,对于元素及化合物的性质而言,主要集中在原子的**电子结构**(electronic structure of atoms),特别是它们的**价电子构型**(valence electronic structure of atoms)。因此,要了解和掌握物质的性质,了解物质结构与性质的关系,说明化学反应的本质,就必须了解原子结构和原子中电子的运动及排布规律。人们利用这些原理来预言具有新功能的化合物的诞生。

原子(atom)这个字来自希腊的"atomos",它的意思是不可分割的(indivisible)。早期的希腊哲学家是原子概念的创造者,德漠克利特(Democritus)(460～370B. C.)认为物质是由很小的、不可分的微粒组成。英国的道尔顿(J. Dalton)在1803～1807年提出了原子理论(atomic theory),他认为原子是有质量的,是不可再分的,同一种元素的原子相同,不同元素的原子则不同。Dalton被认为是公认的原子论之父。但到了19世纪后半叶,许多新的发现修正了Dalton原子概念,原子不再被看成是Dalton所假设的简单实体,它是由许多微小粒子组成的复杂体系。

7.1　原子结构的近代概念

质子、中子和电子等是不能直接观察到的微小粒子,称为**微观粒子**(micro-particles)。那么人们是怎么样认识这些微观粒子的呢?

7.1.1　氢光谱和玻尔理论模型

7.1.1.1　氢原子光谱

近代原子结构理论的建立是从研究原子光谱开始的。我们知道,如果将白光(太阳光)通过棱镜,就能观察到颜色逐渐过渡的红、橙、黄、绿、青、蓝、紫的光谱,像雨后天晴天空中出现的彩虹一样,这样的光谱叫连续光谱。

原子光谱的研究可以追溯到19世纪。当时物理学家就已观察到,当某些元素在火焰中加热,或者将其气体通过管中电弧或其他方法灼热时,原子被激发,发出不同波长的光线,通过棱镜后,可以得到一系列按照波长顺序排列、分立、清晰的亮线,这样的光谱叫做**线状光谱**(line spectra)或原子的**发射光谱**(emission spectra)。这和太阳光或白色光通过棱镜分光后得到的连续分布的彩色光谱(连续光谱)不同。

实验表明,相同元素的原子发出的线状光谱都是一样的,而不同元素的原子发出的光谱则各不相同。因此,每种元素都有它自己的特征线状光谱,能发出其特征的光,如钠原子能发出黄色的光(λ=589 nm),现代照明用的节能高效高压钠灯就是根据钠原子的特性制造的。元素线状光谱特征,是元素化学分析的基础之一。根据原子的发射光谱可以进行元素的定性分析,利用谱线的强度可以进行元素的定量测定。

在元素原子光谱中,氢原子线状光谱是最简单的光谱,其在可见光区的谱线,如图 7-1 所示。

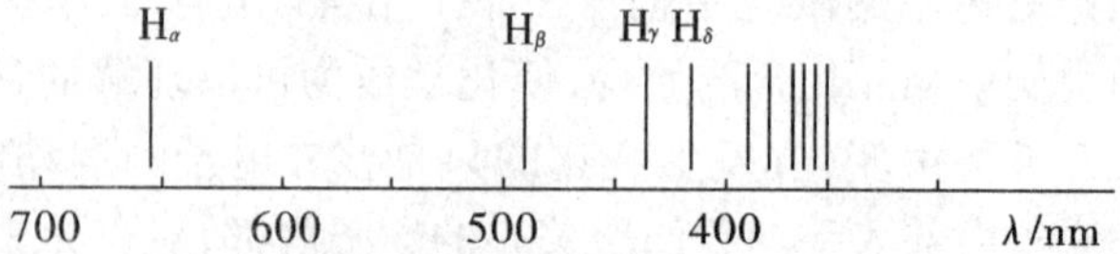

图 7-1 氢原子光谱图

7.1.1.2 玻尔理论模型

1913 年,丹麦青年物理学家玻尔(N. Bohr)在卢瑟夫(Rutherford)原子结构模型的基础上,根据当时德国物理学家普朗克(M. Planck)的量子论(1900 年)和爱因斯坦(A. Einstein)的光子学说(1905 年),大胆地提出了关于原子结构的"玻尔模型"(Bohr's Model),从理论上解释了氢原子光谱。玻尔理论的要点如下。

(1)核外电子在固定轨道上运动　原子中的电子只能在某些具有确定半径的特定轨道上运动,这些轨道的能量(E_n)不随时间而改变,称为**定态轨道**(stationary orbit)。电子在这些轨道上运动时,既不吸收能量也不释放能量,原子处于稳定状态。

(2)不同轨道的能量是不同的　离核越近的轨道,能量越低;离核越远的轨道,能量越高。轨道的这些不同能量状态,称为**能级**(energy level)。

在正常情况下,原子中的电子尽可能处于离核最近的轨道上,这时原子的能量最低,即原子处于**基态**(ground state)。在高温火焰、电火花或电弧的作用下,基态原子中的电子因获得能量,跃迁到离核较远的轨道上,这时原子所处的状态称为**激发态**(excited state)。

(3)电子可以在不同定态轨道之间跃迁　电子位于高能级(E_2)轨道的激发态不稳定,电子会跃迁到离核较近的低能级(E_1)轨道上,在此过程中放出能量。释放出的光子频率与高、低能级的两轨道能量的关系为:

$$h\nu=\Delta E=E_2-E_1 \tag{7-1}$$

$$\nu=\frac{E_2-E_1}{h} \tag{7-2}$$

式中,h 为普朗克常数(plank constant),$h=6.626\times10^{-34}$ J·s。

在上述基础上,玻尔结合牛顿经典力学计算出了氢原子的轨道半径 r、能量 E 以及氢光谱谱线的频率 ν,分别表示如下:

$$r=a_0n^2 \tag{7-3}$$

$$E=-\frac{13.6}{n^2}\ \text{eV} \tag{7-4}$$

$$\nu=3.29\times10^{15}\left(\frac{1}{n_1^2}-\frac{1}{n_2^2}\right)s^{-1} \tag{7-5}$$

式中，a_0称为玻尔半径，$a_0 = 52.9$ pm；$n = 1, 2, 3, 4 \cdots\cdots$的正整数，称为**量子数**（quantum number），且 $n_2 > n_1$。

其他类氢离子（单电子离子，如 He^+、Li^{2+}，Be^{3+}等）的光谱均可用玻尔原子模型加以解释。

玻尔理论打破了经典理论的束缚，计算出的氢原子和类氢离子谱线频率公式与实验事实惊人地吻合，因此玻尔理论成为量子理论发展的一个重要里程碑，玻尔也为此获得了1922年诺贝尔物理学奖。

但人们对原子结构的进一步研究发现，玻尔模型还存在着很大的局限性：①它不能解释多电子原子的光谱；②它不能解释氢原子光谱的精细结构。究其原因在于玻尔模型虽然引入了量子化的概念，但未能摆脱经典力学的束缚。它的假设是把原子描绘成一个太阳系，认为电子在核外的运动就犹如行星围绕太阳运转一样，遵循经典力学的运动规律。但实际上电子这种微观粒子的运动是根本不遵循经典力学运动定律的，它除了具有能量量子化的特征之外，还具有波粒二象性等特征。因而在描述其运动状态时，就需要应用量子力学的运动规律来进行处理。

7.1.2　微观粒子的运动特征

7.1.2.1　微观粒子的波粒二象性

人们对微观粒子本质的认识，是借鉴了对光的本质的认识。光的本质究竟是粒子还是波是一个争论已久而又给人以启迪的课题，人们的认识大体上经历了三个阶段。17世纪有以牛顿（Newton）为代表的微粒学说和以惠更斯（Huyghens）为代表的波动学说之争。微粒学说和波动学说都能解释光的直线传播与光的反射和折射定律，但对随后发现光的干涉、衍射和偏振现象，微粒学说却不能解释，争论结果波动学说获胜。

但是有些事实如光电效应等无法用波动学说加以解释。20世纪初，爱因斯坦（Einstein）提出了光子学说，将光的波动性和粒子性统一起来。至此，人们认识到，光不仅具有波动性，而且具有粒子性。在光的传播过程中，如光的干涉、衍射、偏振等，光表现出波动性；在光与实物相作用时，如原子发射光谱、光电效应等，光又表现出粒子性。光的这种波动性和粒子性的矛盾统一，称之为光的波粒二象性。

20世纪初，量子论的提出对原子结构的认识发生了质的变化。1900年，德国物理学家普朗克（M. Planck）根据实验提出：辐射能的吸收或发射是以基本量一小份、一小份整数倍作跳跃式的增或减，是不连续的，这种过程叫做能量的**量子化**（quantized）。这个基本量的辐射能叫做**量子**（quantum），量子的能量 E 和频率 ν 的关系是：

$$E = nh\nu$$

式中，n 为量子数，h 为普朗克常数（Plank constant）。

1924年，法国物理学家德布罗意（L. V. de Broglie）大胆提出了电子、原子等实物粒子也具有波的性质，这种波称为德布罗意波或**物质波**。1927年，美国科学家戴维森（C. J. Davisson）和革末（L. H. Germer）用低速电子进行电子散射实验，发现电子穿过晶体光栅投射到感光底片上时，得到的不是一个感光点，而是明暗相间的衍射环纹，与光的衍射图相似，从而验证了电子的波动性（图7-2）。后来，人们还相继发现质子、中子等粒子流均能产生衍射现象。

微观粒子既能够呈现出类似于宏观的粒子的性质，又能够呈现出波动性，这种性质称为**波粒二象性**(wave-particle duality)，是微观粒子的基本特征。

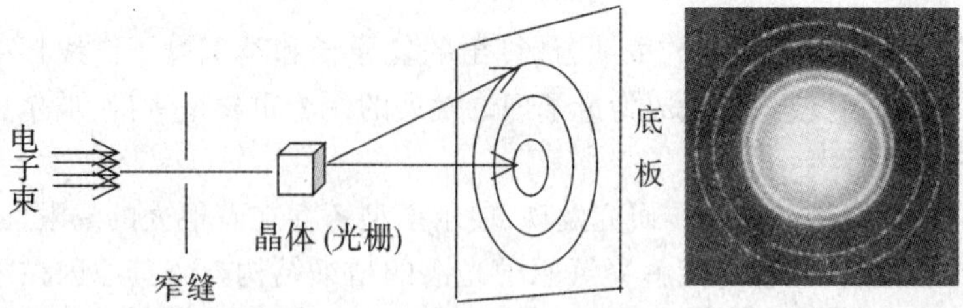

图 7-2 电子衍射实验示意图

若用慢射电子枪（可控制电子射出数的电子发射装置）取代电子束进行类似图 7-2 的实验，结果发现，当电子一个一个地通过晶体到达底片时，每个电子打在底片上的位置是无法预料的，似乎是毫无规则地分散在底片上，但当电子不断发射后，在底片上仍可得到明暗相间的衍射环。这说明虽然电子的运动没有确定的轨道，但它还是遵循一定规律的。

7.1.2.2 海森堡不确定原理

对于宏观物体的运动，人们可以准确确定它在某一瞬间的具体位置和速度，如人造卫星的轨道和速度都可以准确测定。但对于具有波粒二象性的微观粒子，量子力学认为，人们不可能同时准确测得其速度和空间位置。1927 年，德国物理学家海森堡(W. Heisenberg)提出了量子力学中的一个重要原理——**不确定原理**(uncertainty principle)①，即测量一个粒子的位置的不确定量 Δx，与测量该粒子在 x 方向的动量分量的不确定量 Δp_x 的乘积，不小于一定的数值。其数学表达式为：

$$\Delta x \cdot \Delta p_x \geqslant \frac{h}{4\pi} \qquad (7\text{-}6)$$

或：

$$\Delta x \cdot m \cdot \Delta v \geqslant \frac{h}{4\pi} \qquad (7\text{-}7)$$

从式(7-6)和式(7-7)可以看出，如果微粒的位置测得越准确（Δx 越小），则相应的速度（或动量）的准确度就越小（Δv 或 Δp_x 越大）；反之亦然。另外，从式(7-7)可知，当粒子的质量 m 越大时，$\Delta x \cdot \Delta v$ 之积越小，所以对于 m 大的宏观物体而言，是可以同时准确测得其位置和速度的。例如，对于 $m = 10$ g 的小球，如果它的位置测量得不准确量 $\Delta x = 0.01$ cm，那么其速度的不确定情况为：

$$\Delta v \geqslant \frac{h}{4\pi m \cdot \Delta x} = \frac{6.62\times10^{-34}}{4\times3.14\times10\times10^{-3}\times0.01\times10^{-2}} = 5.271\times10^{-29}(\mathrm{m \cdot s^{-1}})$$

这也就说明对于宏观物体，不确定的情况是微不足道的，Δx 和 Δv 的值均小到了可以被忽略的程度，所以我们可认为宏观物体的位置和速度是能同时准确测得的。

但对于微观粒子如电子，其质量 $m = 9.1\times10^{-31}$ kg，由于原子半径的数量级为 10^{-10} m，

① 以前译作测不准原理。

因此电子运动位置的不确定量 Δx 至少要达到 10^{-11} m 才近于合理，那么电子速度的不准确量为：

$$\Delta v \geqslant \frac{h}{4\pi m \cdot \Delta x} = \frac{6.62\times10^{-34}}{4\times3.14\times9.1\times10^{-31}\times10^{-11}} = 5.792\times10^{6}(\mathrm{m\cdot s^{-1}})$$

速度的不准确度如此之大，也就意味着对于 m 非常小的微观粒子，其位置和速度不能同时准确测得。

应当指出不确定原理并不意味不可知论，也不意味着微观粒子运动无规律可循，只是说它不符合经典力学的规律，揭示人们应该用新观点、新方法去描述微观粒子的运动。

微观粒子的波粒二象性和不确定原理，使得原子结构的理论研究进入了一个新的发展阶段。

7.2　氢原子核外电子的运动状态

7.2.1　波函数和薛定谔方程

根据不确定原理，玻尔理论中核外电子的运动具有固定轨道的观点是不符合微观粒子运动规律的。在微观领域里具有波动性的粒子要用**波函数** ψ(wave function)来描述。

1926 年，奥地利物理学家薛定谔(E. Schrödinger)建立了著名的波动方程——**薛定谔方程**(Schrödinger's equation)。它是一个复杂的二阶偏微分方程，用来求解原子、分子体系内描述微观粒子运动状态的波函数，其在原子体系的一般形式如下：

$$\left(\frac{\partial^2\psi}{\partial x^2}+\frac{\partial^2\psi}{\partial y^2}+\frac{\partial^2\psi}{\partial z^2}\right)+\frac{8\pi^2 m}{h^2}(E-V)\psi=0 \tag{7-8}$$

式中，ψ 为波函数，h 为普朗克常数，m 为微粒的质量，E 是体系的总能量，V 是体系的势能，x、y、z 为微粒的空间坐标。解一个体系的薛定谔方程，可以得到一系列的波函数 $\psi_{1,0,0}$，$\psi_{2,0,0}$，$\psi_{2,1,0}$，…$\psi_{n,l,m}$，以及与它们相对应的一系列能量 $E_{1,0,0}$，$E_{2,0,0}$，$E_{2,1,0}$，…$E_{n,l,m}$(n，l，m 是求解薛定谔方程时引入的三个条件参数)。

以氢原子体系为例，式中的 m 为电子的质量，V 是电子的势能即原子核对电子的吸引能，波函数 ψ 是描述氢原子核外电子运动状态的数学表达式。方程的每一个合理的解 $\psi_{n,l,m}$ 就代表体系中电子的一种可能运动状态。例如基态氢原子中电子所处的状态为：

$$\psi_{1,0,0}=\sqrt{\frac{1}{\pi a_0^3}}\mathrm{e}^{-r/a_0}，E_{1,0,0}=-2.179\times10^{-18}\ \mathrm{J}$$

式中，r 为电子距原子核的距离，a_0 为玻尔半径。

综上所述，在量子力学中，是用波函数和与其对应的能量来描述微观粒子的运动状态的。

原子中电子的波函数 ψ 既然是描述氢原子核外电子运动状态的数学表达式，而且是空间坐标的函数，其空间图像可以形象地理解为电子运动的空间范围，俗称**原子轨道**(atomic orbital，缩写为 AO)。需要注意，此处提到的原子轨道与玻尔原子模型所指出的原子轨道截然不同。前者指电子在核外运动的某个空间范围，后者指原子核外电子运动的某个确定的圆形轨道。有时为了避免与经典力学中的玻尔轨道相混淆,又称**原子轨函**(原子轨道函数之意),亦即波函数的空间图像就是原子轨道,原子轨道的数学表达式就是波函数。为此波函数与原子轨道常做同义语混用。

薛定谔方程的建立及如何求解是一个复杂的数学问题。

7.2.2　四个量子数

在求解薛定谔方程时,为了得到合理的解,人们引入了三个参数 n,l,m。因它们的取值必须是量子化的,故称为量子数。电子的能量、角动量,原子轨道、离核的远近,原子轨道的形态和它在空间的取向等就可以用量子数 n,l,m 来说明。它们决定着一个波函数所描述的电子及其所在原子轨道的某些物理量的量子化情况。

7.2.2.1　主量子数(n)

主量子数 n 表示电子出现概率密度最大区域离核的远近和电子能量的高低。n 越小,电子离核越近,能量越低;反之,n 越大,电子离核越远,能量越高。n 的取值为 1、2、3、…,每一个 n 代表一个电子层。按光谱习惯可分别用 K、L、M、N、O、P、Q 表示 1、2、3、4、5、6、7 电子层。

7.2.2.2　角量子数(l)

电子绕核运动时,不仅具有一定的能量,还具有一定的角动量 M①。它的大小同原子轨道的类型或电子云的形状密切相关。如 $M=0$,说明原子中电子的运动情况与角度无关,即原子轨道或电子云是球形对称的。电子绕核运动的角动量也是量子化的,角动量的绝对值和角量子数 l 的关系为:

$$|M|=\frac{h}{2\pi}\sqrt{l(l+1)} \tag{7-9}$$

主量子数 n 确定后,角量子数 l 的取值为 0、1、2、3、…$(n-1)$的整数,共 n 个数值。如 $n=1$ 时,l 只能为 0;而 $n=2$ 时,l 的取值为 0 和 1,但决不能为 2。

每一个 l 代表一个电子亚层,对应于不同的原子轨道类型或电子云形状。其对应关系为:

角量子数(l)	0	1	2	3	4	5
原子轨道类型	s	p	d	f	g	h

l 取值不同,对应原子轨道的形状也不相同,如 $l=0$ 的 s 轨道呈球形对称,$l=1$ 的 p 轨道为哑铃形,$l=2$ 的 d 轨道为花瓣形,$l=3$ 的 f 轨道的形状更为复杂。

7.2.2.3　磁量子数(m)

不同电子层中的电子,只要角量子数相同,原子轨道的形状就相同。但角量子数相同的轨道在空间有着不同的伸展方向。磁量子数 m 决定了原子轨道在空间的伸展方向或原子轨道数目。它的取值受 l 的限制,可取包括 0 在内的从 $-l$ 到 $+l$ 的所有整数值,即 $0,\pm1,\pm2,\pm3,\cdots\pm l$,共$(2l+1)$个值,也就是说每个亚层中一共可有$(2l+1)$个原子轨道。

---

① 这里的角动量,是借用经典物理的概念,它与传统意义概念不同。

例如，当 $l=0$ 时，$m=0$，即 s 轨道只有一种空间取向；当 $l=1$ 时，$m=0$、±1，即 p 轨道可有三种取向，分别沿直角坐标的 z、x、y 三个轴的方向伸展，记为 p_z、p_x、p_y；当 $l=2$ 时，$m=0$、±1、±2，即 d 轨道可有五种取向：d_{z^2}、d_{yz}、d_{xz}、d_{xy}、$d_{x^2-y^2}$。一般地，将 $m=0$ 轨道定义为最大伸展方向（z 方向），如 p_z、d_{z^2}。

因此当量子数 n、l、m 一旦确定，就唯一地确定了一个原子轨道，这个原子轨道离核的远近、形状以及在空间的伸展方向也就确定了。例如，$n=2$、$l=0$、$m=0$ 表示的原子轨道就是位于原子核外第二层、呈球形对称分布的 2s 轨道；$n=3$、$l=1$、$m=0$ 表示位于原子核外第三层、呈哑铃形、沿 z 轴方向分布的 $3p_z$ 轨道。

7.2.2.4　自旋量子数（m_s）

实验表明，仅用 n、l、m 这三个量子数决定的电子运动的轨道波函数 $\psi_{n,l,m}$ 不能完全确定电子的运动状态。1925 年，乌伦贝克（G. Uhlenbeck）和哥德斯密特（S. Goudsmit）提出了电子自旋的假设，认为电子除了绕核高速运动外，还存在自旋运动。当时电子自旋概念具有机械的性质，是电子自转的图像，后来证明这种机械图像是错误的。实际上自旋是电子本身的内在属性，是电子运动的基本属性，所谓“自旋”只是人们沿用了旧量子论的习惯名称。电子自旋角动量沿外磁场方向上的分量 M_s 为：

$$|M_s| = \frac{h}{2\pi}m_s \tag{7-10}$$

式中，m_s 称为自旋量子数，其可能的取值只有两个，即 $+\frac{1}{2}$ 或 $-\frac{1}{2}$，所以 M_s 也是量子化的。因此，电子的自旋只有两种状态，一般用箭头“↑”和“↓”表示。

因此，量子数 n、l、m 共同决定了电子运动的轨道，而上述四个量子数 n、l、m、m_s 结合起来，决定了电子的一种运动状态。例如，对于第四电子层的 s 轨道上，以顺时针方向自旋的电子，其运动状态就可用 $n=4$、$l=0$、$m=0$、$m_s=+\frac{1}{2}$ 或 $-\frac{1}{2}$ 四个量子数来描述。

7.2.3　原子轨道角度分布图

在处理问题时用复杂的函数式来表示原子轨道显得很不方便的，因此如果能够把它的图形画出来，就可以形象地描述原子轨道的形状。

考虑到波函数的对称性，我们把 $\psi(x,y,z)$ 进行坐标变换：

$$\underset{\text{直角坐标系}}{\psi(x,y,z)} \xrightarrow{\text{坐标变换}} \underset{\text{球坐标系}}{\psi(r,\theta,\varphi)}$$

再对 $\psi(r,\theta,\varphi)$ 进行分离变量：$\psi(r,\theta,\varphi) \to R(r)\cdot Y(\theta,\varphi)$，其中 $R(r)$ 称为波函数的**径向分布**（即波函数随半径 r 变化时的分布）；$Y(\theta,\varphi)$ 称为波函数的**角度分布**（即只随 θ,φ 变化时的分布）。

这样，波函数 $\psi(x,y,z)$ 就转换成了 (r,θ,φ) 的函数，但在三维空间很难画出其图像来，只有分别对波函数的径向部分和角度部分作图，从而得到波函数的径向分布图和角度分布图。因为在以后研究化学键时多用角度部分 $Y(\theta,\varphi)$ 的图形，故下面我们主要对波函数的角度分布图进行讨论。

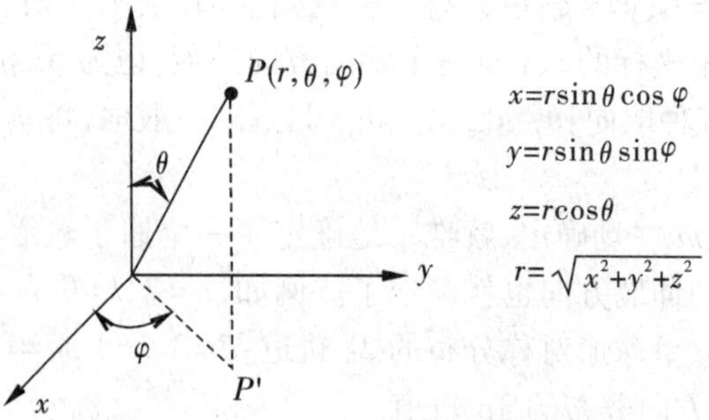

图 7-3　直角坐标到球坐标的转换

将波函数的角度部分 $Y(\theta,\varphi)$ 随角度 θ 和 φ 的变化作图,可得各种波函数的角度分布图。具体的作图方法为:从坐标原点出发,引出方向为(θ,φ)的直线,取其长度为$|Y_{l,m}(\theta,\varphi)|$,将所有线段的端点连接起来,在空间形成一个立体曲面。这样的图形就是波函数的角度分布图。以 $2p_z$轨道为例,氢原子的波函数 $\psi_{2,1,0}(r,\theta,\varphi)$(又称 p_z 原子轨道)的角度部分 $Y_{1,0}(\theta,\varphi)$为:

$$Y_{1,0}(\theta,\varphi)=\sqrt{\frac{3}{4\pi}}\cos\theta$$

把各个 θ 值代入上式,计算出 $Y_{1,0}(\theta,\varphi)$的值,结果见表 7-1。根据表中数据作图,所得的双球形的曲面即是 $2p_z$原子轨道的角度分布图(图 7-4)。

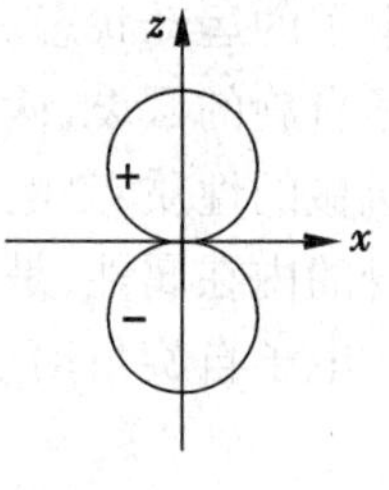

图 7-4　$2p_z$ 原子轨道的角度分布图(剖面图)

表 7-1　不同 θ 角时的 Y 值

θ	0°	30°	45°	60°	90°	120°	135°	150°	180°	…	360°
$\cos\theta$	1.000	0.866	0.707	0.500	0.000	−0.500	−0.707	−0.866	−1.000	…	1.000
Y	0.489	0.423	0.346	0.244	0.000	−0.244	−0.346	−0.423	−0.489	…	0

依据同样的方法可得到其他原子轨道的角度分布图,其空间图形如图 7-5 所示。

波函数角度分布图直观地反映了角度部分 Y 随 θ、φ 的变化情况,表示了原子轨道在空间伸展的方向。图上每个点到原点的距离,代表在该角度上波函数的角度部分$|Y|$值的大小;正、负号表示 Y 值在这些区域取正值或负值,并不代表带电荷的正负,它反映的是电子的波动性,类似于经典波中的波峰和波谷。需要注意的是,角度分布图只表示 Y 值与角度(θ,φ)的关系,与离核远近 r 无关,因为 Y 不是 r 的函数。任意的 r 值,Y 与角度(θ,φ)的关系都相同。

此外,由于 $Y(\theta,\varphi)$只与量子数 l、m 有关,与主量子数 n 无关,所以 n 不同而 l、m 相同的原子轨道,其角度分布图都相同。例如,$2p_z$、$3p_z$和 $4p_z$的角度分布图都是一样的。

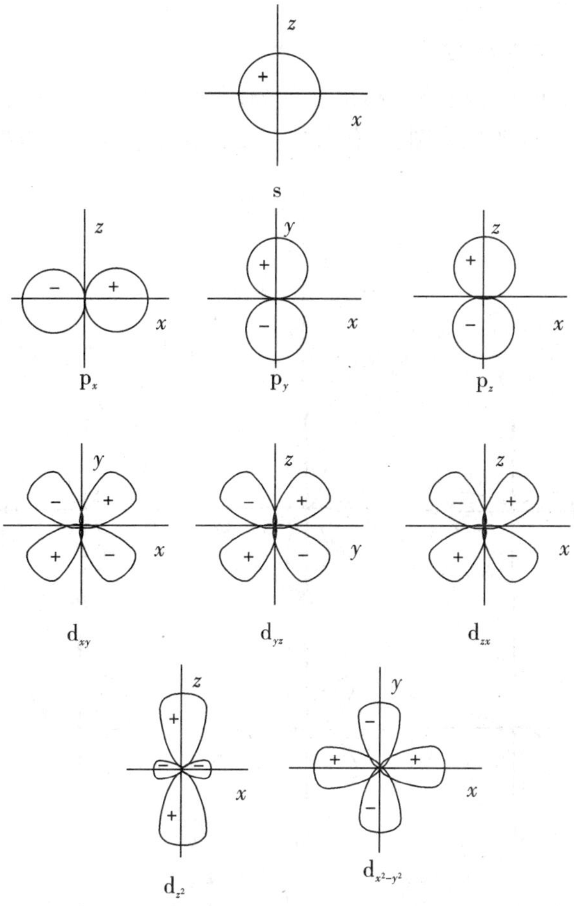

图 7-5　原子轨道的角度分布图(剖面图)

7.2.4　概率密度与电子云

7.2.4.1　概率密度

对于原子核外的电子,我们不可能同时准确确定其位置和运动速度,但我们却可以用统计的方法来判断电子在核外空间某一区域出现机会的多少。这种机会的多少,在数学上称为**概率**(probability)。在电子衍射实验中,电子落在衍射环纹的亮环处的机会多,即概率大;而落在暗环处的机会较少,即概率较小。电子在空间某处单位体积内出现的概率,称为**概率密度**(probability density)。

因在核外空间运动的电子具有波粒二象性,那么电子出现的概率密度和电子波在该处振幅的绝对值的平方($|\psi|^2$)成正比,因此可用$|\psi|^2$来代表电子在原子核外某处出现的概率密度。若用小黑点的疏密表示空间各处电子出现概率密度的大小,则$|\psi|^2$大的地方小黑点较密,即概率密度大;反之,$|\psi|^2$小的地方小黑点较疏,概率密度小。在原子核外分布的小黑点,好像一团带负电荷的云,把原子核包围起来,所以又称**电子云**(electron cloud)。即电子云是电子在核外空间出现概率密度分布的形象化表示,故通常把$|\psi|^2$在核

外空间分布的图形称为电子云图。

7.2.4.2　电子云角度分布图

为使问题简化，也可从径向部分和角度部分两个侧面来描述电子云。将波函数角度部分的平方 $|Y|^2$ 随 θ、φ 的变化作图，得各种电子云的角度分布图，如图 7-6 所示。

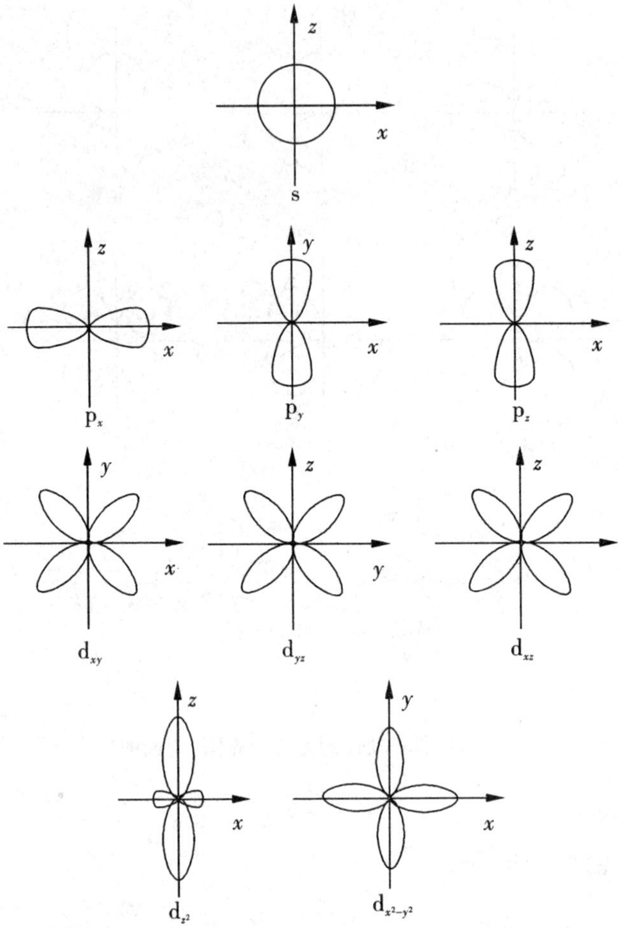

图 7-6　电子云的角度分布图（剖面图）

电子云角度分布图反映了电子在核外空间不同方向上出现的概率密度的大小，如 s 轨道中的电子在核外同一球面不同方向上出现的概率密度相同；而 p 轨道中的电子在核外同一球面不同方向上出现的概率密度不同，在轨道最大伸展方向上值较大。

电子云的角度分布图与原子轨道的角度分布图的图形相似，它们之间的主要区别有两点：①原子轨道角度分布图上有正、负号之分，而电子云角度分布图上均为正值，这是因为虽然 Y 值有正有负，但 $|Y|^2$ 却均为正值；②电子云角度分布图的范围比原子轨道角度分布图要"狭窄"些。

应当注意的是，原子轨道和电子云的角度分布图只是反映波函数在空间的伸展方向，并不是原子轨道和电子云的实际形状。

总之，微观粒子的运动符合薛定谔波动方程，可用特定的波函数来描述它们的运动状态。在原子中并不存在玻尔模型中的电子运动轨道,各种运动状态的电子在核外空间是呈概率分布的。不同的电子运动状态存在一定的空间分布。

7.3　原子中电子的排布

7.3.1　基态原子中电子分布原理

根据原子光谱实验结果和量子力学理论,各种元素原子的核外电子排布基本上遵循三个基本原理。

7.3.1.1　能量最低原理

自然界的一个普遍规律就是"能量越低越稳定",原子也是如此。当原子处于基态时①,核外电子总是尽可能分布到能量最低的轨道,称为**能量最低原理**。例如基态 H 原子的一个电子就是处于能量最低的 1s 轨道中,从而使得原子处于能量最低的状态。

7.3.1.2　泡利不相容原理

对于多电子原子,其中的电子不能都处于 1s 轨道上,那么它们该如何在各个轨道分布呢? 1925 年,瑞士籍奥地利理论物理学家泡利(W. Pauli)根据光谱实验结果并考虑到周期系中每一周期的元素数目,提出了一个假定——**不相容原理**(Pauli exclusion principale),使这一问题获得了圆满的解决。

该原理认为,在同一个原子或分子中,不可能有四个量子数完全相同的电子存在,或者说每一个轨道内最多只能容纳两个自旋状态不同的电子。例如,He 原子的 1s 轨道中的两个电子($n=1$、$l=0$、$m=0$),若其中一个电子 $m_s=+\frac{1}{2}$,则另一个电子必须有 $m_s=-\frac{1}{2}$的取值,即两个电子的自旋状态必定不同,否则就违反了泡利不相容原理。

根据泡利不相容原理,可推导出以下重要结论:①因各电子层的轨道数为 n^2,则每一个电子层最多可容纳的电子数为 $2n^2$ 个;②对于不同的亚层,因其原子轨道的数目不同,故最多可容纳的电子数也不同,从 s、p、d 到 f 亚层,最多可容纳的电子数依次为 2、6、10、14 个。

7.3.1.3　洪特规则

1925 年,德国科学家洪特(F. Hund)根据大量光谱实验数据总结出一个普遍规律——**洪特规则**(Hund's rule):在同一亚层的各个能量相同的轨道(称**等价轨道**或**简并轨道**)上分布电子时,电子将尽可能分占不同的轨道且自旋状态相同(或称**自旋平行**);当等价轨道上电子的填充为全空、全满或半满时体系处于较稳定状态,即原子的能量最低,体系最稳定。全充满、半充满、全空的结构分别为:

---

①　在正常状态下,原子处于最低能级,这时电子在离核最近的轨道上运动,这种定态叫**基态**(ground state)。这是电子的稳定状态。

全充满　　p^6、d^{10}、f^{14}

半充满　　p^3、d^5、f^7

全空　　p^0、d^0、f^0

例如，N 原子的 7 个电子在各轨道的分布情况为：

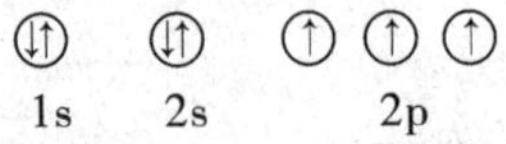

但究竟哪些轨道能量高，哪些轨道能量低呢？这就需要进一步了解多电子原子轨道的能级。

7.3.2　多电子原子轨道的能级

在氢原子或类氢离子中，由于原子核外只有一个电子，只存在核与电子间的作用力，而不存在电子之间相互作用的问题，因此原子轨道的能量只与 n 有关，与 l 无关。n 越大，能级越高，即有 $E_{4s}=E_{4p}=E_{4d}=E_{4f}$，$E_{2p}<E_{3p}<E_{4p}<E_{5p}$。

在多电子原子中，除了原子核与电子间的引力外，还存在电子与电子之间的排斥作用，原子轨道的能量除与主量子数 n 有关外，还与角量子数 l 有关。

原子中各原子轨道能级的高低主要根据光谱实验确定，也可从理论上去推算。各原子轨道能级的相对高低，若用图示法近似表示，就是**近似能级图**。在无机化学中较常用的是鲍林近似能级图。

1923 年，美国化学家鲍林（L. Pauling）根据光谱实验的结果，总结出多电子原子中原子轨道的近似能级图（图 7-7）。能级图中每一个小圆圈代表一个原子轨道，小圆圈所在

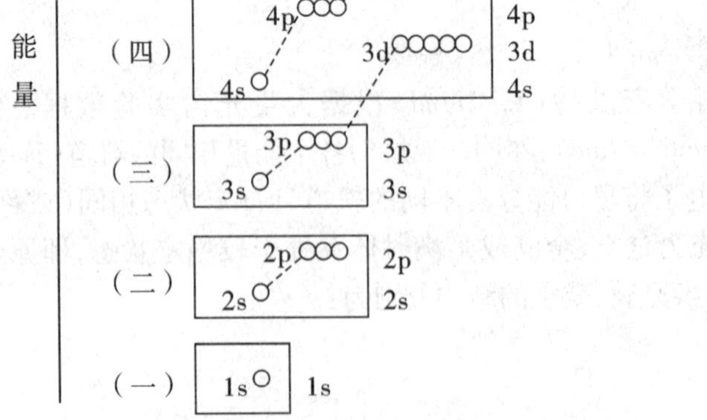

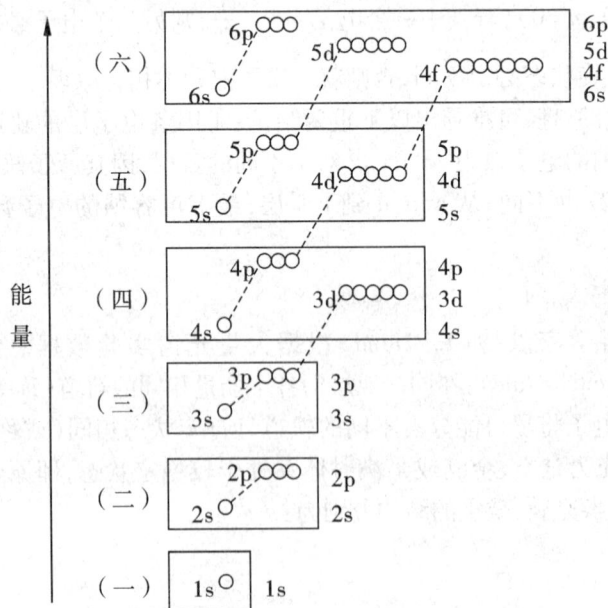

图 7-7　原子轨道的近似能级图

位置的高低表示各原子轨道能级的相对高低。图中每一个长方框中的几个原子轨道能量相近,划分为一组,称为一个**能级组**。通常分为 7 个能级组,分别对应于元素周期表中的 7 个周期。能级组内各能级能量差别不大,但组与组间各能级能量差较大。将 3 个等价 p 轨道、5 个等价 d 轨道、7 个等价 f 轨道排成一列,表示它们在能级组中的能量相等。

从图 7-7 中可以看出以下规律:①角量子数 l 相同的轨道,其能量由主量子数 n 决定,n 越大能量越高,即能级 K<L<M<N<O<……如 $E_{1s}<E_{2s}<E_{3s}<E_{4s}$、$E_{2p}<E_{3p}<E_{4p}<E_{5p}$;②主量子数 n 相同,角量子数 l 不同的轨道,轨道能量随 l 的增大而升高,即 $E_{ns}<E_{np}<E_{nd}<E_{nf}$,发生"能级分裂"现象,如 $E_{4s}<E_{4p}<E_{4d}<E_{4f}$;③主量子数 n 和角量子数 l 均不同时,有时出现"能级交错"现象,如 $E_{4s}<E_{3d}<E_{4p}$;$E_{5s}<E_{4d}<E_{5p}$;$E_{6s}<E_{4f}<E_{5d}<E_{6p}$,该现象对核外电子排布及元素性质有很大的影响;④同一电子亚层(n 和 l 均相同)内,各原子轨道的能级相同,如 $E_{3p_x}=E_{3p_y}=E_{3p_z}$。

应用鲍林能级近似图时需要注意以下几点:①近似能级图是按原子轨道的能级高低顺序排列的,而不是按原子轨道离核远近顺序排列的;②仅可用来比较同一原子内各原子轨道能级间的相对高低,不可用来比较不同元素原子轨道能级的相对高低;③该能级图中的能级仅仅反映了多电子原子中原子轨道能量的近似高低,不能认为所有元素的原子轨道能级高低都是这样的顺序。随着原子序数的改变,不同元素原子各原子轨道的能级高低会有所不同;④该能级图实际上只能反映原子的外电子层中原子轨道能级的相对高低,不一定能完全反映内电子层中原子轨道能级的相对高低;⑤该图中的能级顺序实际上是价电子层填入电子时各能级能量的相对高低,故该能级图反映了核外电子"填充"的一般顺序,所以也可看做电子"填充"顺序图。即轨道填充电子的顺序为 1s→2s→2p→3s→3p→4s→3d→4p→5s→4d→5p→6s→4f→5d→6p→7s→5f→6d→7p。为了便于记忆,可将以上轨道填充电子的顺序用图 7-8 的形式表示出来。

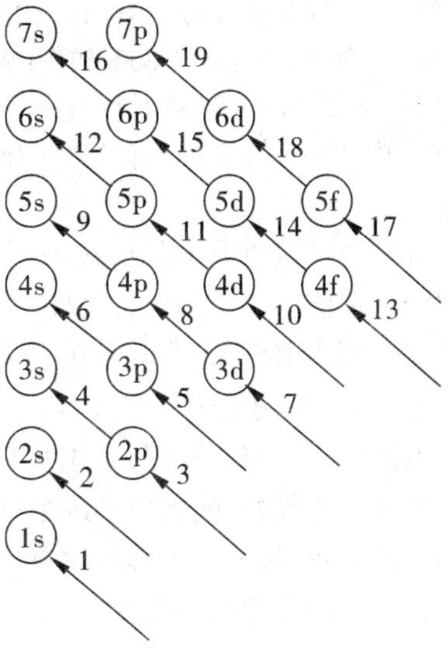

图 7-8　基态原子电子填入轨道顺序图

北京大学的徐光宪教授也对原子轨道的能级进行了大量研究,归纳出关于轨道能量的(n+0.7l)近似规律:原子轨道的能量可由(n+0.7l)值判断,数值大小对应于轨道能量的高低,并且(n+0.7l)值首位数相同的轨道归为同一能级组。该近似规律得到了与鲍林能级图相同的分组结果,得到了科学界的公认。

7.3.3　基态原子中电子的排布

7.3.3.1　核外电子填入轨道的顺序

核外电子的排布是客观事实,并不存在人为向核外原子轨道填入电子及填充先后顺序的问题,但这作为研究原子核外电子运动状态的一种科学假设,对了解原子的电子层结构证明是有益的。

对于多电子原子,根据鲍林能级图确定的轨道“填充”顺序,结合电子排布三原则,可以写出周期系中大多数元素基态原子的**电子分布式**,又称**基态原子电子构型**。在书写基态原子的电子分布式时可分以下三步:①写出原子轨道的填充顺序;②按照电子排布三原则在每个轨道上“填充”电子;③将每个电子层的各原子轨道按 s、p、d、f 顺序整理即得原子的电子分布式。

例 7-1　写出 26 号元素 Fe 的电子分布式。

解:(1)写出原子轨道“填充”顺序:1s 2s 2p 3s 3p 4s 3d。

(2)在每个轨道上“填充”电子:即 $1s^22s^22p^63s^23p^64s^23d^6$。

(3)整理得:$1s^22s^22p^63s^23p^63d^64s^2$。

例 7-2　写出 82 号元素 Pb 的电子排布式。

解:(1)写出原子轨道“填充”顺序:1s 2s 2p 3s 3p 4s 3d 4p 5s 4d 5p 6s 4f 5d 6p。

(2)“填充”电子:$1s^22s^22p^63s^23p^64s^23d^{10}4p^65s^24d^{10}5p^66s^24f^{14}5d^{10}6p^2$。

(3)整理得:$1s^22s^22p^63s^23p^63d^{10}4s^24p^64d^{10}4f^{14}5s^25p^65d^{10}6s^26p^2$。

有时为了避免电子分布式书写过长,通常把内层已达到稀有气体结构部分电子的分布用该元素前一周期的稀有气体的元素符号加方括号(称**原子实**)来表示。此时只需要在原子实后写出外层轨道电子的分布即可得电子分布式。如 Fe 的电子分布式可写作:$[Ar]3d^64s^2$,Pb 的电子分布式可写作:$[Xe]4f^{14}5d^{10}6s^26p^2$。

根据电子排布三原则,基本可以解决核外电子的排布问题。由于电子排布三原则只是一般的经验规律,随着原子序数的增大,核外电子数目的增多以及原子中电子之间相互作用的复杂化,核外电子排布也有不少例外情况,此时必须尊重光谱实验的结果。

目前已经发现的 112 种元素,除了最后几个寿命极短的放射性元素外,人们已经通过光谱实验确定了其电子排布情况,见表 7-2。

从表 7-2 中数据可见,有 19 种元素($_{24}Cr$、$_{29}Cu$、$_{41}Nb$、$_{42}Mo$、$_{44}Ru$、$_{45}Rh$、$_{46}Pd$、$_{47}Ag$、$_{57}La$、$_{58}Ce$、$_{64}Gd$、$_{78}Pt$、$_{79}Au$、$_{89}Ac$、$_{90}Th$、$_{91}Pa$、$_{92}U$、$_{93}Np$、$_{96}Cm$)原子外层电子的分布情况稍有例外,其中$_{24}Cr$、$_{29}Cu$、$_{42}Mo$、$_{47}Ag$、$_{79}Au$ 五种元素的电子排布方式可以用洪特规则来解释。以$_{24}Cr$ 和$_{29}Cu$ 为例,本来电子排布式应分别为$[Ar]3d^44s^2$和$[Ar]3d^94s^2$,但如果排成$3d^54s^1$和 $3d^{10}4s^1$,则 d 轨道电子半充满和全充满,s 轨道半满。这两种情况能量是较低的,因此最终排布为$[Ar]3d^54s^1$和$[Ar]3d^{10}4s^1$。

7.3.3.2　基态原子的价层电子构型

价电子所在的亚层统称为**价层**。原子的价层电子构型是指价层的电子分布式,它能反映出该元素原子电子层结构的特征。价层中的电子能量比较高,是化学反应的积极参与者。但价层中的电子并非一定全是价电子,例如 Ag 的价层电子构型为 $4d^{10}5s^1$,而其表现出的氧化数只有+1、+2、+3。

表 7-2　周期表中各元素基态原子的电子层结构

周期	原子序数	元素名称	元素符号	电子分布式
一	1	氢	H	$1s^1$
	2	氦	He	$1s^2$
二	3	锂	Li	$[He]2s^1$
	4	铍	Be	$[He]2s^2$
	5	硼	B	$[He]2s^22p^1$
	6	碳	C	$[He]2s^22p^2$
	7	氮	N	$[He]2s^22p^3$
	8	氧	O	$[He]2s^22p^4$
	9	氟	F	$[He]2s^22p^5$
	10	氖	Ne	$[He]2s^22p^6$
三	11	钠	Na	$[Ne]\ 3s^1$
	12	镁	Mg	$[Ne]3s^2$
	13	铝	Al	$[Ne]3s^23p^1$
	14	硅	Si	$[Ne]3s^23p^2$
	15	磷	P	$[Ne]3s^23p^3$
	16	硫	S	$[Ne]3s^23p^4$
	17	氯	Cl	$[Ne]3s^23p^5$
	18	氩	Ar	$[Ne]3s^23p^6$
四	19	钾	K	$[Ar]4s^1$
	20	钙	Ca	$[Ar]4s^2$
	21	钪	Sc	$[Ar]3d^14s^2$
	22	钛	Ti	$[Ar]3d^24s^2$
	23	钒	V	$[Ar]3d^34s^2$
	24	铬	Cr	$[Ar]3d^54s^1$
	25	锰	Mn	$[Ar]3d^54s^2$
	26	铁	Fe	$[Ar]3d^64s^2$
	27	钴	Co	$[Ar]3d^74s^2$
	28	镍	Ni	$[Ar]3d^84s^2$
	29	铜	Cu	$[Ar]3d^{10}4s^1$
	30	锌	Zn	$[Ar]3d^{10}4s^2$
	31	镓	Ga	$[Ar]3d^{10}4s^24p^1$
	32	锗	Ge	$[Ar]3d^{10}4s^24p^2$
	33	砷	As	$[Ar]3d^{10}4s^24p^3$
	34	硒	Se	$[Ar]3d^{10}4s^24p^4$
	35	溴	Br	$[Ar]3d^{10}4s^24p^5$
	36	氪	Kr	$[Ar]3d^{10}4s^24p^6$
五	37	铷	Rb	$[Kr]5s^1$
	38	锶	Sr	$[Kr]5s^2$
	39	钇	Y	$[Kr]4d^15s^2$
	40	锆	Zr	$[Kr]4d^25s^2$

续表 7-2

周期	原子序数	元素名称	元素符号	电子分布式
五	41	铌	Nb	$[Kr]4d^4 5s^1$
	42	钼	Mo	$[Kr]4d^5 5s^1$
	43	锝	Tc	$[Kr]4d^5 5s^2$
	44	钌	Ru	$[Kr]4d^7 5s^1$
	45	铑	Rh	$[Kr]4d^8 5s^1$
	46	钯	Pd	$[Kr]4d^{10}$
	47	银	Ag	$[Kr]4d^{10} 5s^1$
	48	镉	Cd	$[Kr]4d^{10} 5s^2$
	49	铟	In	$[Kr]4d^{10} 5s^2 5p^1$
	50	锡	Sn	$[Kr]4d^{10} 5s^2 5p^2$
	51	锑	Sb	$[Kr]4d^{10} 5s^2 5p^3$
	52	碲	Te	$[Kr]4d^{10} 5s^2 5p^4$
	53	碘	I	$[Kr]4d^{10} 5s^2 5p^5$
	54	氙	Xe	$[Kr]4d^{10} 5s^2 5p^6$
六	55	铯	Cs	$[Xe]6s^1$
	56	钡	Ba	$[Xe]6s^2$
	57	镧	La	$[Xe]5d^1 6s^2$
	58	铈	Ce	$[Xe]4f^1 5d^1 6s^2$
	59	镨	Pr	$[Xe]4f^3 6s^2$
	60	钕	Nd	$[Xe]4f^4 6s^2$
	61	钷	Pm	$[Xe]4f^5 6s^2$
	62	钐	Sm	$[Xe]4f^6 6s^2$
	63	铕	Eu	$[Xe]4f^7 6s^2$
	64	钆	Gd	$[Xe]4f^7 5d^1 6s^2$
	65	铽	Tb	$[Xe]4f^9 6s^2$
	66	镝	Dy	$[Xe]4f^{10} 6s^2$
	67	钬	Ho	$[Xe]4f^{11} 6s^2$
	68	铒	Er	$[Xe]4f^{12} 6s^2$
	69	铥	Tm	$[Xe]4f^{13} 6s^2$
	70	镱	Yb	$[Xe]4f^{14} 6s^2$
	71	镥	Lu	$[Xe]4f^{14} 5d^1 6s^2$
	72	铪	Hf	$[Xe]4f^{14} 5d^2 6s^2$
	73	钽	Ta	$[Xe]4f^{14} 5d^3 6s^2$
	74	钨	W	$[Xe]4f^{14} 5d^4 6s^2$
	75	铼	Re	$[Xe]4f^{14} 5d^5 6s^2$
	76	锇	Os	$[Xe]4f^{14} 5d^6 6s^2$
	77	铱	Ir	$[Xe]4f^{14} 5d^7 6s^2$
	78	铂	Pt	$[Xe]4f^{14} 5d^9 6s^1$
	79	金	Au	$[Xe]4f^{14} 5d^{10} 6s^1$
	80	汞	Hg	$[Xe]4f^{14} 5d^{10} 6s^2$

续表 7-2

周期	原子序数	元素名称	元素符号	电子分布式
六	81	铊	Tl	$[Xe]4f^{14}5d^{10}6s^26p^1$
	82	铅	Pb	$[Xe]4f^{14}5d^{10}6s^26p^2$
	83	铋	Bi	$[Xe]4f^{14}5d^{10}6s^26p^3$
	84	钋	Po	$[Xe]4f^{14}5d^{10}6s^26p^4$
	85	砹	At	$[Xe]4f^{14}5d^{10}6s^26p^5$
	86	氡	Rn	$[Xe]4f^{14}5d^{10}6s^26p^6$
七	87	钫	Fr	$[Rn]7s^1$
	88	镭	Ra	$[Rn]7s^2$
	89	锕	Ac	$[Rn]6d^17s^2$
	90	钍	Th	$[Rn]6d^27s^2$
	91	镤	Pa	$[Rn]5f^26d^17s^2$
	92	铀	U	$[Rn]5f^36d^17s^2$
	93	镎	Np	$[Rn]5f^46d^17s^2$
	94	钚	Pu	$[Rn]5f^67s^2$
	95	镅	Am	$[Rn]5f^77s^2$
	96	锔	Cm	$[Rn]5f^76d^17s^2$
	97	锫	Bk	$[Rn]5f^97s^2$
	98	锎	Cf	$[Rn]5f^{10}7s^2$
	99	锿	Es	$[Rn]5f^{11}7s^2$
	100	镄	Fm	$[Rn]5f^{12}7s^2$
	101	钔	Md	$[Rn]5f^{13}7s^2$
	102	锘	No	$[Rn]5f^{14}7s^2$
	103	铹	Lr	$[Rn]5f^{14}6d^17s^2$
	104	轳	Rf	$[Rn]5f^{14}6d^27s^2$
	105	钳	Db	$[Rn]5f^{14}6d^37s^2$
	106	镇	Sg	$[Rn]5f^{14}6d^47s^2$
	107	铍	Bh	$[Rn]5f^{14}6d^57s^2$
	108	镙	Hs	$[Rn]5f^{14}6d^67s^2$
	109	铸	Mt	$[Rn]5f^{14}6d^77s^2$
	110	铋	Ds	$[Rn]5f^{14}6d^87s^2$
	111	轮	Rg	$[Rn]5f^{14}6d^97s^2$
	112		Cn	$[Rn]5f^{14}6d^{10}7s^2$

7.3.4　简单基态离子的电子分布

以上介绍了基态原子中电子的分布情况，但对于离子的电子分布又是如何呢？是否同样遵循上述电子填充顺序呢？如简单的基态正离子 Fe^{2+}，根据鲍林能级图，Fe^{2+} 的电子分布式应为：$[Ar]3d^44s^2$。但实验证实，Fe^{2+} 的电子分布式为：$[Ar]3d^64s^0$。究其原因是由于正离子的有效核电荷比原子的多，使得基态正离子的轨道能级与基态原子的轨道能级有所不同。通过对轨道能级的研究,并结合大量的光谱数据,人们归纳出以下经验规律:①基态原子的外层轨道电子填充顺序为 $ns \to (n-2)f \to (n-1)d \to np$;②价电子电离顺序为 $np \to ns \to (n-1)d \to (n-2)f$,即按电子层的顺序失去电子。

例如,Pb 的电子分布式为[Xe]$4f^{14}5d^{10}6s^{2}6p^{2}$,而 Pb^{2+} 和 Pb^{4+} 的电子分布式分别为[Xe]$4f^{14}5d^{10}6s^{2}$和[Xe]$4f^{14}5d^{10}$。

此外,不同于正离子,当原子获得电子成为负离子时,得到的电子总是分布在最外电子层上。例如,Cl^{-}电子分布式为$1s^{2}2s^{2}2p^{6}3s^{2}3p^{6}$。

北京大学徐光宪教授对正离子的能级顺序也提出了近似的判断方法,称为$(n+0.4l)$规律,即求得的$(n+0.4l)$值越大的轨道越先失去电子。例如,4s 轨道和 3d 轨道相比,$(n+0.4l)$值分别为 4.0 和 3.8,因此失去电子的顺序是 4s 先于 3d。

7.4　元素周期系与核外电子分布的关系

原子核外电子排布的周期性是元素周期表的基础,而元素周期表是周期律的表现形式,是指导化学学习和研究工作的重要工具。以下按周期、组、区作简要介绍。

7.4.1　周期

目前已发现的元素共 112 种,103 号以后的元素为人工合成元素。按长式周期表,将其分为七个**周期**(period):一个特短周期(第一周期,2 个元素),两个短周期(第二、三周期,各 8 个元素),两个长周期(第四、五周期,各 18 个元素),一个特长周期(第六周期,32 种元素)和一个未完成周期(第七周期,目前已发现的共 26 个元素)。每一个周期对应于鲍林能级图中的一个能级组,则各周期的元素数目等于对应能级组的最大电子容纳数。其对应关系如下。

能级组:	1s	2s2p	3s3p	4s3d4p	5s4d5p	6s4f5d6p	7s5f6d7p
周期:	一	二	三	四	五	六	七
各周期元素数:	2	8	8	18	18	32	未完

所以,元素在周期表中的周期数=最高能级组数=该元素原子的电子层数。

7.4.2　族

周期表中把性质相似的元素排成纵行,称为**族**(group),共有 16 个族。7 个主族,7 个副族,1 个零族,1 个第Ⅷ族。其中,第Ⅷ族包含 3 个纵行,因此共有 18 个纵行。主族或副族是按电子最后填入的亚层来划分的。电子最后填入 s 或 p 亚层的称主族元素,用 A 表示;电子最后填入 d 或 f 亚层的称为副族元素,又称**过渡元素**(transition elements),用 B 表示,其中填入 f 亚层的又称**内过渡元素**(inner transition elements)。

主族和副族元素的价层电子构型不同。对于主族元素而言,价层电子构型为最外层电子的分布式;对于副族元素则是指最外层 s 电子和次外层 d 电子的分布情况。而对于副族元素中的镧系和锕系元素,则还需要考虑倒数第三层的 4f 电子,即它们的价层电子构型包括$(n-2)f$、$(n-1)d$、ns 轨道上电子的分布情况。

价层电子构型是周期表中元素分族的基础。周期表中同一族元素的电子层数虽然不同,但它们的价层电子构型相同。对于主族元素,族数等于最外层电子数,即$(ns+np)$电子数。例如，ⅥA族的元素，最外层电子数均为6，其最外层电子构型为ns^2np^4。一般来说，副族元素的族数等于最外层电子数与次外层d电子数之和，即[$ns+(n-1)d$]电子数。例如，ⅥB族元素的[$ns+(n-1)d$]电子数为6，其外层电子构型为$(n-1)d^4ns^2$。当[$ns+(n-1)d$]电子数为8～10时，均属第Ⅷ族；当[$ns+(n-1)d$]电子数为11、12时，分属于ⅠB和ⅡB族，即族数等于最外层的s电子数。镧系和锕系元素均属于ⅢB族。

7.4.3　原子的电子层结构与元素分区

周期表中的元素除了按周期和族来分外，还可按最后填入电子的亚层的不同分为s、p、d、ds、f五个区（见图7-9）。

（1）s区　包括周期表中的ⅠA和ⅡA族的元素，即碱金属和碱土金属元素，最后一个电子填入最外层的s亚层，价层电子构型为$ns^{1\sim2}$。该区元素易于失去价电子成为M^+或M^{2+}离子，是周期表中最活泼的金属元素。

（2）p区　包括ⅢA到ⅦA族和零族共6个族的元素，最后一个电子填入最外层的p亚层，价层电子构型为$ns^2np^{1\sim6}$。除氢以外的非金属都在p区。该区元素除非金属外，还包括部分金属元素和半导体元素。

（3）d区　包括ⅢB到ⅦB族和第Ⅷ族的元素，电子最后填入次外层的d亚层，价层电子构型为$(n-1)d^{1\sim9}ns^{1\sim2}$。d区元素都是过渡元素，且都是金属元素。

（4）ds区　包括ⅠB和ⅡB族的元素，电子最后填入次外层的d亚层，价层电子构型为$(n-1)d^{10}ns^{1\sim2}$。

（5）f区　包括镧系和锕系元素（内过渡元素），电子最后填入倒数第三层的f亚层，价层电子构型为$(n-2)f^{0\sim14}(n-1)d^{0\sim2}ns^2$。因为f区元素的最后一个电子填入倒数第三层的f亚层，而它们最外层和次外层的电子结构相同，所以各元素的化学性质极为相似。因此，将镧系、锕系元素分别置于元素周期表的一个位置上。该区元素都是金属元素。

原子的电子层结构与元素周期系有着密切的关系。若已知某元素的原子序数，便可写出该元素原子的电子层结构，并可根据元素原子核外电子分布与元素周期系的关系判断出它所处的周期、族、区；反之，若已知元素所在的周期和族，也可以推知其原子序数电子分布式。

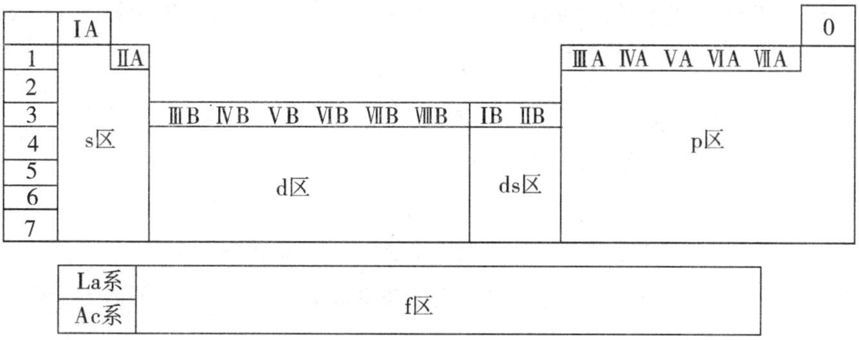

图7-9　周期表中元素的分区

例7-3　已知某元素的原子序数为24，请写出该元素原子的电子分布式，并指出该元素的名称、符号及所属的周期、族和区。

解：根据原子序数为24，可知该原子核外有24个电子，则其电子分布式为[Ar]$3d^54s^1$。

由最高能级组数为4可知该元素属于第四周期；根据价层电子构型为$3d^54s^1$可知为d区元素；

由于其$(n-1)d+ns$电子数为6，故属于第ⅥB族。

因此该元素为第四周期、d区、第ⅥB族的铬，元素符号为Cr。

7.5　元素性质的周期性

由于原子的电子层结构的周期性，因此与电子层结构有关的元素的基本性质，如原子半径、电离能、电子亲合能、电负性等，也呈现周期性变化。

7.5.1　原子半径

7.5.1.1　原子半径的定义

由于核外电子的运动没有确定的轨道，只是按概率分布的，所以单个原子不存在明确的界面，故原子核到最外电子层的距离，实际上是难以确定的。所谓**原子半径**实际上是根据相邻原子的核间距测得的。因相邻原子成键的情况不尽相同，所以人们通常按原子存在的不同形式来定义原子半径，常用的有共价半径、金属半径和范德华半径三种，以共价半径的应用最为普遍。

(1)**共价半径**(covalent radius)　两个相同原子形成共价单键时，其核间距的一半，称为原子的共价半径。例如，Cl_2中两个氯原子的核间距为198.8 pm，所以氯原子的共价半径为99.4 pm。

(2)**金属半径**(metallic radius)　金属单质晶体中，两个相邻金属原子核间距的一半，称为该金属原子的金属半径。例如，将金属铜中两个铜原子核间距的一半(128 pm)定为铜原子的半径。

(3)**范德华半径**(Van der Waals radius)　单原子分子晶体中，两相邻原子核间距的一半，称为该原子的范德华半径。例如，稀有气体元素氖(Ne)的范德华半径为112 pm。

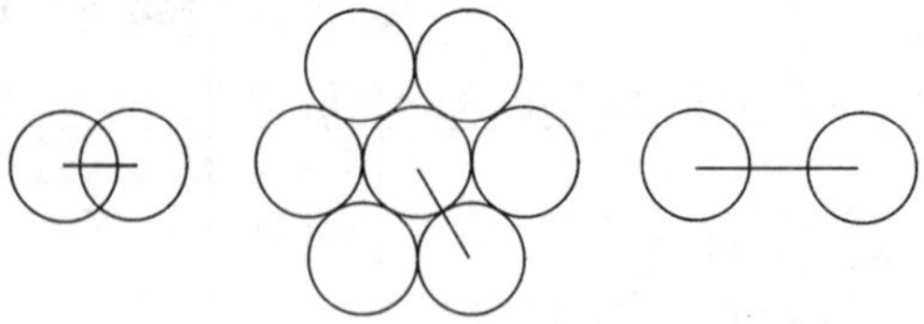

(a)共价半径　(b)金属半径　(c)范德华半径

图7-10　各种原子半径

图7-10给出了各种原子半径的示意图。一般地，原子的金属半径比共价半径大，这是由于形成共价键时，轨道的重叠程度更大些，并且分子间力不能把原子拉得很紧密，范德华半径总是最大的。需要注意的是同一种元素的原子，采用不同的标准，所测得半径的

数值相差比较大。例如，Na 原子的金属半径为 186 pm，其共价半径为 154 pm；Cl 原子的共价半径为 99 pm，其范德华半径为 175 pm。因此使用原子半径数据作比较时，应采用同一套数据。表 7-3 列出了周期表中各元素原子的共价半径，但稀有气体元素的半径仍为范德华半径。

表 7-3　元素原子半径　（单位：pm）

ⅠA																	0
H																	He
32	ⅡA											ⅡA	VA	VA	ⅥA	ⅦA	93
Li 123	Be 89											B 82	C 77	N 70	O 66	F 64	Ne 112
Na 154	Mg 136	ⅢB	ⅣB	VB	ⅥB	ⅦB	Ⅷ			ⅠB	ⅡB	Al 118	Si 117	P 110	S 104	Cl 99	Ar 154
K 203	Ca 174	Sc 144	Ti 132	V 122	Cr 118	Mn 117	Fe 117	Co 116	Ni 115	Cu 117	Zn 125	Ga 126	Ge 122	As 121	Se 117	Br 114	Kr 169
Rb 216	Sr 191	Y 162	Zr 145	Nb 134	Mo 130	Tc 127	Ru 125	Rh 125	Pd 128	Ag 134	Cd 148	In 144	Sn 140	Sb 141	Te 137	I 133	Xe 190
Cs 235	Ba 198	La 169	Hf 144	Ta 134	W 130	Re 128	Os 126	Ir 127	Pt 130	Au 134	Hg 144	Tl 148	Pb 147	Bi 146	Po 146	At 145	Rn 222

镧系	La 169	Ce 165	Pr 164	Nd 164	Pm 163	Sm 162	Eu 185	Gd 162	Tb 161	Dy 160	Ho 158	Er 158	Tm 158	Yb 170	Lu 158

7.5.1.2　原子半径的递变规律

从表 7-3 可知，元素原子半径呈周期性变化，且主族元素的变化规律比副族元素更明显。

（1）同一周期　原子半径的大小主要取决于原子的有效核电荷数和核外电子层数。对于同一周期的主族元素，从左到右，原子的核电荷数增加，而电子层数保持不变，新增加的电子依次填充在同一电子层中，电子之间的相互排斥作用虽然增加，但因同层电子的排斥作用增加的效果比核电荷数增加的效果小，故核对电子的引力增大。因此，同一周期的主族元素，从左到右，随着核电荷数的增加，原子半径逐渐减小，仅最后一个稀有气体元素的原子半径大幅度增加。这主要是由于稀有气体的原子半径为范德华半径的缘故。

副族元素中 d 区和 f 区的变化情况有所不同。对于同一周期的 d 区过渡元素，从左到右，原子半径仅略有减小，相邻元素原子半径的平均减小幅度为 4 pm 左右。这是由于新增加的电子填入次外层的 d 轨道，对于决定原子半径的最外层电子来说，增加的核电荷数被增加的电子抵消掉的成分较大。

同一周期的 f 区内过渡元素，从左到右，由于新增加的电子填入倒数第三层的 f 轨道，原子半径减小的平均幅度比 d 区更小。从 La 到 Lu，15 个元素原子半径总共减小 11 pm。这种现象称为“镧系收缩”。镧系收缩的存在，使得同一副族的第五、六周期过渡元素的原子半径非常接近，造成某些元素如 Zr 与 Hf、Nb 与 Ta、Mo 与 W 等的性质极为相似，在自然界往往共生，分离十分困难。

(2)同一族　同一族中，从上到下，由于电子层数增加，主族元素的原子半径显著递增；副族元素原子半径一般仅略有增大(除ⅢB 外)，且第五、第六周期同族元素之间的原子半径非常接近，通常认为是“镧系收缩”的体现。

7.5.2　电离能

7.5.2.1　电离能定义

元素原子失去电子的难易，可用**电离能** I(ionization energy)来衡量。元素的一个基态气态原子失去一个电子变为一价气态正离子时所吸收的能量，称为该元素原子的第一电离能，用符号 I_1 表示。

从一价气态正离子再失去一个电子变为二价气态正离子所需的能量，称为该元素原子的第二电离能(I_2)，其余依次类推。例如：

$$Mg(g)-e^- \longrightarrow Mg^+(g); \quad I_1=738\ kJ\cdot mol^{-1}$$

$$Mg^+(g)-e^- \longrightarrow Mg^{2+}(g); \quad I_2=1451\ kJ\cdot mol^{-1}$$

元素原子的电离能，可通过实验测得。表 7-4 列出了元素的第一电离能。

表 7-4　元素的第一电离能　　(单位：kJ · mol^{-1})

ⅠA																	0
H																	He
1312	ⅡA											ⅢA	ⅣA	ⅤA	ⅥA	ⅦA	2372
Li	Be											B	C	N	O	F	Ne
520	900											801	1086	1402	1314	1681	2081
Na	Mg											Al	Si	P	S	Cl	Ar
496	738	ⅢB	ⅣB	ⅤB	ⅥB	ⅦB	Ⅷ			ⅠB	ⅡB	578	787	1012	1000	1251	1521
K	Ca	Sc	Ti	V	Cr	Mn	Fe	Co	Ni	Cu	Zn	Ga	Ge	As	Se	Br	Kr
419	590	631	658	650	653	717	759	758	737	746	906	579	762	944	941	1140	1351
Rb	Sr	Y	Zr	Nb	Mo	Tc	Ru	Rh	Pd	Ag	Cd	In	Sn	Sb	Te	I	Xe
403	550	616	660	664	685	702	711	720	805	731	868	558	709	832	869	1008	1170
Cs	Ba	La	Hf	Ta	W	Re	Os	Ir	Pt	Au	Hg	Tl	Pb	Bi	Po	At	Rn
376	503	538	654	761	770	760	840	880	870	890	1007	589	716	703	812	912	1037

镧	La	Ce	Pr	Nd	Pm	Sm	Eu	Gd	Tb	Dy	Ho	Er	Tm	Yb	Lu
系	538	528	523	530	536	543	547	592	564	572	581	589	597	603	524

显然，元素原子的电离能数值越小，越易于失去电子；反之，元素原子的电离能数值越大，越难失去电子。因此，根据电离能的数值可以衡量原子失去电子的难易程度。一般情况下，仅根据第一电离能数据即可。

7.5.2.2　电离能的递变规律

影响电离能大小的因素有原子半径、核电荷数和电子层结构。一般来说，原子半径越小，有效核电荷越多，原子核对外层电子的引力越大，越不易失去电子，电离能越大。电子层结构的影响表现在原子的最外层电子数越少，越易失去电子，电离能越小；反之，最外层的电子数越多，越难失去电子，电离能越大。

同一周期的主族元素，从左到右，电离能总的趋势是增大的。同一主族的元素，从上到下，原子半径增大，原子核对外层电子的引力减弱，电离能减小。但对于电子层结构为半满（如 N:$2p^3$）、全满（如 Be:$2s^2$）的原子，因其比较稳定，所以它们的电离能数值反而大于它们后面一个元素的电离能。另外稀有气体的电离能数值在同一周期中是最大的，这是由于它们具有稳定的 ns^2np^6（He 除外）结构的缘故。

副族元素的电离能变化不规律。

7.5.3　电子亲合能

7.5.3.1　电子亲合能的定义

元素原子结合电子的难易，可用电子亲合能（E_A）（electron affinity energy）来衡量。使某元素的一个基态气态原子得到一个电子，形成一价气态负离子时所放出的能量，称为该元素原子的**第一电子亲合能**，用 E_{A_1} 表示。类似地，负一价气态离子再获得一个电子，形成负二价气态离子时所消耗的能量，称为第二电子亲合能，用 E_{A_2} 表示。值得注意的是，因电子落入中性原子的核场里时体系的能量减少，故原子的第一电子亲合能一般为负值①。对于稀有气体和ⅡA 族元素的原子，因其最外电子亚层全充满，要加合一个电子时，环境必须对体系做功，故其第一电子亲合能为正值。所有元素的第二电子亲合能均为正值，这是由于负一价离子获得电子时，需要克服负电荷之间的排斥力而吸收能量的缘故。例如：

$$O(g)+e^- \longrightarrow O^-(g);\qquad E_{A_1}=-141.8\ kJ\cdot mol^{-1}$$

$$O^-(g)+e^- \longrightarrow O^{2-}(g);\qquad E_{A_2}=+780\ kJ\cdot mol^{-1}$$

目前，电子亲合能的测定比较困难，测得的数据因而较少（尤其是副族元素尚无完整的数据），准确性也较差，并且有些数据还只是计算值。表 7-5 列出了主族元素原子的第一电子亲合能数据。

电子亲合能反映了原子得到电子的难易程度。元素原子的第一电子亲合能越负，原子就越容易得到电子。反之，电子亲合能越正，就越难得到电子。

7.5.3.2　电子亲合能递变规律

与电离能类似，电子亲合能的大小主要取决于有效核电荷数、原子半径和原子的电子

---

①　电子亲合能的符号没有统一规定。本书采用热力学规定（放热为负，吸热为正），部分教材和参考资料与此规定不同，阅读时请注意区分。

层结构。在同一周期中,从左到右过渡时,由于原子半径逐渐减小,核对电子的引力增大,故电子亲合能总的变化趋势是减小的。主族元素从上到下过渡时,总的变化趋势是增大的。

表 7-5 主族元素的第一电子亲合能 (单位:$kJ \cdot mol^{-1}$)

H -72.7							He +48.2
Li -59.6	Be +48.2	B -26.7	C -121.9	N +6.75	O -141.8	F -328.0	Ne +115.8
Na -52.9	Mg +38.6	Al -42.5	Si -133.6	P -72.1	S -200.4	Cl -349.0	Ar +96.5
K -48.4	Ca +28.9	Ga -28.9	Ge -115.8	As -78.2	Se -195.0	Br -324.7	Kr +96.5
Rb -46.9	Sr +28.9	In -28.9	Sn -115.8	Sb -103.2	Te -190.2	I -295.1	Xe +77.2

7.5.4 电负性

7.5.4.1 电负性定义

电离能和电子亲合能都各自从某一方面反映了原子争夺电子的能力。然而,原子形成分子的过程是原子间得失电子综合能力的全面体现,如单纯用得或失电子的能力来考察显然是片面的。因此,为了全面衡量分子中各元素原子吸引电子的能力,提出了**电负性**(electronegativity)的概念,用符号χ表示。电负性是指分子内原子吸引电子的能力。元素的电负性越大,表示原子在分子中对电子的吸引能力越强。

电负性目前还无法直接测定,只能用间接的方法来标度。至今已提出多种标度电负性的方法,虽然依据的原理不同,但计算的结果还是相当接近的。

目前较为常用的是鲍林的电负性数据。这组数据是根据键的解离能计算得到的,并指定最活泼的非金属元素 F 的电负性为 4.0,再根据热化学数据的对比,得出其他元素的电负性,见表 7-6。

7.5.4.2 电负性递变规律

同一周期中,从左到右,主族元素的电负性逐渐增加。同一主族,从上到下,元素的电负性逐渐减小。副族元素的电负性在同一周期中的变化不是十分规律,但从左到右过渡时的总趋势是增大的;同一副族,从上到下,ⅢB ~ ⅤB 族电负性逐渐减小,ⅥB ~ ⅡB 族电负性逐渐增大。

最后必须指出,同一元素所处的氧化态不同,其电负性也不同。例如,Fe(Ⅱ)和Fe(Ⅲ)的电负性分别为 1.7 和 1.8,Cr(Ⅱ)和 Cr(Ⅲ)的电负性分别为 1.6 和 2.4,因为价高的吸引电子能力比价低的强些。表 7-6 所列的电负性实际上是该元素最稳定的氧化态的电负性。

表 7-6　鲍林元素电负性表

ⅠA																	
H																	
2.18	ⅡA											ⅢA	ⅣA	ⅤA	ⅥA	ⅦA	
Li	Be											B	C	N	O	F	
0.98	1.57											2.04	2.55	3.04	3.44	3.98	
Na	Mg											Al	Si	P	S	Cl	
0.93	1.31	ⅢB	ⅣB	ⅤB	ⅥB	ⅦB	Ⅷ			ⅠB	ⅡB	1.61	1.90	2.19	2.58	3.16	
K	Ca	Sc	Ti	V	Cr	Mn	Fe	Co	Ni	Cu	Zn	Ga	Ge	As	Se	Br	
0.82	1.00	1.36	1.54	1.63	1.66	1.55	1.8	1.88	1.9	1.9	1.65	1.81	2.01	2.18	2.55	2.96	
Rb	Sr	Y	Zr	Nb	Mo	Tc	Ru	Rh	Pd	Ag	Cd	In	Sn	Sb	Te	I	
0.82	0.95	1.22	1.33	1.60	2.16	1.9	2.2	2.2	2.2	1.93	1.69	1.7	1.8	2.05	2.1	2.66	
Cs	Ba	La	Hf	Ta	W	Re	Os	Ir	Pt	Au	Hg	Tl	Pb	Bi	Po	At	
0.79	0.89	1.10	1.3	1.5	2.36	1.9	2.2	2.2	2.3	2.54	2.00	1.8	1.87	2.02	2.0	2.2	

7.5.5　元素的氧化数

在化学反应中，元素原子常通过失去、获得或共用电子的方式使其最外层达到 2、8、18 或 18+2 个电子的稳定结构，而元素的氧化数决定于原子的价电子数目，即原子的电子层结构。主族和副族元素的电子层结构不同，它们的氧化数变化情况也不一样。

7.5.5.1　主族元素的氧化数

主族元素原子仅最外层电子能参与成键，所以对于主族元素（O、F 除外），元素的最高氧化数=原子的价电子总数=族数。表 7-7 列出了各主族元素的常见及最高氧化数。

表 7-7　主族元素的氧化数与价电子数的对应关系

族数	ⅠA	ⅡA	ⅢA	ⅣA	ⅤA	ⅥA	ⅦA
价层电子构型	ns^1	ns^2	ns^2np^1	ns^2np^2	ns^2np^3	ns^2np^4	ns^2np^5
价电子总数	1	2	3	4	5	6	7
主要氧化数	+1	+2	+3（Tl 有+1）	+4，+2（C 有−4）	+5，+3（N，P 有−3，N 还有+1，+2，+4）	+6，+4，−2（O 主要为 −1，−2）	+7，+5，+3，+1，−1（F 只有−1）
最高氧化数	+1	+2	+3	+4	+5	+6	+7

7.5.5.2　副族元素的氧化数

对于ⅢB ~ ⅦB 族的元素，元素的最高氧化数等于价电子总数，如表 7-8 所示。因其最外层的 s 电子和次外层的 d 电子均为价电子，故有：副族元素的最高氧化数 = 价电子总数 = [$ns+(n-1)d$] 电子数 = 族数。

表 7-8　ⅢB～ⅦB 族元素最高氧化数与价电子数的对应关系

族数	ⅢB	ⅣB	ⅤB	ⅥB	ⅦB
元素	Sc	Ti	V	Cr	Mn
价层电子构型	$3d^14s^2$	$3d^24s^2$	$3d^34s^2$	$3d^44s^2$	$3d^54s^2$
价电子数	3	4	5	6	7
最高氧化数	+3	+4	+5	+6	+7

对于ⅠB 和第Ⅷ族,元素的氧化数变化不规律;ⅡB 族元素的最高氧化数为+2。

阅读材料

元素周期表

俄罗斯化学家门捷列夫(1834.2.8～1907.2.2)对化学最重要的贡献是建立了元素周期分类法。这是自 18 世纪科学化学开始以来,继拉瓦锡、道尔顿之后的又一功绩。

门捷列夫在研究前人所得成果的基础上,发现一些元素除有特性之外还有共性。例如,已知卤素元素的氟、氯、溴、碘,都具有相似的性质;碱金属元素锂、钠、钾暴露在空气中时,都很快就被氧化,因此都是只能以化合物形式存在于自然界中;有的金属如铜、银、金都能长久保持在空气中而不被腐蚀,正因为如此它们被称为贵金属。门捷列夫开始试着排列这些元素。他把每个元素都建立了一张长方形纸板卡片。在每一块长方形纸板上写上了元素符号、原子量、元素性质及其化合物。然后把它们钉在实验室的墙上排了又排。经过了一系列的排队以后,他发现了元素化学性质的规律性。

当时有人将门捷列夫对元素周期律的发现看得很简单,轻松地说他是用玩扑克牌的方法得到这一伟大发现的,门捷列夫却认真地回答说:"这个问题我考虑了 20 年之久,而您却认为我坐着不动,5 个戈比 1 行、5 个戈比 1 行地挪列着,突然就成功了?"。的确,从他立志从事这项探索工作起,一直花了大约 20 年的工夫,才终于在 1869 年发表了元素周期律。他把化学元素从杂乱无章的迷宫中分门别类地理出了一个头绪。元素周期律的发现使他名声大噪,很多外国科学院纷纷聘请他为名誉院士。此外,因为他具有很大的勇气和信心,不怕名家指责,不怕嘲讽,勇于实践,敢于宣传自己的观点,终于得到了广泛的承认。为了纪念他的成就,人们将美国化学家希伯格在 1955 年发现的第 101 号新元素命名为 Mendelevium,即"钔"。

元素周期律揭示了一个非常重要而有趣的规律:元素的性质,随着原子量的增加呈周期性的变化,但又不是简单的重复。门捷列夫根据这个道理,不但纠正了一些有错误的原子量,还先后预言了 15 种以上的未知元素的存在。结果,有三个元素在门捷列夫还在世的时候就被发现了。1875 年,法国化学家布瓦博德兰,发现了第一个待填补的元素,命名为镓。这个元素的一切性质都和门捷列夫预言的一样,只是比重不一致。门捷列夫为此写了一封信给巴黎科学院,指出镓的比重应该是 5.9 左右,而不是 4.7。当时镓还在布瓦博德兰手里,门捷列夫还没有见到过。这件事使布瓦博德兰大为惊讶,于是他设法提纯,重新测量镓的比重,结果证实了门捷列夫的预言,比重确实是 5.94。这一结果大大提高了人们对元素周期律的认识,它也说明很多科学理论被称为真理,不是在科学家创立这些理论的时候,而是在这一理论不断被实践所证实的时候。当年门捷列夫通过元素周期表预言新元素时,有的科学家说他狂妄地臆造一些不存在的元素。而通过实践,门捷列夫的理论受到了越来越普遍的重视。

后来,人们根据周期律理论,把已经发现的100多种元素排列、分类,列出了今天的化学元素周期表,张贴于实验室墙壁上,编排于辞书后面。它更是我们每一位学生在学化学的时候,都必须学习和掌握的一课。

现在,我们知道,在人类生活的浩瀚的宇宙里,一切物质都是由这100多种元素组成的,也包括我们人本身在内。

可是化学元素是什么呢?化学元素是同类原子的总称。所以,人们常说,原子是构成物质世界的"基本砖石",这从一定意义上来说,还是可以的。然而,化学元素周期律说明化学元素并不是孤立地存在和互相毫无关联的。这些事实意味着,元素原子还肯定会有自己的内在规律。这里已经孕育着物质结构理论的变革。

终于,到了19世纪末,实践有了新的发展,放射性元素和电子被发现了,这本来是揭开原子内幕的极好机会。可是门捷列夫在实践面前却产生了困惑。一方面他害怕这些发现"会使事情复杂化",动摇"整个世界观的基础";另一方面又感到这"将是十分有趣的事……周期性规律的原因也许会被揭示"。但门捷列夫本人就在将要揭开周期律本质的前夜,1907年带着这种矛盾的思想逝世了。

门捷列夫并没有看到,正是由于19世纪末、20世纪初的一系列伟大发现和实践,揭示了元素周期律的本质,扬弃了门捷列夫那个时代关于原子不可分的旧观念。在扬弃其不准确的部分的同时,充分肯定了它的合理内涵和历史地位。在此基础上诞生的元素周期律的新理论,比当年门捷列夫的理论更具有真理性。

本章要点

核外电子的运动特征:①波粒二象性;②不确定原理,其数学表达式为 $\Delta x \cdot \Delta p_x \geq \frac{h}{4\pi}$。不能用经典力学来处理。

波函数 ψ 是薛定谔方程的解,是描述核外电子运动状态的数学表达式,用来描述原子核外电子的运动状态。波函数是一个包含三个未知数(x、y、z)和三个量子数(n、l、m)的函数式。当量子数确定时,波函数的形式确定。习惯上将波函数称为原子轨道函数,简称为原子轨道。

四个量子数的取值及其物理意义如下表。

量子数	n	l	m	m_s
取值	1、2、3、…、n(正整数)	0、1、2、…、$n-1$	0、±1、±2、…、±1	$\pm\frac{1}{2}$
物理意义	电子层、电子能量	原子轨道类型或电子云形状	原子轨道数目或空间伸展方向	电子自旋状态
符号	K、L、M、N、O、P、Q	s、p、d、f、g、h		

电子在原子核外空间某处单位体积内出现的概率称为概率密度（$|\psi|^2$）；用小黑点疏密代表概率密度分布所得的空间图像称为电子云，是电子在核外空间运动的概率密度分布的形象化表示。

原子轨道的角度部分图体现了原子轨道的大致外形，表明了波函数角度部分的极大值和正、负号分布；电子云的角度分布图表明了电子云的大致形状，二者形状上有相似性。

基态原子中电子分布的基本原理即电子排布三原则：能量最低原理、泡利不相容原理、洪特规则。

Pauling 近似能级图和核外电子填入轨道顺序：ns→(n-2)f→(n-1)d→np。

元素在周期表中的位置（周期、族、区）和核外电子排布的关系。

元素所在周期数=最高能级族数

主族元素的族数=ns+np 电子数

$$\text{副族元素的族数}=ns+(n-1)d\ \text{电子数}\begin{cases}3\sim7 & \text{Ⅲ B}\sim\text{Ⅶ B}\\ 8\sim10 & \text{Ⅷ}\\ 11、12 & \text{Ⅰ B、Ⅱ B}\end{cases}$$

元素所在的区依据其价层电子构型而定，各区元素的特征价层电子构型如下表。

区	s	p	d	ds	f
特征价层电子构型	$ns^{1\sim2}$	$ns^2np^{1\sim6}$	$(n-1)d^{1\sim9}ns^{1\sim2}$	$(n-1)d^{10}ns^{1\sim2}$	$(n-2)f^{0\sim14}(n-1)d^{0\sim2}ns^2$

常见的原子性质包括原子半径 r（有共价半径、金属半径、范德华半径三种）、第一电离能 I_1、第一电子亲合能 E_{A_1} 和电负性 χ，并具有周期性递变规律，如下表。

原子性质		r	I_1	χ	金属性	非金属性
主族元素	同一周期 左→右	减小	总趋势增大	增大	减弱	增强
	同一族 上→下	显著增大	减小	减小	增强	减弱
副族元素	同一周期 左→右	略有减小	不规律	总趋势增大	减弱	—
	同一族 上→下	略有增大	不规律	ⅢB～ⅤB，减小 ⅥB～ⅡB，增大	ⅢB～ⅤB，增强 ⅥB～ⅡB，减弱	—

总体来说，主族元素性质变化的规律性非常明显，副族元素性质变化的规律性不太明显。

习题

1. 是非判断。

(1) 微观粒子的运动不能同时具有确定的位置和确定的动量。

(2) p 轨道的角度分布图为"8"字形，表明 p 电子是沿"8"字形轨道运动的。

(3) 单电子原子的轨道能级仅与主量子数 n 有关。

(4) 电子云图中小黑点越密的地方电子越多。

(5)原子结构的量子力学模型中,轨道即是玻尔原子模型中的轨道。

(6)任何原子的最外层最多只能有 8 个电子,次外层最多只能有 18 个电子。

(7)周期表中各周期的元素数目等于原子中相应电子层的电子最大容纳数($2n^2$)。

(8)一组 n、l、m 组合确定一个波函数。

(9)第四电子层只有 4s、4p、4d、4f 四个原子轨道。

(10)同一周期的主族元素,从左到右过渡时,元素电负性逐渐增大。

2. 对某一多电子原子来说,下列原子轨道 2s、$2p_x$、$3p_x$、$3p_y$、$3p_z$、$3d_{xy}$、$3d_{yz}$、$3d_{xz}$、$3d_{x^2-y^2}$、$3d_{z^2}$ 中,哪些是等价轨道?

3. 下列各组量子数哪些是合理的,为什么?

(1)$n=3, l=1, m=+1, m_s=+\frac{1}{2}$　　(2)$n=2, l=2, m=-1, m_s=-\frac{1}{2}$

(3)$n=2, l=0, m=+1, m_s=+\frac{1}{2}$　　(4)$n=2, l=3, m=+2, m_s=+\frac{1}{2}$

4. $n=3, l=1$ 的原子轨道的符号是什么?共有几种空间取向?几个轨道?一共可容纳多少个电子?试画出该原子轨道的角度分布图。

5. 在 26 号元素 Fe 的 3d、4s 轨道内,下列电子分布哪些是错误的,为什么?

(1)(↑↑) (↓↑) (↓↑) (↑) (↑)　○　　(2)(↓↑) (↓↑) (↓↑) (↓↑) ○　○

(3)(↓↑) (↓↑) (↓↑) ○ ○　(↓↑)　　(4)(↓↑) (↑) (↑) (↑) (↑)　(↓↑)

6. 写出原子序数为 25 的元素的名称、符号及其基态原子的电子分布式,并用四个量子数分别表示每个价电子的运动状态。

7. (1)请写出 s、p、d、ds、f 区元素的特征价层电子构型。

(2)具有下列价层电子构型的元素位于元素周期表的哪个区?它们分别是金属还是非金属?

ns^2　　ns^2np^5　　$(n-1)d^2ns^2$　　$(n-1)d^{10}ns^2$

8. 填写下列表格。

原子序数	电子分布式	价层电子构型	元素所在周期	元素所在族	元素所在区
24					
	[Ar]$4s^2$				
		$4d^{10}5s^1$			
			四	ⅡB	
		$3d^84s^2$			
75					

9. 已知 M^{3+} 离子的 3d 轨道为半充满,试推出:(1)M 原子的核外电子排布;(2)M 原子的最外层和最高能级组中的电子数;(3)M 原子在周期表中的位置。

10. 已知某副族元素的 A 原子,电子最后填入 3d,最高氧化数为+4;元素 B 的原子,电子最后填入 4p,最高氧化数为+5。

(1)请写出 A、B 原子的基态电子分布式。

(2)根据电子分布式,指出它们在周期表中的位置(周期、族、区)。

11. (1)试写出 115 号元素的基态原子电子分布式,推测它应该处于周期表中的哪个周期,哪个族,与何元素的化学性质最为相似?

(2)试推测第七周期最后一种元素的原子序数为多少?

12. 写出下列离子的电子分布式:S^{2-}、Mn^{2+}、Co^{2+}、Ag^{+}、Pb^{2+}、K^{+}。

13. 元素原子最外层仅有一个电子,该电子的量子数为 $n=4,l=0,m=0,m_s=+\frac{1}{2}$。

(1)符合上述条件的元素有几种?原子序数各是什么?

(2)写出相应各元素原子的电子分布式,并指出在周期表中的位置。

14. 有第四周期的三种元素 A、B、C,其价电子数依次为 1、2、7,原子序数按 A、B、C 的顺序增大,已知 A、B 的次外层电子数为 8,C 的次外层电子数为 18。

(1)请写出三种元素原子的基态电子分布式。

(2)哪些是金属元素?哪些是非金属元素?

(3)元素 A 和 C 的简单离子各是什么?

15. 设有元素 A、B、C、D、E、F、G,试根据以下条件,推断它们的元素符号及在周期表中的位置(周期、族、区),并写出其价层电子构型。

(1)A、B、C 为同一周期的金属元素,C 有三个电子层,它们的原子半径在所属周期中为最大,并且 A>B>C。

(2)D、E 为非金属元素,与氢化合生成 HD 和 HE,室温下 D 的单质为液体,E 的单质为固体。

(3)F 在元素中电负性最大。

(4)G 为金属元素,有四个电子层,其最高氧化数与 Cl 的最高氧化数相同。

16. 有 A、B、C、D 四种元素,其价电子数依次为 1、2、6、7,其电子层数依次减少。已知 D 的电子层结构与 Ar 相同,A、B 的次外层有 8 个电子,C 的次外层有 18 个电子,试按照以下顺序排列这四种元素。

(1)原子半径由小到大的顺序。

(2)第一电离能由小到大的顺序。

(3)电负性由小到大的顺序。

(4)金属性由弱到强的顺序。

17. 不查元素周期表,比较下列各对元素第一电离能和电负性的相对大小。

(1)15 和 16 号元素。

(2)19 和 29 号元素。

(3)37 和 38 号元素。

(4)37 和 55 号元素。

第8章　分子结构与性质

从结构的观点来看，除稀有气体外，其他原子都不是稳定的结构。因此自然界里的物质除稀有气体能以单原子状态稳定存在外，其他各种元素的单质或化合物，都是由原子或离子间通过一定的作用力相互结合而成的。例如，氢气分子是由两个氢原子通过共价键结合而成的，金属铜是由大量铜原子通过金属键结合成金属晶体存在。实际上，分子才是保持物质基本化学性质并能独立存在的最小微粒，也是参加化学反应的基本单元。物质的化学性质主要取决于分子的性质，而分子的性质又取决于分子的结构。因此，研究分子的结构，对于了解物质的性质，掌握化学变化的规律，具有十分重要的意义。

第7章介绍了原子结构方面的知识，可以根据物质的原子结构解释物质的一些宏观性质。但仅此是不够的，譬如根据原子结构还无法解释物质的同素异形、同分异构现象（例如：白磷、红磷；石墨、金刚石和 C_{60}）。这是因为物质的性质不仅与原子的结构有关，还与物质的分子结构或晶体结构有关。

分子结构通常包括两个方面：分子的空间构型和化学键。

（1）分子的空间构型　实验证实，分子中的原子不是杂乱无章地堆积在一起，而是按照一定的规律结合成整体的，使分子在空间呈现出一定的几何形状（即几何构型）。

（2）化学键　分子或晶体既然能存在，说明了分子或晶体内原子（或离子）之间必定存在着某种较强的相互吸引作用。化学上把分子或晶体内原子（或离子）之间强烈的相互吸引作用称为**化学键**（chemical bond）。化学键现在可大致区分为电价键（主要形式为离子键）、共价键（或称原子键）和金属键三种基本键型。

此外，在分子之间还普遍存在着一种较弱的相互吸引作用，通常称为分子间力或范德华力。有时分子间或分子内的某些基团之间还可能形成氢键。

本章将在原子结构的基础上，重点讨论分子的形成过程，分子中的化学键类型及有关理论如离子键理论、共价键理论（包括电子配对法、杂化轨道理论、价层电子对互斥理论、分子轨道理论），分子的空间构型，分子间力及其对物质性质的影响。

8.1　键参数

为了描述分子的结构和空间构型，常需要用一些物理量来表征化学键的性质。这些能表征、描述化学键性质的物理量统称为**键参数**（bond parameter）。常见的共价键的键参数主要有键能、键长和键角等。

8.1.1　键能

键能（bond energy）是从能量因素来衡量共价键强度的物理量。化学反应的过程实际上是旧键断裂和新键生成的过程,这些过程中都伴随着体系能量的变化。键能粗略而言是指气体分子每断裂单位物质的量的某键时所需的能量,用符号 E 表示。在计算化学反应的能量变化时,严格地讲应计算热力学能变 ΔU,但因一般化学反应中体积功($p\Delta V$)很小,因此可用反应过程的焓变 ΔH 近似表示热力学能的变化。

例如,298.15 K、标准态下,H—Cl 键的键能 $E^{\ominus}(\text{H—Cl}) = 431\ \text{kJ}\cdot\text{mol}^{-1}$,即:

$$\text{HCl(g)} \xrightarrow[\text{标准态}]{298.15\ \text{K}} \text{H(g)} + \text{Cl(g)},\ \Delta U^{\ominus}_{298.15\ \text{K}} \approx \Delta H^{\ominus}_{298.15\ \text{K}} = 431\ \text{kJ}\cdot\text{mol}^{-1}$$

键能可用来衡量化学键牢固程度,键能越大,键越牢固。

在 298.15 K、标准态下,将单位物质的量的理想气体分子 AB 拆开,形成气态 A 原子和 B 原子所需的能量,称为 A—B 分子的**键解离能**,用符号 D 表示。对双原子分子,键能 E 在数值上等于键解离能 D。例如:

$$\text{H}_2\text{(g)} \xrightarrow[\text{标准态}]{298.15\ \text{K}} 2\text{H(g)}$$

$$E^{\ominus}(\text{H—H}) = D^{\ominus}(\text{H—H}) = 436\ \text{kJ}\cdot\text{mol}^{-1}$$

但对于多原子分子(例如 CH_4),若某种键不止一个,则该键的键能 E 等于同种键逐级解离能 D 的平均值。例如 H_2O 分子中有两个 O—H 键,其解离能分别为:

$$\text{H}_2\text{O(g)} \longrightarrow \text{H(g)} + \text{OH(g)},\ D(\text{H—OH}) = 498\ \text{kJ}\cdot\text{mol}^{-1}$$

$$\text{OH(g)} \longrightarrow \text{H(g)} + \text{O(g)},\ D(\text{O—H}) = 428\ \text{kJ}\cdot\text{mol}^{-1}$$

所以有:

$$E(\text{O—H}) = \frac{D(\text{H—OH}) + D(\text{O—H})}{2} = 463\ \text{kJ}\cdot\text{mol}^{-1}$$

同一种键在不同分子中,键能大小可能不同:

$$\text{N}_2\text{O}_4\text{(g)}\ 中,D(\text{N—N}) = 167\ \text{kJ}\cdot\text{mol}^{-1}$$

$$\text{N}_2\text{H}_4\text{(g)}\ 中,D(\text{N—N}) = 247\ \text{kJ}\cdot\text{mol}^{-1}$$

键能可通过光谱实验测定键的解离能来确定,也可利用生成焓来计算。表 8-1 列出了部分化学键的键能数据。

表 8-1 一些化学键的键能和键长

键	键能/$\text{kJ}\cdot\text{mol}^{-1}$	键长/pm	键	键能/$\text{kJ}\cdot\text{mol}^{-1}$	键长/pm
H—H	436	74	I—I	151	267
C—H	414	109	C—C	346	154
O—H	464	96	C═C	602	134
H—F	570	92	C≡C	835	120
H—Cl	431	127	N—N	160	145
H—Br	366	141	N═N	418	125
H—I	298	161	N≡N	946	110
F—F	159	141	C—N	285	147
Cl—Cl	243	199	C═N	616	132
Br—Br	193	228	C≡N	866	116

8.1.2　键长

键长(bond length,用 L_b表示)是指分子内成键两原子核间的平衡距离。键长可用分子光谱或 X 射线衍射法测得。表 8-1 列出了一些化学键的键长数据。

分析大量数据发现,同一种键在不同分子中的键长数值上基本上是个定值。这说明键的性质主要决定于成键原子的本性。

从表 8-1 可知,两个确定的原子间,如形成不同类型的化学键,则键长越短,键能越大,键越牢固。

两个相同原子组成的共价单键键长的一半,即为该原子的共价半径。A—B 单键的键长近似等于 A 和 B 的共价半径之和,即 $L_b(A-B) \approx r_A + r_B$。

8.1.3　键角

分子中相邻两个化学键间的夹角称为**键角**(bond angle)。

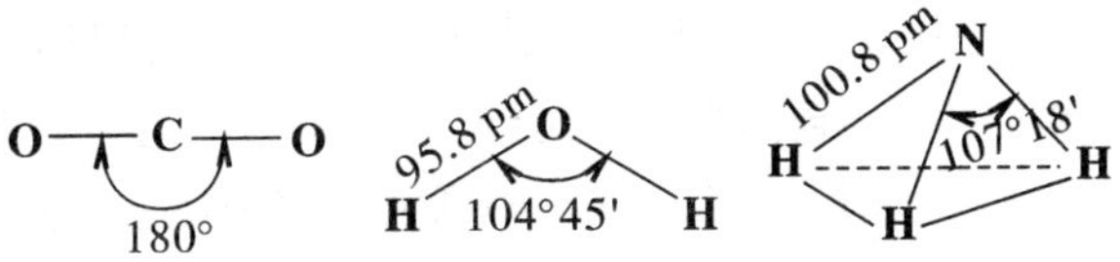

它也可用分子光谱或 X 射线衍射法测得。键长和键角是描述分子几何构型的两个重要参数,一般说来,若知道了某分子内全部化学键的键长和键角数据,则分子的几何构型就确定了。例如,CO_2分子中两个 C═O 键的夹角为 180°,表明其几何构型为直线形;H_2O 分子中两个 O—H 键的夹角是 104°45′,这就决定了水分子呈"V"形结构;而 NH_3分子中两个 N—H 键的夹角是 107°18′,这就决定了分子呈三角锥形结构。

8.1.4　键的极性

键的**极性**(polarity)取决于成键两原子电负性的差值$\Delta\chi$。按极性不同,共价键又可分为极性共价键和非极性共价键。若成键两原子的电负性相同($\Delta\chi=0$),则形成的共价键称为**非极性共价键**(non-polar bond),如同核双原子分子 H_2、N_2、Cl_2中的共价键。若成键两原子的电负性不同,则形成的共价键就是**极性共价键**(polar bond),如 HF、H_2O、NH_3中的共价键。并且$\Delta\chi$越大,键的极性越强。当成键两原子的电负性差值足够大($\Delta\chi>1.7$)时,所形成的化学键一般就是离子键。

因此,离子键可看作极性共价键的极端,而非极性共价键是极性共价键的另一个极端,极性共价键是由离子键到非极性共价键之间的一种过渡状态,见表 8-2。

表 8-2 键的极性与电负性的关系

键	H—H	H—I	H—Br	H—Cl	H—F	Na^+F^-
电负性差值 Δχ	0	0.4	0.7	0.9	1.9	3.1
键的类型	非极性键	极性键——键极性增强——→				离子键

8.2 基本化学键理论

化学键是分子内原子(或离子)之间强烈的相互作用,其三种基本键型为共价键、离子键和金属键。本节重点介绍共价键和离子键基本理论,金属键理论在第9章中讲述。

8.2.1 价键理论

对于两个相同的原子或电负性相差不大的原子之间的成键问题,1916年美国化学家路易斯(G. N. Lewis)提出了共价键理论。他认为分子中每个原子都应具有稀有气体原子的稳定结构,但这种稳定结构不一定靠电子的转移来实现,而可以通过原子间共用一对或若干对电子来实现。这种原子间通过共用电子对结合而成的化学键称为**共价键**(covalent bond)。路易斯的共价键理论被称为经典共价键理论。该理论成功地解释了同核双原子分子 H_2、O_2、N_2等的形成,但当时的理论知识还不能够解释为什么两个原子共享一对或几对电子就能结合成稳定分子。直到1927年海特勒(W. Heitler)和伦敦(F. London)把量子力学的成就应用到H_2分子上,才初步揭示了共价键的本质,后来鲍林等人发展了这一成果,建立了现代**价键理论**(valence bond theory),也称电子配对法,简称VB法。

8.2.1.1 共价键的本质

以H_2分子的形成为例。实验测知,H_2分子中两原子的核间距为74 pm,而H原子的玻尔半径为53 pm,因此当两个电子自旋状态不同的H原子相互靠近时,其1s轨道必然发生了重叠,从而在两核间形成了一个电子出现概率密度较大的区域。这不仅削弱了两核间的排斥力,而且还增强了核间电子云对两核的引力,使体系的能量得以降低,从而形成了化学键,如图8-1所示。

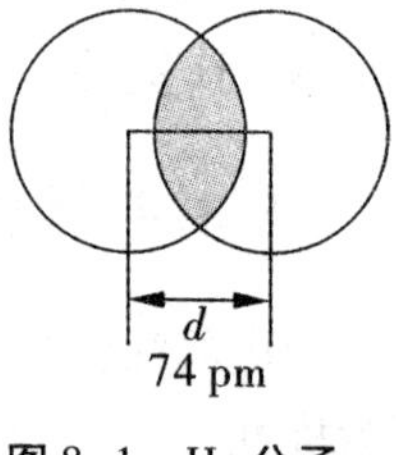

图 8-1 H_2 分子

因此,所谓共价键是指由于成键原子的原子轨道重叠而形成的化学键。

8.2.1.2 价键理论的基本要点

将量子力学处理氢分子的结论推广到其他分子系统,就形成了价键理论。它的基本要点如下:①两原子相互接近时,自旋状态不同的未成对电子可以配对,形成共价键(电子配对原理);②成键电子的原子轨道重叠越多,所形成的共价键越稳定,系统的能量越低(最大重叠原理)。

8.2.1.3　共价键的特征

与其他化学键相比,共价键的特点如下。

(1)共价键结合力　共价键结合力本质为电性的,但不能认为纯粹是静电的,这是因为共价键的结合力是两个原子核对共用电子对形成的负电区域的引力,而不是正负离子间的库仑引力。

(2)共价键有方向性　根据价键理论基本要点②,在形成共价键时,原子间总是尽可能沿着原子轨道最大重叠的方向成键,这样轨道重叠得多,电子在两核间的概率密度就越大,形成的共价键也就越稳定。由于各原子轨道在空间的分布有一定的取向,因此原子轨道只有沿着轨道伸展的方向进行重叠(s 轨道与 s 轨道的重叠除外),才能实现最大程度的重叠,形成的共价键才能达到最稳定状态。而在其他方向上的重叠程度都较小,形成的共价键不稳定。所以,共价键具有一定的方向性。

例如,在形成 HCl 分子时,H 原子的 1s 电子与 Cl 原子的一个未成对的 3p 电子形成一个共价键,但 1s 轨道只有沿着 3p 轨道对称轴(如 x 轴)方向才能发生最大程度的重叠[图 8-2(a)],才能形成稳定的共价键。而图 8-2(b)~(d)形式的重叠都不能形成共价键。

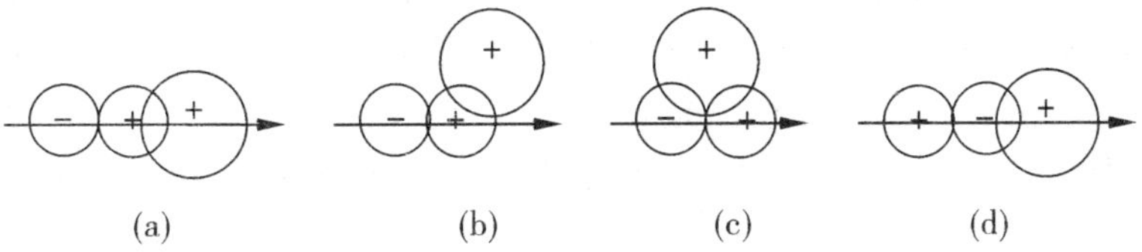

图 8-2　HCl 分子成键

又如,在形成 H_2S 分子时,因 S 原子的价层电子构型为 $3s^23p_x^13p_y^13p_z^2$,所以两个 H 原子只有分别沿着 x 轴和 y 轴的方向接近 S 原子,分别与其 p_x、p_y 轨道发生重叠,才能达到原子轨道的最大重叠形成共价键(图 8-3)。由于 $3p_x$ 和 $3p_y$ 轨道相互垂直,因此两个 S—H 键的夹角应近似等于 90°。实测两个 S—H键的夹角为 92°,与理论值接近。

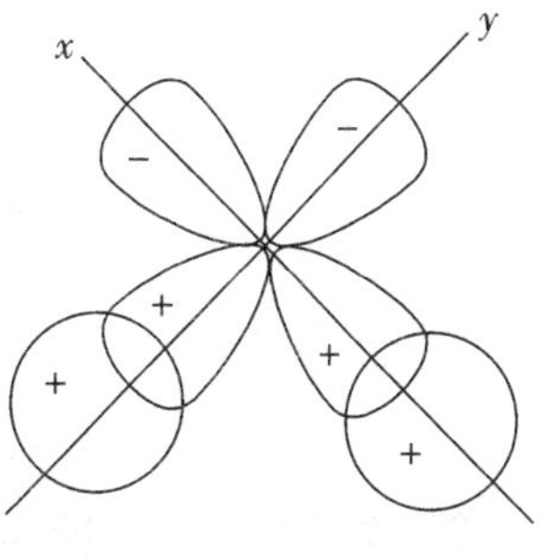

图 8-3　H_2S 分子形成

因此共价键的方向性是由于原子轨道有一定的空间伸展方向所致。为了满足最大重叠,使得轨道重叠后形成的共价键具有了一定的方向性。共价键的方向性决定了共价化合物的空间构型,进而对分子的性质产生了重大影响。

(3)共价键有饱和性　根据价键理论基本要点①,一个原子有几个未成对价电子,一般就只能和几个自旋状态不同的电子配对成键。例如,因 N 原子($1s^22s^22p^3$)仅有三个未成对的价电子,因此两个 N 原子间最多只能形成三键,即形成 N≡N 分子。这说明一个原子形成共价键的能力是有限的,也就决定了共价键是具有饱和性的。又如由于稀有气体原子没有未成对电子,原子间不能成键,所以以单原子分子形式存在。

但是原子中有些本来已经成对的价电子,在特定条件下,也可能被拆为单电子而参与成键。例如,SF_6 分子的形成,S 原子的价层电子构型为 $3s^23p^4$,仅有两个未成对电子。

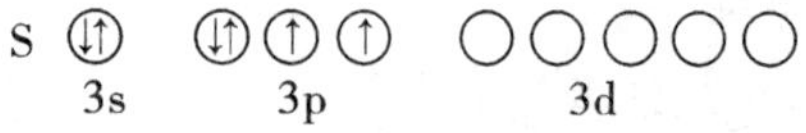

但当遇到电负性较大的 F 原子时，在 F 原子的作用下，价电子对可以被拆开，使未成对电子数增至 6 个。

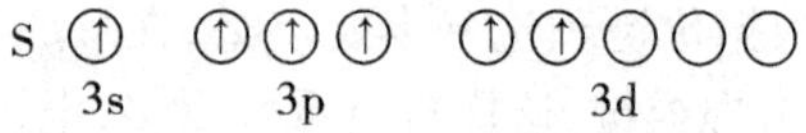

从而可与 6 个 F 原子成键，形成 SF_6 分子。

8.2.1.4 原子轨道的重叠

共价键的本质是成键原子通过原子轨道的重叠而形成的，但并不是所有的原子轨道重叠都能形成共价键。量子力学认为，只有当原子轨道对称性相同的部分进行重叠时，才能形成化学键。由于原子轨道的对称性与对称元素相关联，并用波函数的“+”、“-”号来表示，因此原子轨道相互重叠时，必须考虑波函数的正、负号。

当两个原子轨道以对称性相同（即“+”与“+”、“-”与“-”）的部分相重叠时，两原子核间电子出现的概率密度比重叠前增大，使得两个原子间的结合力大于两核间的排斥力，体系的能量降低，从而可形成共价键。这种重叠对成键是有效的，称为有效重叠或正重叠。因原子轨道角度分布图的突出处往往是有利于实现最大重叠的地方，因此常借用原子轨道的角度分布图来表示原子轨道。图 8-4 给出了几种原子轨道有效重叠的示意图。

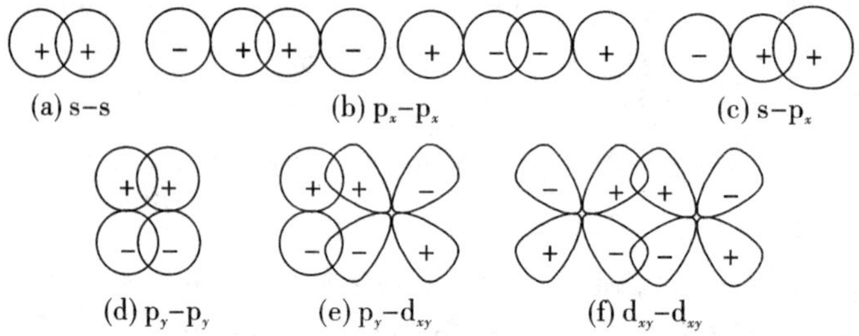

图 8-4 原子轨道有效重叠

当两个原子轨道以对称性不同（即“+”与“-”）的部分进行重叠时，在两原子核间出现一个电子出现概率密度几乎为零的平面（称节面），使得两核间的排斥力占优势，体系能量升高。这种重叠对成键是无效的，称为无效重叠或负重叠，如图 8-5 所示。

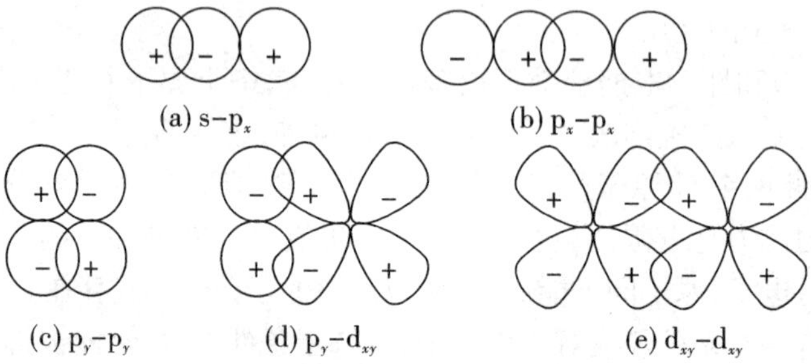

图 8-5 原子轨道无效重叠

8.2.1.5　共价键的类型

原子轨道的重叠情况不同,可形成不同类型的共价键。按照原子轨道的重叠形式与轨道重叠部分的对称性不同,共价键可分为 σ 键、π 键和 δ 键。

(1)σ 键　当成键原子沿键轴(两原子核间的连线)方向相互靠近,原子轨道以"头碰头"的方式发生重叠,且轨道重叠部分关于键轴呈圆柱形对称(即轨道重叠部分沿键轴方向旋转任意角度,轨道的形状、大小、符号均不改变),这种情况下形成的共价键称为 σ 键。

可以形成 σ 键的轨道重叠形式有 s–s 重叠、s–p_x 重叠、p_x–p_x 重叠(以 x 轴为键轴),如图 8–6 所示。共价单键一般是 σ 键。

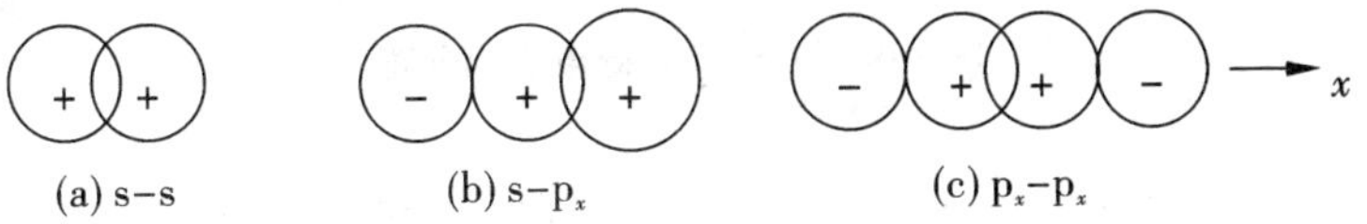

图 8–6　σ 键

(2)π 键　当成键原子沿键轴方向靠近,原子轨道以"肩并肩"的方式发生重叠,且轨道重叠部分对通过键轴的一个平面具有镜面反对称[即轨道重叠部分对等地分布在包括键轴所在平面(节面)的上、下两侧,形状、大小相同,但符号相反],这种情况下形成的共价键称为 π 键。除 p_y–p_y(或 p_z–p_z)轨道可重叠形成 π 键外,p –d、d –d 重叠也可以形成 π 键(图 8–7)。

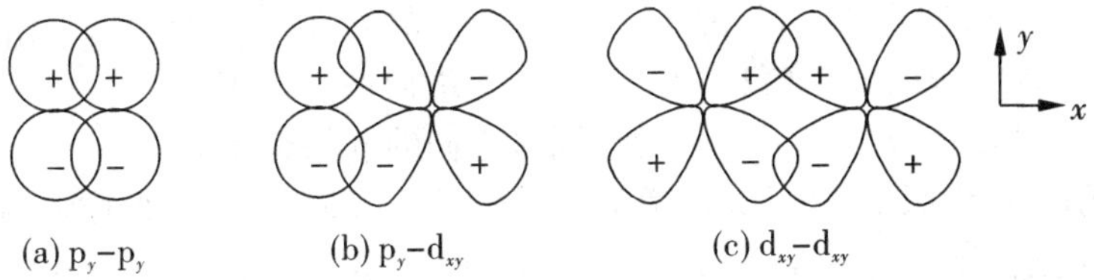

图 8–7　π 键

如果两个原子可以形成多重键,常常既有 σ 键,又有 π 键,且一般是先形成 σ 键,再形成 π 键。例如,N_2分子内两个 N 原子间就有 1 个 σ 键和 2 个 π 键。它们的形成过程为:N 原子的价层电子构型为 $2s^22p^3$,3 个 2p 电子分布在 3 个相互垂直的 p 轨道上,当两个 N 原子的 p_x轨道沿 x 轴(键轴)方向相互靠近时,二者以"头碰头"形式重叠形成 σ 键;随着 σ 键的形成,2 个 N 原子进一步靠近,使得垂直于键轴的 $2p_y$、$2p_z$轨道也两两以"肩并肩"形式重叠,形成 2 个 π 键(图 8–8)。

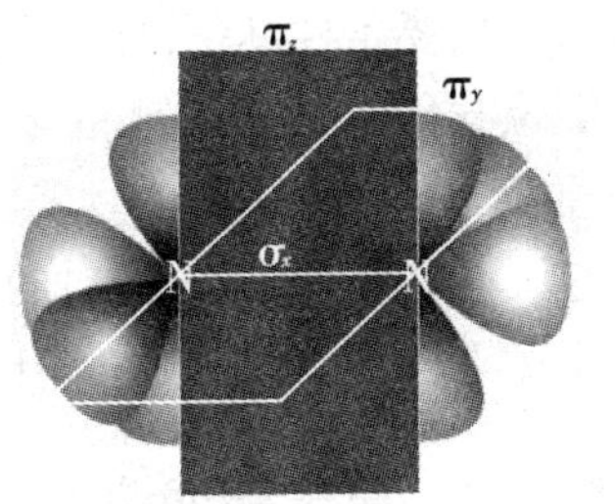

图 8–8　N_2分子中的化学键形成

形成 σ 键时两成键原子轨道是以"头碰头"方式重叠,满足了最大重叠,所以电子云在两核之间密集[图 8–9(a)]。两核间浓密的电子云将两个原子核强烈地吸引在一起,所以 σ 键的稳定性高。而形成 π 键时轨道没有满足最大重叠,只是采用"肩并肩"的方式重叠,使得电子云在键轴上下密集，而键轴平面上的电子云密度为零[图 8-9(b)]。因而两原子核只能通过键轴平面上、下两块电子云吸引在一起。由于这两块电子云离核较远，故一般情况 π 键的稳定性小，π 电子活泼，容易参与化学反应。例如，当含有双键或三键的化合物(如不饱和烃)参加化学反应时，一般首先断裂 π 键。

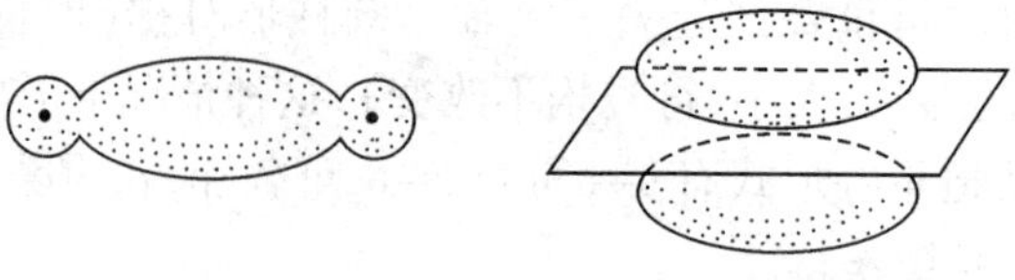

图 8-9 σ 键和 π 键电子云分布

(3)δ 键 当一个原子的 d 轨道与另一个原子相匹配的 d 轨道以“面对面”的方式重叠所成的键，称为 δ 键。例如 d_{xy}-d_{xy} 轨道重叠(图 8-10)。

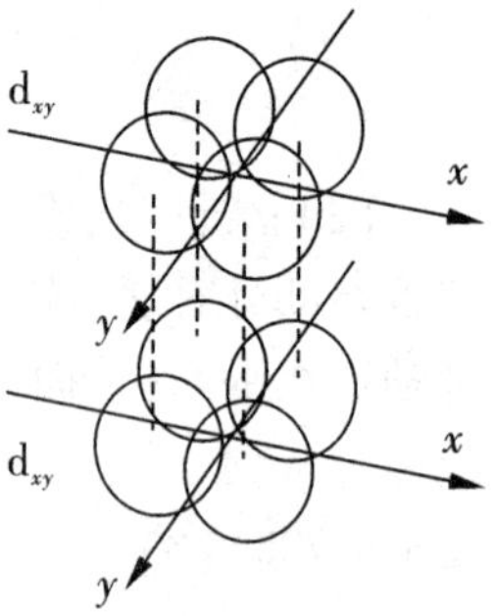

图 8-10 δ 键形成

按共用电子对由成键原子提供的方式不同，可将共价键分为正常共价键和配位共价键。由成键原子各提供一个电子形成的共价键，称为正常共价键。共用电子对由一个原子单方面提供形成的共价键，称为**配位共价键**(简称配位键)。

以 CO 分子的形成为例，C 原子的价层电子构型为 $2s^22p_x^12p_y^1$，O 原子的价层电子构型为 $2s^22p_x^12p_y^12p_z^2$。当两原子沿 x 轴相互接近时，p_x 轨道间通过“头碰头”重叠形成一个 σ 键，进而两个原子的 p_y 轨道发生“肩并肩”重叠形成一个 π 键。同时它们的 p_z 轨道也以“肩并肩”形式重叠，O 原子提供 $2p_z$ 轨道的一对电子与 C 原子共用，形成 π 配位键。

CO 的分子结构式为 C$\leftarrows$O。实验结果也表明，CO 中负电荷在 C 原子一端，而不是电负性更大的 O 原子端。

因此，形成配位共价键的条件为：一个原子价层中有孤对电子；另一个原子价层中有空轨道。只要条件具备，分子内、分子间、离子间以及分子与离子间均有可能形成配位键。

配位共价键也有 σ 键和 π 键之分。通常在分子结构式中用“→”表示配位键，箭头所指的原子为电子对接受体。需要注意的是，配位共价键与正常共价键的差别仅仅表现在成键过程中，它的共用电子对的来源与正常共价键是不同的。但配位键一旦形成，与一般的化学键无任何差别，例如，CO 分子中两个 π 键就是完全等同的。

8.2.2 离子键理论

1916 年，德国化学家科塞尔(W. Kossel)根据稀有气体具有稳定结构的事实提出了离子键理论。他认为不同原子间相互化合时，均有达到稀有气体原子稳定结构的倾向，首先形成正、负离子，并通过静电吸引作用而形成化合物。离子键可存在于气体分子内，但大量存在于离子晶体中。

8.2.2.1　离子键的形成

当电负性小的金属原子和电负性大的非金属原子化合时,金属原子易于失去电子形成正离子,非金属原子易于得到电子形成负离子,正、负离子均具有类似稀有气体原子的稳定结构,二者间由于静电引力相互靠近,达到一定距离时体系出现能量最低点,形成离子键。例如,当 Na 和 Cl 原子相遇时,Na 失去一个电子形成 $Na^+(2s^22p^6)$,Cl 得到一个电子形成 $Cl^-(3s^23p^6)$,Na^+ 与 Cl^- 间通过静电引力相互靠近,形成离子键。

故所谓离子键就是指由原子间发生电子转移形成正、负离子,并通过静电作用形成的化学键。形成离子键的条件是原子间电负性相差较大,一般大于 1.7 以上才能形成典型的离子键。从键的极性来看,离子键可以看成是强极性共价键的极限①。

8.2.2.2　离子键的特征

(1)离子键本质为静电作用力　离子型化合物是靠正、负离子间的静电引力相结合,可近似地把正、负离子的电荷分布看成是球形对称的,如果它们所带的电荷分别为 q^+ 和 q^-,两者之间的距离为 R,相对介电常数为 ε_0,根据库仑定律,正、负离子间的静电引力 f 为:

$$f=\frac{q^+ \cdot q^-}{4\pi\varepsilon_0 R^2} \tag{8-1}$$

由式(8-1)可知,离子的电荷 q 越大,离子间距离 R 越小,静电引力 f 越大,离子键越强。

(2)离子键没有方向性和饱和性　因离子的电荷分布是球形对称的,只要空间条件许可,一个离子可在空间任何方向上尽可能多地吸引带相反电荷的离子。例如,在 NaCl 晶体中,每个 Na^+离子等距离地被 6 个 Cl^-离子包围,同样地每个 Cl^-离子等距离地被 6 个 Na^+离子包围。但若把 Na^+换成半径更大的 Cs^+离子,由于周围空间增大,吸引的 Cl^- 也增至 8 个。

8.2.2.3　影响离子化合物性质的因素

离子型化合物的性质与离子键的强度有关,而离子键的强度又由离子的电荷、离子半径和离子的电子构型决定。以下将对各个因素分别进行讨论。

(1)离子的电荷　由离子键的形成可知,离子的电荷对应于原子在达到稳定结构形成离子时得到或失去的电子数。例如,Na 原子易于失去一个电子形成具有 $2s^22p^6$ 稳定结构的 Na^+离子,而 Mg 原子却易于失去两个电子形成具有 $2s^22p^6$ 稳定结构的 Mg^{2+}离子。

(2)离子半径　离子和原子一样,也没有确定的边界,因此严格地说,离子半径是不能确定的。但在离子晶体中,正、负离子保持一定的平衡核间距,以符号 d 表示,它可由 X 射线衍射来确定。若假定离子晶体中正、负离子为相互接触的球体,则核间距 d 可看成是正、负离子的半径之和,即 $d=r_++r_-$。因此若知道或规定其中一个离子的半径,便可根据核间距来计算另一个离子的半径。

离子半径有多种,如 1926 年歌德希密特(V. M. Goldschmit)以光学法测得的 F^-离子

---

① 参见第 9 章,实际上没有 100% 的离子键,所有离子键都带有一定共价成分,只是离子性占优势而已。

半径(133 pm)和O^{2-}离子半径(132 pm)为基础,推算出了80多种离子的离子半径数据。目前较常用的是1927年鲍林推算出的一套离子半径,见表8-3。

表8-3 鲍林离子半径 (单位:pm)

离子	半径	离子	半径	离子	半径	离子	半径
H^-	208	S^{6+}	29	Cu^+	96	In^{3+}	81
Li^+	60	Cl^-	181	Zn^{2+}	74	Sn^{4+}	71
Be^{2+}	31	Cl^{7+}	26	Ga^{3+}	62	Sb^{3-}	245
B^{3+}	20	K^+	133	Ge^{4+}	53	Sb^{5+}	62
C^{4-}	260	Ca^{2+}	99	As^{3-}	222	Te^{2-}	221
C^{4+}	15	Sc^{3+}	81	As^{3+}	47	Te^{3+}	56
N^{3-}	171	Ti^{3+}	69	Se^{2-}	198	I^-	216
N^{5+}	11	Ti^{4+}	68	Se^{6+}	42	I^{7+}	50
O^{2-}	140	V^{2+}	66	Br^-	195	Cs^+	169
F^-	136	V^{5+}	59	Br^{7+}	39	Ba^{2+}	135
Na^+	95	Cr^{3+}	64	Rb^+	148	Au^+	137
Mg^{2+}	65	Cr^{6+}	52	Sr^{2+}	113	Hg^{2+}	110
Al^{3+}	50	Mn^{2+}	80	Y^{3+}	93	Tl^+	144
Si^{4-}	271	Mn^{7+}	46	Zr^{4+}	80	Tl^{3+}	95
Si^{4+}	41	Fe^{2+}	75	Nb^{5+}	70	Pb^{2+}	121
P^{3-}	212	Fe^{3+}	60	Mo^{6+}	62	Pb^{4+}	84
P^{5+}	34	Co^{2+}	72	Ag^+	126	Bi^{5+}	74
S^{2-}	184	Ni^{2+}	70	Cd^{2+}	97		

由于相对标准和推算方法不同,得到的数据也不完全一致,但它们的变化规律相同。正、负离子半径的变化规律如下:①同一周期,从左到右,主族元素正离子的半径随电荷数的增加而减小,如$r(Na^+)>r(Mg^{2+})>r(Al^{3+})>r(Si^{4+})$;②同一主族元素相同电荷的离子,离子半径自上而下随电子层数增加而增大,如$r(Li^+)<r(Na^+)<r(K^+)<r(Rb^+)<r(Cs^+)$,$r(F^-)<r(Cl^-)<r(Br^-)<r(I^-)$;③对于同一元素而言,正离子半径<原子半径<负离子半径,一般而言,正离子的半径为10~170 pm,负离子的半径为130~250 pm;④同一元素不同价态的正离子,电荷数越大的离子半径越小,反之电荷数越小的离子半径越大,如$r(Fe^{3+})$=60 pm,而$r(Fe^{2+})$=75 pm。

此外,周期表中处于相邻族左上方和右下方斜对角线位置上的离子半径相近,如Li^+(60 pm)和Mg^{2+}(65 pm),Na^+(95 pm)和Ca^{2+}(99 pm),Mg^{2+}(65 pm)和Ga^{3+}(62 pm)。

(3)离子的电子构型 离子的电子构型是指原子失去或得到电子后所形成的外层电子构型。主要有如表8-4所示的几种类型。

表 8-4　离子的电子构型

类型		最外层电子构型	例子	元素所在的区
稀有气体电子构型	2 电子构型	ns^2	Li^+、Be^{2+}	s 区
	8 电子构型	ns^2np^6	Na^+、Cl^-、O^{2-}、F^-、Sr^{2+}	p 区
非稀有气体电子构型	18 电子构型	$ns^2np^6nd^{10}$	Zn^{2+}、Hg^{2+}、Cu^+、Ag^+	ds 区
	18+2 电子构型	$(n-1)s^2(n-1)p^6(n-1)d^{10}ns^2$	Sn^{2+}、Pb^{2+}、Sb^{3+}、Bi^{3+}	p 区
	9～17 电子构型	$ns^2np^6nd^{1-9}$	Cr^{3+}、Mn^{2+}、Cu^{2+}、Fe^{2+}、Fe^{3+}	d 区

离子的这三个特征对离子化合物的性质有着深远影响，将在第 9 章详细讨论。总之，离子化合物的性质与组成该化合物的各离子的内部结构密切相关。

8.3　分子的几何构型

现代价键理论成功地解释了共价键的成键本质、共价键的方向性和饱和性等问题，较好地说明了不少双原子分子（H_2、Cl_2、N_2、CO、HCl 等）的价键形成。随着近代物理技术的发展，人们用实验的方法确定许多共价分子的空间构型，但同时发现用价键理论去解释多原子分子的价键形成以及空间构型时，遇到许多困难。例如，根据价键理论，由于氧原子的两个成键的 2p 轨道之间的夹角为 90°，所以 H_2O 分子中两个 O—H 键间的夹角应接近 90°。而实验测得两个 O—H 键间的夹角却为 104°45′。又如碳原子的基态电子结构为 $1s^22s^22p_x^12p_y^1$，只有 2 个未成对电子，按价键理论应只可形成两个共价键且键角应为 90°，但实际上在最简单的碳氢化合物 CH_4 中，C 原子形成了 4 个 C—H 键，且 C—H键间的夹角为 109°28′（图 8-11）。

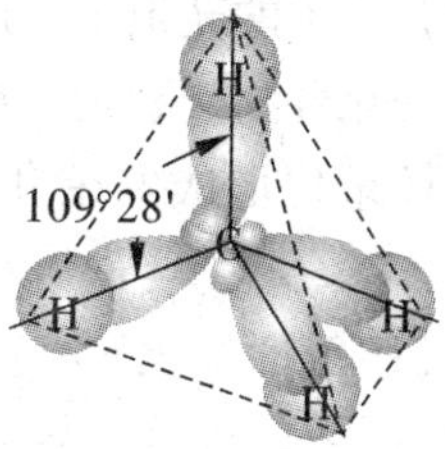

图 8-11　CH_4 分子空间构型

为了阐明共价分子的空间结构，鲍林在价键理论的基础上，根据电子的波动性和波的叠加原理，于 1931 年提出了杂化轨道理论，该理论可视为价键理论的补充和发展。

8.3.1　杂化轨道理论

8.3.1.1　杂化轨道理论的要点

（1）在形成分子时，中心原子在键合原子的作用下，最高能级组中若干个能量相近的不同类型原子轨道“混杂”起来，重新分配能量和调整伸展方向，组合成一组利于成键的新轨道，这个过程称为原子轨道的杂化，简称**杂化**（hybridization），形成的一组新轨道称为**杂化轨道**（hybridization orbital）。

（2）杂化轨道的数目守恒，即同一原子中 n 个能量相近的原子轨道组合后得到 n 个杂化轨道。例如，某个原子的 1 个 s 轨道和 1 个 p 轨道杂化后，得到 2 个 sp 杂化轨道；1 个 s

轨道和 2 个 p 轨道杂化后,得到 3 个 sp^2杂化轨道。

(3)原子轨道杂化以后形成的杂化轨道的形状及伸展方向发生了很大程度的改变,电子云分布更为集中,故杂化轨道的成键能力比未杂化的原子轨道更强,形成的化学键更牢固,分子更稳定。这也是原子轨道为什么要进行杂化的原因。

(4)杂化轨道有一定的形状和伸展方向,形成分子时,键合原子沿杂化轨道的伸展方向进行轨道重叠,从而使分子具有一定的几何构型。

按照杂化轨道理论,在原子形成分子的过程中,一般要经过激发、杂化、轨道重叠等过程。以 CH_4分子为例,它的形成过程大致为:①激发,C 原子欲与 4 个 H 原子结合,必定首先要将 2s 轨道的一个电子激发到 2p 空轨道上,这样才有 4 个未成对电子分别与 4 个 H 原子结合成键,在成键过程中,激发和成键是同时发生的,从基态变为激发态所需的能量,可由形成更多的共价键而放出的能量来补偿;②杂化,中心 C 原子的 1 个 2s 轨道和 3 个 2p 轨道"混杂"起来,形成 4 个能量相等的 sp^3杂化轨道;③轨道重叠,4 个 sp^3杂化轨道分别与 4 个 H 原子的 1s 轨道重叠成键,形成 CH_4分子,所以 4 个 C—H 键是等同的。

应当注意的是,原子轨道的杂化,只有在形成分子的过程中才会发生,孤立的原子是不发生杂化的。同时只有能量相近的原子轨道(如 2s 和 2p)才能发生杂化,能量相差较大的轨道(如 1s 和 2p)是不能发生杂化的。

8.3.1.2 杂化类型与分子的空间构型

参与杂化的原子轨道的种类和数目不同,可形成不同类型的杂化轨道。当杂化轨道与键合原子的轨道重叠成键时,同样要满足原子轨道最大重叠原理,原子轨道重叠越多,形成的化合物越稳定。所以不同的杂化类型也就对应了不同的分子空间构型。

按杂化形成的杂化轨道成分和能量不同,可将杂化分为等性杂化和不等性杂化两种。

(1)等性杂化　n 个不同类型原子轨道杂化之后得到 n 个完全等同(成分和能量完全相同)的杂化轨道的杂化,称为**等性杂化**(equivalent hybridization)。对于 s-p 杂化,等性杂化通常有以下几种类型。

1)sp 杂化　由能量相近的一个 ns 和一个 np 轨道组合成两个 sp 杂化轨道,称为 sp 杂化。每个 sp 杂化轨道含有$\frac{1}{2}$s 和$\frac{1}{2}$p 成分,sp 杂化轨道间的夹角为 180°,呈直线形。如 $BeCl_2$分子中的 Be 原子就是采用 sp 杂化成键。

基态 Be 原子的价层电子构型为 $2s^2$,表面看来似乎不能形成共价键。但杂化轨道理论认为,成键时 Be 原子中的一个 2s 电子可以被激发到 2p 空轨道上去,使得基态 Be 原子转化为激发态 Be 原子($2s^12p^1$)。与此同时,Be 原子的 2s 轨道和刚刚填入电子的 2p 轨道发生 sp 杂化,形成两个等同的 sp 杂化轨道,杂化轨道间的夹角为 180°。Be 原子的两个 sp 杂化轨道分别与氯原子的 3p 轨道重叠,形成两个 sp—p 的 σ 键,如图 8-12 所示。由于杂化轨道间的夹角为 180°,所以气态 $BeCl_2$分子的空间构型为直线形,与实验结果相符。

此外,周期表中ⅡB 族的 Zn、Cd、Hg 的某些共价化合物如气态 $HgCl_2$等,其中心原子也采用 sp 杂化形式。

2)sp^2杂化　由能量相近的一个 ns 和两个 np 轨道组合形成三个 sp^2杂化轨道,称为

sp^2杂化。每个 sp^2杂化轨道含有$\frac{1}{3}$s 和$\frac{2}{3}$p 成分，sp^2杂化轨道间的夹角为 120°，呈平面三角形，如 BF_3分子（图 8-13）。

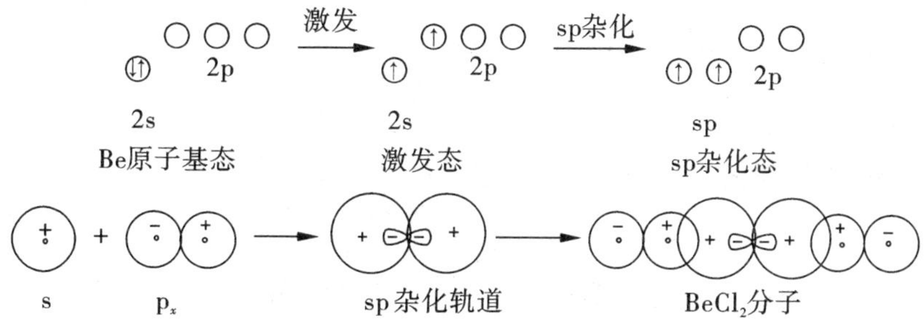

图 8-12　$BeCl_2$分子形成过程

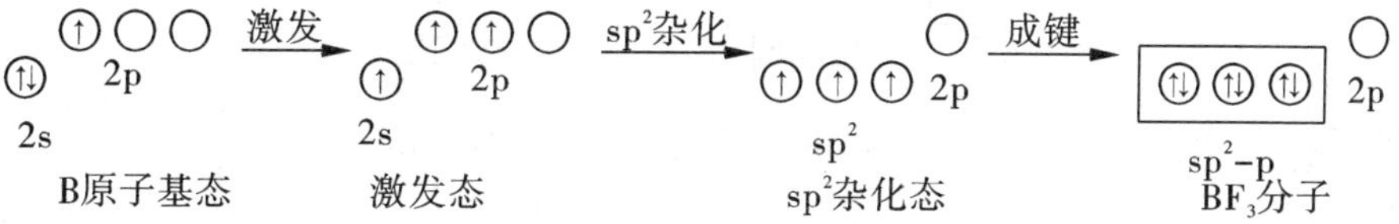

图 8-13　BF_3分子的形成过程

基态 B 原子的价层电子构型为 $2s^22p^1$，在成键过程中，B 原子的一个 2s 电子可以被激发到一个空的 2p 轨道上，使得基态 B 原子转化为激发态 B 原子（$2s^12p^2$）。与此同时，B 原子的 2s 轨道和各填有一个电子的两个 2p 轨道发生 sp^2杂化，形成三个等同的 sp^2杂化轨道，轨道间的夹角为 120°（图 8-14）。sp^2杂化轨道与 sp 杂化轨道的形状类似，但由于每个 sp^2杂化轨道所含的 s 轨道和 p 轨道成分与 sp 杂化轨道不同，二者在形状上有所差异。B 原子的 3 个 sp^2杂化轨道分别与 3 个氟原子的 2p 轨道重叠，形成 3 个 sp^2-p 的 σ 键。

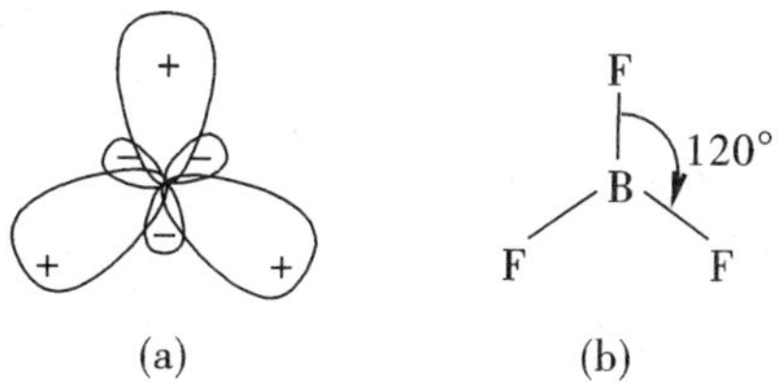

图 8-14　sp^2杂化轨道（a）和 BF_3分子（b）的空间构型

除 BF_3分子外，在其他卤化硼分子中，B 原子也均是以 sp^2杂化方式成键的。

另外，乙烯（C_2H_4）分子中的 C 原子采用的也是 sp^2杂化。每个 C 原子以两个 sp^2杂化轨道与 H 原子的 1s 轨道重叠形成两个 C—H 的 σ 键，各自的另一个 sp^2杂化轨道相互重叠形成 C—C 的 σ 键。同时每个 C 原子还各有一个未杂化的 p 轨道，内含一个电子，它们以“肩并肩”的方式发生重叠，在垂直于乙烯分子平面方向形成一个 C—C 的 π 键。

此外，气态 SO_3分子中的 S 原子、CO_3^{2-} 中的 C 原子以及 NO_3^- 中的 N 原子也都是以 sp^2

杂化轨道与三个 O 原子成键的，三者也均为平面三角形构型。

3）sp^3杂化　由能量相近的一个 *n*s 轨道和三个 *n*p 轨道相互组合得到四个 sp^3杂化轨道的杂化称为 sp^3杂化。每个 sp^3杂化轨道含有$\frac{1}{4}$s 和$\frac{3}{4}$p 成分。sp^3杂化轨道间的夹角为 109°28′，呈四面体构型。例如，CH_4分子中的 C 原子就是采用 sp^3杂化形式成键的（图 8-15）。

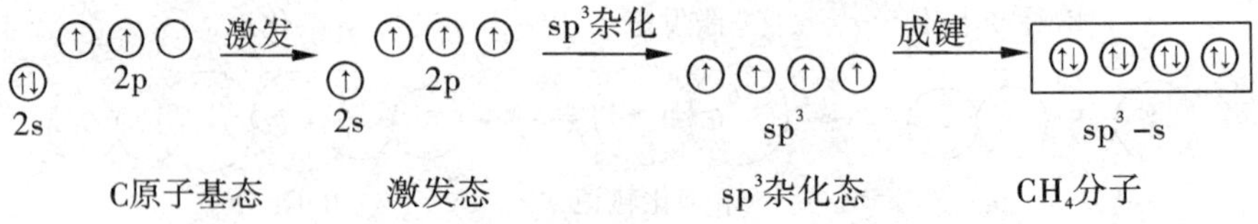

图 8-15　CH_4分子的形成过程

在成键过程中 C 原子的一个 2s 电子可以被激发到空的 2p 轨道上，使得基态 C 原子转化为激发态 C 原子（$2s^12p^3$）。与此同时，C 原子的 2s 轨道和各填有一个电子的三个 2p 轨道发生 sp^3杂化，形成四个等同的 sp^3杂化轨道，每个轨道的成分为$\frac{1}{4}$s 和$\frac{3}{4}$p，轨道间的夹角为 109°28′。C 原子的四个 sp^3杂化轨道分别与四个 H 原子的 1s 轨道重叠，形成四个 sp^3-s 的 σ 键，从而形成了正四面体构型的 CH_4分子（图 8-11）。

除 CH_4外，CCl_4、CF_4、SiH_4、$SiCl_4$等也均是采用 sp^3杂化，键角为 109°28′，呈正四面体构型。

（2）不等性杂化　凡是由于杂化轨道中有不参加成键的孤对电子的存在，而造成不完全等同的杂化轨道，这种杂化叫做**不等性杂化**（nonequivalent hybridization）。

例如，NH_3分子，基态 N 原子的价层电子构型为 $2s^22p^3$。按价键理论，N 原子三个 p 轨道可以与三个 H 原子结合形成三个 σ 键，且 N—H 键间的夹角应为 90°，但实验测得 NH_3分子中 N—H 键间的夹角却为 107°18′。杂化轨道理论认为，这是由于成键时中心 N 原子发生了不等性 sp^3杂化。

在形成的 4 个 sp^3杂化轨道中有一个轨道被孤对电子占据。成键后，孤对电子占据的杂化轨道在能量上低于成键轨道，距核也较近，电子云密集在 N 原子周围，使得 N—H 键间的夹角由 109°28′变为 107°18′，分子空间构型为三角锥形［图 8-16(a)］。

又如 H_2O 分子，中心 O 原子的价层电子构型为 $2s^22p^4$，有两个成单 p 电子。按照价键理论，O 原子可与两个 H 原子结合形成两个共价键，且键角应为 90°。但实际测定的键角为 104°45′。杂化轨道理论认为，在形成 H_2O 分子时，O 原子的一个 2s 和三个 2p 轨道采用了不等性 sp^3杂化。

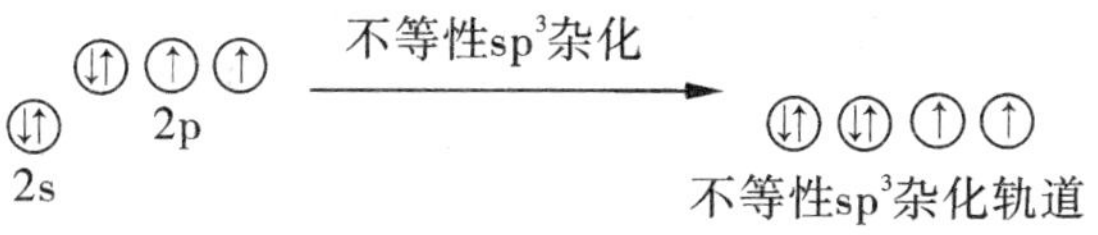

在形成的四个 sp^3 杂化轨道中，有两个轨道为两对孤对电子占据，仅两个杂化轨道为两个成单电子占据，因此仅可与两个 H 原子的 1s 轨道重叠形成两个 sp^3-s 的 σ 键。由于占据两个杂化轨道的两对孤对电子未参与成键，电子云较密集地聚集在 O 原子周围，因此孤对电子对成键电子对所占据的杂化轨道有排斥作用，使得两个 O—H 键间的夹角由 109°28′被压缩至 104°45′。因此，H_2O 分子的构型不是正四面体形，而是"V"形[图 8-16(b)]。

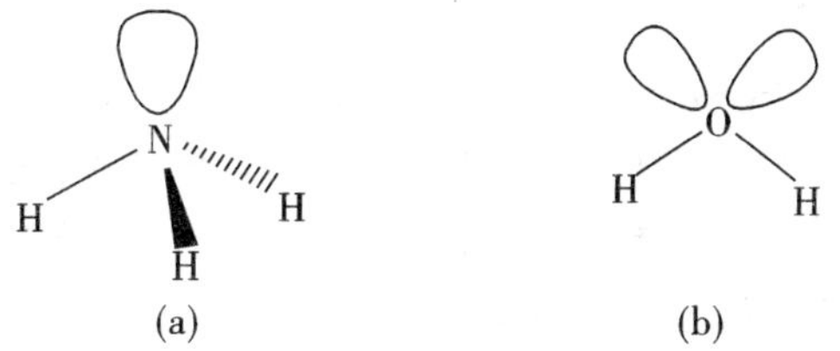

图 8-16　NH_3(a)和 H_2O(b)的空间构型

除 NH_3 和 H_2O 外，PH_3、PCl_3、NF_3 等分子也都是采用了不等性 sp^3 杂化方式成键的。

同样，对于 sp 和 sp^2 杂化也有等性杂化和不等性杂化之分。例如，CO_2 分子中的 C 原子为等性 sp 杂化，故 CO_2 分子为直线形；SO_2 分子中的 S 原子为不等性 sp^2 杂化，分子构型为"V"形。

对于 s 轨道和 p 轨道的三种杂化形式，可简要归纳为表 8-5。

表 8-5　s-p 杂化与分子的几何构型

杂化类型	sp	sp^2	sp^3		sp^3(不等性)	
杂化轨道数	2	3	4		4	
杂化轨道几何构型	直线形	平面三角形	正四面体		四面体	
孤电子对数	0	0	0	0	1	2
分子的几何构型	直线形	平面三角形	正四面体	四面体	三角锥形	V 形
实例	$BeCl_2$、CO_2、$HgCl_2$	BF_3、SO_3、CO_3^{2-}、NO_3^-	CH_4、CCl_4、SiH_4、SiF_4	CH_3Cl、$CHCl_3$	NH_3、NF_3、PH_3	H_2O、H_2S
分子极性	无	无	无		有	

应用杂化轨道理论时需要注意，杂化轨道与其他原子轨道重叠只能形成 σ 键。由于分子的构型是以 σ 键为骨架，故分子的空间构型取决于中心原子的杂化类型。

杂化轨道是原子在成键时为适应成键需要而形成的。除了 s-p 杂化外,对于第三周期及其以后的元素,由于其最高能级组中有 d 轨道,若$(n-1)$d 或 nd 轨道与 ns、np 轨道的能级比较接近,成键时有可能发生 s-p-d 或 d-s-p 型杂化。如 PCl_5分子中的 P 采用 sp^3d 杂化成键,分子的构型为三角双锥形。对于第六周期及其以后的元素,成键时还可能发生 f-d-s-p 型杂化。我国化学家唐敖庆等对此进行了卓有成效的研究,进一步丰富了杂化轨道理论的内容。

8.3.2 价层电子对互斥理论

杂化轨道理论比较成功地解释了一些多原子分子的空间构型。但是对于任意一个共价分子,有时很难预测它究竟采用什么杂化方式成键,因而影响了该理论的广泛适用性。为了解决这一问题,1940 年英国化学家西奇威克(N. V. Sidgwick)和鲍威尔(H. M. Powell)提出了价层电子对互斥理论(valence-shell electrion-pair repulsion),简称 VSEPR 法。后经吉莱斯必(R. J. Gillespie)和尼霍姆(R. S. Nyholm)补充和完善,发展成为较简单的又能比较准确地判断分子几何构型的近代学说。用这种理论预言和解释共价分子的空间构型更为简单,易于理解,推断的结果与实验事实基本相符。

8.3.2.1 价层电子对互斥理论的基本要点

对于 AX_n 型分子或离子,A 代表中心原子,X 为与中心原子结合的原子或原子团,称为配体,n 为配体的数目。价层电子对互斥理论基本要点如下。

(1) AX_n 型分子或离子的几何构型主要由中心原子(A)的价层电子对(VP)间的相互排斥作用所决定,采取电子对间相互排斥力最小的几何分布。

价层电子对(VP)包括成键电子对(BP)和孤电子对(LP)两种。价层电子对之间的斥力来源于两个方面,一是各电子对间的静电斥力,二是电子对中自旋状态相同的电子间产生的斥力。为减小价电子对间的排斥力,电子对间应尽量相互远离。若按能量最低原理排布在球面上,其分布方式为:①当价电子对数目为 2 时,呈直线形;②为 3 时,呈平面三角形;③为 4 时,呈四面体形;④为 5 时,呈三角双锥形;⑤为 6 时,呈八面体形等。

(2) 价层电子对相互排斥作用的大小,取决于电子对之间的夹角和电子对的成键情况。一般规律为:①电子对间的夹角越小,排斥力越大;②成键电子对由于受到两个原子核的共同吸引,电子云较集中在键轴位置,因此对中心原子周围的其他电子对的排斥作用较小,但孤电子对由于只受到中心原子原子核的吸引,电子云较集中在中心原子的原子核周围,在中心原子的原子核周围占据的空间大,因而对其他电子对的排斥作用较大,所以不同价电子对间排斥力的大小顺序为:

孤电子对-孤电子对>孤电子对-成键电子对>成键电子对-成键电子对。

(3) 成键电子对只包括形成 σ 键的电子对,不包括形成 π 键的电子对,即分子中的重键(双键、三键)均按单键处理。但由于重键比单键包含的电子数目多,重键电子云在中心原子周围占据的空间比单键电子云大些,因此斥力大小顺序为:

三键>双键>单键

π 键虽然不能改变分子的基本形状,但重键的斥力大于单键,因此对键角有一定的影响,一般单键的键角较小,而含重键的键角较大。例如,在 HCHO 中,∠HCO 为 122°6′,而

∠HCH 为 115°48′。

(4) 元素电负性同样影响分子的几何构型：①若中心原子(A)相同，键角将随着配位原子(X)电负性的增加而减小。这是由于配位原子电负性越大，对成键电子对的引力就越强，从而使得成键电子对在中心原子周围出现的概率越小，对中心原子周围其他电子对的排斥作用越弱，所以与该配位原子有关的键角越小，例如 NF_3 分子中键角 ∠FNF 为 102°6′，小于 NH_3 分子的 ∠HNH 键角(107°18′)；②配位原子(X)相同，键角将随着中心原子(A)电负性的增大而增大(成键电子对间的斥力随中心原子电负性的增大而增加)。例如：

分子	NH_3	PH_3	AsH_3	SbH_3
中心原子的电负性	3.04	2.19	2.18	2.05
键角	107°18′	93°20′	91°24′	91°18′

8.3.2.2　判断分子或离子几何构型的一般规则

根据 VSEPR 理论，可按以下步骤判断分子或离子的几何构型。

(1) 确定中心原子的价层电子对数　对 AX_n 型分子或离子，中心原子(A)的价层电子总数等于中心原子的价电子数和配体(X)提供的电子数的总和，然后除以 2，得中心原子(A)的价层电子对数。

$$中心原子价层电子对数 = \frac{中心原子价电子数+配体提供电子数}{2}$$

式中配位原子提供电子数的计算方法为：氢和卤素每个原子均提供 1 个价电子；氧族元素如氧、硫原子则规定不提供电子。例如 SO_2 分子中，中心原子 S 的价电子数为 6，而两个配位氧原子不提供电子，因此 S 周围的价电子对数目为 $\frac{6}{2}=3$。

对于多原子的离子，计算价层电子总数时需要加上(负离子)或者减去(正离子)与离子所带电荷相应的电子数。

$$中心原子价层电子对数 = \frac{中心原子价电子数+配体提供电子数\pm离子电荷数}{2}$$

例如 NH_4^+，中心原子 N 的价层电子对数 $=\frac{5+4-1}{2}=4$；

又如 PO_4^{3-}，中心原子 P 的价层电子对数 $=\frac{5+3}{2}=4$。

如果出现奇电子(有一个成单电子)，可把这个单电子当做一对电子看待。例如 NO_2，中心原子 N 的价层电子对数 $=\frac{5}{2}$，看做 3 对电子。

(2) 不确定电子对的理想空间构型　根据中心原子的价层电子对数，找出电子对间斥力最小的电子对排布方式，即电子对的理想空间构型，见表 8-6。

(3) 确定分子或离子的空间构型　把配位原子排布在中心原子周围，每一对电子连接一个配位原子，剩下的未与配位原子结合的电子对便是孤电子对。由成键电子对(BP)数等于配体数，再根据 VP=BP+LP，求得孤电子对(LP)数。根据孤电子对、成键电子对的数目和相互排斥力的大小，确定排斥力最小的稳定结构，从而得到分子或离子的空间构型。

表 8-6　价层电子对数与分子几何构型的对应关系

价层电子对数	电子对几何构型	成键电子对数	孤电子对数	电子对排列方式	分子几何构型	实例
2	直线形	2	0	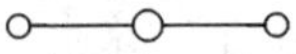	直线形	$BeCl_2$、$HgCl_2$、CO_2
3	三角形	3	0	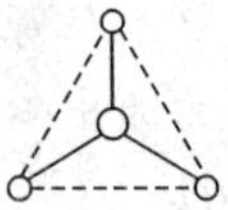	平面三角形	BF_3、BCl_3、SO_3^{2-}、CO_3^{2-}、NO_3^-
		2	1	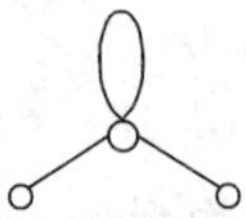	"V"形	SO_2、$SnCl_2$、$PbCl_2$、O_3、NO_2、NO_2^-
4	四面体	4	0	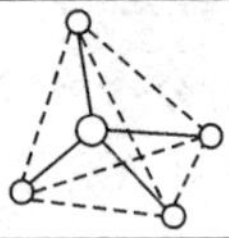	四面体形	CH_4、CCl_4、$SiCl_4$、NH_4^+、SO_4^{2-}、PO_4^{3-}、SiO_4^{4-}、ClO_4^-
		3	1	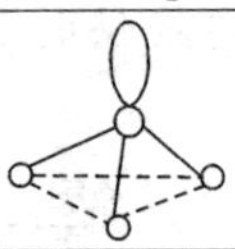	三角锥形	NH_3、PF_3、$AsCl_3$、H_3O^+、SO_3^{2-}、ClO_3^-
		2	2		"V"形	H_2O、H_2S、SF_2、SCl_2、NH_2^-
5	三角双锥	5	0	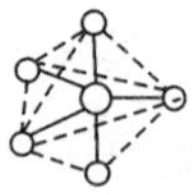	三角双锥形	PF_5、PCl_5、AsF_5、SOF_4
		4	1	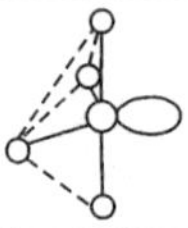	变形四面体形（跷跷板形）	SF_4、$TeCl_4$
		3	2	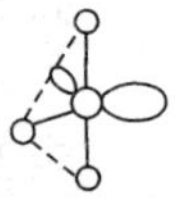	"T"形	BrF_3、ClF_3
		2	3	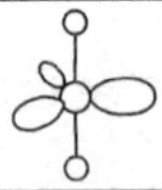	直线形	XeF_2、IF_2^-、I_3^-
6	八面体	6	0	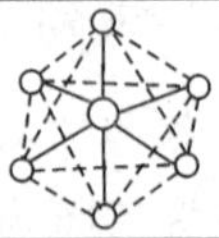	八面体形	SiF_6^{2-}、AlF_6^{3-}、SF_6
		5	1	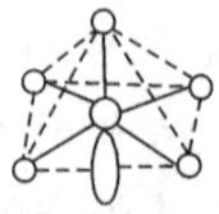	四方锥形	ClF_5、BrF_5、IF_5
		4	2	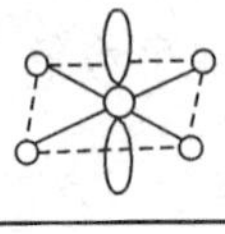	平面正方形	XeF_4、ICl_4^-

例 8-1　推测 HClO 分子的几何构型。

解:中心原子 Cl 的价电子数为 7,1 个配位原子 H 提供 1 个电子,故:

(1)中心原子 Cl 的价层电子对数(VP)= $\frac{7+1}{2}$=4,电子对排布式为四面体;

(2)有两个配位原子,即 BP=2,故 LP=VP-BP=4-2=2。

因此 HClO 分子为"V"形。

例 8-2　推测 PO_4^{3-} 的几何构型。

解:(1)中心 P 原子的价电子对数(VP)= $\frac{5+3}{2}$=4;

(2)有 4 个配位 O 原子,即 BP=4,　故 LP=VP-BP=4-0=0。

因此 PO_4^{3-} 的几何构型为正四面体。

用上述方法可确定大多数主族元素的化合物分子和离子的空间构型,归纳如表 8-6。

运用 VSEPR 法可以简单、直观地判断分子的空间构型。但该理论只能作定性描述而得不到定量的结果,也不能告诉我们成键的原理和键的相对稳定性,因此严格地讲,它并不是一种化学键理论。此外,该方法仅适用于判断主族元素(尤其是第一、二、三周期元素)所形成的 AX_n 型分子的结构。对于副族元素,除了电子结构为 d^0、d^5、d^{10} 外,因其他副族元素 d 电子的空间分布比较复杂,它们与中心原子周围的其他电子对的作用难以确定和预测,使用价层电子对互斥理论往往得不到正确的结论。但它可与杂化轨道理论互为补充,我们可将二者综合起来运用,以相互验证推断的正确性。

例如对于 NH_3 分子。据杂化轨道理论,由于中心 N 原子采用不等性 sp^3 杂化方式成键,故 NH_3 分子为三角锥形。根据价层电子对互斥理论,中心原子 N 的价层电子对数 VP= $\frac{5+3}{2}$ = 4,因有三个 H 原子与 N 成键,故 BP=3,LP=1。查表 8-6,可知 NH_3 分子为三角锥形。

又如 CO_2 分子。按杂化轨道理论,中心 C 原子采用等性 sp 杂化方式成键,CO_2 分子为直线形。按价层电子对互斥理论,中心 C 原子的价层电子对数 VP= $\frac{4+0}{2}$=2,两个 O 原子参与成键,故 BP=2,LP=0,所以为直线形。

8.4　分子轨道理论

前面我们介绍了共价键理论中的价键理论、杂化轨道理论和价层电子对互斥理论,它们虽然能较好地说明共价键的形成和分子的空间构型,但它们都有一定的局限性。例如它们不能解释 O_2 分子的顺磁性和氢分子离子(H_2^+)中的单电子键等问题。按照价键理论,O_2 分子中的电子都是配对的,两个氧原子间形成了一个 σ 键和一个 π 键,分子中无成单电子存在。但 O_2 的分子磁性实验发现(图 8-17),O_2 分子具有顺磁性,这就说明 O_2 分子中存在

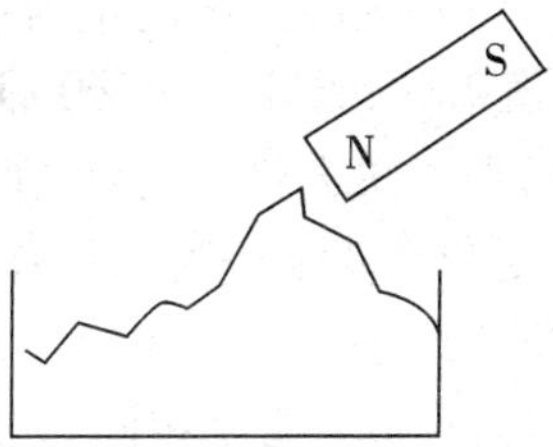

图 8-17　液态氧被磁铁吸引的示意图

成单电子,这是价键理论所无法解释的。又如光谱实验证实 H_2^+ 是可以存在的,即一个 H 原子和一个 H^+共用一个电子形成了一个单电子的共价键,这也与价键理论中认为共价键的形成需要电子配对的思想相矛盾。1932 年,美国化学家马利肯(R. S. Mulliken)和德国化学家洪特(F. Hund)提出了**分子轨道理论**(molecular orbital theory),简称 MO 法。对分子中的各种键的形成、成键过程中的能量变化都给出了很好的解释,弥补了价键理论的不足。

8.4.1　分子轨道理论的基本要点

分子轨道理论是把原子电子层结构的主要概念,推广到分子体系而形成的一种分子结构理论。在描述原子中电子的运动状态时,原子结构理论是把原子核作为原子的核心,电子按照一定的原理和规则(能量最低原理、泡利不相容原理和洪特规则)分布在原子核外的各个轨道上。分子轨道理论在描述分子中各个电子的运动状态时,把组成分子的各原子核作为分子的骨架,分子中的电子按照同于原子中电子分布的原理和规则分布在若干个分子轨道内。电子进入各个分子轨道后,若体系的能量降低,即能成键。

前面所讲的价键理论、杂化轨道理论和价层电子对互斥理论都是以电子配对为基础来说明共价键形成的本质,且认为配对电子仅在成键两原子间的有限空间内运动。而分子轨道理论则认为,原子在形成分子之前,核外电子处于原子轨道状态(即波函数)。但一旦形成分子,分子中的每一个电子便不再从属于某一特定原子,而是为整个分子所有,在整个分子内运动。也就是说分子轨道理论把分子作为一个整体来处理,从而比较全面地反映了分子内各电子的运动状态。该理论的基本要点如下。

(1)分子中的电子不再从属于某一个原子,而是在整个分子范围内运动。分子中每个电子的运动状态可用相应的分子波函数(ψ)来描述,ψ 称为分子轨道。$|\psi|^2$为分子中的电子在空间各处出现的概率密度或电子云。

(2)分子轨道由组成分子的各原子的原子轨道线性组合而成,简称 LCAO(linear combination of atomic orbitals),组合形成的分子轨道数目等于参与组合的原子轨道的数目。每一个分子轨道具有一定的能量,其中能量低于组合前原子轨道的称为成键分子轨道(bonding molecular orbital),能量高于组合前原子轨道的称为反键分子轨道(antibonding molecular orbital)。例如,H_2分子中的两个分子轨道是由两个氢原子的 1s 轨道(能量为-1 312 kJ · mol^{-1})线性组合得到的,其中成键分子轨道 1σ 能量为-1 059 kJ · mol^{-1},而反键分子轨道 2σ 的能量为-1 560 kJ · mol^{-1}(图 8-18)。

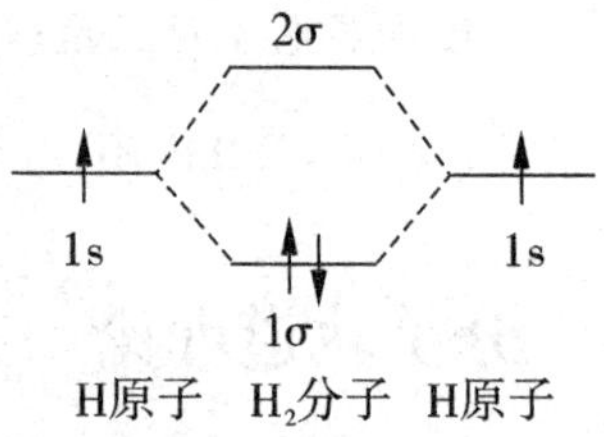

图 8-18　H_2分子轨道能级图

(3)原子轨道要有效地线性组合成分子轨道,必须遵循以下三条原则。

1)对称性匹配原则　只有对称性相同的原子轨道才能有效地组合成分子轨道。原子轨道在不同的区域波函数有不同的符号("+"或"-"),所谓对称性相同,是指原子轨道重叠部分的正、负号必须相同。其次,因原子轨道均有一定的对称性(s 轨道为球形对称,p 轨道关于中心呈反对称),为了有效组成分子轨道,原子轨道的类型、轨道重叠方向也必须合适。

对称性匹配原则表明并不是所有的原子轨道的重叠都能使体系的能量降低,在有些情况下,虽然原子轨道的重叠区域较大,但并不能形成共价键,如图 8-19(a)、(b)所示。由于轨道重叠区域一半为同号重叠,另一半为异号重叠,两者正好抵消,使得净成键效应为零,因此不能组成分子轨道。而图 8-19(c)、(d)、(e)中原子轨道均为同号重叠,满足对称性匹配的条件,能组合形成分子轨道。

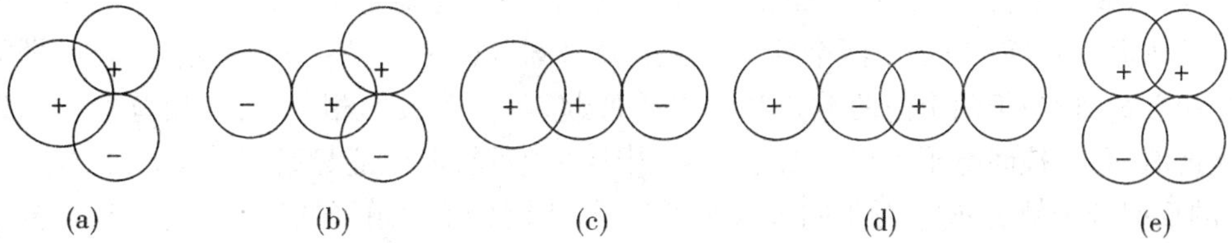

图 8-19　原子轨道组合的对称性原则

2)能量相近原则　只有能量相近的原子轨道才能有效组合成分子轨道,而且原子轨道的能量越相近越好。能量越相近,组成的分子轨道越有效,若两个原子轨道能量相差很大,则不能组成分子轨道。例如 H、Cl、O、Na 的有关原子轨道的能量分别为:

1s(H) = −1 318 kJ · mol^{-1};

2p(O) = −1 332 kJ · mol^{-1};

3p(Cl) = −1 259 kJ · mol^{-1};

3s(Na) = −502 kJ · mol^{-1}。

由于 H 的 1s 与 O 的 2p 或 Cl 的 3p 轨道能量相近,因此可以组合成分子轨道,而 Na 的 3s 与 O 的 2p 或 Cl 的 3p 轨道能量相差较大,不能组合成分子轨道,只会发生电子的转移,形成离子键。

3)最大重叠原则　原子轨道发生重叠时,在对称性匹配的条件下,原子轨道的重叠程度越大,成键轨道相对于原来的原子轨道能量降低越显著,成键效果越强,形成的化学键越稳定。

在以上三原则中,对称性匹配原则是最基本的,它决定了原子轨道能否组合形成分子轨道。而能量相近原则和最大重叠原则只是决定了组合的效率,即形成的共价键强度的大小。

(4)每一个分子轨道都有其对应的能量和空间图像。根据分子轨道对称性的不同,可分为 σ 分子轨道和 π 分子轨道。填入这些轨道的电子称为 σ 电子和 π 电子,分别等同于(对应于)VB 理论的 σ 键和 π 键。将各分子轨道按能量大小依次排列,得分子轨道近似能级图。

(5)分子中的各电子按分子轨道能级图和电子排布三原则(能量最低原理、泡利不相容原理和洪特规则)在各分子轨道上填充。

8.4.2　原子轨道线性组合与分子轨道的类型

当来自原子 A 的原子轨道 ψ_a 和来自原子 B 的原子轨道 ψ_b 相互组合时,有两种组合方式，形成两个分子轨道 ψ_1 和 ψ_2，其数学表达式为：

$$\psi_1 = c_a\psi_a + c_b\psi_b \tag{8-2}$$

$$\psi_2 = c_a\psi_a - c_b\psi_b \tag{8-3}$$

式中，c_a、c_b 为原子轨道线性组合的系数，表示两个原子轨道对分子轨道的贡献程度。

式(8-2)表示两个原子轨道的同号部分（“+”与“+”或“-”与“-”）相互重叠组合，即波函数同相重叠，相当于两个波的波峰叠加起来得到振幅更大的波，使核间电子的概率密度增大，形成分子轨道 ψ_1 与原来的原子轨道（ψ_a、ψ_b）相比能量降低，有利于形成稳定的成键分子轨道。式(8-3)表示两个原子轨道的异号部分（“+”与“-”）相互重叠组合，即波函数异相重叠，相当于两个波的波峰和波谷叠加起来，由于波的相互干涉，使叠加后的振幅相互抵消，原子核间电子出现的概率减小，排斥力增强，形成能量高于原来原子轨道（ψ_a、ψ_b）的反键分子轨道 ψ_2。对于同核双原子分子，成键分子轨道降低的能量等于反键分子轨道升高的能量，亦即形成分子轨道前后系统的总能量不变。

8.4.2.1 σ 分子轨道

两个原子轨道以“头碰头”的方式组合，形成的关于键轴呈圆柱形对称的分子轨道，称 σ 分子轨道。所形成的两个分子轨道，一个为成键分子轨道，用 1σ 表示；另一个为反键分子轨道，用 2σ 表示。常见的组合形式有 s-s 组合、s-p_x 组合和 p_x-p_x 组合（以 x 轴为键轴），如图 8-20 所示。

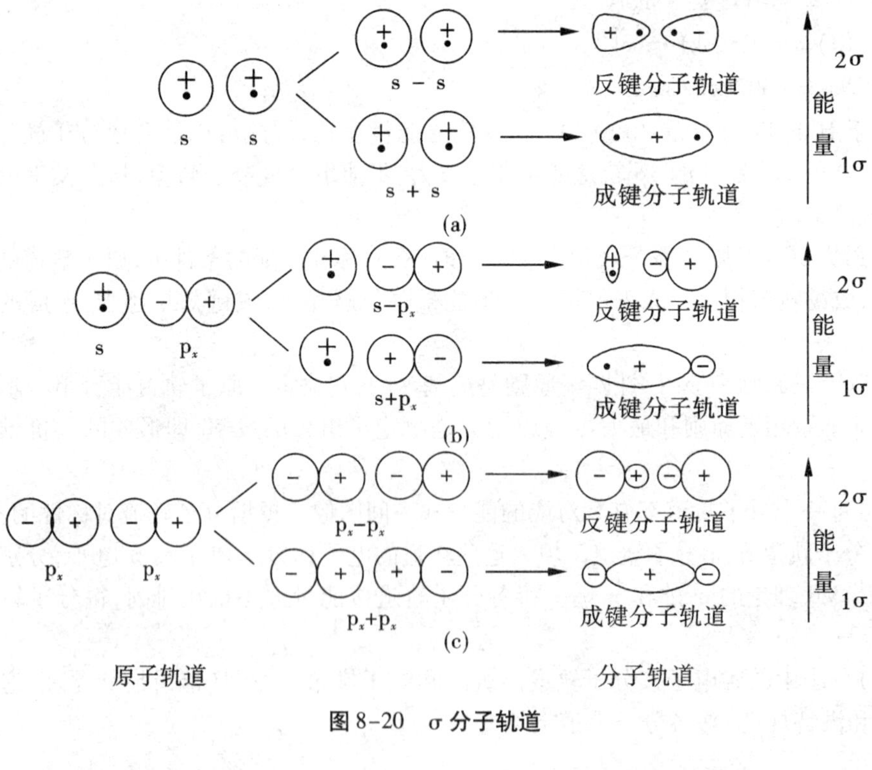

图 8-20 σ 分子轨道

(1) s-s 组合　一个原子的 s 原子轨道和另一个原子的 s 原子轨道组合得到两个分子轨道 1σ、2σ，如图 8-20(a) 所示。

(2)$s-p_x$组合　如图 8-20(b)所示,一个原子的 s 轨道和另一个原子的 p_x轨道沿 x 轴方向重叠。若波函数同号部分相重叠,则增加两核之间电子出现的概率密度,形成成键轨道 1σ;若是波函数异号部分相重叠,则减小了两核间电子出现的概率密度,形成反键轨道 2σ。

(3)p_x-p_x组合　p 轨道与 p 轨道有"头碰头"和"肩并肩"两种组合方式,当两个原子的 p_x轨道沿 x 轴方向以"头碰头"方式重叠后,形成一个成键轨道 1σ 和一个反键轨道 2σ,如图 8-20(c)所示。

8.4.2.2　π 分子轨道

两个原子轨道以"肩并肩"的方式组合,形成的关于通过键轴(x 轴)的平面呈镜面反对称的分子轨道,称 π 分子轨道。所形成的两个分子轨道,一个为成键分子轨道,用 π 表示,另一个为反键分子轨道,用 2π 表示。常见的组合形式有 p_y-p_y(或 p_z-p_z)组合、p-d 组合、d-d 组合,如图 8-21 所示。

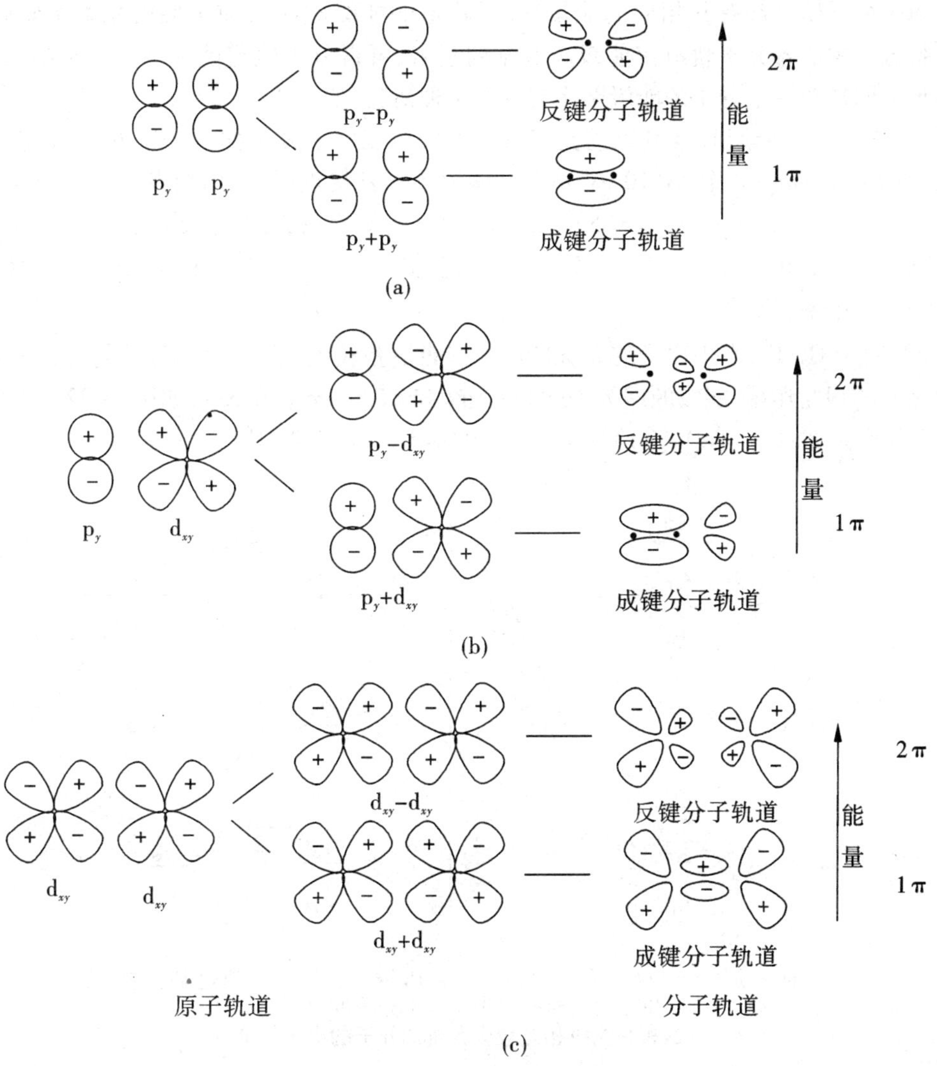

图 8-21　π 分子轨道

(1) p_y-p_y组合　两个原子的 p_y轨道垂直于键轴,以"肩并肩"的形式发生重叠,形成两个 π 分子轨道,即成键轨道 1π 和反键轨道 2π 如图 8-21(a)。类似地,两个原子的 p_z轨道组合后得一个成键轨道 1π 和反键轨道 2π。

(2) p-d 组合　一个原子的 p 轨道同另一个原子的 d 轨道发生重叠也可以形成 π 分子轨道,即成键分子轨道 1π 和反键分子轨道 2π,如图 8-21(b)所示。这种重叠出现在一些过渡金属化合物中,也出现在 P、S 等的氧化物和含氧酸中。

(3) d-d 组合　两个原子的 d 轨道(如 d_{xy}-d_{xy})也可以按图 8-21(c)所示方式重叠,得到成键分子轨道 1π 和反键分子轨道 2π。

因此,当两个原子的 p 轨道进行组合时,可发生"头碰头"和"肩并肩"两种组合形式,一共形成 6 个分子轨道,即 1σ、2σ、两个 1π 和两个 2π。

8.4.3　同核双原子分子的分子轨道能级图

每个分子轨道都有其相应的能量,分子轨道的能级顺序目前主要由光谱实验确定。如果把分子中的各分子轨道按能级高低排列起来,可得分子轨道能级图。对于第二周期元素形成同核双原子分子的能级顺序有以下两种情况,如图 8-22 所示。

(1) 对于第二周期 N 及其以前元素形成的同核双原子分子如 N_2、C_2、B_2等,因其原子的 2s 与 2p 轨道能量差较小(10 eV 左右),两原子相互接近时,不但会发生 s-s 和 p-p 重叠,而且也会发生 s-p 重叠,出现 5σ 能级高于 1π 的颠倒现象,其能级顺序为 1σ<2σ<3σ<4σ<1π<5σ<2π<6σ,如图 8-22(a)所示。由此得到 N_2分子轨道式:N_2[$(1\sigma)^2(2\sigma)^2(3\sigma)^2(4\sigma)^2(1\pi)^4(5\sigma)^2$]。

(2) 对于 O_2、F_2,由于原子的 2s 和 2p 轨道能量差较大(大于 15 ev),不会发 2s 和 2p 轨道之间的相互作用,能级顺序为 1σ<2σ<3σ<4σ<5σ<1π<2π<6σ,如图 8-22(b)所示。F_2的分子轨道式:F_2[$(1\sigma)^2(2\sigma)^2(3\sigma)^2(4\sigma)^2(5\sigma)^2(1\pi)^4(2\pi)^4$]。

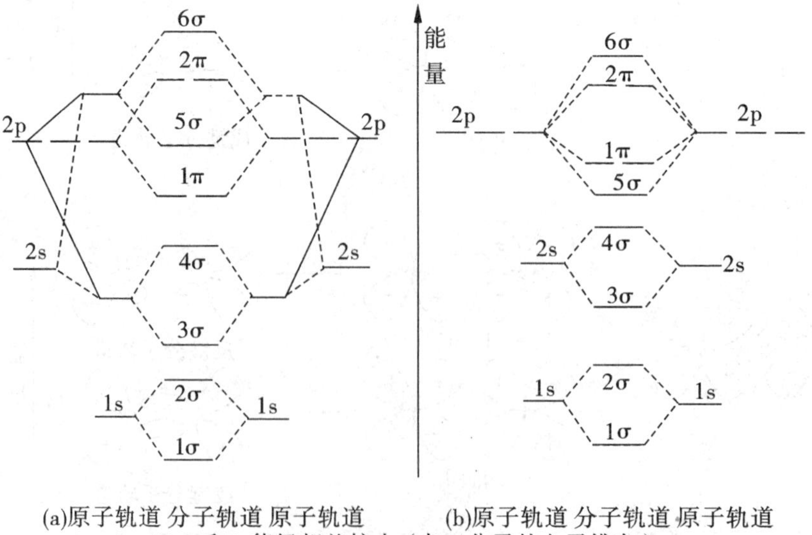

(a) 2s和2p能级相差较小(如N_2分子的电子排布)
(b) 2s和2p能级相差较大(如F_2分子的电子排布)

图 8-22　同核双原子分子的分子轨道能级图

分子中电子按分子轨道能级图和电子排布三原则依次填入各分子轨道。若电子进入成键轨道,会使系统能量降低,有利于形成共价键。但最终能否成键取决于成键轨道和反键轨道的电子数。若前者大于后者,体系的能量降低,能够成键,反之则不能。如果二者相等,则体系能量的升高值和降低值正好抵消,系统总能量不变,对成键没有贡献,即不成键。

8.4.4　分子轨道理论的应用

8.4.4.1　推测分子的存在,阐明分子的结构

(1) H_2分子与 H_2^+分子离子　对于 H_2分子,根据同核双原子分子轨道能级图可写出其分子轨道式:$H_2[(1\sigma)^2]$。两个电子填入 1σ 成键分子轨道,形成一个 σ 键,分子结构式为 H—H。对于 H_2^+ 分子离子,分子轨道式为 $H_2^+[(1\sigma)^1]$,一个电子填入 1σ 成键分子轨道,形成一个单电子 σ 键,结构式为$[H \cdot H]^+$。因此从理论上推测 H_2^+ 分子离子是可能存在的,实验也已证实了 H_2^+ 分子离子的存在。但对于该化学事实,价键理论却是无法解释的。

(2) He_2分子和 He_2^+ 分子离子　He_2分子中有 4 个电子,假设它能够存在,分子轨道式为 $He_2[(1\sigma)^2(2\sigma)^2]$,成键轨道和反键轨道电子数相等,形成分子后总能量没有降低,即不能成键,所以 He_2分子不能稳定存在。对于 He_2^+ 分子离子,其分子轨道式为 $He_2^+[(1\sigma)^2(2\sigma)^1]$,成键轨道填入两个电子,反键轨道填入一个电子,形成一个 σ 键,结构式为$[He\cdots He]^+$,因此 He_2^+ 分子离子是可以存在的。

(3) Be_2分子　Be_2 分子中共有 8 个电子,其分子轨道式为 $Be_2[(1\sigma)^2(2\sigma)^2(3\sigma)^2(4\sigma)^2]$,成键和反键轨道电子数相等,不能成键,因此可以预期 Be_2分子不能稳定存在。事实上,至今也尚未发现 Be_2分子。

(4) B_2分子　根据能级图,B_2的分子轨道式为 $B_2[(1\sigma)^2(2\sigma)^2(3\sigma)^2(4\sigma)^2(1\pi)^2]$。因 1π 为两个简并轨道,故各填一个电子,因此 B_2分子中形成了两个单电子 π 键,结构式为

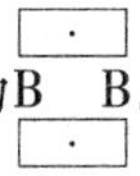

。

8.4.4.2　解释和预言分子的磁性

对物质的磁性研究发现,凡是具有未成对电子的分子,在外加磁场中必然顺着磁场的方向排列①,分子的这种性质称为顺磁性。反之,电子完全配对的分子则具有反磁性。

(1) N_2分子　N 原子的电子层结构为 $1s^22s^22p^3$,N_2分子中共有 14 个电子。按能级图可得分子轨道式为 $N_2[(1\sigma)^2(2\sigma)^2(3\sigma)^2(4\sigma)^2(1\pi)^4(5\sigma)^2]$。为书写方便,内层分子轨道可用 KK 表示,即也可写作 $N_2[KK(3\sigma)^2(4\sigma)^2(1\pi)^4(5\sigma)^2]$。因此共有一个 σ 键,两个 π 键,价键结构式为

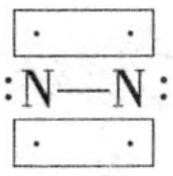

,因分子中无成单电子存在,故 N_2分子具有反磁性。

(2) O_2分子　氧原子的电子构型为 $1s^22s^22p^4$,O_2分子中共有 16 个电子,其分子轨道式为 $O_2[KK(3\sigma)^2(4\sigma)^2(5\sigma)^2(1\pi)^4(2\pi)^2]$。分子中形成一个 σ 键,两个三电子 π 键,价键

---

① 关于磁性可参见第 10 章第 254 页“配合物的稳定性、磁性与键型的关系”。

结构式为$\overset{\boxed{\cdot\ \cdot\ \cdot}}{\underset{\boxed{\cdot\ \cdot\ \cdot}}{:\text{O—O}:}}$,每个三电子 π 键有 2 个电子在成键轨道上,1 个电子在反键轨道上,故相当于半个键,因此整个 O_2 分子相当于形成一个双键。由于 O_2分子中有两个成单电子分别填充在两个反键分子轨道上,故具有顺磁性。

8.4.4.3 预测分子的稳定性

在分子轨道理论中,还引入了另外一个键参数——**键级**(bond order)来表示键的强度,描述分子结构的稳定性。键级的定义为分子中净成键电子数的一半。

$$键级=\frac{成键轨道电子数-反键轨道电子数}{2}$$

键级的大小说明两个相邻原子间成键的强度。一般来说,位于同一周期的同一区的元素组成的双原子分子,键级越大,键能越大,键的强度越大,分子也越稳定。若键级为零,表示分子不可能存在。例如氢分子离子 H_2^+,其分子轨道式为 $H_2^+[(1\sigma)^1]$,键级$=\frac{1-0}{2}=\frac{1}{2}$,说明 H_2^+ 能稳定存在。又如 He_2分子,分子轨道式为 $He_2[(1\sigma)^2(2\sigma)^2]$,键级$=\frac{2-2}{2}=0$,所以 He_2分子不存在。

但需要注意的是,键级仅能定性地推断键能的大小,粗略估计分子结构相对稳定性的大小,键级相同的分子其稳定性也可能有差别。

8.4.5 异核双原子分子的分子轨道能级图

两个不同原子结合成分子时,分子轨道理论的处理方法和原则与同核双原子分子是相同的。例如 CO 分子。C 原子的电子构型为 $1s^22s^22p^2$,O 原子的电子构型为 $1s^22s^22p^4$,由于 C 原子和 O 原子中,同类型的原子轨道能量相近,因此可以相互重叠形成 CO 分子的分子轨道。CO 分子中共有 14 个电子,与 N_2分子的电子数相同,二者为等电子体(原子数相同、电子总数相同的分子,互称为**等电子体**,等电子体的结构相似,性质也非常相似)。但由于 C 和 O 的原子轨道的能级是不相等的,故 CO 的分子轨道能级图如图 8-23 所示。

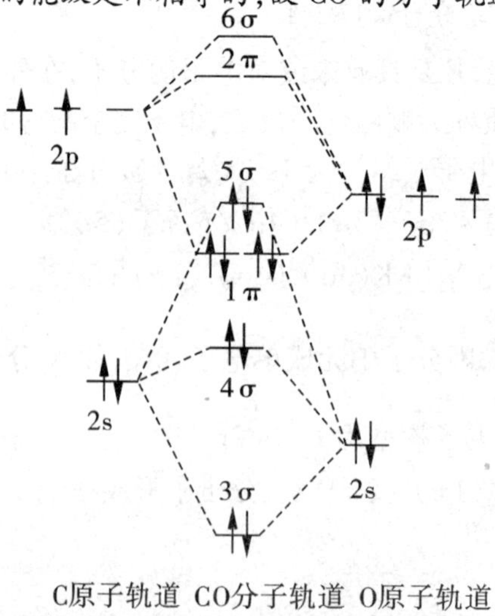

图 8-23 CO 分子的分子轨道能级图

CO 的分子轨道式为 $CO[(1\sigma)^2(2\sigma)^2(3\sigma)^2(4\sigma)^2(1\pi)^4(5\sigma)^2]$。与 N_2 分子相同,CO 分子中有一个 σ 键和两个 π 键。

8.5　分子间力和氢键

在一定条件下,气态物质可凝聚成液态或固态,液态物质可凝聚成固态,这说明在分子与分子之间也存在着相互吸引作用。早在 1873 年,荷兰物理学家范德华(Van der Waals)就指出了这种力的存在并对其进行了卓有成效的研究,故通常又把分子间力称为**范德华力**(Van der Waals force)。分子间力是分子与分子间的一种弱的相互作用,比化学键小一、二个数量级,但它是决定一些物质熔点、沸点、溶解度等物理性质的一个重要因素,更是影响生命活动的重要因素。从本质上说,分子间力属于电学性质范畴,与分子的两种电学性质——分子极性和变形性有关。

8.5.1　分子的极性和变形性

8.5.1.1　分子的极性

任何分子都是由原子核和核外电子组成的,正、负电荷总数相等,分子呈电中性。就像任何物体的重量都可被认为集中在其重心上一样,我们可设想分子的正、负电荷也分别集中于某点上,该集中点称为正、负电荷的中心。如果某一分子的正、负电荷中心不重合,则这两个中心又可称为分子的两个极(正极和负极),这样的分子就具有极性。

对于简单的双原子分子,分子是否有极性可以简单地用化学键的极性来进行判断。对于同核双原子分子,由于两个原子间形成的键为非极性键,分子的正、负电荷中心重合,故这类分子均为**非极性分子**(nonpolar molecule),如单质 H_2、O_2、N_2、F_2 等。对于由两个不同原子组成的异核双原子分子,由于两个原子间形成的化学键为极性键,故所组成的分子为**极性分子**(polar molecule)。因此对于简单的双原子分子,有极性键的分子一定是极性分子,极性分子内一定含有极性键。

对于多原子分子,分子的极性不仅与化学键的极性有关,而且与分子的空间构型有关。对于含有极性键的多原子分子,可能是极性分子,也可能是非极性分子,要视分子的组成和空间构型而定。例如 BF_3 分子,虽然 B—F 键为极性共价键,但由于 BF_3 分子的空间构型为平面正三角形,键的极性相互抵消,整个分子是非极性的。而对于组成类似的 NF_3 分子,由于空间构型为三角锥形,不具有对称中心,键的极性不能相互抵消,因此是极性分子。又如 SO_2 和 CO_2 分子,虽然 S══O 键、C══O 键都是极性键,但因为 CO_2 是直线形结构,键的极性相互抵消,正负电荷重心重合,是非极性分子,相反,SO_2 为 V 形结构,正负电荷重心不能重合,故是极性分子。因此,由极性共价键相结合的多原子分子,分子的几何构型若有对称中心,就是非极性分子,如 CO_2、BF_3、CH_4 等;若分子几何构型中没有对称中心,就是极性分子,如 NH_3、SO_2 等。

分子极性的强弱,可以用**偶极矩** μ(dipole moment)来衡量。分子偶极矩定义为:分子中电荷中心上的电量(q)与偶极长度(d,极性分子正、负电荷中心的距离)的乘积(图 8-24),即:

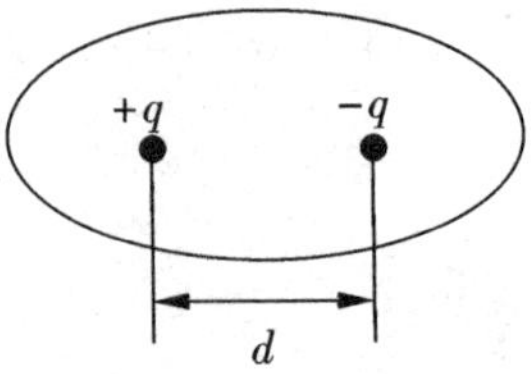

图 8-24　分子的偶极矩

$$\vec{\mu}=q\cdot d \tag{8-4}$$

μ 是一个矢量，方向从正极指向负极。分子偶极矩的具体数值可通过实验测得，单位为库·米（C·m）。若 $\mu=0$，则为非极性分子，否则就是极性分子，且偶极矩越大，分子的极性越强。因而可根据偶极矩的大小比较分子极性的相对强弱，如表 8-7 所示。

表 8-7　分子偶极矩与极性的关系

分子	μ（10^{-30} C·m）	分子极性
HF	6.40	依次减弱↓
HCl	3.61	
HBr	2.63	
HI	1.27	

8.5.1.2　分子的变形性

分子的极性讨论的仅是孤立分子中电荷的分布情况，但若将分子置于外加电场中，分子中的电荷分布还可能发生某些变化。

当非极性分子进入某电场时，在电场的影响下，正电荷中心被吸引向负极，负电荷中心被吸引向正极，造成分子轨道电子云分布的形变，此过程通常被称为分子的**变形极化**（polarization）。极化的结果，分子中原来重合的正、负电荷中心发生分离，分子出现了偶极，这种偶极称为**诱导偶极**（induced dipole），如图 8-25 所示。

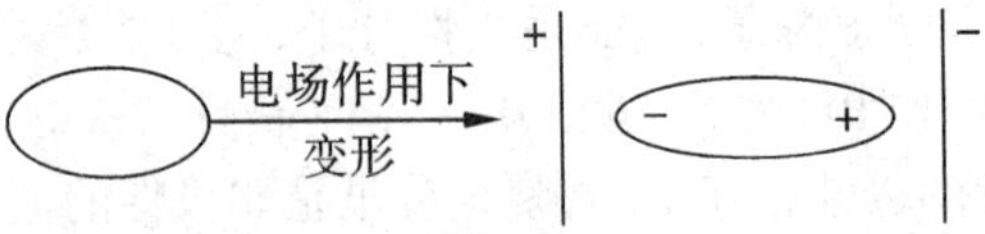

图 8-25　非极性分子在电场中的变形极化

当外加电场撤除后，诱导偶极也随之消失，分子又恢复为非极性分子。诱导偶极矩（$\mu_{诱导}$）的大小取决于外加电场的强度 E 和分子的变形性，它们之间的关系为：

$$\mu_{诱导}=\alpha\cdot E \tag{8-5}$$

式中，α 称为分子的诱导极化率，简称**极化率**（polarizability），表示分子在外加电场作用下的变形能力。α 越大，分子的变形性越大。

对于极性分子，本身就存在着偶极，这种偶极称为**固有偶极**（permanent dipole）。在气态及液态时，如果没有外加电场的作用，极性分子一般都做无规则的热运动，如图 8-26

(a)。但当极性分子受到外加电场作用时,极性分子的正极端将转向负电极,负极端则转向正电极,亦即顺着电场的方向排列,这一过程称为分子的**定向极化**(orientation polarization)如图 8-26(b)。同时,在电场的作用下,极性分子也发生变形,产生诱导偶极如图 8-26(c)。

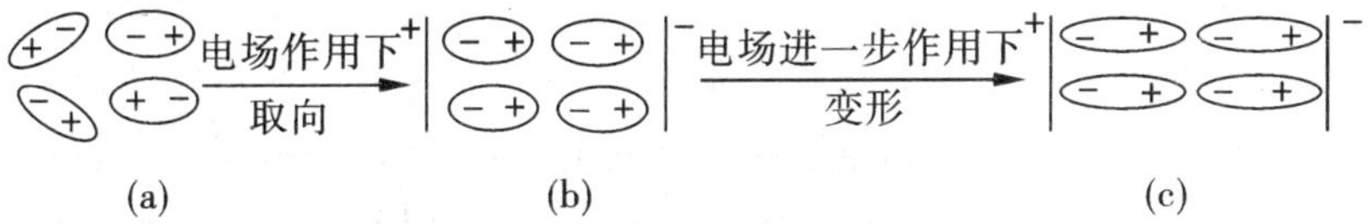

图 8-26　极性分子在电场中的极化

因此极性分子在电场中同时存在定向极化和变形极化作用。

因极性分子存在着正、负两极,这个偶极就相当于一个微电场,因此极性分子会使得其他与之接近的分子发生极化。所以分子的极化不仅仅发生在有外加电场存在的情况下,在分子与分子之间也会发生。

8.5.2　分子间力

8.5.2.1　分子间力的类型

分子间力包括取向力、诱导力、色散力三种。图 8-27 是这三种力的作用机制示意图对比。

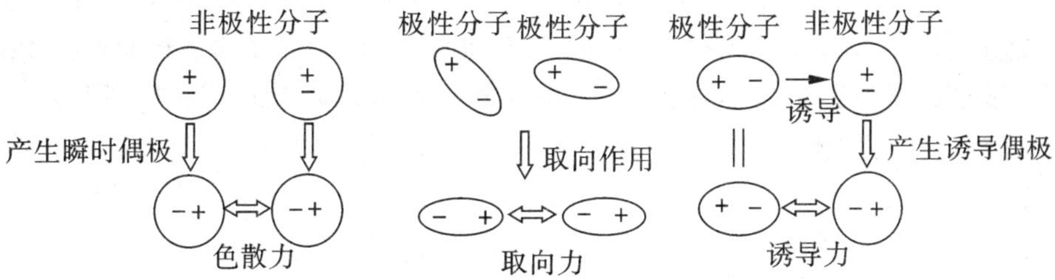

图 8-27　色散力、取向力和诱导力

(1)取向力　当两个极性分子相互接近时,由于它们的固有偶极同极相斥、异极相吸,使得两分子发生相对转动,按异极相邻的状态定向排列,即发生定向极化。这种由于固有偶极的取向产生的作用力称为**取向力**(orientation force)。取向力仅存在于极性分子和极性分子间。

(2)诱导力　当非极性分子与极性分子相互接近时,因受到极性分子固有偶极产生的微电场的影响,非极性分子的正、负电荷中心将发生相对位移,产生诱导偶极,使极性分子和非极性分子之间产生一种相互吸引作用,这种诱导偶极与固有偶极间的作用力称为**诱导力**(induction force)。

诱导力不仅存在于极性分子和非极性分子间,而且还存在于极性分子和极性分子之间。这是因为在极性分子之间,除了发生定向极化,产生取向力外,分子间偶极的相互作用也会使双方分子发生变形极化,产生诱导偶极。因此在极性分子与极性分子之间除了取向力，还存在诱导力。

(3)色散力　我们知道，室温下，溴是液体，碘是固体，H_2、O_2、N_2等非极性分子在低温下也可发生固化或液化。这些物质能够维持某种聚集状态，就说明在这些非极性分子间也存在着一种相互作用力。但这种作用力是如何产生的呢?

对于任一非极性分子，虽然在一段时间内，总的统计结果表明，其电荷呈对称分布，正、负电荷中心相互重合，分子没有极性。但由于分子中的电子在不停地运动，原子核在不停地振动，在某一瞬间，电子云和原子核间会发生相对位移，使分子的正、负电荷中心暂时不重合，从而产生偶极，这种偶极称为瞬时偶极。瞬时偶极对于中性分子而言是永恒存在的。存在于瞬时偶极间的作用力，称为**色散力**(dispersion force)。之所以称为色散力，是由于从量子力学导出的这种力的理论公式与光色散公式相似的缘故。

由于在极性分子中也存在原子核与电子的相对运动，也会产生瞬时偶极。因此，色散力不仅存在于非极性分子间，还存在于非极性分子和极性分子间，以及极性分子和极性分子之间。

尽管每一个瞬时偶极存在的时间极为短暂，但由于分子中的电子和原子核的不断运动，瞬时偶极不断出现，因此在分子间总是存在着色散力。

量子力学的计算表明，色散力与分子的变形性有关。变形性越大，色散力越强。

总之，分子间力包括取向力、诱导力、色散力三种。在非极性分子间，仅存在色散力；在非极性分子和极性分子之间，既有色散力又有诱导力；在极性分子间有色散力、诱导力和取向力三种分子间作用力。

8.5.2.2　分子间力的特点

分子间力有以下几个特点：①本质为电性作用力；②是一种短程力，作用范围仅几百 pm，随分子间距离的增大而迅速减弱，当分子间的距离为分子本身直径的4～5倍时，作用力就减弱到几乎可以忽略不计；③是分子间的一种弱的相互作用，其作用能(一般为0.2～50 $kJ\cdot mol^{-1}$)比化学键的键能(100～450 $kJ\cdot mol^{-1}$)约小1～2个数量级；④没有方向性，没有饱和性；⑤在三种作用力中，对大多数分子来说，色散力是分子间主要的作用力，只有极性很大而且存在氢键作用的分子之间(例如 H_2O 分子之间)，才以取向力为主，诱导力一般较小，如表8-8所示。

表8-8　分子间作用力及其分配情况

分子	分子间作用力/$kJ\cdot mol^{-1}$			
	取向力	诱导力	色散力	总和
Ar	0.000 0	0.000 0	8.490 0	8.490 0
CO	0.002 9	0.008 4	8.740 0	8.750 0
HI	0.025 0	0.113 0	25.860 0	25.980 0
HBr	0.686 0	0.502 0	21.920 0	23.090 0
HCl	3.305 0	1.004 0	16.820 0	21.130 0
NH_3	13.310 0	1.548 0	14.940 0	29.580 0
H_2O	36.380 0	1.929 0	8.996 0	47.280 0

8.5.2.3　分子间力对物质物理性质的影响

分子间力对物质物理性质的影响是多方面的。液态物质分子间力越大，汽化热就越大，沸点也就越高；固态物质分子间力越大，熔化热就越大，熔点也就越高。一般而言，对于结构相似的同系列物质，相对分子质量越大，分子的变形性就越大，分子间力也就越强，物质的熔点、沸点越高。如稀有气体、卤素等，其熔、沸点就是随着相对分子质量的增大而升高的。对于相对分子质量相等或近似的分子，体积越大，变形性越大，物质的熔点、沸点就越高。

分子间力对液体的互溶度以及物质的溶解度也有一定影响。极性相似的物质分子间作用力较大，因而溶解度大，而极性不同的物质分子间作用力小，溶解度小。例如，H_2O 为极性分子，分子间作用力以取向力为主；CCl_4分子为非极性分子，分子间以色散力为主。由于二者内部分子间的作用力均大于 CCl_4-H_2O 之间的作用力，故 CCl_4 和 H_2O 互溶性差。但由于 NH_3和 H_2O 都是极性分子，I_2和 CCl_4都是非极性分子，故 NH_3 和 H_2O 可互溶，I_2 和 CCl_4可互溶。这就是“**相似相溶原理**”(非极性溶质易溶于非极性溶剂，极性溶质易溶于极性溶剂)的来源。此外，分子间力对分子型物质的硬度也有一定的影响。

8.5.3　氢键

我们知道，对于结构相似的同系列物质，随相对分子质量的增大，分子间力增大，物质的熔点、沸点升高。但在氢化物中，NH_3、H_2O 和 HF 的熔点、沸点明显偏高，如图 8-28 所示。这种异常现象表明这些分子间必然还存在着另外一种相互作用力，这种作用力就是**氢键**(hydrogen bond)。

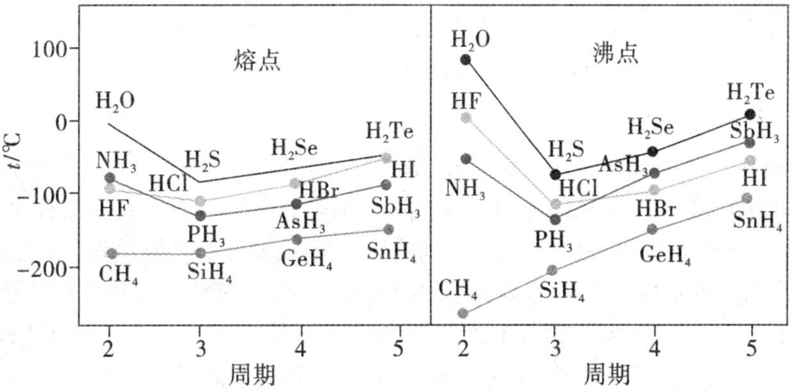

图 8-28　ⅣA～ⅦA 氢化物熔点、沸点递变情况

8.5.3.1　氢键的形成

以 HF 为例。在 HF 分子中，H 和 F 原子间以极性共价键相结合，由于 F 原子的电负性很大，共用电子对强烈偏向 F 原子一方，从而使得 H 原子接近于质子(H^+)状态。于是附近另一个 HF 分子中含有孤对电子、带有部分负电荷的 F 原子就有可能靠近这个半径很小、带部分正电荷的 H 原子，从而产生静电吸引，这个静电吸引作用就是氢键(图 8-29)。

氢键通常用X—H…Y表示。X、Y代表F、O、N这些电负性较大、原子半径较小且带有孤对电子的原子。二者可以是同种元素的原子,也可以是两种不同元素的原子,如NH_3和H_2O分子之间可以形成N—H…O或O—H…N形式的氢键,如图8-30(a)、(b)。

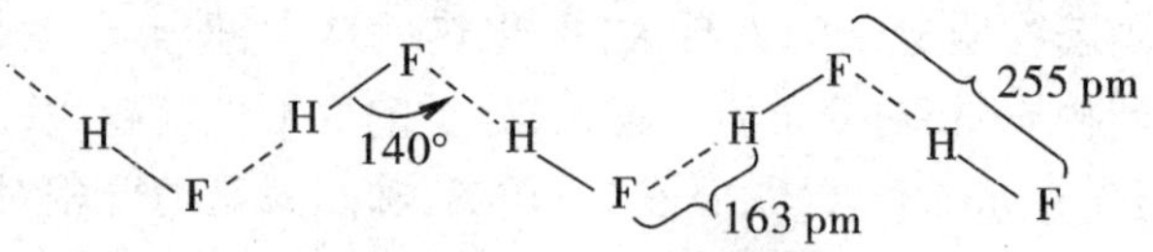

图8-29　HF分子间的氢键

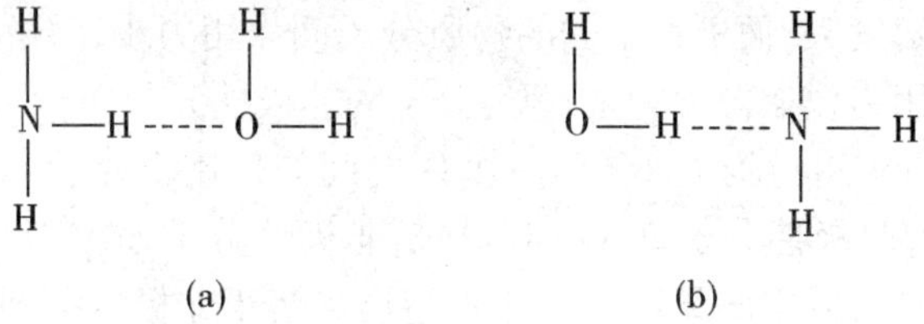

图8-30　NH_3和H_2O分子间的氢键

以上在两个分子之间形成的氢键,称为分子间氢键。氢键也可在一个分子之内形成,这种分子内部产生的氢键称为分子内氢键,如邻硝基苯酚分子内的氢键(图8-31)。

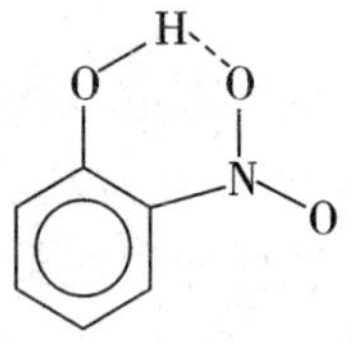

图8-31　分子内氢键

从以上讨论可知,氢键形成的条件为:①分子中有一个与电负性较大、半径较小的原子X形成极性共价键的H原子;②分子中有电负性较大、半径较小且带有孤对电子的原子Y存在。只有满足这两个条件,H原子才能在同X形成共价键后再与另一分子中的Y原子充分接近并在彼此间产生静电作用,形成氢键。

8.5.3.2　氢键的特点

(1)方向性　当Y原子与X—H形成氢键时,由于X、Y两原子间的相互排斥作用,氢键的方向应尽可能与X—H键轴的方向一致,即X—H…Y应尽可能在同一条直线上。因这样才可使X与Y的距离最远,两原子电子云间的斥力最小,形成的氢键最强,体系最稳定。

(2)饱和性　在形成氢键时,在氢原子的两侧各有一个电负性较大并带有部分负电荷的原子X、Y,由于氢原子的半径比X和Y的原子半径小很多,当X—H与一个Y原子形成氢键X—H…Y之后,如有另一个分子的Y原子接近氢原子,则这个原子将受到X、Y强烈的排斥作用,这种排斥作用要比带部分正电荷的H原子的吸引作用要大得多,故这个H原子不能够形成第二个氢键。所以氢键具有饱和性,即每一个X—H只能与一个Y原子形成氢键。

8.5.3.3　氢键的键长和键能

对氢键的键长有两种定义方法。一种是把X与Y之间的距离定义为氢键键长,如HF中氢键的键长就是F—H…F=255 pm;另一种是把H与Y间的距离定义为氢键键长,则HF中氢键的键长为H…F=163 pm。因此在选用氢键键长数据时要加以注意。

氢键的强度可用氢键键能来表示。粗略而言,氢键键能是指每拆开单位物质的量的

H…Y 键所需的能量。氢键键能一般都在 42 kJ · mol^{-1}以下，比共价键的键能小得多，与分子间力更为接近。例如 H_2O 分子中 O—H 键的键能为 463 kJ · mol^{-1}，而氢键 O…H 的键能仅为 18.83 kJ · mol^{-1}。

氢键的键能主要与 X、Y 的电负性有关，一般来说，电负性越大，氢键越强。因此不同分子间形成氢键的强弱顺序为：F—H…F>F—H…O>O—H…O>O—H…N>N—H…N。另外，氢键键能还与 Y 的原子半径有关，Y 的原子半径越小，键能越大，如 Cl 的电负性虽然与 N 相近，但半径比 N 大，因此只能形成很弱的氢键 O—H…Cl，而 Br、I 不能形成氢键。

8.5.3.4　氢键形成对物质性质的影响

氢键通常是物质在液态时形成的，但有时在气态时也能够存在，如 HF 在气态时就是由氢键缔合而成的。氢键的存在非常广泛，如在水、无机含氧酸、有机羧酸、醇、胺以及蛋白质等物质的分子间都存在有氢键。氢键这种弱相互作用的存在，使物质的某些性质如熔点、沸点、溶解度、黏度等都发生了很大的变化。

(1) 对熔、沸点的影响　分子间氢键的存在，使分子间的结合力增强，要使这些物质熔化或气化都必须附加额外的能量去破坏分子间氢键，因此分子间氢键的形成使物质的熔点、沸点升高。但分子内氢键的形成，常使物质的熔点、沸点低于同类化合物的熔点、沸点。例如有分子内氢键存在的邻硝基苯酚的熔点(45 ℃)比有分子间氢键的间硝基苯酚的熔点(96 ℃)和对硝基苯酚的熔点(114 ℃)都低。

(2) 对物质溶解度的影响　若溶质与溶剂分子间形成氢键，会大大增加溶质在该溶剂中的溶解度。如 HF 和 NH_3 极易溶于水，以及乙醇和水可以任意比例互溶，均是缘于此。但若溶质分子形成了分子内氢键，则在极性溶剂中溶解度减小，而在非极性溶剂中溶解度增大。如邻硝基苯酚和对硝基苯酚，二者在水中的溶解度之比为 0.39∶1，而在苯中的溶解度之比为 1.93∶1，其主要原因就是由于前者分子中形成了分子内氢键。

(3) 对物质黏度的影响　分子间有氢键的液体，一般黏度较大。例如甘油、磷酸、浓硫酸等多羟基化合物，由于分子间可形成众多的氢键，通常为黏稠状液体。

(4) 对物质酸性的影响　分子内氢键的形成，往往会使物质的酸性增强。如苯甲酸$K_a^\ominus = 6.2\times10^{-12}$；而在邻位上加上羟基所得的邻羟基苯甲酸的 $K_a^\ominus = 9.9\times10^{-11}$；在羧基两边都加上羟基所得的 2,6-二羟基苯甲酸的 $K_a^\ominus = 5\times10^{-9}$。这在一定程度上是由于羟基(—OH)上的 H 与羧基(—COOH)上的 O 形成了分子内氢键，从而促进了氢的解离的缘故。此外，HNO_3的酸性比 H_2SO_4和 HCl 弱，氢氟酸的酸性远远小于其他氢卤酸，也都与氢键有关。

(5) 对物质密度的影响　水除了熔点、沸点显著高于同族其他元素的氢化物外，还有另一个反常现象，就是它在 4 ℃时密度最大。这是因为在 4 ℃以上时，水分子以热运动为主，这使得水的体积膨胀，密度减小；而在 4 ℃以下时，水分子的热运动倾向减小，形成氢键的倾向增加。形成的分子间氢键越多，分子间的空隙越大。当水结成冰时，全部水分子都以氢键连接，结果使得水分子呈四面体形式聚合，即每个氧原子周围都有四个氢原子。这样的结构空旷了，密度也降低了。

8.5.3.5　氢键对生命体的意义

氢键在生物体内也广泛存在。蛋白质是由许多氨基酸通过肽键相连而成的高分子物质，这些长链分子常形成一定的空间结构，蛋白质的二级结构 α-螺旋就是由多肽链中一个肽键的 N—H 和相隔三个氨基酸酰基的另一个肽键的 C═O 形成氢键构成的(图 8-32);另外一个β-折叠是由链间的氢键将肽链拉在一起构成的。

又如脱氧核糖核酸(DNA)是由磷酸、脱氧核糖和碱基组成的具有双螺旋结构的生物大分子,两条链之间通过碱基间的氢键两两配对而保持双螺旋结构(图 8-33)。此外,在 DNA 的复制过程中,遗传信息传递的特定碱基配对也是通过氢键形成的。可见,氢键在人类和动植物的生理过程中作用十分重要。

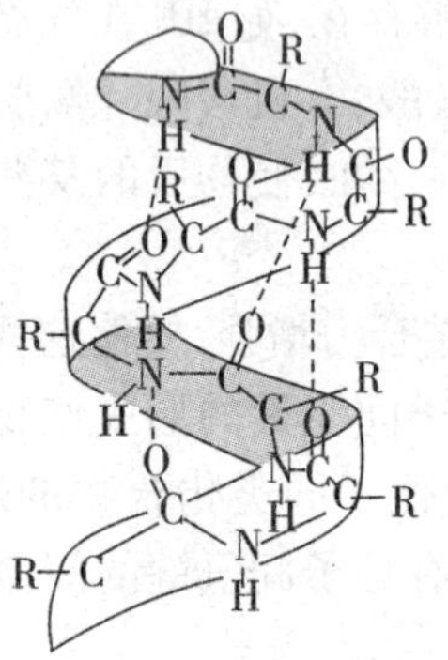

图 8-32 蛋白质的α螺旋结构

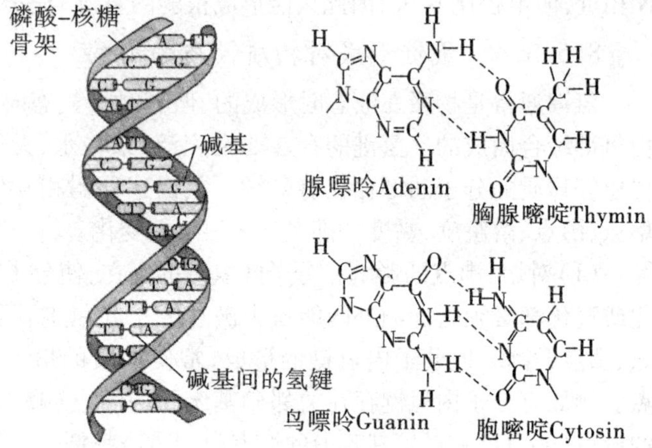

图 8-33 DNA 双螺旋结构和碱基配对形成氢键

8.5.4 分子间作用力的其他类型

分子间作用力除范德华力和氢键外还有其他类型。随着化学结构研究的深入发展,近年不断有新型分子间力报道。

例如,1995 年以来,报道了许多种分子间存在一种被称为"双氢键"的新型分子间力,可用通式 AH…HB 表示。"双氢键"的键长一般小于 220 pm,键能从几个到几十个 $kJ \cdot mol^{-1}$ 不等,相当于传统分子间力能量数量级,如 BH_4^-…HCN、BH_4^-…CH_4、LiH…NH_4^+、LiH…HCN、LiH…HC≡CH 、BeH_2…NH_4^+ 等,其中 BH_4^-…HCN 双氢键键长只有171 pm,键能竟高达 75.4 $kJ \cdot mol^{-1}$,是目前已知键长最短、键能最大的双氢键。

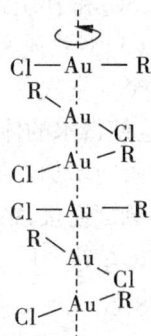

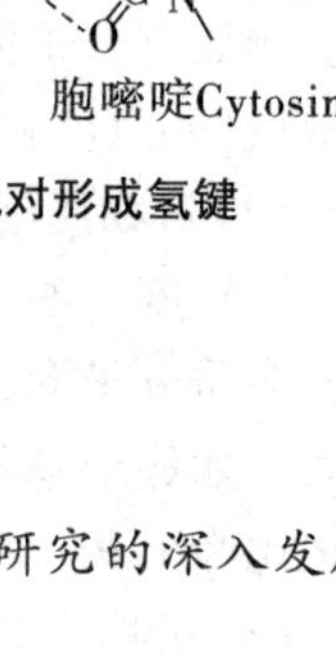

图 8-34 金键

又例如,1960 年后的 50 年间,人们发现,许多含金化合物的分子晶体中,在分子间有金-金键,可用 R—Au…Au—R 表示,可简写为"金键"。金键键能为 20 ~ 40 $kJ \cdot mol^{-1}$,相当于氢键键能,键长为 300 pm 左右(注意,金原子本身半径较大),是分子间力的又一新类型。有的分子间金键使金原子在晶体中几乎处于一个平面,形成"金原子面";有的分子间金键使晶体中的金原子形成一维的"金原子链";有的则使含金分子通过形成金键发生双分子缔合;还有过大环状分子的分子内金键的报道。一个具体例子是$(H_3C)_3PAuCl$ 分子在晶体中沿一螺旋轴螺旋上升,金原子则在轴上形成…Au…Au…Au…链(图 8-34)。含金键的晶体有许多令人振奋的特殊性质,如荧光性质，还在潜影技术和医药等方面有潜在应用价值，深入的研究与功能开发正在进行之中。

阅读材料

化学键理论的发展

世界上元素只有 100 多种，但目前已知化合物已超过 1 000 万种了。元素是怎样形成化合物的，这是化学家共同关心的问题。

最早化学家假设原子和原子之间是用一个神秘的钩钩住的，这种设想至今仍留下痕迹，化学键的键字就有钩的意思。

1916 年，德国科学家柯塞尔考察大量的事实后得出结论：任何元素的原子都要使最外层满足 8 电子稳定结构。金属元素的原子易失去电子而成为而成为正离子，非金属元素的原子易获得电子而成为负离子，从而各自达到稀有气体元素原子的最外层结构。形成的正、负离子靠库仑力结合成化合物。柯塞尔的理论能解释许多离子化合物的形成，但无法解释非离子型化合物。

1923 年，美国化学家路易斯发展了柯塞尔的理论，提出共价键的电子理论：两种元素的原子可以相互共用一对或多对电子，以便达到稀有气体原子的电子结构，这样形成的化学键叫做共价键，例如，氯气分子。

科塞尔和路易斯的理论常叫原子价电子理论。它只能定性地描述分子的形成，化学家更需要对化学键作定量阐述。

1927 年，海特勒和伦敦用量子力学处理氢分子，用近似方法计算氢分子体系的波函数和能量获得成功，这是用量子力学解决共价键问题的首例。1930 年，鲍林更提出原子成键的杂化理论（杂化轨道理论）。1932 年，洪特把单键、多键分成 σ 和 π 键两类。σ 键指在沿着连接两个原子核的直线（对称轴）上电子云有最大重叠的共价键，这种键比较稳定。π 键是沿电子云垂直于这条直线方向上结合而成的键，这种键比较活泼。这就使价键理论进一步系统化，使经典的化合价和化学键有机地结合在一起了。

由于上述的价键理论对共轭分子、氧气分子的顺磁性等事实不能有效解释，因此 20 世纪 30 年代后又产生一种新的理论——分子轨道理论。

分子轨道理论在 1932 年首先由美国化学家马利肯提出来。他用的方法跟经典化学相距很远，一时不被化学界接受，后经 Hund、Hükel、Lenard 等人努力，使分子轨道理论得到充实和完善。它把分子看作一个整体，原子化合成分子时，由原子轨道组合成分子轨道，原子的电子属于分子整体。分子轨道就是电子云占据的空间，它们可相互重叠成键。20 世纪 30 年代后，美国化学家 James 又使分子轨道理论计算程序化，能方便地用计算机处理，这便使分子轨道理论价值大大提高。接着美国化学家 Woodward、Hofmann 发现分子轨道对称守恒原理和福田谦一等创立前沿轨道理论，使分子轨道理论大大地推前一步。随着更高性能的计算机的出现，分子轨道理论将会获得进一步的发展。

现代化学键理论已不只对若干化学现象作解释，而且理论已指导应用。在这方面的一个突出的事例是 20 世纪 70 年代初，科学家们根据化学键和键能关系的考虑，按照预定的设想，成功地合成了第一个惰气化合物——六氟铂酸氙。这一成功不但表明了人类对物质结构及其性质认识的深化，也打破了统治化学界长达70年之久的惰气不能参加化学反应的形而上学观念。现代化学键理论在寻找半导体材料、抗癌药物等方面也起了关键性作用。同时在20世纪90年代，现代价键理论已进入生命微观世界，从理论上认识酶、蛋白质、核酸等生命物质，从而进一步揭开生命的秘密。此外，近年来现代价键理论向动态发展，如化学反应进行中电子的变化情况，如何定量描述等。

总之，化学家对化学键的认识，从定性到定量，从简单到复杂，迄今可以说步步深入，估计21世纪中叶还有新的突破。

本章要点

化学键是分子内相邻原子（或离子）间强烈的相互吸引作用。

离子键是正、负离子间通过静电作用形成的化学键，特点：无方向性、无饱和性。

共价键是原子间由于成键电子的原子轨道重叠而形成的化学键，有方向性和饱和性。

共价键的分类：

$$\text{按重叠方式和对称性}\begin{cases}\sigma\ \text{键}\\ \pi\ \text{键}\\ \delta\ \text{键}\end{cases};\text{按电子对提供方式}\begin{cases}\text{正常共价键}\\ \text{配位共价键}\end{cases};\text{按极性}\begin{cases}\text{极性共价键}\\ \text{非极性共价键}\end{cases}$$

价键理论要点：①两原子相互接近时，自旋状态不同的未成对价电子可以配对形成共价键；②成键电子的原子轨道重叠得越多，形成的共价键越稳定。

分子的空间构型：s-p 杂化与分子几何构型的关系（见表8-5）、价层电子对数与分子几何构型的对应关系（见表8-6）。

第一、二周期同核双原子分子的两种分子轨道能级顺序：①对于N及其以前元素形成的同核双原子分子，能级顺序为 $1\sigma<2\sigma<3\sigma<4\sigma<1\pi<5\sigma<2\pi<6\sigma$；②对于 O_2、F_2，能级顺序为 $1\sigma<2\sigma<3\sigma<4\sigma<5\sigma<1\pi<2\pi<6\sigma$。

分子轨道理论的应用：解释或推测分子或离子的存在；阐明其结构；解释其相对稳定性及磁性。

极性分子：正、负电荷中心重合的分子。

非极性分子：正、负电荷中心不重合的分子。

判定极性分子和非极性分子方法如下：

$$\text{双原子分子}\begin{cases}\text{同核：非极性分子}\\ \text{异核：极性分子}\end{cases};\text{多原子分子}\begin{cases}\text{键无极性：非极性分子}\\ \text{键有极性}\begin{cases}\text{结构对称：非极性分子}\\ \text{结构不对称：极性分子}\end{cases}\end{cases}$$

偶极矩 μ 为衡量分子极性大小的物理量（$\vec{\mu}=q\cdot d$），$\mu=0$ 则为非极性分子，$\mu\neq0$ 为极性分子且 μ 越大，分子的极性越强。

由于外加电场的作用，使得分子的正、负电荷中心发生相对位移从而使分子外形发生变化的性质称为分子的变形性。

分子间力包括取向力、诱导力、色散力三种。

取向力：固有偶极间的作用力，只存在于极性分子之间。

诱导力：固有偶极与诱导偶极间的作用力，存在于极性分子与任何分子之间。

色散力：瞬时偶极间的作用力，存在于一切分子之间，在分子间普遍存在且是主要的作用力。

结构类似的同系列物质，相对分子质量越大，分子间力越大，物质的熔点、沸点越高，硬度越大；溶质与溶剂间的分子间力越大，互溶度越大。

氢键：和电负性大、半径小的原子“X”以共价键相结合的氢原子与另一个电负性大、半径小的原子“Y”生成的一种弱键。氢键有分子间氢键和分子内氢键两种，有方向性和饱和性。

氢键的形成对物质性质的有很大影响。

习题

1. 已知 C—C、N—N、N—Cl 键的键长分别为 154 pm、145 pm、175 pm，请估算 C—Cl 键的键长。

2. 将下列离子按离子半径由小到大的次序排列：K^+、Na^+、S^{2-}、Mg^{2+}。

3. 是非判断。

(1) 共价键的键长等于成键原子共价半径之和。

(2) 两个单键就组成一个双键。

(3) 相同原子间的三键键能是单键键能的三倍。

(4) 对于多原子分子来说，某键的键能就等于该键的解离能。

(5) 如果原子在基态时没有未成对电子，就一定不能形成共价键。

(6) sp^2 杂化轨道是由某个原子的 1s 和 2p 轨道混合形成的。

(7) 在 CH_4、CH_3Cl、CH_2Cl_2 分子中，中心 C 原子均采用 sp^3 杂化，因此它们的空间构型都是正四面体。

(8) CO_2、CH_4、H_2O 分子中的化学键均是极性共价键，因此它们都是极性分子。

(9) 色散力仅存在于非极性分子间。

(10) HBr 的沸点比 HCl 的高，但比 HF 的低。

4. 指出下列离子的电子构型：Be^{2+}、Ca^{2+}、Fe^{3+}、Cu^+、Sn^{2+}、Pb^{4+}、O^{2-}。

5. 根据电负性数据，判断下列各组化合物中键的极性的相对大小。

(1) ZnO、ZnS　　(2) H_2O、OF_2　　(3) NH_3、NF_3

(4) HF、HCl、HBr、HI　　(5) O_2、H_2O、H_2S、Na_2S

6. 指出下列分子或离子中的共价键哪些是由成键原子的未成对电子直接配对成键，哪些是由电子激发后配对成键，哪些是配位共价键？

$$PH_3、NH_4^+、AsF_5、SF_6、[Cu(NH_3)_4]^{2+}、[Ag(CN)_2]^-$$

7. 根据杂化轨道理论，指出下列分子中中心原子的杂化类型，并预测分子的几何构型。

$$BBr_3、SiH_4、NCl_3、CS_2、H_2S$$

8. 用价层电子对互斥理论推测下列分子或离子的几何构型。

$$HgCl_2、BF_3、NCl_3、PH_4^+、OF_2、IF_5、SO_4^{2-}、CO_3^{2-}、NO_3^-、XeF_4、CHCl_3$$

9. 比较以下各组物质键角的相对大小，并说明原因。

(1) CH_4、H_2O、NH_3　(2) PF_3、PCl_3、PBr_3　(3) H_2O、H_2S、H_2Se

10. 按照组成分子轨道的对称性匹配原则，写出能与下列原子轨道组成分子轨道的各种原子轨道。

$$s、p_x、p_y、d_{xy}、d_{x^2-y^2}(以\ x\ 轴为键轴)。$$

11. 今有下列双原子分子：Li_2、Be_2、B_2、N_2、F_2。

(1) 请写出它们的分子轨道式，指出各自的成键情况并画出其价键结构式。

(2) 计算它们的键级，判断哪个最稳定，哪个最不稳定？

(3) 判断哪些分子为顺磁性，哪些为反磁性？

12. 应用同核双原子分子轨道能级图，从理论上推断下列分子或离子是否可能存在，并指出它们各自成键的名称和数目，指出价键结构式或分子结构式。

$$H_2^+\quad He_2^+\quad C_2\quad Be_2\quad B_2\quad N_2^+\quad O_2^+$$

13. 请写出 O_2^+、O_2、O_2^-、O_2^{2-}、O_2^{3-} 的分子轨道式，并比较它们的相对稳定性。

14. 根据分子轨道理论说明以下事实。

(1) He_2分子不存在。

(2) N_2分子很稳定,且具有反磁性。

(3) O_2^- 具有顺磁性。

15. 根据键的极性和分子的几何构型,判断下列分子哪些是极性分子,哪些是非极性分子?

He、Cl_2、HCl、CO、H_2S(“V”形)、CS_2(直线形)、SO_2(“V”形)、SO_3(平面三角形)

16. 比较下列各对分子的极性大小。

(1) HF、HCl　(2) CCl_4、$SiBr_4$　(3) BF_3、NF_3

17. 用分子间力说明以下事实。

(1) 常温下 F_2、Cl_2是气体,Br_2是液体,I_2是固体。

(2) HCl、HBr、HI 的熔点、沸点随相对分子质量的增大而升高。

(3) NH_3易溶于水,而 CH_4难溶于水。

(4) 稀有气体 He—Ne—Ar—Kr—Xe 的沸点随相对分子量的增大而升高。

18. 下列各物质的分子间,存在哪种类型的分子间作用力?

(1) Cl_2　(2) HCl　(3) NH_3　(4) CCl_4和苯　(5) 乙醇和水

19. 预测下列各组物质的熔点、沸点的相对高低。

(1) CH_4、CCl_4、CBr_4、CI_4　(2) CH_4、SiH_4、GeH_4　(3) He、Ne、Ar、Kr

(4) H_2O、H_2S　(5) HF、HCl

第9章　固体的结构与性质

自然界存在的宏观物质,都是由大量微观粒子(原子、离子或分子)通过一定的相互作用结合在一起组成的多粒子体系,以一定的宏观状态出现。第2章已经介绍了气态、液态以及等离子态三种聚集状态的基本知识,本章主要研究固体的结构与其相关性质。

相比于其他的聚集状态(如液体和气体)而言,固体最大的特点是组成固体的微观粒子之间的相互作用非常强烈,使得这些微观粒子只能在其平衡位置附近小幅振动,而不能随意运动。正是这样,固体能够保持一定的形状和体积。

从结构而言,固体又可分为**晶体**(crystal)和**非晶体**(non-crystal)两类,自然界中的固体大多以晶体形式出现。例如,日常生活中接触到的岩石、沙子、金属器材、食用盐和糖、药品、实验室用的固体试剂等多数都是由晶体组成的。本章主要介绍晶体物质的结构与其物理性质之间的关系。

9.1　晶体和非晶体

9.1.1　晶体的特征

9.1.1.1　有一定的几何外形

从外观上看,自然界的许多晶体都有规则的几何外形。如图9-1所示,水晶是六角棱柱体,食盐晶体是立方体,明矾晶体则是正八面体。

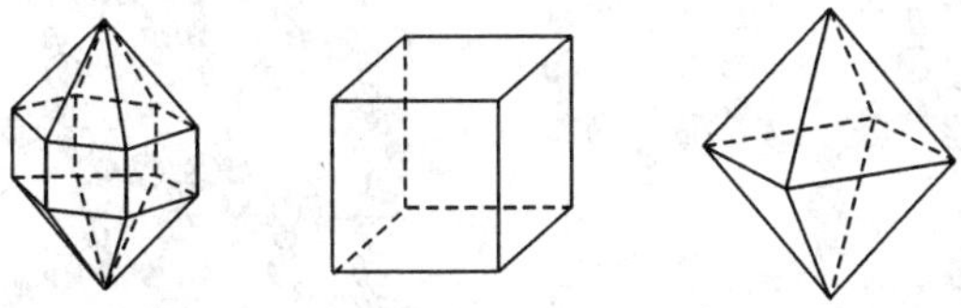

(a) 水晶　　(b) 食盐　　(c) 明矾

图9-1　几种晶体的几何外形

而非晶体物质,如玻璃、松香、石蜡、明胶、沥青、琥珀等,都不具有一定的几何外形,所以又叫无定形体。

规则的几何外形是晶体区别于非晶体的最直观的特征,但是并不是二者之间的本质区别。有些物质,例如化学反应中刚析出的沉淀、燃料燃烧不完全得到的炭黑等,从外观看并不具备规则的几何外形,但是结构分析表明,它们都是由极微小的晶体组成的,它们仍然属于晶体的范畴。

9.1.1.2 有固定的熔点

在一定的气压下对晶体加热,可以观察到当温度达到一个特定值时,晶体开始熔化,并且在晶体熔化完毕之前,即使继续加热,温度仍然保持不变。只有当晶体完全熔化后,温度才继续上升。这个特定的温度即为晶体的熔点。各种晶体都具有一定的熔点,在一定的气压下是个定值,与晶体的外形等因素无关。例如,在 1 个标准大气压下,冰的熔点是 0 ℃。

非晶体的熔化过程则具有明显的不同。将非晶体加热到一定温度时,非晶体会软化,变成黏度很大的物质,随着温度的升高黏度不断变小,最后成为具有完全流动性的熔体。在整个开始软化到完全熔化的过程中,温度是不断上升的。因此非晶体没有固定的熔点,只能说有一段软化的温度范围。例如,松香在 50 ~ 70 ℃之间软化,70 ℃以上基本成为熔体。

9.1.1.3 各向异性

一块晶体的某些物理性质,如光学性质、导热导电性、机械强度、硬度、力学性质、溶解性等,从晶体的不同方向去测定时,常常是不同的。例如,加工钻石(金刚石晶体)时,必须沿一定的晶面才能切割开;石墨晶体内,平行于石墨层方向比垂直于石墨层方向的电导率要大 5 000 倍左右;方解石晶体($CaCO_3$的一种结晶)不同方向上对光的折射率不同,光入射时发生独特的双折射现象等。晶体的这种性质称为**各向异性**(anisotropy)。非晶体则一般是**各向同性**的(isotropy)。

晶体和非晶体性质上的差异,实际上是两者微观结构上存在着本质差别的宏观反映。X 射线衍射表明,晶体内部微粒的排列是有次序的、有规律的,它们总是在不同方向上按某些确定的规则重复性地排列,这种有次序的、周期性的排列规律贯穿于整个晶体内部。这种分布特点称为**长程有序**(long-range order)。如图 9-2(a)是石英晶体中各原子的排列示意图,从中可以看到严格的规律性。

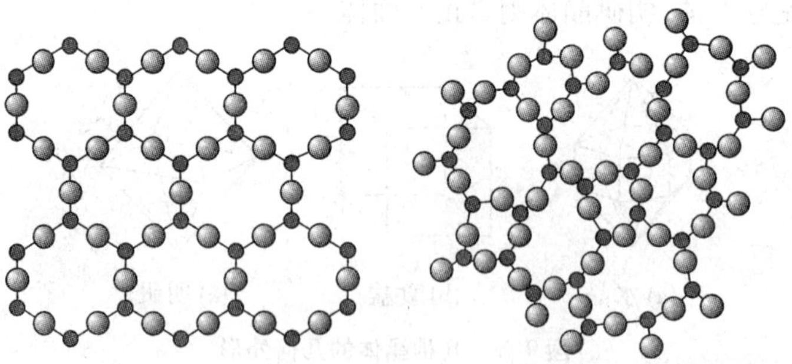

(a) 石英晶体　　(b) 石英玻璃

图 9-2　石英晶体和石英玻璃(非晶体)中微粒排列

非晶体内部微粒的排列则是无次序的、不规律的。如图 9-2(b)为石英玻璃(非晶体)中原子排列示意图,从中可以看出,在局部若干个原子范围内(纳米尺度),原子排列是有规律的,与晶体中原子排列类似,但范围一旦扩大(微米尺度),这种排列的规律性就迅速消失了。这种分布特点称为**短程有序**(short-range order)。晶体和非晶体组成微粒排列的不同方式，导致了它们在宏观性质上的显著差异。

另外，从微观结构可以看出，在微小尺度范围内晶体和非晶体微粒排列是类似的，这意味着晶体与非晶体之间并不存在不可逾越的鸿沟，在一定条件下二者可以相互转化。例如，把石英晶体熔化并迅速冷却，可以得到石英玻璃。涤纶熔体若迅速冷却，可得无定形体，若慢慢冷却，则可得晶体。由此可见，晶态和非晶态是物质在不同条件下形成的两种不同的固体状态。从热力学角度说，晶态比非晶态稳定。

9.1.2　晶体的内部结构

9.1.2.1　晶格

正如上文描述的，晶体区别于非晶体的本质原因在于其内部组成微粒排列的规则性。不同的晶体中微粒的排列方式不同，为了便于研究其中的规律，法国结晶学家布拉维（A. Bravais）提出：把晶体的组成微粒抽象为几何学中的点，这样可以忽略微粒自身的物理化学性质，集中精力研究其排列方式。这种抽象出来的点称为**结点**（lattice point），整个晶体可以看成结点按照一定规律排列在三维空间中，形成一种具有周期性和对称性的结构。这种抽象出来的结构称为**空间点阵**（space lattice）。

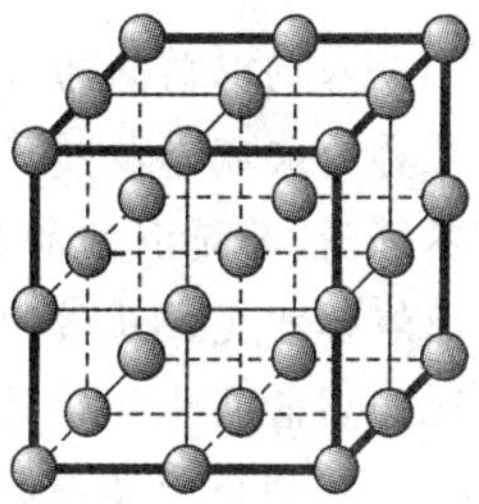

图 9-3　晶格

空间点阵是一种无限大的三维结构，沿着一定的方向，按照一定的规则把结点连接起来，则可以得到描述各种晶体内部结构的几何图像，称为晶体的空间格子，简称为**晶格**（crystal lattice）。如图 9-3是简单的立方晶格示意图。

按照晶格结点在空间的位置，晶格可有各种形状。其中立方体晶格具有最简单的结构，它又可分为三种类型：简单立方晶格、体心立方晶格和面心立方晶格，如图 9-4 所示。

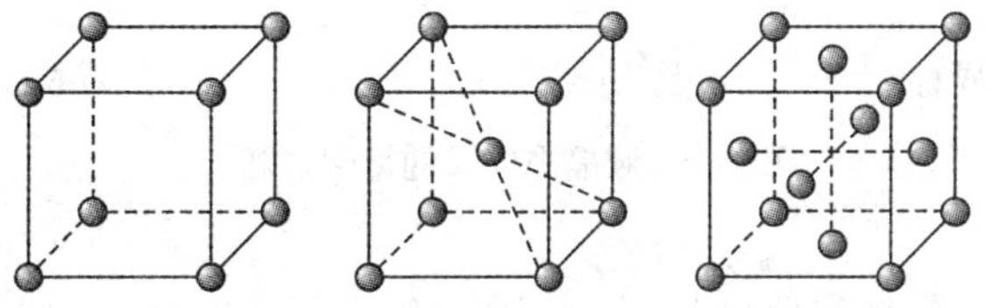

(a) 简单立方晶格　(b) 体心立方晶格　(c) 面心立方晶格

图 9-4　三种立方晶格结构

9.1.2.2　晶胞

在晶格中，能够表现出其结构的一切特征的最小单元称为**晶胞**（unit cell）。晶胞是晶格结构中的最小单位，整个晶体就是晶胞在三维空间内重复排列而成的。例如，图 9-4（a）就是从图 9-3 所示的晶体结构中提取出的晶胞。

原则上晶胞可以自由选取，但实际划分时要满足以下两个原则：①尽可能反映晶体内结构的对称性；②尽可能小。一般把晶胞取成一个平行六面体，并且对于不同类型的晶格，都有一套习惯上的划分方法。

9.1.2.3　单晶体和多晶体

晶体可分为单晶体和多晶体两种。**单晶体**(single crystal)是由一个晶核(微小的晶体)各向均匀生长而成的,其晶体内部的粒子基本上按照一定规律整齐排列。例如单晶冰糖、单晶硅就是单晶体。单晶体要精心控制一定的实验条件才能形成,因而多由人工制取,在自然界中较少见。

通常所见的晶体是由很多单晶颗粒杂乱地聚结而成的,尽管每颗小单晶的结构是相同的,是各向异性的,但由于单晶之间排列杂乱,从整个晶体而言,不具备规则的几何外形和各向异性的特征,这种晶体称为**多晶体**(polycrystal)。多数金属和合金都是多晶体,通常所谓的“无定形碳”,则是由石墨微晶体(微米尺度量级)构成的。

根据晶格结点上粒子种类及粒子间结合力不同,晶体又可分为离子晶体、原子晶体、分子晶体和金属晶体等基本类型。从下一节开始,依次进行简单介绍。

9.1.3　液晶

人们以前认为,非晶态物质都是结构无序的物质,以玻璃体为代表,因此非晶态物质又称为玻璃态物质。但后来研究发现,有些物质的晶体加热到熔点熔化后得到的熔体并不澄清,而是混浊的具有流动性的液体,只有继续加热到另一个温度(称为清亮点)后,混浊液体才变成正常的透明液体。在从熔点到清亮点的温度范围内,物质的微粒分布部分地保留着晶体微粒的长程有序性,因而仍部分地具有各向异性,但同时具有液体的流动性。这种介于液态和晶态之间的各向异性的凝聚流体称为**液晶**(liquid crystal)①。

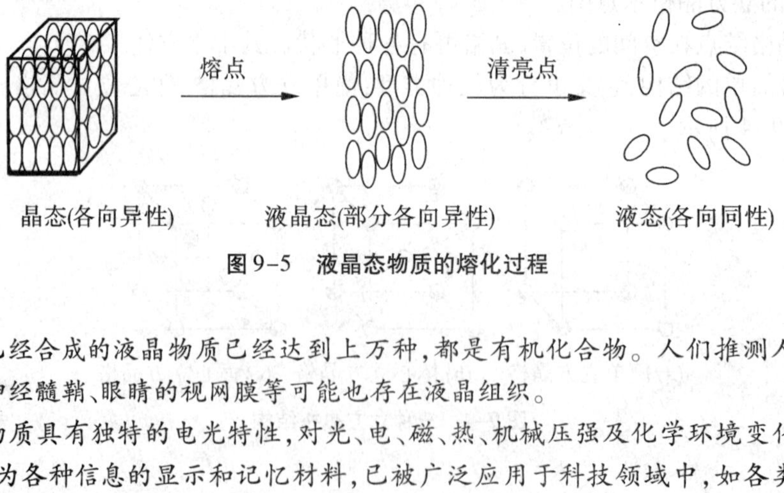

图9-5　液晶态物质的熔化过程

目前已经合成的液晶物质已经达到上万种,都是有机化合物。人们推测人体中的大脑、肌肉、神经髓鞘、眼睛的视网膜等可能也存在液晶组织。

液晶物质具有独特的电光特性,对光、电、磁、热、机械压强及化学环境变化都非常敏感,当前作为各种信息的显示和记忆材料,已被广泛应用于科技领域中,如各类电子显示板、传感器等。液晶材料目前最主要的应用是用来制造环保节能的显示器,相关的研究工作和技术应用极大促进了微电子技术和光电信息技术的发展。可以预料,在不远的将来,液晶材料将会得到更大规模的应用。

---

① 有人将液晶态称为与常规固、液、气三态并列的物质状态,但尚未获得公认。

9.2　离子晶体及其性质

9.2.1　离子晶体的特征和性质

凡靠离子间引力结合而成的晶体统称为**离子晶体**(ionic solids)。离子化合物在常温下均为离子晶体,如 NaCl、LiF、CaO 等。

离子晶体中,晶格结点上有规则地交替排列着正、负离子。例如,NaCl 晶体就是一种典型的离子晶体。如图 9-6 所示,Na^+和 Cl^-按一定的规则在空间相隔排列着,每一个 Na^+的周围有 6 个 Cl^-,而每一个 Cl^-的周围也有 6 个 Na^+。通常把晶体内某一离子周围最接近的离子数目,称为该离子的配位数。NaCl 晶体内,Na^+和 Cl^-的配位数都是 6,晶胞内 Na^+和 Cl^-数目比为 1∶1,其化学组成习惯上以化学式“NaCl”表示。

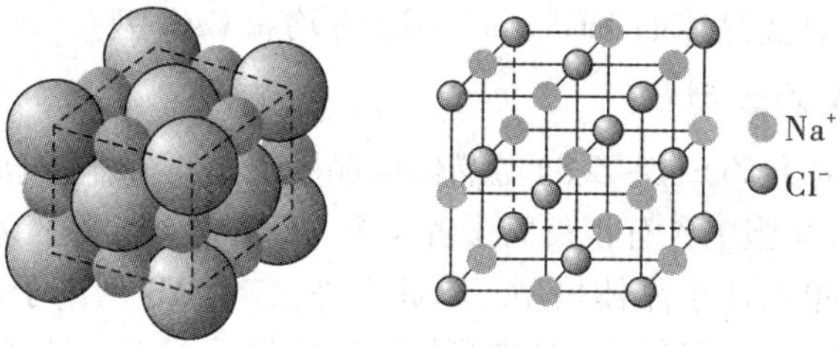

图 9-6　NaCl 的晶体结构

离子晶体晶格结点上的离子,可以由单个原子得失电子而成(如上面的 Na^+和 Cl^-),也可以是由多原子组成的离子团(如 NH_4^+、NO_3^-、SO_4^{2-} 等),正离子的电荷可以从+1 ~ +3,负离子电荷可以从-1 ~ -4①。

离子晶体中晶格结点上正负离子间存在较强的静电引力,破坏离子晶体就需要克服这种引力,因此离子晶体物质一般熔点较高、硬度较大、难于挥发。例如:

离子化合物	莫氏硬度	熔点/K
NaF	2 ~ 2.5	1 266
MgF_2	5	1 534

离子晶体物质脆,延展性差,原因是当离子晶体物质受机械力作用时,若晶格结点上离子发生了位移,原来异性离子相间排列的稳定状态变为同性离子相邻接触的排斥状态,晶体结构即被破坏。

离子晶体物质一般易溶于水,其水溶液或熔融态都能导电,导电时正负离子同时向相反方向迁移,是典型的电解质。

如第 6 章阅读材料所示,除了普通的电解质外,还存在一种特殊的固体电解质,这类

① 简单负离子的电荷一般为-1 或-2,高电荷的负离子一般都是复杂离子(存在电荷为-3 的简单负离子,如 N^{3-}等,但在化合物中很少见。电荷为-4 的都是复杂离子,如 $P_2O_7^{4-}$)。

特殊材料在能源、电解、环保、冶金等方面有着广泛应用。

9.2.2 离子晶体的结构类型

离子晶体中正负离子在空间排列有着多种情况，形成许多结构类型。这里主要介绍二元 AB 型化合物（只含有一种正离子和一种负离子，且两者电荷数相同）离子晶体中三种典型的结构类型：NaCl 型、CsCl 型和立方 ZnS 型。

9.2.2.1 NaCl 型

NaCl 型是 AB 型离子晶体中最常见的结构类型，如图 9-6 所示。它的晶胞形状是正方体，正、负离子的配位数均为 6，晶胞中含有正负离子各 4 个。许多晶体如 KI、LiF、NaBr、MgO、CaS 等均属 NaCl 型。

9.2.2.2 CsCl 型

如图 9-7 所示，CsCl 型晶体的晶胞也是正方体，正、负离子的配位数均为 8，晶胞中含有正负离子各 1 个。许多晶体如 TlC1、CsBr、CsI 等均属 CsCl 型。

9.2.2.3 立方 ZnS 型[①]

如图 9-7 所示，立方 ZnS（β-ZnS）型晶体的晶胞也是正方体，但离子排列较复杂，正、负离子配位数均为 4，晶胞中含有正负离子各 4 个。GaAs、ZnSe 等晶体均属立方 ZnS 型。

以上三种是最简单的离子晶体构型。除此之外，二元 AB 型离子晶体还包括六方 ZnS 型、NiAs 型等构型，二元 AB_2 型离子晶体典型结构包括萤石（CaF_2）型、金红石（TiO_2）型、方晶石（β-方石英）型、CdI_2 型等构型，多元离子化合物包括钙钛矿（$CaTiO_3$）型、方解石（$CaCO_3$）型、尖晶石（$MgAl_2O_4$）型等。离子晶体结构类型非常多，在结晶化学专著中有专门的讨论。

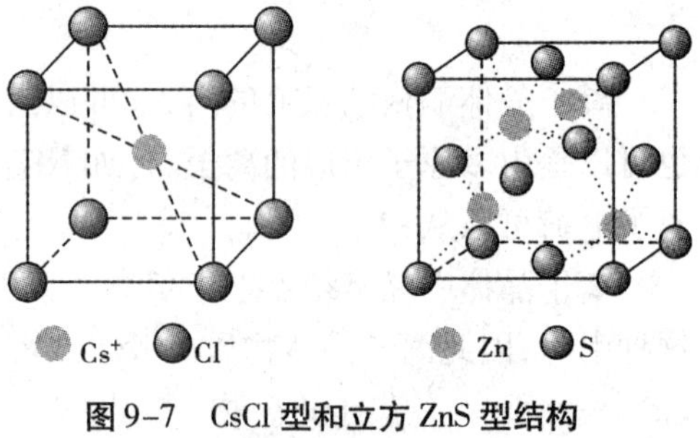

图 9-7 CsCl 型和立方 ZnS 型结构

对于一个离子化合物而言，其晶体具体采用何种构型是个复杂的问题，与多种因素相关，包括正负离子大小、离子间的极化作用等，温度对离子晶体的构型也有影响。这些因素导致离子晶体普遍存在组成相同而晶体结构不同的同质多晶现象（polymerphism）。例如，最简单的 CsCl 晶体，在常温下是 CsCl 型，但在高温下可以转变为 NaCl 型。一般而言，温度越高、正离子越小、负离子越大、离子间极化作用越强，同一种化合物形成晶体的配位数越低。

---

① ZnS 本身并不是离子化合物，但是部分 AB 型离子晶体中离子分布方式与其相似，结晶化学中习惯称这种类型的结构为立方 ZnS 型（闪锌矿型结构）。

9.2.3　离子晶体的稳定性

9.2.3.1　离子晶体的晶格能

与共价键类似,可以用键能表征离子键结合力的强度,即将1 mol气态离子化合物解离成气态中性原子时所吸收的能量,称为离子化合物的键能。例如,NaCl的键能可以根据下式确定:

$$NaCl(g) \Longrightarrow Na(g) + Cl(g), E_{Na-Cl} \equiv \Delta_r H_m^{\ominus}(298.15\ K) = 398\ kJ \cdot mol^{-1}$$

但是,这种方式并不常用,因为从中不能反映出离子键的本质(正负离子相互吸引),而且在常温下离子化合物都以晶态而不是气态形式存在,键能并不实用。

对于离子化合物,一般采用晶格能表征离子键的强度。在标准态下,无限远离的气态正负离子,接近并结合成单位物质的量的离子晶体,此时放出的能量称为离子晶体的**晶格能**(lattice energy),用U表示,单位为$kJ \cdot mol^{-1}$。按照习惯,U取正值,与热力学规定相反①。对于NaCl而言,根据定义,晶格能U可通过如下热化学方程表征:

$$Na^+(g) + Cl^-(g) \Longrightarrow NaCl(s), U \equiv -\Delta_r H_m^{\ominus}(298.15\ K) = 786.7\ kJ \cdot mol^{-1}$$

对于离子晶体而言,晶格能U越大,晶体中正负离子作用力越强,晶体稳定性越高。

离子晶体的晶格能U不能直接通过实验测定,可以利用盖斯定律构造热力学循环进行间接测定,或者根据晶体构型和离子电荷、电子层结构等信息进行理论计算。对典型的离子化合物(碱金属卤化物)而言,晶格能U的理论值与实验值吻合程度相当高(误差一般在1% ~2%),这说明离子键模型较好地反映了离子化合物内质点结合的本质。

9.2.3.2　离子晶体的稳定性

根据晶格能U的大小,可以解释和预言离子型化合物的某些物理化学性质。由于晶格能U取决于离子键的静电引力,因此对于晶体构型相同的离子化合物,离子电荷数越多,核间距越短,晶格能U就越大,这就表明离子键越牢固。反映在宏观性质上,晶格能U大的离子晶体必然是熔点较高,硬度较大。从表9-1可以看到一些离子晶体物质的物理性质与晶格能的对应关系。

表9-1　离子化合物的晶格能U和物理性质

	NaI	NaBr	NaCl	NaF	BaO	SrO	CaO	MgO
离子电荷	1	1	1	1	2	2	2	2
核间距/pm	318	294	279	231	277	257	240	210
晶格能$U/kJ \cdot mol^{-1}$	704	747	785	923	3 054	3 223	3 401	3 791
熔点/K	934	1 020	1 074	1 266	2 191	2 703	2 887	3 125
硬度	—	—	2.5	2.0 ~2.5	3.3	3.5	4.5	5.5

① 本书对晶格能采用的是目前公认的定义,一些旧式教材中对晶格能的定义与此稍有差异。

9.3　原子晶体和分子晶体

离子化合物形成离子晶体，而对于共价化合物，则有两种可能的晶体构型，分别为原子晶体和分子晶体。

9.3.1　原子晶体

有一类晶体物质，晶格结点上排列的是原子，原子之间通过共价键结合。此类靠共价键结合而成的晶体统称为**原子晶体**(covalent-network solids)。金刚石就是一种典型的原子晶体(图 9-8)。

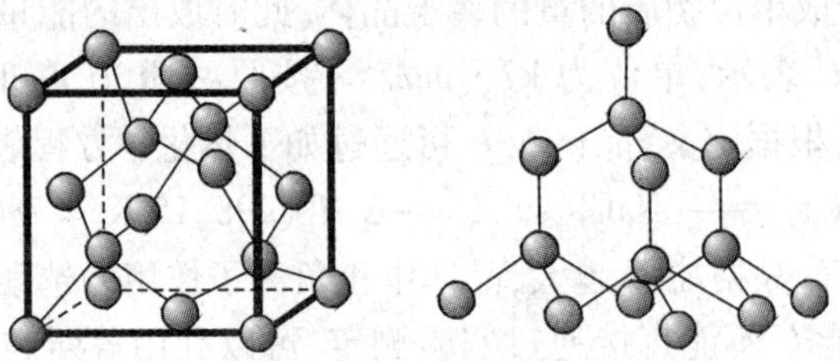

图 9-8　金刚石的晶胞结构和原子连接方式

在金刚石晶体中，每个碳原子都被相邻的 4 个碳原子包围(配位数为 4)，处在 4 个碳原子的中心，以 sp^3杂化形式与相邻的 4 个碳原子结合，成为正四面体的结构。每个碳原子都形成四个等同的 C—C σ 键，键长 154 pm，晶体内所有的碳原子连接在一起成为一个巨大的网状结构，因此在金刚石内不存在独立的小分子，或者说，整个晶体是一个大分子。

属于原子晶体的物质为数不多。除金刚石外，单质硅(Si)、单质硼(B)、碳化硅(SiC)、石英(SiO_2)、碳化硼(B_4C)、氮化硼(BN)和氮化铝(AlN)等，亦属原子晶体。

不同的原子晶体，原子排列的方式可能有所不同，但原子之间都是以共价键相结合的。由于共价键具有饱和性，因此原子晶体中原子配位数都比较小，不超过 4。又因为共价键的结合力强，所以原子晶体熔点高，硬度大，同时延展性很差。例如：

原子晶体物质	硬度	熔点/K
金刚石	10.0	3 823
碳化硅	9.5	3 000

原子晶体物质一般不会溶解在各种溶剂中，熔融时也不能导电，但有些如单质硅具有半导体导电特性。

9.3.2　分子晶体

凡靠分子间力结合而成的晶体统称为**分子晶体**(molecular solids)。分子晶体中晶格结点上排列的是分子(也包括像稀有气体那样的单原子分子)。干冰(固体 CO_2)就是一种典型的分子晶体。如图 9-9 所示，碳原子和氧原子首先以共价键结合成 CO_2分子，然后以整个分子为单位，占据晶格结点的位置，堆积形成面心立方结构。

稀有气体、大多数非金属单质(如 H_2、N_2、O_2、卤素单质、磷、硫黄等)、非金属之间的化合物(如 HCl、CO_2等)以及大部分有机化合物,在固态时都是分子晶体。

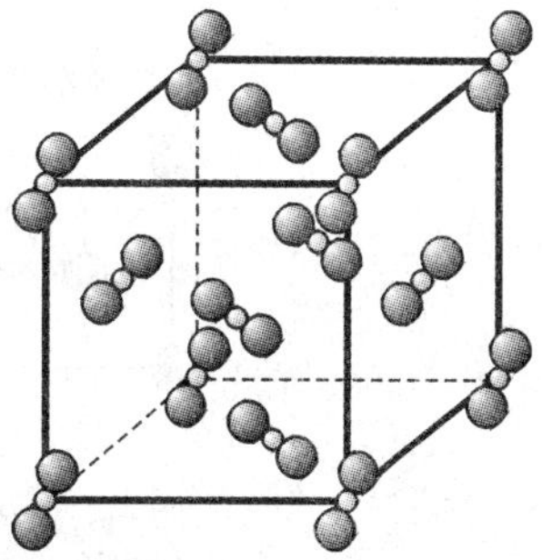

图 9-9　干冰的晶体结构

由于分子间力比离子键、共价键要弱得多,所以分子晶体物质一般熔点低、硬度小、易挥发、不导电。例如,白磷的熔点为 44.1 ℃,天然硫黄的熔点为 112.8 ℃;有些分子晶体物质,如干冰,在常温常压下即以气态 CO_2存在;有些分子晶体物质(如碘、萘等)加热时甚至可以不经过熔化阶段而直接升华。

在溶解性方面,不同分子晶体物质彼此差异很大,同一物质在不同溶剂中的溶解性能也不一致,一般遵循"相似相溶"经验规律:分子极性大的物质如 HCl 等易溶解在极性大的溶剂如水中,而分子极性小甚至无极性的物质如各类有机物、白磷、硫黄等则易溶解在弱极性的溶剂如苯、CS_2、乙醚中。

有一些分子晶体物质,分子之间除了存在着分子间力外,还同时存在着更为重要的氢键作用力。一般含氢的强极性氢化物、含氧酸、有机醇和酚等均属于氢键型分子晶体。氢键对这类物质的宏观性质有着重要影响,相关内容已在第 8 章进行了详细描述。

9.4　金属晶体

目前已经发现的元素有 112 种,其中非金属元素仅占 20%,占 80% 的金属元素形成的单质都具有一些性质上的共同点,例如,金属一般都具有良好的导电性和导热性,延展性非常好。从外观上看,金属固体都不透明,呈银白色或银灰色(只有少量金属例外,例如 Cu 为红色,Cs 和 Au 为金黄色),并有所谓的"金属光泽"。除了金属单质之外,还有许多金属间化合物(合金)具有类似的性质。这些性质明显不同于离子化合物和共价化合物。这种金属单质和合金形成的晶体称为**金属晶体**(metallic solids)。

9.4.1　金属晶体的内部结构

X 射线衍射等结构测量实验表明,在金属晶体中,晶格结点上排列的粒子就是金属原子,这些金属原子可以近似看成等径圆球①,并且一个挨一个,按照尽可能紧密的方式堆积在一起,形成密堆积结构。三种最常见的堆积方式如图 9-10 所示,每种结构中,每个金属原子都具有很高的配位数(8 或 12)。

一些金属所属的晶格类型如下:①体心立方堆积包括 Na、K、Rb、Cr、Mo、W 等;②六方密堆积包括 La、Y、Mg、Zr、Hf、Cd、Ti 等;③面心立方密堆积包括 Sr、Ca、Pb、Ag、Au、Cu 等。

有些金属可以有几种不同的构型,例如 α-Fe 是体心立方堆积结构,而 γ-Fe 是面心立方密堆积结构,金属 Mn 则存在 5 种不同的结构。

---

① 圆球的半径就是该金属原子的金属半径,而不是共价半径。一般同一元素原子的金属半径略大于其共价半径。

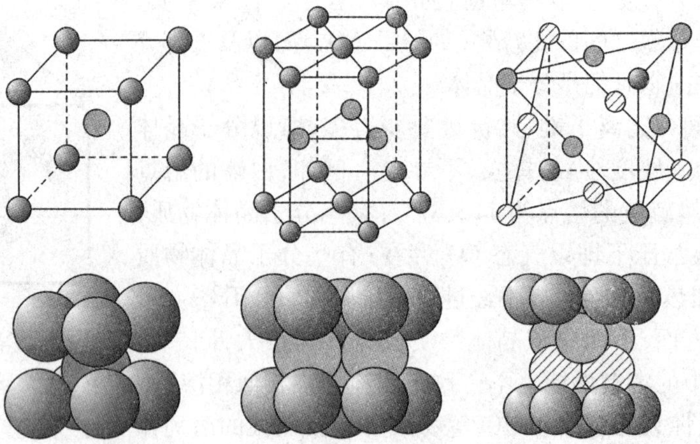

图 9-10　金属晶体的结构

9.4.2　金属键

金属晶体中,金属原子之间的成键方式显然不是共价键,因为金属原子的配位数过高,远超过金属原子可用的价电子数。以金属 Na 为例,它只有一个价电子,而配位数达到 8,很难想象它如何与周围 8 个 Na 原子形成共用电子对。另外,金属晶体中不可能存在离子键。因此金属晶体中金属原子的成键方式是一种新的类型,称为**金属键**(metallic bond)。

为了说明金属键的本质,20 世纪初德鲁德(P. Drude)等提出了**自由电子模型**(free electron model),认为金属原子电负性较小,电离能也较小,原子外层的价电子容易脱离原子核的束缚,能够在金属晶粒中比较自由地运动,而不再专属于某个原子,变成"自由电子"。金属原子失去电子后成为正离子,排列在晶格结点位置上,形成晶体骨架,而所有的自由电子形成运动范围广阔的离域电子气,在结点离子之间自由运动,并把金属离子"胶合"在一起,这样就形成了金属晶体。这种金属键理论也叫改性共价键理论,有一种形象化说法:"金属离子沉浸在自由电子的海洋中。"

金属的一般性质与自由电子的存在密切相关。例如,自由电子可以在晶体中自由流动,能够发生定向移动形成电流或通过碰撞传递热量,从而金属都呈现良好的导电导热性;自由电子可以吸收各种波长可见光并反射出来,从而形成特有的金属光泽;由于自由电子的胶合作用,当晶体受到外力时,相邻原子间可以发生滑动,而不破坏金属键,从而金属一般都具有良好的延展性和机械加工性能。

金属键强度的表征不使用键能,因为它只能存在于晶体中,不符合键能的定义要求。一般采用**金属升华能**(sublimation energy)来衡量金属键的强度。金属升华能也叫金属原子化能,指将单位物质的量的金属固体变成气态单原子所需要的能量,用 S 表示。例如,金属 Na 的升华能为下面反应的焓变:

$$\mathrm{Na(s)} = \mathrm{Na(g)},\ S \equiv \Delta_r H_m^\ominus(298.15\ \mathrm{K}) = 108.4\ \mathrm{kJ \cdot mol^{-1}}$$

金属的升华能 S 大，则代表金属的金属键强度高，一般而言，相应金属的熔点、沸点也高，硬度也较大。反之则熔点、沸点低，硬度小。

S 的数值与自由电子的多少、金属半径、金属原子的电子层结构等许多因素有关，对不同的金属差异很大，导致金属的熔点、硬度等性质相差很大。

表 9-2 列出一些金属的升华能 S 与其相关物理性质。

表 9-2　一些金属升华能与其相关物理性质

金属	$S/kJ \cdot mol^{-1}$①	熔点/K	沸点/K	硬度
Hg	64.0	234	630	—
Na	108.4	371	1 156	0.6
Al	326.4	930	2 740	3.2
W	849.4	3 683	5 933	7.5

9.4.3　固体的能带理论

金属的自由电子模型能够解释许多金属的一般性质，但是模型比较简单，不能说明不同金属的特性。在量子化学的基础上，人们应用分子轨道理论对金属键进行了研究，逐步发展形成了**能带理论**（band theory）。下面简要说明能带理论的基本内容。

9.4.3.1　能带的概念

一块金属晶体实际上可看做一个大分子，因此可以应用分子轨道理论来描述金属晶体内电子的运动状态，这就是能带理论的出发点。

与自由电子气模型一样，能带理论也认为金属原子核都位于晶体内晶格结点上，电子不隶属于任何一个特定的原子，可以在金属晶体内金属原子间运动，属于整个晶体所有，成为离域电子。二者区别在于，能带理论认为，金属原子的能量相近的原子轨道组合成分子轨道，然后电子按照分子构造原则填充在分子轨道中，能量比原子轨道低，因此形成稳定的化学键。这就是金属键成键的本质。

原子的体积是很小的，金属中原子堆积非常密集，即使一块宏观上很小的金属，所含有的原子数目也大得惊人。例如，每 1 cm^3 的金属 Li 晶体，所含的 Li 原子数目将近 4.6×10^{22} 个。按照原子轨道组合成分子轨道的原则，n 条原子轨道可以组成 n 条分子轨道，对 Li 原子的 2s 原子轨道来说，就会有 4.6×10^{22} 个 2s 原子轨道组成 4.6×10^{22} 个能量稍有差别的分子轨道。这些分子轨道数目是如此庞大，每两个相邻分子轨道的能量差极微小，实际上这些能级已经分不清楚。这种由 n 个能级相同的原子轨道组合而成的能量几乎连续的 n 条分子轨道总称为**能带**（band）。

一般能带以组合成该能带的原子轨道命名，例如金属 Li 的 2s 原子轨道组合而成的能带就叫做 2s 能带，依次类推。如图 9-11 为 Li 的 2s 能带的构造过程。

---

① 列出的金属升华能 S 的数据除 Hg 外其余都是 298.15 K 下的数据，Hg 是其熔点下的数据。

对于每条能带而言,都有一定的能量范围,一般原子的内层原子轨道之间重叠较少,组成的能带能量范围较窄,而外层原子轨道之间重叠较多,组成的能带能量范围较宽。所有的能带属于整个金属晶体,按照能量高低排列起来,就成为晶体能带结构。

能带存在的真实性已经被X光谱所证实。不同金属晶体具有不同的能带结构,可以通过量子化学方法进行推算,或者通过光谱实验测定。

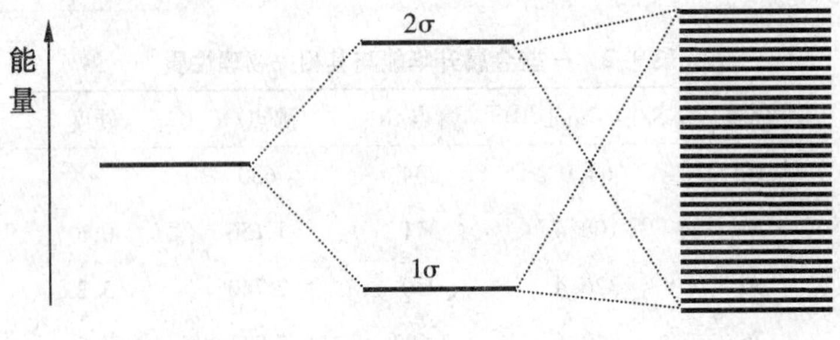

(a) Li的2s原子轨道　(b) Li的σ_{2s}分子轨道　(c) Li金属晶格的2s能带

图9-11　Li的2s原子轨道、分子轨道和能带

9.4.3.2　能带的种类

金属晶体的能带结构一旦确定,电子即按照构造原则依次填充在每条能带的每个能级上。根据组合能带的原子轨道能级以及电子在能带中分布的不同,可以对金属晶体中的能带进行分类,有满带、导带和禁带等多种能带(图9-12)。

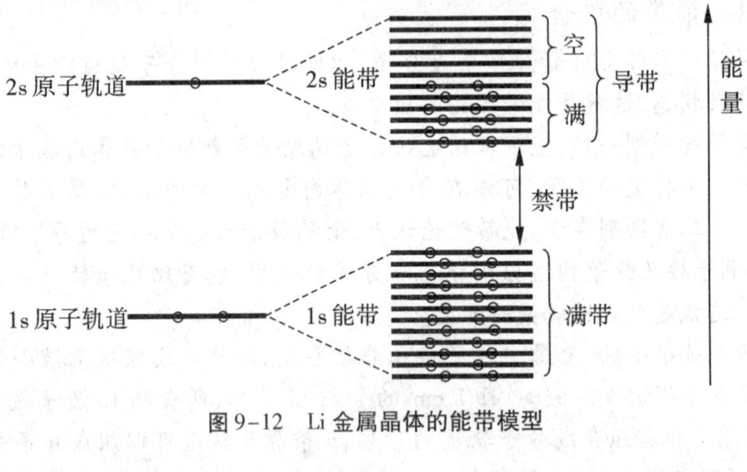

图9-12　Li金属晶体的能带模型

(1)满带　根据不相容原理,每个分子轨道最多只能容纳2个电子,如果能带内所有分子轨道都完全被电子充满,这种能带称为**满带**(filled band)。根据能量最低原理,满带的能量都较低。一般原子内层完全充满电子的原子轨道组合而成的能带都是满带。例如,金属Li的1s能带就是满带。

(2)导带　对于原子外层未充满电子的原子轨道组合而成的能带,电子不足以充满整个能带,能带内还有部分空的分子轨道存在。这种未充满电子的高能量能带叫做**导带**(conduction band)。在导带上的电子,只需吸收极微小的能量就能跃迁到带内能量稍高的空轨道上运动。例如,金属Li的2s能带就是导带。

(3)禁带　从满带顶到导带顶之间一般存在一定的间隙,这个间隙中是不存在分子轨道的,因此电子不能在这个间隙中停留,这个能量间隙称为**禁带**(forbidden band)。禁带将满带和导带隔开,满带中的电子要跨越禁带跃迁到导带,就必须吸收足够的能量。如果晶体的禁带不太宽,这种跃迁就比较容易实现;而如果禁带很宽,这种跃迁就很困难,甚至不可能实现。

9.4.3.3　能带理论的应用

能带理论能够用来阐明金属的各种物理性质。向金属外加电场时,导带中的电子会在能带内向能量稍高的能级跃迁,并沿外电场方向通过晶格做定向运动,所以金属能够导电;导带中电子可以吸收光能而跃迁,并在跃回原能级时把吸收的能量又发射出来,从而金属具有特殊的光泽和反射辐射的性质;局部加热时,电子运动和核的振动可以传热,使金属具有导热性;受机械力作用时,局部的金属键被破坏,又会在新的地方重新形成,整体的能带并不因此被破坏,所以金属具有良好的延展性。

能带理论经过发展,应用范围已经不限于金属晶体。事实上,一般固体都具有能带结构,都可以应用能带理论描述。下面用能带理论简单阐述各种物质的导电性能。

导体(金属和部分非金属材料,如石墨等)具有类似图 9-12 所示的能带结构,一般具有未充满的导带,因此具有良好的导电性。

绝缘体的电子都在满带上,而导带是空的,并且禁带宽度很大(≥5 eV)。如金刚石禁带宽度约 5.5 eV,满带的电子通过常规方法获得的能量不足以跨越这个间隙(需要吸收约 530 kJ · mol^{-1}的能量,这只有在高温下才能达到),因此不能导电,是典型的绝缘体。

还有一类物质(如 Ge、Si、Se 等的晶体),具有类似于绝缘体的能带结构,即电子都在满带上,导带是空的,但是它们的能带宽度较窄(≤3 eV)。在低温下,这些物质中满带电子不能进入导带,因此这时它们是不导电的。但是在光照、加热或外加电场时,电子容易吸收足够的能量,而跃迁到导带中去。跃迁使得原来空的导带出现电子,同时在原先满带留下空隙,也变成了一个未充满能带,因此呈现出导电性。这类材料的导电性能介于典型绝缘体和导体之间,即为半导体。例如单晶硅的禁带宽度只有 1.1 eV,满带中的电子很容易被激发,是典型的半导体。这三种典型材料的能带结构如图 9-13 所示。

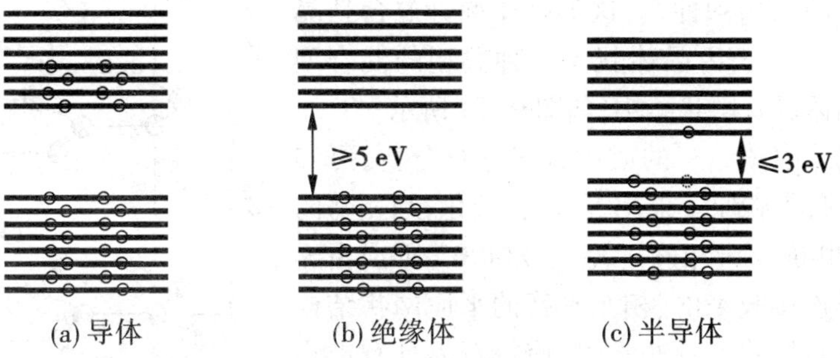

图 9-13　固体的能带结构

以上先后介绍了晶体的四种基本构型,现小结于表 9-3 中。

表 9-3　四种基本晶体构型对比

	离子晶体	原子晶体	分子晶体	金属晶体
晶格结点上的粒子种类	正负离子	原子	分子	金属原子、金属正离子
粒子间作用力	离子键	共价键	分子间力、氢键	金属键
晶体一般性质	熔点较高、略硬而脆、一般易溶于水、水溶液和熔融状态可导电	熔点高、硬度大、难溶于各种溶剂、一般不导电	熔点低、易挥发、硬度小、符合相似相溶原理、熔融时不导电	导电性、导热性、延展性好，有金属光泽，熔点、硬度差异很大
物质示例	活泼金属氧化物、卤化物和各种盐	金刚石、单质硅、单质硼、少量非金属间化合物	稀有气体、多数非金属单质和非金属间化合物、有机物	金属与合金

9.5　实际晶体

以上分别描述了四类晶体的基本构型，每类晶体中晶格结点上微粒的种类和它们之间的相互作用都是不同类型的，并且排列是完全符合规律的。但事实上，实际存在的晶体往往不可能达到这种理想化的状态，下面简单介绍一下实际晶体存在的偏离理想情况的现象。

9.5.1　混合型晶体

在实际晶体中，内部晶格结点的微粒之间可能同时存在着若干种不同的作用力，这些晶体往往同时具有若干种晶体的结构和性质，这类晶体称为**混合型晶体**(mixed crystal)。石墨晶体就是一种典型的混合型晶体。石墨晶体具有层状结构，如图 9-14 所示。

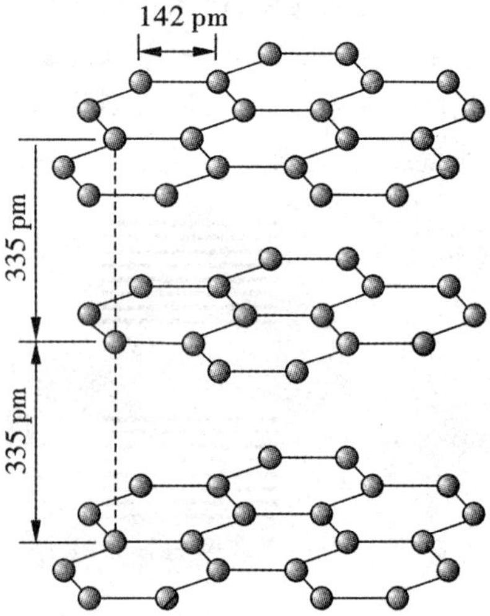

图 9-14　石墨的晶体结构模型

对石墨晶体中碳原子的成键方式进行分析，可知处在平面层的每个碳原子采用等性 sp^2 杂化，与相邻的 3 个碳原子以共价 σ 键相连接，键角为 120°，形成由无数个正六角形连接起来的、相互平行的平面网状结构层。碳原子之间的共价键非常强，使得石墨具有极高的熔点（超过 3 900 K①），具有一定的原子晶体的性质。

① 石墨在常压下加热到 3 900 K 附近时会升华，一般给出的熔点数据都是在加压下测量的，不同资料的数据略有不同。

每个碳原子除了形成 3 个 σ 键外，还剩下一个未充满的 p 轨道，其轨道方向与平面层方向垂直，层内的碳原子的这些 p 轨道可以发生重叠形成 π 键。这种 π 键与常规的 π 键不同，它是由多个原子共同形成的，称为离域 π 键或大 π 键。离域 π 键中的电子可以在所有成键原子范围内活动，与金属中的自由电子有某些类似之处，因此石墨具有部分金属晶体的性质，沿层面方向的导电性、导热性很好（基本等同于一般金属，因此石墨可作电极材料），也具有一定的光泽。

石墨相邻两层之间距离较远，超过一般化学键的作用范围，而与分子间力作用范围相当，因此层与层之间的作用以分子间力为主，相对比较弱。正由于层间结合力弱，当石墨晶体受到与石墨层相平行的力的作用时，各层较易滑动，并裂开成鳞状薄片，故石墨非常软（莫氏硬度<1），可用作铅笔芯和润滑剂。

总之，石墨晶体内既有共价键，又有类似金属键那样的离域键，同时还有分子间力在起作用，可称为混合型晶体。

除石墨外，滑石、云母、黑磷等也都属于层状过渡型晶体。另外，纤维状石棉属链状过渡型晶体，链中 Si 和 O 间以共价键结合，硅氧链与正离子以离子键结合，结合力不及链内共价键强，故石棉容易被撕成纤维。

9.5.2　晶体缺陷

晶体内每一个粒子的排列完全符合某种规律的晶体称为理想晶体。但是，这种完美无缺的晶体是不可能形成的。由于晶体生成条件（如物质的纯度、溶液的浓度和结晶温度等）难以控制到理想的程度，实际制得的真实晶体，无论外形还是内部结构上都会有这样那样的缺陷。

从晶体外形看，由于结晶时通常总是数目众多的微晶体结在一起同时生长，而各微晶体的晶面取向又不可能完全相同，这就使得长成的晶体外形发生不规则的变化。晶体在溶液中的生长过程中，若某个晶面上吸附了结晶母液中的杂质，该晶面成长受到阻碍，也会使最后长成的晶体外形发生变化。

从内部结构上看，实际晶体的点阵结构或多或少都会偏离理想情况，这种偏离都统称为**晶体缺陷**（crystal defect）。按照几何形式划分，典型的晶体缺陷是**点缺陷**（point defect）。

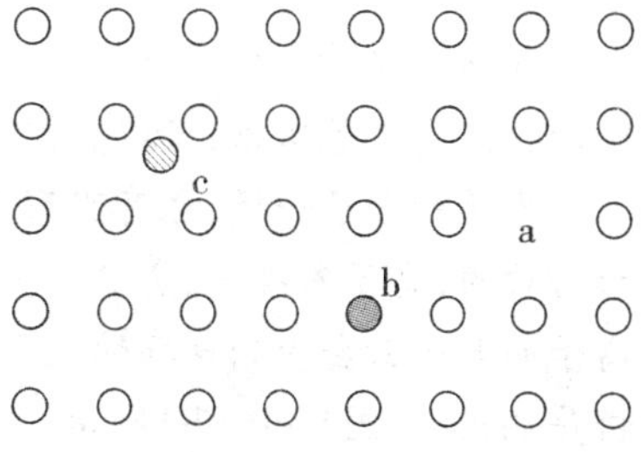

图 9-15　晶体中的点缺陷

(a)空穴　(b)置换　(c)间充

点缺陷类型大致分为空穴缺陷、置换缺陷和间充缺陷，如图 9-15 所示。

(1) 空穴缺陷　晶体内某些晶格结点位置上缺少粒子，使晶体内出现空穴。

(2) 置换缺陷　晶体内组成晶体的某些粒子被少量别的粒子取代所造成的晶体缺陷。

(3) 间充（或填隙）缺陷　晶体内组成晶体粒子堆积的空隙位置被外来粒子所填充。

晶体中的点缺陷对晶体的物理、化学性质产生影响，某些晶体点缺陷在材料科学、多相反应动力学的领域中具有重要的理论意义和应用价值。例如，第 6 章介绍的固体电解质，其导电性实际上就是空位和间充两种缺陷共同作用的结果，而晶体表面的缺陷位置往往往正是多相催化反应催化剂的活性中心。再例如,在半导体工业中通过微量掺杂构造置换缺陷获得性能优良的半导体材料,在纯铁中加入少量碳或某些金属制备特种合金钢,在常规发光材料中掺杂生产彩色电视机荧光粉等,应用非常广泛。

除了点缺陷外,晶体内部结构缺陷还包括线缺陷、面缺陷、体缺陷等。

最重要的线缺陷是位错,位错是使晶体出现镶嵌结构的根源。

面缺陷反映在晶面、堆积层错、晶粒和双晶的界面、晶畴的界面等。体缺陷反映在晶体中出现空洞、气泡、包裹物、沉积物等。这些面缺陷和体缺陷导致晶体在外观上的不规则化。

晶体的各种缺陷对晶体的光学性能、电磁学性能、声学性能、力学性能、热学性能等方面均有极大影响,在生产上和科研中都有着重要意义,是固体物理、固体化学、材料科学等领域的重要内容。

9.6 离子极化及其对物性的影响

研究离子晶体发现,有些离子电荷相同、离子半径相近的物质,性质上却差别很大。例如,NaCl 和 CuCl 晶体的正负离子电荷都相同,Na^+的半径(95 pm)与 Cu^+的半径(96 pm)也极为相近,但这两种晶体在性质上却有很大的差别。如 NaCl 在水中溶解度很大,而 CuCl 却很小。分析表明,NaCl 中 Na^+和 Cl^-之间基本上是离子键作用,而 CuCl 中 Cu^+和 Cl^-之间除了离子键外,还有着相当强的共价键作用。为了说明这种现象,人们提出了离子极化理论。

9.6.1 离子极化的概念

9.6.1.1 离子极化

在描述分子间相互作用时,我们曾指出,分子在电场中存在极化现象。将分子极化的概念推广到离子体系,可以引出离子极化的概念。

离子和分子一样,也有变形性。对孤立的简单离子来说,离子的电荷分布基本上是球形对称的,离子本身正、负电荷中心是重合的,如图 9-16(a)所示。但当离子置于电场中,离子的电子云会受到电场的吸引,离子就会发生变形,正、负电荷中心发生分离,从而产生诱导偶极,如图 9-16(b)所示,这个过程称为**离子极化**(ionic polarization)。

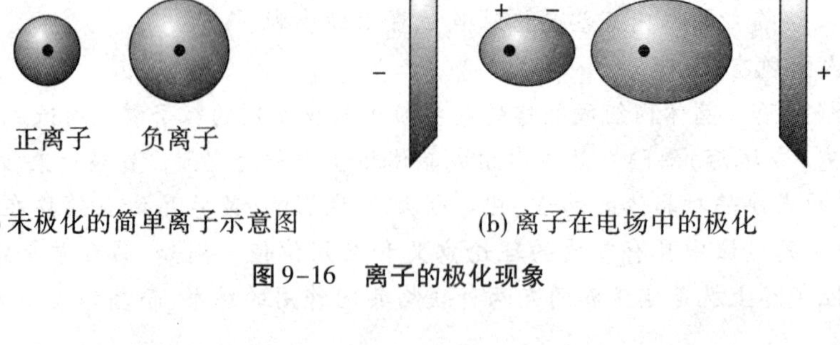

(a) 未极化的简单离子示意图　　(b) 离子在电场中的极化

图 9-16　离子的极化现象

在离子晶体中,每个离子都是带电的粒子,本身就会在其周围产生相应的电场,所以离子极化现象普遍存在于离子晶体之中,如图9-17所示。离子极化的结果使得正负离子在原有的静电吸引的基础上附加了新的作用。

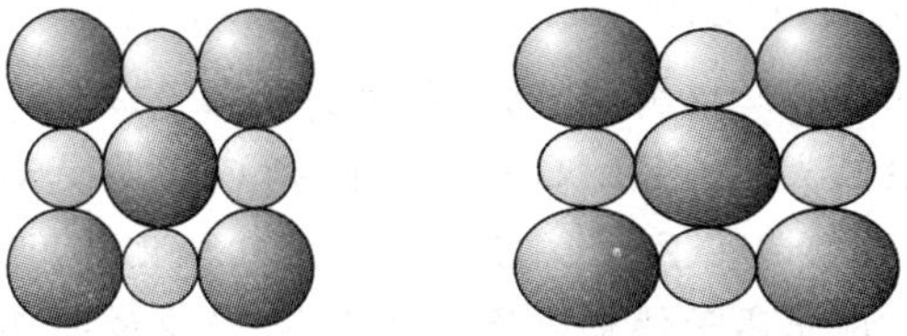

图9-17 离子相互极化

离子相互极化的强弱决定于两个因素:一是离子的极化力,二是离子的变形性。

9.6.1.2 离子的极化力

离子极化力表征离子对其他离子的影响力,离子的极化力越强,其电场对周围离子的影响越大,周围的离子越易发生变形。

离子的极化力强弱主要与离子的电荷、离子的半径以及离子的电子构型等因素有关。一般而言,离子的电荷越多、半径越小,则产生的电场强度越强,离子的极化能力就越强。例如,Mg^{2+}的极化力强于Ca^{2+},而Ca^{2+}的极化力强于K^+。

在离子电荷相同、半径相近的情况下,离子的电子构型对离子极化力就起决定性的影响。一般离子最高能级组填充的d电子越多,则极化力越强。那些具有稀有气体构型的离子,如Na^+、Ca^{2+}等,最高能级组没有d电子,极化力相对比较弱;而Mn^{2+}、Fe^{2+}等离子,具有一定数量的d电子,它们的极化力较强;至于Cu^+、Ag^+、Sn^{2+}等离子,它们的最高能级组d电子全充满,具有最强的极化力。

一般讨论离子极化力的时候,主要考虑正离子的极化力,因为正离子一般较小,电荷也较高,对负离子影响较大,而负离子一般具有较大的半径,同时具有稀有气体电子构型,这样极化作用较小。但一些负电荷较多的负离子,如S^{2-}、PO_4^{3-}等,也具有一定的极化力。

9.6.1.3 离子的变形性

离子的变形性表征离子受其他离子电场影响的程度。离子的变形性越大,越易受到其他离子的影响,在一定的电场强度下极化程度越大。与分子变形性相似,离子变形性可以通过离子极化率α描述,α越大,则离子变形性越大。

决定离子变形性主要因素是离子半径。离子半径大,则外层电子与核距离较远,联系不牢固,在外电场作用下,外层电子与核容易产生相对位移,所以一般来说变形性也大。例如,变形性$F^- \ll Cl^- < Br^- \ll I^-$,$O^{2-} \ll S^{2-}$。复杂负离子如$SO_4^{2-}$,原子间结合紧密,一般变形性都较小。

当离子半径相差不大时,离子变形性取决于电子电荷。一般负离子负电荷越多,则其原子核对外层电子束缚越弱,相应的离子变形性越强。例如变形性$OH^- < O^{2-}$。对于正离子而言,由于正离子电子数少于核电荷数,原子核与外层电子作用较强,因此一般正离子变形性均远小于负离子。

负离子的电子层结构对其变形性一般没有影响，因为简单负离子都具有稀有气体构型。而对于正离子而言，其构型对其变形性也有着显著影响，一般正离子最高能级组填充的 d 电子越多，则变形性也越强。例如，变形性 $Ag^+>Rb^+$。

9.6.1.4 离子极化的规律

一般来说，正离子由于带正电荷，外电子层上少了电子，所以极化力较强，变形性一般不大；而负离子半径一般较大，外层上又多了电子，所以容易变形，极化力较弱。因此，当正、负离子相互作用时，多数情况下，负离子对正离子的极化作用可以忽略，而仅考虑正离子对负离子的极化作用，即正离子使负离子发生变形，产生诱导偶极。总的规律如图9-18所示。

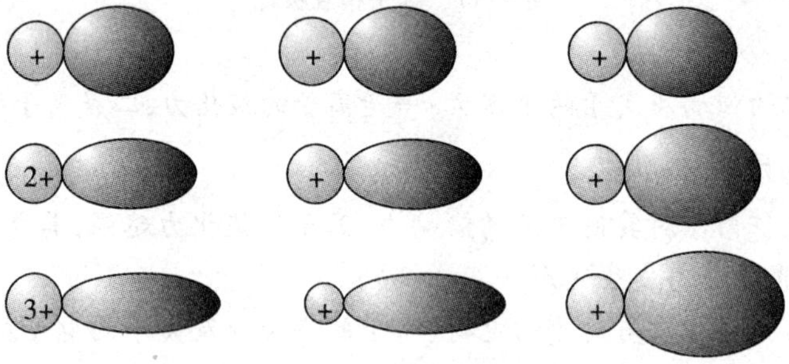

(a) 正离子电荷越多，负离子越容易被极化　(b) 正离子半径越小，负离子越容易被极化　(c) 负离子半径越大，越容易被极化

图 9-18　离子极化规律

9.6.1.5 离子的附加极化作用

一般正离子的变形性较小，只需考虑负离子的变形性即可。但当正离子也容易变形时，则必须考虑负离子对正离子的极化作用。

如图 9-19 所示，正离子极化负离子，使得负离子变形产生诱导偶极，这个诱导偶极会加强负离子的电场强度，使得负离子的极化能力有所增强。如果正离子也有一定的变形性，则正离子也会被负离子极化，产生诱导偶极。这个诱导偶极又会加强正离子的极化能力，然后反过来使负离子诱导偶极增加。这样相互作用的结果，使得离子间相互极化程度显著增强，这种效应称为**附加极化作用**(addtional of polarization action)。一般半径较大的过渡金属离子如 Ag^+、Hg^{2+}、Pt^{2+}等和 p 区主族金属正离子如 Pb^{2+}等易产生附加极化作用。

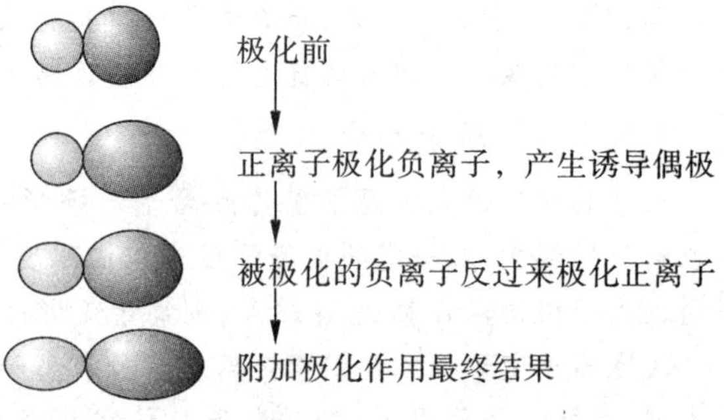

图 9-19　离子附加极化过程

附加极化作用使得离子之间作用力加强。如果相应的负离子变形性也很大，附加极化作用将会相当显著，对化合物的各种性质产生影响。

9.6.2　离子极化对物质结构和性质的影响

离子极化理论可以对许多从离子化合物向共价化合物过渡的物质性质递变性做出很好的解释。下面简要讨论离子极化的各种影响。

9.6.2.1　离子极化对键型的影响

正负离子结合时，如果相互间完全没有极化作用，则形成的化学键属于纯粹离子键。但是，实际上正负离子之间总会发生离子极化现象。作为离子极化作用的结果，负离子的电子云变形，并向正离子方向偏移，从而正负离子外层轨道发生一定程度的重叠现象，正负离子的核间距缩短（即键长缩短），同时键的极性减弱。从这个角度来看，没有 100% 的离子键，任何离子化合物中，或多或少存在一定的共价成分。

如果正离子也具有较大的变形性，则正负离子之间易发生强烈的附加极化作用，导致正负离子外层轨道重叠程度加大，正负离子的核间距进一步缩短，化学键中共价成分增大，甚至可能完全转变为共价化合物。从这个角度来说，离子极化现象导致离子键向共价键过渡（图 9–20）。

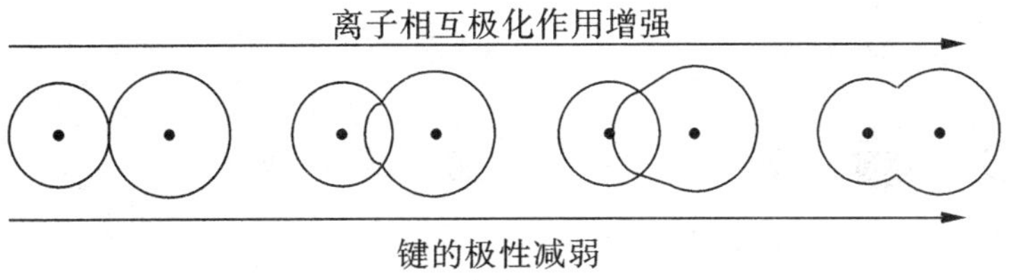

图 9–20　离子键向共价键过渡

下面以卤化银 AgX 为例说明这种键型过渡现象。表 9–4 列出了 AgX 有关结构数据。

表 9–4　AgX 的结构数据

		AgF	AgCl	AgBr	AgI
键长/pm		246	277	289	281
Ag^+ 和 X^- 离子半径之和/pm		248	296	311	335
Ag 和 X 共价半径之和/pm		217	252	267	286
晶格能 U/kJ·mol^{-1}	理论	954	904	895	883
	实测	921	833	816	778
	误差	3%	8%	9%	12%

从表 9–4 中数据可以看出，AgF 无论从键长还是晶格能来看，实验数据都与离子键模型的理论结果吻合得很好，因此 AgF 形成的化学键基本上是离子键。AgI 的数据则与离子键模型相差很大，从键长看已经基本上属于共价化合物了。AgCl 和 AgBr 的数据介于二者之间，属于过渡型化合物。

这种现象完全可以通过离子极化作用解释。Ag^+最高能级组 d 电子全满,这种电子构型的离子,极化力强,变形性也较大。对 AgF 来说,由于 F^-的离子半径较小,变形性不大,Ag^+与 F^-之间相互极化作用不明显,因此所形成的化学键基本上仍属离子键。但是随着 Cl^-、Br^-、I^-离子半径依次递增,负离子的变形性迅速增强,Ag^+与 X^-之间相互极化作用不断增强,键型逐渐向共价键过渡。对 AgI 来说,则已经是以共价键为主的结合形式了。

9.6.2.2　离子极化对晶体构型的影响

物质总是在不停地运动,晶体中的离子也不例外,总是在其平衡位置附近不断振动着,如图 9-21(a)所示。当离子离开其正常位置而稍偏向某异电荷离子时,如图 9-21(b)所示,该离子将产生诱导偶极,诱导偶极与它最邻近的异电荷离子之间产生附加引力。如果正负离子之间极化作用不显著,则此附加引力不够大,不足以破坏离子固有的振动规律,因此该离子能回到原来的正常位置,离子晶体的晶体构型维持不变。

但是如果离子之间极化作用很强,且负离子变形性大时,相互极化作用会产生足够大的诱导偶极,此时产生的附加引力就可能会破坏离子固有的振动规律,缩短了离子间的距离,使晶体向配位数减小的晶体构型转变,如图 9-21(c)所示。

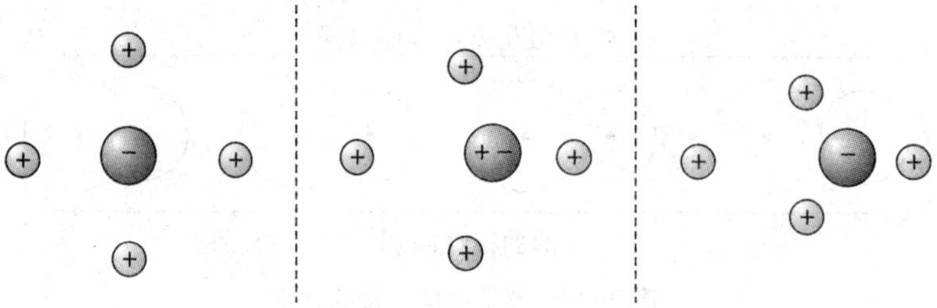

图 9-21　离子极化对晶体构型的影响

例如,在 AgX 系列中,AgF、AgCl 和 AgBr 都是 NaCl 构型,而 AgI 由于存在强烈的极化作用,常温下构型转变为 ZnS 型①。

9.6.2.3　离子极化对物质溶解度的影响

既然离子极化现象使得键型发生变化,由离子键向共价键过渡,离子键的特征削弱,则相应物质必然会损失部分离子化合物的典型特征,溶解度就是其中之一。一般而言,典型的离子化合物可溶于水,而典型的弱极性共价化合物在水中溶解度都不大,因此随着离子极化程度增加,共价成分增强,相应化合物在水中的溶解度下降。在本节开始提到 CuCl 在水中的溶解度比 NaCl 小得多,正是因为 CuCl 的相互极化作用强于 NaCl,而导致其溶解度低。

表 9-5 是 AgX 在水中的溶解情况,从中可明显看出离子极化对物质溶解度的影响。

---

① AgI 有多种构型,其中室温下的稳定构型是 γ-AgI,为 ZnS 构型。

表 9-5 AgX 在水中的溶解情况

	AgF	AgCl	AgBr	AgI
$K_{sp}^{\ominus}$	易溶	1.8×10^{-10}	5.4×10^{-13}	8.5×10^{-17}

9.6.2.4 离子极化对物质熔沸点、热稳定性的影响

离子极化现象降低了离子键的极性，会显著影响离子化合物的晶格能。从表 9-3 中 AgX 晶格能数据的理论值和实测值可以看出，随着离子极化程度加剧，晶格能明显比理论值下降。表现在宏观性质上，就是化合物熔沸点下降。

例如，AgCl 和 KCl 晶格结构相同（NaCl 构型），Ag^+ 离子半径（113 pm）还小于 K^+（133 pm），但由于 AgCl 为过渡键型，因而 AgCl 的熔点（728 K）远低于 KCl 的熔点（1 043 K）。

另外，离子键极性下降导致原本属于负离子的电子部分转变为共用电子，加热时共用电子可发生拆对，从而使化合物分解。例如，KBr 很稳定，加热不会分解，而 AgBr 稳定性较差，易分解为 Ag 和 $Br_2$①。

表 9-6 比较了 Cu(Ⅱ)的卤化物 CuX_2 的热稳定性。

表 9-6 CuX_2 的热稳定性

	CuF_2	$CuCl_2$	$CuBr_2$	CuI_2
热分解温度/K	1 223	773	763	—

注：分解为 CuX 和 X_2。

CuF_2 基本上为离子化合物，热稳定性较好，而 CuI_2 由于存在强烈的极化作用，甚至在常温下即已经分解。

利用离子极化理论解释同系物的熔沸点、热稳定性等性质变化规律，是比较令人满意的。

9.6.2.5 离子极化对化合物颜色的影响

影响化合物颜色的因素很多，其中离子极化作用是一个重要的因素。从微观上看物质显色的原因，都是位于能量较低的成键分子轨道上的电子吸收部分可见光的能量激发到非键分子轨道或反键分子轨道，从而显示出与吸收光互补的颜色。因此分子基态和激发态之间的能量差，决定了物质呈现的颜色。一般而言，典型的离子化合物分子基态和激发态能量差较大，可见光能量不足以引起电子跃迁，即在可见光区无吸收，因此物质呈现无色或白色。

一旦正负离子发生相互极化作用，作为极化作用的一个结果，分子轨道能级改变，激发态和基态间的能量差变小，落入可见光能量范围（1.7～3.1 eV），此时分子中的电子能够吸收可见光，从而呈现颜色。

---

① 照相机底片感光就是利用了 AgBr 的不稳定性。

一般极化作用越强，激发态和基态能量差越小，化合物的颜色就越深。例如，$HgCl_2$ 为白色，而 HgI_2 为红色；从 $NiCl_2 \rightarrow NiBr_2 \rightarrow NiI_2$，颜色依次为黄褐→棕→黑。

离子极化理论作为离子键理论的补充，能够解释很多现象，有相当的实用价值，目前已经成为无机结构化学、结晶学等学科的重要内容，但离子极化理论也有着局限性，在实践中不能随意扩大其应用范围。

9.7　固体的物性

9.7.1　解理性

晶体在外力作用（如敲打、挤压）下沿特定的结晶方向裂开成较光滑面的性质称为解理性（cleavage）。解理性主要决定于晶体结构，若晶体内结合力不止一种，解理时断裂的是最弱的化学键或结合力。例如，白云母 $KAl_2(AlSi_3O_{10})(OH)_2$ 解理成薄片，断裂的是层间的 K—O 键；石膏 $CaSO_4 \cdot 2H_2O$ 解理时断裂的是层间的弱氢键等。熟练掌握各类晶体的解离性特征，是进行材料加工必备的技术。

9.7.2　硬度

固体抵抗外来机械力（如刻划、压入、研磨等）的程度称为硬度（hardness）。根据测量方法的不同有不同的硬度指标，一般矿物学上常用的是 1822 年德国矿物学家 F. Mohs 提出的莫氏硬度，用于描述固体的抗刻划能力。Mohs 将 10 种天然矿物按彼此间抵抗刻划能力的大小顺序排列，将硬度分为 10 个等级，即为莫氏硬度表（表 9-7），表中硬度大的物质可以在硬度小的物质上刻划出痕迹。

表 9-7　莫氏硬度表①

矿物	硬度	矿物	硬度
滑石 $Mg_3(OH)_2(Si_2O_5)_2$	1	正长石 $KAl(Si_3O_8)$	6
石膏 $CaSO_4 \cdot 2H_2O$	2	石英 SiO_2	7
方解石 $CaCO_3$	3	黄玉 $Al_2(F,OH)_2SiO_4$	8
萤石 CaF_2	4	刚玉 Al_2O_3	9
磷灰石 $Ca_5F(PO_4)_3$	5	金刚石 C	10

硬度大小由固体中粒子间结合强度所决定，与晶体类型（分子晶体、离子晶体、原子晶体等）、密度、温度等因素有关。通过适当技术加工也可以提高材料的硬度，例如一般铁器

① 表中等级只表明硬度相对大小，各等级之间并不是均匀的。

的硬度为 4 ~5,不锈钢的硬度可到 5.5 以上。

9.7.3　非线性光学效应

在传统的线性光学范围内,一束或多束频率不同的光通过晶体后,光的频率不会改变,这种效应称为线性光学效应。反之,光通过晶体后除含有原频率的光外,还产生一些与入射光频率不同的光,这种效应称为非线性光学效应。能产生非线性光学效应的晶体称为非线性光学晶体。

市场化的非线性光学晶体基本上都是无机材料,根据材料应用波段的不同,可以分为紫外光区、可见和近红外光区以及中红外光区非线性光学材料三大类,应用非常广泛。

9.7.4　超导电性

1911 年,荷兰物理学家 H. K. Onnes 发现,当温度降至 4.2 K 时,水银(Hg)的直流电阻消失,这种现象被称为超导电性(superconductivity)。具有超导性的物质称为超导体。物质所处的零电阻状态叫超导态,电阻突然消失的温度称为临界温度(T_c)。

在 1986 年以前人们发现的超导体的 T_c 都较低。1987 年以来,由于高 T_c 的氧化物超导性的研究取得突破性进展,在全世界范围内出现了超导热。例如,1987 年中国科学院赵忠贤等和美国休斯敦大学朱经武等分别独立地发现了 T_c 达 95 K 的 Y-Ba-Cu-O 超导氧化物后,近年来还有人报道发现 T_c 达 160 K 的超导体。至今为止,已发现 32 种元素(主要是导电性较差的金属元素)和上千种合金、化合物具有超导性,而 Cu、Ag、Au、Pt 等良导体、具有铁磁性的 Fe、Co、Ni 以及多数碱金属和碱土金属不具有超导性。

超导体的应用前景非常诱人。基于超导材料的电阻趋于零,人们期望能制造超导电缆,以减少输电的能量损耗。超导电力输送一旦成功,将彻底改变目前电力工业的面貌。磁悬浮列车是利用磁场同极相斥作用使列车悬浮离轨,又利用磁场异极相吸作用使列车前进的新型列车,具有高速(目前技术时速已达 550 km)、静音、平稳、节能、环保等优点。若高温超导材料能研制成功并用于磁悬浮列车及其线路上,将使这种新型列车达到实用目标。据报道,世界首辆载人高温超导磁悬浮实验车"世纪号"在西南交大研制成功,并在 2002 年通过国家验收。这辆高温超导磁悬浮实验车可乘 5 人,永磁导轨长 15.5 m,最大悬浮质量达 700 kg,其悬浮稳定性好,悬浮刚度高,低温系统连续工作可超过 6 h,是迄今为止世界上悬浮重量最大的载人高温超导磁悬浮实验车。相比目前德国和日本比较成熟的常导磁悬浮技术,高温超导磁悬浮在节约能源和操作维护方面更胜一筹。

9.7.5　纳米物质的特异性

近 20 多年来,由于高分辨电子显微镜的应用和制备纳米级材料技术的发展,发现在宏观物体和微观粒子之间还存在一些介观的层次。

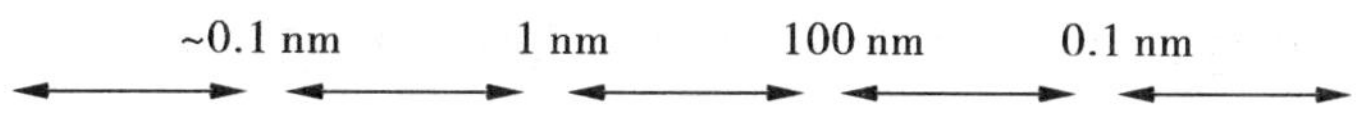

其中纳米、团簇颗粒的大小、质量、运动速度介于微观粒子与宏观物体之间。纳米粒

子是超细微的，单位体积内粒子数多，表面积大，而且处于粒子界面上的原子达总原子数的50%，使纳米材料具有不寻常的表面效应、界面效应，具有与宏观材料截然不同的奇特的光、电、磁、热、力和化学性质。例如，普通陶瓷是脆性的，而由纳米粒子烧结成的纳米陶瓷具有较好的韧性，像纳米 TiO_2 陶瓷在室温下可以弯曲；纳米银的熔点（100 ℃）比普通银的熔点（960.8 ℃）低得多；纳米晶硅薄膜的室温电导率比本征单晶硅高100倍；纳米铁的抗断裂应力比普通铁高12倍；纳米颗粒膜有巨磁阻效应；纳米粒子的光谱特性常有蓝移和红移现象；纳米铂黑催化剂由于表面积大、表面活性高，可使乙烯氢化反应的温度从600 ℃降至室温等。

阅读材料

无机固体的制备方法

根据反应物和生成物的不同特点，固体无机化合物有多种合成方法。目前，大部分无机固体化合物，特别是结晶固体，都是用高温固相反应制备。但是对于一些熔点很高或制备纯度要求极高的材料，固相反应通常是不适合的，下面介绍一些新的制备方法。

（1）水热法　一般而言，液相中进行的离子反应速率远大于固相反应和气相反应，因此在溶液中进行化学反应能够在较低的反应条件下获得目标化合物。水对于无机化合物而言是非常好的溶剂，人们发现，在高于水的沸点的温度和压力下，水的溶解范围会进一步加大，可以溶解在通常条件下不溶解的化合物，如某些共价化合物和氧化物等。这样一来，能够在较低的温度下反应生成目标化合物。这种合成方法称为水热法（hydrothermal synthesis）。例如，许多天然氧化物——宝石就是在自然的水热条件下缓缓长成的晶体。

在水热合成法中，水和反应混合物一起放入不锈钢的密封反应釜内，同时加入少量助溶剂，一般在低于400 ℃下进行反应。反应釜是特制的，能够承受此温度下的高压（水在374 ℃时的饱和蒸汽压为22 MPa）。水热法反应温度比高温固相反应低得多，有的晶体只能用水热法合成。例如 ZnS 晶体，如果采用常规高温固相反应制备，在1 080 ℃时，可获得熔融的 ZnS，但冷却时会发生相变，最终只能得到六方结构的 ZnS 晶体。如果想要获得立方结构的 ZnS 晶体，高温固相反应是无能为力的。而通过水热合成法，控制温度为300～500 ℃，则可获得大块的立方 ZnS 晶体。

近年来，水热合成法的溶剂范围已经扩大，非水溶剂也得到了广泛的应用，因此这种方法严格说来应命名为溶剂热合成法。

（2）化学气相沉积法　化学气相沉积法（chemical vapor deposition，CVD）用于高纯材料、金属薄膜、陶瓷材料的涂层等。这一方法的核心是合成合适的挥发性分子型前驱物，前驱物受热分解，冷却后沉积在衬底上，获得所需的化合物器件或薄膜。例如高纯硅的制备方法如下。

首先加热，用 C 还原 SiO_2，获得粗 Si；粗 Si 与 HCl 作用，转化为挥发性 $SiHCl_3$；分离杂质后，在1 400 K 下用 H_2 还原 $SiHCl_3$，可获得高纯 Si。

$$SiO_2 + 2C \xrightarrow{\text{高温}} Si + 2CO$$

$$3HCl + Si \underset{1\ 400\ K}{\overset{620\ K}{\rightleftharpoons}} SiHCl_3 + H_2$$

$$4SiHCl_3 + 2H_2 \xrightarrow{\text{高温}} 8HCl + 3Si + SiCl_4$$

除了以上介绍的方法外，还有制备薄膜的气相外延法、生长单晶的化学气相迁移法等，以及在极端条件下（超高温、超高压）的合成法，可以获得一般条件下不能得到的新物相。随着多种无机固态材料的开发和无机固体化学的进步和发展，各种新的合成方法也不断涌现。

本章要点

晶体的基本特征：有一定几何外形、有固定的熔点、各向异性。根据占据晶格结点的粒子的性质和相互作用，可将晶体分成四种典型结构：离子晶体、原子晶体、分子晶体、金属晶体，各自具有不同的特征及性质。

离子化合物形成离子晶体，三种典型的AB型离子晶体类型：NaCl型、CsCl型、ZnS型，离子键强度用晶格能U表征。

共价化合物形成原子晶体和分子晶体。

金属形成金属晶体，其中金属原子结合力为金属键，金属键强度用金属升华能S表征。

能带理论能够解释金属键的本质，并可阐明导体、半导体及绝缘体的特性。

实际晶体存在复杂的混合晶型现象和各种缺陷。

离子极化现象使得离子键向共价键过渡。离子极化取决于离子的极化力和变形性。附加极化现象使得化合物晶格结构、溶解度、熔沸点、热稳定性、颜色等性质发生变化。

习题

1. 是非判断。

(1) 稀有气体是由原子组成的，属原子晶体。

(2) 熔化或压碎离子晶体所需要的能量，数值上等于晶格能。

(3) 溶于水能导电的晶体必为离子晶体。

(4) 共价化合物呈固态时，均为分子晶体，因此熔点、沸点都低。

(5) 离子晶体具有脆性，是由于正负离子交替排列不能错位的缘故。

2. 解释下列问题。

(1) NaF的熔点高于NaCl。

(2) BeO的熔点高于LiF。

(3) SiO_2的熔点高于CO_2。

(4) 冰的熔点高于干冰。

(5) 石墨软而导电，而金刚石坚硬且不导电。

(6) MgO可作为耐火材料。

(7) 金属Al、Fe等都能压成片、抽成丝，而石灰石则不能。

(8) PbF_2可溶于水，而$PbCl_2$在水中溶解度较小。

(9) NaCl易溶于水，而CuCl难溶于水。

3. 已知NaF的晶格能较大，下列预测的它的性质，正确的是哪几个？

(1)溶解度小　(2)水解度大　(3)电离度小　(4)熔沸点高

4. 下列物质中熔点高低关系正确的是哪几个?

(1) NaCl>NaF　(2) BaO>CaO　(3) $H_2S>H_2O$　(4) $SiO_2>CO_2$

5. 下列晶体熔化时,只需克服色散力的是哪几个?

(1) Ag　(2) NH_3　(3) SiO_2　(4) CO_2

6. 下列离子变形性最大的是哪几个?

(1) K^+　(2) Rb^+　(3) Br^-　(4) I^-

7. 下列化合物的离子极化作用最强的是哪几个?

(1) CaS　(2) FeS　(3) ZnS　(4) Na_2S

8. 某物质具有较低的熔点和沸点,且又难溶于水,这种物质可能是下列哪种物质?

(1)原子晶体　(2)非极性分子型物质

(3)极性分子型物质　(4)离子晶体

9. AgI 在水中的溶解度比 AgCl 小,主要是由于下列哪种原因?

(1)晶格能 AgCl>AgI　(2)电负性 Cl>I

(3)变形性 $Cl^-<I^-$　(4)极化力 $Cl^-<I^-$

10. 如果正离子的电子层结构类型相同,在下述情况中极化力较大的是哪种?

(1)离子的半径大、电荷多　(2)离子的半径小、电荷多

(3)离子的半径大、电荷少　(4)离子的半径小、电荷少

11. 下列各组物质中,试推测每组中熔点最低和最高的物质。

(1) NaCl、KBr、KCl、MgO

(2) N_2、Si、NH_3

12. 试推测下列物质分别属于哪一类晶体?

物质	B	LiCl	BCl_3
熔点/K	2 573	878	166

13. (1)试推测下列物质可形成何种类型的晶体?

O_2、H_2S、KCl、Si、Pt

(2)下列物质熔化时,要克服何种作用力?

AlN、Al、HF(s)、K_2S

14. 估计下列物质中属于分子晶体的是哪种?

物质	BBr_3	KI	Si	NaF
熔点/K	227	1 153	1 696	1 268

15. 已知下列两类晶体的熔点。

(1)

物质	NaF	NaCl	NaBr	NaI
熔点/K	1 266	1 074	1 020	934

(2)

物质	SiF_4	$SiCl_4$	$SiBr_4$	SiI_4
熔点/K	183	203	279	394

为什么钠的卤化物的熔点比相应硅的卤化物的熔点高,而且二者熔点递变趋势相反?

16. 常用的硫粉是硫的微晶,熔点为 112.8 ℃,溶于 CS_2、CCl_4等溶剂中,试判断它属于哪一类晶体?

17. 离子半径 $r(Cu^+)<r(Ag^+)$,所以 Cu^+的极化力大于 Ag^+。但 Cu_2S 的溶解度却大于 Ag_2S,为什么?

18. 已知下列各晶体：NaF、ScN、TiC、MgO，它们的核间距相差不大，试按照熔点从高到低的次序排列这些物质。

19. 根据所学晶体结构知识，填写下表。

物质	晶格结点上的粒子	晶格结点粒子间作用力	晶体类型	预测熔点(高或低)
N_2				
SiC				
Cu				
冰				
$BaCl_2$				

20. 下列物质的键型有何不同：Cl_2、HCl、AgI、LiF。

21. 当气态离子 Ca^{2+} 和 Sr^{2+} 分别与 F^- 形成 CaF_2 和 SrF_2 晶体时，何者放出的能量多，为什么？

22. 已知 AlF_3 为离子型，$AlCl_3$、$AlBr_3$ 为过渡型，AlI_3 为共价型，试说明它们键型差别的原因。

23. 将下列两组离子分别按离子极化力及变形性由小到大的次序排列。

(1) Al^{3+}、Na^+、Si^{4+}　　(2) Sn^{2+}、Ge^{2+}、I^-

24. 试按离子极化作用由强到弱的顺序重新排列下列物质：$MgCl_2$、$SiCl_4$、NaCl、$AlCl_3$。

25. 比较下列每组中化合物的离子极化作用的强弱，并预测溶解度的相对大小。

(1) ZnS、CdS、HgS

(2) PbF_2、$PbCl_2$、PbI_2

(3) CaS、FeS、ZnS

26. (1) 今有元素 X、Y、Z，其原子序数分别为 6、38、80，试写出它们的电子分布式，并说明它们在周期表中的位置。

(2) X、Y 两元素分别与氯形成的化合物的熔点哪一个高，为什么？

(3) Y、Z 两元素分别与硫形成的化合物的溶解度哪一个小，为什么？

(4) X 元素与氯形成的化合物是个强极性分子，是否正确？

第10章　配位化合物

配位化合物(coordination compounds)简称配合物,亦称**络合物**(complex compounds),是存在广泛、数量众多、结构复杂、用途多样的一类化合物。据文献记载,1704年德国涂料工人Diesbach合成并作为染料使用的普鲁士蓝($K[Fe_2(CN)_6]$)是历史上最早报道的一种配合物。1798年,法国化学家塔赦特(Tassert)首先观察到亚钴盐在氯化铵和氨水溶液中能生成$[Co(NH_3)_6]Cl_2$,从而引起了许多化学家对这类化合物的研究兴趣,并合成了一系列铬、镍、铜、铂等金属的配合物。化学键理论的进展,有力地促进了配合物的研究。周期表中几乎所有元素都能形成配合物,其数量已远远超过一般简单的无机化合物。

配合物由于具有种种独特性能,在科学研究、生产实践、社会生活中应用极为广泛,对它的研究越来越深入。研究配合物的化学,简称配位化学,已广泛渗透到了多个化学领域。配位化学的创立是以26岁的年轻学者A. Werner在1893所发表的一篇著名论文为标志,当时是为了解释$PtCl_2 \cdot (NH_3)_2$与$CoCl_3 \cdot (NH_3)_6$分子加合物以及$PtCl_2 \cdot KCl$与$PtCl_2 \cdot 2KCl$复盐这些当时认为很复杂的化合物的结构而提出的一种理论。目前,关于配合物的结构理论有价键理论、晶体场理论、配位场理论和分子轨道理论等,和其他理论一样,配合物结构理论的建立也是以实验事实为依据的,进而再对实验事实作出解释。基于配位化学在化学领域的重要性和极强的渗透作用,它已成了极其活跃的分支学科。

配位化学在化学学科中具有极其重要的地位。本章主要介绍配位化合物的基本概念、基础结构理论和配位解离平衡的计算。

10.1　配合物的基本概念

10.1.1　配合物的组成

在配合物的概念确立以前,人们把由两种或两种以上的盐组成的化合物称为复盐(double salt),如$KMgCl_3 \cdot 3H_2O$(光卤石)、$KAl(SO_4)_2 \cdot 12H_2O$(明矾)、Na_3AlF_6(冰晶石)、$Ca_5(PO_4)_3F$(磷灰石)、$Al_2(SiO_4)F_2$(黄玉)等。若一种复盐在其晶体中和在水溶液中都有络离子存在,则属于配合物,例如向硫酸铜溶液中滴加6 $mol \cdot dm^{-3}$的氨水,开始有蓝色的碱式硫酸铜沉淀$Cu_2(OH)_2SO_4$生成。当氨水过量时,蓝色沉淀消失,变成深蓝色的溶液。往该深蓝色溶液中加入乙醇,立即有深蓝色晶体析出。向这种结晶中加入少量NaOH溶液,既无氨气产生也无天蓝色$Cu(OH)_2$沉淀生成,但加入少量$BaCl_2$溶液时,则有白色$BaSO_4$沉淀析出。这说明溶液中存在着SO_4^{2-},却几乎检查不出Cu^{2+}和NH_3。经X射线分析,其组成是$CuSO_4 \cdot 4NH_3 \cdot H_2O$。它在水溶液中全部解离为$[Cu(NH_3)_4]^{2+}$和$SO_4^{2-}$。而$[Cu(NH_3)_4]^{2+}$是由4个$NH_3$与1个$Cu^{2+}$以配位键结合形成的复杂离子。它在水中的行为好像弱电解质一样，只能部分地解离出 Cu^{2+} 和 NH_3，绝大多数仍以复杂离子的形式——$[Cu(NH_3)_4]^{2+}$存在。

我们把正离子（或原子）与一定数目的负离子（或中性分子）以配位键结合形成的不易解离的这类复杂离子（或分子）称为**配离子**（或配位分子），又称配位单元（或配合单元），把含有配位单元的化合物称为配合物。大多数配合物由配离子与带相反电荷的离子组成，如图 10-1 所示的配正离子组成的$[Cu(NH_3)_4]SO_4$和配负离子组成的 $K_4[Fe(CN)_6]$。

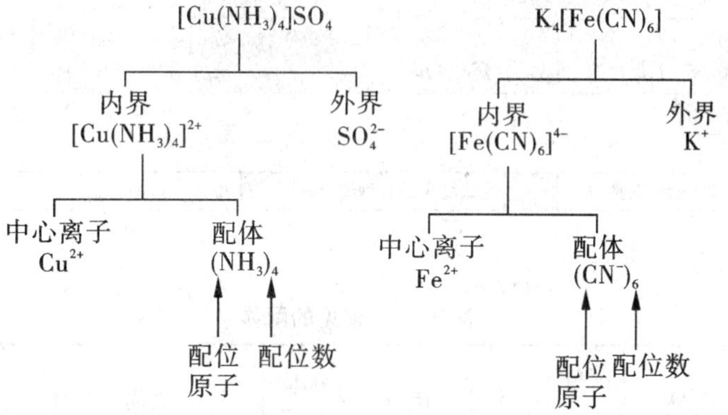

图 10-1　配离子的组成

配合物由内界和外界两部分组成，内界为配合物的特征部分，是中心离子和配体之间通过配位键结合而成的一个相当稳定的整体，以方括号标明，方括号外的离子，离中心较远，构成外界。内界与外界之间以离子键结合。

有些配合物不存在外界，如$[PtCl_2(NH_3)_2]$、$[CoCl_3(NH_3)_3]$等。另外，有些配合物是由中性原子与配体构成，如$[Ni(CO)_4]$、$[Fe(CO)_5]$等。

10.1.1.1　形成体（中心离子或中心原子）

中心离子或中心原子统称为配合物的**形成体**。形成体绝大多数是带正电荷的正离子，尤其以过渡金属离子居多，如 Fe^{3+}、Cu^{2+}、Co^{2+}、Ag^+等。另外，少数金属原子和一些具有高氧化态的非金属元素也可作为配合物的形成体。例如，$[Ni(CO)_4]$和$[Fe(CO)_6]$中的 Ni 和 Fe 都是中性金属原子，$[BF_4]^-$、$[SiF_6]^{2-}$中的 B(Ⅲ)、Si(Ⅳ)是高氧化态的非金属元素。形成体一定具有空的价层原子轨道，能接受孤对电子与配位体形成配位键。

作为形成体的元素在周期表中的分布情况如表 10-1 所示。

10.1.1.2　配体及配位原子

在配合物中与形成体结合的离子或中性分子称为**配位体**，简称**配体**，如$[Cu(NH_3)_4]^{2+}$中的 NH_3、$[Fe(CN)_6]^{3-}$中的 CN^-等。此外，有些配体也可由含多个不定域电子的离子或分子组成，例如，常见的二茂铁配合物中的环戊二烯环等（参见 10.4 节配合物的类型部分）。在配体中提供孤电子对与形成体形成配位键的原子称为**配位原子**，如配体 NH_3 中的 N。常见的配位原子为电负性较大的非金属原子，如 N、O、S、C 和卤素等原子。

根据一个配体中所含配位原子数目的不同，可将配体分为单齿配体和多齿配体。单齿配体指一个配体中只有一个配位原子，如 NH_3、OH^-、X^-、CN^-、SCN^-等。多齿配体指一个配体中有 2 个或 2 个以上的配位原子，如表 10-2 所示。

表 10-1 作为形成体的元素在周期表中的分布

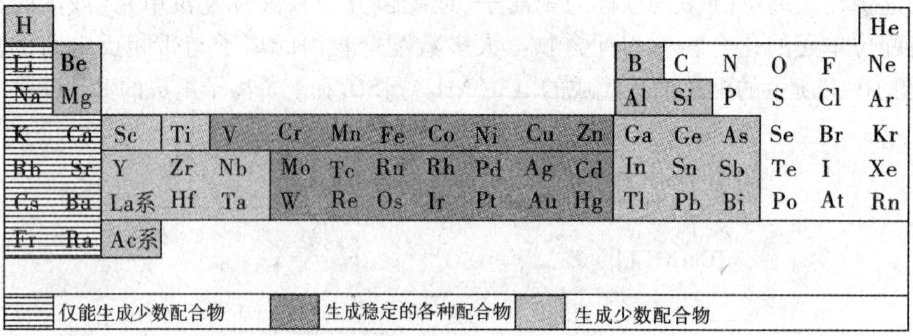
H He
Li Be B C N O F Ne
Na Mg Al Si P S Cl Ar
K Ca Sc Ti V Cr Mn Fe Co Ni Cu Zn Ga Ge As Se Br Kr
Rb Sr Y Zr Nb Mo Tc Ru Rh Pd Ag Cd In Sn Sb Te I Xe
Cs Ba La系 Hf Ta W Re Os Ir Pt Au Hg Tl Pb Bi Po At Rn
Fr Ra Ac系
仅能生成少数配合物
生成稳定的各种配合物
生成少数配合物

表 10-2 常见的配体

	中性分子配体	配位原子	负离子配体	配位原子	负离子配体	配位原子
单齿配体	H_2O 水 NH_3 氨 CO 羰基 CH_3NH_2 甲胺	O N C N	F^- 氟 Cl^- 氯 Br^- 溴 I^- 碘 OH^- 羟基	F Cl Br I O	CN^- 氰根 NO_2^- 硝基 ONO^- 亚硝酸根 SCN^- 硫氰酸根 NCS^- 异硫氰酸根	C N O S N
	分子式				名 称	缩写符号
多齿配体	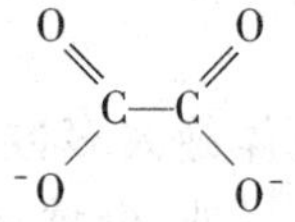				草酸根	(OX)
多齿配体	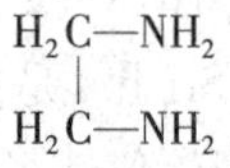				乙二胺	(en)
多齿配体	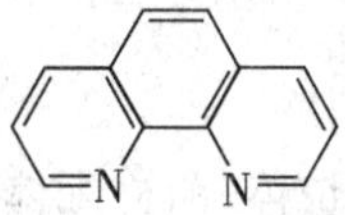				1,10-邻菲罗啉	(o-phen)
多齿配体	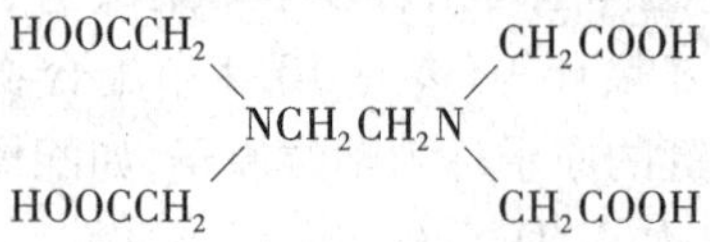				乙二胺四乙酸	(EDTA)

例如：

(1)单齿配体　NH_3

$$Ag^+ + 2NH_3 \longrightarrow [H_3N:\rightarrow Ag \leftarrow :NH_3]^+$$

(2)多齿配体　乙二胺

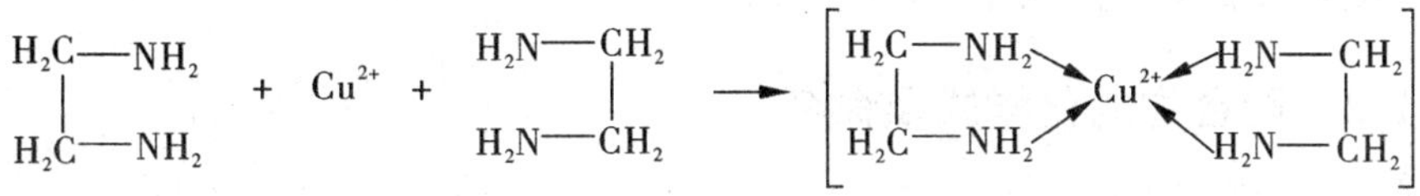

10.1.1.3　配位数

在配位个体中与一个形成体成键的配位原子的总数称为该形成体的**配位数**(coordination number)。例如，$[Cu(NH_3)_4]^{2+}$中 Cu^{2+}的配位数为 4，$[CoCl_3(NH_3)_3]$中 Co^{3+}的配位数为 6。目前已知形成体的配位数可从 1 到 14，其中最常见的配位数为 2、4 和 6。由单齿配体形成的配合物，中心离子的配位数等于配体的数目；若配体是多齿的，那么配体的数目不等于中心离子的配位数。例如，$[Cu(en)_2]^{2+}$中的乙二胺(en)是双齿配体，即每一个 en 有两个 N 原子与中心离子 Cu^{2+}配位，因此，Cu^{2+}的配位数是 4 而不是 2。表 10-3 列出一些常见金属离子的配位数。

表 10-3　常见金属离子(M^{n+})的配位数

M^+	配位数	M^{2+}	配位数	M^{3+}	配位数	M^{4+}	配位数
Cu^+	2,4	Cu^{2+}	4,6	Fe^{3+}	6	Pt^{4+}	6
Ag^+	2	Zn^{2+}	4,6	Co^{3+}	6		
Au^+	2,4	Hg^{2+}	2,4	Au^{3+}	4		
		Ni^{2+}	4,6	Al^{3+}	4,6		
		Co^{2+}	4,6				

形成体配位数一般取决于形成体和配体的性质(电荷、半径、核外电子分布等)。一般而言，形成体正电荷越多，对配体的吸引能力越强，越容易形成高配位数。

形成体半径较大时，其周围可容纳较多的配体，易形成高配位配合物；但若形成体过大，它对配体的引力减小，有时配位数反而会减小，例如，Hg^{2+}(101 pm)只能形成配位数为 4 的配离子$[HgCl_4]^{2-}$。

配体的半径增大时，中心离子周围可容纳的配体数目减少，故配位数减小，例如$[AlCl_4]^-$与$[AlF_6]^{3-}$相比就是一例。

影响配位数的因素还有配体浓度、反应温度等。一般配体浓度大、反应温度低，则易形成高配位配合物。

10.1.1.4　配离子的电荷

形成体和配体电荷的代数和即为配离子的电荷。例如，$K_3[Fe(CN)_6]$中配离子的电

荷数可根据 Fe^{3+} 和 6 个 CN^- 电荷的代数和判定为-3,也可根据配合物的外界离子(3 个 K^+)电荷数判定 $[Fe(CN)_6]^{3-}$ 的电荷数为-3。

总而言之,配合物是由可以给出孤对电子或多个不定域电子的一定数目的离子或分子(称为配体)和具有接受孤对电子或多个不定域电子的空轨道的原子或离子(统称为形成体)按一定的组成和空间构型所形成的化合物。

10.1.2　配合物的化学式及命名

10.1.2.1　配合物的化学式

书写配合物的化学式应遵循两条原则:①含配离子的配合物,其化学式中正离子写在前,负离子写在后;②配位单元的化学式,先列出形成体的元素符号,再依次列出负离子和中性配体,无机配体列在前面,有机配体列在后面,将整个配位单元的化学式括在方括号内,且同类配体的次序,以配位原子元素符号的英文字母次序为准,例如,NH_3、H_2O 的配位原子分别为 N 原子和 O 原子,因而 NH_3 写在 H_2O 之前。

10.1.2.2　配合物的命名

配合物的命名方法遵循一般无机化合物的命名原则。若配合物为配离子化合物,则命名时负离子在前,正离子在后,与无机盐的命名一样。若为配正离子化合物,则叫做某化某或某酸某。若为配负离子化合物,则在配负离子与外界正离子之间用“酸”字连接,若外界为氢离子,则在配负离子之后缀以“酸”字。配位单元按以下原则进行命名:①配体名称列在形成体名称之前,不同配体名称的顺序同书写顺序,相互之间以黑点“·”分开,在最后一个配体名称之后缀以“合”字;②同类配体的名称按配位原子元素符号的英文字母顺序排列;③配体个数用倍数词头一、二、三、四等数字表示,形成体的氧化数用带括号的罗马数字表示。

10.1.2.3　配体的命名

带倍数词头的无机含氧酸根负离子配体,命名时要用括号括起来,例如,(三磷酸根)。有的无机含氧酸负离子,即使不含倍数词头,但含有一个以上代酸原子,也要用括号,例如,(硫代硫酸根)。

有些配体具有相同的化学式,但由于配位原子不同,具有不同的命名。例如,表 10-2 中配体 ONO^-(O 为配位原子)称亚硝酸根,而 NO_2^-(N 为配位原子)称硝基;SCN^-(S 为配位原子)称硫氰酸根,而 NCS^-(N 为配位原子)称异硫氰酸根;另外,某些分子或基团,作配体后读法上有所改变,CO 称羰基,OH^- 称羟基等。

表 10-4 列举一些配合物命名的实例。

表 10-4　一些配合物的命名实例

类别	化学式	命名
配位酸	$H_2[SiF_6]$	六氟合硅(Ⅳ)酸
配位碱	$[Ag(NH_3)_2](OH)$	氢氧化二氨合银(I)
配位盐	$[Cu(NH_3)_4]SO_4$	硫酸四氨合铜(Ⅱ)
	$[Co(NH_3)_5(H_2O)]Cl_3$	三氯化五氨·一水合钴(Ⅲ)
	$K_4[Fe(CN)_6]$	六氰合铁(Ⅱ)酸钾
	$Na_3[Ag(S_2O_3)_2]$	二(硫代硫酸根)合银(I)酸钠
	$K[PtCl_5(NH_3)]$	五氯·一氨合铂(Ⅳ)酸钾
	$NH_4[Cr(NCS)_4(NH_3)_2]$	四(异硫氰酸根)·二氨合铬(Ⅲ)酸铵
中性分子	$[Fe(CO)_5]$	五羰基合铁
	$[PtCl_4(NH_3)_2]$	四氯·二氨合铂(Ⅳ)
	$[Co(NO_2)_3(NH_3)_3]$	三硝基·三氨合钴(Ⅲ)

10.2　配合物的化学键理论

配合物中的化学键是指配位单元中配体与形成体之间的化学键。阐明这种键的理论有价键理论、晶体场理论和分子轨道理论,本书仅对前两种理论作以简单介绍。

10.2.1　近代配合物价键理论

1931 年 Pauling 在前人工作的基础上,把杂化轨道理论应用于配合物结构的诠释,后经他人修正补充,形成近代配合物价键理论。该理论的基本要点是:形成配合物时,形成体(M)的某些价层原子轨道在配体(L)作用下进行杂化,用空的杂化轨道接受配体提供的孤电子对,以 σ 配位键(M←:L)的方式结合。从近代结构理论的观点来说,亦即形成体的杂化轨道与配位原子的某孤电子对原子轨道相互重叠,形成配位键。因而配合物是由形成体与配体以配位键结合而成的复杂化合物。

10.2.1.1　配合物的空间构型和配位键

(1)空间构型　配合物的空间构型是配位体围绕着中心离子(或原子)排布的几何构型。目前已有多种方法测定配合物的空间构型。普遍采用的是 X 射线对配合物晶体的衍射。这种方法能够比较精确地测出配合物中各原子的位置、键角和键长等,从而测出配合物分子或离子的空间构型。表 10-5 给出了配合物中主要的空间构型。

表 10-5 形成体原子杂化轨道杂化类型与配合单元的空间构型①

配位数	杂化类型	空间构型	实例
2	sp	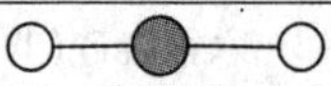 直线形	$[Ag(NH_3)_2]^+$、$[Ag(CN)_2]^-$、$[CuCl_2]^-$
3	sp^2	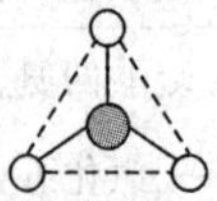 平面三角形	$[CuCl_3]^{2-}$、$[HgI_3]^-$
4	sp^3	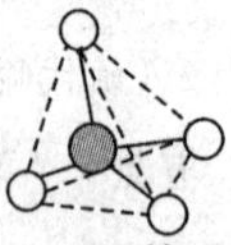 正四面体形	$[Cd(NH_3)_4]^{2+}$、$[Zn(NH_3)_4]^{2+}$、$[HgI_4]^{2-}$、$[Ni(CO)_4]$、$[CoCl_4]^{2-}$
	dsp^2	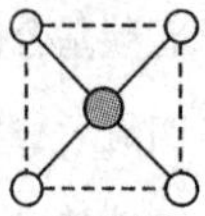 正方形	$[Ni(CN)_4]^{2-}$、$[Cu(NH_3)_4]^{2+}$、$[PtCl_4]^{2-}$、$[PtCl_2(NH_3)_2]$
5	dsp^3	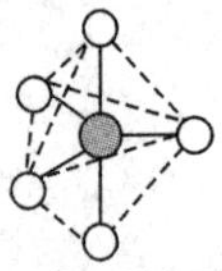 三角双锥形	$[Fe(CO)_5]$、$[Co(CN)_5]^{3-}$
6	sp^3d^2	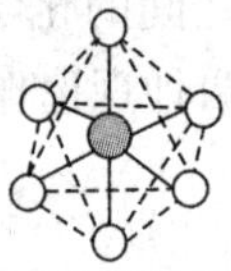 正八面体形	$[FeF_6]^{3-}$、$[Fe(H_2O)_6]^{3+}$、$[AlF_6]^{3-}$
	d^2sp^3		$[Fe(CN)_6]^{3-}$、$[Co(NH_3)_6]^{3+}$、$[PtCl_6]^{2-}$

由于形成体的杂化轨道具有一定的方向性，所以配合物具有一定的几何构型。例如，Fe^{3+}的价层电子结构为：

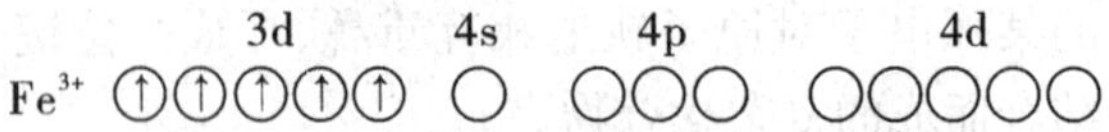

当Fe^{3+}与 6 个F^-结合为$[FeF_6]^{3-}$时，由于F^-的作用，Fe^{3+}的 1 个 4s、3 个 4p 和 2 个 4d 轨道进行杂化，组成 6 个sp^3d^2杂化轨道，接受 6 个F^-提供的 6 对孤电子对而形成 6 个配位键。所以$[FeF_6]^{3-}$的几何构型为正八面体形。

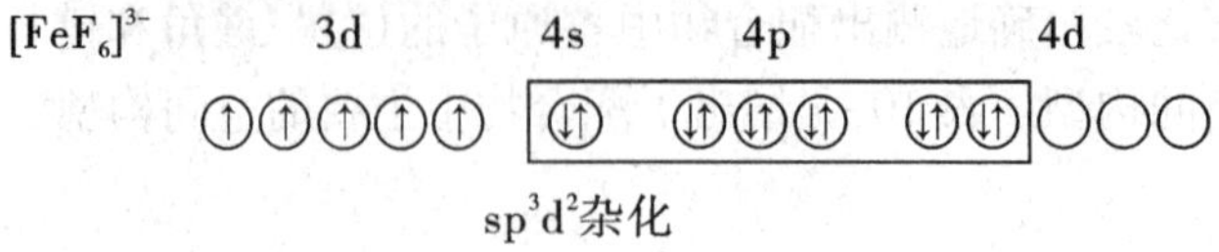

① 注：●为形成体，○为配体。

而当 Fe^{3+} 与 6 个 CN^- 结合为 $[Fe(CN)_6]^{3-}$ 时，由于配体 CN^- 的作用，导致 Fe^{3+} 的价层电子结构重排，原有的 5 个未成对电子中有 4 个自旋归并，分别占据 2 个 3d 轨道，空出的 2 个 3d 轨道与 1 个 4s、3 个 4p 轨道组成 6 个 d^2sp^3 杂化轨道，接受 6 个 CN^- 中 C 原子提供的 6 对孤电子对而形成 6 个配位键。所以 $[Fe(CN)_6]^{3-}$ 的几何构型为正八面体构型。

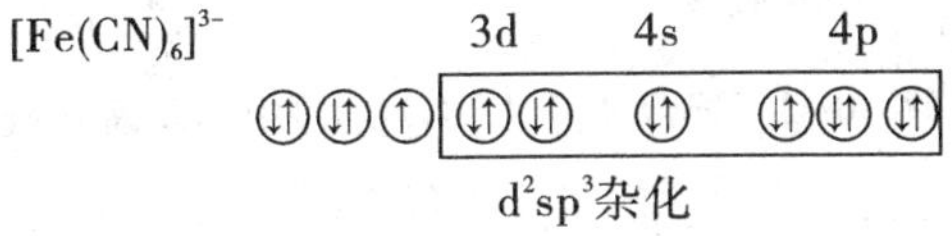

(2) 配合物中配位键的类型　形成体杂化轨道类型不仅决定配位单元的几何构型，而且决定配位键的类型（H. Taube 提出将配位键分为内轨和外轨配键）。若形成体全部以最外层轨道（ns、np、nd）杂化成键的，所成的配位键称为外轨配键，对应的配合物称为外轨型配合物，如 $[FeF_6]^{3-}$、$[Ni(NH_3)_4]^{2+}$ 等。若形成体中的次外层轨道与 ns、np 轨道杂化成键时，所成的配位键称为内轨配键，对应的配合物称为内轨型配合物，如 $[Fe(CN)_6]^{3-}$、$[Co(NH_3)_6]^{3+}$ 等。

配合物是内轨型还是外轨型，主要取决于中心离子的价层电子构型、离子所带的电荷和配位原子的电负性大小。具有 d^{10} 构型的离子，只能形成外轨型配合物；具有 d^8 构型的离子如 Ni^{2+}、Pt^{2+}、Pd^{2+} 等，在大多数情况下形成内轨型配合物；具有 $d^4 \sim d^7$ 构型的离子，既可形成内轨型配合物，也可形成外轨型配合物。

中心离子的电荷越高越有利于形成内轨型配合物。因为中心离子的电荷数较高时，空出 $(n-1)$d 轨道的可能性增加，对配位原子的孤电子对吸引能力增强，利于内层 d 轨道参与成键。例如 $[Co(NH_3)_6]^{2+}$ 为外轨型配合物而 $[Co(NH_3)_6]^{3+}$ 为内轨型配合物。

电负性大的原子如 F、O 等，与电负性较小的 C 原子比较，通常不易提供孤电子对，它们作为配位原子时，中心离子以外层轨道与之成键，因而形成外轨型配合物。C 原子作为配位原子时（如在 CN^- 中）则常形成内轨型配合物。

反馈 π 键：中心离子（或原子）与配体之间除了形成 σ 配键以外，如果中心离子非键孤对电子占据的轨道和配体的空轨道，在对称性、能量水平等成键诸要素方面适当，它们之间亦可部分重叠，形成 π 配键。即当中心离子（或原子）的 d 轨道有孤对电子，配体有空的 p 或 d 原子轨道，甚至 π 分子轨道，并且对称性匹配时，则可形成 π 配键。由于这种 π 键是由中心离子（或原子）提供孤对电子，由配体的 p 或 d 轨道接受电子，从而抵消了生成 σ 键时在中心离子（或原子）周围过分集中的负电荷，所以叫做**反馈 π 键**。

$$M \underset{\pi}{\overset{\sigma}{\rightleftharpoons}} L$$

例如，在 $PtCl_2$ 与三烷基膦（PR_3）生成的配合物 $[Pt(PR_3)_2Cl_2]$ 中，Pt^{2+} 以 dsp^2 杂化轨道与 2 个 Cl^- 和 2 个三烷基膦形成 4 个 σ 配键，Pt^{2+} 的 d 电子分别和氯原子及磷原子的 3d 空轨道重叠，而形成反馈 π 键，如图 10-2 所示。

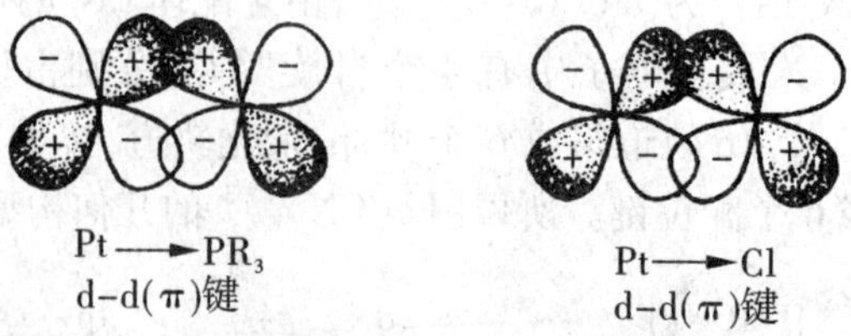

图 10-2 配合物[$Pt(PR_3)_2Cl_2$]中的反馈 π 键

过渡金属形成的配合物相当稳定，甚至金属原子 Fe、Co、Ni 等也能和 CO、乙烯这样一些中性分子形成稳定的配合物，其原因就在于它们不仅能形成 σ 配键，还能形成反馈 π 键。需要指出，反馈 π 键不能独立存在，必须与 σ 配键同时存在。有些金属离子，如碱金属和碱土金属，在配合物中只能形成 σ 键，所以稳定性较差。形成反馈 π 键的条件是中心离子(或原子)必须有自由的 d 电子。显然，像 Be^{2+}、Al^{3+} 等离子没有自由的 d 电子，因此它们不可能形成反馈 π 键；而 Sn^{2+}、Sb^{3+}、Pb^{2+} 等离子虽然有 d 电子，但却被外层的 s 电子屏蔽而不能发挥作用，因此也不能形成反馈 π 键。

10.2.1.2 配合物的异构现象

两种或两种以上的化合物，具有相同的原子种类和数目，但结构和性质不同，这种现象叫**异构现象**。异构的分子或离子称为**异构体**。配合物的组成极其繁杂多样，存在丰富多彩的异构现象。配合物异构现象，可分为结构异构和立体异构两大类。立体异构又分为几何异构和对映异构，其中重要且较为简单的是几何异构现象。本节主要讨论结构异构和立体异构中的几何异构。

(1)**结构异构** 所有组成相同而配合物结构不同的异构现象统称为结构异构。下例是最典型的结构异构现象之一：有三种组成相同的水合氯化铬晶体都可用 $CrCl_3 \cdot 6H_2O$ 表示其组成，但它们的颜色不同。大量实验证明，这是由于它们所含配离子不同，分别为[$Cr(H_2O)_6$]Cl_3(紫色)、[$CrCl(H_2O)_5$]Cl_2(灰绿色)、[$CrCl_2(H_2O)_4$]Cl(深绿色)。由于它们的组成相同，因此是异构体。

另一类结构异构是由于同一种配体以两种不同配位原子配位引起的，被称为**键合异构**。例如，硫氰酸根离子 SCN^- 的硫原子和氮原子都可作为配位原子，因此，逻辑上，Fe^{3+} 和 SCN^- 反应得到的血红色离子既可能是[$Fe(SCN)^{2+}$]，也可能是[$Fe(NCS)^{2+}$]，配位原子不同，名称也不同。事实上血红色离子是前者不是后者，简称硫氰酸铁，而不是异硫氰酸铁。在研究工作中，常用红外光谱确认金属离子与配体的哪一个原子键合，因为不同配体与中心原子形成的配位键的振动频率不同，导致吸收光的频率不同，因此，从红外光谱可测出吸收频率，通过理论计算，便可确定哪一种配位原子被键合了。

NO_2^- 离子是另一个可能出现键合异构的配体，以氮原子配位时称“硝基”，以氧原子配位时称“亚硝酸根”。例如，用来定量测定钠离子的红外光谱证实是六亚硝酸合钴酸根而不是六硝基合钴酸根离子。

(2)**几何异构** 在配合物中，由于配体在中心离子周围排列的相对几何位置不同所产生的异构现象，称为几何异构现象。在配位数为 2、3 或配位数为 4 的四面体配合物中，因为所有配体的关系都是等同的，所以没有几何异构体。但在平面正方形和八面体配合物中，则经常会见到几何异构体。例如，往$[PtCl_4]^{2-}$溶液中加入氨水，得到的$[Pt(NH_3)_2Cl_2]$有一定偶极矩，而$[Pt(NH_3)_4]^{2+}$与 HCl 作用，可得到同样化学组成的$[Pt(NH_3)_2Cl_2]$，但其偶极矩等于零。据此可将它们的化学式表示如下：

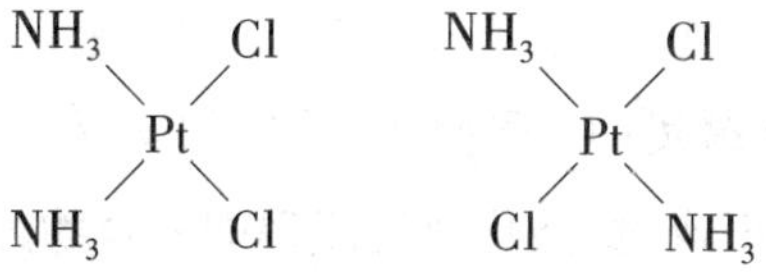

顺式(cis-)　　**反式**(trans-)

平面正方形结构的$[Pt(NH_3)_2Cl_2]$存在顺式和反式两种异构体。在顺式-$[Pt(NH_3)_2Cl_2]$中，两个相同的配体彼此处于相同位置；在反式-$[Pt(NH_3)_2Cl_2]$中，两个相同的配体处于对角位置。这两种异构体在物理性质和化学性质上呈现出很大差异。顺式-$[Pt(NH_3)_2Cl_2]$是一种橙黄色晶体，有一定的偶极矩，298 K 时溶解度为 0.252 3 g，并可以与乙二胺(en)反应生成$[Pt(en)(NH_3)_2]Cl_2$。反式-$[Pt(NH_3)_2Cl_2]$是一种亮黄色晶体，偶极矩为零，溶解度为 0.036 6 g，它不与乙二胺反应。

配位数为 4 的[Mabcd]型平面正方形配合物，如$[Pt(Cl)(Br)(Py)(NH_3)]$，有三种几何异构体：

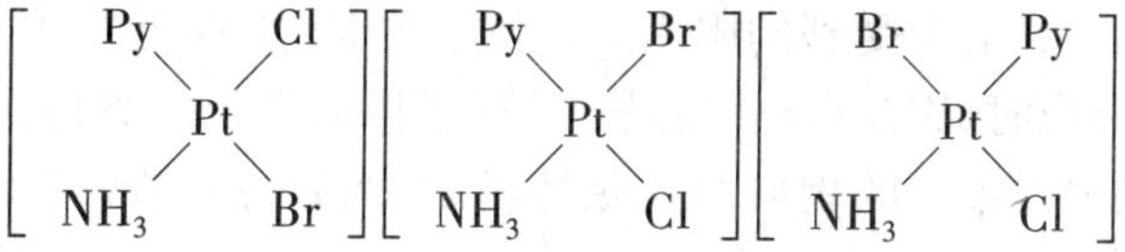

上述几何异构现象不仅局限于学术上的意义，而且具有一定的实用价值，比如，铂配合物用于癌症治疗时，只有顺式异构体显示抗癌活性①。

$[Ma_4b_2]$型的八面体配合物也有顺、反两种异构体。例如，$[Co(NH_3)_4Cl_2]^+$：

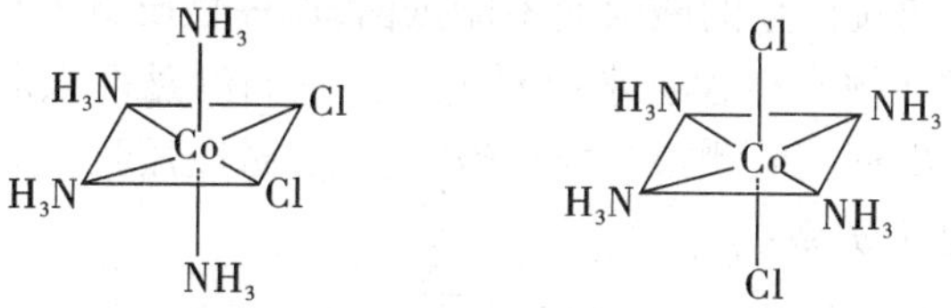

顺式-$[Co(NH_3)_4Cl_2]^+$　　反式-$[Co(NH_3)_4Cl_2]^+$

$[Ma_3b_3]$型的八面体配位化合物有面式(fac-)和经式(mer-)两种几何异构体。例如，$[Rh(Py)_3Cl_3]$：

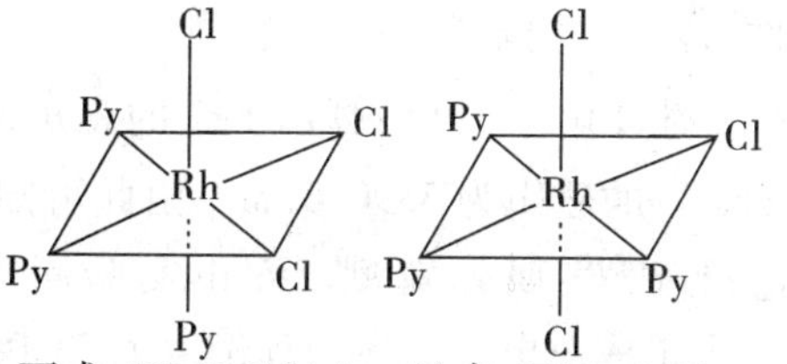

面式-$[Rh(Py)_3Cl_3]$　经式-$[Rh(Py)_3Cl_3]$

---

① 顺铂的抑癌机制可能为本身解离出 Cl^- 后，再进攻癌细胞的碱基，形成碱基-铂-碱基交联，阻止了癌细胞的分裂，而反式异构体由于空间效应，不能与 DNA 的两个碱基配位，起不到抑癌作用。

在面式配合物中，三个相同的配体（如 Py）处于八面体的一个面的三个顶点上，彼此互为邻位。在经式配合物中，三个相同的配体中有两个处于对位，第三个与这两个相邻。

[Mabcdef]型八面体配合物的几何构型就更多了，根据立体化学知识，它应该有 15 种异构体。

10.2.1.3 配合物的稳定性、磁性与键型的关系

由前面讨论可知，以 sp^3d^2 或 sp^3 杂化轨道成键的配合物为外轨型。而以 $(n-1)d^2sp^3$ 或 $(n-1)dsp^2$ 杂化轨道成键的配合物为内轨型。对于具有相同中心离子的配合物，由于 sp^3d^2 杂化轨道能量比 $(n-1)d^2sp^3$ 杂化轨道能量高，sp^3 杂化轨道能量比 $(n-1)dsp^2$ 杂化轨道能量高，当形成相同配位数的配离子时，如 $[FeF_6]^{3-}$ 和 $[Fe(CN)_6]^{3-}$、$[Ni(NH_3)_4]^{2+}$ 和 $[Ni(CN)_4]^{2-}$，其稳定性是不同的，一般内轨型比外轨型稳定。

价键理论不仅成功地说明了配合物的几何构型和某些化学性质，而且也能根据配合物中未成对电子数的多少解释配合物的磁性。

配合物的磁性是配合物的重要性质，对配合物结构的研究提供了重要的实验依据。

物质的磁性是指它在磁场中表现出来的性质。若把所有的物质分别放在磁场中，按照它们受磁场的影响可分为两大类：一类是反磁性物质；另一类是顺磁性物质。磁力线通过反磁性物质时，比在真空中受到的阻力大，外磁场力图把这类物质从磁场中排斥出去。磁力线通过顺磁性物质时，比在真空中容易，外磁场倾向于把这类物质吸向自己。除此之外，还有一类被磁场强烈吸引的物质叫铁磁性物质，例如，铁、钴、镍及其合金都是铁磁性物质。

不同物质所表现出的不同磁性主要与物质内部的电子自旋有关。若电子都是偶合的，由电子自旋产生的磁效应彼此抵消，这种物质在磁场中表现出反磁性。反之，有未成对电子存在时，由电子自旋产生的磁效应不能抵消，这种物质就表现出顺磁性。大多数物质都是反磁性的，顺磁性物质都含有未成对电子。它们的磁性强弱与物质内部未成对的电子数多少有关，可以根据实验测得。根据磁学理论，磁性强弱（用磁矩 μ 表示）与未成对电子数（n）之间存在如下关系：

$$\mu_{理}=\sqrt{n(n+2)}$$

式中，μ 的单位为波尔磁子，符号为 B. M.。

根据上式可估算出未成对电子数 $n=1\sim5$ 的 μ 理论值（表 10-6）。反之，测定配合物的磁矩，也可以了解中心离子未成对电子数，从而可以确定该配合物的磁性（$\mu>0$ 时具有顺磁性，$\mu=0$ 时具有反磁性）以及是内轨型还是外轨型。

例如，Fe^{3+} 中有 5 个未成对 d 电子，可估算出 Fe^{3+} 的磁矩理论值为 $\mu_{理}=\sqrt{5(5+2)}=5.92$ B. M.。实验测得 $[FeF_6]^{3-}$ 的磁矩为 5.90 B. M.，由此可知在 $[FeF_6]^{3-}$ 中，Fe^{3+} 仍保留有 5 个未成对电子，因此 $[FeF_6]^{3-}$ 属外轨型。而由实验测得 $[Fe(CN)_6]^{3-}$ 的磁矩为 2.0 B. M.，此数值与具有一个未成对电子的磁矩理论值 1.73 B. M. 接近，表示在成键过程中，中心离子的未成对 d 电子数减少，d 电子重新分布，因此 $[Fe(CN)_6]^{3-}$ 属内轨型。

表10-6 磁矩的理论值

未成对电子数	1	2	3	4	5
$\mu_{理}$/B. M.	1.73	2.83	3.87	4.90	5.92

又如配位数为4的配离子$[Ni(NH_3)_4]^{2+}$和$[Ni(CN)_4]^{2-}$也可通过磁性实验来确定它们属于内轨型还是外轨型。Ni^{2+}中有2个未成对d电子,其磁矩理论值$\mu_{理}=2.83$ B. M.,实验测得$[Ni(NH_3)_4]^{2+}$的$\mu_{实}$数值与$\mu_{理}$接近,而$[Ni(CN)_4]^{2-}$的$\mu_{实}$等于0,表明前者属外轨型而后者属内轨型。

价键理论成功地说明了在形成配合物时,中心离子的配位数和配合物的空间结构,并对配合物的化学稳定性及磁性进行较为满意的解释。但是,这一理论毕竟是一个定性的理论,它忽略了配体对形成体的作用,不能定量或半定量地说明配合物的性质。由于它只能反映配合物基态的情况,因此,对与激发态有关的配合物的颜色等性质无法作出满意的解释。

10.2.2 晶体场理论

晶体场理论最初由物理学家H. Bethe和J. H. Van Vlack在1929年前后提出的,但直到1953年,因应用该理论成功地解释了$[Ti(H_2O)_6]^{3+}$的光谱特性和过渡金属配合物其他性质,这一理论在化学领域才真正受到重视。

10.2.2.1 晶体场理论要点

(1)中心离子和配体负离子(或极性分子)之间的相互作用,类似离子晶体中正、负离子之间(或离子与偶极分子之间)的静电排斥和吸引,而不形成共价键。

(2)中心离子的5个能量相同的d轨道由于受周围配体负电场不同程度的排斥作用,能级发生分裂,有些轨道能量升高,有些轨道能量降低。

(3)由于d轨道能级的分裂,d轨道上的电子将重新分布,体系能量降低,变得比未分裂时稳定,即给配合物带来了额外的稳定化能。

10.2.2.2 正八面体场中d轨道能级的分裂

与配体作用前,作为中心离子的5个d轨道虽然空间取向不同,但具有相同的能量(E_0)[图10-3(a)]。如果该离子处在一个带负电荷的球形场中心,则中心离子的5个d轨道受到球形场平均电场的静电排斥,各个d轨道的能量都升高到E_s[图10-3(b)]。由于受到静电排斥的程度相同,因而能级并不发生分裂。

如果有6个相同的配体L,各沿着$\pm x$、$\pm y$、$\pm z$坐标轴接近中心离子(图10-4),形成八面体配离子时,带正电的中心离子与作为配体的负离子(或极性分子带负电的一端)相互吸引;但同时中心离子d轨道上的电子受到配体的排斥,五个d轨道的能量相应于前面所述的E_0皆升高。由于$d_{x^2-y^2}$和d_{z^2}轨道处于和配体迎头相碰的位置,因而这两个d轨道中的电子受到静电斥力较大,能量升高。而d_{xy},d_{yz},d_{xz}这三个轨道正好插在配体的空隙中间,因而处于这些轨道中的电子受到静电排斥力较小,它们的能量相应比前两个轨道的能量低,但仍比中心离子处于自由状态时d轨道能量高。

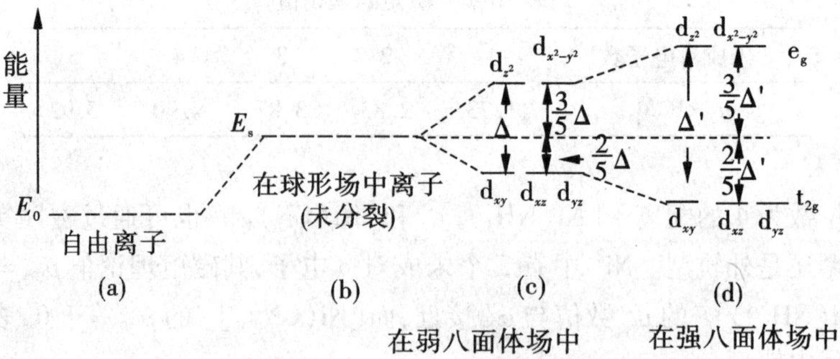

图 10-3　在正八面体场中中心离子 d 轨道能级的分裂

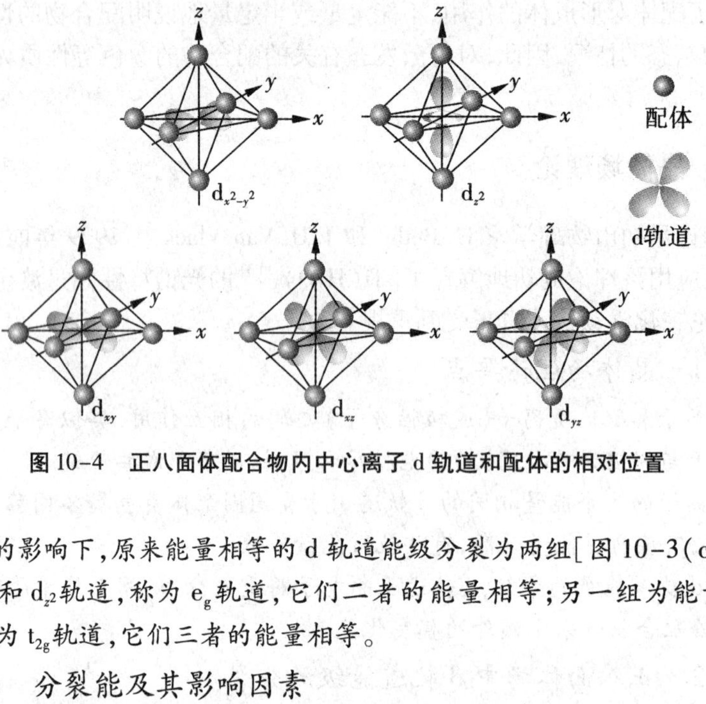

图 10-4　正八面体配合物内中心离子 d 轨道和配体的相对位置

即在配体的影响下，原来能量相等的 d 轨道能级分裂为两组[图 10-3(c)]：一组为能量较高的 $d_{x^2-y^2}$ 和 d_{z^2} 轨道，称为 e_g 轨道，它们二者的能量相等；另一组为能量较低的 d_{xy}，d_{yz}，d_{xz} 轨道，称为 t_{2g} 轨道，它们三者的能量相等。

10.2.2.3　分裂能及其影响因素

中心离子的 d 轨道受不同构型配体电场的影响，能级发生分裂，分裂后最高能级和最低能级之差称为分裂能，以 Δ 表示。如在正八面体场中分裂能通常用 Δ_o 表示（下标 o 表示八面体 octahedron），$\Delta_o = E_{e_g} - E_{t_{2g}}$，相当于一个电子由 t_{2g} 轨道跃迁到 e_g 轨道所需要的能量。分裂能可通过配合物的光谱实验测得。

影响分裂能大小的主要因素如下。

(1) 配合物的几何构型　在同种配体中，接近中心离子距离相同的条件下，根据计算得出正四面体场中 d 轨道的分裂能 Δ_t（下标 t 表示四面体 tetrahedron）仅为八面体场的 4/9，即 $\Delta_t = (4/9)\Delta_o$。

(2) 配体的性质　同种中心离子与不同配体形成相同构型的配离子时，其分裂能 Δ 值随配体场强弱不同而变化。表 10-7 列出 Cr^{3+} 与不同配体形成八面体配离子时分裂能的大小。

表 10-7　不同配体的晶体场分裂能

配离子	$[CrCl_6]^{3-}$	$[CrF_6]^{3-}$	$[Cr(H_2O)_6]^{3+}$	$[Cr(NH_3)_6]^{3+}$	$[Cr(en)_3]^{3+}$	$[Cr(CN)_6]^{3-}$
分裂能 $\Delta_o/(kJ \cdot mol^{-1})$	158	182	208	258	262	314

从表 10-7 中可看出，Cl^- 作为配体时 Δ_o 值小，即它对中心离子 3d 电子的排斥作用较小；CN^- 作配体时，Δ_o 值大，即在 CN^- 的八面体场中，中心离子 3d 电子强烈地被 CN^- 排斥。

配体场强越强，Δ_o 值就越大。配体场强的强弱顺序排列如下：

$$\text{弱场配体} \xrightarrow[\substack{I^- < Br^- < S^{2-} < SCN^- < Cl^- < F^- < OH^- < ONO^- < C_2O_4^{2-} < \\ H_2O < NCS^- < EDTA < NH_3 < en < NO_2^- < CN^- < CO}]{\text{场强增强}} \text{强场配体}$$

这个顺序是从配合物的光谱实验确定的，故称为光谱化学序列。大体上可以将 H_2O、NH_3 作为分界，分成弱场配体（如 I^-、Br^-、Cl^-、F^- 等）和强场配体（如 NO_2^-、CN^- 等）。

（3）中心离子的电荷　同种配体与同一过渡元素中心离子形成的配合物，中心离子正电荷越多，其 Δ 值越大。这是由于随着中心离子正电荷的增多，配体更靠近中心离子，中心离子外层 d 电子与配体之间的斥力增大，从而使 Δ 值增大。表 10-8 列出第四周期某些 M^{2+} 和 M^{3+} 六水合离子的分裂能 Δ_o 值。

表 10-8　$[M(H_2O)_6]^{2+}$ 和 $[M(H_2O)_6]^{3+}$ 的分裂能

			Ti	V	Cr	Mn	Fe	Co	Ni	Cu
氧化值	+2	中心离子 d 电子数	d^2	d^3	d^4	d^5	d^6	d^7	d^8	d^9
		$\Delta_o/kJ \cdot mol^{-1}$	—	151	166	93	124	111	102	151
	+3	中心离子 d 电子数	d^1	d^2	d^3	d^4	d^5	d^6	d^7	d^8
		$\Delta_o/kJ \cdot mol^{-1}$	243	211	208	251	164	—	—	—

（4）形成体所在周期数　同种配体与相同氧化值同族过渡元素离子所形成的配合物，其 Δ 值随中心离子在周期表中所处的周期数而递增（表 10-9）。一般第二过渡系比第一过渡系的 Δ_o 大 40% ~50%，第三过渡系比第二过渡系大 20% ~25%。这主要是由于后两过渡系金属离子的 d 轨道比较扩展，受配体场的作用较强烈。

表 10-9　不同周期元素的分裂能

周期	配离子	分裂能 $\Delta_o/kJ \cdot mol^{-1}$
四	$[Co(NH_3)_6]^{3+}$	274
五	$[Rh(NH_3)_6]^{3+}$	408
六	$[Ir(NH_3)_6]^{3+}$	490

10.2.2.4 电子成对能和配合物高、低自旋的预测

在八面体场中,中心离子的 d 轨道能级分裂为两组(t_{2g}和 e_g),由于 t_{2g}轨道比 e_g轨道能量低,按照能量最低原理,电子将优先分布在 t_{2g}轨道上。

对于具有 d^1 ~ d^3 构型的离子,当其形成八面体配合物时,根据能量最低原理和洪特规则,d 电子应分布在 t_{2g}轨道上。例如 Cr^{3+} 的 3 个 d 电子分布方式只有一种(图 10-5)。

对于 d^4 ~ d^7 构型的离子,当其形成八面体配合物时,d 电子可以有两种分布方式(图 10-5)。

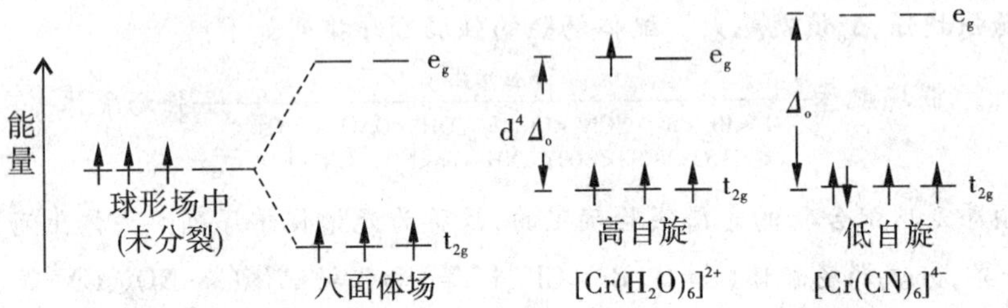

图 10-5 d^3 和 d^4 构型离子的电子分布

具有 d^4 构型的离子(如 Cr^{2+}、Mn^{3+}),其第 4 个电子可进入 e_g轨道,形成高自旋型配合物,此时需要克服分裂能 Δ_o;这个电子也可进入已被 d 电子占据的 t_{2g}轨道之一,并和原来占据该轨道的电子成对,形成低自旋配合物,此时需要克服电子成对能。

所谓电子成对能(P)是指当一个轨道上已有一个电子时,如果另有一个电子进入该轨道与之成对,为克服电子间的排斥作用所需要的能量。

若 $\Delta_o<P$,电子较难成对,而尽可能占据较多的 d 轨道,保持较多的自旋平行电子,形成高自旋型配合物。

若 $\Delta_o>P$,电子尽可能占据能量低的 t_{2g}轨道而自旋配对,成单电子数减少,形成低自旋型配合物。

具有 d^5、d^6、d^7构型的离子的 d 电子也有高自旋和低自旋两种分布方式。而具有 d^8、d^9、d^{10}构型的离子,其 d 电子分别只有 1 种分布方式,无高低自旋之分。

由以上讨论可知,中心离子 d 轨道上的电子究竟按哪种方式分布,取决于分裂能 Δ 值和电子成对能 P 的相对大小。在强场配体(如 CN^-)作用下,分裂能 Δ 值较大,此时 $\Delta>P$,易形成低自旋配合物。在弱场配体(如 H_2O, F^-)作用下,分裂能 Δ 值较小,此时 $\Delta<P$,则易形成高自旋配合物。

除上述两种情况外,少数情况下,Δ 和 P 值相近,这时高自旋和低自旋两种状态具有相近的能量,在外界条件(如温度、溶剂)的影响下,这两种状态可以互变。

10.2.2.5 晶体场稳定化能

中心离子 d 轨道在八面体场中能级分裂为两组(t_{2g}和 e_g)。d 轨道在分裂前后总能量应当不变,若以分裂前的球形场中的离子为基准,设其相对能量为零($E_s=0$),则有:

$$2E_{e_g}+3E_{t_{2g}}=0$$

而 t_{2g}和 e_g能量差等于分裂能:

$$E_{e_g}-E_{t_{2g}}=\Delta_o$$

由上两式可以解出：

$$E_{e_g}=+0.6\Delta_o$$
$$E_{t_{2g}}=-0.4\Delta_o$$

即在八面体场中 d 轨道能级分裂的结果与球形场中未分裂前比较，e_g轨道的能量上升了 $0.6\Delta_o$，而 t_{2g}轨道的能量下降了 $0.4\Delta_o$。非 d^{10}组态的形成体原子，其 d 电子进入分裂的轨道比处于未分裂轨道时的总能量有所降低。总能量降低值称为**晶体场稳定化能**(crystal stabilization energy)，用 CFSE 表示。如 $Ti^{3+}(d^1)$在八面体场中，其电子分布在 t_{2g}轨道上，相应的晶体场稳定化能 $CFSE=1\times(-0.4\Delta_o)=-0.4\Delta_o$。$Cr^{3+}(d^3)$在八面体场中，其电子分布为$(t_{2g})^3$，相应的晶体场稳定化能 $CFSE=3\times(-0.4\Delta_o)=-1.2\Delta_o$。

晶体场稳定化能与中心离子的 d 电子数有关，也与晶体场的场强有关，此外还与配合物的几何构型有关。晶体场稳定化能越负(代数值越小)体系越稳定。

10.2.2.6　晶体场理论的应用

电子成对能 P 和分裂能 Δ 可通过光谱实验数据求得，从而可推测配合物中心离子的电子分布及自旋状态。

例如，Co^{3+}(d^6构型)与弱场配体 F^-形成$[CoF_6]^{3-}$，测知其 $\Delta_o<P$，可推知中心离子 Co^{3+}的 d 电子处于高自旋状态，未成对电子有 4 个。若再应用价键理论，根据$\mu_{理}$与 n 的关系，还可估算$[CoF_6]^{3-}$的磁矩为 4.90 B. M.。

晶体场理论能较好地解释配合物的颜色。首先，我们来介绍一下物体颜色与它对光的吸收的关系，Ti^{3+}水合离子显紫色是由于该离子有一个宽吸收峰，从蓝光到黄光都存在强烈吸收，结果就显示出没有被吸收的红紫色。我们把这种没有吸收而显现的颜色叫做被吸收光的补色，如图[10-6(a)]所示为圆形补色图。该圆中某种颜色被吸收了，圆中相对于它的颜色，即它的补色就会显现。物质显色的基本原因是某些光被吸收而呈现出被吸收光的补色。

扩展到其他离子，实测的离子吸收光谱与显现的颜色如图[10-6(b)]所示。过渡元素水合离子为配离子，其中心离子在配体水分子的影响下，d 轨道能级分裂。而 d 轨道又常没有填满电子，当配离子吸收可见光区某一部分波长的光时，d 电子可从能级低的 d 轨道跃迁到能级较高的 d 轨道(例如八面体场中由 t_{2g}轨道跃迁到 e_g轨道)，这种跃迁称为 **d-d 跃迁**。发生 d-d 跃迁所需的能量即为轨道的分裂能 Δ。例如$[Ti(H_2O)_6]^{3+}$的中心离子 Ti^{3+}d-d 跃迁吸收光谱(图 10-7)最大吸收峰在 490 nm 处(蓝绿光)，所以它呈现出与蓝绿光相应的补色——紫红色。

对于不同的中心离子，虽然配体相同(都是水分子)，但 t_{2g}与 e_g能级差不同，d-d 跃迁时吸收不同波长的可见光，故显不同颜色。如果中心离子 d 轨道全空(d^0)或全满(d^{10})，则不可能发生 d-d 跃迁，其水合离子是无色的(如$[Zn(H_2O)_6]^{2+}$、$[Sc(H_2O)_6]^{3+}$等)。

前面已介绍，八面体场中中心离子的分裂能随中心离子正电荷的增多而增大，因此高氧化态的中心离子易形成低自旋配合物，低氧化态的中心离子易形成高自旋配合物。例如，$[Co(NH_3)_6]^{3+}$为低自旋，而$[Co(NH_3)_6]^{2+}$为高自旋。正是由于 $Co^{3+}(d^6)$的低自旋的晶体场稳定化能大于高自旋，其 6 个 d 电子成对分布在 t_{2g}轨道上，形成非常稳定的反磁性配合物，例如，$[Co(NH_3)_6]Cl_3$在 200 ℃时不分解，在热的浓 HCl 中也不分解。

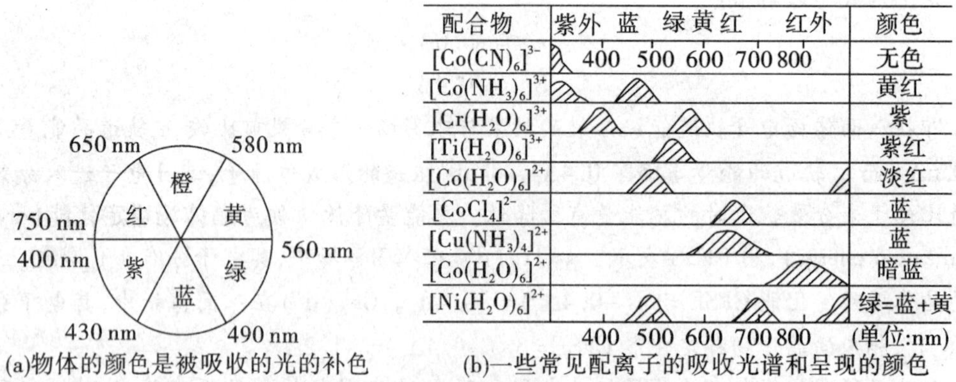

(a)物体的颜色是被吸收的光的补色 (b)一些常见配离子的吸收光谱和呈现的颜色

图 10-6 配离子的补色图及显现的颜色

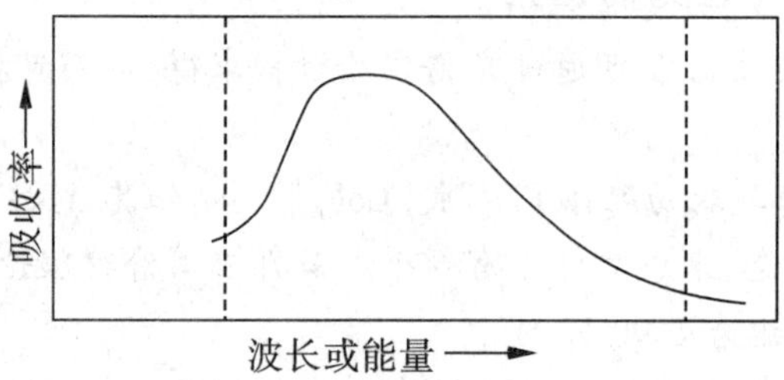

图 10-7 $[Ti(H_2O)_6]^{3+}$的吸收光谱

由于晶体场理论能较好地解释配合物的构型、稳定性、磁性、颜色等，因此自从 20 世纪 50 年代以来，有了很大的发展。但是它假设配体是点电荷或偶极子，只考虑中心离子与配体间的静电作用，相当于只考虑离子键作用，没有考虑二者之间有一定程度的共价结合，因此对$[Ni(CO)_4]$、$[Fe(C_5H_5)_2]$类配合物无法说明，也不能完全满意地解释光谱化学序列。例如为什么 NH_3分子的场强比卤素负离子强，以及为什么 CN^-及 CO 配体场强最强，这些都需要用配位场理论阐明。

10.3 配合物在水溶液中的稳定性

含配离子的可溶性配合物在水中的解离有两种情况：一种发生在内界与外界之间的全部解离；另一种发生在配离子的中心离子与配体之间的部分解离(类似弱电解质)。

10.3.1 配位平衡及平衡常数

在$[Cu(NH_3)_4]SO_4$溶液中，若加 $BaCl_2$溶液，会产生 $BaSO_4$白色沉淀；若加入少量 NaOH 溶液，却得不到 $Cu(OH)_2$沉淀；若加入 Na_2S 溶液，则可得到黑色的 CuS 沉淀。可见，$[Cu(NH_3)_4]^{2+}$在水溶液中只能微弱地解离出 Cu^{2+}和 NH_3。在$[Cu(NH_3)_4]SO_4$溶液中，实际上存在着如下平衡：

$$[Cu(NH_3)_4]^{2+} \rightleftharpoons Cu^{2+} + 4NH_3$$

$$Cu^{2+} + 4NH_3 \rightleftharpoons [Cu(NH_3)_4]^{2+}$$

前者是配离子的解离反应，后者则是配离子的生成反应。与之相应的标准平衡常数分别叫做配离子的解离常数和生成常数，分别用符号 $K_d^\ominus$ 和 $K_f^\ominus$ 表示。$K_d^\ominus$ 是配离子不稳定性的量度，对相同配位数的配离子来说，$K_d^\ominus$ 越大，表示配离子越易解离；$K_f^\ominus$ 是配离子稳定性的量度，$K_f^\ominus$ 值越大表示该配离子在水中越稳定。因而 $K_d^\ominus$ 和 $K_f^\ominus$ 又分别称为不稳定常数和稳定常数，分别表示为：

$$K_d^\ominus = K_{不稳}^\ominus = \frac{[c(Cu^{2+})/c^\ominus][c(NH_3)/c^\ominus]^4}{c\{[Cu(NH_3)_4]^{2+}\}/c^\ominus}$$

$$K_f^\ominus = K_{稳}^\ominus = \frac{c\{[Cu(NH_3)_4]^{2+}\}/c^\ominus}{[c(Cu^{2+})/c^\ominus][c(NH_3)/c^\ominus]^4}$$

显然任何一个配离子的 $K_f^\ominus$ 与 $K_d^\ominus$ 为倒数关系。

$$K_f^\ominus = \frac{1}{K_d^\ominus}$$

在溶液中配离子的生成是分步进行的，每一步都有一个对应的稳定常数，我们称它为逐级稳定常数（或分步稳定常数）。例如：

$$Cu^{2+} + NH_3 \rightleftharpoons [Cu(NH_3)]^{2+}$$

$$K_1^\ominus = \frac{c\{[Cu(NH_3)]^{2+}\}/c^\ominus}{[c(Cu^{2+})/c^\ominus][c(NH_3)/c^\ominus]} = 10^{4.31}$$

$$[Cu(NH_3)]^{2+} + NH_3 \rightleftharpoons [Cu(NH_3)_2]^{2+}$$

$$K_2^\ominus = \frac{c\{[Cu(NH_3)_2]^{2+}\}/c^\ominus}{(c\{[Cu(NH_3)]^{2+}\}/c^\ominus)[c(NH_3)/c^\ominus]} = 10^{3.67}$$

$$[Cu(NH_3)_2]^{2+} + NH_3 \rightleftharpoons [Cu(NH_3)_3]^{2+}$$

$$K_3^\ominus = \frac{c\{[Cu(NH_3)_3]^{2+}\}/c^\ominus}{(c\{[Cu(NH_3)_2]^{2+}\}/c^\ominus)[c(NH_3)/c^\ominus]} = 10^{3.04}$$

$$[Cu(NH_3)_3]^{2+} + NH_3 \rightleftharpoons [Cu(NH_3)_4]^{2+}$$

$$K_4^\ominus = \frac{c\{[Cu(NH_3)_4]^{2+}\}/c^\ominus}{(c\{[Cu(NH_3)_3]^{2+}\}/c^\ominus)[c(NH_3)/c^\ominus]} = 10^{3.67}$$

多配体配离子的总稳定常数（或累积稳定常数）等于逐级稳定常数的乘积。

例如：

$$Cu^{2+} + 4NH_3 \rightleftharpoons [Cu(NH_3)_4]^{2+}$$

$$K_f^\ominus = K_1^\ominus \cdot K_2^\ominus \cdot K_3^\ominus \cdot K_4^\ominus = \frac{c\{[Cu(NH_3)_4]^{2+}\}/c^\ominus}{[c(Cu^{2+})/c^\ominus][c(NH_3)/c^\ominus]^4} = 10^{13.32}$$

一些常见配离子的稳定常数列于表 10-10 中。

表 10-10 一些常见配离子的稳定常数

配离子	$K_f^\ominus$	配离子	$K_f^\ominus$
$[AgCl_2]^-$	1.10×10^{3}	$[Cu(NH_3)_2]^+$	7.24×10^{10}
$[Ag(CN)_2]^-$	1.26×10^{21}	$[Cu(NH_3)_4]^{2+}$	2.09×10^{13}
$[Ag(NH_3)_2]^+$	1.12×10^{7}	$[Fe(CN)_6]^{4-}$	1.00×10^{35}
$[Ag(S_2O_3)_2]^{3-}$	2.88×10^{13}	$[Fe(CN)_6]^{3-}$	1.00×10^{42}
$[AlF_6]^{3-}$	6.90×10^{19}	$[FeF_6]^{3-}$	2.04×10^{14}
$[Au(CN)_2]^-$	1.99×10^{38}	$[HgCl_4]^{2-}$	1.17×10^{15}
$[Ca(EDTA)]^{2-}$	1.00×10^{11}	$[HgI_4]^{2-}$	6.76×10^{29}
$[Cd(en)_2]^{2+}$	1.23×10^{10}	$[Hg(CN)_4]^{2-}$	2.51×10^{41}
$[Cd(NH_3)_4]^{2+}$	1.32×10^{7}	$[Mg(EDTA)]^{2-}$	4.37×10^{8}
$[Co(NH_3)_6]^{2+}$	1.29×10^{5}	$[Ni(CN)_4]^{2-}$	1.99×10^{31}
$[Co(NH_3)_6]^{3+}$	1.58×10^{35}	$[Ni(NH_3)_6]^{2+}$	5.50×10^{8}
$[Cu(CN)_2]^-$	1.00×10^{24}	$[Zn(CN)_4]^{2-}$	5.01×10^{16}
$[Cu(en)_2]^{2+}$	1.00×10^{20}	$[Zn(NH_3)_4]^{2+}$	2.88×10^{9}

10.3.2 配离子稳定常数应用

利用配离子的稳定常数,可以计算配合物溶液中有关离子的浓度,判断配离子与沉淀之间、配离子之间转化的可能性,此外还可利用 $K_f^\ominus$ 值计算有关电对的电极电势。

10.3.2.1 计算配合物溶液中有关离子的浓度

由于一般配离子的逐级稳定常数彼此相差不大,因此在计算离子浓度时应注意考虑各级配离子的存在。但在实际工作中,一般所加配位剂过量,此时中心离子基本上处于最高配位状态,所以低级配离子可以忽略不计,因而可以根据总的稳定常数 $K_f^\ominus$ 进行计算。

例 10-1 计算溶液中 1.0×10^{-3} mol·dm^{-3} $[Cu(NH_3)_4]^{2+}$ 和 1.0 mol·dm^{-3} NH_3 处于平衡状态时,游离 Cu^{2+} 的浓度。

解: 设平衡时 $c(Cu^{2+}) = x$ mol·dm^{-3}

	Cu^{2+}	+	$4NH_3 \rightleftharpoons$	$[Cu(NH_3)_4]^{2+}$
平衡浓度/(mol·dm^{-3})	x		1.0	1.0×10^{-3}

已知 $[Cu(NH_3)_4]^{2+}$ 的 $K_f^\ominus = 2.09\times10^{13}$,将上述各项代入累积稳定常数表示式,得出:

$$K_f^\ominus = \frac{c\{[Cu(NH_3)_4]^{2+}\}/c^\ominus}{[c(Cu^{2+})/c^\ominus]\,[c(NH_3)/c^\ominus]^4} = \frac{1.0\times10^{-3}}{x(1.0)^4} = 2.09\times10^{13}$$

$$x = \frac{1.0\times10^{-3}}{1\times2.09\times10^{13}} = 4.8\times10^{-17}\ \text{mol}\cdot\text{dm}^{-3}$$

因此游离 $c(Cu^{2+})$ 为 4.8×10^{-17} mol·dm^{-3}。

虽然在计算 Cu^{2+} 浓度时可以按上式进行简单计算，但并非溶液中绝对不存在 $[Cu(NH_3)]^{2+}$、$[Cu(NH_3)_2]^{2+}$、$[Cu(NH_3)_3]^{2+}$。上例中因有过量 NH_3 存在，且 $[Cu(NH_3)_4]^{2+}$ 的稳定常数 $K_f^\ominus$ 又很大，故忽略配离子的解离是合理的。

例 10-2　将 10.0 cm^3、0.20 $mol \cdot dm^{-3}$ $AgNO_3$ 溶液与 10.0 cm^3、1.0 $mol \cdot dm^{-3}$ $NH_3 \cdot H_2O$ 混合，计算溶液中 $c(Ag^+)$。

解：因溶液中 NH_3 过量，Ag^+ 能定量地转化为 $Ag[(NH_3)_2]^+$，且每形成 1 mol $[Ag(NH_3)_2]^+$ 要消耗 2 mol NH_3。

	Ag^+	+	$2NH_3$	$\rightleftharpoons$	$[Ag(NH_3)_2]^+$
起始浓度/$mol \cdot dm^{-3}$	0.10		0.50		0
平衡浓度/$mol \cdot dm^{-3}$	x		$0.50-2\times0.1+2x$		$0.1-x$

$$x=\frac{c\{[Ag(NH_3)_2]^+\}/c^\ominus}{[c(NH_3)/c^\ominus]^2 \cdot K_f^\ominus}=\frac{0.10}{0.30^2\times1.12\times10^7}=9.9\times10^{-8}(mol \cdot dm^{-3})$$

$c(Ag^+)=9.9\times10^{-8}\ mol \cdot dm^{-3}$

10.3.2.2　判断配离子与沉淀之间转化的可能性

例 10-3　在 1 dm^3 例 10-1 所述的溶液中，加入 0.001 mol NaOH，问有无 $Cu(OH)_2$ 沉淀生成？若加入 0.001 mol Na_2S，有无 CuS 沉淀生成？（设溶液体积基本不变）

解：(1) 当加入 0.001 mol NaOH 后，溶液中 $c(OH)=0.001\ mol \cdot dm^{-3}$

已知 $K_{sp}^\ominus[Cu(OH)_2]=2.2\times10^{-20}$，计算溶液中离子积，得出：

$$Q=[c(Cu^{2+}) \cdot c(OH^-)^2]/(c^\ominus)^3=4.8\times10^{-17}\times(10^{-3})^2=4.8\times10^{-23}<K_{sp}^\ominus[Cu(OH)_2]$$

故加入 0.001 mol NaOH 后无 $Cu(OH)_2$ 沉淀生成。

(2) 若加入 0.001 mol Na_2S，溶液中 $c(S^{2-})=0.001\ mol \cdot dm^{-3}$（未考虑 S^{2-} 的水解）

已知 $K_{sp}^\ominus(CuS)=6.3\times10^{-36}$，计算溶液中离子积，得出：

$$Q=[c(Cu^{2+}) \cdot c(S^{2-})]/(c^\ominus)^2=4.8\times10^{-17}\times10^{-3}=4.8\times10^{-20}>K_{sp}^\ominus(CuS)$$

因此加入 0.001 mol Na_2S 后有 CuS 沉淀产生。

10.3.2.3　判断配离子之间转化的可能性

配离子之间的转化，与沉淀之间的转化类似，反应向着生成更稳定的配离子的方向进行。两种配离子的稳定常数相差越大，转化越完全。

例 10-4　向含有 $[Ag(NH_3)_2]^+$ 的溶液中加入 KCN，此时可能发生下列反应：

$$[Ag(NH_3)_2]^+ + 2CN^- \rightleftharpoons [Ag(CN)_2]^- + 2NH_3$$

通过计算，判断 $[Ag(NH_3)_2]^+$ 是否可能转化为 $[Ag(CN)_2]^-$。

解：根据平衡常数表示式可写出：

$$K^\ominus=\frac{(c\{[Ag(CN)_2]^-\}/c^\ominus) \cdot [c(NH_3)/c^\ominus]^2}{(c\{[Ag(NH_3)_2]^+\}/c^\ominus) \cdot [c(CN^-)/c^\ominus]^2}=\frac{K_f^\ominus\{[Ag(CN)_2]^-\}}{K_f^\ominus\{[Ag(NH_3)_2]^+\}}$$

已知 $[Ag(NH_3)_2]^+$ 和 $[Ag(CN)_2]^-$ 的 $K_f^\ominus$ 分别为 1.12×10^7 和 1.26×10^{21}。

则 $K^\ominus=(1.26\times10^{21})/(1.12\times10^7)=1.13\times10^{14}$

$K^{\ominus}$ 值很大，说明转化反应能进行完全，在一定的 CN^- 浓度下，$[Ag(NH_3)_2]^+$ 可以完全转化为 $[Ag(CN)_2]^-$。

配离子的转化具有普遍性，金属离子在水溶液中的配合反应，也是配离子之间的转化。例如：

$$Cu^{2+} + 4NH_3 \rightleftharpoons [Cu(NH_3)_4]^{2+}$$

实际反应是：

$$[Cu(H_2O)_4]^{2+} + 4NH_3 \rightleftharpoons [Cu(NH_3)_4]^{2+} + 4H_2O$$

但通常简写为前一反应式。

10.3.2.4 计算配离子的电极电势

氧化还原电对的电极电势随着配合物的形成会发生改变。

例 10-5 已知 $\varphi^{\ominus}(Au^+/Au) = 1.83$ V，$[Au(CN)_2]^-$ 的 $K_f^{\ominus} = 1.99\times10^{38}$，计算 $\varphi^{\ominus}([Au(CN)_2]^-/Au)$ 值。

解：首先计算 $[Au(CN)_2]^-$ 在标准状态下平衡时解离出的 Au^+ 的浓度。

$$[Au(CN_2)]^- \rightleftharpoons Au^+ + 2CN^-$$

$$K_d^{\ominus} = \frac{c(Au^+)c(CN^-)^2}{c\{[Au(CN)_2]^-\}\cdot(c^{\ominus})^2} = \frac{1}{K_f^{\ominus}\{[Au(CN)_2]^-\}} = 5.02\times10^{-39}$$

根据题意，配离子和配体的浓度均为 1 mol · dm^{-3}，则有：

$c(Au^+) = K_d^{\ominus}(c^{\ominus}) = 5.02\times10^{-39}(\text{mol}\cdot\text{dm}^{-3})$

将 $c(Au^+)$ 代人能斯特方程式：

$$\begin{aligned}\varphi^{\ominus}\{[Au(CN)_2]^-/Au\} &= \varphi^{\ominus}(Au^+/Au) + 0.059\ 16\ \lg[c(Au^+)/c^{\ominus}] \\ &= 1.83 + 0.059\ 16\times\lg(5.02\times10^{-39}) \\ &= 1.83 - 2.27 = -0.44(\text{V})\end{aligned}$$

由此例可以看出，当 Au^+ 形成配离子以后，$\varphi^{\ominus}\{[Au(CN)_2]^-/Au\} < \varphi^{\ominus}(Au^+/Au)$，有配体 CN^- 存在时，单质金的还原能力显著增强，易被氧化为 $[Au(CN)_2]^-$。

一种配体和同一元素不同氧化数的离子形成配位数相同的两种配离子，如 $[Co(NH_3)_6]^{2+}$ 和 $[Co(NH_3)_6]^{3+}$，可利用它们的 $K_f^{\ominus}$ 值求出 $\varphi^{\ominus}\{[Co(NH_3)_6]^{3+}/[Co(NH_3)_6]^{2+}\}$。

例 10-6 已知：$\varphi^{\ominus}(Co^{3+}/Co^{2+}) = +1.82$ V，$K_f^{\ominus}\{[Co(NH_3)_6]^{3+}\} = 1.58\times10^{35}$，$K_f^{\ominus}\{[Co(NH_3)_6]^{2+}\} = 1.29\times10^5$，求 $\varphi^{\ominus}\{[Co(NH_3)_6]^{3+}/[Co(NH_3)_6]^{2+}\}$。

解：根据已知条件，可以设计成如下原电池：

$(-)Pt|[Co(NH_3)_6]^{3+}, [Co(NH_3)_6]^{2+}, NH_3 || Co^{3+}, Co^{2+}|Pt(+)$

该电池反应为：$Co^{3+} + [Co(NH_3)_6]^{2+} \rightleftharpoons [Co(NH_3)_6]^{3+} + Co^{2+}$

反应的平衡常数为 $K^{\ominus} = \dfrac{K_f^{\ominus}\{[Co(NH_3)_6]^{3+}\}}{K_f^{\ominus}\{[Co(NH_3)_6]^{2+}\}} = \dfrac{1.58\times10^{35}}{1.29\times10^5} = 1.22\times10^{30}$

再根据氧化还原反应的平衡常数与电极电势的关系：$\lg K^{\ominus} = \dfrac{n(\varphi_{(+)}^{\ominus} - \varphi_{(-)}^{\ominus})}{0.059\ 16}$

$$\lg(1.22\times10^{30}) = \frac{1.82 - \varphi_{(-)}^{\ominus}}{0.059\ 16}$$

$\varphi^{\ominus}_{(-)} = \varphi^{\ominus}\{[Co(NH_3)_6]^{3+}/[Co(NH_3)_6]^{2+}\} = 0.04\ V$

此值与 $\varphi^{\ominus}(Co^{3+}/Co^{2+})$(+1.82 V)比较,可推测$[Co(NH_3)_6]^{2+}$的还原性比$Co^{2+}$强。事实上空气中的氧即可将$[Co(NH_3)_6]^{2+}$氧化为$[Co(NH_3)_6]^{3+}$,而$Co^{2+}$在相同的条件下却很稳定,$[Co(NH_3)_6]^{3+}$的氧化能力极弱,而$Co^{3+}$却有极强的氧化性。

10.3.3 影响配合物稳定性的因素

配合物在溶液中的稳定性差别很大。影响配合物稳定性的因素很多,主要是中心离子与配位体的性质,另外温度、压强及溶液的浓度对配合物的稳定性也有一定影响。

10.3.3.1 中心离子的影响

一般而言,过渡金属离子形成配离子的能力比主族金属离子强。而在主族金属离子中,又以电荷少、半径大的ⅠA族生成配离子的能力最弱。

一般认为,稀有气体电子构型的金属离子,包括ⅠA、ⅡA、ⅢA以及Sc(Ⅲ)、Y(Ⅲ)、La(Ⅲ)、Zr(Ⅳ)、Hf(Ⅳ)等,主要以静电引力与配体形成配离子。当配体一定时,这些配离子的稳定性取决于中心离子的电荷和半径。中心离子的电荷越多,半径越小,形成的配离子越稳定。综合考虑离子电荷 Z 及半径 r 对形成配离子稳定性的影响,Z^2/r 可以作为一般判断中心离子形成配离子稳定性大小的标准。表10-11列出了一些金属离子的 Z^2/r 及其与EDTA形成配离子的 $\lg K_f^{\ominus}$。可以看出,配离子的稳定性随 Z^2/r 值的增大而增大。

具有18或18+2电子层结构的金属离子,如Cu^+、Cd^{2+}、In^{3+}、Pb^{2+}等,在离子半径和电荷相似、配体相同的条件下,其配合物比8电子层结构的金属离子的配合物稳定。这是由于具有18或18+2电子层的离子,对原子核电荷的屏蔽作用比8电子层结构的离子小,又由于有较大的有效核电荷,所以表现出较强的极化作用。另外,18或18+2电子层结构的金属离子也表现出较大的变形性。在配离子中,金属离子与配体之间的相互极化作用,导致配离子中的配位键具有明显的共价性,增强了配离子的稳定性。例如,Ca^{2+}与Cd^{2+}离子的 Z^2/r 值虽然相同,但Cd^{2+}与EDTA的配离子远较Ca^{2+}的稳定。

表10-11 金属离子的半径(r)、电荷(Z)、Z^2/r 与配合物稳定常数($\lg K_f^{\ominus}$)的关系

中心离子	r/pm	Z^2/r	$\lg K_f^{\ominus}$
Li^+	68.0	0.015	2.79
Na^+	97.0	0.010	1.66
K^+	133.0	0.008	0.80
Ca^+	99.0	0.040	10.69
Sr^{2+}	112.0	0.036	8.73
Ba^{2+}	134.0	0.030	7.86
Sc^{3+}	73.2	0.123	23.10
Y^{3+}	89.3	0.101	18.09
La^{3+}	101.6	0.089	15.50

10.3.3.2 配体的影响

(1)配位原子的电负性　对于2和8电子构型的金属离子,配位原子的电负性越大,形成的配合物越稳定。其顺序是:

$$F \gg Cl > Br > I$$

$$O \gg S > Se > Te$$

$$N \gg P > As > Sb$$

对于18和18+2电子构型的金属离子,配位原子的电负性越小,越容易给出电子对,形成的配离子越稳定。其顺序是:

$$N \ll P < As$$

$$F \ll Cl < Br < I$$

$$O < S$$

$$N \gg O \gg F$$

在这类配离子中,若既存在σ配键,也存在反馈π键,则可大大增加它们的稳定性。

(2)配体的碱性　可以设想,若配体越容易键合质子(碱性越强),就越容易键合金属离子。事实证明,当中心离子一定时,配位原子相同的一系列结构上密切相关的配体,其键合质子的能力顺序往往与同一种金属离子相应配合物的稳定常数的顺序相一致。即配体的碱性越强,生成的配合物越稳定。表10-12列出了若干配体的 $K_b^\ominus$ 及其与 Ag^+ 配合物的稳定常数。

表10-12　配体的碱性与配合物稳定性的关系

配体	$K_b^\ominus$	$\lg K_f^\ominus, Ag^+$
β-萘胺	1.9×10^{-10}	1.62
吡啶(Py)	2.0×10^{-9}	4.35
NH_3	1.8×10^{-5}	7.05

(3)螯合效应　**螯合物**是由中心离子和多齿配体结合而成的具有环状结构的配合物。例如,Cu^{2+} 与2个乙二胺形成2个五原子环的螯合离子 $[Cu(en)_2]^{2+}$。

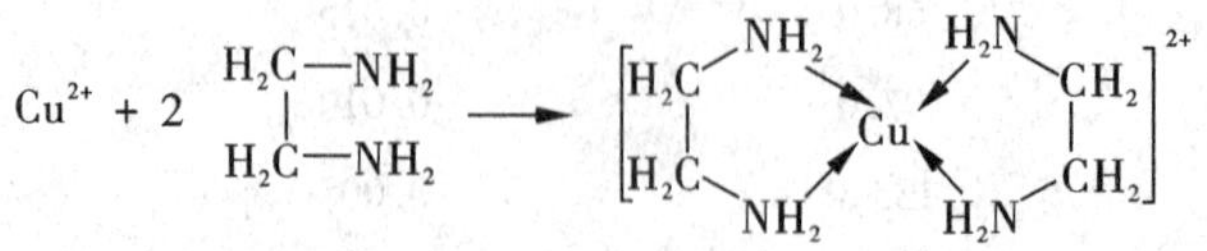

在考察配合物的稳定性时发现,螯合物比组成和结构与它相近的非螯合物稳定。表10-13列出一些金属离子分别与乙二胺和 NH_3 形成的螯合物和与一般配合物的稳定常数,可以看出螯合物在溶液中更难解离,这种现象叫做"**螯合效应**"。

表 10-13　一些螯合物与一般配合物稳定常数比较

螯合物	$K_f^{\ominus}$	一般配合物	$K_f^{\ominus}$
$[Cu(en)_2]^{2+}$	1.0×10^{20}	$[Cu(NH_3)_4]^{2+}$	2.09×10^{13}
$[Zn(en)_2]^{2+}$	6.76×10^{10}	$[Zn(NH_3)_4]^{2+}$	2.88×10^{9}
$[Co(en)_3]^{2+}$	6.6×10^{13}	$[Co(NH_3)_6]^{2+}$	1.29×10^{5}
$[Ni(en)_3]^{2+}$	2.14×10^{10}	$[Ni(NH_3)_6]^{2+}$	5.50×10^{8}

螯合效应产生的原因,可由热力学效应加以说明。

一个反应的平衡常数 $K^{\ominus}$ 满足:$-RT\ln K^{\ominus}=\Delta_r H_m^{\ominus}-T\Delta_r S_m^{\ominus}$。事实表明,组成相似的非螯合物与螯合物的 $\Delta_r H_m^{\ominus}$ 相当接近,因此,螯合物生成时稳定性的增大主要是熵效应引起的。为什么形成螯合物时,$\Delta_r S_m^{\ominus}$ 比生成简单配合物的 $\Delta_r S_m^{\ominus}$ 大呢?定性地理解是不困难的。当溶液中形成简单配合物时,配体取代金属离子的配位水分子,溶液中质点总数没有改变;但在形成螯合物时,每个多齿配体取代两个或更多个配位水分子,所以反应后的质点总数增加,从而使体系的混乱度增大。

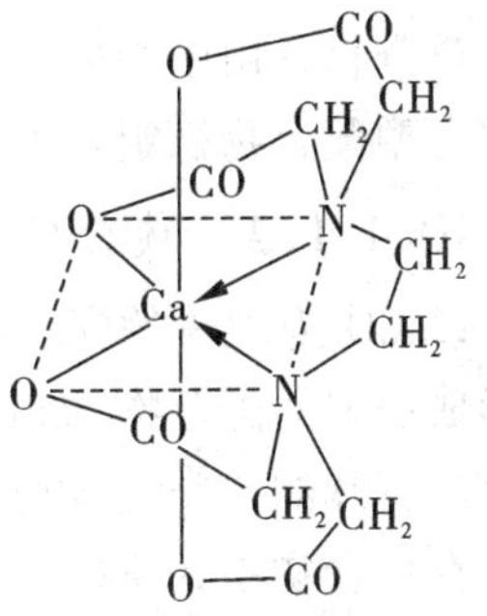

图 10-8　$[Ca(EDTA)]^{2-}$ 结构

此外,螯合环的大小与多少对螯合物稳定性也有一定的影响。在大多数情况下,五元和六元环具有最大的稳定性,而且一个多齿配体与中心离子形成的螯环数越多,螯合物越稳定。例如,乙二胺四乙酸分子(H_4EDTA)具有 6 个配位原子(2 个胺基氮原子和 4 个羧基氧原子),是应用最广的氨羧配合剂,大多数金属离子都能与它形成很稳定的五元环的螯合物。乙二胺四乙酸与 Ca^{2+} 形成的配合物 $[Ca(EDTA)]^{2-}$ 结构如图 10-8 所示,其中有 5 个五元环,因而它很稳定,利用这种性质可以测定硬水中 Ca^{2+}、Mg^{2+} 的含量。

10.4　配合物的类型和制备方法

10.4.1　配合物的类型

配合物涉及的范围很广,主要有简单配合物、多核配合物、螯合物、羰合物、原子簇状化合物、同多酸及杂多酸型配合物、大环配合物、金属有机配合物、配位聚合物等类型。

10.4.1.1　简单配合物

简单配合物是一类由单齿配体(如 NH_3、H_2O、X^- 等)与中心离子直接配位形成的配合物。例如 $[Cu(NH_3)_4]SO_4$、$[Ag(NH_3)_2]Cl$、$K_2[PtCl_4]$ 和 $Na_3[AlF_6]$ 等。另外大量水合物实际上也是以水为配体的简单配合物,例如 $CuSO_4\cdot5H_2O$ 即 $[Cu(H_2O)_4]SO_4\cdot H_2O$,$FeSO_4\cdot7H_2O$ 即 $[Fe(H_2O)_6]SO_4\cdot H_2O$,$CrCl_3\cdot6H_2O$ 即 $[Cr(H_2O)_6]Cl_3$,以上这些简单配合物称为维尔纳型配合物。

10.4.1.2　多核配合物

多核配合物是指一个配合物中有两个或两个以上的中心离子,即一个配位原子同时与两个中心离子结合所形成的配合物称多核配合物。例如,在钴氨溶液的氧化过程中往往会生成多核配合物。$[Co(NH_3)_6]^{2+}$在空气中氧化可能是通过这种多核中间体而进行的,其中两个 Co 原子以过氧基及氨基作为桥而被连接起来。

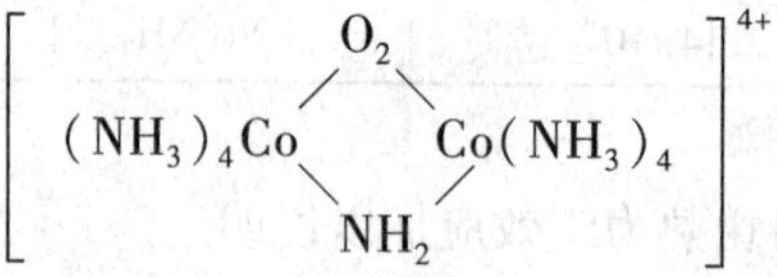

这类配合物很多。许多盐的水解均是先生成多核配合物,最后聚合脱水成水合金属氧化物,如 Fe^{3+}、Cr^{3+}等离子的水解均经此过程。

10.4.1.3　螯合物

螯合物是由中心离子和多齿配体结合而成的具有环状结构的配合物,比结构相似的非螯合型配合物稳定。很多螯合物具有特征的颜色、难溶于水、易溶于有机溶剂。

10.4.1.4　羰合物

以 CO 为配体的配合物称为羰基配合物(简称羰合物)。CO 几乎可以和全部过渡金属形成稳定的配合物,如 $Fe(CO)_5$、$Ni(CO)_4$、$Co_2(CO)_8$等,羰合物无论在结构、性质上都是比较特殊的一类配合物。

在羰合物中,C 原子提供孤电子对给予中心金属原子的空轨道以形成 σ 配键[图 10-9(a)];另外,CO 分子以空的 2π 反键轨道接受金属原子 d 轨道上的孤电子对,形成反馈 π 键[图 10-9(b)],其结果使 M—C 键比共价单键略强。此类化合物中,金属原子常处于低正氧化态、零氧化态或负氧化态。

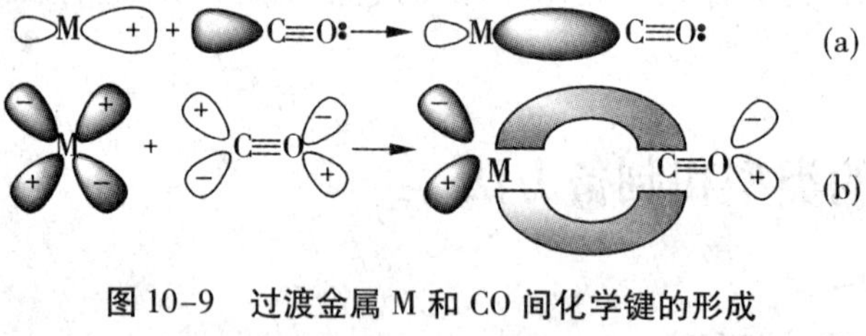

图 10-9　过渡金属 M 和 CO 间化学键的形成

(a)M—C 间的 σ 键　(b)M—C 的反馈 π 键

羰合物一般是中性分子,如$[Fe(CO)_5]$、$[Ni(CO)_4]$、$[Cr(CO)_6]$、$[Mn_2(CO)_{10}]$,也有少数是配离子,如$[V(CO)_6]^-$、$[Co(CO)_4]^-$、$[Mn(CO)_6]^+$等。研究发现,它们的组成都符合**有效原子序数规则**(简称 EAN)。此规则是 N. V. Sidgwick 在 1927 年提出的,他认为过渡金属配合物的中心(形成体)倾向于与一定数目的配体结合,以使自身周围的电子数等于同周期稀有气体元素的电子数(称为有效原子序数)。例如$[Ni(CO)_4]$中,Ni 原子序数为 28,核外电子为 28,四个羰基(CO)共提供八个电子,所以在$[Ni(CO)_4]$分子中,Ni 原子周围共聚有 36 个电子,相当具有第四周期 Kr 的电子构型。换言之,过渡金属形成配合物时,趋向于采取$(n-1)d^{10}ns^2n^6$电子构型,因此 EAN 规则也称 18 电子规则。请试用此规则验证[$Cr(CO)_6$]、[$Fe(CO)_5$]、[$Mn(CO)_6$]$^+$、[$V(CO)_6$]$^-$稳定存在的可能性。

羰合物熔点、沸点一般不高，较易挥发（有毒），不溶于水，一般易溶于有机溶剂，广泛用于纯化金属。羰基化合物与其他过渡金属有机化合物在配位催化领域应用广泛。

10.4.1.5　原子簇状化合物

原子簇状化合物是指具有两个或两个以上金属原子以金属-金属（M-M 键）直接结合而形成的化合物，简称簇合物。

过渡金属簇合物有很多类型，按配体分为碳基簇、卤素簇等；按金属原子数分类，则有二核簇、三核簇、四核簇（金属原子数分别为 2、3、4，余类推）等。现以最简单的双核簇合物[Re_2Cl_8]$^{2-}$为例，介绍其键型和性质。[Re_2Cl_8]$^{2-}$结构如图 10-10 所示，由数据可见 Re—Re 键长特别短（约 224 pm），比金属铼中 Re—Re 键长（约 276 pm）短很多，而且 2 个 Re 原子上的 Cl 原子之间距离（332 pm）也短于 2 个 Cl 原子的范德华半径之和，使 Re—Cl 键处于排斥力最大的位置。以上分析可以推测 Re—Re 之间形成了多重键。[Re_2Cl_8]$^{2-}$共有 24 个价电子，8 个 Re—Cl 键用去 16 个，剩下 8 个用来形成 Re—Re 键，它们填充在一个 σ 轨道、两个 π 轨道和一个 δ 轨道中，共有四个成键轨道，相当于一个四重键。如此高的键级可解释为什么 Re 与 Re 之间键长缩短很多、键能较大（为 300～500 kJ · mol^{-1}），亦即[Re_2C1_8]$^{2-}$能够稳定存在。

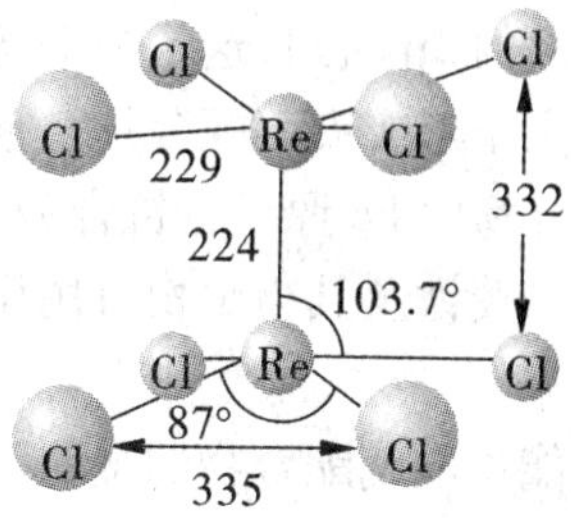

图 10-10　[Re_2CL_8]$^-$的结构

10.4.1.6　大环配合物

大环配合物是环骨架上带有 O、N、S、P 或 As 等多个配位原子的多齿配体形成的环状配合物。

典型的大环配体为冠醚，它是配位能力很强的配体，甚至能与碱金属、碱土金属离子形成稳定的配合物。

大环配合物具有很强的选择性，只能与一定的金属离子配位。工业上利用这一点分离金属离子，例如稀土离子，性质非常相似，它们的分离一直是化学中的难题。但利用冠醚的选择配位能力，可借萃取法使稀土元素分离。轻稀土金属离子如 La^{3+}、Ce^{3+}、Pr^{3+}、Nd^{3+} 等，可以同冠醚配体二苯并－18－冠－6 生成易溶于有机溶剂的 $Ln(NO_3)_3 \cdot C_{20}H_{24}O_5$（Ln＝$La^{3+}$、$Ce^{3+}$、$Pr^{3+}$、$Nd^{3+}$）型螯合物（图 10-11）。

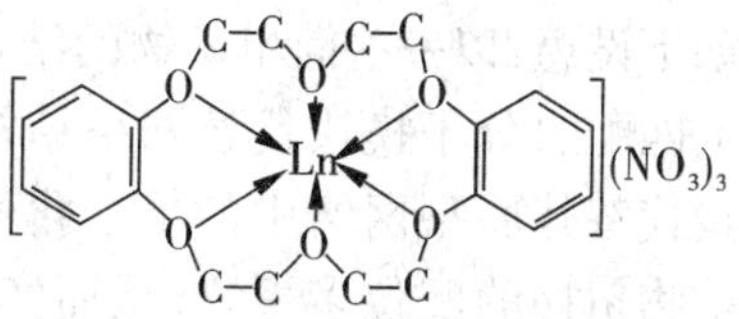

图 10-11　二苯并-18-冠-6 与稀土金属的配合物

大环配体配合物大量存在于自然界中，在生物体内也起重要作用。同时大环配合物在元素分离分析以及仿生化学等领域也有广泛用途。

10.4.1.7　金属有机配合物

含有金属-碳键的化合物称为金属有机配合物。和配位化学一样，它是在无机化学和有机化学相互渗透交叉中发展起来的，其中，以过渡金属茂配合物作为典型代表。1951 年 Pauson 和 Kealy 合成了二茂铁(图 10-12)，打破了传统配位键的概念。

图 10-12　二茂铁结构

$$2C_5H_5Na + FeCl_2 \longrightarrow (C_5H_5)_2Fe + 2NaCl$$

二茂铁又叫双环戊二烯基合铁(Ⅱ)，它是橙色晶体，其结构经 X 射线研究确定，二价铁离子被夹在两个平行的茂环之间，所以又叫夹心配合物。在茂环内，每个碳原子上各有一个垂直于茂环平面的 2p 轨道，这 5 个 2p 轨道及未成键的 p 电子组成大 π 键，再通过所有这些 π 电子与铁离子形成夹心配合物。它是一种没有极性且很稳定的固体，像苯一样有芳香性，这类 π 配合物中 Fe 原子也符合 18 电子规则。

二茂铁及其衍生物可用作火箭燃料等的添加剂、硅树脂和橡胶的熟化剂、紫外光的吸收剂等。

能生成茂配合物的金属，遍及整个元素周期表，包括过渡金属和一般金属。它们绝大多数是 π 配位，形成夹心型结构，但两环不一定是平行排列的，可形成弯曲夹心型，包括柄型夹心、半夹心、多层夹心、开环夹心等多种构型。

10.4.1.8　配位聚合物

配位聚合物通常是指中心金属离子和有机配体通过自组装而形成的具有周期性的高度规整的无限网络结构——金属有机骨架晶体材料。配位聚合物中既有共价键、配位键，又包含分子间弱相互作用力如氢键、π-π 堆积等，它属于超分子化学的一个分支。它结合了复合高分子和配合物两者的特点，既不同于一般的有机聚合物，也不同于 Si—O 类的无机聚合物。

配位聚合物的概念是由澳大利亚化学家 Robson 首次提出的，1989 年他使用 4,4′,4″,4‴-四氰基苯基甲烷和[$Cu(CH_3CN)$]·BF_4在硝基甲烷中反应得到了第一个三维配位聚合物(图 10-13)。而且他将 Wells 在无机网络结构中的工作拓展到配位多聚物领域，并提出如下设想：以一些简单矿物的结构为网络原型，用几何上匹配的分子模块代替网络结构中的节点，用分子链接代替其原型网络中的单个化学键，以此来构筑具有矿物拓扑的配位多聚物，从而实现该配位多聚物在离子交换、分离和催化方面的潜在应用。他成功地合成了具有金刚石拓扑的亚铜氰基配位多聚物，同时预言该类材料可能产生出比沸石分子筛更大的孔道和孔穴。Robson 教授开创性的工作为配位聚合物的研究指明了发展方向，并为配位聚合物的发展历史翻开了崭新的一页，此后这一领域的研究得到了迅速发展。

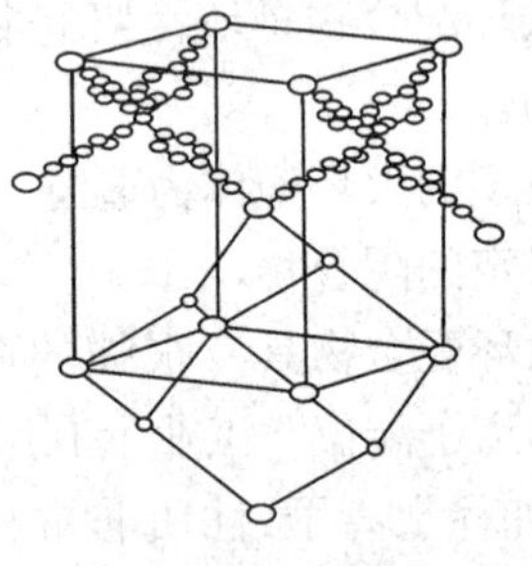
图 10-13　[$Cu(CH_3CN)$]·BF_4 的金刚石网状结构

根据配位聚合物框架结构的不同，可将其分为三大类：一维链状化合物、二维网状化合物和三维骨架化合物。配位聚合物和数学拓扑学的结合，不但能将繁杂、微观的晶体结构通过数学拓扑化处理，使其变得简单、直观，而且还能利用数学拓扑学空间延伸规律来指导配位聚合物多维体系的空间组装。最近十几年里，化学工作者合成了大量具有新型拓扑学结构的化合物,如一维的链状、梯子型、铁轨型、间隔链、交错链结构;二维的方形格子、双层结构、砖墙型和蜂窝型结构;三维的八面体、类八面体、金刚石结构以及其他的三维结构(图10-14)。

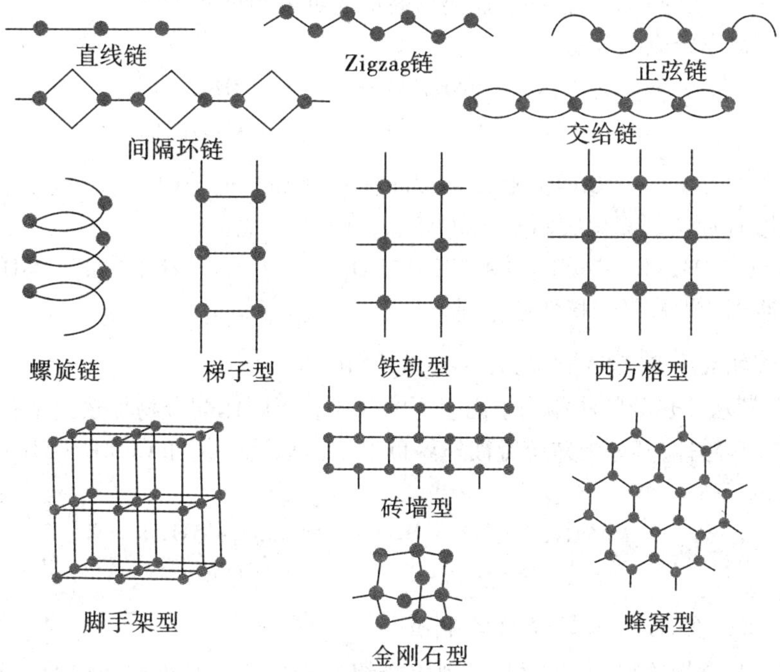

图10-14　常见的配位聚合物的几何构型

配位聚合物具有性质独特、结构多样化、不寻常的光电效应、可选择配位的众多过渡金属离子等特点,在非线性光学材料、磁性材料、超导材料及催化和生物活性等诸多方面都有很好的应用前景。

10.4.2　配合物的制备

配合物的制备分为经典配合物(维尔纳型)和包括金属羰合物在内的金属有机配合物两大类。经典配合物一般具有盐的性质,易溶于水;金属有机配合物则通常是共价化合物,一般易溶于非极性溶剂,熔点、沸点低。

10.4.2.1　经典配合物的制备

根据经典配合物合成的反应类型,可将配合物制备方法分为加成、取代、氧化还原及热分解等方法。

(1)加成法　这是制备配合物最简单的方法。例如:

$$BF_3(g) + NH_3(g) \longrightarrow [BF_3 \cdot NH_3](s)$$

(2)配体取代法　包括水溶液中取代和非水溶剂中取代两类。

水溶液中取代是最常用的方法之一。例如$[Cu(NH_3)_4]SO_4$可以用$CuSO_4$水溶液与过量NH_3水反应。

$$[Cu(H_2O)_4]^{2+}(浅蓝) + 4NH_3 \longrightarrow [Cu(NH_3)_4]^{2+}(深蓝) + 4H_2O$$

在反应混合液中加入乙醇或丙酮等有机溶剂，$[Cu(NH_3)_4]SO_4 \cdot H_2O$ 即可结晶析出。此法也适用于制备 Ni^{2+}、Co^{2+}、Zn^{2+}等的氨合物，但不适合制备 Fe^{3+}、Al^{3+}、Cr^{3+}、Ti^{4+}等的氨合物，因为氨水中存在的 OH^-与这些金属离子会形成难溶的氢氧化物。

在非水溶剂中合成配合物：

$$FeCl_2(无水) + 6NH_3(l) \longrightarrow [Fe(NH_3)_6]Cl_2$$

$$CrCl_3(无水) + 6NH_3(l) \longrightarrow [Cr(NH_3)_6]Cl_3$$

$$CrCl_3(无水) + 3en \xrightarrow{乙醇} [Cr(en)_3]Cl_3$$

(3)氧化、还原法　氧化法例如$[Co(NH_3)_6]Cl_3$的合成：

$$4[Co(H_2O)_6]Cl_2 + 4NH_4Cl + 20NH_3 + O_2 \longrightarrow 4[Co(NH_3)_6]Cl_3 + 26H_2O$$

此反应使用活性炭做选择性催化剂。

还原法例如 $K_2[Ni(CN)_4] + 2K \xrightarrow{液氨} K_4[Ni(CN)_4]$

(4)热分解法　热分解法相当于固态下的取代。当固体配合物加热到某一温度时，易挥发的配体分解跑掉，其原配体位置被外界负离子所取代。例如 $CuSO_4 \cdot 5H_2O$ 的加热失水就是一例。

$$\underset{蓝色}{[Cu(H_2O)_4]SO_4 \cdot H_2O} \longrightarrow \underset{白色}{CuSO_4} + 5H_2O$$

10.4.2.2　金属羰基配合物的制备

金属羰基配合物的制备方法很多，现仅介绍典型方法。对于铁和镍的二元金属羰合物，常用活性粉末状 Ni 和 Fe 与 CO 直接反应生成羰合物。

$$Ni + 4CO \longrightarrow [Ni(CO)_4]$$

$$Fe + 5CO \longrightarrow [Fe(CO)_5]$$

其他所有金属羰合物都是由相应化合物在还原条件下制得的，常用的还原剂有 Na、烷基铝或 CO 等。例如：

$$2CoCO_3 + 8CO + 2H_2 \longrightarrow [Co_2(CO)_8] + 2CO_2 + 2H_2O$$

$$Re_2O_7 + 17CO \longrightarrow [Re_2(CO)_{10}] + 7CO_2$$

最后值得提及的是：以往合成配合物大多是在液相中进行，利用室温和低热温度下的固相反应合成配合物尚未引起化学界的足够重视。南京大学忻新泉教授等利用室温和低热温度(<100 ℃)固-固相反应合成出数百个简单配合物、新的簇合物、新的多酸化合物。

10.5　配位化学的应用和发展前景

配合物化学已成为当代化学的前沿领域之一，它的发展打破了传统的无机化学和有机化学之间的界限，其新奇的特殊性能在生产实践中取得了重大应用。下面从几个方面作简要介绍。

10.5.1　在分析化学方面

10.5.1.1　离子的鉴定

通过螯合剂与某些金属离子生成有色难溶的内络盐，可作为这些离子的特征反应。例如 Cu^{2+} 的特效试剂（铜试剂），学名 *N*，*N'*-二乙胺基二硫代甲酸钠，它与 Cu^{2+} 离子在氨性溶液中能形成棕色螯合物沉淀，反应如下：

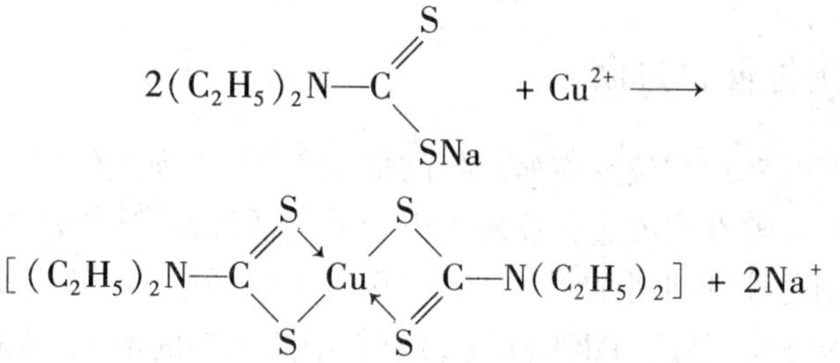

又如二甲基二肟是 Ni^{2+} 的特效试剂，在严格的 pH 值和氨浓度条件下，反应生成鲜红色的难溶二甲基二肟合镍（Ⅱ）沉淀，由此可以鉴定、测定 Ni^{2+}。

10.5.1.2　离子的掩蔽

多种金属离子共同存在时，要测定其中某一金属离子，其他金属离子往往会与试剂发生同类反应而干扰测定。例如，用 KSCN 鉴定 Co^{2+} 时，发生下列反应：

$$[Co(H_2O)_6]^{2+}(\text{粉红}) + 4SCN^- \xrightarrow{\text{乙醚}} [Co(SCN)_4]^{2-}(\text{艳蓝}) + 6H_2O$$

但是如果溶液中同时含有 Fe^{3+}，Fe^{3+} 也可与 SCN^- 反应，形成血红色的 $[Fe(SCN)]^{2+}$，妨碍对 Co^{2+} 的鉴定。若事先在溶液中先加入足量的配位剂 NH_4F，Fe^{3+} 形成更为稳定的无色配离子 $[FeF_6]^{3-}$，这样就可以排除 Fe^{3+} 对鉴定 Co^{2+} 的干扰作用。在分析化学上，这种排除干扰作用的效应称为**掩蔽效应**，所用的配位剂称为**掩蔽剂**。

10.5.1.3　离子的分离

例如，在含有 Zn^{2+} 与 Al^{3+} 的溶液中加入过量氨水可达到分离 Zn^{2+} 与 Al^{3+} 的目的。

$$(Zn^{2+}、Al^{3+}) \xrightarrow{\text{过量 } NH_3 \cdot H_2O} \begin{cases} [Zn(NH_3)_4]^{2+} \\ Al(OH)_3 \downarrow \end{cases}$$

10.5.1.4　有机沉淀剂

近年来发现某些有机螯合剂能和金属离子在水中形成溶解度极小的内络盐沉淀，它具有相当大的相对分子质量和固定的组成。少量的金属离子便可以产生相当大量的沉淀，这些沉淀还有易于过滤和洗涤的优点，因此利用有机沉淀剂可以大大提高重量分析的准确度。例如，8-羟基喹啉能从热的 $HAc-Ac^-$ 溶液中定量沉淀 Cu^{2+}、Al^{3+}、Fe^{3+}、Co^{2+}、Zn^{2+}、Mn^{2+} 等离子，这样就可以使上述离子同 Ca^{2+}、Sr^{3+} 等离子分离出来。反应通式如下：

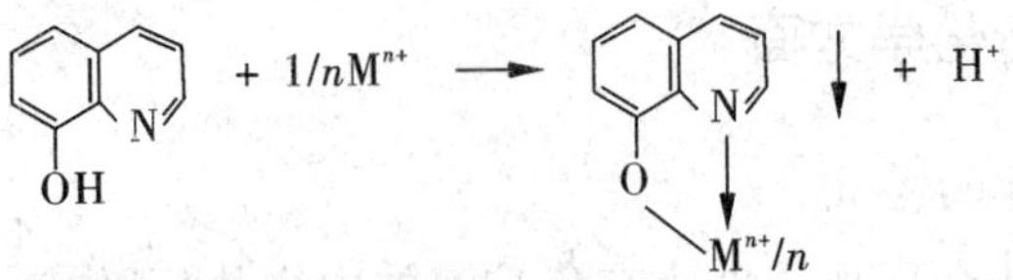

式中，n 为金属离子的电荷数，沉淀的通式只是一种简示式。如果 $n=1$，则生成 ML(1:1)；如果 $n=2$，则生成 ML_2(1:2)，余类推。

10.5.2　在配位催化方面

在有机合成中，凡利用配位反应而产生的催化作用，称为配位催化。单体分子先与催化剂活性中心配合，接着在内界进行反应。由于催化活性高、选择性专一以及反应条件温和，广泛应用于石油化学工业生产中。例如，用 Wacker 法由乙烯合成乙醛采用 $PdCl_2$ 和 $CuCl_2$ 的稀盐酸溶液催化，借助 $[PdCl_3(C_2H_4)]^-$ 等中间产物的形成，使 C_2H_4 分子活化，在常温常压下乙烯就能比较容易地氧化成乙醛，转化率高达95%。其反应式为：

$$C_2H_4+\frac{1}{2}O_2 \xrightarrow{PdCl_2+CuCl_2} CH_3CHO$$

10.5.3　在冶金工业方面

10.5.3.1　高纯金属的制备

绝大多数过渡元素都能与一氧化碳形成金属羰基配合物。与常见的相应金属化合物相比，它们容易挥发，受热易分解成金属和一氧化碳。利用上述特性，工业上采用羰基化精炼技术制备高纯金属。先将含有杂质的金属制成羰基配合物并使之挥发与杂质分离，然后加热分解制得纯度很高的金属。例如，制造铁芯和催化剂用的高纯铁粉，正是采用这种技术生产的。

$$\underset{(\text{细粉})}{Fe} + 5CO \xrightarrow[20\ \text{MPa}]{200\ ℃} [Fe(CO)_5] \xrightarrow{200\sim250\ ℃} 5CO + \underset{(\text{高纯})}{Fe}$$

由于金属羰基配合物大多剧毒、易燃，在制备和使用时应特别注意安全。

10.5.3.2　贵金属的提取

众所周知，贵金属难氧化，从矿石中提取有困难。但是当有合适的配合剂存在，例如在 NaCN 溶液中，Au 还原性增强，易被 O_2 氧化，形成 $[Au(CN)_2]^-$ 而溶解，然后用锌粉自溶液中置换出金。

$$4Au + 8CN^- + 2H_2O + O_2 \rightleftharpoons 4[Au(CN)_2]^- + 4OH^-$$

$$Zn + 2[Au(CN)_2]^- \rightleftharpoons 2Au + [Zn(CN)_4]^{2-}$$

10.5.4　在电镀工业方面

欲获得牢固、均匀、致密、光亮的镀层，金属离子在阴极镀件上的还原速率不应太快，为此要控制镀液中有关金属离子的浓度。几十年来，镀 Cu、Ag、Au、Zn、Sn 等工艺中用

NaCN 使有关金属离子转变为氰配离子，以降低镀液中简单金属离子的浓度。由于氰化物有剧毒，20 世纪 70 年代以来人们开始研究无氰电镀工艺，目前已研究出多种非氰配合剂，例如，1-羟基亚乙基-1，1-二磷酸（HEDP）便是一种较好的电镀通用配位剂，它与 Cu^{2+} 可形成羟基亚乙基二磷酸合铜（Ⅱ）配离子，电镀所得镀层达到质量标准。

10.5.5　在生物、医药学方面

生物体内各种各样起特殊催化作用的酶，几乎都与有机金属配合物密切相关。例如，植物固氮酶是铁、钼的蛋白质配合物。植物进行光合作用所必需的叶绿素是以 Mg^{2+} 为中心的配合物（图 10-15）。

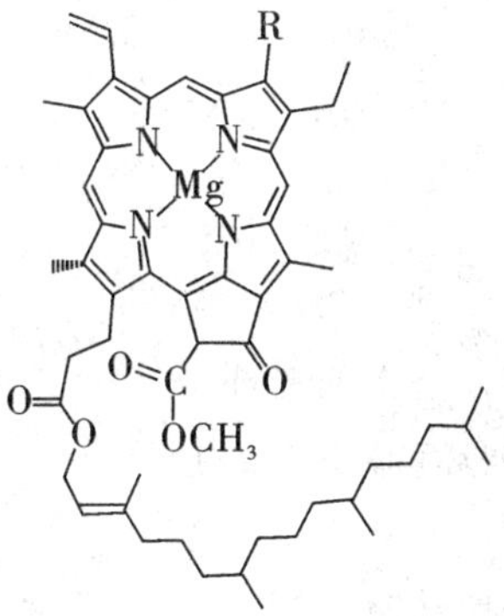

R=CH_3　叶绿素 a
R=CHO　叶绿素 b

图 10-15　叶绿素 a 和 b 的结构

在医学上，常利用配位反应治疗人体中某些元素的中毒。例如 EDTA 的钙盐是人体铅中毒的高效解毒剂。对于铅中毒病人，可以注射溶于生理盐水或葡萄糖溶液的Na_2[Ca(EDTA)]，这是因为：

$$Pb^{2+}+[Ca(EDTA)]^{2-} \longrightarrow [Pb(EDTA)]^{2-}+Ca^{2+}$$

$[Pb(EDTA)]^{2-}$ 及剩余的 $[Ca(EDTA)]^{2-}$ 均可随尿排出体外，从而达到解铅毒的目的。但是不可用 Na_2H_2EDTA 代替 $Na_2[Ca(EDTA)]$ 作注射液，它会使人体缺钙。

另外，治疗糖尿病的胰岛素，治疗血吸虫病的酒石酸锑钾以及抗癌药顺铂、二氯二茂钛等都属于配合物。现已证实多种顺铂 $[Pt(NH_3)_2Cl_2]$ 及其一些类似物对子宫癌、肺癌、睾丸癌有明显疗效。最近还发现金的配合物 $[Au(CN)_2]^-$ 有抗病毒作用。

除上述几个方面的应用外，在其他尖端技术如激光材料、超导体的研究，工业生产如染色、鞣革、硬水软化、矿石浮选等方面都离不开配位化学。

阅读材料

生物体中的配合物

配合物，特别是螯合物在生物体中具有重要作用。这些螯合物中至少含有九种元素是生命必需元素，它们是钒、铬、锰、铁、钴、镍、铜、锌和钼。这些金属元素的生物学效应是通过与生物配体的配位作用而产生的。卟啉类化合物和咕啉类化合物是两类重要的生物配体，前者含有卟啉环结构，后者含有咕啉环结构（图 10-16）。

血红蛋白是 Fe^{2+} 与卟啉类配体结合的配合物，其结构如图 10-17 所示。

它的中心是 Fe^{2+}，6 个配位原子占据八面体的顶点，其中卟啉环中的 4 个氮原子沿赤道方向配位，而另 1 个分子的血红蛋白质肽链中的 1 个组氨酸氮原子和 1 个配位水分子的氧原子则从轴向位置配位，该配位的 H_2O 容易与 O_2 发生可逆的交换反应。血液中的血红蛋白在肺部摄取 O_2，而将水替换下来，当血液流动时，结合了 O_2 的血红蛋白被输送到身体

的各个部位。在需氧的地方释放出 O_2，又将 H_2O 交换上去，从而起到输送 O_2 的作用。

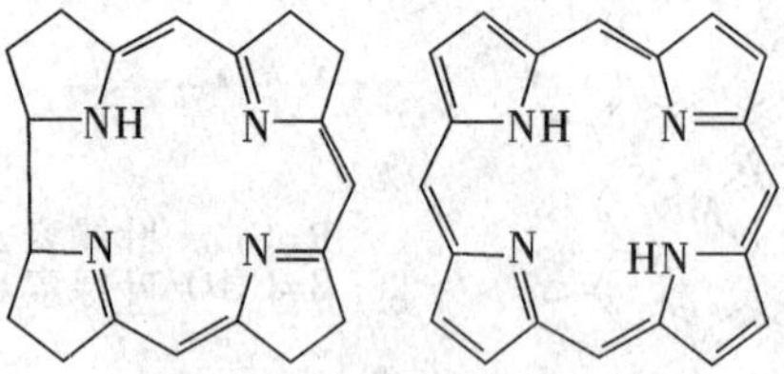

咕啉环　　　卟啉环

图 10-16　卟啉环和咕啉环结构

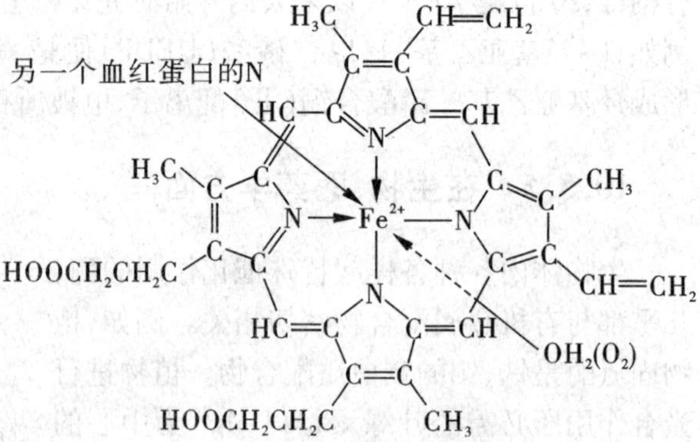

图 10-17　血红蛋白的结构

O_2 是强场配体，Fe^{2+} 的 6 个 d 电子呈现出反磁性，吸收了短波长光，因此动脉血呈红色。O_2 被弱场配体 H_2O 取代后，形成了高自旋配合物，吸收较长波长的光，产生静脉血的蓝色光泽。

其他配位基团（如 CN^-、CO）一旦交换到水位置上去，它们的配位能力较 O_2 强，不易为 O_2 替代，血红蛋白结合 CO 的能力是 O_2 的 200 倍，因此它们是剧毒的。

维生素 B_{12}（图 10-18）的金属离子是钴，处在咕啉环的中心位置，八面体排布的 6 个配位原子中有 4 个为环上的氮原子，1 个是侧链上的氮原子，最后是活性基团，如 CN 和 OH 或有机基团。

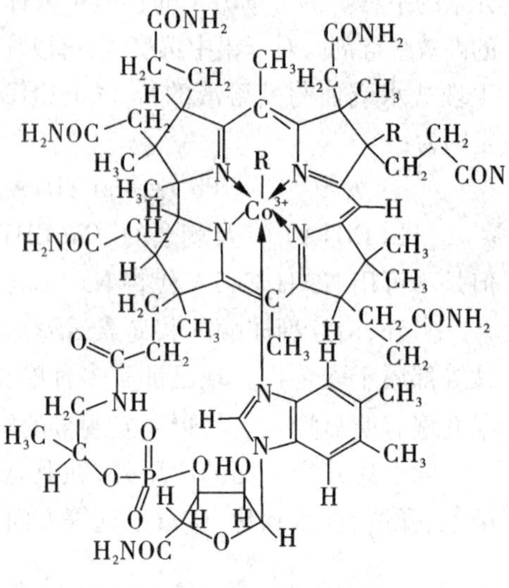

图 10-18　维生素 B_{12} 的结构

维生素 B_{12} 及其衍生物参与机体生化反应，主要是参与 DNA 和血红蛋白的合成、氨基酸代谢、氢和甲基的体内转移，对治疗贫血很有疗效。但是人体中的维生素 B_{12} 完全是从食物中获得，目前，维生素 B_{12} 的人工合成已获成功。

本章要点

基本概念：

（1）配合物　由形成体与配体以配位键结合而成的复杂化合物。

（2）形成体　在配合物中接受配体孤电子对的原子或离子。

（3）配体　在配合物中提供孤电子对的分子或离子。

（4）配位原子　配体中与形成体直接相连的原子。

（5）配位个体　由形成体结合一定数目的配体所形成的结构单元。

（6）配离子　带电荷的配位个体。

(7)配位数　在配位个体中与一个形成体成键的配位原子的总数。

配合物价键理论:形成体的杂化轨道与配位原子的某个孤电子对轨道相互重叠,形成配位键。

(1)形成体仅以最外层轨道杂化成键的配键称外轨配键;若形成体还使用了次外层轨道成键的配键称内轨配键。

(2)形成体与配位数均相同的配合物,内轨型比外轨型的要稳定。

(3)$\mu=\sqrt{n(n+2)}$,$\mu=0$ 的物质具有反磁性,$\mu>0$ 的物质具有顺磁性。

$K_f^\ominus$ 值越大,表示该配离子在水溶液中越稳定。$K_f^\ominus=\frac{1}{K_d^\ominus}$

$K_f^\ominus$ 的应用:计算配合物溶液中有关离子的浓度;判断配离子之间以及与沉淀间转化的可能性;计算由配离子组成电对的电极电势。

在配合物中,由于配体在中心离子周围排列的相对几何位置不同所产生的异构现象,称为几何异构现象。在平面正方形和八面体配位化合物中,存在几何异构体。

习题

1. 指出下列配离子的形成体、配体、配位原子及中心离子的配位数。

配离子	形成体	配　体	配位原子	配位数
$[Cr(NH_3)_6]^{3+}$				
$[Co(H_2O)_6]^{2+}$				
$[Al(OH)_4]^-$				
$[Fe(OH)_2(H_2O)_4]^+$				
$[PtCl_5(NH_3)]^-$				

2. 写出下列配合物的化学式。

(1)三氯 · 一氨合铂(Ⅱ)酸钾　　(2)高氯酸六氨合钴(Ⅱ)

(3)二氯化六氨合镍(Ⅱ)　　(4)四异硫氰酸根 · 二氨合铬(Ⅲ)铵

(5)一羟基 · 一草酸根 · 一水 · 一乙二胺合铬(Ⅲ)

(6)五氰 · 一羰基合铁(Ⅱ)酸钠

3. 命名下列配合物,并指出配离子的电荷数和形成体的氧化数。

配合物	名称	配离子电荷	形成体的氧化数
$[Cu(NH_3)_4][PtCl_4]$			
$Cu[SiF_6]$			
$K_3[Cr(CN)_6]$			
$[Zn(OH)(H_2O)_3]NO_3$			
$[CoCl_2(NH_3)_3H_2O]Cl$			

4. 有下列三种铂的配合物，用实验方法确定它们的结构，其结果如下：

物　质	Ⅰ	Ⅱ	Ⅲ
化学组成	$PtCl_4 \cdot 6NH_3$	$PtCl_4 \cdot 4NH_3$	$PtCl_4 \cdot 2NH_3$
溶液的导电性	导电	导电	不导电
可被 $AgNO_3$ 沉淀的 Cl^- 数	4	2	不发生

根据上述结果，写出上列三种配合物的化学式。

5. $PtCl_4$ 和氨水反应，生成化合物的化学式为 $Pt(NH_3)_4Cl_4$，将 1 mol 此化合物用 $AgNO_3$ 处理，得到 2 mol AgCl。试推断配合物内界和外界的组分，并写出其结构式。

6. 根据下列配离子中心离子未成对电子数及杂化类型，试绘制中心离子价层 d 电子分布示意图。

配离子	未成对电子数	杂化类型
$[Cu(CN)_4]^{2-}$	1	dsp^2
$[CoF_6]^{3-}$	4	sp^3d^2
$[Ru(CN)_6]^{4-}$	0	d^2sp^3
$[Co(NCS)_4]^{2-}$	3	sp^3

7. 下列配离子中磁矩最大的是哪个？

(1) $[Fe(CN)_6]^{3-}$　　(2) $[Fe(CN)_6]^{4-}$

(3) $[FeF_6]^{3-}$　　(4) $[CoF_6]^{3-}$

8. 已知 $[MnBr_4]^{2-}$ 和 $[Mn(CN)_6]^{3-}$ 的磁矩分别为 5.9 B. M 和 2.8 B. M，试根据价键理论推测这两种配离子价层 d 电子分布情况及它们的几何构型。

9. AgI 在下列相同浓度的溶液中，溶解度最大的是哪个？

(1) KCN　　(2) $Na_2S_2O_3$　　(3) KSCN　　(4) $NH_3 \cdot H_2O$

10. 在 50.0 cm^3 的 0.20 $mol \cdot dm^{-3}$ $AgNO_3$ 溶液中加入等体积的 1.00 $mol \cdot dm^{-3}$ 的 $NH_3 \cdot H_2O$，计算达平衡时溶液中 Ag^+、$[Ag(NH_3)_2]^+$ 和 NH_3 的浓度。

11. 10 cm^3 的 0.10 $mol \cdot dm^{-3}$ $CuSO_4$ 溶液与 10 cm^3 的 6.0 $mol \cdot dm^{-3}$ $NH_3 \cdot H_2O$ 混合并达平衡，计算溶液中 Cu^{2+}、NH_3 及 $[Cu(NH_3)_4]^{2+}$ 的浓度。若向此混合溶液中加入 0.010 mol NaOH 固体，问是否有 $Cu(OH)_2$ 沉淀生成？

12. 通过计算比较 1 dm^3 的 6.0 $mol \cdot dm^{-3}$ 氨水与 1 dm^3 的 1.0 $mol \cdot dm^{-3}$ KCN 溶液，哪一个可溶解较多的 AgI？

13. 0.10 g AgBr 固体能否完全溶解于 100 cm^3 的 1.00 $mol \cdot dm^{-3}$ 氨水中？

14. 在 50.0 cm^3 的 0.100 $mol \cdot dm^{-3}$ $AgNO_3$ 溶液中加入密度为 0.932 $g \cdot cm^{-3}$ 含 NH_3 18.2% 的氨水 30.0 cm^3 后，再加水冲稀到 100 cm^3。

(1) 计算溶液中 Ag^+、$[Ag(NH_3)_2]^+$ 和 NH_3 的浓度。

(2) 向此溶液中加入 0.074 5 g 固体 KCl，有无 AgCl 沉淀析出？如欲阻止 AgCl 沉淀生成，在原来 $AgNO_3$ 和 NH_3 水的混合溶液中，NH_3 的最低浓度应是多少？

(3) 如加入 0.120 g 固体 KBr，有无 AgBr 沉淀生成？如欲阻止 AgBr 沉淀生成，在原来 $AgNO_3$ 和

NH_3水的混合溶液中，NH_3的最低浓度应是多少？根据(2)、(3)的计算结果，可得出什么结论？

15. 计算下列反应的平衡常数，并判断反应进行的方向。

(1) $[HgCl_4]^{2-} + 4I^- \rightleftharpoons [HgI_4]^{2-} + 4Cl^-$，$K_f^\ominus([HgCl_4]^{2-}) = 1.17\times10^{15}$，$K_f^\ominus([HgI_4]^{2-}) = 6.76\times10^2$

(2) $[Cu(CN)_2]^- + 2NH_3 \rightleftharpoons [Cu(NH_3)_2]^+ + 2CN^-$，$K_f^\ominus\{[Cu(CN)_2]^-\} = 1.0\times10^{24}$，$K_f^\ominus\{[Cu(NH_3)_2]^+\} = 7.24\times10^{10}$

(3) $[Fe(NCS)_2]^+ + 6F^- \rightleftharpoons [FeF_6]^{3-} + 2SCN^-$，$K_f^\ominus\{[Fe(NCS)_2]^+\} = 2.29\times10^3$，$K_f^\ominus\{[FeF_6]^{3-}\} = 2.04\times10^{14}$

16. 已知 $\varphi^\ominus(Ni^{2+}/Ni) = -0.257$ V，$\varphi^\ominus(Hg^{2+}/Hg) = 0.853\ 8$ V，计算下列电极反应的 $\varphi^\ominus$ 值。

(1) $[Ni(CN)_4]^{2-} + 2e^- \rightleftharpoons Ni + 4CN^-$

(2) $[HgI_4]^{2-} + 2e^- \rightleftharpoons Hg + 4I^-$

17. 根据配离子的 $K_f^\ominus$ 值判断下列 $\varphi^\ominus$ 值最小的是哪个？

(1) $\varphi^\ominus(Ag^+/Ag)$　　　(2) $\varphi^\ominus\{[Ag(CN)_2]^-/Ag\}$

(3) $\varphi^\ominus\{[Ag(S_2O_3)_2]^{3-}/Ag\}$　　(4) $\varphi^\ominus\{[Ag(NH_3)_2]^+/Ag\}$

18. 已知 $\varphi^\ominus(Cu^{2+}/Cu) = 0.340$ V，计算电对 $[Cu(NH_3)_4]^{2+}/Cu$ 的 $E^\ominus$ 值。并根据有关数据说明：在空气存在下，能否用铜制容器储存 1.0 $mol\cdot dm^{-3}$ 的氨水？[假设 $p(O_2) = 100$ kPa且 $\varphi^\ominus(O_2/OH^-) = 0.401$ V]

19. 试通过计算比较 $[Ag(NH_3)_2]^+$ 和 $[Ag(CN)_2]^-$ 氧化能力的相对强弱。(已知 $\varphi^\ominus(Ag^+/Ag) = 0.799\ 1$ V，$K_f^\ominus[Ag(NH_3)_2]^+ = 1.12\times10^7$，$K_f^\ominus[Ag(CN)_2]^- = 1.26\times10^{21}$)

20. 通过有关电对的 $\varphi^\ominus$ 值，计算下列电对中 $[Fe(CN)_6]^{3-}$ 的 $K_f^\ominus$ 值。

$$[Fe(CN)_6]^{3-} + e^- \rightleftharpoons [Fe(CN)_6]^{4-}$$

已知 $\varphi^\ominus\{[Fe(CN)_6]^{3-}/[Fe(CN)_6]^{4-}\} = 0.361$ V，$K_f^\ominus\{[Fe(CN)_6]^{4-}\} = 1.0\times10^{35}$，$\varphi^\ominus(Fe^{3+}/Fe^{2+}) = 0.771$ V。

21. 已知下列原电池：

$$(-)Zn|Zn^{2+}(1.00\ mol\cdot dm^{-3})\ \|\ Cu^{2+}(1.00\ mol\cdot dm^{-3})|Cu(+)$$

(1) 先向右半电池中通入过量氨气，使游离 NH_3 的浓度达到 1.00 $mol\cdot dm^{-3}$，此时测得电动势 $E_1 = 0.708\ 3$ V，求 $K_f^\ominus\{[Cu(NH_3)_4]^{2+}\}$（假定 NH_3 的通入不改变溶液的体积）。

(2) 然后向左半电池中加入过量 Na_2S，使 $c(S^{2-}) = 1.00$ $mol\cdot dm^{-3}$，计算原电池的电动势 E_2（已知 $K_{sp}^\ominus(ZnS) = 1.6\times10^{-24}$，假定 Na_2S 的加入也不改变溶液的体积）。

(3) 用原电池符号表示经(1)、(2)处理后的新原电池，并标出正、负极。

(4) 写出新原电池的电极反应和电池反应。

(5) 计算新原电池反应的平衡常数 $K^\ominus$ 和 $\Delta_r G_m^\ominus$。

第 11 章　非金属元素概论

古希腊人认为宇宙万物由水、火、土、气组成，称为“四元素说”，四种元素按一定的比例组成各种物体。在古中国，也有相似的观点，我们的祖先认为宇宙万物由木、火、土、金、水组成，称为“五行说”。拥有“五行说”的同时，中国古代同样拥有“地水火风”的观点，两者并行不悖。其后随着各种元素的发现及元素周期表的产生，人们对物质的结构与性质的认识逐渐深入。

11.1　元素的发现、分类和自然资源

11.1.1　元素的发现

迄今为止，已经发现的**元素**(element)共有 112 种，其中 92 种为天然元素，其余为人工合成元素。

11.1.2　元素的分类

按性质分为**金属元素**(metal element)和**非金属元素**(nonmetal element)。金属性与非金属性是一个广义的概念，元素的金属性与非金属性具体表现为该元素单质或特定化合物的性质。大部分非金属元素原子具有较多的价层 s、p 电子，易形成共价键，或者得到电子成为负离子。非金属元素单质通常条件下一般为双原子分子气体或骨架状、链状以及层状大分子的晶体。金属元素原子一般价电子较少，在化合物中易失去电子呈现正氧化态。金属元素单质中原子的连接是金属键，常温下为固体(汞例外)，在物理性质上具有很多共性。

非金属元素和金属元素在周期表中的位置可以通过硼—硅—砷—碲—砹和铝—锗—锑—钋之间的对角线来划分。位于对角线左下方的是金属，右上方的是非金属。但这种划分不是绝对的，这条对角线附近的元素为准金属，其性质介于金属和非金属之间。当温度或外压等条件发生变化时，金属和非金属之间可能转化，如金属锡在低温下可变成非金属的灰锡。

在化学上将元素分为**普通元素**(common element)和**稀有元素**(rare element)，这是习惯分法，有些稀有元素在自然界中含量并不少(例如钛，在地壳中含量排第 10 位，远高于许多普通元素)，只是分布稀散、发现较晚、难以提取或在工业上应用较晚。现在随着冶炼技术的提高，稀有元素和普通元素的区别已越来越不明显。

11.1.3　元素的自然资源

关于各种元素在地球上的含量，现在人们仅对地球的表层状况有粗略了解。一般将 30～40 km 的地球表层称为地壳(广义地说还包括地球表面上的水和大气)，元素在地壳中的含量称为丰度，用质量百分数或原子百分数来表示。

丰度：
- 质量百分数：该元素在地壳总质量中所占的百分数。
- 原子百分数：该元素在地壳原子总数中所占的百分数。

元素丰度较高的有 O、Si、Al、Fe、Ca、Na、K、Mg，占地壳总质量的 99%，其余所有元素的总含量不超过 1%。

我国幅员辽阔，素有“地大物博、资源丰富”的美誉，是世界上矿产资源比较丰富的国家之一。截止 1997 年底的资料表明，已发现矿产 168 种，其中已探明储量并上平衡表的有 153 种。在世界上我国多种矿产资源具有优势地位。

居世界第一位的有十一种：钛矿、钒矿、锑矿、稀土矿、钨矿、重晶石、菱镁矿、石墨、膨润土、芒硝、石膏。

居世界第二位的有八种：锡矿、铝矿、锂矿、钡矿、萤石、滑石、石棉。

居世界第三位的有两种：煤矿、汞矿。

元素无机化学是无机化学的重要组成部分，包括物质的存在与制备、元素的通性、化合物性质等。

11.2　非金属元素的通论

非金属元素主要位于周期表中右上角的 p 区，包括氢、硼、碳、硅、氮、磷、氧、硫、氟、氯、溴、碘等 16 种元素和稀有气体。非金属元素的特点是电负性相对较强；易得到电子成为负离子；易作为电子对的给予体而成为配体中的配位原子。在非金属元素的区域中，右上方元素的非金属性强，而左下方元素的非金属性弱。

11.2.1　非金属元素单质的性质

11.2.1.1　非金属单质的结构与物理性质

非金属单质由两个或多个原子以共价键相结合而成，按照其结构单质可分成三类：①小分子物质，例如双原子分子的卤素、氧气、氮气及氢气，三原子的臭氧等，它们通常是气体，固体时为分子晶体，熔沸点都比较低；②多原子分子物质，例如 S_8、P_4、As_4 等，通常情况下它们是固体，为分子晶体，熔沸点也不高，但比上一类高，易挥发；③大分子物质，如金刚石、晶体硅等为原子晶体，它们熔沸点都比较高，不易挥发。

总之，绝大多数非金属单质不是分子型晶体就是原子型晶体，所以它们的熔点或沸点的差别都较大。

11.2.1.2　非金属单质的化学性质

在常见的非金属元素中，F、Cl、Br、O、P、S 较活泼，而 N、B、C、Si 在常温下不活泼。活泼的非金属容易与金属元素形成卤化物、氧化物、硫化物、氢化物或含氧酸盐等。非金属元素彼此之间也可以形成卤化物、氧化物、氮化物、无氧酸和含氧酸等。大部分非金属氧化物显酸性,能与强碱作用。准金属的氧化物既与强酸又与强碱作用而显两性。大部分非金属单质不与水作用,卤素仅部分与水反应,碳、磷、硫、碘等被浓硝或浓硫酸所氧化。有不少非金属单质在碱性水溶液中发生歧化反应,或者与强碱作用并放出氢气。例如:

$$3Cl_2 + 6NaOH = 5NaCl + NaClO_3 + 3H_2O$$

$$3S + 6NaOH = 2Na_2S + Na_2SO_3 + 3H_2O$$

$$4P + 3NaOH + 3H_2O = 3NaH_2PO_2 + PH_3\uparrow$$

$$Si + 2NaOH + H_2O = Na_2SiO_3 + 2H_2\uparrow$$

$$2B + 2NaOH + 2H_2O = 2NaBO_2 + 3H_2\uparrow$$

碳、氮、氧、氟等单质无此反应。

关于卤化物、氧化物、硫化物在下文中都将有所叙述。下面仅就分子型氢化物、含氧酸及其盐的某些性质加以归纳和小结。常见的非金属单质的性质见表 11-1。

表 11-1　常见的非金属单质的某些性质

元素	价电子构型	主要氧化数	原子半径/pm	电负性	熔点/K	沸点/K	常温下物态	颜色
H	$1s^1$	±1	37.1	2.10	14.11	20.5	气	无色
B	$2s^22p^1$	+3	88	2.04	2 300	4 200	固	黑灰
C	$2s^22p^2$	+4、+2	77	2.55	金刚石 3 823, 石墨 3 925(升华)	—	固	黑色(石墨)
N	$2s^22p^3$	±1、±2、±3、+4、+5	70	3.04	63.1	77.3	气	无色
O	$2s^22p^4$	−1、−2	66	3.44	54.3	90.1	气	无色
F	$2s^22p^5$	−1	64	3.98	53.53	85.01	气	无色
Si	$3s^23p^2$	+4	117	1.90	1 683	2 628	固	银灰
P	$3s^23p^3$	±1、+3、+5	110	2.19	317.2	553.6	固	白色(白磷)
S	$3s^23p^4$	±2、+4、+6	104	2.58	387.6	717.7	固	黄色(斜方晶)
Cl	$3s^23p^5$	±1、+3、+5、+7	99	3.16	172.17	238.9	气	黄绿
Br	$4s^24p^5$	±1、+3、+5、+7	114.2	2.96	265.9	331.93	液	红棕
I	$5s^25p^5$	±1、+3、+5、+7	133.3	2.66	386.7	457.5	固	紫黑

11.2.2　非金属元素的氢化物

非金属元素都能形成共价型氢化物,通常情况下为气体或挥发性的液体。它们的物理性质(如熔沸点、极性等)随着非金属元素在周期表中所处的位置不同而呈现规律性的变化。例如,非金属氢化物的沸点同周期从左到右依次递增,同一族中,从上到下沸点依次递增(其中 H_2O、HF、NH_3的沸点比同族的其他氢化物高,这是因为它们的分子之间存在着氢键)。同一周期中,从左到右,随着原子序数的递增,元素气态氢化物的稳定性增强;同一族中,从上到下,随着原子序数的递增,元素气态氢化物的稳定性减弱。

非金属氢化物的热稳定性、还原性和酸碱性的变化规律如表 11-2 所示。

表 11-2 非金属氢化物的热稳定性、还原性和酸碱性变化规律

B_2H_6	CH_4	NH_3	H_2O	HF	热稳定性减弱↓ 还原性增强↓ 酸性增强↓
	SiH_4	PH_3	H_2S	HCl	
		AsH_3	H_2Se	HBr	
			H_2Te	HI	
热稳定性强→ 还原性减弱→ 酸性增强→					

这些氢化物能与氧、卤素、氧化态高的金属离子以及一些含氧酸盐等氧化剂作用。

(1)与 O_2的反应

$$4NH_3 + 5O_2 = 4NO + 6H_2O$$

$$2H_2S + 3O_2 = 2SO_2 + 2H_2O$$

$$4HI + O_2 = 2I_2 + 2H_2O$$

HCl 有类似作用,但必须使用催化剂并加热。

(2)与 Cl_2的反应

$$8NH_3 + 3Cl_2 = 6NH_4Cl + N_2$$

$$PH_3 + 4Cl_2 = PCl_5 + 3HCl$$

$$H_2S + Cl_2 = 2HCl + S$$

(3)与金属离子(M^+)的反应

$$2AsH_3 + 12Ag^+ + 3H_2O = As_2O_3 + 12H^+ + 12Ag\downarrow$$

$$2HI + 2Fe^{3+} = I_2 + 2Fe^{2+} + 2H^+$$

(4)与含氧酸盐的反应

$$5H_2S + 2MnO_4^- + 6H^+ = 2Mn^{2+} + 5S + 8H_2O$$

$$6HCl + Cr_2O_7^{2-} + 8H^+ = 3Cl_2 + 2Cr^{3+} + 7H_2O$$

$$6HI + ClO_3^- = 3I_2 + Cl^- + 3H_2O$$

11.2.3 非金属含氧酸及其盐

11.2.3.1 非金属含氧酸的酸性和稳定性

无机含氧酸的酸性强弱取决于中心原子的性质。一般而言,中心原子非金属性越强、氧化态越高，则相应含氧酸酸性越强。第三周期非金属含氧酸的酸性如表 11-3 所示。

表 11-3　第三周期非金属含氧酸酸性

	H_2SiO_3	H_3PO_4	H_2SO_3	H_2SO_4	HClO	$HClO_2$	$HClO_4$
$K_{a_1}^{\ominus}$	2×10^{-10}	7.5×10^{-3}	1.5×10^{-2}	强酸	3×10^{-8}	1.1×10^{-2}	强酸

11.2.3.2　含氧酸及其盐的热稳定性

含氧酸的热稳定性比较复杂。一般而言，强酸的稳定性强于弱酸，氧化性酸的稳定性弱于非氧化性酸。许多弱酸，如H_2CO_3、H_2SO_3、HNO_2等，只存在于稀溶液中，浓缩即会分解。而 HNO_3 虽然是强酸，但由于具有强氧化性，稳定性较低。有些多羟基中强酸，如H_3PO_4、H_5IO_6等，稳定性也非常强。

含氧酸盐的热稳定性一般规律如下：①同种金属离子与不同酸根所形成的盐，其稳定性与相应的酸的稳定性基本相同，例如热稳定性 $Na_2SO_4>Na_2CO_3$，$Na_3PO_4>NaNO_3$ 等；②同种含氧酸盐，其正盐比相应的酸式盐稳定，酸式盐又比相应的含氧酸稳定，例如热稳定性 $Na_2CO_3>NaHCO_3>H_2CO_3$；③同种酸根不同金属离子所组成的盐，其稳定性为碱金属盐>碱土金属盐>过渡金属盐>铵盐，例如热稳定性 $Na_2CO_3>CaCO_3>ZnCO_3>(NH_4)_2CO_3$，同类型的金属离子的含氧酸盐，热稳定性随金属正离子半径的增大而增强，如热稳定性 $BaCO_3>SrCO_3>CaCO_3>MgCO_3>BeCO_3$。

11.2.3.3　含氧酸及其盐的氧化还原能力

含氧酸盐的氧化还原能力比较复杂，这是因为同一种含氧酸及盐的氧化还原产物往往有多种，外界条件对其也有很大影响。

在同周期中，最高氧化态含氧酸的氧化能力自左至右逐渐增强，如 $HClO_4>H_2SO_4>H_3PO_4>H_4SiO_4$；同一主族最高氧化态含氧酸的氧化能力从上到下呈锯齿形变化，如$HNO_3>H_3PO_4<H_3AsO_4$，$H_2SO_4<H_2SeO_4>H_6TeO_6$，$HClO_4<HBrO_4>H_5IO_6$。同一元素不同氧化态的含氧酸，低氧化态的氧化能力较强。如在标准浓度下，$HNO_2>HNO_3$。

一般讲含氧酸的氧化能力比相应含氧酸盐的氧化能力强。同一含氧酸浓溶液比稀溶液的氧化能力强。

11.3　非金属元素概述

11.3.1　氢及其化合物

氢(hydrogen)是宇宙间含量最丰富的元素，估计占所有原子总数的 90% 以上。在自然界中氢主要以化合态存在，水、碳氢化合物及所有生物的组织中都含有氢。

11.3.1.1　氢原子的性质及其成键特征

氢原子电子层结构为 $1s^1$，是最简单的元素。一些重要性质列于表 11-4 中。

表 11-4　氢原子的性质

价层电子构型	$1s^1$	氧化数	-1、0、+1	原子半径/pm	37
电离能/$kJ \cdot mol^{-1}$	1 312	电子亲合能/$kJ \cdot mol^{-1}$	-72.8	电负性	2.20

从表 11-4 可看出，氢的电离能并不小（比碱金属几乎大 2 ~ 3 倍），电子亲合能代数值也不太小，电负性在元素中处于中间地位。它的成键方式主要有以下几种情况：①失去价电子成为 H^+；②结合一个电子形成 H^-；③形成共价化合物。

11.3.1.2　氢气的性质和用途

氢气是无色无味的气体，是所有气体中最轻的。氢在水中的溶解度很小（0 ℃时溶解度为 19.9 $cm^3 \cdot dm^{-3}$ 水），能大量溶解于镍、钯、铂等金属中。

氢分子在常温下不活泼。由于氢原子半径特别小，又无内层电子，分子中共用电子对直接受核的作用，形成的 σ 键相当牢固，解离能相当大。

$$H_2 \longrightarrow 2H;\quad D = 436\ kJ \cdot mol^{-1}$$

氢气在氧气或空气中燃烧，可得到温度高达 3 000 ℃的氢氧焰，适用于金属切割或焊接。

$$H_2(g) + \frac{1}{2}O_2(g) \xlongequal{\quad} H_2O(l);\quad \Delta_r H_m^\ominus = -285.83\ kJ \cdot mol^{-1}$$

加热时，氢气可与许多金属或非金属反应，形成各类氢化物。

在高温下，氢气可以从氧化物或氯化物中夺取氧或氯，将某些金属或非金属还原出来。电气工业需要的高纯钨和硅就是用这种方法制取的。

$$WO_3 + 3H_2 \xrightarrow{高温} W + 3H_2O$$

$$SiHCl_3 + H_2 \xrightarrow{高温} Si + 3HCl$$

氢气是化学和其他工业的重要原料。目前世界氢气的年产量大致为 $10^{11} \sim 10^{12}$ m^3（标准状况下），主要用于化学、冶金、电子、建材和航天等工业。

11.3.1.3　氢气的制备

实验室一般采用活泼金属与酸反应制备少量氢气：$Zn + 2H^+ \xlongequal{\quad} Zn^{2+} + H_2\uparrow$

军事上使用离子型氢化物与水反应：$CaH_2 + 2H_2O \xlongequal{\quad} Ca(OH)_2 + 2H_2\uparrow$

工业上有两种制法。

（1）水煤气法　$CH_4 + H_2O \xrightarrow[Ni \sim Cr]{700 \sim 870\ ℃} CO + 3H_2$

$$C + H_2O \xrightarrow{1\ 000\ ℃} CO + H_2$$

$$CO + H_2O \xrightarrow{催化剂} CO_2 + H_2$$

（2）电解法　电解 15% ~20% 氢氧化钠溶液，阴极上放出氢气，阳极上放出氧气。

阴极　$2H^+ + 2e^- \xlongequal{\quad} H_2\uparrow$

阳极　$4OH^- - 4e^- \xlongequal{\quad} 2H_2O + O_2\uparrow$

电解法制得的氢气较纯净（纯度为 99.5% ~99%），是工业上氢化反应用氢的常用制法。

11.3.1.4　氢化物

氢能和除稀有气体外的几乎所有元素结合，生成不同类型的二元化合物，这些化合物一般统称为氢化物。氢化物按其结构与性质的不同可大致分为三类：离子型、金属型以及共价型氢化物。某种元素的氢化物属于哪一类型，与元素在周期表中的位置有关。

(1)离子型(类盐型)氢化物　碱金属和碱土金属(铍、镁除外)在加热时能与氢直接化合，生成离子型氢化物。

$$2M + H_2 \longrightarrow 2MH(\text{M 代表碱金属})$$

$$M + H_2 \longrightarrow MH_2(\text{M 代表 Ca、Sr、Ba})$$

纯态离子型氢化物都是白色晶体，不纯的通常为浅灰色至黑色。实验已经证明，其中存在 H^-。这类氢化物具有离子化合物特征，如熔沸点较高、熔融时能够导电等，又称类盐型氢化物。

(2)共价型(分子型)氢化物　p 区元素与氢形成共价型氢化物。这类氢化物在固态时属于分子晶体，因此也称之为分子型氢化物。共价型氢化物可用通式 RH_{8-n} 表示(n 代表元素 R 所在族号)，其几何构型与对应的氢化物如表 11-5 所示。

共价型氢化物大多数是无色的，熔沸点较低，在常温下除 H_2O、BiH_3 为液体外，其余均为气体。共价型氢化物的物理性质有很多相似之处，而其化学性质则有显著的差异。电负性高的元素的氢化物如 HF、H_2O、HCl 的稳定性较强，p 区金属的氢化物稳定性则很差。

表 11-5　ⅣA ~ ⅦA 族元素氢化物的几何构型

RH_{8-n}	RH_4	RH_3	RH_2	RH
空间构型	正四面体	三角锥形	“V”形	直线形
	C	N	O	F
	Si	P	S	Cl
R	Ge	As	Se	Br
	Sn	Sb	Te	I
	Pb	Bi	Po	

(3)金属型氢化物　周期系中 d 区和 ds 区元素几乎都能形成金属型氢化物。多数的金属氢化物有明确的物相，其结构与原金属完全不同。

某些过渡金属具有可逆吸收和释放氢气的特性，例如：

$$2Pd + H_2 \xrightleftharpoons[\text{放氢}]{\text{吸氢}} 2PdH;\quad \Delta_r H_m^{\ominus}<0$$

室温下，1 体积钯可吸收多达近 900 体积氢；在减压下加热，又可以把吸收的氢气完全释放出来。利用上述反应，这类金属氢化物可作储氢材料或用于制备极纯的氢气。

11.3.2　硼及其化合物

与本族其他元素相比，硼的性质有很大差异。硼生成+3 价离子很难，只能通过共用电子对生成共价化合物。硼所形成的共价化合物中硼外层往往只有 6 个电子，未达到稳定的 8 电子构型，属于缺电子化合物，有很强的接受电子的能力，容易与具有孤对电子的分子或离子形成配合物。

硼在自然界主要以硼酸以及各种硼酸盐形式存在，由于硼的熔点高和它在液态时的强反应活性，极难制得高纯度的单质硼。

单质硼晶体呈黑灰色，属于原子晶体，结构极为复杂，已知的同素异形体有 16 种之多，有些晶体结构尚未测定。硼晶格基本结构单元为由 12 个硼原子结合成的正二十面体，如图 11-1 所示，然后 B_{12}二十面体以不同方式连接成晶体。

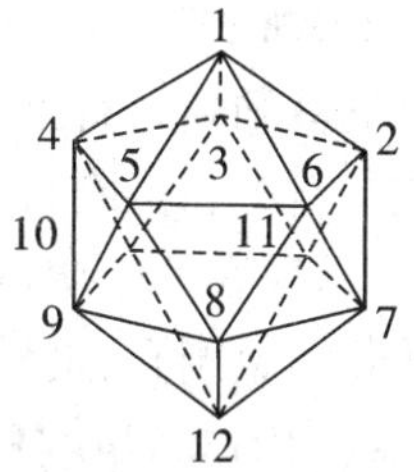

图 11-1　B_{12}的二十面体结构单元

硼是非常坚硬的固体，密度小，导电性低。晶态硼的化学反应性很低。无定形硼较活泼，其活性与纯度和温度有关。常温时，B 能和 F_2反应，高温下 B 能与 N_2、O_2、S 等非金属单质反应，也能与某些金属反应生成相应的硼化物。无定形硼还容易被热浓 HNO_3等氧化成硼酸，也易与强碱作用而放出 H_2。反应方程式如下：

$$2B + 3S = B_2S_3$$

$$2B + N_2 = 2BN$$

$$B + 3HNO_3(浓) = H_3BO_3 + 3NO_2$$

$$2B + 2NaOH + 4H_2O = 2NaH_2BO_3 + 3H_2$$

硼的氢化物与碳氢化合物中的烷烃相似，称为硼烷，目前已知有 20 多种硼烷。硼烷是无色抗磁性的共价化合物，热稳定性低，化学性质非常活泼。硼烷毒性很强，使用时须非常小心。

硼烷都是缺电子化合物，结构具有特殊性，其化学键也并非一般的共价键，而是一类少电子多中心的特殊化学键。最简单硼烷——乙硼烷（diborane）的结构如图 11-2 所示。

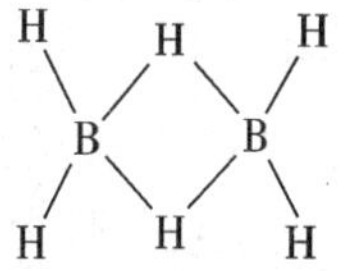

图 11-2　乙硼烷 B_2H_6的结构

硼烷在空气中燃烧，生成 B_2O_3与水；硼烷遇水发生反应，产物是硼酸 H_3BO_3和 H_2。两个反应都放出大量的热。

与其分子式 H_3BO_3不同，硼酸（boric acid）是个一元弱酸。它在水中解离方程为：

$$H_3BO_3 + H_2O = [B(OH)_4]^- + H^+$$

硼酸晶体为片状结构，由平面三角形的 H_3BO_3分子通过氢键相连，结成层状结构。层与层间以微弱的分子间力结合，如图 11-3 所示。

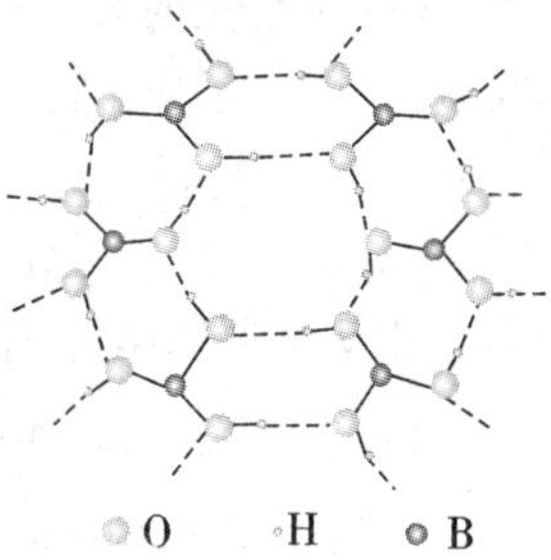

图 11-3　硼酸的结构

硼酸的盐有偏硼酸盐（metaborate）和四硼酸盐（tetraborate），最常用的硼砂（borax）一般写作 $Na_2B_4O_7 \cdot 10H_2O$，它是四硼酸的钠盐，水溶液显碱性。硼砂加热至 350 ~ 400 ℃转变为无水四硼酸钠，在 878 ℃熔化为玻璃状体，金属氧化物可溶于这种熔体内，并显出各自的特征颜色，在定性分析上称为硼砂珠实验。

11.3.3　碳及其化合物

碳元素在地壳中约占0.03%，生物界和海洋中的含碳总量达8×10^{16} kg，大气中的碳主要以CO_2形式存在，总量达6×10^{11} kg。单质碳以三种晶型存在，即金刚石、石墨和以C_{60}为代表的富勒烯。石墨具有一定的化学活性。金刚石的活泼性比石墨小，900 ℃时在空气中燃烧。石墨和金刚石可以互相转化。金刚石在隔绝空气时加热到1 000 ℃可以转化为石墨，而石墨在10^6 kPa高压并在过渡金属催化剂（如Cr、Fe或Pt）存在时于2 000 ℃加热可以转化为金刚石，这样得到的微晶金刚石可在工业上应用。

纯净的C_{60}晶体有金属光泽，微晶粉末呈黄色，分子特别稳定，不导电，可承受达20万大气压的静态压强，还能抗辐射、抗化学腐蚀。在C_{60}发现之后的20世纪末期，世界上出现了一股C_{60}研究热潮，许多科学家认为这种新型分子结构的材料有很多用途。

11.3.3.1　一氧化碳

碳在氧气不充分的条件下燃烧，生成无色有毒的CO（carbon monoxide）。CO在水中溶解度很小（20 ℃溶解度为23 $cm^3\cdot dm^{-3}$），较易溶于乙醇内，沸点为-192 ℃，熔点为-205 ℃。CO毒性很高，空气中只要有1/800体积的CO就能使人在0.5 h内死亡。

CO同N_2一样也具有3重键：1个σ键，2个π键，但是与N_2分子不同的是有1个π键为配键，这对电子来自氧原子。其结构式为$:C\overset{\leftarrow}{=}O:$，或写成$:C—O:$。

由于配位键的存在，CO的偶极矩几乎为零，并且电负性小的碳原子反而略带负电荷。这个碳原子比较容易向其他有空轨道的原子提供电子对。CO与ⅥB、ⅦB和Ⅷ族的过渡金属形成稳定的羰基配合物，如$Fe(CO)_5$、$Ni(CO)_4$和$Cr(CO)_6$等。

CO之所以有毒，也与其配位能力有关。它能与血液中携带O_2的血红蛋白形成稳定的配合物（CO与血红蛋白的亲和力约为O_2的200多倍），使血红蛋白丧失了输送氧气的能力，使人体因缺氧而死亡。

在工业气体分析中常用亚铜盐的氨水溶液或盐酸溶液来吸收混合气体中的CO，生成$[CuCl\cdot CO]\cdot 2H_2O$，这种溶液经过处理放出CO，然后可重复使用。

CO具有还原性，在空气或O_2中燃烧发出蓝色火焰，生成CO_2并放出大量的热。

$$CO + \frac{1}{2}O_2 \xlongequal{\quad} CO_2 \qquad \Delta_r H_m^{\ominus} = -284\ kJ\cdot mol^{-1}$$

CO还原性的另一表现是在高温下可以从许多金属氧化物如Fe_2O_3、CuO或PbO中夺取氧，使金属还原。此外，CO还能使一些化合物中的金属离子还原。

$$CO + 2Ag(NH_3)_2OH \xlongequal{\quad} 2Ag\downarrow + (NH_4)_2CO_3 + 2NH_3$$

$$CO + PdCl_2 + H_2O \xlongequal{\quad} CO_2 + Pd\downarrow + 2HCl$$

此反应常用作检验气体中CO的存在。

11.3.3.2　二氧化碳

二氧化碳CO_2（carbon dioxide）是无色无味、不能燃烧的气体，可用于制造灭火器。固态CO_2俗称干冰，是工业上广泛使用的制冷剂。

CO_2为直线型分子，没有极性。碳氧键键长116 pm，处于双键 C═O （122 pm）和三键

C═O (110 pm)之间。研究表明,CO_2分子中并不是简单的双键,但通常仍用 O═C═O 表示 CO_2分子。

CO_2不活泼,但在高温下,能与碳或活泼金属镁、钠等反应。

$$CO_2 + 2Mg \xrightarrow{点燃} 2MgO + C$$

$$2Na + 2CO_2 \xlongequal{} Na_2CO_3 + CO$$

因为上述反应的存在,不能用 CO_2灭火器扑灭燃着的 Mg。

CO_2是酸性氧化物,它能与碱反应。实验室和某些工厂利用此性质用碱除去 CO_2。

11.3.3.3　碳酸及其盐

CO_2溶于水中形成碳酸(carbonic acid),298 K 时,1 dm^3水中溶 1.45 g(约 0.033 mol) CO_2,pH 值为 3.9。H_2CO_3是二元弱酸,很不稳定,游离的H_2CO_3迄今尚未制得。

碳酸能生成两种盐:碳酸盐(carbonate)和碳酸氢盐(bicarbonate)。碳酸氢盐都易溶于水,而正盐中只有铵盐和碱金属的盐溶于水。

自然界有许多碳酸盐矿石。大理石、石灰石、方解石以及珊瑚、贝壳等的主要成分都是 $CaCO_3$。白云石、菱镁矿含有 $MgCO_3$。地表层中的碳酸盐矿石在 CO_2和水的长期侵蚀下可以部分地转变为 $Ca(HCO_3)_2$而溶解,所以天然水中含有 $Ca(HCO_3)_2$,它经过长期的自然分解或人工加热,又析出 $CaCO_3$。

$$CaCO_3 + CO_2 + H_2O \rightleftharpoons Ca(HCO_3)_2$$

这个转化反应能说明自然界中钟乳石和石笋的形成原理。

所有的碳酸盐在水中存在不同程度的水解,一般呈碱性。如果相应金属离子的水解性极强,如 Al^{3+}、Cr^{3+}和 Fe^{3+}等,将发生强烈的双水解反应,从而不能由水中得到它们。

$$2Al^{3+} + 3CO_3^{2-} + 3H_2O \xlongequal{} 2Al(OH)_3\downarrow + 3CO_2\uparrow$$

11.3.4　硅及其化合物

硅易与氧结合,自然界中没有游离态的硅。大部分坚硬的岩石是由硅的含氧化合物构成的。在自然界里,二氧化硅的存在形式不下二百多种,如玛瑙、水晶、燧石等,统称为硅石。天然的硅酸盐约有一千多种。

11.3.4.1　单质硅的性质

晶形硅具有金刚石的结构,硬而脆、熔沸点高、有金属光泽、呈半导体导电性。Si 在常温下化学性质不活泼,只能与 F_2反应生成 SiF_4,但在高温下能与其他卤素和一些非金属单质反应,如在 673 K 与 Cl_2反应得到$SiCl_4$,873 K 与 O_2反应生成 SiO_2,1 573 K 与 N_2反应得到Si_3N_4,2 273 K 时与碳生成 SiC。这些化合物均有广泛的用途。

Si 在含氧酸中被钝化,在有氧化剂(HNO_3、CrO_3、$KMnO_4$、H_2O_2等)存在的条件下,可与 HF 反应。

$$3Si + 4HNO_3 + 18HF \xlongequal{} 3H_2SiF_6 + 4NO\uparrow + 8H_2O, \Delta_r H_m^\ominus = -2\ 133\ kJ \cdot mol^{-1}$$

Si 能猛烈地与强碱反应,放出 H_2。

$$Si + 2NaOH + H_2O \xlongequal{} Na_2SiO_3 + 2H_2\uparrow$$

11.3.4.2　硅的氢化物

硅与碳相似,有一系列氢化物——硅烷(silane),不过硅自相结合成链的能力比碳差,生成的氢化物要少得多。到目前为止,已制得的硅烷不到 12 种,其结构与烷烃相似。

硅烷为无色无臭的气体或液体,能溶于有机溶剂,熔点都很低,化学性质比相应的烷烃活泼。它们在空气中会自燃,放出大量的热,产物为 SiO_2。

$$SiH_4 + 2O_2 = SiO_2 + 2H_2O, \Delta_r H_m^{\ominus} = -1\ 430\ kJ \cdot mol^{-1}$$

硅烷也能与一般氧化剂反应。如:

$$SiH_4 + 2KMnO_4 = 2MnO_2\downarrow + K_2SiO_3 + H_2 + H_2O$$

$$SiH_4 + 8AgNO_3 + 2H_2O = 8Ag\downarrow + SiO_2\downarrow + 8HNO_3$$

硅烷本身水解较慢,但当水中有微量碱存在时,水解反应即激烈地进行。

$$SiH_4 + (n+2)H_2O = SiO_2 \cdot nH_2O\downarrow + 4H_2\uparrow$$

硅烷热稳定性较差,相对分子质量大的高硅烷适当加热即分解为低硅烷。低硅烷(如 SiH_4)在温度高于 500 ℃分解为单质硅和氢气。

$$SiH_4 \xrightarrow{>500\ ℃} Si + 2H_2\uparrow$$

SiH_4被大量地用于制高纯硅。

11.3.4.3 硅的卤化物

硅的卤化物都是共价化合物,熔沸点都比较低,其中氟化物、氯化物的挥发性很大,易于用蒸馏的方法提纯它们,常被用作制备其他含硅化合物的原料。

这些卤化物同 CX_4相似,都是非极性分子,以碘化物的熔沸点最高,而氟化物最稳定。所不同的是硅的卤化物强烈地水解,它们在潮湿空气中发烟,可作烟雾剂,如:

$$SiCl_4(l) + 3H_2O(l) = H_2SiO_3(s) + 4HCl(aq)$$

一般 SiX_4热稳定性比 CX_4差,但 SiF_4比 CF_4稳定。

11.3.4.4 二氧化硅

SiO_2(silicon dioxide)是以硅氧四面体为基础组成的巨大分子,硬度大、熔点高。在晶体中,每个硅原子采取 sp^3杂化以 4 个共价单键与 4 个氧原子结合,Si—O 的键能很高(452 $kJ \cdot mol^{-1}$),每个硅氧四面体通过顶点的氧原子相互连成整体(图 11-4)。

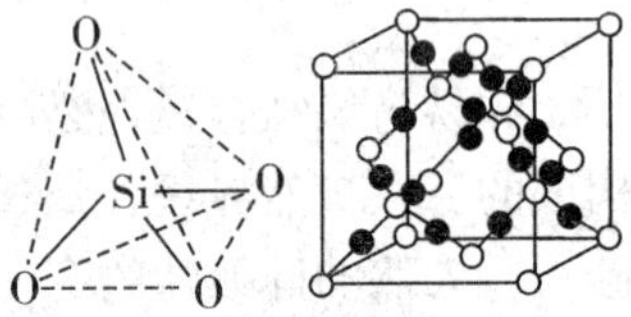

图 11-4 硅氧四面体

SiO_2化学性质不活泼,在高温下也不能被 H_2还原,只能为镁、铝或硼所还原。

$$SiO_2 + 2Mg \xrightarrow{高温} 2MgO + Si$$

除 F_2和 HF 以外,SiO_2 不与其他卤素和酸作用,但是能与热的浓碱或熔融碳酸钠反应,得到硅酸盐。

$$SiO_2 + 2NaOH = Na_2SiO_3 + H_2O$$

$$SiO_2 + Na_2CO_3 \xrightarrow{熔融} Na_2SiO_3 + CO_2\uparrow$$

玻璃含有 SiO_2,所以玻璃能被碱腐蚀。

11.3.4.5 硅酸及其盐

硅酸(silicic acid)为组成复杂的白色固体,通常用化学式 H_2SiO_3表示。SiO_2即此酸的酸酐,但是 SiO_2不溶于水,所以不能用 SiO_2与水直接反应得到 H_2SiO_3,而只能用可溶性硅酸盐与酸反应制得。反应的实际过程很复杂,一般写为:

$$SiO_4^{4-} + 4H^+ \xlongequal{} H_4SiO_4 \downarrow$$

H_4SiO_4叫原硅酸，经过脱水可得到一系列酸，包括硅酸和多硅酸。产物的组成随形成条件不同而不同。

硅酸是一种二元弱酸，$K_{a_1}^{\ominus} = 2\times10^{-10}$，$K_{a_2}^{\ominus} = 1\times10^{-12}$，在水中的溶解度不大，但生成后并不立即沉淀下来，因为开始形成的单分子硅酸能溶于水。当这些单分子硅酸逐渐缩合为多酸时，形成硅酸溶胶。在此溶胶中加电解质凝聚，则得到半凝固状态、软而透明且有弹性的凝胶。将凝胶洗涤除去可溶性盐并干燥脱水后成为多孔性固体硅胶(silica gel)。它是很好的干燥剂、吸附剂以及催化剂载体，对各类极性物质都有较强的吸附作用。

除了碱金属以外，其他金属的硅酸盐(silicates)都不溶于水。硅酸钠是最常见的可溶性硅酸盐，可由石英砂与烧碱或纯碱反应而制得。硅酸钠水解使溶液显强碱性，水解产物为二硅酸盐或多硅酸盐。

$$Na_2SiO_3 + 2H_2O \xlongequal{} NaH_3SiO_4 + NaOH$$

$$2NaH_3SiO_4 \xlongequal{} Na_2H_4Si_2O_7 + H_2O$$

11.3.5　氮及其化合物

氮(nitrogen)的基态原子的价电子层结构为$2s^22p^3$，它的最高氧化态为+5，最低氧化态为-3。绝大部分的氮以N_2的形式存在于空气中，总量约达到4×10^{15} t，现在一般采用变压吸附空气分馏法制得。N_2在常温下是一种无色无臭的气体，其分子中存在共价三键，具有极强的稳定性，但在高温下也可发生反应。

$$N_2 + 3H_2 \xlongequal[\text{催化剂}]{\text{高温高压}} 2NH_3$$

$$6Li + N_2 \xlongequal{\text{高温}} 2Li_3N$$

$$3Ca + N_2 \xlongequal{\text{赤热}} Ca_3N_2$$

$$2B + N_2 \xlongequal{} 2BN(\text{大分子化合物})$$

11.3.5.1　氮的氢化物

(1)氨 NH_3(ammonia)　为无色有刺激性气味的气体。因氨存在着氢键，所以它的熔沸点均高于本族其他元素的氢化物。氨极易溶于水(0 ℃时溶解度 1 200 $dm^3 \cdot dm^{-3}$，在20 ℃时溶解度为 700 $dm^3 \cdot dm^{-3}$)，很容易液化。液氨是制冷剂，也是一种很好的非水溶剂。

(2)联氨　又称为肼(N_2H_4)，是氨中的一个氢原子被—NH_2基取代的衍生物。联氨中的每个 N 原子以sp^3杂化轨道成键，由于孤电子对的排斥作用，2 个孤电子对处在对位。结构式如图 11-5(a)所示。

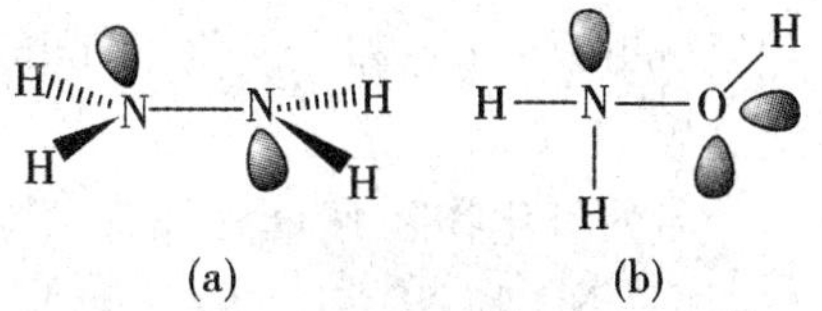

图 11-5　联氨和羟胺的结构

联氨为二元弱碱，碱性比氨弱，能形成 2 个系列的盐 N_2H_5Cl、$N_2H_6Cl_2$。$N_2H_5^+$(一级产物)的盐在水中稳定，$N_2H_6^{2+}$(二级产物)的盐则强烈水解。

联氨的重要反应有以下几种。

1）分解反应

$$N_2H_4(g) \longrightarrow N_2(g) + 2H_2(g), \Delta_r H_m^\ominus = -95.4\ kJ \cdot mol^{-1}$$

$$3N_2H_4(g) \longrightarrow N_2(g) + 4NH_3(g), \Delta_r H_m^\ominus = -470.64\ kJ \cdot mol^{-1}$$

2）氧化反应

$$4CuO + N_2H_4 \longrightarrow 2Cu_2O + N_2 + 2H_2O$$

$$4AgBr + N_2H_4 \longrightarrow 4Ag + N_2 + 4HBr$$

基于联氨的还原性及其氧化产物 N_2 不污染反应体系，贵金属湿法冶金和分析化学中常用作还原剂。

3）配合反应　联氨可以作为配体，和过渡金属离子形成配合物。

$$2N_2H_4 + CuCl_2 \longrightarrow [Cu(N_2H_4)_2]Cl_2$$

联氨很稳定，它在空气中燃烧，放出大量的热，并转变为氮气。

$$N_2H_4(l) + O_2(g) \longrightarrow N_2(g) + 2H_2O(g), \Delta_r H_m^\ominus = -621.7\ kJ \cdot mol^{-1}$$

（3）羟胺 H_2NOH　也可看成是 H_2O_2 中一个 OH 被 NH_2 取代的产物，结构见图 11-5（b）。性质介于 H_2O_2 和 N_2H_4 之间，碱性很弱，兼有氧化性和还原性，常被用作还原剂。

$$2NH_2OH + 2AgBr \longrightarrow 2Ag + N_2 + 2HBr + 2H_2O$$

$$2NH_2OH + 4Fe^{3+} \longrightarrow N_2O + 4Fe^{2+} + 4H^+ + H_2O$$

羟胺不太稳定，易分解生成 NH_3 和 N_2 或 N_2O，实验室一般使用其盐，如盐酸羟胺 $(NH_3OH)Cl$、硫酸羟胺 $(NH_3OH)_2SO_4$。

11.3.5.2　氮的含氧化合物

氮的含氧化合物在不同的条件下具有不同的氧化态和氧化还原特性，其电势图如图 11-6 所示。

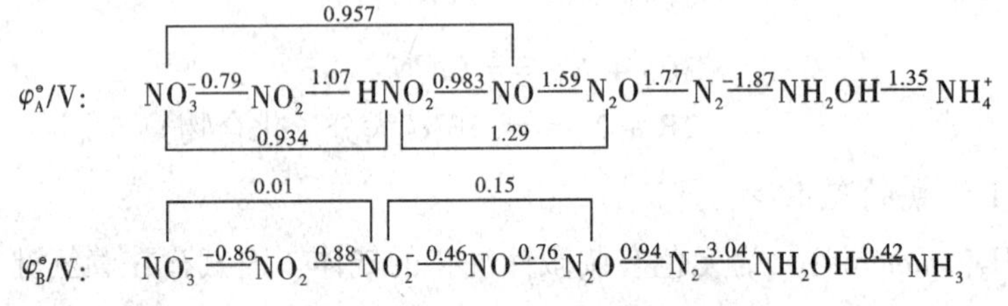

图 11-6　氮的含氧化合物电势图

（1）氮的氧化物　氮可以形成多种氧化物，氮的氧化数可以为+1 ~ +5。其中以一氧化氮（nitric oxide）和二氧化氮（nitrogen dioxide）较为重要。常见的氮的氧化物的性质与结构见表 11-6。

氮的氧化物除 N_2O 外都有毒，工业废气和汽车排放出的尾气中含有各种氮的氧化物（主要是 NO 和 NO_2，以 NO_x 表示），对环境会造成污染。处理废气中的 NO_x 可用 Cr_2O_3 作催化剂，用 NH_3 将其还原为 N_2。

$$NO_x + \frac{2}{3}xNH_3 \longrightarrow \frac{3+2x}{6}N_2 + xH_2O$$

表 11-6　氮的氧化物的性质与结构

化学式	氧化态	物理性质	熔点/℃	沸点/℃	活泼性
N_2O 一氧化二氮	+1	无色气体，常温比较稳定，可用作麻醉剂；高温分解放出氧，可与纯氧一样助燃	-90.86	-88.48	相当不活泼
NO 一氧化氮	+2	无色气体，难溶于水，不助燃，液态和固态显蓝色	-163.6	-151.8	中等活泼
N_2O_3 三氧化二氮	+3	无色气体，是亚硝酸酐，不稳定，固态为浅蓝色，液态为深蓝色	-103.0	3.5	30 ℃时解离成 NO 和 NO_2
NO_2 二氧化氮 N_2O_4 四氧化二氮	+4	二者存在平衡：$2NO_2 \rightleftharpoons N_2O_4$ NO_2 红棕色气体，N_2O_4 无色气体	-11.2(N_2O_4)	21.15(N_2O_4)	NO_2 相当活泼，N_2O_4 易解离成 NO_2
N_2O_5 五氧化二氮	+5	无色固体，是硝酸酐；易吸潮，不稳定，易分解为 NO_2 和氧气，是强氧化剂	32.5(升华)	47	气态不稳定

(2) 亚硝酸及其盐　亚硝酸(nitrous acid)是弱酸，$K_a^\ominus=4.5\times10^{-4}$，溶液呈现淡蓝色。亚硝酸不稳定，会发生歧化分解。

$$3HNO_2 \xlongequal{} HNO_3 + 2NO\uparrow + H_2O$$

该反应随温度升高平衡偏向右边，因此 HNO_2 只能存在冷的稀溶液中。

大多数亚硝酸盐(nitrite)是稳定的，易溶于水，唯有银盐的热稳定性差且不溶于水。

$$2AgNO_2 \xlongequal{} AgNO_3 + Ag\downarrow + NO\uparrow$$

NO_2^- 中 N 原子处于中间氧化态+3，兼具氧化还原性(以氧化性为主)，在酸性溶液内，它的氧化能力明显增强，例如在酸性介质中 NO_2^- 能将 I^- 定量氧化成 I_2。

$$2NaNO_2 + 2KI + 2H_2SO_4 \xlongequal{} I_2 + 2NO\uparrow + K_2SO_4 + Na_2SO_4 + 2H_2O$$

HNO_2 作为氧化剂时，其还原产物可能是 NO、N_2O、NH_2OH、N_2 或 NH_3，与还原剂、溶液的酸度与温度有关。

(3) 硝酸及其盐　硝酸 HNO_3(nitric acid)是重要的化工原料，可以用来制造炸药、染料、硝酸盐(特别是 NH_4NO_3)和其他化学药品。纯 HNO_3 是无色透明的油状液体，熔点为-41.6 ℃，沸点为 82.6 ℃，被 NO_2 饱和的浓硝酸呈红棕色，称为发烟硝酸。硝酸受热或光照时发生分解。

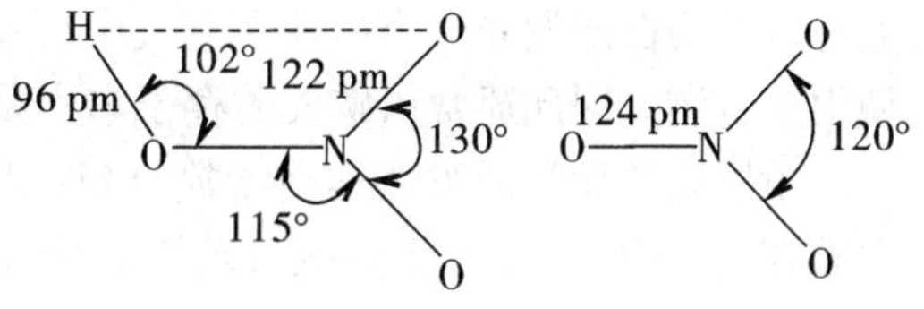

图 11-7　HNO_3 与 NO_3^- 的结构

硝酸和硝酸根的分子都是平面型的，如图 11-7 所示。硝酸分子中具有一个分子内氢键，所以硝酸的相对分子质量虽然比水分子大得多，但其沸点却低于水。

硝酸分子中的氮具有最高氧化态，它有强烈的氧化性，能将许多非金属氧化而变为相应的酸，例如：

$$2HNO_3 + S = H_2SO_4 + 2NO\uparrow$$

$$5HNO_3 + 3P + 2H_2O = 3H_3PO_4 + 5NO\uparrow$$

金属除了金、铂及一些稀有金属外，皆与 HNO_3发生作用而生成硝酸盐，如：

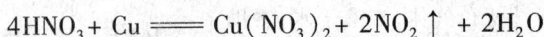

$$4HNO_3 + Cu = Cu(NO_3)_2 + 2NO_2\uparrow + 2H_2O$$

有些金属如铁、铬、铝等易溶于稀硝酸，却不溶于冷的浓硝酸。这些金属与浓硝酸接触时，表面生成一层致密的氧化物膜，阻止了金属进一步氧化，这类金属经硝酸处理后变成所谓"钝金"，甚至再放在稀硝酸中也不溶解。

金和铂能溶于王水(3 体积浓盐酸和 1 体积浓硝酸的混合溶液)内，主要是因为氯离子与金、铂形成稳定的配位离子 $AuCl_4^-$、$PtCl_6^{2-}$，配离子的生成提高了金属的还原能力。

11.3.6 磷及其化合物

11.3.6.1 单质及其存在形式

磷(phosphorus)在自然界中总是以磷酸盐的形式出现，例如磷酸钙 $Ca_3(PO_4)_2$、磷灰石 $Ca_5F(PO_4)_3$。磷是生物体中不可缺少的元素之一。在植物体中磷主要存在于种子的蛋白质中，在动物体中则存在于脑血液及神经组织的蛋白质中。大量的磷还以羟基磷灰石 $Ca_5(OH)(PO_4)_3$的形式存在于脊椎动物的骨骼和牙齿中。

制备单质磷的方法是将磷酸钙矿混以石英砂(SiO_2)和炭粉，放在 1 500 ℃左右电炉中加热，把生成的气体通过冷水，磷便凝结成白色固体。

$$2Ca_3(PO_4)_2 + 6SiO_2 + 10C = 6CaSiO_3 + P_4\uparrow + 10CO\uparrow$$

磷有多种同素异性体，常见的是白磷和红磷。纯白磷是无色而透明的晶体，遇光即逐渐变为黄色，所以又叫黄磷。白磷剧毒，误食 0.1 g 就能致死，也会通过皮肤吸收中毒。白磷不溶于水，而易溶于 CS_2中。

经测定，白磷晶体是由 P_4分子组成的分子晶体。P_4分子是四面体构型，分子中 P—P 键长是 221 pm，P—P—P 键角是 60°。分子中每个磷原子用它的 3 个 p 轨道与另外 3 个磷原子的 p 轨道形成 3 个键，这种纯 p 轨道的键角应为 90°，实际上却是 60°，所以 P_4分子是有张力的分子。这个张力使每 1 个 P—P 的键能仅为 201 $kJ \cdot mol^{-1}$，所以白磷在常温下有很高的化学活性。

白磷和潮湿空气接触时发生缓慢氧化作用，部分的反应能量以光能的形式放出，在暗处可以看到白磷发光。当白磷在空气中缓慢氧化到表面上积聚的热量使温度达到 313 K 便引起自燃。因此通常白磷要贮存于水中以隔绝空气。

单质磷的化学活泼性远高于氮，白磷又比红磷活泼得多，易与卤素单质反应。例如，白磷在氯气中自燃，也能同硫及若干金属反应。强氧化剂如浓硝酸能将磷氧化成磷酸。白磷溶解在热的浓碱溶液中生成磷化氢和次磷酸盐。

$$P_4 + 3KOH + 3H_2O = PH_3 + 3KH_2PO_2$$

白磷能将金银铜等从它们的盐中还原出来，有时也可以和取代出来的金属立即反应生成磷化物。例如白磷可以将铜从铜盐中取代出来并与之生成磷化铜。

$$11P + 15CuSO_4 + 24H_2O \xlongequal{} 5Cu_3P + 6H_3PO_4 + 15H_2SO_4$$

$$2P + 5CuSO_4 + 8H_2O \xlongequal{} 5Cu + 2H_3PO_4 + 5H_2SO_4$$

故硫酸铜可作为白磷中毒的内服解毒剂。

红磷是磷的无定形体，是一种暗红色的粉末。它不溶于水、碱和 CS_2 中，没有毒。加热到673 K以上才着火。它的化学活泼性比白磷小得多，但易被硝酸氧化为磷酸，与 $KClO_3$ 摩擦即着火，甚至爆炸。红磷与空气长期接触也缓慢地氧化形成极易吸水的氧化物。所以红磷保存在未密闭的容器中会逐渐潮解，使用前应小心用水洗涤过滤和烘干。

单质磷的用途不广。工业上用白磷来制备高纯度的磷酸，军事上利用白磷的易燃性和燃烧产物能形成烟雾的特性制烟雾弹，红磷用于制造农药和安全火柴，火柴盒侧面所涂的物质就是红磷和玻璃粉调和而成的混合物。

11.3.6.2　磷的氢化物、卤化物和硫化物

磷与氢能组成一系列氢化物如 PH_3、P_2H_4、$P_{12}H_{16}$ 等，其中最重要的是 PH_3，称为膦。

PH_3 是一种无色剧毒的气体，沸点和熔点分别为185.6 K和140 K。纯净的膦在空气中的着火点是423 K，燃烧时生成磷酸。

PH_3 在水中的溶解度比 NH_3 的溶解度小得多。在290 K时每100体积水能溶解26体积的 PH_3。PH_3 水溶液的碱性比氨水弱得多，在水溶液中不能生成膦盐。PH_3 的分子结构与 NH_3 相似，是三角锥形，P—H键长142 pm，HPH键角为93°。

磷能与卤素单质直接化合而成卤化物。磷的卤化物有两种类型 PX_3 和 PX_5，但 PI_5 不易生成。

三氯化磷 PCl_3 是无色液体，分子中P以 sp^3 杂化成键，分子形状为三角锥，在P原子上还有一对孤电子，因此 PCl_3 是电子对给予体，可以与金属离子形成配合物。在较高温度或有催化剂存在时 PCl_3 可与氧或硫反应生成三氯氧磷 $POCl_3$ 或三氯硫化磷 $PSCl_3$。PCl_3 易水解生成亚磷酸和氯化氢，因此 PCl_3 在潮湿空气中要冒烟。

$$PCl_3 + 3H_2O \xlongequal{} H_3PO_3 + 3HCl$$

过量氯与 PCl_3 反应而生成 PCl_5。

$$PCl_3 + Cl_2 \xlongequal{} PCl_5$$

PCl_5 是白色固体，加热时升华(433 K)并可逆地分解为 PCl_3 和 Cl_2，在573 K以上分解完全。

在气态和液态时 PCl_5 的分子结构是三角双锥，P位于锥体的中央，以 sp^3d 杂化成键。在固态时 PCl_5 则形成离子化合物，晶体中含有正四面体的 $[PCl_4]^+$ 和正八面体的 $[PCl_6]^-$ 离子。PCl_5 也易水解，水量不足时则部分水解为三氯氧磷和氯化氢。

$$PCl_5 + H_2O \xlongequal{} POCl_3 + 2HCl$$

在过量水中则完全水解。

$$POCl_3 + 3H_2O \xlongequal{} H_3PO_4 + 3HCl$$

磷有四种较重要的硫化物 P_4S_3、P_4S_5、P_4S_7、P_4S_{10}。

11.3.6.3　磷的含氧化合物及盐

磷的燃烧产物是五氧化二磷，如果在氧气不足时则生成三氧化二磷，二者分别是磷酸

和亚磷酸的酸酐。根据蒸气密度的测定，它们实际上都是二聚分子，分子式分别是 P_4O_6 和 P_4O_{10}。P_4O_6 不稳定，在空气中加热即被氧化为 P_4O_{10}。P_4O_6 的熔点为 297 K，沸点为447 K，与热水作用歧化得到磷酸，与冷水反应较慢，最后形成亚磷酸。

$$P_4O_6 + 6H_2O(冷) = 4H_3PO_3$$

$$P_4O_6 + 6H_2O(热) = 3H_3PO_4 + PH_3$$

P_4O_{10} 为白色雪花状固体，632 K 升华。在加压下加热到较高温度时转变为无定形玻璃体，最后在 839 K 熔化。P_4O_{10} 对水有很强的亲合力，吸湿性强，因此它常作气体和液体的干燥剂。

磷的含氧酸有多种形式，较重要的见表 11-7。

表 11-7　磷的含氧酸

名称	磷酸	焦磷酸	三聚磷酸	偏磷酸	亚磷酸	次磷酸
化学式	H_3PO_4	$H_4P_2O_7$	$H_5P_3O_{10}$	HPO_3	H_3PO_3	H_3PO_2
磷的氧化值	+5	+5	+5	+5	+3	+1
结构示意图	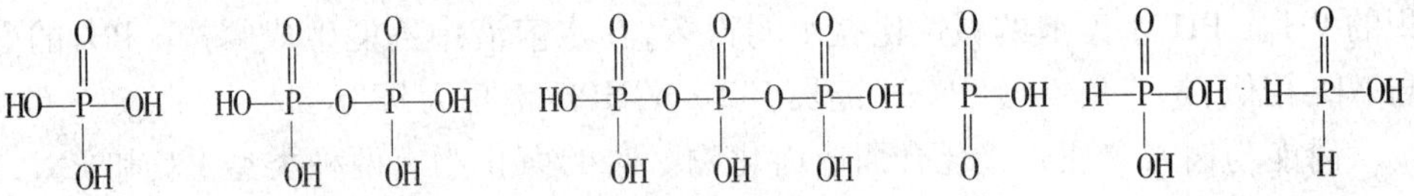					
n 元酸	3	4	5	1	2	1

工业上主要用 76% 左右的硫酸分解磷酸钙以制取磷酸。

$$Ca_3(PO_4)_2 + 3H_2SO_4 = 2H_3PO_4 + 3CaSO_4$$

这样制得的磷酸很不纯，一般用于制造肥料。纯的磷酸可用白磷燃烧生成 P_4O_{10}，再用水吸收而制得。

纯净的磷酸为无色晶体，熔点为 315 K。加热时磷酸逐渐脱水，因此没有自身的沸点。磷酸能与水以任何比例混溶，市售磷酸是黏稠的浓溶液（含量约 85%）。磷酸是一种无氧化性的不挥发的三元中强酸，有强配位能力，能与许多金属离子形成可溶性配合物，在分析化学中常用于掩蔽 Fe^{3+} 离子。浓磷酸能溶解惰性金属 W、Cu、Nb。高温时，磷酸能溶解矿石，如铬铁矿、金红石等，这是磷酸主要用途之一。

磷酸可生成三个系列的盐 M_3PO_4、M_2HPO_4、和 MH_2PO_4。所有的磷酸二氢盐（dihydric phosphate）都易溶于水，而磷酸一氢盐（hydrophosphate）和正盐（phosphate）除了 K^+、Na^+ 和 NH_4^+ 的盐外一般不溶于水。

PO_4^{3-} 在水中有强烈的水解作用，所以 Na_3PO_4 的水溶液显较强碱性。HPO_4^{2-} 和 $H_2PO_4^-$ 在水溶液中除能发生水解外，同时还发生解离，其水溶液的酸碱性则由水解和解离这两种行为共同决定。HPO_4^{2-} 的水解程度大于其解离程度，故 Na_2HPO_4 水溶液显弱碱性；$H_2PO_4^-$ 的水解程度小于其解离程度，故 NaH_2PO_4 的水溶液呈弱酸性。

磷酸二氢钙是重要的磷肥，它是磷酸钙与硫酸作用的产物。

$$Ca_3(PO_4)_2 + 2H_2SO_4 \xlongequal{} 2CaSO_4 + Ca(H_2PO_4)_2$$

生成的混合物叫过磷酸钙，其有效成分为磷酸二氢钙，溶于水易被植物吸收。

磷酸盐与过量的钼酸铵在浓硝酸溶液中反应，有淡黄色磷钼酸铵晶体析出，这是鉴定 PO_4^{3-} 离子的特征反应。

$$PO_4^{3-} + 12MoO_4^{2-} + 3NH_4^+ + 24H^+ \xlongequal{} (NH_4)_3[P(Mo_{12}O_{40})] \cdot 6H_2O + 6H_2O$$

焦磷酸是无色玻璃状固体，易溶于水。在冷水中会慢慢转变为磷酸。焦磷酸的酸性强于磷酸。

P_4O_6水解或将含有 PCl_3的空气流从冰水中通过都可得到亚磷酸。纯的亚磷酸是无色固体，熔点为 347 K，易溶于水。亚磷酸是一个中强的二元酸。亚磷酸和亚磷酸盐在水溶液中都是强还原剂。

次磷酸是中强一元酸。它的分子中有两个与 P 原子直接键合的氢原子。次磷酸及其盐都是强还原剂。

11.3.7　氧及其化合物

18 世纪著名的法国化学家拉瓦锡（A. L. Lavoisier）发现了氧（oxygen），并且将它作为一种元素，推翻了统治化学领域多年的燃素学说，开辟了化学世界的一个崭新天地。

氧是地球上含量最多、分布最广的元素，约占地壳总质量的 46.6%，在海水中，氧占海水质量的 89%。在大气层中，氧以单质状态存在，约占大气质量的 23%。

氧是一种化学性质活泼的元素，它几乎能同所有的其他元素直接或间接地化合成类型不同、数量众多的化合物。氧原子形成化合物时的成键特征如下。

（1）形成离子键　从电负性小的元素中夺取电子形成 O^{2-}，构成离子型化合物，氧的氧化数为-2，例如碱金属氧化物 M_2O 和大部分碱土金属氧化物 MO。

（2）形成共价键　构成的共价型化合物，氧的氧化数为-2。作为中心原子时，一般为 sp^3杂化，如 H_2O、OF_2中，氧原子提供单电子与其他原子的单电子共用，形成共价键。另外 O 原子既可以提供一个空的 2p 轨道，接受外来配位电子对而成键，同时提供两对孤对电子反馈给原配位电子的空轨道而形成反馈键。

11.3.7.1　氧和臭氧

O_2是一种无色无臭的气体，90 K 时凝聚成淡蓝色的液体，到 54 K 凝聚成淡蓝色的固体。O_2是非极性分子，在水中溶解度很小（293 K 时仅为 30 $cm^3 \cdot dm^{-3}$），但却是水中生物赖以生存的基础。O_2在动物血液中的溶解量也不大，但因携 O_2物质在一定条件下和 O_2发生可逆性结合，所以血液中的 O_2量大大增加。哺乳动物血液中含 15% ~30%（体积分数）的 O_2，低等动物血液中含 5% ~10%（体积分数）的 O_2。

臭氧 O_3（ozone）是淡蓝色、有鱼腥臭味的气体，熔点为 80 K，沸点为 161 K。分子呈“V”形，键角为 116.8°，键长为 127.8 pm，介于 O—O 键长（148 pm）与 O═O 键长（112 pm）之间。臭氧分子中无单电子，为反磁性物质。

臭氧不稳定，在常温下分解较慢，但在 437 K 时，将迅速分解，并放出大量热。

$$2O_3 \xlongequal{} 3O_2, \Delta_r H_m^{\ominus} = -284\ kJ \cdot mol^{-1}$$

臭氧比氧气具有更强的氧化性,能与除金和铂系金属外的所有金属以及许多化合物反应。

$$PbS + 2O_3 = PbSO_4 + O_2\uparrow$$

$$2Ag + 2O_3 = Ag_2O_2 + 2O_2\uparrow$$

$$2KI + H_2SO_4 + O_3 = I_2 + O_2\uparrow + H_2O + K_2SO_4$$

臭氧可用于处理工业废水(可分解不易降解的聚氯联苯、苯酚、萘等多种芳烃化合物和链烃化合物,而且还能使发色团如重氮、偶氮等的双键断裂)。臭氧对亲水性染料的脱色效果也很好,是一种优良的污水净化剂和脱色剂。臭氧还用于漂白和皮毛脱臭等。液态臭氧可用作火箭燃料。

11.3.7.2　氧化物

除轻稀有气体外,几乎所有元素都能生成氧化物,可用化学式 R_xO_y 表示,其中氧的氧化态为-2①。

(1)氧化物的键型和结构　按氧化物的组成,氧化物可分为金属氧化物和非金属氧化物;按氧化物的键型,氧化物可分为离子型氧化物和共价型氧化物。活泼金属的氧化物均为离子型氧化物,非金属元素的氧化物都是共价型氧化物。

氧化物的熔点、沸点主要取决于它们的结构类型。离子晶体和原子晶体的氧化物,如 MgO、Al_2O_3、SiO_2 等,其熔沸点一般都较高;分子晶体结构的氧化物,如 CO_2、NO_2、SO_2 等,熔沸点都较低,在室温下都是气态。

(2)氧化物的酸碱性　根据氧化物对水、酸、碱的反应,氧化物可分为四类:酸性氧化物、碱性氧化物、两性氧化物和中性(惰性)氧化物,见表11-8。

表11-8　氧化物的分类

酸性氧化物	与水反应生成含氧酸, 与碱共熔生成盐	CO_2、NO_2、P_4O_{10}、SO_2、SO_3、 B_2O_3、SiO_2
碱性氧化物	与水反应生成可溶性碱, 与水反应生成难溶性碱, 与酸反应生成盐	Na_2O、K_2O、BaO MgO、CaO、SrO Bi_2O_3、CuO、Ag_2O、HgO、FeO、MnO
两性氧化物	与酸碱反应生成盐	BeO、Al_2O_3、Cr_2O_3、ZnO
中性氧化物	不与酸或碱反应	CO、N_2O、NO

氧化物 R_xO_y 的酸碱性,取决于 R 在周期表的位置和 R 的氧化态,有以下规律可循。

1)同周期元素最高氧化态氧化物,从左至右,碱性依次减弱,而酸性逐渐增强。

$$\xrightarrow[\text{碱性依次减弱,酸性逐渐增强}]{Na_2O、MgO、Al_2O_3、SiO_2、P_4O_{10}、SO_3、Cl_2O_7}$$

2)同族元素同氧化态氧化物的碱性从上到下依次增强。

① 此处描述的氧化物不包括过氧化物、超氧化物及臭氧化物。

$$\xrightarrow[\text{碱性依次增强}]{N_2O_3、P_4O_6、As_4O_6、Sb_2O_3、Bi_2O_3}$$

3)有多种氧化态的元素,其氧化物的酸性依氧化态升高的顺序增强。

$$\xrightarrow[\text{氧化态依次升高,酸性逐渐增强}]{MnO、MnO_2、MnO_3、Mn_2O_7}$$

11.3.7.3 水及过氧化氢

水是地球上分布最广的物质,水是生命之源,它几乎占去了地球表面的3/4。水分子中 O 原子采取 sp^3杂化,四个杂化轨道中,有两个被两对孤对电子所占据,另外两个与两个 H 原子生成两个 σ 共价键。由于孤对电子对成键电子对的排斥作用,所以键角被压缩为104.5°。

在液态水中,水分子通过氢键形成缔合分子$(H_2O)_x$,$x=2$、3、4、5,……水分子的缔合是一种放热过程,温度降低,水的缔合程度增大。273 K 时,水凝结成冰,全部水分子缔合在一起,成为一个巨大的缔合水分子。

过氧化氢(hydrogen peroxide)俗称双氧水,在自然界中仅微量存在于雨雪或某些植物的汁液中,是自然界中还原性物质与大气中的氧作用的产物。

H_2O_2分子中 O 原子也是采取不等性的 sp^3杂化,两个相连的氧原子上各连着一个 H 原子,两个 H 原子位于像半展开的书的两页纸面上,两页纸面的夹角为 93°51′,2 个氧原子则处在书的夹缝的位置上。H_2O 和 H_2O_2 的结构如图 11-8 所示。

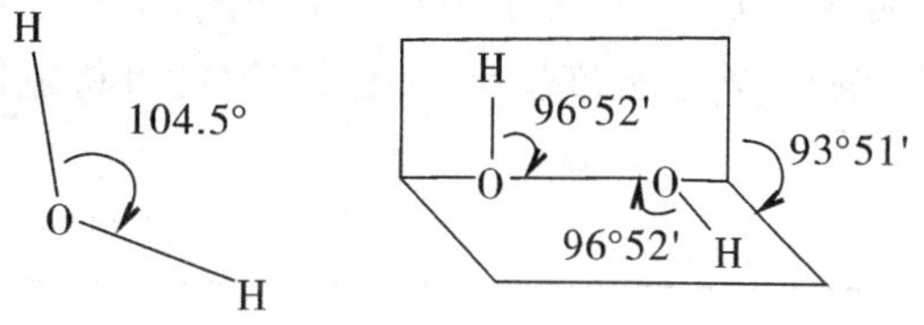

图 11-8 H_2O 和 H_2O_2的结构图

纯 H_2O_2是一种淡蓝色的黏稠液体,它的极性比水强,缔合程度、沸点也比 H_2O 高,但其熔点与水接近,可与水以任意比例互溶。H_2O_2不稳定,会因热、光或介质的影响而分解,所以要保存在低温、避光的环境下。

H_2O_2在不同的介质中可呈现氧化和还原的性质,如在酸性条件下能将碘化物氧化成单质碘,这个反应可以用来定性检出或定量测定 H_2O_2的含量。

$$H_2O_2 + 2I^- + 2H^+ \xlongequal{} I_2 + 2H_2O$$

在碱性介质中,工业上常用 H_2O_2的还原性来除氯。

$$H_2O_2 + Cl_2 \xlongequal{} 2Cl^- + 2H^+ + O_2$$

在实验室和工业上常用过氧化氢做氧化剂或还原剂,因为其产物为水或氧气,不会引入其他杂质。医药上广泛用它的稀溶液作为消毒杀菌剂;工业上用约 10% 的溶液来漂白毛、丝、羽毛和象牙等。纯过氧化氢被用作喷气燃料和火箭燃料的氧化剂。

11.3.8 硫及其化合物

11.3.8.1 硫化氢和氢硫酸

硫化氢 H_2S(hydrogen sulfide)是一种无色、具腐蛋臭味的有毒气体,有麻醉中枢神经作用,吸入大量 H_2S 时会因中毒而造成昏迷甚至死亡。硫化氢能溶于水(293 K 溶解度 2.58 $dm^3 \cdot dm^{-3}$),浓度约为 0.1 $mol \cdot dm^{-3}$,这个溶液叫氢硫酸,是个很弱的二元酸。

H_2S结构与H_2O相似,是极性分子,但极性比水弱,分子间形成氢键的倾向很小,熔点(-86 ℃)、沸点(-71 ℃)比水低得多。完全干燥的H_2S稳定,常温下由于动力学因素,不与空气中氧作用。H_2S在空气中燃烧,生成二氧化硫和水;若空气供应不足,则生成硫和水。

$$2H_2S + 3O_2 = 2SO_2\uparrow + 2H_2O$$

$$2H_2S + O_2 = 2S\downarrow + 2H_2O$$

硫化氢中硫原子处于低氧化数(-2)状态,具有还原性。硫化氢溶液在空气中放置时,容易被空气中氧所氧化而析出单质硫,使溶液变混浊。

在酸性介质中,I_2、Fe^{3+}等可将S^{2-}氧化为S,例如:

$$H_2S + 2FeCl_3 = S\downarrow + 2FeCl_2 + 2HCl$$

强氧化剂可将S^{2-}氧化为H_2SO_4,例如:

$$H_2S + 4Cl_2 + H_2O = H_2SO_4 + 8HCl$$

11.3.8.2 硫化物

氢硫酸可形成正盐和酸式盐,酸式盐均易溶于水,而正盐中除碱金属(包括NH_4^+)的硫化物和BaS易溶于水外,其他金属硫化物难溶于水。从结构来看,S^{2-}变形性较大,在与金属离子结合时,离子相互极化作用强烈,以致难溶于水。显然,金属离子的极化作用越强,其硫化物溶解度越小。根据溶解度可将硫化物分为四类,见表11-9。

表11-9 硫化物的分类

溶于稀盐酸 ($0.3\ mol\cdot dm^{-1}$ HCl)	难溶于稀盐酸		
	溶于浓盐酸	难溶于浓盐酸	
		溶于浓硝酸	仅溶于王水
MnS(肉色) CoS(黑色) ZnS(白色) NiS(黑色) FeS(黑色)	SnS(褐色) Sb_2S_3(橙色) SnS_2(黄色) Sb_2S_5(橙色) PbS(黑色) CdS(黄色) Bi_2S_3(暗棕色)	CuS(黑色) As_2S_3(浅黄) Cu_2S(黑色) As_2S_5(浅黄) Ag_2S(黑色)	HgS(黑色) Hg_2S(黑色)
$K_{sp}^{\ominus}>10^{-24}$	$10^{-25}>K_{sp}^{\ominus}>10^{-30}$	$K_{sp}^{\ominus}<10^{-30}$	$K_{sp}^{\ominus}\ll 10^{-30}$

由于氢硫酸是弱酸,故金属硫化物溶于水会因水解而呈碱性。工业上常用价格便宜的Na_2S代替NaOH作为碱使用,故Na_2S俗称硫化碱。

某些氧化数较高金属的硫化物如Al_2S_3、Cr_2S_3等遇水发生完全水解。

$$Al_2S_3 + 6H_2O = 2Al(OH)_3\downarrow + 3H_2S\uparrow$$

因此这些金属硫化物在水溶液中是不存在的。制备这些硫化物必须用干法,如用金属铝粉和硫粉直接化合生成Al_2S_3。

可溶性硫化物用作还原剂,制造硫化染料、脱毛剂、农药和鞣革,也用于制荧光粉。

11.3.8.3　硫的氧化物

硫的氧化物主要有二氧化硫(sulfur dioxide)和三氧化硫(sulfur trioxide)。

SO_2为无色具有强烈刺激性气味的气体,有毒性,是主要的大气污染物之一。大气中的SO_2遇水蒸气形成酸雾、酸雨,会腐蚀建筑物,毁坏森林,使农作物减产,危及动物和人类,对自然界的生态平衡造成极大的威胁。因此,防治SO_2污染已成为当今社会的重要课题。

SO_2结构与臭氧相似,分子构型为"V"形,中心 S 原子采取 sp^2不等性杂化成键。

在SO_2中,S 的氧化数为+4,所以SO_2既有氧化性又有还原性,以还原性为主,只有当遇到强的还原剂时,SO_2才表现为氧化性。

有些不饱和有机物分子能与SO_2或H_2SO_3发生加成反应,生成一种无色的加成物而退色,故SO_2具有漂白作用。

SO_3极易吸水,在空气中就会发烟,溶于水生成硫酸,并放出大量热。在硫酸工业上,常用 98.3% 的浓硫酸吸收SO_3,所得的溶液称为发烟硫酸,其中含有游离态的SO_3。

气态SO_3分子构型呈平面三角形,键角为 120°,结构对称,为非极性分子,具有强氧化性。

11.3.8.4　硫的含氧酸及其盐

硫能够形成几个系列的含氧酸。相关电势图如图 11-9 所示。

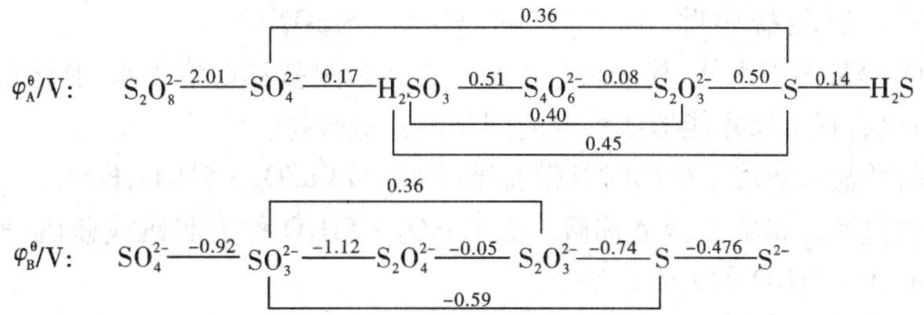

图 11-9　硫形成的含氧酸相关电势图

(1)亚硫酸及其盐　二氧化硫溶于水生成很不稳定的亚硫酸(sulfurous acid)。亚硫酸只存在于水溶液中,是一个中强酸,游离状态的亚硫酸尚未制得。

亚硫酸盐有正盐(sulfite)和酸式盐(hydrosulfite)。绝大多数的正盐(K^+、Na^+、NH_4^+ 除外)都不溶于水,酸式盐都溶于水。在含有不溶性正盐的溶液中通入SO_2,可使其转变为可溶性的酸式盐。

$$CaSO_3 + SO_2 + H_2O = Ca(HSO_3)_2$$

亚硫酸与二氧化硫一样,既可作还原剂又可作氧化剂,并以还原性为主,亚硫酸盐的还原性更强。

$$2H_2SO_3 + O_2 = 2H_2SO_4$$

$$SO_3^{2-} + Cl_2 + H_2O = SO_4^{2-} + 2Cl^- + 2H^+$$

只有在较强还原剂的作用下,才表现出氧化性。

$$H_2SO_3 + 2H_2S = 3S\downarrow + 3H_2O$$

亚硫酸盐受热易分解。

$$4Na_2SO_3 = 3Na_2SO_4 + Na_2S$$

亚硫酸盐有很多实际用途，例如 $Ca(HSO_3)_2$ 大量用于造纸工业，$NaHSO_3$ 和 Na_2SO_3 大量用于染料工业，也用作漂白织物时的去氯剂。农业上使用 $NaHSO_3$ 作为抑制剂，促使水稻、小麦、油菜、棉花等农作物增产。

(2)硫酸及其盐　硫酸(sulfuric acid)是化学工业中一种重要的化工原料，往往用硫酸的年产量来衡量一个国家的化工生产能力。硫酸近一半的产能用于化肥生产，此外还大量用于农药、染料、医药、化学纤维、石油、冶金、国防和轻工业等部门。

1)硫酸及硫酸根的结构　H_2SO_4 呈四面体形，S—O 键的键长显著地比共价单键的键长要短，具有某种程度的双键性质。H_2SO_4 的分子结构见图 11-10。

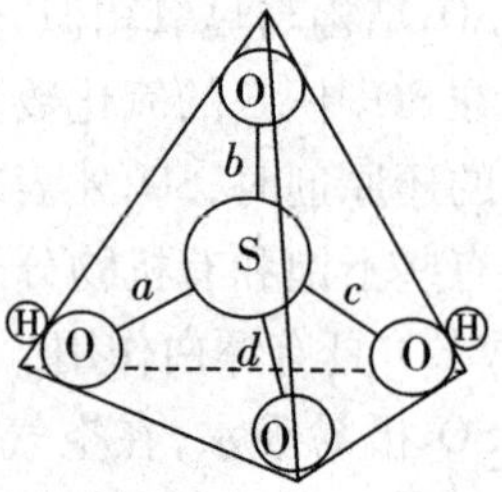

a=155 pm　$\angle ab$=116°

b=142 pm　$\angle ac$=104°

c=152 pm　$\angle ad$=112°

d=143 pm　$\angle bc$=98°

$\angle bd$=117°

$\angle cd$=109°

图 11-10　硫酸的分子结构

SO_4^{2-} 离子是正四面体结构，S—O 键的键长为 149 pm，有很大程度的双键性质，其键角为 109°28′。4 个氧原子与硫原子之间的键完全一样。含氧酸根 ClO_4^-、PO_4^{3-}、SiO_4^{4-} 等是 SO_4^{2-} 的等电子体，具有与 SO_4^{2-} 的类似结构。

2)硫酸盐和矾　硫酸盐有正盐(sulfates)和酸式盐(hydrosulfate)。硫酸盐中除 $BaSO_4$ 难溶，$PbSO_4$、$SrSO_4$、$CaSO_4$、Ag_2SO_4 等微溶于水外，其余易溶于水。酸式硫酸盐都易溶于水，其溶解度稍大于相应的正盐，但仅有碱金属才能形成稳定的固态酸式硫酸盐。

可溶性硫酸盐从溶液中析出时常带有结晶水，如 $CuSO_4 \cdot 5H_2O$、$FeSO_4 \cdot 7H_2O$ 等。这种带结晶水的过渡金属硫酸盐俗称矾。如 $CuSO_4 \cdot 5H_2O$ 称为胆矾或蓝矾，$FeSO_4 \cdot 7H_2O$ 称为绿矾，$ZnSO_4 \cdot 7H_2O$ 称为皓矾等。

多数硫酸盐可形成复盐，也常叫做矾。如摩尔盐 $(NH_4)_2SO_4 \cdot FeSO_4 \cdot 6H_2O$、镁钾矾 $K_2SO_4 \cdot MgSO_4 \cdot 6H_2O$、明矾 $K_2SO_4 \cdot Al_2(SO_4)_3 \cdot 24H_2O$ 等。

硫酸盐的热稳定性与相应正离子的极化力有关。如 K_2SO_4、Na_2SO_4、$BaSO_4$ 等硫酸盐较稳定，在 1 273 K 时也不分解。而 $CuSO_4$、Ag_2SO_4、$Al_2(SO_4)_3$、$Fe_2(SO_4)_3$、$PbSO_4$ 等硫酸盐，在高温下会分解成金属氧化物和 SO_3。

$$CuSO_4 \xrightarrow{\triangle} CuO + SO_3$$

碱金属酸式硫酸盐受热则脱水转变为焦硫酸盐(pyrosulfate)。

$$2KHSO_4 \xrightarrow{\triangle} K_2S_2O_7 + H_2O$$

许多硫酸盐具有重要用途，如明矾是常用的净水剂、媒染剂；胆矾是消毒菌剂和农药；绿矾是农药、药物和制墨水的原料；芒硝($Na_2SO_4 \cdot 10H_2O$)是化工原料；硫酸氢钾则用作酸性熔矿剂。

(3)硫代硫酸及其盐　硫代硫酸钠(sodium thiosulfate)商品名为海波($Na_2S_2O_3 \cdot 5H_2O$)，俗称大苏打。将硫粉溶于沸腾的亚硫酸钠碱性溶液中或将 Na_2S 和 Na_2CO_3 以物质的量 2∶1 配成溶液再通入 SO_2，均可制得 $Na_2S_2O_3$。

$$Na_2SO_3 + S = Na_2S_2O_3$$

$$2Na_2S + Na_2CO_3 + 4SO_2 = 3Na_2S_2O_3 + CO_2$$

$S_2O_3^{2-}$ 可看做是 SO_4^{2-} 中的 1 个 O 原子被 S 原子所取代形成的(图 11-11)。

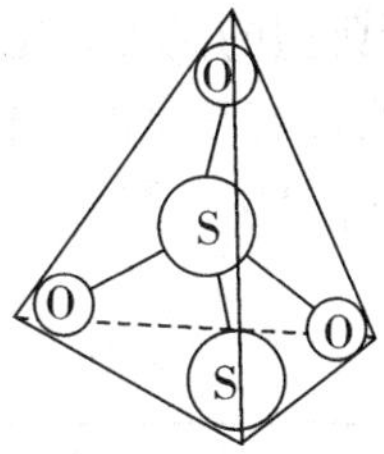

图 11-11　$S_2O_3^{2-}$ 离子的结构

$Na_2S_2O_3$是无色透明的结晶,易溶于水,其水溶液显弱碱性。$Na_2S_2O_3$在中性和碱性溶液中很稳定,在酸性溶液中迅速分解。

$$Na_2S_2O_3 + 2HCl = 2NaCl + S\downarrow + SO_2\uparrow + H_2O$$

$Na_2S_2O_3$是一种中等强度的还原剂,与碘反应时,它被氧化为连四硫酸钠;与氯、溴等反应时被氧化为硫酸盐。

$$2Na_2S_2O_3 + I_2 = Na_2S_4O_6 + 2NaI$$

$$Na_2S_2O_3 + 4Cl_2 + 5H_2O = 2H_2SO_4 + 2NaCl + 6HCl$$

分析化学的碘量法中就利用了前一反应。

硫代硫酸根有很强的配位能力,照相底片上未曝光的溴化银在定影液中即由于形成配离子而溶解。

$$AgX + 2S_2O_3^{2-} = [Ag(S_2O_3)_2]^{3-} + X^-(X 为 Cl、Br)$$

重金属的硫代硫酸盐难溶且不稳定。例如 Ag^+与 $S_2O_3^{2-}$ 生成的白色沉淀 $Ag_2S_2O_3$,在溶液中迅速分解,颜色经黄色、棕色、最后成黑色 Ag_2S。用此反应可鉴定 $S_2O_3^{2-}$ 或 Ag^+。

$$S_2O_3^{2-} + 2Ag^+ = Ag_2S_2O_3\downarrow$$

$$Ag_2S_2O_3 + H_2O = Ag_2S\downarrow + H_2SO_4$$

硫代硫酸钠主要用作化工生产中的还原剂,纺织、造纸工业中作漂白物的脱氯剂,照相工艺的定影剂,还用于电镀、鞣革等部门。

11.3.9　卤素及其化合物

11.3.9.1　卤族元素的通性

卤族元素又称为卤素(halide),是周期系第ⅦA 族元素,包括氟(F)、氯(Cl)、溴(Br)、碘(I)和砹(At)5 种元素。在自然界中,卤素都以化合物的形式出现,它们在地壳中的分布量按原子百分数计算是:氟 0.02%、氯 0.02%、溴 3×10^{-5}%、碘 4×10^{-6}%。氟主要以萤石(CaF_2)和冰晶石(Na_3AlF_6)等矿物存在,氯、溴、碘主要以钠、钾、钙、镁的无机盐形式存在于海水中,海藻是碘的重要来源,砹是放射性元素,仅以微量存在于镭和锕或钍的蜕变产物中,而且会很快衰变掉。卤素的某些性质见表 11-10。

卤素原子的价层电子构型为 ns^2np^5,与稳定的 8 电子构型 ns^2np^6 比较,仅缺少 1 个电子;核电荷是同周期元素中最多的(稀有气体元素除外),原子半径是同周期元素中最小的,故它们最容易取得电子,卤素与同周期元素相比,其非金属性是最强的。在本族内自上往下电负性逐渐减小,非金属性依次减弱。

卤素原子形成化合物的价键特征如下:①卤素原子形成分子时形成 1 个共价键;②卤素原子能结合 1 个电子形成负离子,如卤素与活泼金属形成的离子型化合物;③卤素(除氟之外)与电负性更高的元素形成的化合物中,卤素原子可显正氧化态(+1 ~ +7),这些化合物最典型的是含氧化合物如 $HClO_4$ 和卤素互化物如 ClF_3 等，此时卤素原子的 nd 轨道参与成键，常有复杂的杂化结构；④-1 氧化态的卤原子可能作为电子给予体而形成配合物，例如 $Na_3[AlF_6]$ 等。

表 11-10 卤表的某些性质

性质	氟	氯	溴	碘
元素符号	F	Cl	Br	I
原子序数	9	17	35	53
价电子层结构	$2s^2 2p^5$	$3s^2 3p^5$	$4s^2 4p^5$	$5s^2 5p^5$
主要氧化数	-1、0	-1、0、+1、+3、+5、+7	-1、0、+1、+3、+5、+7	-1、0、+1、+3、+5、+7
共价半径/pm	71	99	114	133
X^- 离子半径/pm	136	181	195	216
电子亲合能/$kJ \cdot mol^{-1}$	-328.0	-348.7	-324.5	-295
第一电离能/$kJ \cdot mol^{-1}$	1 681	1 251	1 140	1 008
电负性	3.98	3.16	2.96	2.66
物态(298 K,100 kPa)	气体	气体	液体	固体
单质颜色	淡黄色	黄绿色	红棕色	紫黑色
$\varphi_A^\ominus/V: X_2 + 2e^- \rightleftharpoons 2X^-$	2.87	1.36	1.09	0.54

11.3.9.2 卤素的单质及其物理、化学性质

卤素单质分子为非极性的双原子分子，固态时为分子晶体，熔沸点较低。随着卤素原子半径的增大和核外电子数目的增多，卤素分子之间的色散力逐渐增大，因而卤素单质的熔沸点、气化焓和密度等物理性质按 F→Cl→Br→I 顺序依次增大。颜色是卤素单质最引人注目的性质之一。随着相对分子质量的增大，气态卤素单质的颜色由浅黄色、浅黄绿色、红棕色到紫色依次加深。

氟与水剧烈反应，而氯、溴和碘都能溶于水中，常温下溶解度分别为 15 $g \cdot dm^{-3}$、35 $g \cdot dm^{-3}$ 和 0.3 $g \cdot dm^{-3}$。溴和碘易溶于有机溶剂如四氯化碳、二硫化碳或苯中。

碘有一个特性是能溶解在 KI 浓溶液中，这是由于在溶液中形成了多碘化物 I_x^-(x=2 ~ 5)的缘故，利用这个性质可以配制单质碘在水中较浓的溶液。

气态的卤素单质都有刺激气味，会刺激气管黏膜，产生窒息作用。吸入较多的蒸气会发生严重中毒，甚至造成死亡。

卤素单质的重要反应列在表 11-11 中。

F_2 是最活泼的非金属，除了 He、Ne、Ar、O_2 及 N_2 外能和所有的单质直接化合。Cl_2 和 Br_2 能和大多数单质化合，但是反应不如 F_2 剧烈。I_2 活泼性最差，甚至不能和 S 化合。

卤素单质和水可发生两个重要的化学反应。

$$2X_2 + 2H_2O \longrightarrow 4H^+ + 4X^- + O_2 \qquad ①$$

$$X_2 + H_2O \longrightarrow H^+ + X^- + HXO \qquad ②$$

反应①为卤素分子氧化水的反应，由氟至碘，反应的激烈程度逐渐减弱，而逆向反应趋势逐渐加强。对碘来说，则反应在很大程度上向左进行。

反应②为卤素分子的水解反应，氟基本上不进行这个反应，而由氯至碘，反应进行的程度也迅速减弱。加入碱可促进反应向右进行。

表 11-11　卤素单质的重要化学反应

反　应	注　释	反　应	注　释
$nX_2 + 2M = 2MX_n$	M 指多数金属元素 n 是金属的氧化态	$X_2 + SO_2 = SO_2X_2$	X 为 F、Cl
		$3X_2 + 8NH_3 = 6NH_4X + N_2$	X 为 F、Cl、Br
$X_2 + H_2 = 2HX$	反应激烈程度依 F→Cl→Br→I 递减	$3X_2 + 2P = 2PX_3$	As、Sb、Bi 有类似反应
$2X_2 + 2H_2O = 4H^+X^- + O_2$	反应激烈程度依 F→Cl→Br→I 递减	$X_2 + PX_3 = PX_5$	碘无此反应
		$X_2 + 2S = S_2X_2$	X 为 Cl、Br
$X_2 + H_2O = H^+X^- + HXO$	氟无此反应	$3X_2 + S = SX_6$	X 为 F
$X_2 + C_nH_{2n} = C_nH_{2n}X_2$	氯、溴适于此反应	卤素的依次取代顺序 F→Cl→Br→I	前面一个单质可从后一元素化合物中把后一单质置换出来
$X_2 + H_2S = 2HX + S$	X 为 Cl、Br、I		
$X_2 + CO = COX_2$	X 为 Cl、Br		

11.3.9.3　卤化氢和氢卤酸

卤素和氢的化合物统称为卤化氢(hydrogen halide)。它们的水溶液显酸性，统称为氢卤酸(halogen acid)，其中氢氯酸俗称盐酸(hydrochloric acid)。

(1)卤化氢　卤化氢都是无色气体，有一定的刺激气味，在空气中同水汽结合而发烟，极易溶于水，它们的水溶液除氢氟酸外都是强酸。

表 11-12 列出了卤化氢的性质。卤素从上到下，随着相对分子质量的增大，各种性质存在明显的规律性，但 HF 与其他卤化氢的差异较大。

表 11-12　卤化氢的一些性质

性质	HF	HCl	HBr	HI
熔点/℃	-83.7	-114.8	-88.5	-50.8
熔化热/$kJ \cdot mol^{-1}$	19.6	2.0	2.4	2.9
沸点/℃	19.51	-85.05	-66.73	-35.36
汽化热/$kJ \cdot mol^{-1}$	30.1	16.2	17.6	19.8
$\Delta_f H_m^\ominus/kJ \cdot mol^{-1}$	-268.6	-92.3	-36.2	26.5
$\Delta_f G_m^\ominus/kJ \cdot mol^{-1}$	-270.7	-95.3	-53.2	1.3
键能/$kJ \cdot mol^{-1}$	535.1	404.5	339.1	272.2
分子偶极矩/10^{-30} C·m	6.40	3.61	2.65	1.27
溶解度/g/100 g	35.3	42	49	57

(2)卤化氢的水溶液——氢卤酸　酸性和卤离子的还原性是卤化氢的主要特征。

氢卤酸的还原能力按 HF→HCl→HBr→HI 的顺序增强,酸性也按同一次序变化,HI 是氢卤酸中最强的还原剂,也是最强的酸。

氢氟酸能够刻蚀玻璃,因为 HF 能和玻璃中的主要组成物 SiO_2 反应生成挥发性产物。

$$SiO_2 + 4HF \Longrightarrow SiF_4\uparrow + 2H_2O$$

HBr、HI 易被氧化,通常要盛放在棕色瓶中,HI 溶液中被氧化生成的 I_2 可加少量 Cu 屑除去(生成 CuI 沉淀)。

$$2Cu + I_2 \Longrightarrow 2CuI\downarrow$$

11.3.9.4　卤化物

(1)卤化物的分类　卤化物可分成离子型卤化物和共价型卤化物,其间没有严格的界限。例如,$AlCl_3$ 在固体状态下每个 Al 原子被八面体排列的紧密堆积 Cl 原子包围,类似于离子晶格,但熔点很低(193 ℃),其液态和气态则由 Al_2Cl_6 分子组成,表现为共价化合物。一般可按照熔沸点的高低大致判断卤化物的结构类型,部分第四周期金属卤化物熔沸点见表 11-13。

表 11-13　金属氯化物的一些性质比较

卤化物	KCl	$CaCl_2$	$ScCl_3$	$TiCl_4$	VCl_4	$CrCl_3$	$MnCl_2$	$ZnCl_2$	$GaCl_3$
熔点/℃	772.0	782.0	960.0	−23.0	−25.7	815.0	650.0	275.0	77.5
沸点/℃	1 407	—	—	154	152	—	1 190	756	200

从以上数据可以判定 KCl、$CaCl_2$、$ScCl_3$、$CrCl_3$、$MnCl_2$ 是离子型卤化物,而 $TiCl_4$、VCl_4、$ZnCl_2$ 和 $GaCl_3$ 是共价型卤化物。

一般碱金属元素(锂除外)、碱土金属元素(铍除外)、大多数镧系元素和锕系元素,以及某些低氧化态的 d 区金属的卤化物可以认为是以离子型为主的化合物。如果一种金属元素有可变的氧化态,低氧化态的卤化物常是离子型的,而高氧化态卤化物则往往是共价型的。例如,常温下 $PbCl_2$ 是离子型盐(白色晶体),而 $PbCl_4$ 是共价型的(黄色油状液体);UF_4 是离子型的固体,UF_6 是共价型气体。

(2)卤化物的溶解度　氟化物和其他卤化物的溶解度有明显的差别,见表 11-14。

表 11-14　卤化物的溶解性

卤化物都可溶	Na^+、K^+、NH_4^+	氟化物可溶,其他卤化物难溶	Ag^+
氟化物难溶、其他卤化物可溶	Mg^{2+}、Ca^{2+}、Ba^{2+}、La^{3+}	卤化物都不易溶	Pb^{2+}

一种给定元素 M 的四种卤化物 MF_n、MCl_n、MBr_n、MI_n 的溶解度的递变顺序可以有两种不同的变迁方向。如果这四种卤化物的键型以离子型为主(碱金属、碱土金属和镧系元素卤化物),则溶解度大小的顺序是碘化物>溴化物>氯化物>氟化物,因为此时的决定因素是晶格能,氟化物的晶格能最大而溶解度低。另外,如果共价型键占主导地位,溶解度的变

迁顺序恰好相反，氟化物溶解度最大而碘化物溶解度最小，例如，Hg(Ⅰ)和 Ag(Ⅰ)的卤化物就是按这样的顺序变迁的。

11.3.9.5　卤族元素的含氧化合物

卤素单质不能同氧直接化合，它们的氧化物和含氧酸只能用间接方法得到。除氟之外，卤素在含氧化合物中都显正氧化态，最高都能得到+7 氧化态。所有卤素的氧化物（和含氧酸）都是不稳定的化合物，只有含氧酸盐较稳定。

(1)氧化物　氟能生成相当稳定的氧化物 OF_2，它是用单质氟作用于2%的氢氧化钠溶液时生成的。

$$2NaOH + 2F_2 \xlongequal{} 2NaF + OF_2 + H_2O$$

由于氟有较高的电负性，这个化合物中氧原子的氧化数是+2，而氟的氧化数是-1。它是一种强氧化剂和氟化剂。

氯常见的氧化物有 Cl_2O、ClO_2、Cl_2O_7，第一个是次氯酸的酐，而第三个是高氯酸的酐。碘能生成 I_2O_4 和 I_2O_5 两种氧化物，后者是碘酸的酐。溴有较不稳定的氧化物 Br_2O 和 BrO_2。

(2)卤素的含氧酸(oxyacids of halogen)

在卤素的含氧酸中，只有氯的含氧酸有实际用途，有些含氧酸，如 $HBrO_2$ 和 HIO，存在时间极短，往往只是化学反应的中间产物。

1)次氯酸和次氯酸盐　氯气可以发生歧化反应生成次氯酸 HClO(hypochloric acid)。

$$Cl_2 + H_2O \xlongequal{} H^+ + Cl^- + HClO$$

这个反应的平衡常数不大($K^\ominus = 4.8\times10^{-4}$)，在一般情况下，反应达到平衡时，氯饱和溶液(浓度为0.091 $mol\cdot dm^{-3}$)中只约有1/3 的氯水发生了反应，因此得到的次氯酸的浓度很低(约为0.03 $mol\cdot dm^{-3}$)。HClO 是弱酸，$K_a^\ominus = 3\times10^{-8}$，它很不稳定，在溶液中逐渐分解：

$$2HClO \xlongequal{} 2HCl + O_2$$

光照会促进这个分解反应，所以氯水或次氯酸溶液应保存在暗色的瓶子中并放在阴凉的地方。次氯酸有强氧化性和漂白作用。

常用的次氯酸盐是次氯酸钙，它是漂白粉的有效成分，一般为了充分发挥其氧化性，使用时应加酸。它用于漂白、消毒，在军事上用于消除军用毒气。

2)氯酸(chloric acid)和氯酸盐(chlorate)　次氯酸盐受热时发生歧化反应得到氯酸盐。

$$3NaClO \xrightarrow{\triangle} 2NaCl + NaClO_3$$

常见的氯酸盐是氯酸钾，是一种强氧化剂，它是固态盐，与易燃物(碳、硫、磷、有机物)的混合物受撞击时就会猛烈爆炸。它在工业上有重要的用途，并可用作农药。

3)高氯酸和高氯酸盐　高氯酸盐是比氯酸盐更为稳定的化合物，但也是一种爆炸品，热高氯酸盐在干燥时研磨或与有机物接触，便有可能发生爆炸。

高氯酸盐除少数例外，都易溶于水，有的高氯酸盐也能溶于有机溶剂中，如果正离子是无色的，则一般其高氯酸盐也是无色的晶状盐。

高氯酸根离子 ClO_4^- 是一种很稳定和难被极化的负离子，所以很少见到它成为配合物中的配位负离子。

归纳氯和氯的含氧化合物系统的氧化还原电势，得出如下的氯原子电势图（图 11-12），对于指导我们对氯系统的氧化还原性质的认识是有用的。

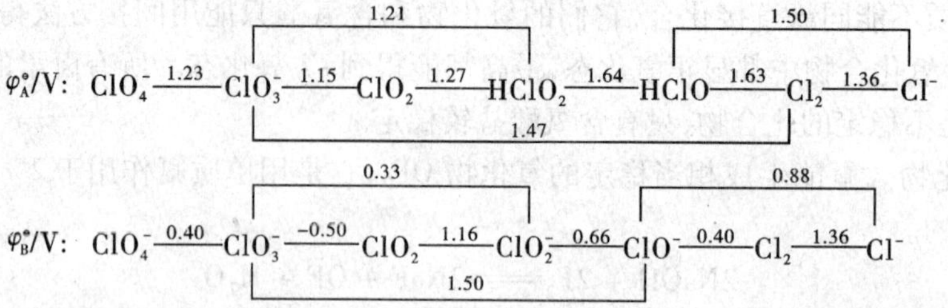

图 11-12 氯原子电势图

11.3.9.6 卤离子的分离和鉴定

Cl^-、Br^-、I^-的分离和鉴定主要是根据 AgX 难溶盐溶度积的大小和 Br^-、I^-的还原性大小进行的。分离流程如图 11-13 所示。

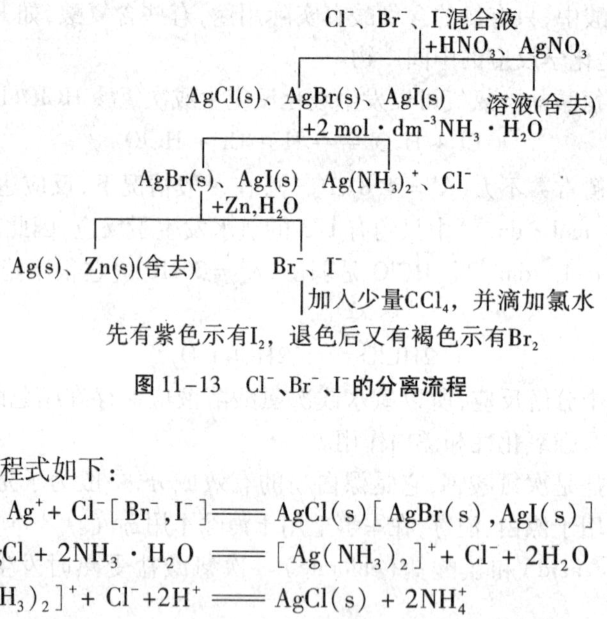

图 11-13 Cl^-、Br^-、I^-的分离流程

相关的反应方程式如下：

$$Ag^+ + Cl^-[Br^-, I^-] = AgCl(s)[AgBr(s), AgI(s)]$$

$$AgCl + 2NH_3\cdot H_2O = [Ag(NH_3)_2]^+ + Cl^- + 2H_2O$$

$$[Ag(NH_3)_2]^+ + Cl^- + 2H^+ = AgCl(s) + 2NH_4^+$$

$$2AgBr(s)[2AgI(s)] + Zn = 2Ag(s) + 2Br^-[I^-] + Zn^{2+}$$

$$Cl_2 + 2I^- = 2Cl^- + I_2(\text{紫色})$$

$$5Cl_2 + I_2 + 6H_2O = 10HCl + 2HIO_3(\text{无色})$$

$$Cl_2 + 2Br^- = 2Cl^- + Br_2(\text{褐色})$$

11.4　稀有气体概述

11.4.1　稀有气体的发现

稀有气体中首先被发现的是氦,于1868年观察太阳光谱时发现,并于1895年确认地球上也存在此元素。其他的稀有气体(氩、氖、氪、氙)在1894~1898年间由英国物理学家雷利(J. W. Rayleigh)和拉姆齐(W. Ramsay)从空气中陆续分离出来,最后一个稀有气体氡于1900年在放射性镭的蜕变产物中发现。

这6种元素性质相似,而和周期系中已发现的元素差异很大,构成了周期系中的零族元素。

11.4.2　稀有气体的存在、结构、性质和用途

稀有气体的主要资源是空气,此外,氦也存在于某些天然气中,氡是某些放射性元素的蜕变产物。

稀有气体的价层电子构型是稳定的8电子构型(氦为2电子),电离能较大,难以形成电子转移型的化合物;另一方面,若不拆开成对电子,则不能形成共价键。所以稀有气体在一般条件下不具备化学活性,因而在以前一直将稀有气体称为"惰性气体"。这些气体在自然界中以单原子分子的形式存在。

稀有气体原子间存在着微弱的色散力,其作用力随着原子序数的增加而增大。因而稀有气体的物理性质如熔点、沸点、临界温度、溶解度等也随着原子序数的增加而递增。

稀有气体的很多用途是基于它们的化学惰性和一些物理性质,最初是在光学上获得广泛的应用,近年来又逐步扩展到冶炼、医学以及一些重要工业部门。

11.4.2.1　氦

除氢以外,氦(helium)是最轻的气体,常用它取代氢气充填气球和气艇。氦在血液中的溶解度比氮小得多,利用氦和氧的混合物制成"人造空气"供潜水员呼吸,以防止潜水员出水时,由于压强骤然下降使原来溶在血液中的氮气逸出,阻塞血管而得"潜水病"。另外,氦的密度、黏度均小,对呼吸困难者,使用氦-氧混合呼吸气有助于吸氧、排出CO_2。

所有物质中,氦的沸点(4.2 K)最低,广泛用作超低温研究中的制冷剂。氦还适合作为低温温度计的填充气体。氦在电弧焊接中作惰性保护气体。据报道,${}_2^3He$是较为安全的高效聚变反应原料。

11.4.2.2　氖和氩

当电流通过充氖的灯管时,能产生鲜艳的红光,充氩(argon)则产生蓝光,所以氖(heon)和氩常用于霓虹灯、灯塔等照明工程。氩的导电性和导热性都很小,可用氩和氦的混合气体来充填灯泡。液氖可用作冷冻剂(制冷温度为25~40 K)。氩也常用作保护气体。

11.4.2.3　氪和氙

氪(krypton)和氙(xenon)用于制造特种光源,在高效灯泡中常充填氪。氙有极高的发光强度,可用以填充光电管和闪光灯,这种氙灯放电强度大、光线强,有“小太阳”之称。80%的氙与20%的氧气混合使用,可作为无副作用的麻醉剂,用于外科手术。此外,氪和氙的同位素在医学上用于测量脑血流量和研究肺功能,计算胰岛素分泌量等。

11.4.2.4　氡

氡(radon)是核动力工厂和自然界 U 和 Th 放射性裂变的产物,在医学上用于恶性肿瘤的放射性治疗。

11.4.3　稀有气体化合物

稀有气体由于具有稳定的电子层结构,过去很长时间人们一直认为这些气体的化学性质是“惰性”的,不会发生化学反应,因此在化学键理论中,曾经把“稳定的八隅体”作为化合成键的一种趋势。这种简单的价键概念对稀有气体化合物的合成起了一定的阻碍作用。直到 1962 年,稀有气体的化合物才被合成出来,从此“惰性气体”的名称被“稀有气体”所代替。

第一个稀有气体化合物 $Xe^+[PtF_6]^-$(六氟合铂(V)酸氙),于 1962 年被英国化学家 N. Bartlett合成得到。

$$Xe + PtF_6 \longrightarrow Xe^+[PtF_6]^-$$

不久,人们利用相似的方法又合成了 $XeRuF_6$和 $XeRhF_6$等。至今已制成稀有气体化合物有数百种,例如卤化物(XeF_2、XeF_4、$XeCl_2$、KrF_2)、氧化物(XeO_3、XeO_4)、氟氧化物($XeOF_2$、$XeOF_4$)、含氧酸盐[M(I)$HXeO_4$、M(I)$_4XeO_6$]和一些复合物、加合物等,其中简单化合物甚少,大多数化合物的制备都与氟化物的反应有关,某些化合物可看作是氟化物的衍生物。

在密闭的镍容器内,将氙和氟加热到高于 250 ℃时,依氟的用量不同,可分别制得 XeF_2、XeF_4、XeF_6。

$$Xe + F_2 \longrightarrow XeF_2$$

$$Xe + 2F_2 \longrightarrow XeF_4$$

$$Xe + 3F_2 \longrightarrow XeF_6$$

三种氙的氟化物均为稳定的白色结晶状的共价化合物,均能与水反应。例如:

$$2XeF_2 + 2H_2O \longrightarrow 2Xe + 4HF + O_2\uparrow$$

$$XeF_6 + 3H_2O \longrightarrow XeO_3 + 6HF$$

它们还是优良的氟化剂。例如:

$$2XeF_6 + SiO_2 \longrightarrow 2XeOF_4 + SiF_4$$

这三种氙的氟化物均为强氧化剂。例如:

$$XeF_2 + H_2 \longrightarrow Xe + 2HF$$

$$XeF_2 + H_2O_2 \longrightarrow Xe + 2HF + O_2\uparrow$$

H_4XeF_6和 XeO_3也都是强氧化剂,能使 NH_3、H_2O_2、Cl^-、Br^-、I^-、Mn^{2+}等氧化,分别形成 N_2、O_2、Cl_2、Br_2、I_2、MnO_2(或 MnO_4^-)等。由于大多数情况下,氙化物的还原产物仅是单质

Xe,不会给反应体系引进额外的杂质,且产物 Xe 又可循环使用,所以氙的化合物是一个值得重视的氧化剂。

阅读材料

仿生材料学

生物是一个神奇的工程师,它举手投足之间就能把一些极其普通的元素组合成具有优异性能和精妙结构的科学艺术作品,其神妙足以令当世最杰出的材料科学家汗颜。正是生物的这种魔术般的材料制备艺术激发了科学家的灵感,把材料科学引入到一个仿生的新世界。

地球上所有生物都是由无机或有机材料通过组合而形成的。从材料化学的观点来看,仅仅利用极少的几种高分子材料所制造的从细胞到纤维直至各种器官能够发挥如此多种多样的功能,简直不可思议。

在高分子化学世界里,我们已经制造出了聚乙烯、聚氯乙烯、聚碳酸酯、聚酰胺等人工材料,具有多种多样的功能。但是人类所创造的材料与自然界生物体的构成材料还有很大的不同。例如,海鳗的发电器瞬间可以发出 800 V 的电压,足以电死一头大象,但是它的发电器不是金属等导电器材,而是蛋白质的分子集合体;深海里有一种软体动物,其身体无疑也是由细胞材料所构成,但是却可承受很高的海水压强而自由地生存着。这些例子说明,许多生物体的某些构成材料是我们完全不知道的,这些材料大多数是在常温常压的条件下形成,并能发挥出特有的性能。当人们对这些生物现象有了充分的理解之后,把它们应用于材料科学技术方面,就形成了仿生材料学。因此,仿生材料学的研究内容就是以阐明生物体的材料构造与形成过程为目标,用生物材料的观点来思考人工材料,从生物功能的角度来考虑材料的设计与制作。

但是迄今为止该学科未开拓的领域和未解决的问题非常之多,可以认为仿生材料学的学科体系还没有完全形成。进行仿生材料的开发与研究必须要学习和了解许多相关的专业知识,例如,高分子化学、蛋白质工程科学、遗传学、生物学以及与其相关联的技术等。

最早开始研究并取得成功的仿生材料之一就是模仿天然纤维和人的皮肤的接触感而制造的人造纤维。对蚕吐出的丝,人类自古就有很大的兴趣,这些丝纯粹是由蛋白质构成,具有温暖的触感和美丽的光泽。20 世纪以来,人们模仿蚕吐丝的过程研制了各种化学纤维的纺丝方法,此后又模仿生物纤维的吸湿性、透气性等实用性能研制了许多新型纤维。例如,牛奶蛋白质与丙烯腈共聚纤维(东洋纺),商品名为稀茎的高吸湿性纤维(旭化成)等。而天然蜘蛛丝是世界上最结实坚韧的纤维之一。它比高强度钢或用来制作防弹服的凯夫拉尔纤维更坚韧,且更具有弹性,重量又轻。据科学家计算,一根铅笔粗细的蜘蛛丝束,能够使一架正在飞行的波音 747 飞机停下来。目前,美国著名的杜邦化学工业公司的科学家,已经开发成功利用人造基因制备的具有蜘蛛丝特性(包括结构、强度、化学性能)的蛋白质分子,这种新型纤维比尼龙和现有其他产品强度都高,更具弹性和耐磨性,而且质量也很轻,所以在飞机、人造卫星等航空航天领域大有用武之地。

生物为了维持生命,能够非常高效地进行各种能量之间的相互转换,这是在广阔的生物界都能看到的现象。例如，萤火虫的发光原因是由于化学能高效率地转化为光能，这种能量变换方法目前人类还做不到。随着地球上现在所使用的能源逐渐枯竭，人类寻求新能源的任务已迫在眉睫，如果能够找到这样能够高效率地进行能量变换或者能量重组的材料与方法，将为人类的未来带来希望和光明。

本章要点

已发现的元素可以分成两大类：金属和非金属。

非金属元素的通论：非金属的单质大多是由两个或多个原子以共价键相结合而成。按照其结构和物理性质可以分成三类：小分子物质、多原子分子物质和大分子物质。非金属元素都能形成共价型氢化物。通常情况下呈气体和挥发性的液体。

非金属元素含氧酸及其盐的热稳定性、氧化性等遵循一定的规律。

氢气是无色无味的可燃气体。熔沸点极低，扩散性好，在水中溶解度很小。有还原性，加热时可与许多单质反应形成各类氢化物。氢化物类型：离子型、分子型、金属型。

单质硼有无定形硼和晶体硼，硼烷是典型的缺电子化合物，结构具有特殊性。硼砂可在定性分析上用作硼砂珠试验和标定酸的基准物质。

单质碳以三种晶型存在，即金刚石、石墨和富勒烯。氧化物包括 CO、CO_2，含氧酸主要为碳酸。

晶状硅具有金刚石晶格的结构，硅能和氢形成硅烷。硅的正常氧化物是二氧化硅 SiO_2，不溶于水，与碱共熔转化为硅酸盐。

单质氮在常温下是一种无色、无臭的气体，具有极强的稳定性。氢化物包括氨、联氨和羟胺；有多种氧化物，除 N_2O 外其他都有毒；含氧酸包括亚硝酸和硝酸。金属除了金、铂及一些稀有金属外，皆与 HNO_3 发生作用而生成硝酸盐。

磷有多种的同素异形体，最简单的是白磷。氢化物包括 PH_3 和 P_2H_4，卤化物包括 PX_3 和 PX_5，氧化物包括 P_2O_5 和 P_2O_3，含氧酸有磷酸和多种缩合酸。

氧有两种同素异构体，O_2 和 O_3。氧可以和多种物质形成氧化物和含氧酸及其盐等。它重要的简单化合物为水和过氧化氢。

H_2S 一般具有弱酸性和还原性。亚硫酸及其盐具有氧化还原性，但以还原性为主。硫酸则具有吸水性和脱水性，并具有氧化性。一般被还原成 SO_2。

卤素单质氧化性 $F_2>Cl_2>Br_2>I_2$，还原性 $F^-<Cl^-<Br^-<I^-$。氢卤酸按 HF→HCl→HBr→HI 顺序酸性、还原性逐渐增强，热稳定性逐渐减弱。氯的含氧酸按 $HClO \to HClO_3 \to HClO_4$ 顺序酸性、热稳定性逐渐增强，氧化性逐渐减弱。

氦是除氢以外最轻的气体，常用它取代氢气充填气球和气艇，氖和氩常用于霓虹灯、灯塔等照明工程，氪和氙用于制造特种光源，氡在医学上用于恶性肿瘤的放射性治疗。

习题

1. 选择题。

(1) PBr_3 在水中可以生成哪几种物质？

(A) 反应生成 H_3PO_4 和 HBr　　(B) 使水分解为 H_2 和 O_2

(C) 反应生成 HBr 及 H_3PO_3　　(D) 反应生成 PH_3 及 HBrO

(2) 下列叙述中错误的是哪个？

(A) $HClO_3$的氧化性强于 $KClO_3$

(B) $KClO_3$在酸性溶液中可氧化 Cl^-

(C)将 $Cl_2(g)$通入酸性溶液中可发生歧化反应

(D)常温下在碱性介质中,ClO_3^- 不能发生歧化反应

(3)对于乙硼烷,下列叙述中错误的是哪个?

(A)易自燃　(B)能水解

(C)易发生加合反应　(D)固态时是原子晶体

(4)下列各酸中为一元酸的是哪个?

(A) H_3PO_4　(B) H_3PO_3　(C) H_3PO_2　(D) $H_4P_2O_7$

(5)三氧化二硼热稳定性很高,这是因为什么原因造成的?

(A)固体 B_2O_3是原子晶体　(B)固体 B_2O_3是离子晶体

(C)固体 B_2O_3是聚合分子　(D)在三氧化二硼中 B—O 键能很高

(6)卤素单质中,与水不发生水解反应的是哪个?

(A) F_2　(B) Cl_2　(C) Br_2　(D) I_2

(7)下列性质中,不能说明 HNO_3和 H_3PO_4之间差别的是哪个?

(A)酸强度　(B)沸点

(C)氧化性　(D)成酸元素的氧化值

(8)在 $BF_3 \cdot NH_3$加合物中,硼原子的杂化轨道类型是哪个?

(A) sp　(B) sp^2　(C) sp^3　(D) sp^3d

(9)下列物质中热稳定性最强的是哪个?

(A) PBr_5　(B) PCl_5　(C) PF_5　(D) PI_5

2. 现有下列气体需要进行干燥:HF、HCl、HBr、Cl_2,若选用浓 H_2SO_4、生石灰、无水氯化钙作干燥剂是否可以,为什么?

3. 解释下列现象。

(1)为什么高锰酸钾与盐酸反应可产生氯气,而与氢氟酸反应不能得到单质氟?

(2)碘难溶于水而易溶于 KI 溶液中。

(3)漂白粉长期暴露在空气中会失效。

(4)不能用硝酸与 FeS 作用制备 H_2S。

(5)将亚硫酸盐溶液久置于空气中,将几乎失去还原性。

4. 有 4 种试剂:Na_2SO_4、Na_2SO_3、$Na_2S_2O_3$、Na_2S,其标签都已经脱落,请设计一种简便方法鉴别它们。

5. 金属和 HNO_3作用,就金属而言有几种类型? 就 HNO_3被还原产物而言,有什么特点?

6. 为什么常温下 CO_2是气体,而 SiO_2却是固体?

7. 完成并配平下列反应式。

(1) $H_2S + H_2O_2 \longrightarrow 2H_2O + S$

(2) $H_2S + Cl_2 + H_2O \longrightarrow H_2SO_4 + 8HCl$

(3) $H_2S + I_2 \longrightarrow 2HI + S$

(4) $2H_2S + SO_2 \longrightarrow 2H_2O + 3S$

(5) $H_2S + ClO_3^- + H^+ \longrightarrow Cl_2 + S + H_2O$

(6) $Na_2S_2O_3 + HCl \longrightarrow S + SO_2 + H_2O + NaCl$

(7) $Cr_2S_3 + H_2O \longrightarrow Cr(OH)_3 + H_2S$

8. 完成下列反应方式。

(1) $SiHCl_3 + H_2 \xrightarrow{高温} Si + HCl$

(2) $Na + H_2 \longrightarrow 2NaH$

(3) $WO_3 + H_2 \xrightarrow{高温} W + H_2O$

(4) $CaH_2 + H_2O \xrightarrow{高温} Ca(OH)_2 + H_2$

(5) $TiH + NaH \longrightarrow Ti + Na + H_2$

(6) $LiH + AlCl_3 \xrightarrow{乙醚} Li[AlH_4] + LiCl$

(7) $XeF_2 + H_2O \longrightarrow Xe + 4HF + O_2$

(8) $XeF_6 + H_2O \longrightarrow XeO_3 + 6HF$

第 12 章　金属元素概论

本章将系统地学习金属元素的通性，熟悉其单质及其化合物的性质，并对一些重要的金属元素及其化合物进行较为详细的阐述。

12.1　金属元素通论

12.1.1　概述

金属元素（metals element）价层电子数较少，在化学反应中易丢失电子。迄今为止，自然界存在及人工合成的金属元素已达 90 多种，位于元素周期表的左方及左下方，包括 s 区（s-block element）（除 H 外）、d 区（d-block element）、ds 区（ds-block element）和 f 区（f-block element）的所有元素及 p 区（p-block element）左下角的 10 种元素。

在自然界中，只有少数金属元素例如金、银、汞、铂系金属等存在游离形式，另外天外来客——陨石还带来少量的铜和铁等金属单质[①]。其他绝大多数金属元素以化合态存在于各种矿物中，一般 s 区和 d 区ⅢB～Ⅷ族的金属元素多以氧化物类型矿物形式存在，而 p 区、ds 区和 d 区Ⅷ族金属元素易形成硫化物并共生在一起。此外，s 区金属元素也以卤化物形式大量存在于海水、盐岩矿中。

金属分为黑色金属和有色金属。黑色金属是指铁、锰、铬及其合金，其他的都是有色金属。有色金属按其密度、价格、性质、在地壳中的储量及分布情况又有多种分类法。

- 金属
  - 黑色金属（铁、锰、铬及其合金）
  - 有色金属（除铁、锰、铬及其合金以外的其他金属）
    - 按密度分：轻有色金属和重有色金属
    - 按性质分：准金属和普通金属
    - 按价格分：贵金属和贱金属
    - 按储量及分布分：稀有金属和普通金属

金属具有许多共同的物理性质，如金属光泽、良好的导电导热性、不同程度的延展性等，这些都是金属中原子形成金属键的缘故，相关内容已在第 9 章讲述。就化学性质而言，金属也有一些通性，典型的就是失去电子而呈现一定还原能力。另外，由于各金属元素价电子构型不同，在化学反应中表现出来的活泼性又有很大差异。一般根据金属单质与常见物质（氧气、酸、水等）反应时的激烈程度，把金属划分为活泼金属、中等活泼金属和

---

① 地幔和地核内也存在一些游离的金属单质。

不活泼金属三类，有关化学性质见表 12–1。

表 12–1　金属的主要化学性质

金属活泼性	活泼金属（K、Ca、Na）	中等活泼金属（Mg、Al、Zn、Fe、Sn）	不活泼金属	
			Cu、Ag	Au
在水溶液中还原能力	还原能力依次减弱			
与氧的反应	易被氧化	常温时被氧化	加热时能被氧化	不能氧化
和水反应	常温下置换出氢	加热或与水蒸气反应置换出氢	不能从水中取代出氢	
和酸反应	反应激烈，置换出 HCl 中的氢		不能置换稀酸中的氢	
			能与 HNO_3 反应	只能与王水反应
和碱反应	仅 Al、Zn、Pb 等两性金属与碱反应			
和盐反应	前面的金属可从盐中置换出后面的金属离子 $M_{前}+M_{后}^{n+} \longrightarrow M_{前}^{n+}+M_{后}$			

12.1.2　金属的冶炼

根据金属元素在自然界中的存在形式和金属本身的化学活泼性的不同，由天然矿产中获得金属单质需采用不同的提取和冶炼方法。对于在自然界中以单质形态存在的金属，可以利用其在物质性质上与其他物质的显著差异而采用物理分离法。如淘金就是利用金密度大的特点将金提取出来。对于以化合态存在的金属，则需要采用化学法制备①。

金属元素在化合物中一般都呈正氧化态，因此化学法实质上都是还原过程，只是需要根据金属的活泼性不同，选择合适的还原剂和还原手段，常见有三种还原方法：热分解法、化学还原法和电解法。

12.1.2.1　热分解法

对于易被还原的重金属（如 Ag、Hg 等）氧化物或硫化物，加热即可使其分解成单质。例如：

$$HgS(s)+O_2(g) \xlongequal{} Hg(g)+SO_2(g)$$

$$2HgO(s) \xlongequal{} 2Hg(g)+O_2(g)$$

12.1.2.2　化学还原法

对于某些中等活泼的金属，可以采用化学还原剂（如 C、CO、H_2 或活泼金属），在高温下或溶液中还原它们的氧化物、卤化物等，从而得到金属单质。这种方法根据还原剂又可以分为碳还原法、一氧化碳还原法、氢还原法和金属还原法等。

---

① 大部分金属矿物内，金属的有效含量并不高，往往达不到在经济角度直接使用的要求。因此，人们对于开采出来的矿石，通常需要进行富集预处理，这种预处理过程，被称作选矿。通过选矿操作，使得富集过的矿物达到被直接利用的标准。选矿的方法与过程，读者可参见有关文献和专著。

$$MgO + C \xrightarrow{2\,000\ ℃} Mg + CO$$

$$NiO + CO \xrightarrow{700\ ℃} Ni + CO_2$$

$$WO_3 + 3H_2 \xrightarrow{高温} W + 3H_2O$$

$$Cr_2O_3 + 2Al \xrightarrow{高温} 2Cr + Al_2O_3$$

$$TiCl_4 + 4Na \xrightarrow{高温} Ti + 4NaCl$$

$$2[Au(CN)_2]^- + Zn = [Zn(CN)_4]^{2-} + 2Au$$

12.1.2.3　电解法

对于活泼性很强的金属，如 Na、Mg、Al、Ca 等，由于它们还原性很强，一般难于利用还原剂使它们从化合物中还原出来，故只有采用强有力的手段——电解法才能获得单质，例如，用熔融的 NaCl 电解制备 Na，用 Al_2O_3电解制 Al 等。

$$2NaCl \xrightarrow{电解} 2Na + Cl_2$$

12.2　s 区金属元素

s 区元素包括周期表中ⅠA 和ⅡA 族，是最活泼的金属元素。ⅠA 族由锂(lithium)、钠(sodium)、钾(potassium)、铷(rubidium)、铯(cesium)、钫(francium)六种元素组成。由于钠和钾的氢氧化物是典型的碱，故本族元素(除氢以外)又称**碱金属**(alkali metals)。ⅡA 族由铍(beryllium)、镁(magnesium)、钙(calcium)、锶(strontium)、钡(barium)、镭(radium)六种元素组成。由于钙、锶、钡的氧化物性质介于碱族与土族元素(第ⅢA 族元素有时称为土族元素)之间，故有**碱土金属**(alkaline earth metals)之称。s 区元素中，锂、铷、铯、铍是稀有金属元素，钫和镭是放射性元素。

12.2.1　物理性质

s 区金属元素的价轨道电子组态为 ns^{1-2}，金属键一般较弱，故它们的熔点、沸点、升华热都较低，其中 Cs 的熔点最低，只有 28.4 ℃，是仅次于 Hg 的低熔点金属。s 区金属元素单质具有较小的硬度和密度，Cs 是最软的金属，碱金属及 Ca、Sr、Ba 都可用小刀切割，Be 是碱土金属中硬度最大的。Li 的密度最小，只有 0.534 $g \cdot cm^{-3}$，比煤油还轻。碱土金属中密度最大的是 Ba，最小的是 Ca，这两族元素均属轻有色金属。

碱金属、碱土金属都具有良好的传热、导电性能，且具有较强的还原性，主要应用于制造高能燃料、高能电池、轻质合金、电子部件、航空材料等。

12.2.2　化学性质

碱金属原子最外层只有一个 *ns* 电子，其次外层是 8 电子(Li 的次外层是 2 电子)稳定结构，它们的原子共价半径在同周期元素中是最大的，而核电荷数在同周期元素中是最小的，第一电离能在同周期的元素中为最低。碱金属在化合物中的氧化数为+1。因此，碱金属是同周期元素中金属性表现最突出的元素。

碱土金属原子最外层有两个 ns 电子，次外层也是 8 电子结构（Be 的次外层是 2 电子）。与同周期碱金属相比，它们的核电荷数稍大，原子半径稍小。碱土金属原子也容易失去最外层的 s 电子，在化合物中氧化数为+2，具有较强的金属性，但比同周期的碱金属略差一些。

s 区金属都具有活泼的化学性质，在自然界不能以单质的形式存在，能与各类非金属元素发生反应，还能与水、稀酸等发生化学反应，生成的化合物除 Li 和 Be 的部分化合物外都是离子化合物。

12.2.2.1　与氧反应

碱金属和碱土金属与氧反应能形成多种类型的氧化物，如氧化物（oxide）、过氧化物（peroxide）、超氧化物（superoxide）和臭氧化物（ozonide）等。在空气中燃烧时，Li、Be、Mg、Ca、Sr、Ba 生成正常氧化物，如 Li_2O、MgO 等；Na 生成过氧化物 Na_2O_2；K、Rb、Cs 则生成超氧化物，如 KO_2。在一定条件下还可制得 Na、K、Rb、Cs 的臭氧化物。

$$3KOH(s) + 2O_3(g) \xrightarrow{-30\ ℃} 2KO_3(s) + KOH \cdot H_2O(s) + \frac{1}{2}O_2(g)$$

过氧化物、超氧化物的生成，可以看成是金属原子直接与氧分子作用的产物，也证明了这些元素的金属性表现。在过氧化物晶体中，负离子是过氧离子 O_2^{2-}，其结构为 $[:\ddot{\underset{..}{O}}:\ddot{\underset{..}{O}}:]^{2-}$。按照分子轨道理论，$O_2^{2-}$ 的分子轨道电子排布式为$[(1\sigma)^2(2\sigma)^2(3\sigma)^2(4\sigma)^2(5\sigma)^2(1\pi)^4(2\pi)^4]$，成键和反键 π 轨道电子对成键的贡献抵消，仅有填充在 5σ 上的 1 对电子对成键有贡献，键级为 1。超氧化物中的负离子是超氧根离子 O_2^-，其结构式为 $[:\ddot{O}\overset{...}{—}\ddot{O}:]^-$，存在 1 个 σ 键和 1 个 3 电子 π 键，键级为 1.5。

从 O_2（$:O\overset{...}{\underset{...}{—}}O:$）、$O_2^{2-}$ 和 O_2^- 的结构可以看出，O_2^{2-} 和 O_2^- 的反键轨道上的电子比 O_2 多，键级比 O_2 小，键能（分别为 142 $kJ \cdot mol^{-1}$ 和 398 $kJ \cdot mol^{-1}$）比 O_2（498 $kJ \cdot mol^{-1}$）小，所以过氧化物和超氧化物都不稳定，当升高温度时会分解；遇水、二氧化碳时发生以下反应，释放氧气。

$$Na_2O_2 + 2H_2O = H_2O_2 + 2NaOH$$

$$2H_2O_2 = 2H_2O + O_2(g)$$

$$2Na_2O_2 + 2CO_2 = 2Na_2CO_3 + O_2(g)$$

$$4KO_2 + 2CO_2 = 2K_2CO_3 + 3O_2(g)$$

因此，过氧化物和超氧化物经常用作高空飞行、深井、潜水中的供氧剂和 CO_2 的吸收剂。

欲制备 Na、K 等活泼碱金属的正常氧化物须采用间接的方法，如：

$$Na_2O_2 + 2Na \xrightarrow{加热} 2Na_2O$$

$$2KOH \xrightarrow{加热} K_2O + H_2O$$

12.2.2.2　与氢反应

碱金属、碱土金属中除 Be 外的金属在一定条件下均能与氢反应，生成**离子型氢化物**

(hydride),如 KH、NaH、CaH_2 等。碱金属和碱土金属的氢化物一般都是白色固体,其性质类似盐,又称为盐型氢化物。离子型氢化物不稳定,在加热时分解为氢气和游离金属,同族元素氢化物热稳定性自上而下减弱,碱土金属氢化物热稳定性强于同族碱金属氢化物。这种规律与这些氢化物晶体晶格能的变化倾向是一致的。

离子型氢化物易与水反应而产生氢气,利用这一点,它们通常被用作方便的储氢材料。

$$MH + H_2O = MOH + H_2\uparrow$$

反应的本质是 H^- 与水解离的 H^+ 结合成为 H_2。碱土金属氢化物反应性弱于碱金属氢化物。

H^- 有极强的还原性,$\varphi^\ominus(H_2/H^-) = -2.23$ V,所以离子型氢化物都是常用的强还原剂,但是它们都不能在水溶液中使用。最有实用价值的是 CaH_2、LiH 和 NaH。CaH_2 和 NaH 一般作为还原剂制备硼、钛、钒等单质。

$$TiCl_4 + 4NaH \xrightarrow{400\ ^\circ C} Ti + 4NaCl + 2H_2\uparrow$$

LiH 用于制备复合氢化物:

$$4LiH + AlCl_3 \xrightarrow{乙醚} Li[AlH_4] + 3LiCl$$

$Li[AlH_4]$ 和 $Na[BH_4]$ 是实验化学中重要的还原剂,在有机合成工业中用于有机官能团的还原,例如将醛、酮、羧酸等还原为醇,将硝基还原为氨基等,在高分子化学工业中作某些高分子聚合反应的引发剂等。

12.2.2.3　与卤素反应

碱金属、碱土金属是活泼金属,而卤素是活泼非金属,因此它们之间能直接化合生成离子型卤化物。其中 Li^+、Be^{2+} 因离子半径小,使 LiX 和 BeX_2 具有共价性质,熔点较低、易升华等。

12.2.2.4　与水反应

碱金属除 Li 外都能与水发生剧烈反应,生成相应的碱和氢气,同时放出大量热。由相关电对的标准电极电势可知,Li 应是还原能力很强的金属,但因 Li 和 H_2O 反应的生成物 LiOH 溶解度较小,覆盖在金属锂表面,阻止了反应的进行,故 Li 与 H_2O 反应反而不如 Na 剧烈。Na 与 H_2O 反应放出的热足以使 Na 熔化,K 和 H_2O 反应能燃烧,Rb、Cs 与 H_2O 反应发生爆炸,因此碱金属必须保存在无 H_2O 的煤油中。碱土金属与水的反应不像碱金属那样剧烈,Ca、Sr、Ba 能与冷水发生反应,但 Be、Mg 与冷水几乎不发生反应,也是因为生成物 $Be(OH)_2$、$Mg(OH)_2$ 是难溶物所致。

12.2.2.5　焰色反应

碱金属及碱土金属中的 Ca、Sr、Ba 及其化合物灼烧时,其火焰具有特征的颜色,称为**焰色反应**(color reaction)。产生焰色反应的原因是它们的单质或离子化合物受热时,电子容易被激发到高能级,高能级不稳定,很快跃迁回较低能级,相应产生不同颜色的光谱。最本质的当然还在于这些原子具有较低的电离能。较低的电离能数值,使得即使在热激发条件下,就可以使电子跃迁至较高能级轨道。不同元素电子层结构不同,轨道能级差迥异,电子从高能级轨道退回基态时,辐射的光波长不同,产生不同颜色的火焰。如 Li 产生深红色火焰，Na 产生黄色火焰，K 产生紫色火焰，Rb 产生紫红色火焰，Cs 产生蓝色火焰，Ca 产生橙红色火焰，Sr 产生深红色火焰，Ba 产生绿色火焰。可以根据焰色反应进行元素及化合物的定性鉴定。实际中，也可利用焰色反应制成能发射出各种颜色光的信号剂和焰火。

12.2.3 重要化合物

12.2.3.1 氢氧化物

碱金属和碱土金属的氧化物（BeO 和 MgO 除外）与水作用，即可得到相应的氢氧化物（hydroxide）。这些氢氧化物均为白色固体。碱金属氢氧化物中除 LiOH 溶解度较小外，其余氢氧化物在水中均为易溶，而碱土金属氢氧化物比碱金属的溶解度要小，且 $Be(OH)_2$ 和 $Mg(OH)_2$ 难溶。碱金属、碱土金属的氢氧化物中，$Be(OH)_2$ 为两性，$Mg(OH)_2$、LiOH 为中强碱，其余均为强碱。

碱金属氢氧化物中 NaOH 应用最为广泛，它对纤维和皮肤有强烈的腐蚀作用，俗称烧碱、火碱及苛性碱。NaOH 极易溶于水，在空气中就能吸收水分而潮解，因此常用作干燥剂。碱土金属氢氧化物中较重要的是 $Ca(OH)_2$，俗称熟石灰或消石灰，价格便宜，大量用于化工和建筑工业。

12.2.3.2 碱金属和碱土金属的盐

碱金属、碱土金属的常见盐有卤化物及各种含氧酸盐。现将其性质介绍如下。

（1）晶型　碱金属的盐大多数是离子晶体，且熔点和沸点较高。碱土金属的盐离子键特征较碱金属差。同一族元素从上而下键的离子性增强。

（2）溶解性　碱金属的盐绝大多数易溶于水，只有少数微溶，如 Li_2CO_3、Li_3PO_4、$Na[Sb(OH)_6]$、$KClO_4$、$KHC_4H_4O_6$ 等。碱土金属的盐比同周期碱金属的盐溶解度小，铍盐多数是易溶的，镁盐有部分溶，而钙、锶、钡的盐除卤化物和硝酸盐外，多数都是难溶盐（例如碳酸盐、磷酸盐以及草酸盐等）。

钠、钾的一些难溶盐常用在鉴定钠、钾离子。生成白色 CaC_2O_4 的沉淀反应也常用来鉴定 Ca^{2+}。

（3）热稳定性　一般碱金属盐具有比较高的热稳定性。它们的卤化物和硫酸盐加热难分解，碳酸盐中只有 Li_2CO_3 在 1 270 ℃时分解为 Li_2O 和 CO_2。但硝酸盐不稳定，加热分解。例如：

$$4LiNO_3 \xrightarrow{650\ ℃} 2Li_2O + 4NO_2\uparrow + O_2\uparrow$$

$$2NaNO_3 \xrightarrow{830\ ℃} 2NaNO_2 + O_2\uparrow$$

碱土金属的盐中，卤化物和硫酸盐对热较稳定，碳酸盐从 $BeCO_3$ 到 $BaCO_3$ 热稳定性增大。$BeCO_3$ 稍加热即分解，$MgCO_3$ 加热到 540 ℃分解，$CaCO_3$ 的分解温度为 900 ℃，$SrCO_3$ 和 $BaCO_3$ 分别在 1 280 ℃和 1 360 ℃时分解。

（4）难溶盐在酸中的溶解　强酸的难溶盐不易溶于酸中，如 $BaSO_4$ 不溶于 HCl 和稀 H_2SO_4，在浓 H_2SO_4 中因生成 $Ba(HSO_4)_2$ 而部分溶解。

弱酸的难溶盐如 $CaCO_3$、CaC_2O_4 等均可溶于强酸中。$CaCO_3$ 还可溶于 HAc 中，发生下述反应。

$$CaCO_3 + 2HAc = Ca^{2+} + 2Ac^- + CO_2\uparrow + H_2O$$

(5)应用　NaCl 是最重要的化合物之一，主要来源于海盐、岩盐中，除了可供食用外，还是重要的化工原料，用于制备其他钠的化合物；$CaSO_4 \cdot 2H_2O$ 是生石膏，经加热(120 ℃)生成 $CaSO_4 \cdot 0.5H_2O$(称熟石膏)，它和少量水结合逐渐硬化并膨胀，此性质可用于外科造型、固定骨骼等；$MgSO_4 \cdot 7H_2O$ 俗称泻药，也可用作镇静剂；$Na_2SO_4 \cdot 10H_2O$ 称芒硝，医学上用作缓泻剂；$MgCl_2 \cdot 6H_2O$ 能使蛋白质凝固，盐卤中含有 40%~50% 的 $MgCl_2$，误饮会中毒；$BaSO_4$俗称重晶石，能强烈吸收 X 射线，医药上用作胃肠 X 射线透视，又可作为白色涂料应用于橡胶、造纸工业；Li_2CO_3是制备其他锂化合物的原料，也用于治疗狂躁型抑郁症；Na_2CO_3俗称纯碱，是基本的化工原料之一，大量用于玻璃、搪瓷、肥皂、纺织、洗涤剂等工业；$NaHCO_3$又称小苏打，是发酵粉的主要成分，可用来烘烤面包。

12.3　p 区金属元素

p 区金属元素包括ⅢA 族的铝(aluminum)、镓(gallium)、铟(indium)、铊(thallium)；ⅣA族的锗(germanium)、锡(stannous)、铅(plumbum)；ⅤA 族的锑(antimony)、铋(bismuth)和ⅥA 族的钋(polonium)。与 s 区元素相比，p 区金属元素的金属性弱得多，部分金属如 Al、Ga、Sn 和 Pb 的单质、氧化物及其水合物表现出两性，它们在化合物中还往往表现出共价性。p 区同族元素从上到下元素的金属性逐渐增强，相对而言，Tl、Pb 和 Bi 的金属性稍强。十种元素中 Ge 具有半导体的性质，Po 为放射性元素。

12.3.1　铝

12.3.1.1　铝单质的性质

铝是银白色的金属，最重要的性质是质轻(密度为 2.7 $g \cdot cm^{-3}$)，并具有一定程度的耐腐蚀性。铝的延展性和导电性能也很好，还能与多种金属形成高强度的合金，有些合金的强度可以和钢媲美，所以铝及其合金广泛用于电讯器材、建筑设备以及汽车、飞机和宇航飞行器的制造。

铝是一种很活泼的金属，$\varphi^\ominus = -1.662$ V，Al_2O_3的 $\Delta_f H_m^\ominus = -1\ 582\ kJ \cdot mol^{-1}$，因此铝与氧反应的自发性程度很大，并且能够夺取化合物中的氧。

$$2Al + Fe_2O_3 = Al_2O_3 + 2Fe$$

但在空气中，由于铝的表面形成一层致密的氧化膜，可阻止铝进一步被氧化，且此膜也不溶于水和酸，因此铝在空气中相当稳定。

铝的单质、氧化物和氢氧化物均表现为两性，既能与酸反应，也能与碱反应。

$$2Al + 6HCl = 2AlCl_3 + 3H_2\uparrow$$

$$2Al + 2NaOH + 6H_2O = 2Na[Al(OH)_4] + 3H_2\uparrow$$

$$Al_2O_3 + 6HCl = 2AlCl_3 + 3H_2O$$

$$Al_2O_3 + 2NaOH = 2NaAlO_2 + H_2O$$

12.3.1.2 铝的重要化合物

在化合物中,铝的氧化数一般为+3,与 F^-、O^{2-} 等形成离子化合物,但是和 Cl^-、Br^-、I^- 等形成共价型化合物。铝的重要化合物有 Al_2O_3、$AlCl_3$、$KAl(SO_4)_2 \cdot 12H_2O$ 等。

(1) Al_2O_3　Al_2O_3 是一种白色难溶于水的粉末,有多种变体,其中最为人们熟知的是 α-Al_2O_3 和 γ-Al_2O_3。α-Al_2O_3 俗称刚玉,其熔点高,硬度仅次于金刚石。α-Al_2O_3 因含有不同的杂质而呈现不同颜色,含有微量铬(Cr^{3+})的称为红宝石,含有钛(Ti^{4+})和铁(Fe^{2+}、Fe^{3+})的称为蓝宝石,含少量 Fe_3O_4 的称为刚玉粉,用作磨料和抛光粉。α-Al_2O_3 化学性质极不活泼,几乎不与其他试剂发生反应。

γ-Al_2O_3 是在 450℃ 左右加热 $Al(OH)_3$ 而制得,在 1 000 ℃ 下可转变为 α-Al_2O_3。γ-Al_2O_3 可与稀酸、碱等发生反应。γ-Al_2O_3 颗粒小,表面积大,具有良好的吸附能力和催化活性,常用作吸附剂和催化剂。

(2) $AlCl_3$　$AlCl_3$ 在铝的卤化物中最为重要。由于铝盐容易水解,所以在水溶液中不能得到无水 $AlCl_3$,即使把铝盐溶于浓盐酸中也只能得到组成为 $AlCl_3 \cdot 6H_2O$ 的无色晶体。无水 $AlCl_3$ 只能用干法制取。

$$Al_2O_3 + 3C + 3Cl_2 \xrightarrow{\text{高温}} 2AlCl_3 + 3CO$$

常温下 $AlCl_3$ 为无色晶体,常因含有 $FeCl_3$ 而呈现黄色。无水 $AlCl_3$ 能溶于几乎所有有机溶剂,在水中会发生强烈的水解反应,甚至在潮湿的空气中发烟。

$AlCl_3$ 溶于有机溶剂或处于熔融状态时为双聚分子,如图 12-1 所示。这是由于 Al 原子有低能级空轨道,Cl 原子有孤对电子,2 个 $AlCl_3$ 分子间可形成桥键。$AlCl_3$ 易与电子对给予体形成配离子和加合物,如 $AlCl_4^-$、$AlCl_3 \cdot NH_3$ 等。这一性质使它成为有机合成中常用的催化剂。

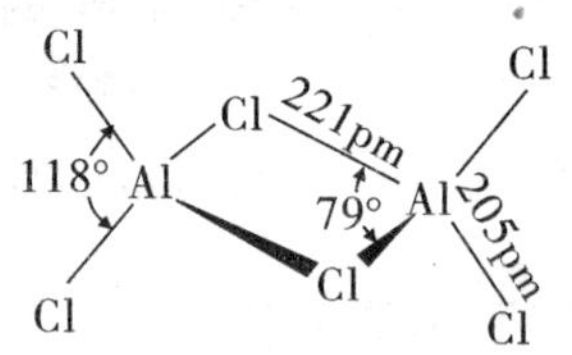

图 12-1　Al_2Cl_6 的分子结构

(3) $KAl(SO_4)_2 \cdot 12H_2O$　$KAl(SO_4)_2 \cdot 12H_2O$ 俗称明矾,和 $Al_2(SO_4)_3 \cdot 18H_2O$ 是工业上最重要的铝盐,它们在造纸行业中用作胶料,在印染工业上用作媒染剂,也常用作净水剂。

12.3.2 锗、锡、铅

12.3.2.1 锗

锗是一种灰白色金属,比较脆硬,晶体构造属于金刚石型。高纯度的锗是良好的半导体材料,在电子工业上用来制造各种半导体元件。在自然界中锗常以硫化物形式与其他硫化物共生,锗在三种元素中性质最不活泼,仅与浓硫酸和浓硝酸反应,生成 Ge(Ⅳ)化合物。

$$Ge + 4H_2SO_4(\text{浓}) = Ge(SO_4)_2 + 2SO_2\uparrow + 4H_2O$$

12.3.2.2 锡、铅及其化合物

锡有 3 种同素异形体:白锡、灰锡、脆锡。常见的为银白略带蓝色的白锡,它有较好的延展性。锡的化学性质比锗稍活泼,能与稀酸缓慢作用生成 Sn(Ⅱ)的化合物。

$$Sn + 2HCl(\text{稀}) = SnCl_2 + H_2\uparrow$$

$$4Sn + 10HNO_3(稀) = 4Sn(NO_3)_2 + NH_4NO_3 + 3H_2O$$

铅是较软、密度很大的金属。铅的性质比锡更活泼,新切开的铅表面有金属光泽,但很快被氧化变为暗灰色。在有水存在时,铅可与空气中氧气作用,缓慢生成氢氧化铅。

$$2Pb + O_2 + 2H_2O = 2Pb(OH)_2$$

锡和铅都能形成+2 和+4 两种氧化态,对应的氧化物和氢氧化物具有两性。

在Sn^{2+}或Pb^{2+}的溶液中加 NaOH 溶液,分别析出$Sn(OH)_2$、$Pb(OH)_2$沉淀,它们既能溶于酸,也能溶于过量的碱。

$$Sn(OH)_2 + OH^- = Sn(OH)_3^-$$

在含有Sn^{4+}溶液中加入适量碱可生成白色无定形的α-锡酸,它可以溶于酸和碱。锡和浓硝酸反应或用$SnCl_4$在高温下水解可以得到β-锡酸,它不活泼,难溶于酸和碱。α-锡酸长久放置后会转为β-锡酸。

Sn^{2+}是强还原剂,可以将$HgCl_2$还原为Hg_2Cl_2,如果Sn^{2+}过量可还原成单质 Hg。

$$2HgCl_2 + SnCl_2 = SnCl_4 + Hg_2Cl_2(白色)$$

$$Hg_2Cl_2 + SnCl_2 = SnCl_4 + 2Hg(黑色)$$

由于 Sn(Ⅱ)盐易水解,并具有还原性,所以在配制$SnCl_2$溶液时,应注意加酸和锡粒,以防止其水解和被空气中O_2所氧化造成溶液中 Sn(Ⅳ)积累。有关反应如下:

$$SnCl_2 + H_2O = Sn(OH)Cl\downarrow(白色) + HCl$$

$$2Sn^{2+} + O_2 + 4H^+ = 2Sn^{4+} + 2H_2O$$

$$Sn^{4+} + Sn = 2Sn^{2+}$$

铅的氧化物中 PbO 呈现黄色,PbO_2呈现褐色,Pb_3O_4呈现鲜红色,Pb_3O_4又称铅丹。

PbO 难溶于水,为两性偏碱性的化合物,易溶于醋酸和硝酸,比较难溶于碱。

$$PbO + 2HNO_3 = Pb(NO_3)_2 + H_2O$$

PbO_2具有强氧化性,可与浓盐酸或浓硫酸反应放出氯气和氧气,但不与硝酸反应。

$$PbO_2 + 4HCl(浓) = PbCl_2 + Cl_2\uparrow + 2H_2O$$

$$2PbO_2 + 4H_2SO_4(浓) = 2PbSO_4 + O_2\uparrow + 2H_2O$$

Pb_3O_4表现出 PbO 和PbO_2的性质。

$$Pb_3O_4 + 4HNO_3 = PbO_2 + 2Pb(NO_3)_2 + 2H_2O$$

$$Pb_3O_4 + 8HCl = 3PbCl_2 + Cl_2\uparrow + 4H_2O$$

绝大多数 Pb(Ⅱ)的化合物,如卤化物、碳酸盐、铬酸盐等均难溶于水。Pb^{2+}与CrO_4^{2-}反应生成黄色的$PbCrO_4$沉淀,此反应用来鉴定Pb^{2+}或CrO_4^{2-}的存在。

12.3.3 锑和铋

锑和铋属周期表中第 VA 族的金属元素,在化合物中主要呈+3、+5 氧化态,它们的+5 氧化态化合物的氧化性较强,易被还原为+3 氧化态的物质。

锑、铋能和许多金属形成化合物,如和碱金属形成A_3M型化合物(A 为碱金属),和ⅢA ~VA元素化合形成半导体材料,如锑化镓 GaSb、锑化铝 AlSb 等。锑、铋还能和许多金属形成合金,这些合金在国民经济中都有很重要的意义。

12.3.3.1 氧化物及其水合物

直接燃烧锑、铋单质只能得到+3 氧化态。

$$4Sb + 3O_2 \xlongequal{} Sb_4O_6$$

要得到+5 氧化态的氧化物，须先得到+3 氧化态离子，然后用氧化剂氧化。Bi_2O_5 极不稳定，很快分解成 Bi_2O_3 和 O_2。

锑、铋氧化物及水合物的酸碱性及氧化还原性表现出较好的递变规律性，见表 12-2。

表 12-2 锑、铋氧化物及其水合物的酸碱性

	锑化合物	铋化合物
+3 氧化态	Sb_4O_6、$Sb(OH)_3$ 两性偏碱性，易溶于酸碱	Bi_2O_3、$Bi(OH)_3$ 弱碱性，只溶于酸
+5 氧化态	Sb_4O_{10}、$H[Sb(OH)_6]$ 两性偏酸性，溶于碱	
酸碱性递变	从锑到铋氧化物及水合物的碱性递增，酸性递减；同一元素+5 氧化态化合物的酸性比+3 氧化态的强	

氧化态为+5 的锑、铋氧化物的突出性质是氧化性，但它们强度不同，Bi(Ⅴ)的氧化性强于 Sb(Ⅴ)。铋酸钠是一种实验室常用的强氧化剂，能把 Mn^{2+} 离子氧化为 MnO_4^- 离子。

$$4MnSO_4 + 10NaBiO_3 + 14H_2SO_4 \xlongequal{} 4NaMnO_4 + 5Bi_2(SO_4)_3 + 3Na_2SO_4 + H_2O$$

此反应可以用于鉴定 Mn^{2+}。

从锑到铋低氧化态的化合物稳定性增强，还原性减弱。高氧化态的化合物氧化性增强，稳定性减弱。

12.3.3.2 卤化物

锑、铋所有三卤化物均已制得，而已知的五卤化物只有 SbF_5、$SbCl_5$ 和 BiF_5。

锑、铋的三卤化物在溶液中会强烈地水解，水解后生成难溶的锑和铋的酰基盐。

$$SbCl_3 + 2H_2O \xlongequal{} SbOCl\downarrow(\text{氯化氧锑}) + 2HCl + H_2O$$

由于 Sb(Ⅲ)和 Bi(Ⅲ)的酰基盐是难溶的，所以锑和铋氧化态为+3 的盐在常温时，水解进行得并不完全，通常就停留在酰基盐的阶段。

锑、铋的五卤化物是强氧化剂，其中 BiF_5 极不稳定，易分解为 BiF_3 和 F_2。

12.4 d 区金属元素

d 区元素在周期表中位于 s 区元素和 ds 区元素之间（不包括镧系元素和锕系元素），其价电子一般分布在次外层的 d 轨道上，最外层只有 1~2 个电子（Pd 例外），价层电子构型为 $(n-1)d^{1-10}ns^{1-2}$。d 区过渡元素的基本性质见表 12-3。

表 12-3　d 区过渡元素在周期表中的位置及性质

	ⅢB 钪分族	ⅣB 钛分族	ⅤB 钒分族	ⅥB 铬分族	ⅦB 锰分族	Ⅷ 第八族		
第一过渡系元素	Sc	Ti	V	Cr	Mn	Fe	Co	Ni
价电子构型	$3d^14s^2$	$3d^24s^2$	$3d^34s^2$	$3d^54s^1$	$3d^54s^2$	$3d^64s^2$	$3d^74s^2$	$3d^84s^2$
熔点/℃	1 541	1 668	1 917	1 907	1 224	1 535	1 494	1 453
沸点/℃	2 836	3 287	3 421	2 679	2 095	2 861	2 927	2 884
原子半径/pm	144	132	122	118	117	117	116	115
M^{2+}离子半径/pm	—	90	88	84	80	76	74	72
电离能/$kJ \cdot mol^{-1}$	631	658	650	653	717	759	758	737
第二过渡系元素	Y	Zr	Nb	Mo	Tc	Ru	Rh	Pd
价电子构型	$4d^15s^2$	$4d^25s^2$	$4d^45s^1$	$4d^55s^1$	$4d^55s^2$	$4d^75s^1$	$4d^85s^1$	$4d^{10}$
熔点/℃	1 522	1 852	2 468	2 622	2 157	2 344	1 963	1 555
沸点/℃	3 345	3 577	4 860	4 825	4 265	4 150	3 727	367
原子半径/pm	162	145	134	130	127	125	125	128
电离能/$kJ \cdot mol^{-1}$	616	660	664	685	702	711	720	805
第三过渡系元素	La	Hf	Ta	W	Re	Os	Ir	Pt
价电子构型	$5d^16s^2$	$5d^26s^2$	$5d^36s^2$	$5d^46s^2$	$5d^56s^2$	$5d^66s^2$	$5d^76s^2$	$5d^96s^1$
熔点/℃	1 663	2 227	2 996	3 387	3 180	3 145	2 447	1 769
沸点/℃	3 402	4 450	6 429	5 900	5 678	5 225	2 550	3 824
原子半径/pm	169	144	134	130	128	126	127	130
电离能/$kJ \cdot mol^{-1}$	538	654	761	770	760	840	880	870

第一过渡系元素(第四周期从 Sc 到 Zn 的元素)在自然界的丰度较大,其单质及化合物应用较广,因此本节在介绍 d 区元素通性的基础上,重点介绍 Sc 到 Ni 的金属单质及其化合物的性质。

12.4.1　物理性质

d 区元素的金属外观多呈银白色或灰白色,有光泽。除 Sc 和 Ti 属轻金属外,其余均属重金属,其中以 Os、Ir、Pt 最重,密度依次为 22.61 $g \cdot cm^{-3}$、22.65 $g \cdot cm^{-3}$、21.45 $g \cdot cm^{-3}$。d 区元素单质的金属键比较强,一般具有高熔点、高沸点、高密度及高硬度等特点。熔沸点最高的是钨(熔点 3 387 ℃,沸点 5 900 ℃),硬度最大的是铬(仅次于金刚石)。

许多 d 区金属及其化合物都有未成对的电子,因此具有顺磁性,未成对的 d 电子越多,磁矩 μ 也越大。d 区单质有较好的延展性和机械加工性能,彼此间以及与其他金属可以形成具有多种特征的合金。

12.4.2 化学性质

12.4.2.1 金属活泼性

d 区金属化学活泼性差别明显。同一周期金属的活泼性,从左到右逐渐减弱。第一过渡系元素的单质比第二、第三过渡系元素单质化学性质活泼。Ti、V、Cr、Mn、Fe、Co、Ni 等属于活泼金属,能与稀酸作用,置换出氢气;而第二、第三过渡系的单质较难发生类似反应,Pt 仅能溶于王水中,Nb、Ta、Ru、Rh、Os、Ir 甚至不溶于王水,只能溶于浓硝酸与氢氟酸组成的混合酸。主要原因是第二、第三过渡系元素具有较大的电离能和升华焓,有些金属表面又易形成氧化膜,使金属钝化,降低了它们的活泼性。

钪分族是过渡元素中最活泼的金属,它们在空气中能迅速被氧化,与水作用放出氢,活泼性接近于碱土金属。除钪分族外,d 区同族元素的活泼性都是自上往下逐渐降低。造成这种现象的原因是由于同族元素从上往下原子半径增加不多,而有效核电荷增加较多,使电离能和升华焓增加显著,金属活泼性减弱。第二、三过渡系元素的单质非常稳定,一般不和强酸反应,但可以和浓碱或熔碱发生反应。

12.4.2.2 氧化态

过渡元素原子次外层的(n-1)d 电子可以部分或全部参与成键,因此它们呈现出多种氧化态,最高氧化态与所在族数相同,但Ⅷ族元素只有 Ru 和 Os 可形成+8 氧化态,如 RuO_4 和 OsO_4,其他一般均为+2、+3 氧化态。过渡元素的氧化态如表 12-4 所示。

表 12-4 过渡元素的氧化态

元素	Sc	Ti	V	Cr	Mn	Fe	Co	Ni
氧化态		+2	+2	+2	+2	+2	+2	+2
	+3	+3	+3	+3	+3	+3	+3	+3
		+4	+4		+4		+4	+4
			+5					
				+6	+6	+6		
					+7			
元素	**Y**	**Zr**	**Nb**	**Mo**	**Tc**	**Ru**	**Rh**	**Pd**
氧化态		+2	+2	+2	+2	+2	+2	+2
	+3	+3	+3	+3	+3	+3	+3	+3
		+4	+4	+4	+4	+4	+4	+4
			+5	+5	+5	+5	+5	
				+6	+6	+6	+6	
					+7	+7		
						+7		
						+8		

续表 12-4

元素	La	Hf	Ta	W	Re	Os	Ir	Pt
氧化态			+2	+2		+2	+2	+2
	+3	+3	+3	+3	+3	+3	+3	+3
		+4	+4	+4	+4	+4	+4	+4
			+5	+5	+5	+5	+5	+5
				+6	+6	+6	+6	+6
					+7			
						+8		

注:下划线表示常见的氧化态。

第一过渡系随着原子序数的增加,最高氧化态先是逐渐升高,后又逐渐降低。这种变化主要是由于开始时 3d 轨道中价电子数增加,氧化态逐渐升高,当 3d 轨道中电子数达到或超过 5 时,3d 轨道逐渐趋向稳定,参与成键的趋势降低,因此高氧化态逐渐不稳定,随后氧化态又逐渐降低。第二、第三过渡系元素的氧化态从左到右的变化趋势与第一过渡系元素是一致的,不同的是这两列元素的最高氧化态呈现稳定态势,低氧化态化合物并不常见。

12.4.2.3　最高氧化态氧化物及其水合物的酸碱性

第四周期 d 区金属从 Sc 到 Mn 元素的最高氧化态氧化物及其水合物的碱性逐渐减弱,酸性增强。同一元素不同氧化态氧化物及其水合物的酸碱性,一般是低氧化态氧化物及其水合物呈碱性,高氧化态氧化物及其化合物呈酸性,并且随着氧化态升高,氧化物的水合物的酸性增强,碱性减弱。

12.4.2.4　配位性

过渡元素离子有能级相近的$(n-1)$d、ns、np 和 nd 轨道,ns、np 和 nd 轨道是空的,$(n-1)$d轨道为部分空或者全空,这种电子构型具备接受配位体孤电子对的条件,同时过渡金属离子的半径小,核电荷数较高,极化力强,中心原子对配位体的极化作用较强,使其比主族元素更易形成配合物。低氧化态金属离子在水溶液中一般以水合离子形式存在,如 $Cr(H_2O)_6^{3+}$、$Fe(H_2O)_6^{3+}$等,当有 NH_3、CN^-、SCN^-及一些有机配体存在时,H_2O 均可被取代,生成稳定的配合物。

12.4.2.5　离子的颜色

过渡金属的低氧化态水合离子和共价化合物一般都有颜色,这也是过渡元素区别于主族元素的一个重要特征。这种现象主要是由于过渡元素离子与水分子形成配合物时,过渡金属离子的 d 轨道在水分子晶体场的影响下会产生能级分裂,可吸收可见光产生 d-d 跃迁,故而显示一定的颜色。不同的过渡元素离子,其 d-d 跃迁所需能量不同,吸收可见光的波长范围不同,故显示颜色不同。第四周期过渡元素低氧化态水合离子颜色见表12-5。

表 12-5 过渡元素低氧化态离子中的成单电子及水合离子颜色

离子	Ti^{3+}	V^{2+}	V^{3+}	Cr^{3+}	Mn^{2+}	Fe^{2+}	Fe^{3+}	Co^{2+}	Ni^{2+}
成单 d 电子	1	3	2	3	5	4	5	3	2
水合离子颜色	紫红	紫	绿	蓝紫	肉色	浅蓝	淡紫	粉红	绿

同一过渡金属离子与不同配体形成配合物时，由于晶体场分裂能不同，d-d 跃迁时所需能量也不同，因此呈现不同的颜色。一般配体的晶体场越强，则 d 轨道的能级分裂越大，产生 d-d 跃迁所需能量就大，吸收光的波长向短波方向移动，导致配合物的颜色移向长波方向。如 H_2O 为弱场配体，$[Fe(H_2O)_6]^{3+}$ 呈淡紫色，而 SCN^- 为强场配体，$[Fe(SCN)]^{2+}$ 呈血红色。

12.4.3 d 区元素部分单质及化合物

12.4.3.1 钛

钛 Ti(titanium)是银白色有光泽的金属。钛密度(4.54 g · cm^{-3})比钢(7.9 g · cm^{-3})小，但机械强度与钢相似，熔点高、耐磨、耐低温、延展性好，具有优越的抗腐蚀性能，是航空制造业良好的材料，尤其与铝制成合金具有更大优越性。

常温下钛不与空气中的氧作用，不溶于无机酸，但被热盐酸侵蚀，生成 Ti(Ⅲ)和 H_2。热 HNO_3 将钛氧化得到水合 TiO_2，碱则不侵蚀金属钛。

钛的氧化态有+4(最稳定)、+3、+2 多种。用干法制得的 TiO_2 难溶于酸，但由 $TiCl_4$ 水解得到的含水 TiO_2 能溶解在 HF、HCl 和 H_2SO_4 中。TiO_2 有 3 种晶型：锐钛型、板钛型和金红石型，天然产的呈金红石型，属简单四方晶系，配位数为 6 : 3，它是典型的 AB_2 型结构，详见图 12-2。纯净 TiO_2 是极好的白色涂料，称为钛白，它既有铅白[$2PbCO_3 \cdot Pb(OH)_2$]的掩盖性又有锌白(ZnO)的耐久性，是优质油漆原料。钛白还可作为合成纤维的增白消光剂。

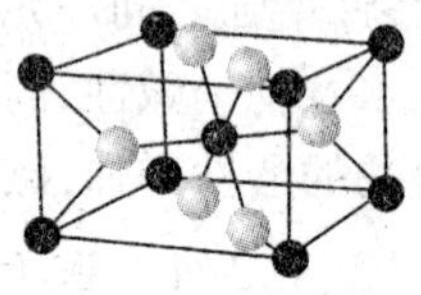

图 12-2 金红石结构

$TiCl_4$ 是无色有刺激性臭味的液体。熔点为-24 ℃，沸点为 136.5 ℃。$TiCl_4$ 是制备金属钛的原料。

12.4.3.2 钒

钒 V(vanadium)是一种银灰色金属，纯钒具有延展性，不纯时硬而脆，易呈钝态。钒的主要用途在于冶炼特种钢，特别对汽车和飞机制造业有重要意义。

钒常温下活泼性较低。块状钒在常温下不与空气、水、碱作用，也不和非氧化性酸作用，但溶于氢氟酸，也溶于强的氧化性酸中。在高温下，钒与大多数非金属元素反应，并可与熔融的 NaOH 发生反应。

钒的氧化值为+2、+3、+4 和+5，+2、+3 氧化态的钒在溶液中以紫色的$[V(H_2O)_6]^{2+}$和绿色的$[V(H_2O)_6]^{3+}$形式存在，+4、+5 氧化态的钒在溶液中由于水解形成钒氧离子 VO^{2+}、VO_2^+ 而呈现蓝色和浅黄色。钒的+5 氧化态是最稳定的，且具有氧化性，常见物质为 V_2O_5，是以酸性为主的两性氧化物，溶于强碱生成钒酸盐。

$$V_2O_5 + 2NaOH = 2NaVO_3 + H_2O$$

V_2O_5也具有微弱的碱性，它能溶解在强酸中，在 pH 值为 1 的溶液中，生成 VO_2^+ 离子。

12.4.3.3　铬、钼、钨

ⅥB 族元素包括铬 Cr(chromium)、钼 Mo(molybdenum)和钨 W(tungsten)，它们均为银白色金属。它们的熔沸点在各自的周期中最高，硬度也大，其中钨在所有金属中熔点最高，铬在所有金属中硬度最大。

由于铬具有高硬度、耐磨、耐腐蚀、良好光泽等优良性能，常用作金属表面的镀层，并大量用于制造合金，如铬钢、不锈钢。钼和钨也大量用于制造耐高温、耐磨和耐腐蚀的合金钢，钨丝还用于制作灯丝、高温电炉的发热元件等。

铬的常见氧化态为+2、+3 和+6。铬的电势图如图 12-3 所示。

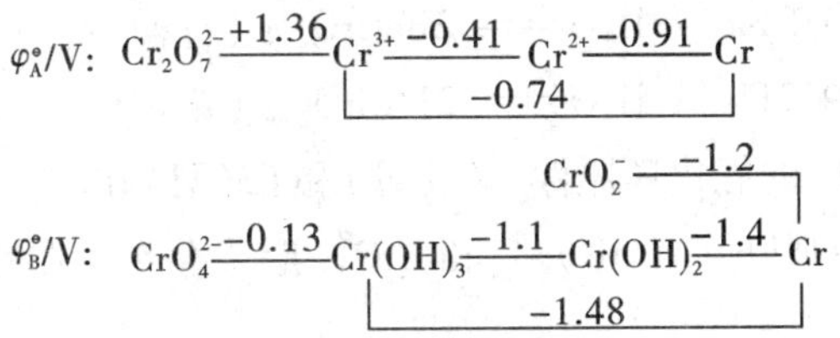

图 12-3　铬的电势图

由图 12-3 可知，在酸性溶液中，Cr^{3+}可稳定存在，$Cr_2O_7^{2-}$ 有较强氧化性，可被还原为 Cr^{3+}。在碱性溶液中，CrO_4^{2-} 氧化性较弱。Cr(Ⅱ)无论在酸性环境下还是碱性环境下都有较强还原性，易被氧化为 Cr(Ⅲ)。

钼和钨可以表现+2 到+6 的氧化态，均以+6 最稳定。

(1) Cr(Ⅲ)的化合物

1) Cr_2O_3　高温下金属铬与氧直接化合，可以生成绿色 Cr_2O_3 固体，也可通过重铬酸铵或三氧化铬的热分解而获得。

$$4Cr + 3O_2 \xrightarrow{\triangle} 2Cr_2O_3$$

$$(NH_4)_2Cr_2O_7 \xrightarrow{\triangle} Cr_2O_3 + N_2\uparrow + 4H_2O$$

$$4CrO_3 \xrightarrow{\triangle} 2Cr_2O_3 + 3O_2\uparrow$$

Cr_2O_3是两性氧化物，微溶于水，可溶于酸和碱中。

$$Cr_2O_3 + 6HCl = 2CrCl_3 + 3H_2O$$

$$Cr_2O_3 + 2NaOH + 3H_2O = 2NaCr(OH)_4$$

2) $Cr(OH)_3$　可由铬(Ⅲ)盐溶液与氨水或氢氧化钠溶液反应而制得 $Cr(OH)_3$。

$$Cr_2(SO_4)_3 + 6NaOH = 2Cr(OH)_3\downarrow + 3Na_2SO_4$$

$Cr(OH)_3$为灰绿色的胶状沉淀，是两性氢氧化物，可溶于酸形成蓝紫色的$[Cr(H_2O)_6]^{3+}$，也易溶于过量碱形成亮绿色的$[Cr(OH)_4]^-$。

Cr^{3+}易水解，但水解过程缓慢而复杂，可形成链状或环状的多核配合物。

$$[Cr(H_2O)_6]^{3+} + H_2O \rightleftharpoons [Cr(OH)(H_2O)_5]^{2+} + H_3O^+$$

(2)Cr(Ⅵ)的化合物

1)CrO_3　CrO_3晶体呈亮红色,有强氧化性,与有机物(如酒精)剧烈反应,甚至着火爆炸。CrO_3极易溶于水形成铬酸 H_2CrO_4,铬酸是较强的酸,仅存在于溶液中。

2)铬酸盐、重铬酸盐　可溶性的铬酸盐(CrO_4^{2-})为黄色,重铬酸盐($Cr_2O_7^{2-}$)为橙色。若向 CrO_4^{2-} 溶液中加酸,溶液转变为橙色,CrO_4^{2-} 和 $Cr_2O_7^{2-}$ 之间存在以下平衡。

$$2CrO_4^{2-} + 2H^+ \rightleftharpoons Cr_2O_7^{2-} + H_2O, K^\ominus = 1.0\times10^{14}$$

溶液中 CrO_4^{2-} 与 $Cr_2O_7^{2-}$ 离子浓度的比值决定于溶液的 pH 值。在酸性溶液中,主要以 $Cr_2O_7^{2-}$形式存在,在碱性溶液中,则以 CrO_4^{2-} 形式为主。

常见的难溶铬酸盐是 Ag_2CrO_4、$BaCrO_4$和 $PbCrO_4$,而相应的重铬盐则是易溶的。若在 $Cr_2O_7^{2-}$ 溶液中加入 Ag^+、Ba^{2+}、Pb^{2+}离子时,生成的是铬酸盐沉淀。

$$Cr_2O_7^{2-} + 4Ag^+ + H_2O = 2Ag_2CrO_4\downarrow(\text{砖红色}) + 2H^+$$

$$Cr_2O_7^{2-} + 2Ba^{2+} + H_2O = 2BaCrO_4\downarrow(\text{柠檬黄色}) + 2H^+$$

$$Cr_2O_7^{2-} + 2Pb^{2+} + H_2O = 2PbCrO_4\downarrow(\text{铬黄色}) + 2H^+$$

(3)铬(Ⅲ)和铬(Ⅵ)的氧化还原性　Cr(Ⅲ)和 Cr(Ⅵ)在酸性溶液中以 Cr^{3+}和 $Cr_2O_7^{2-}$形式存在,在碱性溶液中则以$[Cr(OH)_4]^-$和 CrO_4^{2-} 形式存在。在酸性溶液中 $Cr_2O_7^{2-}$ 为强氧化剂。如:

$$Cr_2O_7^{2-} + 6Fe^{2+} + 14H^+ = 2Cr^{3+} + 6Fe^{3+} + 7H_2O$$

$$Cr_2O_7^{2-} + 6I^- + 14H^+ = 2Cr^{3+} + 3I_2 + 7H_2O$$

在碱性溶液中,H_2O_2、Na_2O_2、NaClO、Cl_2、Br_2等均可将$[Cr(OH)_4]^-$氧化为 CrO_4^{2-}。

$$2[Cr(OH)_4]^- + 3Br_2 + 8OH^- = 2CrO_4^{2-} + 6Br^- + 8H_2O$$

$$2[Cr(OH)_4]^- + 3H_2O_2 + 2OH^- = 2CrO_4^{2-} + 8H_2O$$

可见,在酸性溶液中,$Cr_2O_7^{2-}$ 具有强氧化性,易被还原为 Cr^{3+};在碱性溶液中$[Cr(OH)_4]^-$具有还原性,易被氧化为 CrO_4^{2-}。

(4)钼、钨的重要化合物

1)氧化物　MoO_3呈白色,WO_3呈淡黄色,它们都是酸性氧化物,均不溶于水,仅能溶于氨水和强碱溶液生成相应的含氧酸盐。

$$MoO_3 + 2NH_3\cdot H_2O \xrightarrow{\triangle} (NH_4)_2MoO_4(s) + H_2O$$

$$WO_3 + 2NaOH = Na_2WO_4 + H_2O$$

这两种氧化物的氧化性极弱,仅在高温下被氢、碳或铝还原。

2)含氧酸及其盐　将 MoO_3与 WO_3溶于碱溶液生成钼酸盐和钨酸盐,其中只有 IA 族、ⅡA 族的 Be、Mg 和ⅢA 族的 Tl(I)的钼酸盐、钨酸盐可溶于水,其余皆难溶。在可溶性盐中,最重要的是它们的钠盐和铵盐。

若往钼酸盐、钨酸盐中加入酸,可从溶液中析出难溶的钼酸和钨酸。它们实际上是 MoO_3与 WO_3的不同水合物,但一般常写为 H_2MoO_4和 H_2WO_4。

钼(Ⅵ)、钨(Ⅵ)在溶液中易被还原剂(如 Zn、Sn^{2+}和 SO_2等)还原为低氧化数的有色化合物,用此可鉴定钼、钨。如$(NH_4)_2MoO_4$的溶液用盐酸酸化后,加入 Zn 或 $SnCl_2$,Mo(Ⅵ)被还原为 Mo(Ⅲ),溶液最初为蓝色,然后变成绿色,最后变成棕色。

$$2MoO_4^{2-} + 3Zn + 16H^+ \xlongequal{} 2Mo^{3+} + 3Zn^{2+} + 8H_2O$$

溶液中若有 SCN^- 存在时，Mo^{3+} 与 SCN^- 形成 $[Mo(SCN)_6]^{3-}$ 配离子而呈红色，这一反应可用来鉴定溶液中是否有 Mo(Ⅲ)存在。

铬酸、钼酸和钨酸的酸性和氧化性变化按 $H_2CrO_4 \rightarrow H_2MoO_4 \rightarrow H_2WO_4$ 顺序逐渐减弱。

12.4.3.4　锰

锰 Mn(manganesium)位于元素周期表中的ⅦB 族，它的合金非常重要，在工业上用途较广。锰是人体不可缺少的微量元素，是人体多种酶的核心组成部分。

锰的化学性质比较像铁，可被水缓慢侵蚀。细粉状锰在空气中易着火，但大块金属表面生成一层氧化物膜，对内层金属锰起保护作用。锰易溶于酸，生成锰(Ⅱ)盐并放出氢气，但与冷浓硫酸反应较慢。

锰的价电子层结构是 $3d^54s^2$，能呈现+2～+7 等氧化态。锰的电势图如图 12-4 所示。

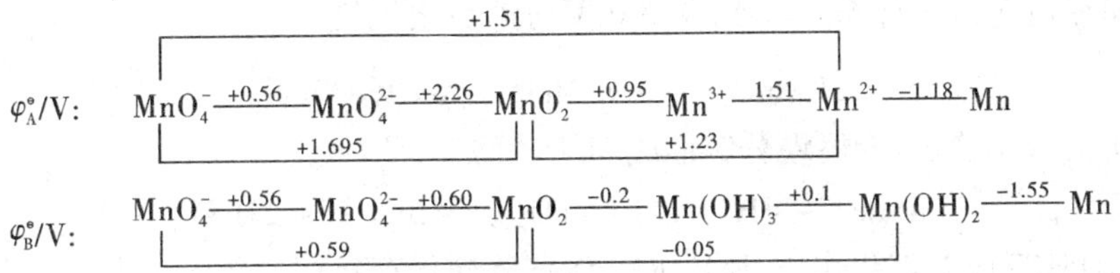

图 12-4　锰的电势图

在酸性介质中，锰(Ⅱ)是锰最稳定的氧化态，锰(Ⅶ)具有较强的氧化性；碱性介质中，锰(Ⅶ)的氧化性降低，还原产物可以是 MnO_4^{2-}，还原剂过量时也可以是 MnO_2。

(1)锰(Ⅱ)的化合物　Mn(Ⅱ)常见的化合物有 $MnSO_4 \cdot 5H_2O$、$MnCl_2 \cdot 4H_2O$、$Mn(NO_3)_2 \cdot 3H_2O$等，它们都是粉红色晶体，易溶于水。常见 Mn(Ⅱ)化合物中，除碳酸盐、草酸盐、磷酸盐、硫化物难溶外，其余均易溶。

Mn^{2+} 在酸性介质中比较稳定，只有用强氧化剂如 $(NH_4)_2S_2O_8$、$NaBiO_3$、PbO_2 等才可将 Mn^{2+} 氧化为 MnO_4^-。如：

$$2Mn^{2+} + 5S_2O_8^{2-} + 8H_2O \xlongequal{} 2MnO_4^- + 10SO_4^{2-} + 16H^+$$

以上反应可用于 Mn^{2+} 的鉴定。但是，当 Mn^{2+} 浓度较大时，未被氧化的 Mn^{2+} 会立即与生成的 MnO_4^- 发生反应，生成棕色的 MnO_2 沉淀。

$$2MnO_4^- + 3Mn^{2+} + 2H_2O \xlongequal{} 5MnO_2\downarrow + 4H^+$$

在碱性介质中，Mn(Ⅱ)却易被氧化。例如向锰(Ⅱ)盐溶液中加入强碱可得到白色 $Mn(OH)_2$ 沉淀，$Mn(OH)_2$ 不稳定，溶于水中的氧可将其氧化为褐色的 MnO(OH)。

$$MnSO_4 + 2NaOH \xlongequal{} Mn(OH)_2\downarrow + Na_2SO_4$$

$$2Mn(OH)_2 + \frac{1}{2}O_2 \xlongequal{} 2MnO(OH) + H_2O$$

(2)锰(Ⅲ)化合物　除 $[Mn(PO_4)_2]_2^{3-}$ 和 $[Mn(CN)_6]^{3-}$ 外 Mn(Ⅲ)的化合物均不稳定，在酸性溶液中 Mn^{3+} 可发生歧化反应：

$$2Mn^{3+} + 2H_2O \xlongequal{} Mn^{2+} + MnO_2 + 4H^+$$

(3)锰(Ⅳ)的化合物　锰(Ⅳ)最重要的化合物是 MnO_2。常温下 MnO_2 为黑色粉末，不溶于水。在酸性介质中，它具有较强的氧化性，可与浓 H_2SO_4 作用生成 O_2，和浓 HCl 作用生成 Cl_2。

$$4MnO_2 + 6H_2SO_4(\text{浓}) \longrightarrow 2Mn_2(SO_4)_3 + O_2\uparrow + 6H_2O$$

$$MnO_2 + 4HCl(\text{浓}) \longrightarrow MnCl_2 + Cl_2\uparrow + 2H_2O$$

将 MnO_2 和 KOH 混合加热熔融，通空气或加入氧化剂均可将 MnO_2 氧化为 K_2MnO_4。

$$2MnO_2 + 4KOH + O_2 \xrightarrow{\triangle} 2K_2MnO_4 + 2H_2O$$

$$3MnO_2 + 6KOH + KClO_3 \xrightarrow{\triangle} 3K_2MnO_4 + KCl + 3H_2O$$

(4)锰(Ⅵ)的化合物　Mn(Ⅵ)重要的化合物是锰酸钾 K_2MnO_4，为深绿色晶体，它只有在强碱性条件下(pH 值>14.4)才能稳定存在，酸度降低易发生歧化反应。

$$3MnO_4^{2-} + 4H^+ \longrightarrow 2MnO_4^- + MnO_2 + 2H_2O$$

(5)锰(Ⅶ)化合物　锰(Ⅶ)的化合物中最重要的是高锰酸钾 $KMnO_4$，为紫黑色晶体，在溶液中呈紫红色。固体 $KMnO_4$ 约在 200 ℃分解放出氧气。

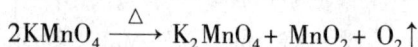

$$2KMnO_4 \xrightarrow{\triangle} K_2MnO_4 + MnO_2 + O_2\uparrow$$

$KMnO_4$ 溶液不稳定，会慢慢分解形成 MnO_2 沉淀。

$$4MnO_4^- + 4H^+ \longrightarrow 4MnO_2\downarrow + 3O_2\uparrow + 2H_2O$$

光和 MnO_2 对该反应有催化作用，所以 $KMnO_4$ 溶液应保存在棕色瓶中。为了获得准确的浓度，$KMnO_4$ 溶液应在配制后煮沸，放置 2～3 d，滤去 MnO_2 后，再用标准溶液标定其浓度。

$KMnO_4$ 是一种强氧化剂。MnO_4^- 的还原产物随溶液的酸度不同而不同。$KMnO_4$ 在酸性介质中能氧化很多还原性物质，如 Fe^{2+}、$C_2O_4^{2-}$、NO_2^-、SO_3^{2-}、H_2O_2 等。

$$MnO_4^- + 8H^+ + 5Fe^{2+} \longrightarrow Mn^{2+} + 5Fe^{3+} + 4H_2O$$

$$2MnO_4^- + 16H^+ + 5C_2O_4^{2-} \longrightarrow 2Mn^{2+} + 10CO_2\uparrow + 8H_2O$$

12.4.3.5　铁

铁 Fe(iron)位于周期表中第Ⅷ族第一过渡系，是地球上分布较广的金属之一。在自然界，游离态的铁只能从陨石中找到，分布在地壳中的铁都以化合态存在。铁单质是具有白色光泽的金属，密度较大，熔点也较高。铁是重要的基本结构材料，金属铁具有铁磁性，其合金是很好的磁性材料。

铁是中等活泼的金属，可溶于稀硝酸，若 Fe 过量，生成 $Fe(NO_3)_2$；若硝酸过量，生成 $Fe(NO_3)_3$。铁能从非氧化性酸置换出氢气，也能被浓碱溶液所侵蚀，微湿空气中易生锈。常温下在没有水蒸气存在时，它与氧、硫、氯等非金属单质不起显著作用，但在高温时它将和上述非金属单质发生剧烈反应。如：

$$2Fe + 3Cl_2 \longrightarrow 2FeCl_3$$

$$3Fe + 2O_2 \xrightarrow{1\,500\ ℃} Fe_3O_4$$

常温下，Fe 与浓 HNO_3、浓 H_2SO_4 不反应，这是因为在金属的表面生成了一层保护膜，使金属钝化，因此，贮运浓 HNO_3 的容器和管道也可用铁制品。

一般条件下，铁表现+2 和+3 氧化态，在强氧化剂存在条件下，铁可以出现不稳定的+6氧化态(高铁酸盐，FeO_4^{2-})。

(1)Fe(Ⅱ)的化合物　常用的 Fe(Ⅱ)的化合物有 $FeSO_4\cdot7H_2O$(绿矾)和

$(NH_4)_2SO_4 \cdot FeSO_4 \cdot 6H_2O$（摩尔盐），因其中含有$[Fe(H_2O)_6]^{2+}$而显浅绿色。

Fe(Ⅱ)盐在空气中不稳定，易被氧化成 Fe(Ⅲ)盐。在酸性介质中，Fe^{2+}较稳定，而在碱性介质中立即被氧化，因而在保存 Fe^{2+}盐溶液时，应加入足够浓度的酸，必要时应加入几颗铁钉来防止氧化。但是，即使在酸性溶液中，在强氧化剂如 $KMnO_4$、$K_2Cr_2O_7$、Cl_2等存在时，Fe^{2+}也会被氧化成 Fe^{3+}。

$$10FeSO_4 + 2KMnO_4 + 8H_2SO_4 = 5Fe_2(SO_4)_3 + 2MnSO_4 + K_2SO_4 + 8H_2O$$

Fe(Ⅱ)盐在分析化学中是常用的还原剂，但通常使用的是它的复盐摩尔盐，它比绿矾稳定得多。

(2) Fe(Ⅲ)的化合物　常见的 Fe(Ⅲ)的化合物有 $FeCl_3 \cdot 6H_2O$（橘黄色）和铁铵矾 $NH_4Fe(SO_4)_2 \cdot 12H_2O$（浅紫色）。Fe(Ⅲ)为铁的稳定氧化态。

Fe^{3+}是中等强度的氧化剂，在酸性介质中它可将 Sn^{2+}、I^-、H_2S 等物质氧化。

$$2Fe^{3+} + Sn^{2+} = 2Fe^{2+} + Sn^{4+}$$

由于 Fe^{3+}电荷多、半径小，因此 Fe(Ⅲ)盐易水解，而使溶液显黄色或红棕色。

$$[Fe(H_2O)_6]^{3+} + H_2O \rightleftharpoons [Fe(OH)(H_2O)_5]^{2+} + H_3O^+$$

$$[Fe(OH)(H_2O)_5]^{2+} + H_2O \rightleftharpoons [Fe(OH)_2(H_2O)_4]^{+} + H_3O^+$$

加酸可以抑制 Fe^{3+}的水解，故配制 Fe(Ⅲ)盐溶液时，需要加入一定的酸。

(3) 铁的配合物　Fe^{2+}和 Fe^{3+}可以和多种配体形成配合物，重要的配体有 SCN^-、CN^-、CO 及一些螯合剂。

Fe(Ⅱ)盐与 KCN 溶液反应得 $Fe(CN)_2$沉淀，KCN 过量时沉淀溶解。

$$FeSO_4 + 2KCN = Fe(CN)_2\downarrow + K_2SO_4$$

$$Fe(CN)_2 + 4KCN = K_4[Fe(CN)_6]$$

从溶液中析出来的黄色晶体是 $K_4[Fe(CN)_6] \cdot 6H_2O$，称为六氰合铁(Ⅱ)酸钾或亚铁氰化钾，俗称黄血盐。$[Fe(CN)_6]^{4-}$离子在水溶液中相当稳定，几乎检验不出 Fe^{2+}离子的存在。

在黄血盐溶液中通入氯气（或其他氧化剂），可把 Fe(Ⅱ)氧化成 Fe(Ⅲ)，得到六氰合铁(Ⅲ)酸钾（或铁氰化钾）$K_3[Fe(CN)_6]$，它的晶体为深红色，俗称赤血盐。

$$2K_4[Fe(CN)_6] + Cl_2 = 2KCl + 2K_3[Fe(CN)_6]$$

在含有 Fe^{2+}的溶液中加入赤血盐溶液，或在含有 Fe^{3+}的溶液中加入黄血盐溶液，均能生成蓝色沉淀（普鲁士蓝）。现已证明，这两种沉淀成分是一样的。

$$K^+ + Fe^{2+} + [Fe(CN)_6]^{3-} = K[Fe^{Ⅲ}Fe^{Ⅱ}(CN)_6]\downarrow$$

$$K^+ + Fe^{3+} + [Fe(CN)_6]^{4-} = K[Fe^{Ⅲ}Fe^{Ⅱ}(CN)_6]\downarrow$$

这两个反应常用来分别鉴定 Fe^{2+}和 Fe^{3+}。普鲁士蓝广泛用于油漆和油墨工业，也用于蜡笔、图画颜料的制造。

Fe^{2+}与邻菲罗啉(phen)、联吡啶(dipy)可形成稳定的红色配合物，可用于鉴定 Fe^{2+}的存在。同时 Fe^{3+}与之反应的倾向很小，故又可用来区别 Fe^{2+}和 Fe^{3+}。

$$Fe^{2+} + 3dipy = [Fe(dipy)_3]^{2+}$$

$$Fe^{2+} + 3phen = [Fe(phen)_3]^{2+}$$

12.4.3.6　钴

钴 Co(cobalt)位于周期表中第Ⅷ族第一过渡系。与铁的性质相近，钴单质略带灰色，密度较大，熔点也较高。钴主要用于制造合金、永磁性和软磁性合金等，人工放射性同位素钴-60 可替代 X 射线和镭，检查物体内部结构，探测物体内部的裂缝或异物。

钴的价电子构型为 $3d^7 4s^2$，在通常条件下表现为+2 氧化态，在强氧化剂存在时能出现不稳定的+3 氧化态。

(1)钴(Ⅱ)化合物　Co(Ⅱ)常见的化合物是 $CoCl_2 \cdot 6H_2O$，其水溶液因含有 $[Co(H_2O)_6]^{2+}$ 离子而显粉红色。Co 与 Cl_2 直接反应可得 $CoCl_2$。由于 $CoCl_2$ 含结晶水数目不同而呈现不同颜色。它们相互转变温度和特征颜色如下：

$$CoCl_2 \cdot 6H_2O(\text{粉红}) \xrightarrow{52\ ℃} CoCl_2 \cdot 2H_2O(\text{紫红}) \xrightarrow{90\ ℃} CoCl_2 \cdot H_2O(\text{蓝紫}) \xrightarrow{120\ ℃} CoCl_2(\text{蓝色})$$

无水二氯化钴溶于冷水呈粉红色。做干燥剂用的硅胶常含有 $CoCl_2$，利用它在吸水和脱水而发生的颜色变化来表示硅胶的吸湿情况，当干燥硅胶吸水后，逐渐由蓝色变为粉红色。受热后又失水由粉红色变为蓝色，可重复使用。

(2)钴(Ⅲ)化合物　Co(Ⅲ)的化合物有 Co_2O_3、CoF_3、$Co(NO_3)_3$、$Co_2(SO_4)_3 \cdot 18H_2O$ 等。Co_2O_3 为难溶于水的碱性氧化物，可溶于酸，在酸性溶液中具有强氧化性，与浓盐酸反应放出 Cl_2。

$$Co_2O_3 + 6HCl = 2CoCl_2 + Cl_2\uparrow + 3H_2O$$

在简单化合物中 Co(Ⅱ)比 Co(Ⅲ)稳定，但在配合物中 Co(Ⅲ)却比 Co(Ⅱ)稳定。如：

$$2[Co(NH_3)_6]Cl_2 + \frac{1}{2}O_2 + H_2O + 2NH_4Cl \xrightarrow{\text{活性炭}} 2[Co(NH_3)_6]Cl_3 + 2NH_3 \cdot H_2O$$

12.4.3.7　镍

镍 Ni(nickel)位于周期表中第Ⅷ族第一过渡系。与铁的性质相近，镍单质为银白色。密度较大，熔点也较高。镍有很好的延展性，是不锈钢的主要成分之一。由于镍不与强碱作用，因此实验室中常用镍坩埚熔融碱性物质。镍粉还可做氢化反应的催化剂。

镍可溶于稀酸，常温下在没有水蒸气存在时，它与氧、硫、氯等非金属单质不起显著作用，但在高温时它将和上述非金属单质以及水蒸气发生剧烈反应。常温下镍因表面钝化而不与浓 HNO_3、浓 H_2SO_4 反应。

在酸性介质中，Ni^{2+} 的稳定性大于 Fe^{2+}，Ni^{3+} 的氧化性大于 Fe^{3+}。镍常用的化合物是 $NiSO_4 \cdot 7H_2O$ 和 $NiCl_2 \cdot 6H_2O$，在水溶液中形成水合物 $[Ni(H_2O)_6]^{2+}$ 而显浅绿色。Ni^{2+} 可与许多配离子形成配合物，如在 $[Ni(H_2O)_6]^{2+}$ 溶液中加入过量浓氨水，NH_3 可取代 H_2O 形成稳定的紫色 $[Ni(NH_3)_6]^{2+}$。

$$Ni^{2+} + 2NH_3 \cdot H_2O = Ni(OH)_2 + 2NH_4^+$$

$$Ni(OH)_2 + 6NH_3 \cdot H_2O = [Ni(NH_3)_6]^{2+} + 2OH^- + 6H_2O$$

12.5　ds 区金属元素

ds 区元素包括元素周期表中的ⅠB 族和ⅡB 族。ⅠB 族有铜 Cu(copper)、银 Ag(silver)和金 Au(gold)，称为铜副族元素(copper subgroup elements)，也是人类最早熟悉的三种元素，其化学性质不活泼，在自然界中有游离的单质存在。ⅡB 族的锌 Zn(zinc)、镉

Cd(cadmium)和汞 Hg(mercury),称为锌副族元素(zinc subgroup elements)。锌主要以氧化物或硫化物存在于自然界,镉一般以硫化物形式存在于闪锌矿中,汞主要是以硫化汞(俗称朱砂、丹砂或辰砂)的形式存在。铜副族价电子构型为$(n-1)d^{10}ns^1$,容易失去最外层 s 电子显示+1 价,也可以再失去 d 电子形成+2 和+3 价。锌副族价电子构型为$(n-1)d^{10}ns^2$,能失去最外层 s 电子而显示出+1 和+2 价。

12.5.1　物理性质

ds 区元素中除汞在常温下呈液态外,其余为固态。纯铜为红色,金为黄色,其余为银白或灰色。Cu、Ag、Au 具有良好的导电性和传热性,密度大,延展性好。在所有的金属中,Ag 的导电能力最强,Au 的延展性最好。Zn、Cd、Hg 的熔沸点较低,汞的熔点只有 −38.87 ℃,室温下汞蒸气以单原子形式存在,汞蒸气对人体有害,空气中汞允许量为 0.1 $mg \cdot m^{-3}$,但在室温下汞蒸气的饱和浓度为 14 $mg \cdot m^{-3}$(20 ℃),因此在使用汞时须注意安全。

12.5.2　化学性质

ⅡB 族金属的活泼性比ⅠB 族金属强,且同族元素自上而下活泼性降低。ds 区元素的化学性质可简单归纳如下。

12.5.2.1　与氧作用

室温下,干燥空气中 ds 区元素较稳定。Cu 在潮湿空气中表面会逐渐生成一层绿色铜锈,主要成分是碱式碳酸铜,加热时 Cu 生成黑色 CuO,而 Ag、Au 不具备这些性质。

$$2Cu + O_2 + H_2O + CO_2 = Cu_2(OH)_2CO_3$$

在潮湿空气中,Zn 也会生成碱式碳酸锌[$ZnCO_3 \cdot 3Zn(OH)_2$],1 000 ℃时 Zn 在空气中燃烧生成 ZnO。Hg 加热至沸点能观察到与氧发生反应,但到 400 ℃左右又会分解。

12.5.2.2　与酸作用

ⅠB 族金属均不能与稀盐酸及稀硫酸反应放出氢气,但在有空气存在时,Cu 可以缓慢溶解于稀酸中,Cu 还可溶于热的浓盐酸中;Cu、Ag 能和硝酸及热的浓硫酸反应,而 Au 几乎不与所有酸反应,只能溶于王水。

$$2Cu + 4HCl + O_2 = 2CuCl_2 + 2H_2O$$

$$2Cu + 8HCl(浓) \xrightarrow{\triangle} 2H_3[CuCl_4] + H_2\uparrow$$

$$2Ag + 2H_2SO_4(浓) \xrightarrow{\triangle} Ag_2SO_4 + SO_2\uparrow + 2H_2O$$

$$Au + 4HCl + HNO_3 = H[AuCl_4] + NO\uparrow + 2H_2O$$

Zn、Cd 能和稀酸反应放出氢气,Hg 只能溶于氧化性酸中。

$$3Hg + 8HNO_3 = 3Hg(NO_3)_2 + 2NO\uparrow + 4H_2O$$

12.5.2.3　与硫反应

Cu、Ag、Zn、Cd 在加热时能与硫化合生成硫化物,Au 不反应,而 Hg 则表现了异常的活泼性,在室温下与硫黄粉研磨即可生成 HgS。实验室利用这一性质除去撒落的 Hg。

此外,Zn、Cd、Hg 都能与其他金属形成合金。Zn 与 Cu 的合金具有相当大的商业价值。Hg 的合金称为汞齐,在化学、化工和冶金中有重要用途。

12.5.3 重要化合物

12.5.3.1 氧化物和氢氧化物

向铜、锌族元素的盐溶液中加入 NaOH,Cu^{2+}、Zn^{2+}、Cd^{2+}能生成稳定的氢氧化物,受热时都可分解成相应的氧化物,而且分解温度很低。$Cu(OH)_2$加热到 80 ~ 90 ℃即可分解;$Zn(OH)_2$分解温度只有 125 ℃。AgOH 很不稳定,室温下分解为 Ag_2O;汞盐和碱作用生成黄色 HgO,至今尚未制得 $Hg(OH)_2$。

$Cd(OH)_2$只有微弱的酸性,以碱性为主;$Zn(OH)_2$、$Cu(OH)_2$具有明显的两性,既可溶于酸又可溶于碱。如:

$$Cu(OH)_2 + H_2SO_4 = CuSO_4 + 2H_2O$$

$$Cu(OH)_2 + 2NaOH = Na_2[Cu(OH)_4]\text{(蓝色)}$$

ⅠB 族和ⅡB 族元素常见氧化物及其性质列于表 12-6 中。

表 12-6 铜、锌族元素氧化物性质

氧化物	Cu_2O	CuO	Ag_2O	ZnO	CdO	HgO
颜色	红色	黑色	棕色	白色	暗棕色	黄或红
酸碱性	碱性	碱性	碱性	两性	碱性	碱性

ⅠB 族和ⅡB 族金属氧化物中,ZnO 具有两性,其余氧化物均为碱性。Cu_2O 热稳定性高于 CuO,在 1 058 K 时熔化而不分解,具有半导体性质,常用它和铜装成亚铜整流器。在制造玻璃和搪瓷时,用作红色颜料。CuO、HgO 和 Ag_2O 具有一定的氧化性。例如:

$$Ag_2O + CO = 2Ag + CO_2$$

$$Ag_2O + H_2O_2 = 2Ag + H_2O + O_2\uparrow$$

Ag_2O 和 MnO_2、Co_2O_3、CuO 的混合物能在室温下将 CO 迅速氧化成 CO_2,可用在防毒面具上。ZnO 是一种很好的白色涂料,又称锌白。由于锌有使伤口愈合的能力,医药上用于制成药膏等。

12.5.3.2 氯化物

ⅠB 族和ⅡB 族元素常见的氯化物有 $CuCl_2$、AgCl、$ZnCl_2$、$HgCl_2$和 Hg_2Cl_2。

(1)$CuCl_2$ $CuCl_2$极易溶于水,在稀溶液中呈天蓝色,浓溶液中呈绿色,在很浓的溶液中呈黄绿色。黄绿色是$[CuCl_4]^{2-}$配离子的颜色,蓝色是$[Cu(H_2O)_4]^{2+}$配离子的颜色,两者并存时显绿色。在 HCl 气流中将 $CuCl_2\cdot 2H_2O$ 在 140℃ ~150℃脱水可制备无水 $CuCl_2$。

$$CuCl_2\cdot 2H_2O \xrightarrow{\triangle} CuCl_2\text{(棕色)} + 2H_2O$$

无水 $CuCl_2$进一步受热,则按下式进行分解。

$$2CuCl_2 \xrightarrow{1\ 000\ ℃} 2CuCl + Cl_2\uparrow$$

(2)AgCl 向硝酸银溶液中加入氯化物制得 AgCl。这是难溶于水和硝酸的白色固体,

但可溶于 $NH_3 \cdot H_2O$、$Na_2S_2O_3$和 KCN 中。AgCl 具有明显的共价性,因为 Ag^+具有较强的极化力及变形性。AgCl 有感光性,可用作感光材料。

(3)$ZnCl_2$　无水氯化锌为白色固体,易溶于乙醇、丙酮及其他有机溶剂;易吸潮、极易溶于水。$ZnCl_2$的浓溶液由于生成配合酸——羟基二氯合锌酸而具有显著的酸性,能溶解金属氧化物。

$$ZnCl_2 + H_2O = H[ZnCl_2(OH)]$$

$$FeO + 2H[ZnCl_2(OH)] = Fe[ZnCl_2(OH)]_2 + H_2O$$

在焊接金属时,可利用这一性质用 $ZnCl_2$浓溶液清除金属表面的氧化物,而不损害金属表面,而且水分蒸发后,熔化的盐覆盖在金属的表面,使之不再氧化,能保证焊接金属的直接接触。

欲制得无水 $ZnCl_2$,可将含水 $ZnCl_2$和 $SOCl_2$(氯化亚砜)一起加热。

$$ZnCl_2 \cdot xH_2O + xSOCl_2 = ZnCl_2 + 2xHCl + xSO_2$$

(4)$HgCl_2$　$HgCl_2$是白色针状晶体,熔点低,易升华,俗称升汞。$HgCl_2$是分子晶体,稍溶于水,在水中以分子形式存在,也称为假盐。可溶于乙醇与乙醚等有机溶剂。$HgCl_2$剧毒,致死量约 0.2 g。配制 $HgCl_2$水溶液时应加入适量盐酸以抑制水解。

$$HgCl_2 + H_2O = Hg(OH)Cl\downarrow(\text{白色}) + HCl$$

在酸性溶液中 $HgCl_2$有较强的氧化性。向 $HgCl_2$溶液中加入适量 $SnCl_2$溶液,有 Hg_2Cl_2白色沉淀生成。

$$2HgCl_2 + SnCl_2 = Hg_2Cl_2\downarrow(\text{白色}) + SnCl_4$$

$SnCl_2$过量时可进一步反应,沉淀由白转灰,最后变为黑色。

$$Hg_2Cl_2 + SnCl_2 = 2Hg\downarrow(\text{黑色}) + SnCl_4$$

在分析化学中利用此反应鉴定 Hg(Ⅱ)或 Sn(Ⅱ)。

(5)Hg_2Cl_2　氯化亚汞俗称甘汞,有甜味,少量无毒,常用作泻药和制作甘汞电极。氯化亚汞是双聚分子,写作 Hg_2Cl_2,为直线形结构:Cl—Hg—Hg—Cl,其中的 Hg—Hg 键为两个 Hg 原子的 sp 杂化轨道重叠形成的 σ 键,另一个 sp 杂化轨道分别与 Cl 原子的 p 轨道重叠形成 σ 键。亚汞离子写作 Hg_2^{2+}。Hg_2Cl_2难溶于水,见光分解生成 $HgCl_2$和 Hg。

12.5.3.3　硫化物

ⅠB 族和ⅡB 族金属硫化物中,除 ZnS 为白色、CdS 为黄色外,其余均为黑色。可分别向 Zn^{2+}、Cu^{2+}、Ag^+、Cd^{2+}、Hg^{2+}溶液中通入 H_2S 制得。铜族和锌族硫化物都难溶,在水中的溶解度自上而下减小,HgS 最小,而且是金属硫化物中溶解度最小的。

ZnS 能溶于 0.1 $mol \cdot dm^{-3}$ 的 HCl;CdS 不溶于稀 HCl,可溶于浓 HCl;CuS 不溶于浓 HCl,能溶于浓度大于 2 $mol \cdot dm^{-3}$的 HNO_3中;HgS 不溶于各种酸,只能溶于王水中。

HgS 还可溶于过量的浓 Na_2S 溶液中,生成二硫合汞酸钠。

$$HgS + Na_2S(\text{浓}) = Na_2[HgS_2]$$

这是 HgS 与铜、锌族中其他五种元素的硫化物的又一区别,可以用加 Na_2S 的方法把 HgS 从铜、锌族硫化物中分离出来。

12.5.3.4　配合物

ⅠB 族和ⅡB 族金属离子中,Cu^{2+}的电子构型为 $3d^9$,其余(Au^{3+}、Hg_2^{2+} 除外)均为

$(n-1)d^{10}$,它们可以提供杂化的空轨道,与具有孤对电子的配体形成配合物。其中Cu(Ⅰ)重要配离子有$[Cu(NH_3)_2]^+$、$[CuCl_3]^{2-}$及$[Cu(CN)_4]^{3-}$。Cu(Ⅱ)重要配离子有$[Cu(H_2O)_4]^{2+}$、$[Cu(NH_3)_4]^{2+}$、$[CuCl_4]^{2-}$、$[Cu(en)_2]^{2+}$及$[Cu(EDTA)]^{2-}$。Ag(I)的配离子有$[Ag(NH_3)_2]^+$、$[Ag(S_2O_3)_2]^{3-}$和$[Ag(CN)_2]^-$。Hg(Ⅱ)可与卤离子(Cl^-、Br^-、I^-)、CN^-、SCN^-等形成稳定的配离子,配位数均为4。

12.6 f区金属元素

镧系和锕系元素在周期表中被称为f区元素(f-block elements),f区元素的电子构型差别主要在于$(n-2)$f轨道上,以f电子参与化学反应为特征,又称为内过渡元素。目前对于镧系和锕系元素的界定尚有不同观点,本节镧系元素(lanthanides)包括从57号元素La至71号元素Lu,锕系元素(actinides)则从89号元素Ac至103号元素Lr。锕系元素均为放射性元素。

镧系元素又称稀土元素,我国稀土矿物资源丰富,近年来稀土工业发展迅速,稀土的应用愈加广泛,尤其在先进材料领域,如高磁性材料、激光材料、超导体、发光材料和原子反应堆控制材料等方面。此外,稀土元素微量肥料能促使多种作物增产,稀土也是植物光合作用的催化剂,可以促进谷物灌浆的生理过程及无机磷的转化过程。稀土元素在工业、农业、医学上具有重要的用途。

本节主要讨论镧系元素的性质,锕系元素因均具放射性,往往归于放射化学范畴,故它们的化学性质不作讨论。

12.6.1 镧系元素的电子排布

镧系元素的价电子层为4f、5d、6s层,通常最后一个电子填到f轨道上。所有镧系元素的6s轨道都由两个电子所占据,La、Ce、Gd和Lu元素5d轨道中各有一个电子,Lu元素的4f轨道处于全充满状态,而最后一个价电子填充在5d轨道上。Eu和Yb的4f轨道分别达到半充满和全充满的状态。镧系元素离子大多是有颜色的。

12.6.2 镧系元素氧化值

镧系元素属于ⅢB族元素,一般氧化数为+3。La^{3+}、Gd^{3+}和Lu^{3+}的4f亚层电子构型分别为$4f^0$、$4f^7$和$4f^{14}$,比较稳定,其他元素在反应中也有达到这类稳定结构的趋势,因此有些元素呈现+4和+2氧化态,如Ce^{4+}和Tb^{4+}离子具有$4f^0$和$4f^7$的稳定结构,Eu^{2+}和Yb^{2+}离子具有$4f^7$和$4f^{14}$的稳定结构。

尽管镧系某些元素具有+4、+2氧化数,但都倾向于转变为+3氧化数,所以+4氧化数及+2氧化数的化合物分别表现出较强的氧化性及还原性,这从$\varphi^\ominus$值可以看出。

$$Ce^{4+} + e^- \rightleftharpoons Ce^{3+}, \quad \varphi^\ominus = 1.72\ V$$

$$Eu^{3+} + e^- \rightleftharpoons Eu^{2+}, \quad \varphi^\ominus = -0.35\ V$$

12.6.3　镧系收缩

镧系元素的原子半径从左到右随原子序数增加呈现缓慢收缩趋势（Eu 和 Yb 的原子半径大于其前后的元素，这与半充满和全充满的 f 组态的球形对称性相关），从 La^{3+} 到 Lu^{3+} 离子半径也有规律地依次减小，这种现象称为**镧系收缩**（Lanthanide contraction）。这是由于镧系元素原子核每增加一个质子，相应就有一个电子添加到 4f 轨道中，与 6s 和 5s、5p 轨道相比，4f 轨道对核电荷有较大的屏蔽作用。因此，随原子序数的增加，有效核电荷增加缓慢，最外层电子受核的引力增加缓慢，导致原子和离子半径呈减小的趋势。

镧系收缩在无机化学中是一个重要现象。由于镧系收缩，使ⅣB 族中的 Zr 和 Hf，ⅤB 族中的 Nb 和 Ta，ⅥB 族中的 Mo 和 W，在原子半径和离子半径上非常接近，化学性质也相似，因此造成这三对元素在分离上的困难。

12.6.4　镧系元素的某些性质

镧系元素都是活泼金属，其 $\varphi^{\ominus}$ 值在 $-1.99 \sim -2.37$ 之间，具有非常强的还原能力，活性仅次于碱金属和碱土金属，比铝、锌等元素强。镧系元素中 La 的活泼性最强。镧系元素单质容易和卤素、氧气、酸、硫、氮气、氢气等发生化学反应，生成+3 氧化态离子。因此，为了避免镧系金属单质被氧化，通常保存时表面需要涂蜡。

镧系元素氢氧化物的碱性近似于碱土金属的氢氧化物，但它们的溶度积比碱土金属氢氧化物的溶度积小很多，在镧系离子中加入氨水即可沉淀为 $Ln_2O_3 \cdot xH_2O$。大多数镧系元素的氢氧化物、草酸盐或硝酸盐经加热分解可生成相应的 Ln_2O_3 氧化物，对 Ce、Pr、Tb 则只能得到 CeO_2、Pr_6O_{11} 和 Tb_4O_7。

镧系元素的卤化物除氟化物外多易溶于水，氯化物和溴化物常含 6~7 个结晶水，而碘化物含 8~9 个结晶水。镧系元素的氟化物一般难溶于水，且从左到右溶度积逐渐增大。

镧系元素的草酸盐、碳酸盐、磷酸盐都难溶于水，而镧系金属单质与硫酸、硝酸、盐酸等强酸形成的盐均易溶于水，结晶出来的盐一般含结晶水。硫酸盐的溶解度随温度升高而降低，所以用冷水溶解较好。

阅读材料

钛——"太空金属"

钛在地壳中的储量非常丰富，在金属中它的丰度仅次于铁、铝、镁，居第四位，比常用金属铜、镍、铅、锌的总和还多十几倍。它是英国科学家格内戈尔于 1791 年首先从钛铁矿石中发现的，1795 年德国化学家克拉普洛特也从金红石中发现了这一元素，并命名为"钛"。

金属钛具有很多优良的性能：①钛的比重小，仅为普通结构钢的 56%，而强度与普通结构钢相当或更高；②钛的熔点比铁、镍稍高，比铝、镁的熔点高 1 000 ℃以上，因此钛合金具有比铝、镁等合金好得多的热强性；③钛的膨胀系数较一般结构金属小，在急冷急热时应力小,适于在温度变化的环境中使用;④钛具有好的韧性、抗疲劳性和焊接性;⑤钛的低温性能亦好,在-196 ℃下也不呈现低温脆性。这些性能都非常适合结构运用。此外钛具有同素异构的结晶构造,使其在加入不同合金元素时能得到性能截然不同的合金。

第一批钛合金直到1945年才在美国生产出来。其最重要的优点是强度高,热强性好,在400~500 ℃时,钛合金的强度超过了多数不锈钢和抗氧化钢。钛合金在低温下基本上不变脆(低碳钢在-50 ℃冲击韧度只是室温时的1/10),α型钛合金在液氢温度(-253 ℃)下的强度为室温的2倍,同时具有良好的塑性。用钛合金代替不锈钢和高温合金等制造零部件,可以大幅度地减轻产品质量,又提高了产品性能,因此受到航空航天工业的极大重视。同时也越来越受到汽车、机车、电力、化工、舰船上热交换器和冷凝器等工业部门的青睐。

在飞机机身及其发动机和火箭部件中,称钛为不可缺少的"太空金属"。飞机和发动机质量每降低1 kg,其使用费用通常可节约220~440美元。飞机上的风扇叶片、压气机叶片、盘、轴、机匣、骨架、蒙皮、机身隔框和起落架大都采用钛合金制造。在航天工业中钛及其合金也是热门材料,使用钛及其合金主要用来制作压力容器,如燃料储箱、火箭发动机壳体、火箭喷嘴导管、人造卫星外壳、载人宇宙飞船船舱、主起落架、登月舱及推进系统等。使用它的目的也是为了减轻发射质量、增加射程、节省费用。

当前,节能减排已经成为汽车行业竞争的杀手锏。汽车的质量每降低10%,燃料消耗可节省8%~10%,废气排放可减少10%。用钛合金制作汽车零部件不仅可减轻重量,延长使用寿命,而且可靠性高,使发动机的最高速度提高了约10%,还能节省燃油。车辆在全速行驶时,发动机的摩擦损失大多起因于活塞连杆部件。钛合金的应用使其质量减轻后,大大提高了燃料的利用率,减少了排气量,提高了发动机的驱动温度。大众汽车公司装配了一台全钛车体汽车,车重为290 kg,取得了1 L柴油可跑100 km的优良经济效率。

钛对海水具有耐蚀性,是目前公认的继木、铁、铝、玻璃纤维及加强塑料之后的第5代船体用材。核潜艇、深潜器、原子能破冰船、气垫船和扫雷艇等,都用了钛材料制造的螺旋桨推进器、潜艇鞭状天线、海水管路、冷凝器和热交换器、声学装置等。此外,钛材料在化工和石化工业中主要用作电解槽、反应器、浓缩器、分离器、热交换器、冷却器、吸收塔、泵和阀等。

随着科技的发展,钛合金在航空航天、海洋工程、电力、化工、冶金、汽车及日常生活中的应用将越来越广泛。

本章要点

金属元素价层电子数较少,在化学反应中较易丢失电子,包括s区(除H外)、d区、ds区和f区的所有元素及p区左下角的十种元素。

s区元素包括周期表中ⅠA(碱金属)和ⅡA族(碱土金属)。在同周期中碱金属是最活泼的金属,碱土金属仅次之。在同一族元素中,从上到下金属性依次增强。它们易与电负性较大的非金属元素,如氧、氢、卤素等化合,还能与水、稀酸等发生化学反应,生成的化合物一般是离子化合物。

p区的十种金属元素分别属于ⅢA族、ⅣA族、Ⅴ族和ⅥA族。与s区元素相比,p区金属元素的金属性弱得多,部分金属如Al、Ga、Sn和Pb的单质、氧化物及其水合物均表现出两性,它们在化合物中还往往表现出共价性。p区同族元素从上到下元素的金属性逐渐增强。

d区金属元素指周期表中ⅢB～ⅦB、Ⅷ族过渡元素。同周期元素的金属活泼性从左到右逐渐减弱，同族元素的金属活泼性从上到下逐渐减弱。过渡元素有多种氧化态，同一分族中从上到下高氧化态趋向于稳定。易形成配合物。d区金属同周期元素的最高氧化态氧化物及其水合物的碱性从左到右逐渐减弱，同一元素不同氧化态氧化物及其水合物的酸碱性，一般是低氧化态氧化物及其水合物呈碱性，最高氧化态呈酸性。过渡元素的低氧化态水合离子和共价化合物一般都有颜色。

ds区金属元素包括铜族和锌族。它们的金属活泼性比同周期其他过渡元素差，锌族金属的活泼性比铜族金属稍强，同族元素自上而下活泼性降低。它们主要形成与族数相同的氧化数(+1和+2)的化合物，且具有相当程度的共价性。这两族元素与其他过渡元素类似，易形成配合物，但锌族元素的配合物一般无颜色。

f区元素包括镧系和锕系元素。镧系元素的原子半径和离子半径从左到右随原子序数增加呈现缓慢收缩趋势。镧系元素都是活泼金属，具有较强的还原性，活性仅次于碱金属和碱土金属。镧系元素氢氧化物的碱性近似于碱土金属的氢氧化物。镧系元素一般氧化数为+3。镧系元素离子大多有颜色。

习题

1. 完成并配平下列反应式。

(1) $K + O_2$

(2) $Mg + O_2$

(3) $AgNO_3 + NaOH$

(4) $Hg(NO_3)_2 + NaOH$

(5) $Zn(s) + HNO_3$(稀)

(6) $HgCl_2 + SnCl_2$

(7) $Hg_2Cl_2 + SnCl_2$

(8) $Cr_2O_7^{2-} + Ba^{2+} + H_2O$

(9) $Mn^{2+} + NaBiO_3 + H^+$

(10) $PbO_2 + HCl$(浓)

2. 一白色固体混合物可能含有KI、$BaCl_2$、KIO_3和CaI_2中的两种物质。该混合物溶于水得一无色溶液，在无色溶液中加入少量稀H_2SO_4，溶液变为黄棕色，且有白色沉淀生成；该黄棕色溶液中加入NaOH至溶液呈碱性后，黄棕色溶液退色，但白色沉淀却未消失。试确定该固体混合物含哪两种化合物。写出有关的反应方程式。

3. 某溶液中含有K^+、Mg^{2+}、Ba^{2+}。试设计一个实验分离它们，并说明实验步骤，写出有关反应方程式。

4. 指出Cr(Ⅲ)和Cr(Ⅵ)在酸、碱介质中的存在状态，及Cr(Ⅲ)和Cr(Ⅵ)相互转化条件。

5. 在酸性介质中，能将Mn^{2+}直接氧化成MnO_4^-的氧化剂有哪些？写出有关的化学反应方程式。

6. 在$MnCl_2$溶液中加入适量HNO_3，再加入$NaBiO_3$，溶液中出现紫红色后又消失，说明原因，写出有关的反应式。

7. 已知：$I_2 + 2e^- \rightleftharpoons 2I^-$，　$\varphi^\ominus = 0.536\ V$；

$Cu^{2+} + e^- \rightleftharpoons Cu^+$，　$\varphi^\ominus = 0.153\ V$。

求：(1) $Cu^{2+} + I^- + e^- \rightleftharpoons CuI$的$\varphi^\ominus$。

(2) 反应$2Cu^{2+} + 2I^- \rightleftharpoons 2Cu^+ + I_2$　在298 K标准状态下能否自发进行。

(3) $2Cu^{2+} + 4I^- \rightleftharpoons I_2 + 2CuI$在298 K时的平衡常数，并比较(2)、(3)的结果。

8. 根据下列数据计算AgI的$K_{sp}^\ominus$。

物质	$Ag^+(aq)$	$I^-(aq)$	$AgI(s)$
$\Delta_f G_m^\ominus/kJ\cdot mol^{-1}$	77.12	-51.59	-66.19

9. 已知：$[AuCl_2]^- + e^- \rightleftharpoons Au + 2Cl^-$， $\varphi^\ominus = 1.61\ V$；

$[AuCl_4]^- + 2e^- \rightleftharpoons [AuCl_2]^- + 2Cl^-$， $\varphi^\ominus = 0.88\ V$；

$\varphi^\ominus(Au^{3+}/Au^+) = 1.36\ V$，$\varphi^\ominus(Au^+/Au) = 1.84\ V$，$\varphi^\ominus(Au^{3+}/Au) = 1.52\ V$。

根据有关电对的电极电势，计算$[AuCl_2]^-$及$[AuCl_4]^-$的稳定常数。

10. 已知：$\varphi^\ominus(Hg_2^{2+}/Hg) = 0.79\ V$， $\varphi^\ominus(Hg^{2+}/Hg_2^{2+}) = 0.92\ V$。

计算：(1) $Hg_2^{2+} \rightleftharpoons Hg^{2+} + Hg$ 的平衡常数。

(2) 0.10 $mol\cdot dm^{-3}$的 Hg_2^{2+} 溶液中 Hg^{2+}的浓度为多少？

(3) Hg_2^{2+} 在溶液中是否会发生歧化反应？

11. 298 K 时 $Cu(OH)_2(s) + 2OH^- \rightleftharpoons Cu(OH)_4^{2-}$，$K^\ominus = 1.6\times10^{-3}$；

$Cu(OH)_2 + 2e^- \rightleftharpoons Cu + 2OH^-$，$\varphi^\ominus = -0.21\ V$。

计算：(1) $Cu(OH)_2$的 $K_{sp}^\ominus$；

(2) $[Cu(OH)_4]^{2-}$的 $K_f^\ominus$。

12. 向浓度为 0.10 $mol\cdot dm^{-3}$ $NiSO_4$溶解中逐滴加入 Na_2S 溶液，通过计算说明先生成 NiS 沉淀还是先生成 $Ni(OH)_2$ 沉淀？若用同浓度的 $SnCl_2$ 溶液代替 $NiSO_4$ 情况如何？已知 $K_{sp}^\ominus(NiS) = 3.2\times10^{-19}$，$K_{sp}^\ominus[Ni(OH)_2] = 5.5\times10^{-16}$。

参考文献

[1]张礼和.化学学科进展[M].北京:化学工业出版社,2005.
[2]张希,沈家骢.超分子科学:认识物质世界的新层面[J].科学通报,2003,48:1477.
[3]高恩庆,廖代正.分子磁学—— 一个新兴的前沿研究领域[J].物理,2000,29:202.
[4][美]奥汉德利 R. C. 现代磁性材料原理和应用[M]. 周永洽,译.北京:化学工业出版社,2002.
[5]徐琰.工科无机化学[M].郑州:郑州大学出版社,2009.
[6]江棂,邢宏龙,张勇,等. 工科化学[M].北京:化学工业出版社,2003.
[7]朱裕贞,顾达,黑恩成.现代基础化学[M].2 版.北京:化学工业出版社,2004.
[8]苏小云,藏祥生.工科无机化学[M].3 版.上海:华东理工大学出版社,2004.
[9]胡常伟.大学化学[M].北京:化学工业出版社,2004.
[10]李纲.新编普通化学[M].2 版.郑州:郑州大学出版社,2009.
[11]黄子卿.非电解质溶液理论导论[M]. 北京:科学出版社, 1973.
[12]魏祖期.基础化学[M]. 北京:人民卫生出版社,2009.
[13]草锡章.无机化学[M]. 上海:高等教育出版社,1983.
[14]李以奎,陆九芳.电解质溶液理论[M]. 北京:清华大学出版社,2004.
[15]李芳.固体电解质质子导体的研究进展[J].化学研究,2006,2:108-112.
[16]华彤文.普通化学原理[M].3 版.北京:北京大学出版社,2005.
[17]吕鸣祥. 化学电源[M].天津:天津大学出版社,1992.
[18]管从胜,杜爱玲,杨玉国. 高能化学电源[M]. 北京:化学工业出版社,2003.
[19]顾登平,童汝亭. 化学电源[M].北京:高等教育出版社,1993.
[20]毛宗强. 燃料电池[M].北京:化学工业出版社,2005.
[21]衣宝廉. 燃料电池—原理·技术·应用[M].北京:化学工业出版社,2003.
[22]王林山,李英. 燃料电池[M].2 版.北京:冶金工业出版社,2005.
[23]杨宏孝.无机化学[M].3 版.北京:高等教育出版社,2001.
[24]曹锡章.无机化学[M].3 版.北京:高等教育出版社,1994.
[25]严宣申.普通无机化学[M].北京:北京大学出版社,1987.
[26]浙江大学普通化学教研室.普通化学[M].3 版.北京:高等教育出版社,1988.
[27]申泮文.无机化学[M].北京:化学工业出版社,2002.
[28]游效曾,孟庆金,韩万书.配位化学进展[M].北京:高等教育出版社,2001.
[29]天津大学无机化学教研室.无机化学[M].北京:高等教育出版社,2001.
[30]张祥璘,廉衡. 配位化学[M].长沙:中南工业大学出版社,1986.

[31]杨频,高飞. 生物无机化学原理[M]. 北京:科学出版社,2002.
[32]大连理工大学无机化学教研室. 无机化学[M]. 5 版. 北京:高等教育出版社,2006.
[33]南京大学无机及分析化学编写组. 无机及分析化学[M]. 3 版. 北京:高等教育出版社,2004.
[34]孙淑声,王连波,赵钰琳,等. 无机化学(生物类)[M]. 2 版. 北京:北京大学出版社,2005.
[35]贾之慎. 无机及分析化学[M]. 北京:中国农业大学出版社,2009.
[36]贾之慎. 无机及分析化学学习指导[M]. 北京:中国农业大学出版社,2009.
[37]北京师范大学,华中师范大学,南京师范大学无机化学教研室. 无机化学[M]. 4 版. 北京:高等教育出版社,2003.
[38]唐雯霞,祝世彤,戴安邦. 配位化学近期进展[J]. 化学通报,1991,11:1-5.
[39]欧阳健明,郑文杰. 8-羟基喹啉两亲配合物的 LB 膜及其电致发光器件研究[J]. 化学学报,1999,57:333-338.
[40]王庆伦,廖代正. 单分子磁体及其磁学表征[J]. 化学进展,2003,15:161.
[41]宋天佑,程鹏,王杏乔,等. 无机化学[M]. 2 版. 北京:高等教育出版社,2010.